中 国 国 家 标 准 汇 编

2008 年修订-68

中国标准出版社 编

中国标准出版社

北 京

图书在版编目（CIP）数据

中国国家标准汇编：2008年修订.68/中国标准出版社编.—北京：中国标准出版社，2009

ISBN 978-7-5066-5494-4

Ⅰ.中… Ⅱ.中… Ⅲ.国家标准-汇编-中国-2008
Ⅳ.T-652.1

中国版本图书馆CIP数据核字（2009）第184952号

中国标准出版社出版发行
北京复兴门外三里河北街16号
邮政编码:100045

网址 www.spc.net.cn
电话:68523946 68517548
中国标准出版社秦皇岛印刷厂印刷
各地新华书店经销
*
开本 880×1230 1/16 印张 38.75 字数 1 179 千字
2009年11月第一版 2009年11月第一次印刷
*
定价 200.00 元

ISBN 978-7-5066-5494-4

出 版 说 明

1.《中国国家标准汇编》是一部大型综合性国家标准全集。自1983年起，按国家标准顺序号以精装本、平装本两种装帧形式陆续分册汇编出版。它在一定程度上反映了我国建国以来标准化事业发展的基本情况和主要成就，是各级标准化管理机构，工矿企事业单位，农林牧副渔系统，科研、设计、教学等部门必不可少的工具书。

2.《中国国家标准汇编》收入我国每年正式发布的全部国家标准，分为"制定"卷和"修订"卷两种编辑版本。

"制定"卷收入上年度我国发布的、新制定的国家标准，顺延前年度标准编号分成若干分册，封面和书脊上注明"20××年制定"字样及分册号，分册号一直连续。各分册中的标准是按照标准编号顺序连续排列的，如有标准顺序号缺号的，除特殊情况注明外，暂为空号。

"修订"卷收入上年度我国发布的、被修订的国家标准，视篇幅分设若干分册，但与"制定"卷分册号无关联，仅在封面和书脊上注明"20××年修订-1，-2，-3，……"字样。"修订"卷各分册中的标准，仍按标准编号顺序排列(但不连续)；如有遗漏的，均在当年最后一分册中补齐。需提请读者注意的是，个别非顺延前年度标准编号的新制定的国家标准没有收入在"制定"卷中，而是收入在"修订"卷中。

读者配套购买《中国国家标准汇编》"制定"卷和"修订"卷则可收齐上一年度我国制定和修订的全部国家标准。

3. 由于读者需求的变化，自1996年起，《中国国家标准汇编》仅出版精装本。

4. 2008年制修订国家标准共5946项。本分册为"2008年修订-68"，收入新制修订的国家标准18项。

中国标准出版社

2009年10月

目　　录

GB/T 13963—2008　复印机术语 …… 1
GB/T 13964—2008　照相机械　术语 …… 51
GB/T 13967—2008　全宗单 …… 113
GB/T 13969—2008　浮筒式液位仪表 …… 121
GB/T 13970—2008　数字仪表基本参数术语 …… 133
GB/T 13976—2008　压水堆核电厂运行状态下的放射性源项 …… 143
GB/T 13978—2008　数字多用表 …… 168
GB/T 13979—2008　质谱检漏仪 …… 211
GB/T 13980—2008　电离辐射密度计 …… 219
GB/T 13985—2008　照相机操作力和强度 …… 241
GB/T 14002—2008　劳动定员定额术语 …… 248
GB/T 14014—2008　合成纤维筛网 …… 287
GB/T 14033—2008　桑蚕捻线丝 …… 309
GB/T 14038—2008　气动连接　气口和螺柱端 …… 321
GB/T 14044—2008　管形荧光灯用镇流器　性能要求 …… 336
GB 14048.2—2008　低压开关设备和控制设备　第2部分：断路器 …… 361
GB 14048.3—2008　低压开关设备和控制设备　第3部分：开关、隔离器、隔离开关以及熔断器组合电器 …… 511
GB 14048.5—2008　低压开关设备和控制设备　第5-1部分：控制电路电器和开关元件　机电式控制电路电器 …… 550

ICS 37.100.10
N 04

中华人民共和国国家标准

GB/T 13963—2008
代替 GB/T 13963—1992

复印机术语

Copying machines vocabulary

2008-07-02 发布　　2008-12-01 实施

中华人民共和国国家质量监督检验检疫总局
中国国家标准化管理委员会　发布

前　言

本标准代替 GB/T 13963—1992《复印机术语》。

本标准与 GB/T 13963—1992 相比，修改的主要技术内容如下：

——增加了有关数字复印机、数字彩色复印机、多功能复合机、再生静电复印机等的术语条款；

——增加了有关安全认证、环保认证、节能认证等条款；

——增加了有关光导体、色调剂、添加剂等材料方面的条款；

——增加了有关图像处理、扫描、电荷耦合器件、A/D 转换器等部件条款；

——把文件复印机、工程图纸复印机、便携式复印机标准中的术语纳入到本标准中；

——修改了像、潜像、静电潜像、晕圈效应、电摄影材料、光电导性、初始电位、残余电位、荷质比、卡盒方式、办公设备等条款；

——删除了涂布式显影、浸渍式显影、等级等过时的条款。

本标准由中国机械工业联合会提出。

本标准由全国复印机械标准化技术委员会(SAC/TC 147)归口。

本标准起草单位：国家办公设备及耗材质量监督检验中心、东芝泰格信息系统(深圳)有限公司、佳能(中国)有限公司、天津复印技术研究所。

本标准主要起草人：邝亚明、陈颂昌、鲁俊和、宋倩。

本标准所代替标准的历次版本发布情况为：

——GB/T 13963—1992。

复 印 机 术 语

1 范围

本标准规定了复印机类型、主要操作过程、功能和技术部件等方面的术语共391条。

本标准适用于复印机标准制定、技术文件编制、教材和书刊编写以及文献翻译等。

注：本标准中方括号[ ]内的词为可省略词；圆括号( )内的词除作说明外，为前者的同义词。

2 一般术语

2.1

原稿 original

被复印的文件。

2.2

有底色原稿 coloured original

带有底色的原稿。例如：报纸和印在彩色纸张上的文件、宣传品等。

2.3

线条原稿 line original

没有色调层次而只含线条和(或)实心黑区的原稿。

2.4

半色调原稿 half-tone original

又称中间色调原稿。

通过加网把图像分割成色调层次点像的原稿。

2.5

连续色调原稿 continuous-tone original

又称全色调原稿。

由真实色调层次区域组成图像的原稿。

2.6

透明原稿 transparent original

可以透过足够的光或其他辐射能以产生复印品的原稿。

2.7

最大原稿幅面 maximum original size

复印机可复印原稿幅面的最大规格。

2.8

母版 master; intermediate

用于产生多份复印品的、临时的、一般是可消耗的图像媒介物。例如：用于速印机中的蜡纸母版。

2.9

复印品 copy; print

复印过程的产物。

2.10

线条复印品 line copy

由线条原稿产生的复印品。

2.11

双面复印品 duplex copy

印在纸张两面的复印品。

2.12

正复印品 positive

色调分布与原稿相同的复印品。

2.13

负复印品 negative

色调分布与原稿相反的复印品。

2.14

等倍复印品 same size

标称比例与原稿相同的复印品。

2.15

放大复印品 enlargement

相对于原稿比例大于 1∶1 的复印品。

2.16

缩小复印品 reduction

相对于原稿比例小于 1∶1 的复印品。

2.17

透明片 transparency

透光而无光散射的母版或复印品。

2.18

静电成像术 electrophotography

利用光敏半导体的光电导效应、电磁原理和静电特性来完成图文复制工作的一种复印技术。由于它与照相过程相类似,因此也称为静电摄影术。

2.19

卡尔逊法 Carlson process

高绝缘性光电材料或光导体在暗处其表面带有静电荷,然后进行曝光,光学图像相对应的部分形成电荷像(静电潜像)附着所选择的色调剂的可视化摄影法。用电摄影法最基础的名称是由发明者(chester F · Carlson)的姓命名的。

2.20

NP 法 NP process

表面有绝缘层的光导体进行第一次充电,图像曝光同时消电,再全面曝光,通过载流子的注入与迁移,在光导体表面(绝缘层)形成静电潜像的方法。

2.21

图像 image

又称影像。

由光学系统所产生的原稿内容的光学对应图形。

2.22

像素 picture element, pixel, pel

指构成二维图像的最小单位,通常用于对数字图像的评定。像素密度单位用每毫米(mm)长度上的像素数来表示的。

2.23

正像 positive image

暗区与原稿图像暗区相对应的显影像。

2.24

负像 negative image

暗区与原稿图像亮区相对应的显影像。

2.25

静电潜像 electrostatic latent image

又称静电图像。

静电复印时光导体经充电、曝光后，在其表面形成的肉眼看不见的静电荷图像。

2.26

实心黑[区] solid black

具有均匀密度的一定面积的黑色区域。

2.27

图像密度 image density

又称黑度。材料阻止光或其他辐射能透过的程度。

2.28

密度不均匀性 non-uniformity of image density

对原稿上不同位置但具有相同光学密度的图像，经复印后所产生的光学密度不均匀程度。

2.29

色调剂浓度 toner concentration

在显影剂中色调剂的质量百分比。

2.30

松装密度 loading density

在规定条件下装填容器所测得显影剂的密度，单位为 g/cm^3。

2.31

显影剂流动性 fluidity of developer

在规定条件下，50 g 显影剂由标准漏斗流出所需的时间，用 s/50 g 表示。

2.32

底灰 background

复印品无图文区域的密度值。

注：局部沾染除外。

2.33

清晰度 definition

对复印品清晰程度的定性评价。

2.34

静电反差 electrostatic contrast

指静电摄影形成潜像时，有图像区域与无图像区域间的静电位差。

2.35

反差 contrast

不同图像区域的密度差异或图像密度与背景密度的差异。

2.36

层次　gradation

又称灰度等级。原稿或复印品上图像的色调浓淡等级或反差范围。

2.37

色调　tone

又称阶调。由整体图像所反射的光强度。

2.38

半色调　half-tone

又称中间色调。

由网点组成的图像的浓淡色调。

2.39

色差　color difference

定量表示的色知觉差别。用 ΔE 表示。

2.40

色域　color gamut

能够满足一定条件的颜色的集合在色品图或色空间内的范围。

2.41

色调再现性　tone reproduction

复印含有照片之类的中间色调的原稿时，色调浓淡的再现性。

注：一般用分辨率测试图来判断。

2.42

加网　screening

利用网板把有规则排列的小点图案加到原稿图像上以改善复印品色调层次特性的方法。

2.43

晕圈效应　halo effect

在图像周围的非图像区域的感应显影使色调剂显影产生边缘效应的现象。

注：在同一个光导体表面上形成了不同极性的静电潜像，当两类不同的带电极性的色调剂依次显影时，两个中的一个的潜像周边发生反极性电场附着色调剂的晕圈现象。

2.44

边缘效应　edge effect

显现的影像实心黑区的表现为密度(黑度)轮廓较高、内部密度(黑度)较低或呈空心状为表征的图像缺陷。

2.45

邻界效应　fringe effect

色调剂在邻近图像的非图像区中的沉积。

2.46

前突　heading

在显影图像的前沿(相当于复印机的输纸方向)出现的邻界效应。

2.47

后拖　tailing

与显影图像后沿相连的邻界效应。

2.48

拖尾　dragging

与显影图像后沿相连的邻界效应。

2.49

花斑　mottle

肉眼可见的不规则的复印区密度非均匀性。

2.50

抹污　smudging

复印品图像在擦抹时被弄模糊的现象。

2.51

羽状物　feathering

由图像边缘成辐射状扩展的丝状色调剂沉积物。

2.52

图像畸变　image distortion

复印品上的几何图形与原稿上相对应的几何图形的相对失真。

2.53

印品异常　abnormal image on the copy

在有效幅面内，印品上出现了比原稿多余的或与原稿有明显差异的图像以及油污和散落的显影剂。

2.54

鬼影　ghosting

印品上周期性显现上一周期残余影像的现象。

2.55

图像倾斜误差　image skew error

复印品上的图像对于纸边所产生的倾斜。以复印品上起始线在100 mm长度上对纸边产生的实际倾斜程度表示。

2.56

起始线误差　initial line error

复印品上起始线至纸边的距离与原稿上起始线至稿边的距离之差值。

2.57

比例误差　magnification ratio error

复印品上纵、横线条长度与原稿上相对应的纵、横线条长度的相对误差。

2.58

原位　home position

稿台、光学系统等的往返机构及感光体等的旋转机构在开始复印时的基准位置。

2.59

对位　register

原稿图像在复印品上的准确排位。

2.60

分辨力　resolution

整个复印系统传递和记录图像细部的能力。

注：分辨力通常以每毫米内可分辨的线对数的最大值来表示。

2.61

空间频率　spatial frequency

在两条或多条平行线条组成，分辨力测试图，相邻线条上相应点距离的倒数称空间频率。

2.62

保存质量　archival quality

在规定的贮存条件下,保证复印品的图像质量在一定年限内无显著变化的性能。

2.63

底基　substrate;base

敏感材料或光电导涂、镀层的支持体。

2.64

涂布量　coating weight

涂在底基上的涂料以 g/m^2 所表示的湿重量或干重量。

2.65

抗溶剂浸透性　solvent holdout

在涂布时或在液体显影过程中,纸基或其他底基材料可承受溶剂浸透的程度。

2.66

耐溶剂性　solvent resistance

纸基或涂层对静电照相涂层和液体显影剂中所用溶剂的惰性量度。

2.67

敏感材料　sensitized material

经过加工的、对辐射能(特别是光或热)起反应的复印用材料。

注:对光起反应的称为感光材料,在静电复印方法中所用的感光材料一般称为光电导材料或光电导绝缘材料。

2.68

静电摄影材料　electrophotographic material

适用于静电摄影或静电成像过程中所采用的材料(包括有机和无机材料),如光导体、显影剂等。

2.69

光电导材料　photorecepter material

具有光电导效应的材料。

2.70

光电导性　photoconductivity

绝缘物或半导体当光照射时,其内部光电效应使电导率增加的性能。

2.71

光电导效应　photoconduction effect

当光导体表面受到光照时,使载流子的浓度得以增大,从而使电导率也增加的现象。

2.72

染料增感　dye sensitizing

将染料加入光电导涂层中以改变其光谱响应的处理。

2.73

有机光导体　organic photoconductor (OPC)

一般是由基底、载流子传输层(GTL)、载流子发生层(CGL)、导电层组成的光导体。

2.74

多层光导体　multilayer photorecepter

多层膜构造的光导体的总称。一般来说是指电荷发生层与电荷传输层构成机能分离型的多层光导体。

2.75

掺杂　doping

将杂质掺入光电导材料中，以改善其感光灵敏度、响应时间和暗电导体等半导体性能的处理。

2.76

乳剂　emulsion

涂在底基上时形成敏感材料的光敏化合物悬浮体。

2.77

偶氮染料　azo dye

由重氮化合物和偶联剂的反应所生成的染料。

2.78

偶联剂　coupler

与其他化合物反应生成染料的化合物。

2.79

感光速度　photosensitive speed

敏感材料涂、镀层的感光度的大小。

2.80

静电学　electrostatics

关于静态电荷的力和场的科学。

2.81

静电力　electrostatic force

静止的电荷之间的作用力。两个静止点电荷之间的作用力与其电量的乘积成正比，与它们之间的距离的平方成反比，作用力的方向在它们的连线上。

2.82

摩擦带电效应　triboelectric effect

在不同材料(例如色调剂和载体)间由接触或摩擦而产生静电电位差异的现象。

2.83

电晕　corona

由高压放电区的电离空气所产生的可见辉光。

2.84

视在表面电阻率　apparent surface resistivity

在光电导绝缘层或其电学等效体上，构成一个正方形区相对两边的两电极间的表面电阻。

注：视在表面电阻率与正方形区的大小及绝缘层的厚度无关。

2.85

体积电阻率　volume resistivity

每边长 1 cm 的立方体的绝缘材料相对两侧面间的体电阻。

注 1：体积电阻率用 Ω · cm 表示。

注 2：对于纸的体积电阻率，在实用上是通过测量与样品相对两个表面接触的电极间的电阻来获得其相对值。一般复印纸的体积电阻应在 10^8～10^{10} 的范围内。

2.86

纸张定量　paper grammage

每平方米纸的质量。单位为 g/m^2，用“克(g)”表示。

2.87

纸张含水率　paper moisture content

纸在 100 ℃～105 ℃温度下，烘干至恒重时所减少的质量与原质量之比，用%表示。

2.88

饱和电荷量　saturation charge

在不发生介电击穿的情况下，光电导层上能保持的最大静电荷量。

2.89

初始电位　initial potential

初始充电结束时在光导体表面上的视在表面电位。

2.90

饱和电位　saturation potential

当电晕充电时，电晕电流和泄露电流达到动态平稳时，其光导体表面电位即达到一个稳定值，称为饱和电位。

2.91

阈电位　threshold potential

光电导层表面为克服色调剂和载体间的吸引力而吸引色调剂粒子所需要的最小电位。

2.92

残余电位　residual potential

又称剩余电位。

指带电光导体在曝光后，仍在光导体表面保留着一定的视在表面电位。

2.93

边缘电流　edging

静电复印过程中曝光期间的横向电流。

2.94

光谱响应　spectral response

电摄影光电导层对各种不同波长光的敏感性。

2.95

光谱响应特性　spectral-response characteristic

光导体在光电导过程中，由于对不同波长的光（各种颜色的光），其光子能量吸收、穿透和反射的不同，而产生不同的光衰减，通常把光导体的这种特性称为光谱响应特性。

2.96

光衰减特性　light decay characteristic

由曝光引起光导体视在表面电位迅速下降的特性。

2.97

疲劳效应　fatigue effect

在反复充电曝光之后，光导体表面的残余电位逐渐增高，初始表面电位下降，暗衰减率增大的现象。

2.98

半衰减曝光量　half decay exposure

带电的光导体的表面电位在下降一半时所必须的曝光量。

2.99

曝光量　exposure

成像光线投射到光导体表面的光强与曝光时间的乘积。

2.100

最佳曝光量　optimum exposure

产生最佳复印品的时间-光强关系。

2.101

曝光宽容度　exposure latitude

能产生合格复印品的光强或时间的调节范围。

2.102

暗衰减　dark decay

带电的光导体表面在暗处时，由于注入载流子，其热激励的载流子引起视在表面电位衰减的现象。

2.103

暗电流　dark current

当带电光导体保持在暗处，由于表面电荷受热而产生载流子向接地方向流动，由此产生的电流，表现为视在表面电位的降低。

2.104

暗放电　dark discharge

带电光导体在暗处时放电现象。

2.105

光衰减　light decay

由曝光引起的光导体视在表面电位的降低。

2.106

杂光衰减　flare decay

由杂光引起的图像反差损失。

2.107

暗衰减率　dark decay rate

在无光的情况下单位时间内视在表面电位的损失量。

2.108

光衰减率　light decay rate

在给定的单位曝光量的条件下视在表面电位的降低量。

2.109

杂光　flare

暗区中的外来光。

2.110

疲劳　fatigue

由成像过程中的重复充电、曝光或其他操作所引起的光电导材料的电摄影性能的降低。

2.111

暗适应　dark adaptation

为使光电导材料的电摄影性能得到恢复而进行的避光处理。暗适应一般是指对 0.03 cd/m^2 以下亮度的适应。

2.112

明适应　light adaptation

在 3 cd/m^2 亮度以上，对不感到刺眼的亮度刺激的适应。

2.113

电场适应　field adaptation

利用电晕放电之类的外加电场对受激电子的强制恢复。

2.114

粘连 blocking

涂层纸受压力作用粘附在一起的现象。

2.115

划痕 scuffing

由于各种原因所赞成的涂、镀层表面的伤痕。

2.116

吸附 lockdown

由静电荷引起的原稿或复印品对承载面的吸着。

2.117

搁置寿命 shelf-life

材料由于变质而不适合使用的存放时间。

2.118

色调剂流动性 fluidity of toner

表示色调剂流动好坏的指标。色调剂的流动性是根据基本色调剂粒子间的凝集力、附着力及摩擦力来说明的。

2.119

载体流动性 flowability of carrier

载体可以流动的性能。

注:在规定的条件下,以 50 g 载体流过标准漏斗孔所需的时间(s)来表示。

2.120

安息角 angle of repose

当粉体慢慢地下落时,堆集成圆锥状,这个圆锥的母线与水平面的倾斜角称为安息角。这个角越小,粒子流动性就越好。测量时,粉体从装置垂直落下。

2.121

荷质比 charge-to-mass ratio

单位质量显影剂或色调剂所带的电荷量。单位为 $\mu C/g$。对双组分显影剂来说,是色调剂与载体饱和摩擦时所带的电量与其质量的比。

2.122

贫化 depletion

以低图像密度为表征的显影剂组分中色调剂浓度的降低。

2.123

浮尘 dusting

沉积在机器内和其周围而不在静电复印品上的显影剂或色调粒子。

2.124

卡盒方式 cartridge type

在复印机中,将色调剂盒、光导体、充电辊、显影辊等部件装在同一或多个容器中而便于更换的方式。

2.125

正常运转 satisfactory operation

办公机械与制造厂所公布的技术规格相一致的运转。

2.126

稿台允许温度　acceptable temperature for contact glass

复印机工作时，允许稿台温度所达到的最高值。

2.127

供纸容量　paper supply capacity

在供纸部位（纸盒、纸盘及纸台等）一次可装入的复印纸张数。

2.128

供纸失误率　paper misfeed rate

在规定的时间内，复印纸空送、多张等失误次数之和，与同时间内复印总张数的百分比。

2.129

输纸故障率　failure rate of paper conveying

在规定的时间内，卡纸、烧纸等纸路故障次数之和与同时间内复印总张数的百分比。

2.130

停机纸路故障　stopping malfunction of paper path

复印机运行中因机内供纸空送，卡纸而引起的停机现象。

2.131

不停机纸路故障　non-stopping malfunction of paper path

复印机运行中出现多张、折角、撕裂和严重皱折，但没有引起停机的现象。

2.132

接纸盘容量　receiving tray capacity

又称复印品接受盘容量。

接纸盘中能容纳复印品的张数。

2.133

复印量　copy volume

单位时间所复印的复印品张数。

注：这是一个对复印机的设计参数，通常以月复印量表示。

2.134

复印比例　reproduction scale

复印品对于原稿的线性尺寸之比。

2.135

复印尺寸　copy size

可以使用的复印用纸的大小。

2.136

最大复印品幅面　maximum copy size

复印机可用的最大复印纸规格。

2.137

空白边区域　blank area on a copy

允许存在的周边无图像空白区域。

2.138

有效复印幅面　effective size of printed area

除空白边以外的实际复印幅面。

2.139

最大复印用纸宽度　maximum width of the copy paper

工程图纸复印机所使用的最大复印机宽度。

2.140

最大复印长度　maximum copy length

工程图纸复印机每次可复印出的最大复印长度。

2.141

最大输纸偏斜量　maximum transport deviation measurement

工程图纸复印机在输纸过程中，在输纸方向上单位长度(m)纸张两侧偏离起始位置的间距(mm)。

2.142

漏印　image missing in printed area

在有效复印幅面内未能把原稿图像全部复印出来的现象。

2.143

遮掩　masking

将原稿一部分图像掩蔽以便不在复印品上复印出来的方法。

2.144

测试版　test chart

使自制的图像作为各种图像输入装置图像质量评价的标准。

2.145

运行试验　commissioning test

为证明安装和运行的正确性，对复印机所进行的现场试验。

2.146

环境适应性检验　environment adaptation test

证明某一产品在高温高湿和低温低湿条件下，既无机械、电气故障，图像质量又符合标准或规范要求的检验。

3　复印机

3.1

办公设备　office equipment

办公事务中所使用的电子信息设备。主要指复印机、打印机、传真机、扫描仪、计算机等。

3.2

复印机　copying machine; copier

用各种不同复印过程来产生原稿复印品而原稿不受损伤的机器。

注：复印机按复印过程的不同可分为重氮复印机、静电复印机、银盐复印机及热敏复印机等。

3.3

静电复印机　electrostatic copying machine

采用静电成像方式实现复印过程的复印机。

3.4

静止稿台复印机　stationary platen copying machine

曝光时稿台静止的复印机。

3.5

移动稿台复印机　moving platen copying machine

曝光时稿台移动的复印机。

3.6

落地式复印机　console copying machine

直接座落在地板上的复印机。

3.7

台式复印机　desk-top copying machine

放在办公桌或支架上的复印机。

3.8

便携式复印机　potable copiers

A4 幅面手持式、方便携带的(不考虑防电击保护等级)复印机。

3.9

文件复印机　document copiers

复印幅面在 A3 以下,Ⅰ类防电击保护的静电复印机。

3.10

工程图纸复印机　engineering drawing copying machine

复印幅面在 A3 以上,专门为复制大幅面的工程图设计的Ⅰ类防电击保护的静电复印机。

3.11

普通纸复印机　plain paper copying machine(PPC)

可能在普通纸上形成图像的复印机,意思是采用狭义转印(间接)型电摄影的复印机。

3.12

直接法静电复印机　direct method electrostatic copying machine

利用直接静电复印过程的复印机。

3.13

干式直接法静电复印机　dry process direct method electrostatic copying machine

利用粉状显影剂形成可见像的直接法静电复印机。

3.14

湿式直接法静电复印机　liquid process direct method electrostatic copying machine

利用溶剂化物显影剂形成可见像的直接法静电复印机。

3.15

间接法静电复印机　indirect method electrostatic copying machine

又称普通纸复印机。

利用间接静电复印过程的静电复印机。

3.16

干式间接法静电复印机　dry process indirect method electrostatic copying machine

利用粉状显影剂形成可见像的间接法静电复印机。

3.17

湿式间接法静电复印机　liquid process indirect method electrostatic copying machine

又称液干式静电复印机。

利用液体显影剂形成可见像的间接法静电复印机。

3.18

干式静电复印机　dry process electrostatic copying machine

利用粉状显影剂形成可见像的静电复印机。它分为干式直接法静电复印机和干式间接法静电复印机。

3.19

湿式静电复印机 liquid process electrostatic copying machine

利用液体显影剂形成可见像的静电复印机。它分为湿式直接法静电复印机和湿式间接法静电复印机。

3.20

模拟式静电复印机 analogue copying electrostatic machine

利用光学系统对原稿扫描产生光学模拟图像,在曝光时直接投射在光导体表面上形成静电潜像的静电复印机。

3.21

数字式静电复印机 digital electrostatic copying machine

将原稿图像或文字转换成数字信号并进行数字处理后,通过扫描以静电成像方式进行复印的静电复印机。

3.22

再生静电复印机 remanufactured electrostatic copying machine

将旧的或使用过的静电复印机通过拆卸、分类、清洁、检测、更换等过程重新装配和检验并满足相应标准规定的静电复印机。

3.23

数字式一体化速印机 digital stoncil duplicator

采用数字扫描方式将制版和印刷这两大功能集于一身的油印机。

3.24

重氮复印机 diazo copying machine

利用重氮显影的重氮复印机。

3.25

湿式重氮复印机 wet process diazo copying machine

利用湿影液进行显影的重氮复印机。

3.26

干式重氮复印机 ammonia process diazo copying machine

利用氨熏显影的重氮复印机。

3.27

热式重氮复印机 thermal process diazo copying machine

利用热进行显影的重氮复印机。

3.28

加压式重氮复印机 pressure development process diazo copying machine

以微量碱溶液加压转印而进行显影的重氮复印机。

3.29

彩色复印机 colour copying machine

可以得到和原稿相同彩色图像的具有三原色以上成色功能的复印机。

3.30

银盐复印机 photographic copying machine

利用银盐复印过程的复印机。

3.31

热敏复印机 thermographic copying machine

利用热敏复印过程的复印机。

4 功能与过程

4.1

复印 copying

利用复印机按相同或不同幅比制作忠实于原稿的复印品的过程。

4.2

单面复印 single-sided copying;simplex

只在复印纸的一面制作复印品的过程。

4.3

双面复印 double-sided copying;duplex

原稿的连续两页内容可以复印在复印纸的正反两面上。

4.4

接触复印 contact copying

将敏感版靠在一起的制作复印品的方法。

4.5

反射复印 reflex copying

使敏感材料处于能源和母版之间的制作复印品的过程。

4.6

透射复印 transmission copying

使母版处于辐射能源和敏感材料之间以便辐射能透过母版的制作复印品的方法。

4.7

直接静电复印过程 direct electrostatic copying process

图像直接在光电导涂层(一般为氧化锌-树脂粘合剂)纸上形成并以它作为最终复印品的静电复印过程。

4.8

间接静电复印过程 indirect electrostatic copying process

图像首先在复印机内的光导体表面形成,然后被转印到普通纸等介质上的静电复印过程。

4.9

重氮复印过程 diazo copying process

由辐射能(特别是紫外光)对重氮敏感材料以产生在使用之前需加干燥的复印品的方法。

4.10

半干重氮复印过程 semi-dry diazo copying process

用液体偶联剂处理曝光的重氮敏感材料显影的处理方法。

4.11

干重氮复印过程 dry diazo copying process

用氨熏使含偶联剂的重氮敏感材料显影的处理方法。

4.12

压力重氮复印过程 pressure diazo copying process

在压力下将少量偶联剂施加到曝光的重氮敏感材料上以便产生接近于干复印品的方法。

4.13

银盐复印过程 silver copying process

由辐射能(特别是光)对银盐敏感材料的作用产生复印品的过程。

4.14

直接正像复印过程　direct positive copying process

由直接曝光和随后的处理产生正像复印品的银盐复印过程。

4.15

负像-正像复印过程　negative-positive copying process

由负片获得的潜像通过一次显影获得正像的银盐复印过程。

4.16

扩散转印复印过程　diffusion transfer copying process

又称化学转印复印过程。

由专门制备的负像母版的化学物质向敏感材料扩散或转移来产生正像复印品的银盐复印过程。

4.17

热敏复印过程　thermographic copying process

由红外线对专门热敏材料的作用产生复印品的过程。

4.18

双光谱复印过程　dual spectrum copying process

在制作最终复印品之前,利用可见光先制作母版的热敏复印过程。

4.19

供纸　paper feeding

把复印纸或感光纸送入复印机内的操作过程。

4.20

手动供纸　manual paper feed

用手操作进行供纸的方式。

4.21

单页纸自动供纸　automatic sheet paper feed

自动供给单页复印纸或感光纸的供纸方式。

4.22

卷筒纸自动供纸　automatic roll paper feed

对卷筒复印纸或感光纸进行自动裁切的供纸方式。

4.23

分段裁切　step cut

可以分段选择复印纸或感光纸切断长度的裁切方式。

4.24

任意裁切　random cut

可以自由决定复印纸或感光纸切断长度的裁切方式。

4.25

同步裁切　synchro cut

可以根据原稿长度自由决定复印纸或感光纸裁切长度的裁切方式。

4.26

链式输纸　chain delivery

用固定的链条上的爪等将复印纸抓住来进行输送的方式。

4.27

充电　charging

在光电导绝缘介质上产生均匀的静电表面电荷的过程。

4.28

电晕充电　corona charging

利用电晕发生器所产生的气体离子的充电。

4.29

单电晕充电　single-corona charging

在感光体或感光纸的感光面一侧设置特定极性的放电电极，通过电晕放电进行的充电。

4.30

双电晕充电　double-corona charging

在感光纸的两面设置极性不同的放电电极，通过电晕放电进行的充电。

4.31

曝光　exposing

敏化后的光导体，受光辐射能的作用，使光导层表面形成静电潜像的过程。

4.32

预曝光　pre-exposure

在成像之前用光源对光电导介质的照射。

4.33

狭缝曝光方式　slit exposure type

使感光体或感光纸、原稿及光学系统以一定关系边作相对运动边顺次曝光的方式。

4.34

全幅面曝光方式　whole image exposure type

使全幅图像同时曝光的方式。

4.35

透过式曝光方式　contact printing of transparence

从原稿方面照射光而进行日光的方式。

4.36

原稿固定式曝光方式　stationary original exposure type

原稿不动而进行曝光的方式。

4.37

原稿移动式曝光方式　moving original exposure type

随原稿移动而进行曝光的方式。

4.38

显影　developing; development

把潜像变成可见像的过程。

4.39

气溶液显影　aerosol development

通过悬浮气体把色调剂传送到静电潜像电场的显影。

注：气溶液显影有两种，一种是粉雾显影，色调剂为色粉；另一种是液体喷雾显影，色调剂为油墨或染料组成的微小液珠。

4.40

湿法显影　wet process development

又称液体显影。

利用液体显影剂的显影。

4.41

干法显影　dry process development

利用气体、粉末和辐射能之类的非液体显影剂的显影。

4.42

瀑布显影　cascade development

靠重力将色粉和载体撒落到静电潜像上的显影。

4.43

毛刷显影　fur brush development

通过毛状纤维把色调剂传送到静电潜像区的显影。

4.44

磁刷显影　magnetic brush development

用在磁场作用下形成的刷子状排列的磁性粒子传送色调剂的显影。

4.45

直接显影　direct development；positive development

为了使复印品暗区与原稿暗区相对应，用具有适当电荷极性的色调剂粒子对带电区的显影。

4.46

反转显影　reversal development；negative development

为了使复印品暗区与原稿亮区相对应，用具有适当电荷极性的色调剂粒子对非带电区的显影。

4.47

热显影　heat development

使感光纸表面受热而进行显影的方式。

4.48

氨熏显影　ammonia gas development

将氨水蒸发到感光纸表面而进行的显影方式。

4.49

后处理　processing

为了显出并保持图像在曝光之后对敏感材料的处理。

4.50

显影偏压控制　developing bias control

为了得到比较清晰的图像，根据原稿种类在显影器上施加偏压的方式。

4.51

转印　transfer

通过静电力或粘附力把显影图像或其一部分从一个表面转移到另一个表面上的过程。

4.52

电晕转印　corona transfer

通过电晕放电把感光体上的图像转印到复印纸上的过程。

注：一般是指在间接式静电复印机中，当复印纸贴近具有显影图像的感光体表面时，利用电晕发生器对纸背面施加与色调剂极性相反的静电荷；然后使复印纸和感光体分离，在分离时，由于静电力的作用在使感光体上的显影图像转复印纸上。

4.53

粘着转印　adhesive transfer

利用粘附力的转印。

注：把粘合剂涂层纸等介质的粘合剂层面贴在具有显影图像的感光体，对该涂层介质背面施加压力，然后把它与感光体分开，由于粘附力的作用，把显影图像转印到粘合剂涂层纸等介质上。

4.54

辊转印 roller transfer

利用表面带有电荷的辊，将感光体上的图像转印到复印纸上的过程。

4.55

分离 separation

a） 将曝光(晒相)后的原稿与感光纸分开的操作。

b） 在转印后将复印纸从光导体定影辊上分离下来的操作。

4.56

空气分离 air separation

通过负压或吹气把复印纸从感光体上分离下来的操作。

4.57

电晕分离 corona separation

又称静电分离。

通过电晕放电把复印纸从感光体上分离下来的操作。

4.58

爪式分离 finger separation

利用爪状部件将复印纸从感光体、定影辊等上分离下来的操作。

4.59

带式分离 belt separation

利用带状部件将复印纸从感光体上分离下来的操作。

4.60

定影 fixing;fusing

使显影后的感光纸上的色调剂图像或转印后的复印纸上的色调剂图像固定的过程。

4.61

烘烤定影 oven fusing

利用加热灯管、加热带等的辐射热进行的定影。

4.62

热板定影 heat plate fusing

通过与加热的金属板等接触进行的定影。

4.63

熔融定影 fusing

利用加热使复印品的色调剂彼此熔融，并使复印品的色调剂熔融粘合而结在一起的过程。

4.64

热辊定影 heat roller fusing

利用加热和加压相结合的定影。

注：一般是使复印纸从一个加热辊和一个加压辊之间通过，而使复印纸上的色调剂像固定。

4.65

闪光定影 flash fusing

通过氙灯等的闪光使复印纸上的色调剂图像固定的定影。

4.66

压力定影 pressure fixing

又称冷压定影。

通过压力使色调剂图像固定的定影。

注：一般是使带有色调剂图像的复印纸从两个不加热的压力辊之间通过，只依靠压力使复印纸上的色调剂像固定。

4.67

蒸汽定影　vapor fixing

利用溶剂蒸汽对色调剂的作用而使色调剂图像固定的定影。

4.68

涂覆定影　overcoating

通过在表面是喷涂、覆盖保护膜或类似涂层而进行的定影。

4.69

定影牢固度　fixing level

复印品上图像固定的程度。

4.70

复印倍率　magnification

复印图像尺寸与原稿图像尺寸的比值。

4.71

预热时间　warm-up time

复印机接通电源之后到可以开始复印之前所需要的时间。

注：启动时间包括对加热灯管等加热元件的预热时间和其他准备工作(如预清洁等)所需的时间。

4.72

待机　standby

复印机在正常工作期间，为了避免几次复印工作之间的启动时间所需维持的低功率状态。

4.73

首张复印品时间　first copy-out time

从发出"复印"指令到首张复印品全输出所需要的时间。

4.74

复印速度　copying speed

在复印出第一张复印品之后同一原稿复印品的连续输出率。

注：以单位时间排出的一定尺寸的复印品张数来表示，但对非自动裁切的卷筒纸供纸的情况，是以单位时间排出的复印品长度来表示。

4.75

复印周期　copy cycle

又称复印循环。

复印机产生一张复印品的整个过程。

4.76

插入复印　interruption

在连续复印中，临时中断，插入其他内容的复印，而后能恢复原来复印状态的功能。

4.77

重复功能　repeat function

自动将复印张数设定成与前面的复印张数相同的功能。

4.78

自动清除功能　autoclear function

又称自动恢复。

复印结束后，经过一定时间自动恢复到设定前的状态的功能。

注：可用于复印纸尺寸、复印密度、复印张数变更。

4.79

自动停机功能　autoshut-off function

复印结束后，经过一定时间自动切断电源的功能。

4.80

自诊功能　self-diagnosis function

复印机本身能检测并显示出异常现象或状态而便于维修处理的功能。

5　基本技术部件

5.1

驱动辊　drive roller

传送动力的辊。

5.2

张力辊　tension roller

拉紧传动带等的辊。

5.3

导板　guide plate

将原稿、复印纸或感光纸等引导到正确位置的板。

5.4

导台　table

在大型工程图纸复印机(包括重氮方式和静电照相方式)中，为了使原稿及感光纸(或普通纸、二底图纸等)容易插入的台子。

5.5

稿台　platen

又称稿台玻璃。

放置复印用原稿的玻璃板。

注：稿台一般为平面玻璃板形式，也有采用弧形玻璃或其他方便于厚书本复印的形式。

5.6

对位标　register guides

便于原稿正确对位的稿台上或稿台附近的标记。

5.7

稿台盖板　platen cover

又称原稿盖板。

在复印过程中压住稿台上放置的原稿的板。

5.8

真空稿台盖板　vacuum platen cover

在原稿和稿台之间产生真空以获得高接触压力的一种稿台盖板。

5.9

输稿器　document feeder

把一张一张插入的原稿自动输送到玻璃稿台上，复印终了后又自动排出的位置。

5.10

自动输稿器　automatic document feeder (ADF)

将预先放置好的一叠原稿逐张自动地输送到玻璃稿台上，复印终了后又自动排出的装置。

5.11

原稿自动处理装置　automatic document handler

具有使原稿循环的附属设备的自动输稿器。

5.12

图像扫描器　image scanner

利用光电变换的方法读取图像，然后输入到计算器的装置称为图像扫描器。图像用CCD等图像传感器扫描，图像浓度转换成光的强弱。再将其转换成数字信号存入存储器。

5.13

图像传感器　image sensor

具备扫描和接受功能并在扫描的同时进行光电转换的元件。

5.14

光电变换　light-to-current inversion

对应于原稿上的反射光量所产生的电信号。

5.15

电荷耦合器件　charge coupled device（CCD）

一种数千只数微米大小的方形光敏元件排列成一列，做在一张芯片上的光电变换元件。

5.16

数模转换器　digital-analog converter（A/D）

将模拟信号变换成数字信号的转换称为A/D变换。

5.17

晒相带　printer belt

便圆筒玻璃旋转并使原稿与感光纸紧密接触以进行输送的带子。

5.18

原稿分离器　original separator

将原稿和感光纸从圆筒玻璃上分离下来的装置。

5.19

原稿排出装置　document assist device(DAD)

复印完一定张数的复印品后，将原稿自动排出的装置。

5.20

原稿接受盘　original receiving tray

接受通过曝光部位后的原稿的容器。

5.21

纸盒　paper cassette

存放可直接送入复印机中的一定数量页式复印纸或感光纸的盒式容器。

5.22

纸叠　paper stack

与供纸机构相联系的一叠复印纸。

5.23

供纸盘　paper feed tray

放置纸叠的盘。

5.24

纸提升机构　paper lift

自动将纸叠提升以保持供纸机构和纸叠顶面适当关系的机构。

5.25

纸侧导板　paper side guides

与纸叠两侧接触以使其保持在正确位置的部件。

5.26

气吸供纸装置　suction feeder

通过负压从纸叠上将纸张连续分开并卷入复印机内的装置。

5.27

摩擦供纸装置　friction feeder

通过摩擦力从纸叠上将纸张连续分开并卷入复印机内的装置。

5.28

密封套管　sealing sleeve

接在气体显影箱开口部分,输送感光纸的筒形带状物。

5.29

防卷爪　guide

为使感光纸不卷到辊上而装的爪。

5.30

纸角分离器　corner separator

作用在纸叠的纸角上以促进纸张连续分离的装置。

5.31

排纸辊　delivery rollers

将复印品输送到复印品接受盘中的部件。

5.32

卷纸轴　paper supporting shaft

支撑卷筒复印纸或感光纸的轴。

5.33

收纸(卷)轴　paper winding shaft

将复印后的复印纸或感光纸卷起来的轴。

5.34

切纸刀　cutter

将复印纸或感光纸切断的刀具组合体。

5.35

复印品接受盘　copy receiving tray

又称接纸盘。

接受复印品的容器。

5.36

活动的复印品接受盘　shifting copy tray

又称活动接纸盘。

为了容易分页,可以左右自动移动的复印品接受盘。

5.37

分页器　sorter collator

将一套原稿的若干复印品自动分成若干套或将一张原稿的若干复印品分成若干叠的装置。

5.38

分页架　bin

分页后接受排出的复印品的带格的架子或容器。

5.39

光导体　photoreceptor;photoconductor

具有光电导性,可将图像以静电潜像形式记录下来的感光元件。

注:在静电复印机中所用的光导体,根据其形式来分,主要有鼓状、板状及带状等;根据其材料的种类来分,主要有硒及硒合金型、氧化锌-树脂粘合剂型、硫化镉-树脂粘合剂型、有机光电导体型以及无定型硅型等。

5.40

光导鼓　photoconductor drum

在鼓状底基上镀一层硒或涂一层无机或有机光电导体的光导体。

注:目前使用的有硒及其合金鼓、硫化镉鼓、有机光电导体鼓和硅鼓。

5.41

光电导体带　photoconductor belt

在挠性带底基上镀一层硒(或硒合金)或涂一层无机或有机光电导体的感光体。

5.42

高压发生器　high voltage unit

又称高压电源。

供给电晕发生器的高压电源装置。

5.43

电晕发生器　corona unit;charger unit

产生电晕的装置。

注:电晕发生器元件在高压的激励下产生电离空气以对复印过程中的部件进行充电或消电。

5.44

电晕充电装置　charger

又称充电电极。

使感光体或感光纸带电的装置。

5.45

电晕转印装置　transfer corona unit;transfer charger unit

又称转印电极。

使显影图像转印到普通纸等介质表面上用的电晕发生器。

注:产生的电晕电位要高于感光体的表面电位,以便把色调剂图像从感光体表面转印到纸上。

5.46

电晕消电装置　corona eraser

又称消电电极。

中和感光体的表面电荷,为清洁作准备用的电晕发生器。

5.47

充电丝　charging wire

作为电晕发生器电极的金属丝。

5.48

电晕发生器净化器　corona unit cleaner

装在机器中用于净化电晕发生器产生的臭氧的装置。

5.49

灯　lamp

晒相或曝光用的光源。例如：水银灯、荧光灯、卤素灯和氙灯等。

5.50

镇流器　ballast choke；stabilizer

气体放电灯工作电路中的铁芯电感线圈。

5.51

镜头　lens

使原稿图像在感光体或感光纸表面形成相应图像的部件(包括镜筒)。

5.52

镜头箱　lens housing

安装镜头并以遮光为目的的箱子。

5.53

镜头阵列　lens array

将玻璃或塑料制成的微型镜头与光轴成垂直方向排成一列或数列的组合体。

5.54

光栅　stop

垂直于光轴并能对通光起限制光孔和装置。

5.55

反射镜　mirror

使光发生反射的镜面。

5.56

$f\theta$ 透镜　$f\theta$ lens

又称多面体旋转 $f\theta$ 棱镜。

用在激光扫描的透镜，通过多面体旋转棱镜的等角度扫描的激光束在光导体表面上实现匀速扫描的功能。设像高为 y，透镜的焦距为 f，激光束入射到透镜的角度为 θ，则 $y=f\theta$，由此透镜也称为 $f\theta$ 透镜。

5.57

反光罩　reflector

为增加光有效反射的罩。

5.58

焦面玻璃板　focal glass plate

为了防止图像模糊而装在复印用镜头的焦面上的透明玻璃板。

5.59

狭缝导板　slit guide plate

与相对于焦面玻璃板的感光纸背面相接的导板。

5.60

圆筒玻璃　cylinder glass

用于晒相部分的透明的圆筒状玻璃。

5.61

显影辊　developing roller

使感光体或感光纸上的潜像显影用的辊。

5.62

挤压辊　squeezing roller

两个为一组,或与显影辊一起工作,挤掉多余显影液的辊。

5.63

显影盘　developing tray

为使感光体或感光纸上的潜像显影用以存放显影液的容器。

5.64

显影箱　developing tank

收存氨气进行显影的容器。

5.65

显影盘座　developing tray retainer

承托显影盘并接受从显影盘中溢出的液体的部件。

5.66

显影剂泵　developer pump

使显影液循环的泵。

5.67

搅拌器　agitator

在静电复印中,为了防止显影剂仓内显影剂凝集,确保显影剂的流动性,在显影剂仓内配置的搅拌机械。

5.68

显影剂箱　developer tank

显影机构中装显影剂的容器。

5.69

显影剂槽　developer reservoir

复印机中贮存液体显影剂的容器。

5.70

色调剂槽　toner reservoir

湿式静电复印机中装浓缩或非浓缩色调剂的容器。

5.71

色调剂盒　toner container

干式静电复印机中装色调剂的容器。

5.72

供液瓶　supplying bottle

又称液瓶。

装在机器上补充液体的容器。

注:有显影用供液瓶、溶剂用供液瓶等。

5.73

供液盖　supplying cap

供液瓶的盖。

注:有的供液盖也有供液阀。

5.74

供液阀　supplying valve

装在供液盖上的阀。

5.75

排液管　drain tube

排出液体用的管。

5.76

蒸发盘　evaporating tray

装氨水并使之蒸发的容器。

5.77

滴量器　drip gauge

为观察氨水的滴下状态用的装置。

5.78

蒸发加热器　evaporating heater

使氨水蒸发用的加热器。

5.79

空间加热器　space heater

保持显影箱内的温度用的加热器。

5.80

干燥加热器　drying heater

使复印品干燥用的加热器。

5.81

定影加热器　fixing heater

将色调剂图像融化、固定在复印纸或感光纸上并使复印品干燥的加热器。

5.82

定影辊　fixing roller

压力定影、热辊定影等所用的辊的总称。

5.83

热辊　heat roller

将色调剂图像融化、固定在复印纸或感光纸上并使复印品干燥的加热辊。

5.84

压力辊　pressure roller

将复印品压附在热辊上提高定影或干燥效果并进行输送用的辊。

5.85

干燥器　dryer

通过吹风、辐射能等除掉图像材料中残余液体的湿式静电复印机的部件。

5.86

加热器座　heater holder

支撑加热器的底座。

5.87

清洁辊　cleaning roller

为了清除残留的显影剂所用的辊。

注：主要用于光导体、定影辊等。

5.88

清洁刮板　blade cleaning

显影剂图像转印后，为了清除光导体上残留的显影剂所用的刮板。

5.89

刮板接触角　blade contact angle

指光导体与刮板的接触角度。

5.90

清洁带　cleaning web

为了清除残留的显影剂所用的带状织物或纸等。

5.91

清洁垫　cleaning pad

为了清除残留的显影剂所用的厚布或纸等。

5.92

清洁刷　cleaning brush

为了清除残留的显影剂所用的刷子。

注：主要用于光导体等。清洁刷一般是指采用天然或人造毛制成的清洁毛刷；也有的采用类似于显影磁刷的清洁磁刷，或显影磁刷兼作清洁磁刷之用。

5.93

过滤袋　filter bag

回收从感光体上清除下来的不能再使用的显影剂的袋子或容器。

6　控制装置与检查装置

6.1

操作面板　operation panel; control panel

配置操作机器所必需的开关、调节器、刻度盘、按钮和指示灯等的面板。

6.2

电源开关　mains switch

使机器接通或断开电源的装置。

6.3

过程控制　process control

控制各过程的状态量，对电摄影来说，就是为了输出稳定的图像质量（特别是密度和色再现性），对电摄影的各过程的状态（电压、温度、湿度等）进行检测控制。

6.4

启动控制机构　start control device

使机器开始运转的装置。

6.5

停止控制机构　stop control device

使机器停止运转的装置。

6.6

复印张数计数器　copy counter

指示已复印的复印品数目（或与复印张数选择器的设定数相关的待复印的复印品数目）的装置。

6.7

重复计数器　repeat counter

能够预先设定需要复印的张数、复印完预先设定的张数后又自动恢复到原设定张数的计数器。

6.8

预置计数器　preset counter

能够预先设定需要复印的张数、复印完预先设定的张数后不再自动恢复到原设定张数的计数器。

6.9

复印按钮　start button

又称启动按钮。

使复印过程开始的按钮。

6.10

复印中止按钮　copy stop button

在连续复印中途，终止任意的复印张数时使用的按钮。

6.11

曝光量控制杆　exposure control lever

又称密度调节杆。

通过调节曝光量来调节复印密度的手柄或旋钮。

注：为了获得清晰的图像，有时根据原稿种类使用选择钮，有时此钮也兼作复印按钮。

6.12

冷却定时器　cooling timer

复印操作结束后，为了降低圆筒玻璃内的温度而使风扇等工作一定时间的装置。

6.13

速度控制钮　speed control knob

在重氮复印机中，为了调整复印密度而调节送纸速度的钮。

6.14

手动色调控制　manual toning control

操作者用手能将色调剂加到静电复印机显影系统中的装置。

6.15

自动色调控制　automatic toning control

调节加到静电复印机显影系统中的色调剂的内装调节装置。

6.16

显影剂浓度自动控制　automatic toner density control

自动控制显影剂浓度的装置。

6.17

密度自动控制　automatic density control

根据原稿种类，自动调整图像密度的机构。

6.18

自动清除　autoclear

复印终了后，经过规定时间自动恢复到设定前的状态的机构。

6.19

自动停机　autoshut-off

复印终了后，经过规定时间自动切断电源的机构。

7　消耗材料

7.1

消耗材料　consumables

复印过程中所用的显影剂及各种纸等的消耗品的总称。

7.2

显影剂 developer

显影用的消耗品(色调剂、载体、单组分色调剂、显影液、原始显影剂主、补充显影剂等)的总称。

7.3

聚合法色调剂 polymerization toner

又称为化学法色调剂。

将单体树脂原料,颜料颗粒及添加剂等混合在反应器中,采用聚合的方法直接得到的色调剂颗粒状产品。

7.4

粉碎法色调剂 oulverized toner

又称物理法色调剂。

把粘结树脂、碳黑及其他添加剂进行熔融混炼,压片冷却后,再进行粗粉碎,微粉碎,分级得到的色调剂。是相对于聚合法色调剂那样的化学法制造色调剂而言。

7.5

分级 particle size separation

对所期望的体积、粒径范围的粒子进行分离、回收。载体等以数十微米的粒子用网进行筛分,对色调剂等密度小的微小粒子的分级,利用其对气体和液体等流体的流阻进行分级。

7.6

电荷控制剂 charge control agent (CCA)

在色调剂粉末中,为了控制带电极性和带电量所添加的材料等,正电性色调剂多用"苯胺黑",负电性色调剂多用含偶氮的金属染料。液体显影用色调剂是通过吸附在粒子上或含在粒子内的材料来控制极性和带电量。

7.7

比表面积 specific surface area

单位质量的粉体中含有全部粒子的总表面积 $SW(\mathrm{m}^2/\mathrm{kg})$。

7.8

苯丙树脂 styrene-acryl copolyme;stxrene-acryl resin

苯乙烯单体和丙烯系单体聚合的热可塑性树脂.被用作静电复印用色调剂的主要黏结树脂。

7.9

聚酯树脂 polyester resin

在主链上具有脂键(-coo-)聚合体的总称。通过多元醇和多元酸缩聚而成的树脂。

7.10

液体显影剂 liquid developer

又称湿法色调剂显影液。

指分散在绝缘液体中的色调剂粒子。利用色调剂在电场中的电泳现象用作电摄影显影用的材料。一般是将带极电性和附着性的树脂分散在像碳黑这样的颜料中。

注1:在重氮复印方式中,是将显影剂溶于水中而配制的溶液。

注2:在静电复印方式中,是用分散剂将色调剂分散而配制的悬浮体。

7.11

分散剂 dispersing agent; dispersant

静电复印方式湿法显影中分散色调剂的液体。

注:在复印机领域中也称溶剂。

7.12

色调剂　toner

又称墨粉或色粉。

静电复印方式显影用的带电着色微细粒子。

7.13

单组分色调剂　monocomponent toner single-component toner

相对于由色调剂和载体构成的双组分显影剂，仅由色调剂组成的显影剂就称为单组分显影剂，一般分为磁性单组分和非磁性单组分显影剂。

7.14

载体　carrier

在干式双组分显影剂中，传送色调剂但本身不能成为印品图像组成部分的材料。如微细铁粉、玻璃粉等。一般载体是铁氧体。

7.15

色调剂卡盒组件　toner cartridge

又称鼓粉盒组件。

由光导体单元、显影单元、色调剂输送单元等三个单元或前两个单元组成的成像部件。

7.16

二底图纸　intermediate paper

由原稿复制第二原稿所使用的纸。

7.17

表格纸　form paper

印制传票、证卷等各种表格用的纸。

7.18

标签纸　label paper

一面涂有黏合剂的可剥离纸。

注：用于直接邮寄的收件人姓名、地址及货签、标签等。

7.19

胶印母版纸　offset master paper

从原稿制作胶版印刷用母版的纸。

7.20

网板　screen

带有规则小点图案的、通常由胶片材料做成的薄板。

7.21

氧化锌纸　zinc oxide paper

具有光敏氧化锌-树脂黏合剂涂层的、用于直接法静电复印机的感光纸。

中 文 索 引

A

氨熏显影 …… 4.48
安息角 …… 2.120
暗衰减 …… 2.102
暗电流 …… 2.103
暗适应 …… 2.111
暗衰减率 …… 2.107
暗放电 …… 2.104

B

办公设备 …… 3.1
半色调 …… 2.38
半衰减曝光量 …… 2.98
半干重氮复印过程 …… 4.10
半色调原稿 …… 2.4
保存质量 …… 2.62
比例误差 …… 2.57
边缘效应 …… 2.44
表格纸 …… 7.17
曝光 …… 4.31
曝光量 …… 2.99
曝光量控制杆 …… 6.11
便携式复印机 …… 3.8
苯丙树脂 …… 7.8
饱和电荷量 …… 2.88
边缘电流 …… 2.93
标签纸 …… 7.18
饱和电位 …… 2.90
不停机纸路故障 …… 2.131
比表面积 …… 7.7
曝光宽容度 …… 2.101

C

重复计数器 …… 6.7
磁刷显影 …… 4.44
彩色复印机 …… 3.29
操作面板 …… 6.1
插入复印 …… 4.76
充电丝 …… 5.47
重复功能 …… 4.77
初始电位 …… 2.89
充电 …… 4.27
残余电位 …… 2.92
层次 …… 2.36
掺杂 …… 2.75
测试版 …… 2.144

D

待机 …… 4.72
单电晕充电 …… 4.29
单页纸自动供纸 …… 4.21
导板 …… 5.3
灯 …… 5.49
滴量器 …… 5.78
底灰 …… 2.32
电源开关 …… 6.2
电晕充电 …… 4.28
电晕发生器 …… 5.43
电晕分离 …… 4.57
电晕转印 …… 4.52
定影 …… 4.60
定影加热器 …… 5.82
对位 …… 2.59
多层光导体 …… 2.74
电荷控制剂 …… 7.6
带式分离 …… 4.59
单面复印 …… 4.2
单组分色调剂 …… 7.13
导台 …… 5.4
等倍复印品 …… 2.14
底基 …… 2.63
电场适应 …… 2.113
电晕 …… 2.83
电晕充电装置 …… 5.44
电晕发生器净化器 …… 5.48
电晕消电装置 …… 5.46
电晕转印装置 …… 5.45
定影辊 …… 5.83
定影牢固度 …… 4.69

对位标 …… 5.6
电荷耦合器件 …… 5.15

E

二底图纸 …… 7.16

F

分散剂 …… 7.11
反光罩 …… 5.57
反射镜 …… 5.55
防卷爪 …… 5.29
分辨力 …… 2.60
分离 …… 4.55
分页器 …… 5.37
负复印品 …… 2.13
负像-正像复印过程 …… 4.15
复印按钮 …… 6.9
复印比例 …… 2.134
复印机 …… 3.2
复印张数记数器 …… 6.6
复印周期 …… 4.75
复印品接受盘 …… 5.35
粉碎法色调剂 …… 7.4
分页架 …… 5.38
反差 …… 2.35
反射复印 …… 4.5
反转显影 …… 4.46
放大复印品 …… 2.15
分段裁切 …… 4.23
fθ 透镜 …… 5.56
浮尘 …… 2.123
负像 …… 2.24
复印 …… 4.1
复印倍率 …… 4.70
复印尺寸 …… 2.135
复印量 …… 2.133
复印中止按钮 …… 6.10
复印品 …… 2.9
复印速度 …… 4.74
分级 …… 7.5

G

干重氮复印过程 …… 4.11
干式重氮复印机 …… 3.26
干式静电复印机 …… 3.18
干燥加热器 …… 5.81
感光速度 …… 2.79
高压发生器 …… 5.42
稿台盖板 …… 5.7
搁置寿命 …… 2.117
供液阀 …… 5.75
供液瓶 …… 5.73
供纸 …… 4.19
供纸容量 …… 2.127
刮板接触角 …… 5.90
光导鼓 …… 5.40
光栅 …… 5.54
光衰减率 …… 2.108
辊转印 …… 4.54
过程控制 …… 6.3
光电导效应 …… 2.71
光谱响应特性 …… 2.95
工程图纸复印机 …… 3.10
干法显影 …… 4.41
干式间接法静电复印机 …… 3.16
干式直接法静电复印机 …… 3.13
干燥器 …… 5.86
光导体 …… 5.39
稿台 …… 5.5
稿台允许温度 …… 2.126
鬼影 …… 2.54
供液盖 …… 5.74
供纸盘 …… 5.23
供纸失误率 …… 2.128
光电导体带 …… 5.41
光电导性 …… 2.70
光衰减 …… 2.105
光衰减特性 …… 2.96
过滤袋 …… 5.94
光电导材料 …… 2.69
光谱响应 …… 2.94
光电变换 …… 5.14

H

烘烤定影 …… 4.61
后拖 …… 2.47

划痕…………………………………………… 2.115
荷质比…………………………………………… 2.121
后处理 ………………………………………… 4.49
花斑 …………………………………………… 2.49
活动的复印品接受盘 ………………………… 5.36
环境适应性检验……………………………… 2.146

J

挤压辊 ………………………………………… 5.62
加网 …………………………………………… 2.42
间接法静电复印机 …………………………… 3.15
焦面玻璃板 …………………………………… 5.58
接触复印………………………………………… 4.4
静电反差 ……………………………………… 2.34
静电潜像 ……………………………………… 2.25
静止稿台复印机………………………………… 3.4
镜头箱 ………………………………………… 5.52
卷筒纸自动供纸 ……………………………… 4.22
静电成像术 …………………………………… 2.18
聚酯树脂………………………………………… 7.9
搅拌器 ………………………………………… 5.68
加热器座 ……………………………………… 5.87
加压式重氮复印机 …………………………… 3.28
间接静电复印过程……………………………… 4.8
胶印母版纸 …………………………………… 7.19
接纸盘容量…………………………………… 2.132
静电复印机……………………………………… 3.3
静电学 ………………………………………… 2.80
镜头 …………………………………………… 5.51
镜头阵列 ……………………………………… 5.53
卷纸轴 ………………………………………… 5.32
聚合法色调剂…………………………………… 7.3
静电力 ………………………………………… 2.81
静电摄影材料 ………………………………… 2.68

K

卡尔逊法 ……………………………………… 2.19
抗溶剂浸透性 ………………………………… 2.65
扩散转印复印过程 …………………………… 4.16
空间加热器 …………………………………… 5.80
卡盒方式……………………………………… 2.124
空间频率 ……………………………………… 2.61
空气分离 ……………………………………… 4.56
空白边区域…………………………………… 2.137

L

连续色调原稿…………………………………… 2.5
漏印…………………………………………… 2.142
链式输纸 ……………………………………… 4.26
邻界效应 ……………………………………… 2.45
落地式复印机…………………………………… 3.6
冷却定时器 …………………………………… 6.12

M

母版……………………………………………… 2.8
抹污 …………………………………………… 2.50
摩擦带电效应 ………………………………… 2.82
模拟式静电复印机 …………………………… 3.20
摩擦供纸装置 ………………………………… 5.27
密度自动控制 ………………………………… 6.17
密度不均匀性 ………………………………… 2.28
敏感材料 ……………………………………… 2.67
明适应………………………………………… 2.112
毛刷显影 ……………………………………… 4.43
密封套筒 ……………………………………… 5.28

N

NP 法 ………………………………………… 2.20
耐溶剂性 ……………………………………… 2.66

O

偶氮染料 ……………………………………… 2.77
偶联剂 ………………………………………… 2.78

P

普通纸复印机 ………………………………… 3.11
疲劳…………………………………………… 2.110
瀑布显影 ……………………………………… 4.42
排纸辊 ………………………………………… 5.31
疲劳效应 ……………………………………… 2.97
贫化…………………………………………… 2.122
排液管 ………………………………………… 5.76

Q

起动控制机构…………………………………… 6.4
气溶液显影 …………………………………… 4.39

前突 …… 2.46
清洁带 …… 5.91
清洁刮板 …… 5.89
清洁刷 …… 5.93
驱动辊 …… 5.1
起始线误差 …… 2.56
气吸供纸装置 …… 5.26
切纸刀 …… 5.34
清洁垫 …… 5.92
清洁辊 …… 5.88
清晰度 …… 2.33
全幅面曝光方式 …… 4.34

R

染料增感 …… 2.72
热辊定影 …… 4.64
热敏复印机 …… 3.31
热显影 …… 4.47
乳剂 …… 2.76
热板定影 …… 4.62
热辊 …… 5.84
热敏复印过程 …… 4.17
热式重氮复印机 …… 3.27
任意裁切 …… 4.24
熔融定影 …… 4.63

S

色调 …… 2.37
色域 …… 2.40
色调剂 …… 7.12
色调剂盒 …… 5.72
色调剂卡盒组件 …… 7.15
色调剂流动性 …… 2.118
实心黑[区] …… 2.26
数字式一体化速印机 …… 3.23
湿式重氮复印机 …… 3.25
输纸故障率 …… 2.129
双光谱复印过程 …… 4.18
双面复印品 …… 2.11
缩小复印品 …… 2.16
闪光定影 …… 4.65
湿式间接法静电复印机 …… 3.17
湿式直接法静电复印机 …… 3.14
手动供纸 …… 4.20
首张复印品时间 …… 4.73
数模转换器 …… 5.16
色差 …… 2.39
色调再现性 …… 2.41
色调剂槽 …… 5.71
色调剂浓度 …… 2.29
松装密度 …… 2.30
视在表面电阻率 …… 2.84
输稿器 …… 5.9
双电晕充电 …… 4.30
双面复印 …… 4.3
速度控制钮 …… 6.13
晒相带 …… 5.17
湿法显影 …… 4.40
湿式静电复印机 …… 3.19
收纸(卷)轴 …… 5.33
手动色调控制 …… 6.14
数字式静电复印机 …… 3.21

T

停止纸路故障 …… 2.130
体积电阻率 …… 2.85
同步裁切 …… 4.25
透明片 …… 2.17
透射复印 …… 4.6
涂覆定影 …… 4.68
图像畸变 …… 2.52
拖尾 …… 2.48
图像扫描器 …… 5.12
台式复印机 …… 3.7
停止控制机构 …… 6.5
透光式曝光方式 …… 4.35
透明原稿 …… 2.6
涂布量 …… 2.64
图像 …… 2.21
图像倾斜误差 …… 2.55
图像密度 …… 2.27
图像传感器 …… 5.13

W

网板 …… 7.20
文件复印机 …… 3.9

X

吸附……2.116
狭缝曝光方式……4.33
显影辊……5.61
显影剂泵……5.67
显影剂槽……5.70
显影剂箱……5.69
显影剂流动性……2.31
显影偏压控制……4.50
线条复印品……2.10
像素……2.22
狭缝导板……5.59
显影……4.38
显影剂……7.2
显影剂浓度自动控制……6.16
显影盘……5.63
显影盘座……5.65
显影箱……5.64
线条原稿……2.3
消耗材料……7.1

Y

原稿……2.1
原稿分离器……5.18
原稿排出装置……5.19
压力重氮复印过程……4.12
压力辊……5.85
移动稿台复印机……3.5
晕圈效应……2.43
预置计数器……6.8
运行试验……2.145
原稿自动处理装置……5.11
原稿移动式曝光方式……4.37
银盐复印过程……4.13
有效复印幅面……2.138
阈电位……2.91
原位……2.58
原稿接受盘……5.20
圆筒玻璃……5.60
压力定影……4.66
氧化锌纸……7.21
液体显影剂……7.10
印品异常……2.53
有机光导体……2.73
预热时间……4.71
原稿固定式曝光方式……4.36
银盐复印机……3.30
有底色原稿……2.2
羽状物……2.51
预曝光……4.32

Z

纸角分离器……5.30
爪式分离……4.58
纸张定量……2.86
重氮复印过程……4.9
杂光衰减……2.106
载体流动性……2.119
粘着转印……4.53
遮掩……2.143
镇流器……5.50
蒸发盘……5.77
正常运转……2.125
正像……2.23
直接静电复印过程……4.7
直接正像复印过程……4.14
纸叠……5.22
自动清除功能……4.78
自动色调控制……6.15
自动停机功能……4.79
自诊功能……4.80
最佳曝光量……2.100
最大复印用纸宽度……2.139
最大输纸偏斜量……2.141
重氮复印机……3.24
纸提升机构……5.24
转印……4.51
纸张含水率……2.87
杂光……2.109
载体……7.14
粘连……2.114
张力辊……5.2
真空稿台盖板……5.8
蒸发加热器……5.79
蒸汽定影……4.67

正复印品 …………………………………… 2.12
直接法静电复印机 ……………………… 3.12
直接显影 …………………………………… 4.45
纸侧导板 …………………………………… 5.25
纸盒 ………………………………………… 5.21
自动清除 …………………………………… 6.18
自动输稿器 ………………………………… 5.10
自动停机 …………………………………… 6.19
最大原稿幅面……………………………… 2.7
最大复印品幅面…………………………… 2.136
最大复印长度……………………………… 2.140
再生静电复印机 ………………………… 3.22

英 文 索 引

A

abnormal image on the copy …… 2.53
acceptable temperature for contact glass …… 2.126
adhesive transfer …… 4.53
aerosol development …… 4.39
agitator …… 5.68
air separation …… 4.56
ammonia gas development …… 4.48
ammonia process diazo copying machine …… 3.26
angle of repose …… 2.120
analogue copying electrostatic machine …… 3.20
apparent surface resistivity …… 2.84
archival quality …… 2.62
autoclear …… 6.18
autoclear function …… 4.78
automatic density control …… 6.17
automatic document feeder(ADF) …… 5.10
automatic document handler …… 5.11
automatic roll paper feed …… 4.22
automatic sheet paper feed …… 4.21
automatic toner density control …… 6.16
automatic toning control …… 6.15
autoshut-off …… 6.19
autoshut-off function …… 4.79
azo dye …… 2.77

B

background …… 2.32
ballast choke …… 5.50
base …… 2.63
belt separation …… 4.59
bin …… 5.38
blade cleaning …… 5.89
blade contact angle …… 5.90
blank area on a copy …… 2.137
blocking …… 2.114

C

Carlson process …… 2.19

carrier ········ 7. 14
cartridge type ········ 2. 124
cascade development ········ 4. 42
chain delivery ········ 4. 26
charge coupled device(CCD) ········ 5. 15
charge control agent(CCA) ········ 7. 6
charge-to-mass ratio ········ 2. 121
charger ········ 5. 44
charger unit ········ 5. 43
charging ········ 4. 27
charging wire ········ 5. 47
cleaning brush ········ 5. 93
cleaning pad ········ 5. 92
cleaning roller ········ 5. 88
cleaning web ········ 5. 91
coating weight ········ 2. 64
color difference ········ 2. 39
color gamut ········ 2. 40
colour copying machine ········ 3. 29
coloured original ········ 2. 2
commissioning test ········ 2. 145
console copying machine ········ 3. 6
consumables ········ 7. 1
contact copying ········ 4. 4
contact printing of transparence ········ 4. 35
continuous-tone original ········ 2. 5
contrast ········ 2. 35
control panel ········ 6. 1
cooling timer ········ 6. 12
copier ········ 3. 2
copy ········ 2. 9
copy counter ········ 6. 6
copy cycle ········ 4. 75
copy receiving tray ········ 5. 35
copy size ········ 2. 135
copy stop button ········ 6. 10
copy volume ········ 2. 133
copying ········ 4. 1
copying machine ········ 3. 2
copying speed ········ 4. 74
corner separator ········ 5. 30
corona ········ 2. 83
corona charging ········ 4. 28

corona eraser …… 5.46
corona separation …… 4.57
corona transfer …… 4.52
corona unit …… 5.43
corona unit cleaner …… 5.48
coupler …… 2.78
cutter …… 5.34
cylinder glass …… 5.60

D

dark adaptation …… 2.111
dark current …… 2.103
dark decay …… 2.102
dark decay rate …… 2.107
dark discharge …… 2.104
definition …… 2.33
delivery rollers …… 5.31
depletion …… 2.122
desk-top copying machine …… 3.7
developer …… 7.2
developer pump …… 5.67
developer reservoir …… 5.70
developer tank …… 5.69
developing …… 4.38
development …… 4.38
developing bias control …… 4.50
developing roller …… 5.61
developing tank …… 5.64
developing tray …… 5.63
developing tray retainer …… 5.65
diazo copying machine …… 3.24
diazo copying process …… 4.9
diffusion transfer copying process …… 4.16
digital-analog converter（A/D） …… 5.16
digital electrostatic copying machine …… 3.21
digital stoncil duplicator …… 3.23
direct development …… 4.45
direct electrostatic copying process …… 4.7
direct method electrostatic copying machine …… 3.12
direct positive copying process …… 4.14
dispersant …… 7.11
dispersing agent …… 7.11
document assist device（DAD） …… 5.19

document copiers ···· 3.9
document feeder ···· 5.9
doping ···· 2.75
double-corona charging ···· 4.30
double-sided copying ···· 4.3
dragging ···· 2.48
drain tube ···· 5.76
drip gauge ···· 5.78
drive roller ···· 5.1
dry diazo copying process ···· 4.11
dry process development ···· 4.41
dry process direct method electrostatic copying machine ···· 3.13
dry process electrostatic copying machine ···· 3.18
dry process indirect method electrostatic copying machine ···· 3.16
dryer ···· 5.86
drying heater ···· 5.81
dual spectrum copying process ···· 4.18
duplex ···· 4.3
duplex copy ···· 2.11
dusting ···· 2.123
dye sensitizing ···· 2.72

E

edge effect ···· 2.44
edging ···· 2.93
effective size of printed area ···· 2.138
electrophotographic material ···· 2.68
electrophotography ···· 2.18
electrostatic contrast ···· 2.34
electrostatic copying machine ···· 3.3
electrostatic force ···· 2.81
electrostatic latent image ···· 2.25
electrostatics ···· 2.80
emulsion ···· 2.76
engineering drawing copying machine ···· 3.10
enlargement ···· 2.15
environment adaptation test ···· 2.146
evaporating heater ···· 5.79
evaporating tray ···· 5.77
exposing ···· 4.31
exposure ···· 2.99
exposure control lever ···· 6.11
exposure lattitude ···· 2.101

F

failure rate of paper conveying …… 2. 129
fatigue …… 2. 110
fatigue effect …… 2. 97
feathering …… 2. 51
field adaptation …… 2. 113
filter bag …… 5. 94
finger separation …… 4. 58
first copy-out time …… 4. 73
fixing …… 4. 60
fixing heater …… 5. 82
fixing level …… 4. 69
fixing roller …… 5. 83
flare …… 2. 109
flare decay …… 2. 106
flash fusing …… 4. 65
fluidity of developer …… 2. 31
fluidity of toner …… 2. 118
flowability of carrier …… 2. 119
focal glass plate …… 5. 58
form paper …… 7. 17
friction feeder …… 5. 27
fringe effect …… 2. 45
fur brush development …… 4. 43
fusing …… 4. 60
$f\theta$ lens …… 5. 56

G

ghosting …… 2. 54
gradation …… 2. 36
guide …… 5. 29
guide plate …… 5. 3

H

half decay exposure …… 2. 98
half-tone …… 2. 38
half-tone original …… 2. 4
halo effect …… 2. 43
heading …… 2. 46
heat development …… 4. 47
heat plate fusing …… 4. 62
heat roller …… 5. 84

heat roller fusing …… 4.64
heater holder …… 5.87
high voltage unit …… 5.42
home position …… 2.58

I

image …… 2.21
image density …… 2.27
image distortion …… 2.52
image missing in printed area …… 2.142
image scanner …… 5.12
image sensor …… 5.13
image skew error …… 2.55
indirect electrostatic copying process …… 4.8
indirect method electrostatic copying machine …… 3.15
initial line error …… 2.56
initial potential …… 2.89
intermediate …… 2.8
intermediate paper …… 7.16
interruption …… 4.76

L

label paper …… 7.18
lamp …… 5.49
lens …… 5.51
lens array …… 5.53
lens housing …… 5.52
light adaptation …… 2.112
light decay …… 2.105
light decay characteristic …… 2.96
light decay rate …… 2.108
light-to-current inversion …… 5.14
line copy …… 2.10
line original …… 2.3
liquid developer …… 7.10
liquid process direct method electrostatic copying machine …… 3.14
liquid process electrostatic copying machine …… 3.19
liquid process indirect method electrostatic copying machine …… 3.17
loading density …… 2.30
lockdown …… 2.116

M

magnetic brush development …… 4.44

magnification ………………………………………… 4. 70
magnification ratio error ………………………………………… 2. 57
mains switch ………………………………………… 6. 2
manual paper feed ………………………………………… 4. 20
manual toning control ………………………………………… 6. 14
masking ………………………………………… 2. 143
master ………………………………………… 2. 8
maximum copy length ………………………………………… 2. 140
maximum copy size ………………………………………… 2. 136
maximum original size ………………………………………… 2. 7
maximum transport deviation measurement ………………………………………… 2. 141
maximum width of the copy paper ………………………………………… 2. 139
mirror ………………………………………… 5. 55
monocomponent toner single-component toner ………………………………………… 7. 13
mottle ………………………………………… 2. 49
moving original exposure type ………………………………………… 4. 37
moving platen copying machine ………………………………………… 3. 5
multi layer photorecepter ………………………………………… 2. 74

N

negative ………………………………………… 2. 13
negative development ………………………………………… 4. 46
negative image ………………………………………… 2. 24
negative-positive copying process ………………………………………… 4. 15
non-uniformity of image density ………………………………………… 2. 28
no-stopping malfunction of paper path ………………………………………… 2. 131
NP process ………………………………………… 2. 20

O

office equipment ………………………………………… 3. 1
offset master paper ………………………………………… 7. 19
operation panel ………………………………………… 6. 1
optimum exposure ………………………………………… 2. 100
organic photoconductor(OPC) ………………………………………… 2. 73
original ………………………………………… 2. 1
original receiving tray ………………………………………… 5. 20
original separator ………………………………………… 5. 18
oven fusing ………………………………………… 4. 61
overcoating ………………………………………… 4. 68
oulverized toner ………………………………………… 7. 4

P

paper cassette ………………………………………… 5. 21

paper feed tray ………………………………………… 5. 23
paper feeding ………………………………………… 4. 19
paper grammage ………………………………………… 2. 86
paper moisture content ………………………………………… 2. 87
paper lift ………………………………………… 5. 24
paper misfeed rate ………………………………………… 2. 128
paper side guides ………………………………………… 5. 25
paper stack ………………………………………… 5. 22
paper supply capacity ………………………………………… 2. 127
paper supporting shaft ………………………………………… 5. 32
paper winding shaft ………………………………………… 5. 33
particle size separation ………………………………………… 7. 5
pel ………………………………………… 2. 22
photoconduction effect ………………………………………… 2. 71
photoconductivity ………………………………………… 2. 70
photoconductor ………………………………………… 5. 39
photoconductor belt ………………………………………… 5. 41
photoconductor drum ………………………………………… 5. 40
photographic copying machine ………………………………………… 3. 30
photorecepter material ………………………………………… 2. 69
photoreceptor ………………………………………… 5. 39
photosensitive speed ………………………………………… 2. 79
picture element ………………………………………… 2. 22
pixel ………………………………………… 2. 22
platen ………………………………………… 5. 5
plain paper copying machine(PPC) ………………………………………… 3. 11
platen cover ………………………………………… 5. 7
polyester resin ………………………………………… 7. 9
polymerization toner ………………………………………… 7. 3
positive ………………………………………… 2. 12
positive development ………………………………………… 4. 45
positive image ………………………………………… 2. 23
potable copiers ………………………………………… 3. 8
pre-exposure ………………………………………… 4. 32
preset counter ………………………………………… 6. 8
pressure development process diazo copying machine ………………………………………… 3. 28
pressure diazo copying process ………………………………………… 4. 12
pressure fixing ………………………………………… 4. 66
pressure roller ………………………………………… 5. 85
print ………………………………………… 2. 9
printer belt ………………………………………… 5. 17
process control ………………………………………… 6. 3
processing ………………………………………… 4. 49

R

random cut …… 4.24
receiving tray capacity …… 2.132
reduction …… 2.16
remanufactured electrostatic copying machine …… 3.22
reflector …… 5.57
reflex copying …… 4.5
register …… 2.59
register guides …… 5.6
repeat counter …… 6.7
repeat function …… 4.77
reproduction scale …… 2.134
residual potential …… 2.92
resolution …… 2.60
reversal development …… 4.46
roller transfer …… 4.54

S

same size …… 2.14
satisfactory operation …… 2.125
saturation charge …… 2.88
saturation potential …… 2.90
screen …… 7.20
screening …… 2.42
scuffing …… 2.115
sealing sleeve …… 5.28
self-diagnosis function …… 4.80
semi-dry diazo copying process …… 4.10
sensitized material …… 2.67
separation …… 4.55
shelf-life …… 2.117
shifting copy tray …… 5.36
silver copying process …… 4.13
simplex …… 4.2
single-corona charging …… 4.29
single-sided copying …… 4.2
slit exposure type …… 4.33
slit guide plate …… 5.59
smudging …… 2.50
solid black …… 2.26
solvent holdout …… 2.65
solvent resistance …… 2.66

sorter collator ········· 5.37
space heater ········· 5.80
spatial frequency ········· 2.61
specific surface area ········· 7.7
spectral response ········· 2.94
spectral-response characteristic ········· 2.95
speed control knob ········· 6.13
squeezing roller ········· 5.62
stabilizer ········· 5.50
standby ········· 4.72
start button ········· 6.9
start control device ········· 6.4
stationary original exposure type ········· 4.36
stationary platen copying machine ········· 3.4
step cut ········· 4.23
stop ········· 5.54
stop control device ········· 6.5
stopping malfunction of paper path ········· 2.130
stxrene-acryl resin ········· 7.8
styrene-acryl copolyme ········· 7.8
substrate ········· 2.63
suction feeder ········· 5.26
supplying bottle ········· 5.73
supplying cap ········· 5.74
supplying valve ········· 5.75
synchro cut ········· 4.25

T

table ········· 5.4
tailing ········· 2.47
tension roller ········· 5.2
test chart ········· 2.144
thermal process diazo copying machine ········· 3.27
thermographic copying machine ········· 3.31
thermographic copying process ········· 4.17
threshold potential ········· 2.91
tone ········· 2.37
tone reproduction ········· 2.41
toner ········· 7.12
toner cartridge ········· 7.15
toner concentration ········· 2.29
toner container ········· 5.72
toner reservoir ········· 5.71

transfer ········ 4.51
transfer charger unit ········ 5.45
transfer corona unit ········ 5.45
transmission copying ········ 4.6
transparency ········ 2.17
transparent original ········ 2.6
triboelectric effect ········ 2.82

V

vacuum platen cover ········ 5.8
vapor fixing ········ 4.67
volume resistivity ········ 2.85

W

warm-up time ········ 4.71
wet process diazo copying machine ········ 3.25
wet process development ········ 4.40
whole image exposure type ········ 4.34

Z

zinc oxide paper ········ 7.21

ICS 01.040.37;37.010
N 04

中华人民共和国国家标准

GB/T 13964—2008
代替 GB/T 13964—1992

照相机械 术语

Photographic machinery—Vocabulary

2008-07-28 发布

2009-02-01 实施

中华人民共和国国家质量监督检验检疫总局
中国国家标准化管理委员会 发布

前　言

本标准代替 GB/T 13964—1992《照相机械　术语》，与 GB/T 13964—1992 相比主要变化如下：

——删除了术语 200 条；

——补充了相关照相机械标准中的术语 47 条；

——新增了术语 30 条。

本标准由全国照相机械标准化技术委员会(SAC/TC 107)提出并归口。

本标准起草单位：杭州照相机械研究所和凤凰光学集团有限公司。

本标准主要起草人：邬子刚、孙晶璋、俞儒庆、彭兴。

本标准所代替标准的历次版本发布情况为：

——GB/T 13964—1992。

照相机械 术语

1 范围

本标准规定了照相机、照相器材的产品、零部件名称、技术性能及摄影光学、感光材料等方面的基本术语和定义。

本标准适用于照相机械的标准制定、文件编制、教材撰写、书刊编辑和文献翻译等。

2 摄影光学

2.1

天空光 skylight

从大气层反射来的光。

2.2

日光 daylight

昼光

阳光和天空光的综合辐射。其色温随太阳离地平面的高度而不同。

2.3

摄影日光 photographic daylight

适用于试验日光型彩色胶片和数码照相机白平衡的日光/光源。一般采用代表室外晴天光线、色温为 5 500 K 的 D_{55} 光源。

2.4

人工光 artificial light

由人工制造的光源发射的光。

2.5

主光 main light

在若干光源照明的场合下,给予被摄体以主要效果的光。

2.6

辅助光 fill-in light

副光

对被摄体上主光照射所引起的阴影部分进行定向照射的光。

2.7

杂光 flare,veiling glare

由散射或不希望出现的反射所引起的像面上不需要的光。

2.8

杂光系数 veiling glare index

置于亮度均匀的扩散面光源上的黑体被镜头所成像的最小照度与该黑体移去后像平面上同一位置的照度之比。

2.9

鬼影 ghost

由镜头镜片表面之间多次反射引起的、与光圈形状相似的景物明亮区域的一连串影像。

2.10

亮度比 luminance ratio

具体景物、照片、图片、照相制版或翻印的再现过程中，或使用某种输出装置和媒体创作时，最大亮度与最小亮度之比。

2.11

景物亮度比 scene luminance ratio

景物的最大亮度值与最小亮度值之比。

2.12

焦点 focal point

轴上无限远物点所发出的光线通过光学系统后所汇聚的点。

2.13

焦距 focal length

光学系统的像方主点到焦点之间的距离。

2.14

前顶焦距 front focal distance

前截距

由照相镜头光学系统第一面顶点到物方焦点的距离。

2.15

后顶焦距 back focal distance，back focus

后截距

由照相镜头最后一面顶点到像方焦点的距离。

2.16

变焦范围 zoom range

变焦距镜头在能获得符合规定要求的成像条件下，所达到的焦距变动范围。

2.17

变焦倍率 zoom ratio

变焦距镜头的变焦范围内，最长焦距与最短焦距之比。

2.18

变焦区段 zoom zone

变焦距镜头的焦距按名义焦距 24 mm，35 mm，70 mm，200 mm 为界限划分的若干个焦距区域。

注：它主要用于变焦距镜头质量特性指标的分级。

2.19

焦[平]面 principal focal plane

通过焦点并与镜头光轴垂直的平面。

2.20

物[平]面 subject plane

通过物点并与镜头光轴垂直的平面。

2.21

像[平]面 image plane

通过像点并与镜头光轴垂直的平面。

2.22

像距 image distance

自镜头像方主点到光轴上像点的距离。

2.23

物距　subject distance

自镜头物方主点到光轴上物点的距离。

2.24

摄影距离　photographic distance

像平面至垂直于照相镜头光轴的被摄体表面的距离。

2.25

最近摄影距离　minimum photographic distance

镜头在变焦范围内均能获得符合规定要求的成像的最短摄影距离。

2.26

近摄　close-up

小于镜头最近摄影距离的拍摄方式。通常指摄影距离小于10倍镜头焦距时的拍摄。

2.27

微距　macro-focusing

镜头在最近摄影距离或比最近摄影距离更短的摄影距离时，其照相放大率(又称摄影倍率，用像物比标识)能满足大于1比7，且能获得符合规定要求的成像的功能。

2.28

远摄比　telephoto ratio

镜头的光学长度与焦距之比。

2.29

无限远　infinity

当被摄主体基本成像于照相镜头主焦面时的摄影距离。

2.30

最佳像面　optimal image plane

中心视场成像最清晰的像面。

2.31

像面位移　image plane shift

镜头调焦至无穷远，在整个变焦范围内变焦时，最佳像面轴向位置变动的最大相对位移量。

2.32

定位截距　located focal distance

可换镜头与照相机机身连接的定位面至特定面的轴上光程。

照相机定位截距包括：镜头定位截距、胶片定位截距和对焦定位截距。三者的特定面分别为：

a) 镜头定位截距：镜头调焦至无穷远时的最佳像面。变焦距镜头最佳像面的位置确认在该镜头像面位移值的二分之一处。

b) 胶片定位截距：胶片乳剂面。

c) 对焦定位截距：对焦屏的对焦面。

2.33

法兰焦距　flange focal distance

镜头定位截距。

2.34

镜头光学长度　lens optical length

由照相镜头的第一面顶点至主焦点的距离。

2.35

超焦距 hyperfocal distance

镜头对焦到无限远时，仍能获得清晰像的最近物面至镜头物方主点的距离。当镜头对焦至超焦距时，其景深最大，为二分之一超焦距至无限远。超焦距可用公式(1)计算：

$$H_d = f^2/FC \tag{1}$$

式中：

H_d——超焦距，单位为毫米(mm)；

f——镜头焦距，单位为毫米(mm)；

F——光圈数；

C——容许的弥散圆直径，单位为毫米(mm)。

2.36

等效焦距 equivalent focal length

数码照相机图像区域对角线的长度等效成 35 mm 照相机画幅对角线的长度(43.27 mm)时，其镜头的名义焦距所对应的 35 mm 照相机镜头的焦距。即：

等效焦距＝(43.27 mm/图像区域对角线的长度)×镜头的名义焦距。

注：等效焦距用毫米表示。

2.37

入[射光]瞳 entrance pupil

孔径光阑在光学系统物空间内的像。

2.38

出[射光]瞳 exit pupil

孔径光阑在光学系统像空间内的像。

2.39

[照相镜头]视场角 angle of view

镜头调焦在无限远时，画幅对角线对像方节点的张角。

2.40

包容角 angle of coverage

涵盖角

镜头像方节点至其影像清晰圆直径两端的夹角，是能清晰成像的最大角度。

2.41

有效孔径 effective aperture

入[射光]瞳直径或等效孔径。

2.42

全孔径 full aperture

镜头光圈开到最大时的入[射光]瞳直径或等效孔径。

2.43

相对孔径 relative aperture

镜头的有效孔径与焦距之比。

2.44

***F* 数 f-number**

光圈数

相对孔径的倒数。

2.45

有效 *F* 数　effective f-number

镜头的实际工作 F 数。它与圆整成光圈数标准系列值的名义 F 数略有差异。

2.46

光圈数系列　series of f-number

将公比为 $2^{-1/2}$ 的等比级数圆整后排列而成的数列。其标准值系列为：…… 1，1.4，2，2.8，4，5.6，8，11，16，22 ……。

2.47

景深　depth of field

DOF

在感光平面上均能获得相对清晰的影像时，所对应的物平面轴向深度。

2.48

焦深　depth of focus

当物平面固定时，能对该物平面获得相对清晰的影像所对应的像平面轴向深度。

2.49

像面照度均匀度　uniformity of image plane illuminance

$K_{y'}$

像面上各处照度的均匀程度。当一镜头摄影倍率和光圈为某一定值时，将它正对着均匀面光源，在其共扼像面上距光轴 y' 处的像点照度与光轴上的像点照度之比。

2.50

渐晕　vignetting[of lens]

光学系统中，随着入射光束倾斜度的增加，参与成像的光束的截面积减少的现象。

2.51

渐晕系数　coefficient of vignetting

V_θ

在某一光圈刻度值时，与光轴成 θ 角入射、并可全部通过镜头的最大平行光束垂直于光轴的横截面积，与平行于光轴入射、并可全部通过镜头的最大平行光束垂直于光轴的横截面积之比。

2.52

放大率　magnification

镜头成像时，像与物的大小之比。

2.53

分辨率　resolution，resolving power

鉴别率

成像系统重现图像最小细节的本领。银盐胶片照相机的分辨率用线对每毫米表示；数码照相机的分辨率用线宽数每像高表示。

2.54

线对每毫米　lp/mm

按有关标准规定，采用能分辨的每毫米内等间隔黑白线对数来表示分辨能力的度量单位。

注：间距也可用毫米之外的长度单位。

2.55

线宽数每像高　LW/PH

分辨率测试图上标定线条的宽度相对于测试图有效区域高度的度量单位。

注：它等于测试图的有效高度除以黑色标定线的宽度，亦即等于该黑色标定线在测试目标的高度范围内或在照相机视场的垂直方向内所能包含的线数。

示例：若测试图的有效高度为 200 mm，1 000 LW/PH 的分辨率相当于能够分辨测试图上宽度为 200/1 000 mm 的黑线。

2.56

视觉分辨率　visual resolution

在显示器或者照片上再现的测试图中黑白相间的线条恰好能被人眼分辨的空间频率；在有伪信号的影响时，再现的空间频率要低于测试图中对应伪信号区域的空间频率。对于银盐胶片照相机又称为“照相分辨率”。

2.57

极限分辨率　limiting resolution

对规定的分辨测试图样测得的每像高线宽数，它与规定的参考频率及其调制度百分比相等的平均调制度相对应。

示例：极限分辨率可用测试图样的线宽数每像高(LW/PH)来表示，它对应于参考频率为 10 LW/PH、输出调制度为 5%时的照相机输出调制度。

2.58

径向分辨率　radial resolution

子午分辨率　meridional resolution

对与从画面中心到指定点所画的半径相平行的黑白线条测定的分辨率。

注：径向分辨率和切向分辨率通常用于银盐胶片照相机，水平分辨率、垂直分辨率和 45°分辨率通常用于数码照相机。

2.59

切向分辨率　tangent resolution

弧矢分辨率　sagittal resolution

对与从画面中心到指定点所画的半径相垂直的黑白线条测定的分辨率。

2.60

水平分辨率　horizontal resolution

在图像较长尺寸方向上，也即与“景物”水平方向相一致时所测得的分辨率值，通常采用垂直方向的测试图案。

2.61

垂直分辨率　vertical resolution

在图像较短尺寸方向上，也即与“地面”垂直的方向上所测得的分辨率值，通常采用水平方向的测试图案。

2.62

45°分辨率　45°resolution

与水平分辨率和垂直分辨率成 45°夹角的方向时所测得的分辨率值。

2.63

微距照相分辨率　macro-photographic resolving power

使用微距功能时，镜头在最大照相放大率的情况下，中心视场的照相分辨率。

2.64

清晰度 sharpness，definition

景物成像清晰程度的主观感觉，它取决于锐度和分辨率。

2.65

弥散圆　circle of confusion

由于像差或离焦使轴上物点在像平面上形成较小的离焦像斑。如果该弥散圆在标准条件下视作一个点的最大尺寸，则此弥散圆的直径可以用于计算景深。

2.66

测试标板　test chart

为测试成像系统的特性而规定的测试图配置。

2.67

测试图　test pattern

指定光谱反射或透射特性的测量图像质量用特定图案。

2.68

场曲　field curvature

物平面形成曲面像的一种像差。

2.69

像散　astigmatism

轴外物点用细光束成像时形成两条相互垂直且相隔一定距离的短线像的一种非对称性像差。

2.70

畸变　distortion

横向放大率随像高或视场大小变化而引起的一种失去物像相似性的像差。畸变不影响像的清晰度。

2.71

广角畸变(失真)　wide angle distortion

透视畸变

由使用广角镜头而引起的透视失真。靠近视场边缘部分的前景失真特别显著。

2.72

枕形畸变　pincushion distortion

正畸变

横向放大率随视场增大而增大的畸变。它使对称于光轴的正方形物体的像呈枕形。

2.73

桶形畸变　barrel distortion

负畸变

横向放大率随视场增大而减小的畸变。它使对称于光轴的正方形物体的像呈桶形。

2.74

灰阶　gray scale

数码照相机对不同反射率(或透过率)的中性光谱(灰色光)的分辨能力。

2.75

色还原　colour rendering

将代表景物元素色空间坐标系的图像数据转换为再现色空间坐标系中对应输出图像数据的变换。

注：通常色还原包含以下一种或几种：补偿输入和输出观察条件的差异，将景物的色阶与色域变换成再现图像的动态范围与色域，以及应用偏爱调整等。

2.76

色再还原　colour re-rendering

将一幅图片的图像数据从某个指定成像媒体及其观察条件转换到另一种成像媒体及其观察条件的变换。转换前后的成像媒体既可以是真实的也可以是虚拟的。

注：色再还原通常由以下一项或几项内容组成：补偿变换前后观察条件的差异，补偿图像媒体动态范围和/或色域的不同，以及应用偏爱调整等。

2.77

色平衡 colour balance

实现色还原和色再还原的处理过程。

2.78

白平衡 white balance

通过改变电子成像彩色通道的增益或进行图像处理，以视觉中性模式实现与景物照明光源具有相同相对光谱功率分布辐射的调节，获得在该景物照明条件下的视觉白色。

注：白平衡是数码照相机色平衡的处理手段。提供与景物相等的 RGB 信号电平来实现。

2.79

镜头透射比 lens transmission efficiency, lens transmissivity

镜头的出射光通量和入射光通量之比，用百分比表示。

2.80

镜头轴向光谱透射比 lens spectral transmissivity in direction of axis

当入射的单色光束与镜头光轴平行时，透过镜头的光通量与相应的入射光通量之比。

2.81

镜头的色贡献指数 colour contribution index of lens

CCI

描述某镜头（相对于无镜头时）预期改变摄影的整个色彩程度的三个数的标志。

2.82

光谱分布指数 spectral distribution index

SDI

描述某光源相对于一指定照明光源，预期改变摄影的整个色彩程度的三个数的标志。

2.83

光谱中性 spectrally neutral

spectrally non-selective

在选定波长范围内，反射或透射后保持不变的光谱特性。

2.84

胶片的光谱灵敏度 spectral sensitivity of film

在最终影像上产生规定密度的每一波长所需辐射能量的倒数。

2.85

加权光谱灵敏度值 weighted spectral sensitivity values

a) 在计算 ISO/CCI（色贡献指数）时，由胶片的（相对）光谱灵敏度和 D_{55} 昼光的（相对）光谱功率分布值相结合所获得的数值。它可简化色贡献指数值的确定；

b) 在计算 ISO/SDI（光谱分布指数）时，由摄影材料的（相对）光谱灵敏度与 ISO 标准照相镜头的（相对）光谱透射比值相结合所获得的数值。它可简化光谱分布指数值的确定。

3 镜头

3.1

照相镜头 camera lens

照相机中用来将被摄体成像在感光体上的光学镜头。为满足对景物拍摄的各种需要，照相镜头按焦距分有标准镜头、长焦镜头和广角镜头等。

3.2

取景镜头　viewing lens

双镜头反光照相机中供取景及对焦用的镜头。它将被摄体成像在取景屏上，取景镜头的焦距应与照相镜头相同。

3.3

标准镜头　standard lens，normal lens

照相机中最常用的基本照相镜头.其焦距与照相机的像幅对角线尺寸大致相等，其视场角大约在40°～60°范围内(定焦：20 mm、40 mm、60 mm 对应 94°、57°、40°)。

3.4

长焦镜头 long-focus lens

望远镜头

焦距大于像幅对角线尺寸的照相镜头。它能对物体成较大尺寸的像，适宜于对较远距离景物的拍摄。

3.5

折反射式镜头　mirror lens

由折射及反射两种光组组成的用以缩短镜头长度的一种长焦镜头。

3.6

远摄镜头　telephoto lens

光学长度比较短的长焦镜头。它由以一定间隔分离的正、负透镜组组成。正组在前，使系统的像方主点位于镜头前方，因而镜头的光学长度比焦距短，远摄比小于1。具有结构紧凑的优点。

3.7

短焦镜头　short focus lens

焦距小于像幅对角线尺寸的照相镜头，它适用于拍摄较近距离的大场面景物。

3.8

广角镜头　wide-angle lens

视场角大约在 60°～90°范围内的短焦镜头。

3.9

超广角镜头　ultra wide-angle lens

视场角大约在 90°～180°范围内的短焦镜头。

3.10

鱼眼镜头　fish-eye lens

视场角大于等于 180°的短焦镜头。

3.11

微距镜头　macro-lens

具有特近距离拍摄性能、像差特别校正过的照相镜头。它常用于特写或对小物体的拍摄，可得到接近于等倍率、甚至放大像。

3.12

变焦距镜头　zoom lens

通过使一组或几组透镜沿光轴移动，不改变像点位置而可使焦距(及放大率)连续变化的镜头。

3.13

自动对焦镜头　autofocus lens

具有自动对焦性能的镜头。

3.14

齐明镜头　aplanat

对光轴上特定位置的点，校正了球差并满足正弦条件的镜头。

3.15

软焦镜头　soft-focus lens

柔光镜头

特意使球差校正不足或过校正的照相镜头。由于球差使像点成为一强度自中心向外逐渐减弱的圆形光斑，因此能使像有一个柔和的轮廓，这种柔和的效果随着光圈的缩小而减弱。软焦镜头常用于人像摄影。

3.16

消像散镜头　anastigmat

正光镜头

能相当好地校正包括像散的大多数光学像差的组合透镜系统。

3.17

消色差镜头　achromatic lens

能对光谱中两条特定谱线校正轴向色差的组合透镜系统。

3.18

复消色差镜头　apochromatic lens

能对光谱中三条特定谱线校正轴向色差的组合透镜系统。

3.19

超消色差镜头　superachromatic（superchromatic）lens

能对光谱中三条以上特定谱线校正轴向色差的组合透镜系统。

3.20

可换镜头　interchangeable lens

与照相机机身有对应的接口及结构要素，使用中能自行装卸、互换的镜头。

3.21

非球面镜头　aspheric lens

至少有一个折射面为非球面的透镜组成的镜头。

3.22

放大镜头　enlarging lens

在放大机上用作放大照片的镜头。它对于较小的物距作了像差校正。

3.23

变倍镜　converter

装在镜头前面或后面，使组合焦距与原镜头的焦距不同，用来扩大原镜头的使用范围的辅助镜头。

3.24

增焦距镜　teleconverter

使组合焦距增长的变倍镜。

3.25

近摄镜　close-up lens

装在照相镜头前，以作近距离摄影的辅助镜头。装上近摄镜后，像的尺寸增大，但视场角缩小。

3.26

光阑　diaphragm，stop

垂直于光轴的一种限制通光的装置。

3.27

孔径光阑　aperture diaphragm

光学系统中,限制轴上物点成像光束孔径大小的光阑。

3.28

视场光阑　field diaphragm,field stop

光学系统中,限制视场范围的光阑。在照相机中,视场光阑通常是画幅框。

3.29

可变光阑　iris diaphragm,iris stop

通光孔大小可以连续变化的光阑。

3.30

镜头接口　lens adapter,lens mount

在可换镜头照相机中,能快速简便地将机身与可换镜头互相连接定位,并在机身与镜头之间传递必要的信息与运动的机构。常用的连接方式有以螺纹连接的螺纹式、以卡爪连接的卡口式及用卡爪定位、用锁紧环锁紧的锁环式等。目前单镜头反光照相机大都采用卡口式连接。

3.31

镜头遮光罩　lens hood,lens shade

装在镜头上,以防止视场外的有害光线进入镜头的附件。

3.32

镜头盖 lens cap

镜头不使用时盖在镜头上的保护罩。

4　滤光镜

4.1

滤光镜　filter

能衰减光的光强度、改变光谱成分或限定透射光偏振方向等的光学器件.按功能可分为色滤光镜、中性滤光镜和偏振光滤光镜三种基本形式。

4.2

色滤光镜　colour filter

滤色镜

只能使所需要的色光通过的滤光镜。

4.3

中性滤光镜　neutral(density)filter

灰色滤光镜

在给定光谱范围内,只衰减光强度而不改变光谱成分的滤光镜。

4.4

偏振光滤光镜　polarizing filter

PL filter

仅能透过以一定方向振动的偏振光的滤光镜。

4.5

天空光滤光镜　skylight filter

天光镜

对紫外光吸收较多,对蓝光吸收较少的近乎无色的淡粉红色补偿滤光镜。在阴暗的天气或只有蓝色的天空光摄影时,可用它对彩色反转片消除蓝色调子,并能使日光型彩色片获得更好的彩色平衡。

4.6

紫外滤光镜　ultra violet filter

UV filter

专门吸收紫外光的滤光镜。

4.7

转换滤光镜　[colour]conversion filter

彩色胶片转换滤光镜

用于使彩色胶片适应不同光源，以取得胶片与光源色温之间平衡的光平衡滤光镜。例如，昼光下使用灯光型彩色片时就要用转换滤光镜。

4.8

渐变滤光镜　graduated filter

a) 顶部是黄色或灰色，向下逐渐变淡，近中部变成无色的一种天空光滤光镜；

b) 其密度是连续变化的，大约从 6～0，用于曝光表内一种中性光楔；

c) 一种密度渐变的中性滤光镜，其密度从中心向边缘减少，用来改善超广角镜头因边缘视场照度的急剧下降而造成的像面照度的不均匀性。

4.9

彩色补偿滤光镜　colour compensating filter

CC 镜

适用于三种补色和三种原色密度范围，用来选择吸收三个主要光谱带中一个或两个谱带的滤光镜。印制彩色正片时用它来消除彩色平衡误差，校正不同批号彩色胶片的彩色平衡或调节像荧光灯一类光源的光谱辐射。

4.10

光平衡滤光镜　light balancing filter

用于将一种色温的光的光谱能量分布变换成另一种色温的光的光谱能量分布的滤光镜。光平衡滤光镜具有特殊的透射特性曲线，其变换效果常以正或负的十倍麦勒德来表示。淡蓝色滤光镜提高通过它的光线的色温，而黄色滤光镜则相反。

4.11

滤光镜的平均透射比　average transmittance of filter

在波长 400 nm～700 nm 范围内的滤光镜分光透射比的平均值。该分光透射比的平均值，取自以下 τ_b、τ_g 及 τ_r 所示的算术平均值。

τ_b——在波长 405 nm、435 nm、465 nm 处的滤光镜透射比的平均值；

τ_g——在波长 510 nm、545 nm、565 nm 处的滤光镜透射比的平均值；

τ_r——在波长 610 nm、635 nm、655 nm 处的滤光镜透射比的平均值。

4.12

滤光镜的曝光补偿系数　exposure compensating factor of filter

镜头装上滤光镜摄影时，为了获得正确曝光量，必须加大镜头光圈档数进行补偿的值。滤光镜的曝光补偿系数 p_e 由公式(2)求得：

$$p_e = \log_2(100/\tau) = 3.32(1 - \lg\tau) \quad \cdots\cdots(2)$$

式中：

τ——滤光镜的平均透射比，单位为百分比(%)。

4.13

滤光镜的有效孔径　effective aperture of filter

一束平行光垂直于滤光镜玻璃表面入射时，透过滤光镜后的最小直径。

5 快门

5.1

快门　shutter

照相机中用来控制曝光时间的装置。它按其位置不同通常分为镜头快门和焦平面快门两类。

5.2

镜头快门　front shutter, lens shutter

位于镜间及镜头附近的快门。它有镜前、镜间、镜后三种形式，其共同特点是像面上各点同时或几乎同时曝光。

5.3

镜前快门　before-the-lens shutter

位于镜头之前，靠近前镜片的一种镜头快门。

5.4

镜间快门　between-the-lens shutter

位于镜头光组中间的一种镜头快门。

5.5

镜后快门　behind-the-lens shutter

位于镜头之后，靠近后镜片的一种镜头快门。

5.6

光圈快门　diaphragm shutter

光阑叶片和快门叶片兼用的一种镜头快门。其绕轴转动的叶片仅开启到预调的光圈位置，它也同时是照相镜头的可变光阑。

5.7

中心快门　compound shutter, central shutter

从中心向外开启的一种镜头快门。它由多片交叠的叶片组成，通过每片叶片的绕轴（销钉）转动来实现快门的开启和关闭。中心快门的特点为胶片上各点几乎同时曝光。

5.8

焦平面快门　focal plane shutter

位于焦平面附近的快门。有固定狭缝幕帘式、可调狭缝幕帘式、转盘式、钢片式等多种结构，其共同的特征是像面上各点不在同一时间曝光，整个像面曝光所需时间大于任一点曝光所需时间。

5.9

幕帘快门　cloth curtain shutter

使用黑色胶织合成纤维、丝织物或挠性金属箔片等作先后帘的一种焦平面快门，通常是横走式的。

5.10

钢片快门　metal focal plane shutter

用上下两组多片刚性材料作为先后帘的一种纵走式焦平面快门。

5.11

闪光同步快门　synchro-shutter, synchro-flash shutter

备有闪光联动装置的快门。快门的开启时间与闪光灯的触发同步，使闪光灯的光能量在快门全开时达到峰值。

5.12

气动快门　air-shutter

用空气压力驱动的快门，快门速度靠人工控制。通常用于座式照相机或便携式座式照相机。

5.13

快门按钮　shutter release button

照相机上用以启动快门的按钮。它还起着自动预对焦和测光等作用。快门按钮通常位于机身上方。

5.14

快[门]线　cable release,antinous release

其一端连接于快线座,另一端为快线按钮,按下快线按钮即可启动快门的控制线。其基本作用是使照相机在曝光期间减少震动。

5.15

快线座　cable release socket

照相机上用以连接快线接头的螺纹座。其所用螺纹形式有两种,即锥形螺纹和普通螺纹。

5.16

快门锁　shutter release lock

为使快门不动作或使快门保持开启状态的锁定机构,通常装在机身或者快线上。

5.17

快门叶片　[shutter]blade

leaf

在快门中完成开和关、控制曝光时间的刚性薄片零件。

5.18

幕帘　curtain

焦平面快门中可以在胶片之前移动,用以形成进光狭缝控制曝光时间的一种不透光片状或带状零件。

5.19

先帘　first blind

焦平面快门中,用两幕帘形成狭缝,移动曝光时,处于狭缝之前的幕帘。

5.20

后帘　second blind

焦平面快门中,用两幕帘形成狭缝,移动曝光时,处于狭缝之后的幕帘。

5.21

缝宽　slit width

焦平面快门移动曝光时,进光狭缝的宽度。

5.22

幕帘速度　curtain velocity

帘速

焦平面快门幕帘移动的平均线速度。

5.23

横走式　horizontal-run type

焦平面快门移动曝光时,幕帘进行左右方向移动的方式。

5.24

纵走式　vertical-run type

焦平面快门移动曝光时,幕帘进行上下方向移动的方式。

5.25

自拍机　self-timer

照相机中一种延迟快门启动的机构。自拍机有内装式和外装式两种，其延迟时间又分为可调式和固定式，按控制方式则分为机械式和电子式。

5.26

B门　bulb exposure

快门中用手控制曝光时间的一种装置，当按下快门按钮时，曝光开始；至松开时，曝光结束。手按的持续时间即为胶片的曝光时间。B门在快门速度盘上用字母“B”表示。

5.27

T门　time exposure

快门中用手控制曝光时间的一种装置。当第一次按下快门按钮时，曝光开始；直到第二次再按快门按钮或其他相应机构时，曝光结束。前后两次按按钮的时间即是胶片的曝光时间。

5.28

重拍　double exposure

在已经拍摄过的同一感光材料画面上由于偶尔发生的错误动作造成的再一次拍摄。

5.29

防重拍机构　double exposure lock

银盐胶片照相机内用来预防在已经曝光过的胶片上发生意外的再次拍摄或同时防止漏拍的机构。通常用一自锁机构将快门开关和输片机构连接起来，以使胶片感光之前不能继续卷动，而在感光之后阻止快门第二次开启。

5.30

多次曝光机构　multi-exposure device

使带有防重拍机构的照相机上能够进行多次曝光的机构。

5.31

快门回弹　bounce

产生二次曝光的快门叶片或幕帘的回弹现象。

5.32

自拍延迟时间　delay time of self-timer

自拍机开始动作时刻到快门开始动作时刻的时间。

5.33

时间-照度曲线　time-illumination curve

快门曲线

在快门测试中，用以表示快门的开启时间与通过快门的光通量之间对应关系的曲线，用来确定快门的各种有关参数。

5.34

快门全开　[shutter]full-open

对于镜头快门是指在最大相对孔径条件下，快门叶片开启至大于等于最大通光面积的95％的状态。对于焦平面快门是指快门先帘开启至画幅框内完全通光，而后帘未遮拦画幅框内通光的状态。

5.35

开启时间　opening time

中心快门叶片开始开启到完全开足光孔所经历的时间。

5.36

全开时间　full-open time

在某档光阑时，中心快门开足光孔时的持续曝光时间。

5.37

关闭时间　closing time

中心快门全开时间结束，叶片开始关闭时刻到光孔完全关闭所经历的时间。

5.38

全曝光时间　total exposure time

像面上任意一点曝光的全部时间。常用符号 t_0 表示。

一般来说，镜头快门整个像面上任何一点的全曝光时间基本上是相同的，但对于焦平面快门来说，全曝光时间取决于幕帘缝宽 W、镜头光圈数 A、胶片面和幕帘间的距离 d_s，及帘速 V_c。完全曝光某一点时，幕帘的移动为 $W+d_s/A$，若帘速已知，则全曝光时间 t_0 由公式(3)求得：

$$t_0=(W+d_s/A)/V_c \quad \cdots\cdots(3)$$

注：当有渐晕存在时，该公式不很精确。

5.39

总曝光时间　overall exposure time

像面上所有点曝光完毕所经历的时间。常用符号 T 表示。对于镜头快门来说，总曝光时间与全曝光时间相同。

5.40

有效曝光时间　effective exposure time

像面上能获得相同曝光量的理想快门的曝光时间，用符号 t_e 表示。它由公式(4)求得：

$$t_e=H/E_0 \quad \cdots\cdots(4)$$

式中：

H——曝光量；

E_0——快门全开时的最大照度。

对于镜头快门，在渐晕不严重时，整个像面上任何一点的有效曝光时间一般是相同的。

对于焦平面快门，有效曝光时间随曝光时幕帘缝宽 W 和帘速 V_c 而变化，为测量方便公式(4)可用公式(5)近似表示：

$$t_e=W/V_c \quad \cdots\cdots(5)$$

注：公式 5 仅适用于 $W>d_s/A$ 的情况。

5.41

中心有效曝光时间　effective exposure time of center

像面中心处实际测得的有效曝光时间。常用符号 t_{eo} 表示。

5.42

快门光学有效系数　shutter efficiency

快门效率

快门的有效曝光时间 t_e 与全曝光时间 t_0 之比，常用符号 η 表示。

5.43

最短曝光时间　minimum exposure time

快门、曝光表等上面标志的最短一挡曝光时间。

5.44

平均曝光时间　mean exposure time

在任意光圈条件下，像面上任意位置所测得的有效曝光时间最大值和最小值的几何平均值。常用

符号 t_m 表示。由公式(6)确定：

$$t_m = (t_{e,max} \times t_{e,min})^{1/2} \quad \cdots\cdots(6)$$

式中：

t_m——像面上任意位置的平均曝光时间，单位为毫秒(ms)；

$t_{e,max}$——该位置测得的有效曝光时间最大值，单位为毫秒(ms)；

$t_{e,min}$——该位置测得的有效曝光时间最小值，单位为毫秒(ms)。

对于没有光阑的镜头快门，$t_{e,max}$应在直径为快门自由孔径 0.14 倍的孔径上测量。快门有光阑时，$t_{e,max}$应在最小光阑孔径上测量。

5.45

有效曝光时间偏差　deviation of exposure time

有效曝光时间测得值与有效曝光时间标准值的差值。常用符号 b 表示。由公式(7)确定：

$$b = \log_2(t_{e,std}/t_{eo,mes}) \quad \cdots\cdots(7)$$

式中：

$t_{e,std}$——有效曝光时间标准值，单位为毫秒(ms)；

$t_{eo,mes}$——中心有效曝光时间测得值，单位为毫秒(ms)。

5.46

有效曝光时间稳定性　fluctuation of exposure

有效曝光时间稳定性 p 按公式(8)和公式(9)确定：

$$p = \log_2[(t_{eo,av} + t_{eo,\sigma})/(t_{eo,av} - t_{eo,\sigma})] \quad \cdots\cdots(8)$$

$$t_{eo,\sigma} = [0.2\sum_{i=1}^{5}(t_{eo,av} - t_{eo,i})^2]^{1/2} \quad \cdots\cdots(9)$$

式中：

p——快门某有效曝光时间挡的有效曝光时间稳定性，用曝光值单位(E_V)表示；

$t_{eo,av}$——该有效曝光时间挡五次连续测量所得中心有效曝光时间的算术平均值，单位为毫秒(ms)；

$t_{eo,\sigma}$——该有效曝光时间挡测量值的标准偏差，单位为毫秒(ms)；

$t_{eo,i}$——该有效曝光时间挡的第 i 次测量值，单位为毫秒(ms)。

5.47

有效曝光时间间隔率　ratio of two adjacent exposure times

快门相邻两速度档五次连续测量所得有效曝光时间平均值之比。常用符号 q 表示。由公式(10)确定：

$$q = \log_2(t_{eo,j}/t_{eo,j+1}) \quad \cdots\cdots(10)$$

式中：

q——快门某有效曝光时间相邻挡的有效曝光时间间隔率，用曝光值单位(E_V)表示；

$t_{eo,j}$、$t_{eo,j+1}$——两相邻有效曝光时间挡的中心有效曝光时间算术平均值，单位为毫秒(ms)。

5.48

有效曝光时间不均匀性　non-uniformity of exposure time

单次曝光过程中，由于快门与主平面重合性的欠缺(对镜头快门)或者由于幕帘速度或缝宽的变化(对焦平面快门)所引起的有效曝光时间的偏差。常用符号 r 表示。由公式(11)确定：

$$r = \log_2(t_{e,max}/t_{e,min}) \quad \cdots\cdots(11)$$

式中：

r——焦平面快门某有效曝光时间挡的有效曝光时间均匀性，用曝光值单位(E_V)表示；

$t_{e,max}$——该有效曝光时间挡在像面三个位置的有效曝光时间测得值中的最大值，单位为毫秒(ms)；

$t_{e,min}$——该有效曝光时间挡在像面三个位置的有效曝光时间测得值中的最小值，单位为毫秒(ms)。

6 闪光系统

6.1

闪光 flash

由闪光泡或[电子]闪光装置发出的高亮度脉冲光。拍摄时,用作主光和辅助光。

6.2

闪光光源 flash source

可一次或多次发出闪光的光源。

6.3

闪光泡 flash bulb

由易燃金属丝或薄片密封于低压氧气中,利用通过灯丝的电流点火,发出一次性闪光的摄影光源。闪光持续时间从 1/200 s 到 1/20 s 不等。无色透明泡色温约 3 800 K;蓝泡色温约 5 000 K,接近于日光。

6.4

[电子]闪光管 electronic flash tube

电子闪光装置中的发光元件。密封的玻璃管内充有氙气或其他惰性气体,通过脉冲触发,贮能电容器内的电能通过气体瞬间放电产生闪光。[电子]闪光管可以多次反复闪光。

6.5

电子闪光 electronic flash,strobe

利用[电子]闪光管的高压放电,产生闪光的闪光形式。电子闪光的光谱能量分布取决于所充气体之种类。如氙气闪光接近于日光。

6.6

电子闪光装置 electronic flash equipment

一种通过脉冲触发[电子]闪光管、能重复产生闪光的装置。

6.7

自动[调光]闪光装置 automatic flash equipment

在规定的范围内,能自动地改变闪光光强或持续时间,或同时改变两者,使被摄体获得合适曝光量的闪光装置。

6.8

闪光插头及插座 flash connections

通过闪光同步线来连接照相机和闪光装置用的插座和插头,其尺寸通常是标准的。

6.9

附件插座及插座芯 accessory shoe and feet

固定于照相机上,用来安装带有插座芯的闪光装置、测距器、取景器等照相机附件的金属插座。附件插座和插座芯的尺寸通常是标准的。

6.10

触点式插座及插座芯 accessory shoe and feet with electrical contact,hot shoe and feet

热靴

带闪光电触点的附件插座及插座芯。

6.11

闪光反光器 flash reflector

反光碗(罩)

能将闪光反射到所需方向的器具。它决定了闪光的有效照射角和光强的均匀性,其反光器系数由形状和光学特性决定。

6.12

闪光感应同步器 flash induction synchronizer

多灯闪光摄影时,用于接受触发讯号进行同步闪光的电子部件。

6.13

光圈计算器 diaphragm computer

根据电子闪光装置到被摄体的距离和闪光指数求出光圈数的类似计算尺的装置(多数装在闪光装置上)。

6.14

光圈表 diaphragm table

可根据电子闪光装置到被摄体的距离和闪光指数查出光圈数的表格。它多数置于闪光装置外壳上。

6.15

闪光同步 flash synchronisation

闪光峰值和快门全开在时间上相互一致,或自动地与快门速度相配合的同步法。由于各种闪光泡(管)达到峰值的时间不一,为求得同步起见,通常利用装于快门之中可拨动的通电触点在快门全开之前或全开期间来触发闪光。

6.16

M 闪光同步 M-synchronisation

在镜头快门叶片开启至最大通光面积的一半前 12 ms~18 ms 的范围内,或在焦平面快门的先帘全部开启画幅前 16 ms~20 ms 的范围内触发闪光,使有效闪光持续时间与有效曝光时间实现同步的闪光法。

6.17

FP 闪光同步 FP-synchronisation

在焦平面快门先帘开启前 7 ms~15 ms 的范围内触发闪光,使有效闪光持续时间与有效曝光时间实现同步的闪光法。

6.18

X 闪光同步 X-synchronisation

在镜头快门全开前 0.5 ms 至全开后 2 ms 的范围内触发闪光,或在焦平面快门全开时刻至后帘开始关闭前 0.5 ms 的范围内触发闪光(称为先帘闪光同步 first blind synchronization),或在焦平面快门后帘开始关闭前 0.5 ms~2 ms 的范围内触发闪光(称为后帘闪光同步 second blind synchronization),使有效闪光持续时间与有效曝光时间实现同步的闪光法。

6.19

闪光同步机构 flash synchronizer,synchroflash mechanism

使快门的开启和闪光电路的接通相协调的机构。它使闪光峰值与快门的全开状态相配合。

6.20

闪光连动机构(FM 机构) flashmatic

在具有可调焦的内藏闪光装置的照相机上使用闪光装置时,能根据调焦距离自动控制光圈大小,以保证闪光摄影曝光正确的机构。

6.21

闪光特性曲线 flash curve

表示闪光装置(泡)点火接触后发光量和时间之间关系的曲线。用以确定闪光装置(泡)的闪光峰值和半峰值时间、以及整个闪光的时间。

6.22

闪光指数 [flash]guide number

GN

表示闪光灯发光量的一个度量值。当照相机内的感光体得到合适的曝光量时，闪光指数(*GN*)等于照相镜头 *F* 数与闪光光源到被摄体距离的乘积。

6.23

米指数 meter guide number

照相镜头 *F* 数与闪光光源到被摄体距离[单位为米(m)]的乘积。

6.24

英尺指数 foot guide number

照相镜头 *F* 数与闪光光源到被摄体距离[单位为英尺(ft)]的乘积.

6.25

ISO 闪光指数 ISO guide number

指以 ISO 100 感光度、X 闪光同步、能全部吸收闪光光源光输出的有效曝光时间为基础的闪光指数。

6.26

预备指示 ready indication

表示闪光装置准备完毕，可以闪光的可见指示信号。

6.27

预备指数 ready guide number

预备指示开始显示时测得的闪光指数。

6.28

有效照射半角 effective half angle of coverage

电子闪光装置反光器轴线与发光强度为二分之一轴向强度的光束之间的夹角。

6.29

有效照射角 effective angle of coverage

有效照射角等于有效照射半角的两倍。对于发出矩形光束的[电子]闪光装置，则以矩形的水平和垂直方向的两个有效照射角来定义。

6.30

有效闪光持续时间 effective flash duration

电子闪光装置闪光达到二分之一峰值强度时至它衰变为同一值时的间隔时间。常用符号 $t_{0.5}$ 表示。

6.31

总闪光持续时间 total flash duration

电子闪光装置闪光达到 10%峰值强度时至它衰变为同一值时的间隔时间。常用符号 $t_{0.1}$ 表示。

6.32

回复时间 recycle time

电子闪光装置从闪光释放到下一次预备指示开始显示时的间隔时间。

6.33

闪光接触持续时间 [shutter]contact duration

从快门闪光触点最初闭合到它们最终脱开之间的间隔时间。

6.34

闪光同步延迟时间 photoflash synchronization delay time

点火延迟时间

快门闪光同步触点最初闭合到快门开启至规定位置时的间隔时间。常用符号 t_d 表示。闪光触点在叶片全开之前闭合，则闪光同步延迟时间为正值，反之则为负值。

6.35

点火时间　fire time

同步开关接通到总闪光持续时间开始的间隔时间。

6.36

峰值时间　peak time

从同步开关接通到闪光发光强度(光通量)达到峰值时的间隔时间。

6.37

半峰值时间　semi-peak time

从同步开关接通到闪光发光强度(光通量)达到二分之一峰值时的间隔时间。

6.38

发光强度(光通量)峰值　peak of luminous intensity(luminous flux)

闪光光源发出的最大发光强度(或光通量)值。单位为坎[德拉](cd)或流[明](lm)。

6.39

光量　quantity of light

电子闪光装置的总光通量对时间的积分。单位为流[明]秒(lm·s)。

6.40

[轴向]光输出　beam light output

电子闪光装置在反光器轴线方向的发光强度对时间的积分。单位为坎[德拉]秒(cd·s)。

6.41

储[存]能[量]　stored energy

E_n

电子闪光装置储能电容器中所储存的能量。常用符号 E_n 表示。单位为焦[耳](J)，由公式(12)求出：

$$E_n = 0.5CU^2 \quad \cdots\cdots(12)$$

式中：

C——储能电容器的电容[量]，单位为法[拉](F)；

U——峰值电压，单位为伏[特](V)。

6.42

最大额定闪光能量　maximum watt-second rating

电子闪光装置任一次闪光容许输出的最大能量。单位为焦[耳](J)。

6.43

每组电池的闪光次数　number of flashes per battery

用一次性电池工作的闪光装置按规定的工作周期连续闪光，直至预备指示在 60 s 内不再显示为止的连续闪光次数。

6.44

每次充电的闪光次数　number of flashes per charge

用可充电电池工作的闪光装置在电池每次充电后按规定的工作周期连续闪光，直至预备指示在 60 s 内不再显示为止的连续闪光次数。

6.45

光谱能量分布　spectral energy distribution

表示电子闪光装置光谱能量的 ISO 光谱分布指数。例如 ISO/SDI 4/0/2。

6.46

峰值电压　peak voltage

电子闪光装置在充电过程中，当在 10 s 的间隔内，电压增量小于 1%时，在储能电容器上的最大电压。

6.47

闪光触点绝缘值　contact insulation[value]

照相机上闪光电路的主触点与各触点之间或快门体与主触点之间的电阻值。

6.48

闪光接触效率　efficiency of[the shutter]contact

在规定的接触持续时间内，闪光触点上实际通过的电能与理想情况下应该通过触点的电能之比的百分率。

6.49

自动[调光]距离范围　automatic distance range

具有自动曝光控制的闪光装置能够使被摄体得到合适曝光量的被摄体与闪光装置之间的距离范围。

6.50

自动闪光曝光控制　automatic flash exposure control

自动[调光]闪光装置中，光电测量装置测量被摄体亮度、求出光对时间积分、而当积分达到预定值时终止曝光的自动曝光控制过程。

6.51

内测光自动闪光曝光控制　TTL[automatic]flash exposure control

在闪光摄影时，测量通过照相镜头到达感光平面的积分光能量，当其达到预定值时，自动终止闪光的曝光控制过程。

6.52

自动闪光曝光控制的可重复性　repeatability of automatic flash exposure control

同一闪光装置在预备指示期间，在同一距离对同一被摄体闪光时的曝光量重复精度。

6.53

红眼效应　red-eye effect

用闪光光源进行彩色摄影时，人(或动物)像的瞳孔出现红色的现象。

7　曝光及曝光控制

7.1

曝光　expose，exposure

使感光体的感光面受可见光或其他辐射能的作用形成可见像或潜在影像的过程。

7.2

曝光量　exposure

感光体的感光面上照度对时间的积分值。常用符号 H 表示。单位为勒[克斯]秒(lx · s)，用公式(13)计算：

$$H=\int_{t_2}^{t_1}E(t)\,\mathrm{d}t \qquad (13)$$

式中：

t_1——曝光起始时刻，单位为秒(s)；

t_2——曝光终止时刻，单位为秒(s)；

$E(t)$——感光体的感光面上的照度,单位为勒[克斯](lx)。

7.3

名义焦平面曝光量 nominal focal-plane exposure

按指定的定标常数 H_o,通过公式(14)计算得到的曝光量。常用符号 H_n 表示。单位为勒[克斯]秒(lx·s)。

$$H_n = H_o/S' \text{ 或 } H_n = H_o/10^{(S''-1)/10} \quad \cdots\cdots(14)$$

式中:

H_o——定标常数,单位为勒[克斯](lx);

S'——算术值感光度;

S''——对数值感光度。

7.4

实测焦平面曝光量 mesured focal-plane exposure

实际测量时,按公式(15)计算得到的曝光量。常用符号 H_m表示。单位为勒[克斯]秒(lx·s)。

$$H_m = A_n^{-1}\int_{A_n}\int_{t_1}^{t_2} E(r,t)\,\mathrm{d}r \cdot \mathrm{d}t \quad \cdots\cdots(15)$$

式中:

A_n——焦平面曝光量测量的规定面积;

t_1——曝光起始时刻,单位为秒(s);

t_2——曝光终止时刻,单位为秒(s);

$E(r,t)$——焦平面上规定的测缝面积中,坐标为 r 的任一点上,在曝光时间内某一瞬间 t 时的照度,单位为勒[克斯](lx)。

7.5

曝光量误差 exposure error

实测焦平面曝光量对名义焦平面曝光量的偏离。常用符号 ΔE_V 表示。当实测值大于名义值时,误差为正,反之为负。

7.6

照相机的像面曝光量 image-plane exposure of camera

当照相机正对均匀漫射面光源曝光时,在曝光时间内的任意时刻,像面上规定的测定面积内的平均照度对于全曝光时间的积分值。单位为勒[克斯]秒(lx·s)。

7.7

照相机曝光量范围 exposure capability of camera

照相机对 GB 100/21°感光度的感光体所能提供的名义焦平面曝光量最大值至最小值的范围。

7.8

照相机曝光量的自动控制 automatic setting of camera exposure

对照相机曝光量范围内的所有视场亮度,对于预定感光度的感光体,在焦平面上均能保持基本不变的曝光量的自动控制过程。

7.9

曝光时间 exposure time

感光体的感光面受光照射的时间。

7.10

曝光值 exposure value

EV

由光圈数和快门曝光时间的组合表示照相镜头通光能力的一个数值。常用符号 *EV* 表示。它是感光体的感光度和被摄体亮度的综合评价。并用公式(16)表示：

$$A^2/t = B \cdot S/K = 2^{EV} \quad \cdots\cdots(16)$$

式中：

A——光圈数；

t——曝光时间，单位为秒(s)；

B——被摄体亮度，单位为坎[德拉]每平方米(cd/m^2)；

S——感光体的感光度；

K——曝光表常数；

EV——曝光值，单位为 E_V。

7.11

曝光值单位　unit of exposure value

E_V

将曝光方程(曝光公式)中任一参数(A、T、B、S)的二个数值的比值，用以 2 为底的对数来表示的度量单位。可以使曝光方程转化为曝光值加法系统。

7.12

[曝光]校正常数 K 值　K-value

根据感光体的感光度和曝光表测得的被摄体亮度，计算照相机曝光参数时用的一个常数。它用公式(17)表示：

$$B \times S = K \times A^2/t \quad \cdots\cdots(17)$$

式中：

B——被摄体亮度，单位为坎[德拉]每平方米(cd/m^2)；

S——感光体的感光度；

A——光圈数；

t——曝光时间，单位为秒(s)；

K——曝光表常数，它的大小取决于胶片的感光特性 P 和照相机系统的通光特性 q，即 $K=P/q$。

7.13

加法系统　additive system of photographic exposure(APEX)

对镜头孔径、曝光时间、被摄体亮度和胶片感光度取以 2 为底的对数来进行加减计算曝光值的方法。其数学等式为 $AV+TV=EV=BV+SV$。其中 AV、TV、BV 和 SV 分别为镜头孔径、曝光时间以及与被摄体亮度、感光体的感光度有关的对数值。

7.14

孔径值　aperture value

AV

加法系统中表示镜头相对孔径的数值，与镜头光圈数(A)的关系是：

$$AV = \log_2 A^2 \quad \cdots\cdots(18)$$

7.15

亮度值　brightness value

BV

加法系统中表示被摄体亮度的数值，与被摄体亮度(B)的关系是：

$$BV = \log_2 B/0.32k \quad \cdots\cdots(19)$$

式中：

k——曝光校正常数。

7.16

时间值　time value

TV

加法系统中表示有效曝光时间的数值，与曝光时间(t)的关系是：

$$TV = \log_2(1/t) \qquad (20)$$

7.17

感光度值　speed value

SV

加法系统中表示感光度的数值，与感光度(S)的关系是：

$$SV = \log_2 0.32S \qquad (21)$$

7.18

曝光密度　exposure density

ED

被摄体的反射光或透视光经过镜头后入射在感光体上所产生的摄影效果。曝光密度用公式(22)对已知再现特性感光体的感红、感绿、感蓝层分别进行计算：

$$ED = -\lg\left(\int P_\lambda S_\lambda T_\lambda \mathrm{d}\lambda / \int P_\lambda S_\lambda \mathrm{d}\lambda\right) \qquad (22)$$

式中：

P_λ——发光体的光谱能量分布；

S_λ——感光体的光谱灵敏度分布；

T_λ——任一种介质吸收体的透射比分布。

7.19

曝光过度　overexposure

曝光时，实际的曝光量超过按标准特性曲线所要求的曝光量。

7.20

曝光不足　underexposure

曝光时，实际的曝光量低于按标准特性曲线所要求的曝光量。

7.21

多次曝光　multiple exposure

为了达到某些特定效果，在感光体的同一画面上进行两次或两次以上的曝光。

7.22

照相机漏光　camera light leakage

照相机不开启快门时，感光体受到曝光的现象。

7.23

曝光方式　exposure mode

照相机的曝光控制方式。分手动控制曝光方式和自动控制曝光方式两类。自动控制曝光又分为光圈优先式、快门优先式、双优先式和程序式等几种。

7.24

手控曝光　manual exposure

由摄影者视需要自由选择光圈和曝光时间，以得到一定曝光量的控制方式。

7.25

自动曝光　automatic exposure[control]

AE

通过光电元件上光的作用所产生的电信号来同时或者分别自动调节可变光阑或曝光时间，以得到正确曝光量的控制方式。

7.26

光圈优先式　aperture-priority mode

摄影时，操作者预选光圈数，由测光元件自动输出电信号，通过控制机构来控制曝光时间，使感光体获得正确曝光量的方式。

7.27

快门优先式　shutter-priority mode

摄影时，操作者预选曝光时间，由测光元件自动输出电信号，通过控制机构控制光圈大小，使感光体获得正确曝光量的方式。

7.28

双优先式　double priority mode

在同一只照相机上，既可以预选曝光时间，自动控制光圈；又可以预选光圈，自动控制曝光时间的自动曝光方式。

7.29

程序式　program mode

照相机快门的曝光时间和光圈数两者均事前按一定程序配合设计好，摄影时光圈与曝光时间按设计程序同时变化，使感光体获得正确曝光量的方式。

7.30

多程序式　multi program mode

一架照相机具有多种程序的自动曝光。可根据欲达到的摄影效果或选用的镜头不同，由摄影者或照相机自动转换程序，后者又称自动多程序式曝光选择。

7.31

程序偏移　program shift

程序式曝光时，照相机根据摄影者的要求，为在同一 E_V 值下，形成新的光圈数与曝光时间的组合，以达到不同摄影效果，而对原有程序的偏离。

7.32

曝光补偿　exposure compensation mechanism

自动曝光照相机对特殊需求的曝光量进行的补偿(修正)。

7.33

曝光测定　exposure determination

对被摄物的亮度或照度作测量或评价。测定方法主要有入射光法和反射光法两类。

7.34

外测光　external metering

测光光路与摄影镜头的光路各自分开的测光方式。主要用于镜头快门照相机。

7.35

内测光　through the[taking] lens metering

TTL 测光

受光元件通过摄影镜头进行测光的测光方式。主要用于单镜头反光照相机。

7.36

胶片平面测光　film plane metering

直接测光

单镜头反光照相机在曝光过程中，利用焦平面快门帘幕表面或感光体感光面的反射光进行测光的一种 TTL 测光方式。

7.37

中央重点测光　center-weighted metering

测量整个被摄体的亮度，但比较着重于测量画面中央部分的亮度(以画面中央部分作为测量的主要根据)的测光方式。

7.38

平均测光　averaging meter

测量整个被摄范围平均亮度的的测光方式。

7.39

局部测光　spot metering

测量小面积亮度的测光方式。它能对被摄体中一个或几个关键部分进行精确测量，对取得远处物体的曝光参数特别有效。

7.40

测光表　exposure meter

测量被摄体亮度，显示照相机相应的曝光参数的仪器。

7.41

受光角　acceptance angle

能被受光器件接收的最边缘光线间的夹角。它用来描述测光系统的受光器件对光接收和响应的方向特性。

7.42

响应时间　response time

测光系统的受光器件开始感光至光量达到饱和的间隔时间。

7.43

照度计　illuminance meter

测量被摄体照度的测光仪器。

7.44

亮度计　brightness meter

测量光源亮度或物体表面亮度的测光仪器。

8　取景测距系统

8.1

取景器　viewfinder, finder

照相机上用来显示相当于照相镜头所能记录的被摄景物范围的观察装置。

8.2

取景视场　viewing field

取景器规定区域内所能观察到的被摄景物范围。

8.3

取景视场率　viewing field ratio

在规定摄影距离时，照相机取景视场各边长与实际所拍摄画幅相应边长的百分比。

8.4

取景器倍率　finder magnification

取景器入射视角的正切与出射视角的正切之比。

8.5

基线长度　base length of the rangefinder

双像重合测距器中的半反射镜光轴与全反射镜光轴之间的距离。

8.6

有效基线长度　effective base length

测距器基线长度和测距器物镜光学系统放大倍率的乘积。

8.7

取景视差　parallax

通过取景器看到的景物范围与通过照相镜头实际拍摄到的景物范围不一致的现象。因取景光轴与摄影镜头光轴不重合引起的视差为空间视差;由于取景至拍摄时物体运动而产生的视差为时间视差。

8.8

视度调节　diopter adjustment

为了使摄影者眼睛的视度与照相机取景器上的目镜相适应而设置的调节装置。其调节方式有:进行轴向移动取景器目镜或利用视度校正透镜进行调节。

8.9

取景接目罩　eyecup

在取景器目镜和摄影者眼睛之间起到遮光和减震作用的一种接目罩,通常用橡胶或塑料制成。

8.10

框式取景器　frame type finder

由轴线重合的大小两框组成的取景器,其取景视场角略小于照相镜头的视场角。

8.11

光学取景器　optical finder

由光学系统构成的取景器。

8.12

透视取景器　direct(vision)finder

不经过反光镜反射,以直视形式观察被摄景物的光学取景器。

8.13

反光取景器　reflex finder

利用45°倾斜的反光镜将被摄景物反射到调焦屏上进行观察的取景器。通常有双镜头反光和单镜头反光两种型式。

8.14

测距器　rangefinder

照相机中用来测定摄影距离的机构。

8.15

调焦　focusing

通过调节照相镜头的像平面,使不同距离上的景物在感光平面上都能得到清晰影像的操作。调焦方式分整组调焦和部分组元调焦。

8.16

内调焦　interior focusing

通过调节照相镜头内组元之间的间距来改变镜头焦距,从而实现调焦的方式。调节前镜组/片相对于后镜组/片间距的调焦,又称前镜组调焦;调节后镜组/片相对于前镜组/片间距的调焦,则称为后镜组调焦。

8.17

调焦屏　focusing screen

在测距调焦时,用来观察镜头成像清晰程度的显示屏。通常采用毛玻璃屏或特殊结构型式的塑料屏(如微棱镜屏)。

8.18

自动调焦　automatic focusing,autofocus

AF

不依赖人眼的鉴别,由照相机自身的调焦系统对被摄体进行有效调焦。

8.19

自动调焦照相分辨率　autofocus-photographic resolving power

R_{AF}

照相机在自动调焦工作状态下,摄影距离范围内任一摄影距离的视场中心照相分辨率。它综合表征了自动调焦的调焦精度和照相镜头的成像质量。

8.20

自动调焦失效率　failure of autofocusing

在规定的摄影距离处数中,允许实际视场中心照相分辨率低于规定的自动调焦照相分辨率、但不低于自动调焦照相分辨率极限值的自动调焦失效处数。

8.21

自动调焦稳定性　stability of autofocusing

照相机在自动调焦工作状态下,摄影距离范围内任一摄影距离调焦的稳定程度。

8.22

区间调焦　zone focusing

按影像质量的可接受程度,将不同摄影距离的被摄景物包容在几个设定的景深范围内的分段调焦方法。

9　卷片计数系统

9.1

卷片　film winding,film advance

将胶片向前卷动输送一个画幅间隔的过程。

9.2

卷片装置　film winding unit,film advance device

照相机中执行卷片功能的装置。

9.3

自动卷片机构　automatic winding device

照相机中利用弹簧、电动机等方式代替人工手动来进行自动卷片的机构。

9.4

卷片角　film winding operation angle

卷片过程中,卷片杆或者卷片旋钮卷动一个画幅所需的转动角度。

9.5

预备角　pre-stroke angle

某些照相机上,卷片杆在进入卷片之前须预先打开的角度。

9.6

胶片导轨　film guide rail

片导

沿胶片输送方向在照相机画幅框的两侧设置的平行导轨。它主要作用是保证胶片在曝光时处于照相机的胶片平面上。

9.7

压片板[film]　pressure plate

照相机中将处于画框位置的那段胶片限定在片导上的平板，其作用是使处于拍摄位置的这段胶片尽可能保持平直和稳定。

9.8

倒片　film rewinding

将胶片转回到它原来所承载的暗盒或片夹中去的过程。

9.9

倒片装置　film rewinding device

照相机中执行倒片功能的装置。

9.10

自动倒片系统　automatic film rewinding system

利用弹簧、电动机等方式代替人工手动来进行自动倒片的系统。

9.11

胶卷(盒)室　film chamber，film cassette chamber

照相机机身内装载胶卷或暗盒的腔室。

9.12

暗盒　magazine，film cassette

用以装载胶片或其他类型感光材料的不透光容器。

9.13

计数器　exposure counter，frame counter

照相机上用来显示所装胶片已曝光过的张(幅)数或者显示所剩下未曝光过的张(幅)数的指示装置。

9.14

计数窗　counting window[of camera]

照相机计数器中用以显示数字的窗孔。除后盖窗孔外，大多设在照相机的顶盖部位。

9.15

后盖窗孔　back window[of camera]

后窗

通常位于照相机后盖上的一个带颜色(通常为红色)的透明窗孔，通过它可以显示照相机内的胶片在卷片时其背纸上的数字。

9.16

DX检码器　DX code detector

照相机上用来自动识别胶卷DX编码的机构。带有这种机构的照相机通常印有“DX”标记。

9.17

空拍　blind exposure

a)　指没有感光材料或不输片情况下按动快门的操作；

b)　照相机中装入感光材料后，在顺算式计数器的计数窗上显示数字“1”之前所进行的2～3次按动快门并卷片的操作。

9.18

感光平面　film plane

照相机中感光体的感光面在曝光时应处的理想平面位置。

9.19

感光平面标记　film plane mark

表示感光体的感光面所处位置的符号,按标准规定,采用符号“⊖”来标记。

9.20

画幅　frame

感光体上单幅影像所占的面积。例如135照相机胶片上的标准画幅尺寸为24 mm×36 mm。

10　感光材料与影像元件

10.1

感光体　sensitive media

在摄影过程中,曝光后能产生潜在影像的感光材料和影像传感器。

10.2

感光材料　sensitive material,photographic material

曝光后发生光化学等变化、产生潜影、经适当加工处理能形成可见影像的材料,一般分银盐和非银盐两大类。

10.3

影像传感器　image sensor

图像传感器　image transducer

能感受光学图像信息并转换成可用输出信号的电子器件,例如:电荷耦合器(CCD)、互补性金属氧化物半导体器件(CMOS)等。

10.4

影像宽高比　image aspect ratio

图像横纵比率

影像的宽度与高度之比。

10.5

存储媒体　memory media

能够存储数码照相机影像数据的部件,按结构可分为内置式和移动式两类,按介质分有固态(如存储卡)和磁记录(如微型硬盘)两种。

10.6

光学密度　optical density

表示物质吸收光的程度(能力)的量。它用公式(23)表示:

$$D = \lg I_0 / I \qquad \cdots\cdots(23)$$

式中:

D——光学密度;

I_0——入射光强度;

I——透射或反射光强度。

10.7

胶片灰雾　base density plus fog

胶片未经曝光而在显影加工后产生的均匀密度。它包括片基密度和乳剂灰雾。

10.8

片基密度　base density

没有涂层(底层除外)的片基本身的密度。

10.9

乳剂灰雾　base fog

未经曝光的感光乳剂层在显影后产生的任何均匀分布的密度。

10.10

彩色密度　colour density

照片或其他感光材料中的染料或颜料的光吸收程度的度量。对于多层彩色片来说，通过重叠影像度量的密度为合成密度；而每层影像单独度量的密度为分解密度。

10.11

密度计　densitometer，densimeter

测量影像光学密度值的仪器。有透射式和反射式两种。

10.12

反差　contrast

景物或影像不同部分影调明暗的差别。景物反差以景物不同部分亮度的对数差来表示；影像反差则以影像不同部分的密度差来表示。

10.13

彩色反差　color contrast

景物或影像中色调、彩度或饱和度(即接近光谱色的程度)的相对差别。以不同色彩所产生感觉强度的比率或该比率的对数值表示之。

10.14

感光特性曲线　characteristic curve，H and D curve，D-logH curve

表示感光材料所获曝光量的对数值与规定显影条件下产生的影像密度值之间关系的曲线图。它用来确定反差、感光度、灰雾值等参数。

10.15

反差系数　gamma

感光特性曲线上直线部分的斜率。常用符号 γ 表示。即为直线部分某二点的密度差与所对应的曝光量对数差的比值：

$$\gamma = \Delta D / \Delta \lg H \quad \cdots\cdots (24)$$

式中：

γ——反差系数；

D——光学密度；

H——曝光量。

10.16

平均斜率　average gradient

感光特性曲线上二个规定点连接直线的斜率，数量上等于感光特性曲线上该二点之间各点斜率的算术平均值。感光材料反差的一种表示方法。

10.17

感光体曝光范围　exposure range

感光特性曲线趾部的最小有效密度和肩部的最大有效密度之间的 $\Delta \lg H$。它们通常取感光特性曲线上斜率为 0.2 的两点之间的区域。表示感光体能产生满意影像的曝光量范围。

10.18

曝光宽容度　exposure latitude

感光特性曲线的直线部分,其大小用感光特性曲线直线部分的两端点相应曝光量的对数差表示。表示感光体能按正比关系记录景物反差的范围。

10.19

有效宽容度　effective latitude

感光特性曲线直线部分之外对摄影有效的两点之间的范围。一般以感光特性曲线两端斜率为 0.2 的两点相应曝光量的对数差作为有效宽容度。

10.20

感光度　photographic sensitivity

感光体对于可见光或其他辐射能的敏感程度。

10.21

ISO 感光度　ISO speed

国际标准规定的感光体感光度。它可以用算术或对数形式来表达,表示形式如 ISO 100/21°。

10.22

GB 感光度　GB speed

中国国家标准规定的感光体感光度,表示形式如 GB 100/21°。

10.23

ASA 感光度　ASA speed

美国标准协会规定的胶片感光度,表示形式如 ASA100。

10.24

DIN 感光度　DIN speed

德国工业标准规定的胶片感光度,表示形式如 DIN21°。

10.25

等效 ISO 胶片感光度　equivalent to ISO film sensitivity

数码照相机的影像传感器相当于银盐胶片的 ISO 感光度,并沿用银盐胶片照相机的感光度标志(如:ISO100/21°)来表示。

10.26

DX 编码　DX code

暗盒表面和胶卷片头上用以表示所装胶卷的感光度、长度(画幅数)及冲洗、扩印信息的方格、条纹等形式的编码。

10.27

解像力　resolving power

感光材料记录景物细部的能力。通常以每毫米记录的最大可分辨线条数表示。

10.28

胶片　film

以透明薄片基为支持体,在其一面或两面涂布有感光乳剂的感光材料。

10.29

片基　film base

胶片中作为乳剂支持体的透明而柔韧的塑性材料。

10.30

散页片　sheet film

根据不同画幅尺寸规格裁成的单张胶片。

10.31

胶卷　roll film

绕在卷片轴上的长条型胶片。不同型号的胶卷具有不同的拍摄张数和画幅尺寸。

10.32

黑白胶片　black-and-white film

只产生黑、白和灰色调影像的胶片。

10.33

正片　positive

所记录的影像的方位、影调变化与原景物相一致的胶片、相纸或干版。

10.34

负片　negative

所记录的影像的方位、影调变化与原景物相反的胶片、相纸或干版。

10.35

反转片　reversal material

经摄影曝光冲洗后直接产生正像的胶片、相纸或干版。

10.36

彩色胶片　color film

能产生各种色彩,色调的胶片。目前大多采用多层彩色胶片,即在片基上涂有三层分别感受蓝紫光、绿光和红光的乳剂层,经显影加工后分别生成黄、品红及青色染料层。通常有彩色反转片、彩色负片、彩色正片等。

10.37

彩色反转片　color reversal film,chrome film

经反转冲洗后直接产生与被摄物色彩相一致的彩色胶片。

10.38

彩色负片　color negative film

经显影冲洗后产生与被摄体色彩相反的补色影像的彩色胶片。

10.39

彩色正片　color print film,color positive film

从彩色负像直接印制彩色正像(即与原被摄体色彩完全相同的影像)的胶片。

10.40

日光型彩色胶片　daylight[type]color film,daylight film

适用于色温为5400 K到6500 K的蓝光成分多,红光少的光源下摄影的彩色负片。

10.41

灯光型彩色胶片　artificial light[type]color film,tungsten film

适用于色温为2 800 K到3 200 K的红光成分多、蓝光少的光源下摄影的彩色负片。

10.42

干版　plate

将感光乳剂涂在玻璃等硬片基上构成的感光材料。

10.43

相纸　development paper, developing-out paper

DOP

将卤化银乳剂涂于纸基上构成的用作印相或放大的感光材料。其可见图像的产生必须经过曝光、显影和定影等冲洗过程。

10.44

色空间　colour space

表示色彩的几何空间，通常采用三维空间。

10.45

色域　colour gamut

色空间中可再现或转换的部分。

10.46

色调　hue

表示红、黄、绿、蓝、紫等颜色的视知觉特性，颜色(知觉色)的三属性之一。

10.47

彩度　chroma

用同色调、等明度的视知觉来表示物体表面颜色浓淡程度的特性，颜色的三属性之一。

10.48

明度　lightness

用同色调、无彩度的视知觉来表示非自发光物体相对明暗程度的特性，颜色的三属性之一。

10.49

饱和度　saturation

用纯色(一种色调的知觉色)在整个色知觉中的比例来表示该色调浓淡程度的特性。

注：对于同样色调和明度的颜色，饱和度和彩度的间隔是相等的。

10.50

三原色　[three]primary colors

加色法三原色　additive primaries

红色、绿色和蓝色，将这三种单色光加以适当的组合，即可产生各种色彩。

10.51

加色法　additive[color]process

用三原色中的两种或三种按一定比例相加来产生各种不同色彩的彩色还原法。

10.52

补色　complementary color

按一定比例进行光学混合产生消色现象的两种色彩。如红与青互为补色，绿与品红互为补色，蓝与黄互为补色。

10.53

减色法三原色　subtractive primaries

加色法三原色的补色，即青、品红和黄色。

10.54

减色法　subtractive[color]process

用减色法三原色的两种或三种按一定比例混合来产生各种色彩的彩色还原法。

10.55

三刺激值　tristimulus value

在给定的三色系统中，与待测色刺激达到色匹配所需的三种参考色刺激量。

10.56

色品(度)坐标　chromaticity coordinates

各个三刺激值与它们之和的比。

10.57

色品　chromaticity

在色品坐标上，由主波长(或补色波长)和纯度的组合来表述的色刺激心理物理性质。

10.58

色温　colour temperature

当光源的色品与某一温度下的完全辐射体(黑体)的色品相同时，该完全辐射体(黑体)的绝对温度为此光源的色温。符号为 T_c，单位为开[尔文](K)。

10.59

等效色温　equivalent color temperature

表示某些不可能具有确切色温值的光源(如非连续辐射光源)的色温。其值等于在规定的接受器(如彩色胶片、色温计等)上表现出同样感应的连续辐射光源的色温值。接受器不同等效色温也可能不同。

11　照相机

11.1

照相机　camera

通过镜头能将被摄体的影像记录在感光体或存贮媒体上的装置。

11.2

银盐胶片照相机　silver halide film type camera

使用银盐感光体的照相机。

11.3

电子照相机　electronic still picture camera

具有能输出描述照片的模拟或数字信号的图像传感器，并可将此信号记录在存储媒体(如存储卡或磁盘等)上的照相机。

11.4

数码照相机　Digital Still Camera

DSC

具有能输出描述照片的数字信号的影像传感器，并可将此信号记录在存储媒体(如存储卡或磁盘等)上的照相机。

11.5

小型照相机　miniature camera

使用35 mm胶片的便携式普通照相机。其画幅的大小有24 mm×36 mm、24 mm×24 mm及24 mm×18 mm，但通常也还包括画幅大到56 mm×56 mm的便携式普通照相机。

11.6

35 mm照相机　35 mm camera

采用35 mm带孔胶片、标准画幅尺寸为24 mm×36 mm的照相机。

11.7

120 照相机　roll-film camera

采用 120,220,620 胶片(宽度均为 61.5 mm),标准画幅尺寸为 56 mm×56 mm 的照相机。

11.8

大画幅照相机　large-format camera

画幅尺寸大于 56 mm×56 mm 的照相机。

11.9

双镜头反光照相机　twin-lens reflex camera

具有两个相同焦距镜头的照相机。其镜头一个用于调焦和取景,另一个用来拍摄。通过调焦、取景镜头后面 45°倾斜的反光镜,将影像反射到调焦屏上进行观察。

11.10

单镜头反光照相机　single-lens reflex camera

用同一镜头进行调焦、取景和拍摄的照相机。调焦、取景时,通过镜头后面 45°倾斜的反光镜把影像反射到调焦屏上进行观察。

11.11

双焦距照相机　twin-focal-length compact camera, camera with two focal length lens

具有两种不同焦距、可根据需要随时选择其中之一进行摄影的照相机。

11.12

[固]定焦点照相机　fixed focus camera

没有调焦机构的照相机。

11.13

自动调焦照相机　automatic focusing camera, AF camera

具有自动调焦功能的照相机。

11.14

自动曝光照相机　AE camera, automatic exposure control camera

具有自动曝光功能的照相机。

11.15

水下照相机　underwater camera

专为水下摄影而设计的一种具有不透水、能抵抗一定水压的特殊结构照相机。

11.16

航空照相机　aerial camera

专用于航空摄影的照相机。

11.17

一步成像照相机　instant camera, one-step camera

照相机内的特殊感光材料在经曝光、扩散、转印处理后,即时生成照片的照相机。

11.18

全景照相机　panoramic camera

能在水平方向上对很大视角范围内的景物作连续扫描摄影的照相机。其镜头在水平方向上能绕轴转动,通过狭缝对胶片进行连续曝光。

11.19

立体照相机　stereoscopic camera, stereo camera

能够拍摄具有立体视感影像的照相机。

12 照相器材

12.1

单脚架　unipod

独脚架

由数节不同规格的型材配合组成的单条支脚。根据需要它可在规定范围内伸缩，用螺纹和照相机连接，起支承作用。

12.2

三脚架　tripod

由铰链结合在一起的三条支腿组成的照相机支架。它用螺纹和照相机连接。根据三脚架支腿伸缩的不同固定方式分为弹销式、摩擦式和弹销摩擦式三种型式。

12.3

云台　tripod head，ball and socket head

三脚架上面连接(上面装有连接螺钉)照相机的部件，它可使照相机灵活调整方位和俯仰，并锁定。

12.4

摄影伞　photo umbrella

柔光伞

起到柔光、反光作用的伞状照明辅助设备。

12.5

35 mm 胶卷引出器　35 mm film picker

当胶卷片头缩入暗盒时，作引出胶卷片头之用的器具。

12.6

暗袋　dark bag

在明亮处用于装卸胶片的便于携带的不透光软袋。

12.7

印相机　contact printer

接触式印相机

将感光材料(通常用氯化银相纸)和负片贴合，由来自负片一侧的均匀光线使感光材料曝光，产生和原版相同影像的曝光装置。

12.8

放大机　enlarger

投影印相机

利用放大法将原版影像投射在感光材料上得到不同比例的再版影像的装置。

12.9

彩色扩印机　color printer

使用卷筒相纸、进行连续扩印的高效彩色照相放大曝光设备。它可在明室中工作，有自动和半自动等不同形式与结构。

12.10

彩色相纸冲洗机　color paper processor

对已感光的彩色相纸连续进行显影、定影、水洗、烘干等程序的设备。

12.11

彩色负片冲洗机　color film processor

对已曝光的彩色负片连续进行显影、定影、水洗、晾干等程序的设备。

12.12

冲洗罐　developing tank

在亮室中冲洗胶片用的器具。

12.13

片夹　negative carrier

为保持负片的平整性，将负片以夹层形式插入放大机物平面的器件。

12.14

切刀　trimmer，tremming board

用于裁切照片或相纸等的装置。根据刀口形状不同，有直线形和花纹形两种，后者也叫花边切刀，其裁切方式有侧刀式和滚剪式两种。

12.15

上光机　glazer

将经过洗印处理后的照片进行烘干、表面光亮处理的装置。

12.16

暗室定时器　darkroom timer，darkroom clock

暗室中控制底片冲洗、印相和放大照片所需时间的计时装置。

12.17

暗房灯　darkroom lamp

暗房中使用的能发出安全光的灯。

参 考 文 献

[1] GB/T 5698—2001 颜色术语.

[2] GB/T 8338—2005 照相机快门.

[3] GB/T 9917.1—2002 照相镜头 第1部分:变焦距镜头.

[4] GB/T 10047.1—2005 照相机 第1部分:民用小型照相机.

[5] GB/T 13962—1992 光学仪器术语.

[6] GB/T 20733—2006 数码照相机术语.

[7] JB/T 7474.2—1994 照相机 DX检码技术条件.

[8] JB/T 7474.4—1994 照相机 自动调焦技术条件.

中 文 索 引

A

暗袋 …… 12.6
暗房灯 …… 12.17
暗盒 …… 9.12
暗室定时器 …… 12.16
ASA 感光度 …… 10.23

B

白平衡 …… 2.78
半峰值时间 …… 6.37
包容角 …… 2.40
饱和度 …… 10.49
曝光 …… 7.1
曝光补偿 …… 7.32
曝光不足 …… 7.20
曝光测定 …… 7.33
曝光方式 …… 7.23
曝光过度 …… 7.19
曝光宽容度 …… 10.18
曝光量 …… 7.2
曝光量误差 …… 7.5
曝光密度 …… 7.18
曝光时间 …… 7.9
曝光值 …… 7.10
曝光值单位 …… 7.11
变倍镜 …… 3.23
变焦倍率 …… 2.17
变焦范围 …… 2.16
变焦距镜头 …… 3.12
变焦区段 …… 2.18
标准镜头 …… 3.3
补色 …… 10.52
B 门 …… 5.26

C

彩度 …… 10.47
彩色补偿滤光镜 …… 4.9
彩色反差 …… 10.13
彩色反转片 …… 10.37
彩色负片 …… 10.38
彩色负片冲洗机 …… 12.11
彩色胶片 …… 10.36
彩色胶片转换滤光镜 …… 4.7
彩色扩印机 …… 12.9
彩色密度 …… 10.10
彩色相纸冲洗机 …… 12.10
彩色正片 …… 10.39
测光表 …… 7.40
测距器 …… 8.14
测试标板 …… 2.66
测试图 …… 2.67
长焦镜头 …… 3.4
场曲 …… 2.68
超广角镜头 …… 3.9
超焦距 …… 2.35
超消色差镜头 …… 3.19
程序偏移 …… 7.31
程序式 …… 7.29
冲洗罐 …… 12.12
出[射光]瞳 …… 2.38
储[存]能[量] …… 6.41
触点式插座及插座芯 …… 6.10
垂直分辨率 …… 2.61
存储媒体 …… 10.5
CC 镜 …… 4.9

D

大画幅照相机 …… 11.8
单脚架 …… 12.1
单镜头反光照相机 …… 11.10
倒片 …… 9.8
倒片装置 …… 9.9
灯光型彩色胶片 …… 10.41
等效 ISO 胶片感光度 …… 10.25
等效焦距 …… 2.36
等效色温 …… 10.59
点火时间 …… 6.35
点火延迟时间 …… 6.34
电子闪光 …… 6.5

电子闪光装置 …… 6.6
电子照相机 …… 11.3
[固]定焦点照相机 …… 11.12
定位截距 …… 2.32
独脚架 …… 12.1
短焦镜头 …… 3.7
多程序式 …… 7.30
多次曝光 …… 7.21
多次曝光机构 …… 5.30
DIN 感光度 …… 10.24
DX 编码 …… 10.26
DX 检码器 …… 9.16

F

发光强度(光通量)峰值 …… 6.38
法兰焦距 …… 2.33
反差 …… 10.12
反差系数 …… 10.15
反光取景器 …… 8.13
反光碗(罩) …… 6.11
反转片 …… 10.35
防重拍机构 …… 5.29
放大机 …… 12.8
放大镜头 …… 3.22
放大率 …… 2.52
非球面镜头 …… 3.21
分辨率 …… 2.53
峰值电压 …… 6.46
峰值时间 …… 6.36
缝宽 …… 5.21
辅助光 …… 2.6
负畸变 …… 2.73
负片 …… 10.34
附件插座及插座芯 …… 6.9
复消色差镜头 …… 3.18
副光 …… 2.6
FP 闪光同步 …… 6.17
F 数 …… 2.44

G

干版 …… 10.42
感光材料 …… 10.2
感光度 …… 10.20
感光度值 …… 7.17
感光平面 …… 9.18
感光平面标记 …… 9.19
感光特性曲线 …… 10.14
感光体 …… 10.1
感光体曝光范围 …… 10.17
钢片快门 …… 5.10
关闭时间 …… 5.37
光阑 …… 3.26
光量 …… 6.39
光平衡滤光镜 …… 4.10
光谱分布指数 …… 2.82
光谱能量分布 …… 6.45
光谱中性 …… 2.83
光圈表 …… 6.14
光圈计算器 …… 6.13
光圈快门 …… 5.6
光圈数 …… 2.44
光圈数系列 …… 2.46
光圈优先式 …… 7.26
[轴向]光输出 …… 6.40
光学密度 …… 10.6
光学取景器 …… 8.11
广角畸变(失真) …… 2.71
广角镜头 …… 3.8
鬼影 …… 2.9
GB 感光度 …… 10.22

H

涵盖角 …… 2.40
航空照相机 …… 11.16
黑白胶片 …… 10.32
横走式 …… 5.23
红眼效应 …… 6.53
后窗 …… 9.15
后顶焦距 …… 2.15
后盖窗孔 …… 9.15
后截距 …… 2.15
后帘 …… 5.20
后帘闪光同步 …… 6.18
弧矢分辨率 …… 2.59
画幅 …… 9.20
灰阶 …… 2.74

灰色滤光镜……………………………………………… 4.3
回复时间 …………………………………………… 6.32

I

ISO 感光度 ………………………………………… 10.21
ISO 闪光指数 ……………………………………… 6.25

J

基线长度……………………………………………… 8.5
畸变 ………………………………………………… 2.70
极限分辨率 ………………………………………… 2.57
计数窗 ……………………………………………… 9.14
计数器 ……………………………………………… 9.13
加法系统 …………………………………………… 7.13
加权光谱灵敏度值 ………………………………… 2.85
加色法……………………………………………… 10.51
加色法三原色……………………………………… 10.50
减色法……………………………………………… 10.54
减色法三原色……………………………………… 10.53
渐变滤光镜………………………………………… 4.8
渐晕 ………………………………………………… 2.50
渐晕系数 …………………………………………… 2.51
鉴别率 ……………………………………………… 2.53
胶卷………………………………………………… 10.31
胶卷(盒)室 ………………………………………… 9.11
胶片………………………………………………… 10.28
胶片导轨……………………………………………… 9.6
胶片的光谱灵敏度………………………………… 2.84
胶片灰雾 …………………………………………… 10.7
胶片平面测光 ……………………………………… 7.36
焦[平]面 …………………………………………… 2.19
焦点 ………………………………………………… 2.12
焦距 ………………………………………………… 2.13
焦平面快门…………………………………………… 5.8
焦深 ………………………………………………… 2.48
[曝光]校正常数 K 值 ……………………………… 7.12
接触式印相机 ……………………………………… 12.7
解像力……………………………………………… 10.27
近摄 ………………………………………………… 2.26
近摄镜 ……………………………………………… 3.25
景深 ………………………………………………… 2.47
景物亮度比 ………………………………………… 2.11
径向分辨率 ………………………………………… 2.58
镜后快门……………………………………………… 5.5
镜间快门……………………………………………… 5.4
镜前快门……………………………………………… 5.3
镜头的色贡献指数 ………………………………… 2.81
镜头盖 ……………………………………………… 3.32
镜头光学长度 ……………………………………… 2.34
镜头接口 …………………………………………… 3.30
镜头快门……………………………………………… 5.2
镜头透射比 ………………………………………… 2.79
镜头遮光罩 ………………………………………… 3.31
镜头轴向光谱透射比 ……………………………… 2.80
局部测光 …………………………………………… 7.39
卷片…………………………………………………… 9.1
卷片角………………………………………………… 9.4
卷片装置……………………………………………… 9.2

K

开启时间 …………………………………………… 5.35
可变光阑 …………………………………………… 3.29
可换镜头 …………………………………………… 3.20
空拍 ………………………………………………… 9.17
孔径光阑…………………………………………… 3.27
孔径值 ……………………………………………… 7.14
快[门]线 …………………………………………… 5.14
快门…………………………………………………… 5.1
快门按钮…………………………………………… 5.13
快门光学有效系数………………………………… 5.42
快门回弹…………………………………………… 5.31
快门曲线…………………………………………… 5.33
快门全开…………………………………………… 5.34
快门锁 ……………………………………………… 5.16
快门效率 …………………………………………… 5.42
快门叶片 …………………………………………… 5.17
快门优先式 ………………………………………… 7.27
快线座 ……………………………………………… 5.15
框式取景器 ………………………………………… 8.10

L

立体照相机………………………………………… 11.19
帘速 ………………………………………………… 5.22
亮度比 ……………………………………………… 2.10
亮度计……………………………………………… 7.44
亮度值 ……………………………………………… 7.15

滤光镜…………………………………… 4.1
滤光镜的曝光补偿系数 ………………… 4.12
滤光镜的平均透射比 …………………… 4.11
滤光镜的有效孔径 ……………………… 4.13
滤色镜…………………………………… 4.2

M

每次充电的闪光次数 …………………… 6.44
每组电池的闪光次数 …………………… 6.43
弥散圆 …………………………………… 2.65
米指数 …………………………………… 6.23
密度计…………………………………… 10.11
名义焦平面曝光量……………………… 7.3
明度……………………………………… 10.48
幕帘 ……………………………………… 5.18
幕帘快门………………………………… 5.9
幕帘速度 ………………………………… 5.22
M 闪光同步 ……………………………… 6.16

N

内测光 …………………………………… 7.35
内测光自动闪光曝光控制 ……………… 6.51
内调焦 …………………………………… 8.16

P

片导……………………………………… 9.6
片基……………………………………… 10.29
片基密度………………………………… 10.8
片夹……………………………………… 12.13
偏振光滤光镜…………………………… 4.4
平均测光 ………………………………… 7.38
平均曝光时间 …………………………… 5.44
平均斜率………………………………… 10.16

Q

齐明镜头 ………………………………… 3.14
气动快门 ………………………………… 5.12
前顶焦距 ………………………………… 2.14
前截距 …………………………………… 2.14
切刀……………………………………… 12.14
切向分辨率 ……………………………… 2.59
清晰度 …………………………………… 2.64
区间调焦 ………………………………… 8.22
取景接目罩……………………………… 8.9
取景镜头………………………………… 3.2
取景器…………………………………… 8.1
取景器倍率……………………………… 8.4
取景视差………………………………… 8.7
取景视场………………………………… 8.2
取景视场率……………………………… 8.3
全曝光时间 ……………………………… 5.38
全景照相机……………………………… 11.18
全开时间 ………………………………… 5.36
全孔径 …………………………………… 2.42

R

热靴 ……………………………………… 6.10
人工光…………………………………… 2.4
日光……………………………………… 2.2
日光型彩色胶片………………………… 10.40
柔光镜头 ………………………………… 3.15
柔光伞 …………………………………… 12.4
乳剂灰雾 ………………………………… 10.9
入[射光]瞳 ……………………………… 2.37
软焦镜头 ………………………………… 3.15

S

三刺激值………………………………… 10.55
三脚架…………………………………… 12.2
三原色…………………………………… 10.50
35 mm 胶卷引出器 ……………………… 12.5
35 mm 照相机 …………………………… 11.6
散页片…………………………………… 10.30
色调……………………………………… 10.46
色还原 …………………………………… 2.75
色空间…………………………………… 10.44
色滤光镜………………………………… 4.2
色品……………………………………… 10.57
色品(度)坐标…………………………… 10.56
色平衡 …………………………………… 2.77
色温……………………………………… 10.58
色域……………………………………… 10.45
色再还原 ………………………………… 2.76
闪光……………………………………… 6.1
闪光插头及插座………………………… 6.8
闪光触点绝缘值 ………………………… 6.47

闪光反光器 …… 6.11
闪光感应同步器 …… 6.12
[电子]闪光管 …… 6.4
闪光光源 …… 6.2
闪光接触持续时间 …… 6.33
闪光接触效率 …… 6.48
闪光连动机构(FM 机构) …… 6.20
闪光泡 …… 6.3
闪光特性曲线 …… 6.21
闪光同步 …… 6.15
闪光同步机构 …… 6.19
闪光同步快门 …… 5.11
闪光同步延迟时间 …… 6.34
闪光指数 …… 6.22
上光机 …… 12.15
摄影距离 …… 2.24
摄影日光 …… 2.3
摄影伞 …… 12.4
时间-照度曲线 …… 5.33
时间值 …… 7.16
实测焦平面曝光量 …… 7.4
视场光阑 …… 3.28
[照相镜头]视场角 …… 2.39
视度调节 …… 8.8
视觉分辨率 …… 2.56
手控曝光 …… 7.24
受光角 …… 7.41
数码照相机 …… 11.4
双焦距照相机 …… 11.11
双镜头反光照相机 …… 11.9
双优先式 …… 7.28
水平分辨率 …… 2.60
水下照相机 …… 11.15
45°分辨率 …… 2.62

T

天光镜 …… 4.5
天空光 …… 2.1
天空光滤光镜 …… 4.5
调焦 …… 8.15
调焦屏 …… 8.17
桶形畸变 …… 2.73
投影印相机 …… 12.8
透视畸变 …… 2.71
透视取景器 …… 8.12
图像传感器 …… 10.3
图像横纵比率 …… 10.4
TTL 测光 …… 7.35
T 门 …… 5.27

W

外测光 …… 7.34
望远镜头 …… 3.4
微距 …… 2.27
微距镜头 …… 3.11
微距照相分辨率 …… 2.63
无限远 …… 2.29
物[平]面 …… 2.20
物距 …… 2.23

X

先帘 …… 5.19
先帘闪光同步 …… 6.18
线对每毫米 …… 2.54
线宽数每像高 …… 2.55
相对孔径 …… 2.43
相纸 …… 10.43
响应时间 …… 7.42
像[平]面 …… 2.21
像距 …… 2.22
像面位移 …… 2.31
像面照度均匀度 …… 2.49
像散 …… 2.69
消色差镜头 …… 3.17
消像散镜头 …… 3.16
小型照相机 …… 11.5
X 闪光同步 …… 6.18

Y

压片板 …… 9.7
一步成像照相机 …… 11.17
120 照相机 …… 11.7
银盐胶片照相机 …… 11.2
印相机 …… 12.7
英尺指数 …… 6.24
影像传感器 …… 10.3

影像宽高比 …………………………………… 10.4
有效 F 数 …………………………………… 2.45
有效基线长度……………………………… 8.6
有效孔径 …………………………………… 2.41
有效宽容度………………………………… 10.19
有效曝光时间 ……………………………… 5.40
有效曝光时间不均匀性 …………………… 5.48
有效曝光时间间隔率 ……………………… 5.47
有效曝光时间偏差 ………………………… 5.45
有效曝光时间稳定性 ……………………… 5.46
有效闪光持续时间 ………………………… 6.30
有效照射半角 ……………………………… 6.28
有效照射角 ………………………………… 6.29
鱼眼镜头 …………………………………… 3.10
预备角……………………………………… 9.5
预备指示 …………………………………… 6.26
预备指数 …………………………………… 6.27
远摄比 ……………………………………… 2.28
远摄镜头…………………………………… 3.6
云台 ………………………………………… 12.3

Z

杂光………………………………………… 2.7
杂光系数…………………………………… 2.8
增焦距镜 …………………………………… 3.24
照度计 ……………………………………… 7.43
照相机 ……………………………………… 11.1
照相机的像面曝光量……………………… 7.6
照相机漏光 ………………………………… 7.22
照相机曝光量的自动控制………………… 7.8
照相机曝光量范围………………………… 7.7
照相镜头…………………………………… 3.1
折反射式镜头……………………………… 3.5
枕形畸变 …………………………………… 2.72
正光镜头 …………………………………… 3.16
正畸变 ……………………………………… 2.72
正片………………………………………… 10.33
直接测光 …………………………………… 7.36
中心快门…………………………………… 5.7
中心有效曝光时间 ………………………… 5.41
中性滤光镜………………………………… 4.3
中央重点测光 ……………………………… 7.37
重拍 ………………………………………… 5.28
昼光………………………………………… 2.2
主光………………………………………… 2.5
转换滤光镜………………………………… 4.7
子午分辨率 ………………………………… 2.58
紫外滤光镜………………………………… 4.6
自动曝光 …………………………………… 7.25
自动曝光照相机…………………………… 11.14
自动[调光]距离范围 ……………………… 6.49
自动[调光]闪光装置 ……………………… 6.7
自动倒片系统 ……………………………… 9.10
自动对焦镜头 ……………………………… 3.13
自动卷片机构……………………………… 9.3
自动闪光曝光控制 ………………………… 6.50
自动闪光曝光控制的可重复性 …………… 6.52
自动调焦 …………………………………… 8.18
自动调焦失效率 …………………………… 8.20
自动调焦稳定性 …………………………… 8.21
自动调焦照相分辨率 ……………………… 8.19
自动调焦照相机…………………………… 11.13
自拍机 ……………………………………… 5.25
自拍延迟时间 ……………………………… 5.32
总曝光时间 ………………………………… 5.39
总闪光持续时间 …………………………… 6.31
纵走式 ……………………………………… 5.24
最大额定闪光能量 ………………………… 6.42
最短曝光时间 ……………………………… 5.43
最佳像面 …………………………………… 2.30
最近摄影距离 ……………………………… 2.25

英 文 索 引

A

acceptance angle ··· 7.41
accessory shoe and feet ··· 6.9
accessory shoe and feet with electrical contact ··· 6.10
achromatic lens ··· 3.17
additive primaries ··· 10.50
additive system of photographic exposure(APEX) ··· 7.13
additive[color]process ··· 10.51
AE camera ··· 11.14
aerial camera ··· 11.16
AF camera ··· 11.13
air-shutter ··· 5.12
anastigmat ··· 3.16
angle of coverage ··· 2.40
angle of view ··· 2.39
antinous release ··· 5.14
aperture diaphragm ··· 3.27
aperture value ··· 7.14
aperture-priority mode ··· 7.26
aplanat ··· 3.14
apochromatic lens ··· 3.18
artificial light ··· 2.4
artificial light[type]color film ··· 10.41
ASA speed ··· 10.23
aspheric lens ··· 3.21
astigmatism ··· 2.69
autofocus ··· 8.18
autofocus lens ··· 3.13
autofocus-photographic resolving power ··· 8.19
automatic distance range ··· 6.49
automatic exposure control camera ··· 11.14
automatic exposure[control] ··· 7.25
automatic film rewinding system ··· 9.10
automatic flash equipment ··· 6.7
automatic flash exposure control ··· 6.50
automatic focusing ··· 8.18
automatic focusing camera ··· 11.13
automatic setting of camera exposure ··· 7.8
automatic winding device ··· 9.3

average gradient ······ 10.16
average transmittance of filter ······ 4.11
averaging meter ······ 7.38

B

back focal distance ······ 2.15
back focus ······ 2.15
back window[of camera] ······ 9.15
ball and socket head ······ 12.3
barrel distortion ······ 2.73
base density ······ 10.8
base density plus fog ······ 10.7
base fog ······ 10.9
base length of the rangefinder ······ 8.5
beam light output ······ 6.40
before-the-lens shutter ······ 5.3
behind-the-lens shutter ······ 5.5
between-the-lens shutter ······ 5.4
black-and-white film ······ 10.32
[shutter]blade ······ 5.17
blind exposure ······ 9.17
bounce ······ 5.31
brightness meter ······ 7.44
brightness value ······ 7.15
bulb exposure ······ 5.26

C

cable release ······ 5.14
cable release socket ······ 5.15
camera ······ 11.1
camera lens ······ 3.1
camera light leakage ······ 7.22
camera with two focal length lens ······ 11.11
center-weighted metering ······ 7.37
central shutter ······ 5.7
characteristic curve ······ 10.14
chroma ······ 10.47
chromaticity ······ 10.57
chromaticity coordinates ······ 10.56
chrome film ······ 10.37
circle of confusion ······ 2.65
close-up ······ 2.26
close-up lens ······ 3.25

closing time ………… 5.37
cloth curtain shutter ………… 5.9
coefficient of vignetting ………… 2.51
color contrast ………… 10.13
color film ………… 10.36
color film processor ………… 12.11
color negative film ………… 10.38
color paper processor ………… 12.10
color positive film ………… 10.39
color print film ………… 10.39
color printer ………… 12.9
color reversal film ………… 10.37
colour balance ………… 2.77
colour compensating filter ………… 4.9
colour contribution index of lens ………… 2.81
colour density ………… 10.10
colour filter ………… 4.2
colour gamut ………… 10.45
colour rendering ………… 2.75
colour re-rendering ………… 2.76
colour space ………… 10.44
colour temperature ………… 10.58
complementary color ………… 10.52
compound shutter ………… 5.7
[shutter]contact duration ………… 6.33
contact insulation[value] ………… 6.47
contact printer ………… 12.7
contrast ………… 10.12
[colour]conversion filter ………… 4.7
converter ………… 3.23
counting window[of camera] ………… 9.14
curtain ………… 5.18
curtain velocity ………… 5.22

D

D logH curve ………… 10.14
dark bag ………… 12.6
darkroom clock ………… 12.16
darkroom lamp ………… 12.17
darkroom timer ………… 12.16
daylight ………… 2.2
daylight film ………… 10.40
daylight[type]color film ………… 10.40

definition ······ 2.64
delay time of self-timer ······ 5.32
densimeter ······ 10.11
densitometer ······ 10.11
depth of field ······ 2.47
depth of focus ······ 2.48
developing tank ······ 12.12
developing-out paper ······ 10.43
development paper ······ 10.43
deviation of exposure time ······ 5.45
diaphragm ······ 3.26
diaphragm computer ······ 6.13
diaphragm shutter ······ 5.6
diaphragm table ······ 6.14
Digital Still Camera ······ 11.4
DIN speed ······ 10.24
diopter adjustment ······ 8.8
direct(vision)finder ······ 8.12
distortion ······ 2.70
double exposure ······ 5.28
double exposure lock ······ 5.29
double priority mode ······ 7.28
DSC ······ 11.4
DX code ······ 10.26
DX code detector ······ 9.16

E

effective angle of coverage ······ 6.29
effective aperture ······ 2.41
effective aperture of filter ······ 4.13
effective base length ······ 8.6
effective exposure time ······ 5.40
effective exposure time of center ······ 5.41
effective flash duration ······ 6.30
effective f-number ······ 2.45
effective half angle of coverage ······ 6.28
effective latitude ······ 10.19
efficiency of[the shutter]contact ······ 6.48
electronic flash ······ 6.5
electronic flash equipment ······ 6.6
electronic flash tube ······ 6.4
electronic still picture camera ······ 11.3
enlarger ······ 12.8

enlarging lens …… 3.22
entrance pupil …… 2.37
equivalent color temperature …… 10.59
equivalent focal length …… 2.36
equivalent to ISO film sensitivity …… 10.25
exit pupil …… 2.38
expose …… 7.1
exposure …… 7.1、7.2
exposure capability of camera …… 7.7
exposure compensating factor of filter …… 4.12
exposure compensation mechanism …… 7.32
exposure counter …… 9.13
exposure density …… 7.18
exposure determination …… 7.33
exposure error …… 7.5
exposure latitude …… 10.18
exposure meter …… 7.40
exposure mode …… 7.23
exposure range …… 10.17
exposure time …… 7.9
exposure value …… 7.10
external metering …… 7.34
eyecup …… 8.9

F

failure of autofocusing …… 8.20
field curvature …… 2.68
field diaphragm …… 3.28
field stop …… 3.28
fill-in light …… 2.6
film …… 10.28
film advance …… 9.1
film advance device …… 9.2
film base …… 10.29
film cassette …… 9.12
film cassette chamber …… 9.11
film chamber …… 9.11
film guide rail …… 9.6
film plane …… 9.18
film plane mark …… 9.19
film plane metering …… 7.36
film rewinding …… 9.8
film rewinding device …… 9.9

film winding …… 9.1
film winding operation angle …… 9.4
film winding unit …… 9.2
filter …… 4.1
finder …… 8.1
finder magnification …… 8.4
fire time …… 6.35
first blind …… 5.19
first blind synchronization …… 6.18
fish-eye lens …… 3.10
fixed focus camera …… 11.12
flange focal distance …… 2.33
flare …… 2.7
flash …… 6.1
flash bulb …… 6.3
flash connections …… 6.8
flash curve …… 6.21
flash induction synchronizer …… 6.12
flash reflector …… 6.11
flash source …… 6.2
flash synchronization …… 6.15
flash synchronizer …… 6.19
flashmatic …… 6.20
fluctuation of exposure …… 5.46
f-number …… 2.44
focal length …… 2.13
focal plane shutter …… 5.8
focal point …… 2.12
focusing …… 8.15
focusing screen …… 8.17
foot guide number …… 6.24
FP-synchronisation …… 6.17
frame …… 9.20
frame counter …… 9.13
frame type finder …… 8.10
front focal distance …… 2.14
front shutter …… 5.2
full aperture …… 2.42
[shutter]full-open …… 5.34
full-open time …… 5.36
45°resolution …… 2.62

G

gamma ········ 10.15
GB speed ········ 10.22
ghost ········ 2.9
glazer ········ 12.15
graduated filter ········ 4.8
gray scale ········ 2.74
[flash]guide number ········ 6.22

H

H and D curve ········ 10.14
horizontal resolution ········ 2.60
horizontal-run type ········ 5.23
hot shoe and feet ········ 6.10
hue ········ 10.46
hyperfocal distance ········ 2.35

I

illuminance meter ········ 7.43
image aspect ratio ········ 10.4
image distance ········ 2.22
image plane ········ 2.21
image plane shift ········ 2.31
image sensor ········ 10.3
image transducer ········ 10.3
image-plane exposure of camera ········ 7.6
infinity ········ 2.29
instant camera ········ 11.17
interchangeable lens ········ 3.20
interior focusing ········ 8.16
iris diaphragm ········ 3.29
iris stop ········ 3.29
ISO guide number ········ 6.25
ISO speed ········ 10.21

K

K-value ········ 7.12

L

large-format camera ········ 11.8
leaf ········ 5.17
lens adapter ········ 3.30

lens cap …… 3.32
lens hood …… 3.31
lens mount …… 3.30
lens optical length …… 2.34
lens shade …… 3.31
lens shutter …… 5.2
lens spectral transmissivity in direction of axis …… 2.80
lens transmission efficiency …… 2.79
lens transmissivity …… 2.79
light balancing filter …… 4.10
lightness …… 10.48
limiting resolution …… 2.57
located focal distance …… 2.32
long-focus lens …… 3.4
lp/mm …… 2.54
luminance ratio …… 2.10
LW/PH …… 2.55

M

macro-focusing …… 2.27
macro-lens …… 3.11
macro-photographic resolving power …… 2.63
magazine …… 9.12
magnification …… 2.52
main light …… 2.5
manual exposure …… 7.24
maximum watt-second rating …… 6.42
mean exposure time …… 5.44
memory media …… 10.5
meridional resolution …… 2.58
mesured focal-plane exposure …… 7.4
metal focal plane shutter …… 5.10
meter guide number …… 6.23
miniature camera …… 11.5
minimum exposure time …… 5.43
minimum photographic distance …… 2.25
mirror lens …… 3.5
M-synchronisation …… 6.16
multi program mode …… 7.30
multi-exposure device …… 5.30
multiple exposure …… 7.21

N

negative …… 10.34

negative carrier ········ 12.13
neutral(density)filter ········ 4.3
nominal focal-plane exposure ········ 7.3
non-uniformity of exposure time ········ 5.48
normal lens ········ 3.3
number of flashes per battery ········ 6.43
number of flashes per charge ········ 6.44

O

one-step camera ········ 11.17
opening time ········ 5.35
optical density ········ 10.6
optical finder ········ 8.11
optimal image plane ········ 2.30
overall exposure time ········ 5.39
overexposure ········ 7.19

P

panoramic camera ········ 11.18
parallax ········ 8.7
peak of luminous intensity(luminous flux) ········ 6.38
peak time ········ 6.36
peak voltage ········ 6.46
photo umbrella ········ 12.4
photoflash synchronization delay time ········ 6.34
photographic daylight ········ 2.3
photographic distance ········ 2.24
photographic material ········ 10.2
photographic sensitivity ········ 10.20
pincushion distortion ········ 2.72
PL filter ········ 4.4
plate ········ 10.42
polarizing filter ········ 4.4
positive ········ 10.33
[film]pressure plate ········ 9.7
pre-stroke angle ········ 9.5
[three]primary colors ········ 10.50
principal focal plane ········ 2.19
program mode ········ 7.29
program shift ········ 7.31

Q

quantity of light …… 6.39

R

radial resolution …… 2.58
rangefinder …… 8.14
ratio of two adjacent exposure times …… 5.47
ready guide number …… 6.27
ready indication …… 6.26
recycle time …… 6.32
red-eye effect …… 6.53
reflex finder …… 8.13
relative aperture …… 2.43
repeatability of automatic flash exposure control …… 6.52
resolution …… 2.53
resolving power …… 10.27
resolving power …… 2.53
response time …… 7.42
reversal material …… 10.35
roll film …… 10.31
roll-film camera …… 11.7

S

sagittal resolution …… 2.59
saturation …… 10.49
scene luminance ratio …… 2.11
second blind …… 5.20
second blind synchronization …… 6.18
self-timer …… 5.25
semi-peak time …… 6.37
sensitive material …… 10.2
sensitive media …… 10.1
series of f-number …… 2.46
sharpness …… 2.64
sheet film …… 10.30
short focus lens …… 3.7
shutter …… 5.1
shutter efficiency …… 5.42
shutter release button …… 5.13
shutter release lock …… 5.16

shutter-priority mode …… 7.27
silver halide film type camera …… 11.2
single-lens reflex camera …… 11.10
skylight …… 2.1
skylight filter …… 4.5
slit width …… 5.21
soft-focus lens …… 3.15
spectral distribution index …… 2.82
spectral energy distribution …… 6.45
spectral sensitivity of film …… 2.84
spectrally neutral …… 2.83
speed value …… 7.17
spot metering …… 7.39
stability of autofocusing …… 8.21
standard lens …… 3.3
stereo camera …… 11.19
stereoscopic camera …… 11.19
stop …… 3.26
stored energy …… 6.41
strobe …… 6.5
subject distance …… 2.23
subject plane …… 2.20
subtractive primaries …… 10.53
subtractive[color]process …… 10.54
superachromatic (superchromatic) lens …… 3.19
synchroflash mechanism …… 6.19
synchro-flash shutter …… 5.11
synchro-shutter …… 5.11

T

tangent resolution …… 2.59
teleconverter …… 3.24
telephoto lens …… 3.6
telephoto ratio …… 2.28
test chart …… 2.66
test pattern …… 2.67
through the[taking] lens metering …… 7.35
time exposure …… 5.27
time value …… 7.16
time-illumination curve …… 5.33
total exposure time …… 5.38

total flash duration ······ 6.31
tremming board ······ 12.14
trimmer ······ 12.14
tripod ······ 12.2
tripod head ······ 12.3
tristimulus value ······ 10.55
TTL[automatic]flash exposure control ······ 6.51
tungsten film ······ 10.41
twin-focal-length compact camera ······ 11.11
twin-lens reflex camera ······ 11.9
35 mm camera ······ 11.6
35 mm film picker ······ 12.5

U

ultra violet filter ······ 4.6
ultra wide-angle lens ······ 3.9
underexposure ······ 7.20
underwater camera ······ 11.15
uniformity of image plane illuminance ······ 2.49
unipod ······ 12.1
unit of exposure value ······ 7.11
UV filter ······ 4.6

V

veiling glare ······ 2.7
veiling glare index ······ 2.8
vertical resolution ······ 2.61
vertical-run type ······ 5.24
viewfinder ······ 8.1
viewing field ······ 8.2
viewing field ratio ······ 8.3
viewing lens ······ 3.2
vignetting[of lens] ······ 2.50
visual resolution ······ 2.56

W

weighted spectral sensitivity values ······ 2.85
white balance ······ 2.78
wide angle distortion ······ 2.71
wide-angle lens ······ 3.8

X

X-synchronisation …… 6.18

Z

zone focusing …… 8.22
zoom lens …… 3.12
zoom range …… 2.16
zoom ratio …… 2.17
zoom zone …… 2.18

ICS 01.140.20
A 14

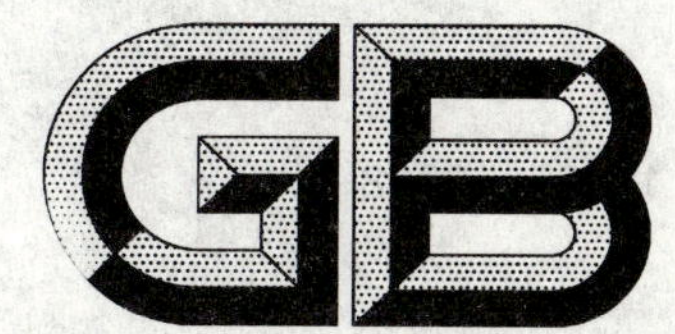

中华人民共和国国家标准

GB/T 13967—2008
代替 GB/T 13967—1992

全宗单

Archives fond list format

2008-11-13 发布　　2009-05-01 实施

中华人民共和国国家质量监督检验检疫总局
中国国家标准化管理委员会　发布

前　言

本标准代替 GB/T 13967—1992《全宗单》。

本标准与 GB/T 13967—1992 相比主要变化如下：

——标准的总体编排和结构按 GB/T 1.1—2000 进行了修改；

——增加了前言；

——修改了全宗单封页和正页尺寸；

——正文和附录中去掉“全宗卡片报送情况”项目。

本标准的附录 A、附录 B、附录 C 是资料性附录。

本标准由国家档案局提出并归口。

本标准起草单位：国家档案局。

本标准主要起草人：王绍忠、宋扬、丁德胜。

本标准于 1992 年 12 月 17 日首次发布。

全　宗　单

1　范围

本标准规定了全宗单的内容构成、格式及栏目填写方法。

本标准适于各级各类档案馆,档案室可参照执行。

2　规范性引用文件

下列文件中的条款通过本标准的引用而成为本标准的条款。凡是注日期的引用文件,其随后所有的修改单(不包括勘误的内容)或修订版均不适用于本标准,然而,鼓励根据本标准达成协议的各方研究是否可使用这些文件的最新版本。凡是不注日期的引用文件,其最新版本适用于本标准。

GB/T 7408—2005　数据元和交换格式　信息交换　日期和时间表示法(ISO 8601:2000,IDT)

3　术语和定义

下列术语和定义适用于本标准。

3.1

全宗　archives fond

一个国家机构、社会组织或个人形成的具有有机联系的档案整体。

4　全宗单内容格式

4.1　全宗单是以表格的形式反映全宗基本情况、全宗内档案成分与数量的统计文件。

4.2　全宗单的内容由全宗情况介绍和档案数量统计两部分构成。

5　全宗单格式

全宗单设封面和正页。

5.1　全宗单封面格式

5.1.1　封面用纸幅面尺寸规格为 A4 型 297 mm×210 mm(长×宽)。

5.1.2　全宗单封面页项目

5.1.2.1　名称:全宗单。

5.1.2.2　全宗号:馆编数字序号或代字加数字序号。

5.1.2.3　编制单位:编制全宗单的档案馆或其他档案保管单位名称。

5.1.3　全宗单封面项目位置见附录 A。

5.2　全宗单正页格式

5.2.1　全宗单正页用纸幅面尺寸规格等于封面用纸幅面尺寸。

5.2.2　全宗单正页由全宗情况介绍表格和档案数量统计表格组成。

5.2.3　全宗情况介绍表格图文区规格为 267 mm×165 mm(长×宽)。

5.2.4　全宗情况介绍表格:

上白边(天头)宽 35 mm±0.5 mm。

下白边(地脚)宽 10 mm±0.5 mm。

左白边(订口)宽 20 mm±0.5 mm。

右白边(翻口)宽 10 mm±0.5 mm。

5.2.5 档案数量统计表格图文区尺寸规格为 267 mm×170 mm(长×宽)。

5.2.6 档案数量统计表格:

上白边(天头)宽 30 mm±0.5 mm。

下白边(地脚)宽 10 mm±0.5 mm。

左白边(订口)宽 20 mm±0.5 mm。

右白边(翻口)宽 10 mm±0.5 mm。

5.2.7 表格内各栏目格式与尺寸见附录 B 和附录 C。

6 全宗单栏目及其填写方法

6.1 全宗情况介绍

全宗情况介绍栏目包括:全宗名称、全宗名称起止日期、原全宗号、检索工具编制种类、缩微及计算机应用情况、备注。

6.1.1 全宗名称

6.1.1.1 全宗名称应填写全称或规范化简称。

6.1.1.2 全宗名称(所有曾用名称)按时间顺序分别填写。

6.1.1.3 中华人民共和国成立前形成的档案在全宗名称的书写上应加必要的定语或说明。

例:1. 国民政府教育部

2. 密云县政府(民国)

3. 国民政府(汪伪)外交部

4. 礼部(清)

6.1.1.4 中华人民共和国成立前的个人全宗,在人名后用圆括号注明人物所属时代。

例:1. 端方(清)

2. 冯玉祥(民国)

蒋中正(民国)

6.1.2 起止日期

一般采用公元纪年填写,必要时可以使用朝年或其他历法年号。使用公元纪年年号时按 GB/T 7408—2005 的规定填写,起止年度之间加"~"。

6.1.3 检索工具编制种类

填写全宗有哪些类型的检索工具。

6.1.4 缩微及信息化状况

全宗档案缩微复制的数量、档案数字化的数量及使用计算机存储、检索等情况。

6.1.5 备注

需要对本全宗说明的其他事项。

6.2 档案数量统计

6.2.1 登记日期

收进或移出(移交或鉴定后销毁)档案的时间。填写方法参见 6.1.2。

6.2.2 接收或移交单位名称应填写全称或规范化通用简称,禁用曾用名称。

6.2.3 档案类别

按档案的不同门类,不同载体顺序填写。

6.2.4 保管期限

按国家有关规定划分为永久、定期两种。其中定期可分为 30 年,10 年。

6.2.5 收进档案数量

按档案类别分别填写收进已编目档案和未编目档案的数量。填写内容包括:文书档案的案卷卷数和上架排列长度(米)、科技档案的卷数和底图的张数、声像档案(影片档案)的盒(盘)数和照片档案(底片)的张数及其他专业档案(城建档案、会计档案、地名档案、人口普查档案、艺术档案等)和各种资料的卷(册、盒)数。

6.2.6 移出档案数量

按档案类别填写移出(移交或鉴定后销毁)已编目档案和未编目档案的数量。填写内容参见6.2.5。

6.2.7 现有档案数量

按档案类别分别填写收入数减去移出后结存的已编目档案和未编目档案数量,填写内容参见6.2.5。

附 录 A
（资料性附录）
全宗单封页格式

单位为毫米

全 宗 单

全 宗 号 ____________

编制单位 ____________

210

297

比例：1:2

附 录 B
（资料性附录）
全宗情况介绍表格格式

单位为毫米

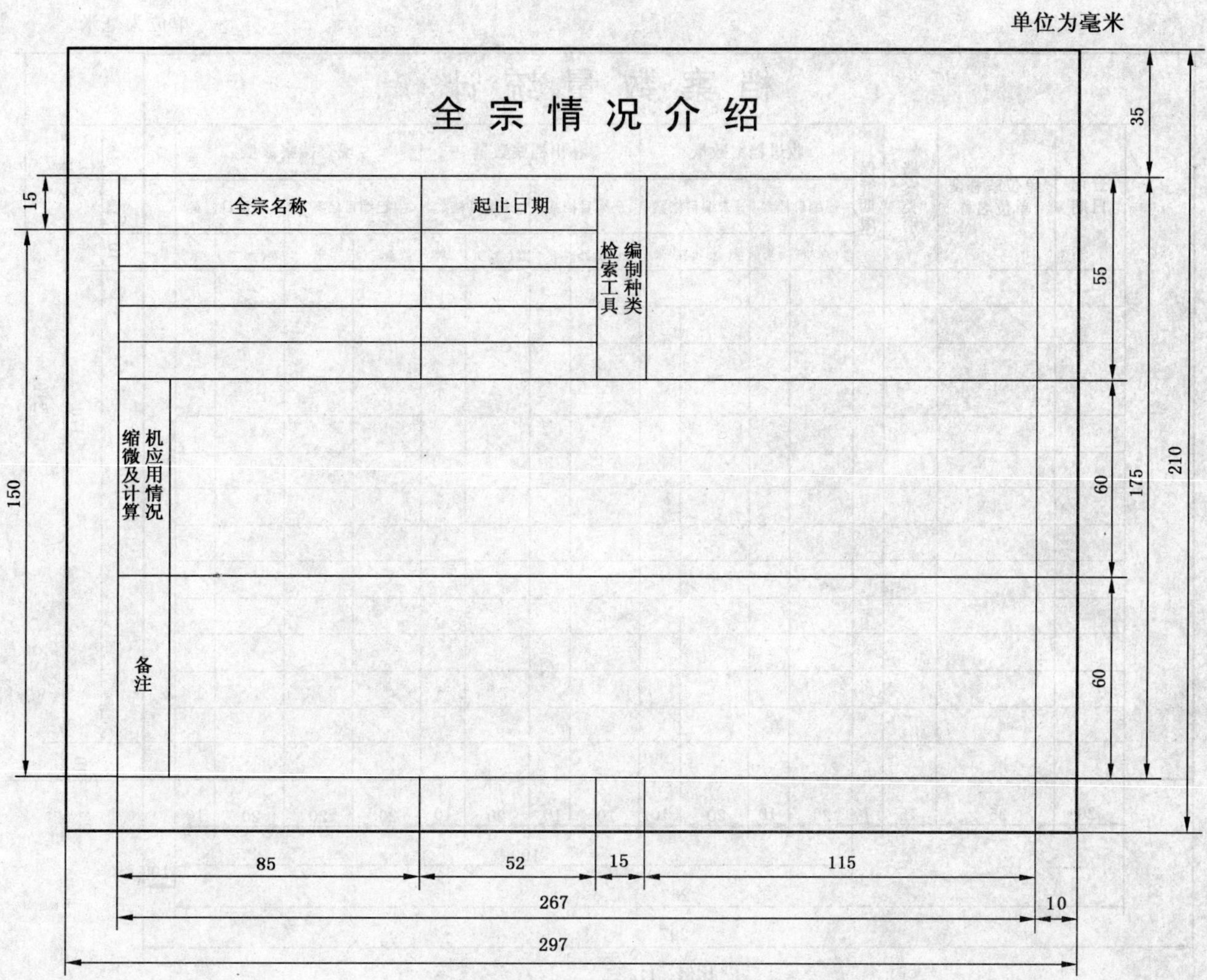

比例：1:2

附 录 C
（资料性附录）
档案数量统计表格格式

单位为毫米

档 案 数 量 统 计

登记日期	单位或移交单位名称	档案类别	保管期限	收进档案数量				移出档案数量				现有档案数量			
				已编目档案		未编目档案		已编目档案		未编目档案		已编目档案		未编目档案	
				卷(盒、页)	米	卷(盒、页)	米	卷(盒、页)	米	卷(盒、页)	米	卷(盒、页)	米	卷(盒、页)	米
20	35	15	7	20	10	20	10	20	10	20	10	20	20	20	10

Dimensions: 190; 10; 267; 297; 15; 15; 10; 130; 170; 210; 10

比例：1:2

ICS 25.040.40
N 12

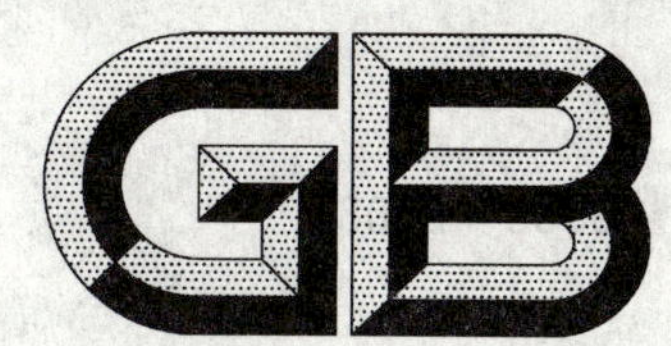

中华人民共和国国家标准

GB/T 13969—2008
代替 GB/T 13969—1992

浮筒式液位仪表

Displacement type level instruments

2008-07-28 发布　　　　2009-02-01 实施

中华人民共和国国家质量监督检验检疫总局
中国国家标准化管理委员会　发布

前　言

本标准是修订并代替 GB/T 13969—1992《浮筒式液位仪表》。

本标准与 GB/T 13969—1992 的主要区别如下：

——更新了规范性引用文件；

——“4.2.1　正常工作环境条件”，按 GB/T 17214.1—1998 的规定修改了正常工作温度范围的等级；

——“5.8　电源变化影响”，按 GB/T 18271.3—2000 的规定修改了交流电源频率变化和直流电源电压变化的限值；

——“5.9　电源中断影响”，按 GB/T 18271.3—2000 的规定修改了交流供电仪表的电源中断试验持续时间的表示形式；

——“6.1.4.2　气源”，按 GB/T 18271.3—2000 的规定将气源压力的允差由±1%更改为±3%；并按 GB/T 17214.2—2005 的规定增加了灰尘微粒含量的限值；

——增加了 6.25，补充了仪表防爆性能试验方法的规定；

——对部分条款的表述进行了适当修改；

——按照 GB/T 1.1—2000 的规定进行了编辑性修改。

本标准由中国机械工业联合会提出。

本标准由全国工业过程测量和控制标准化技术委员会(SAC/TC 124)归口。

本标准负责起草单位：上海工业自动化仪表研究所。

本标准参加起草单位：上海仪器仪表自控系统检验测试所、上海凡宜科技电子有限公司、上海星申仪表有限公司、丹东通博电器(集团)有限公司、上海奉城新瑞自动化仪表有限公司、上海信东仪器仪表有限公司、浙江联大仪表有限公司。

本标准主要起草人：蔡闻智、李明华。

本标准参加起草人：王圣斌、陈耀、李祖军、林清萍、余建朋、张中华、芦婷。

本标准所代替标准的历次版本发布情况为：

——GB/T 13969—1992。

浮筒式液位仪表

1 范围

本标准规定了浮筒式液位仪表(以下简称仪表)的产品分类、技术要求、试验方法、检验规则、标志、包装和贮存。

本标准适用于连续变送、指示的气动和电动式仪表。

本标准也适用于带有控制功能的气动和电动式仪表的变送、指示部分,其控制功能应符合有关标准的规定。

2 规范性引用文件

下列文件中的条款通过本标准的引用而成为本标准的条款。凡是注日期的引用文件,其随后所有的修改单(不包括勘误的内容)或修订版均不适用于本标准,然而,鼓励根据本标准达成协议的各方研究是否可使用这些文件的最新版本。凡是不注日期的引用文件,其最新版本适用于本标准。

GB/T 2878 液压元件螺纹连接 油口型式和尺寸(GB/T 2878—1993,neq ISO 6149:1980)

GB 3836.1 爆炸性气体环境用电气设备 第1部分:通用要求(GB 3836.1—2000,eqv IEC 60079-0:1998)

GB 3836.2 爆炸性气体环境用电气设备 第2部分:隔爆型“d”(GB 3836.2—2000,eqv IEC 60079-1:1990)

GB 3836.4 爆炸性气体环境用电气设备 第4部分:本质安全型“i”(GB 3836.4—2000,eqv IEC 60079-11:1993)

GB/T 15464 仪器仪表包装通用技术条件

GB/T 17214.1—1998 工业过程测量和控制装置工作条件 第1部分:气候条件(idt IEC 60654-1:1993)

JB/T 9329—1999 仪器仪表运输,运输贮存基本环境条件及试验方法

3 术语和定义

下列术语和定义适用于本标准。

3.1

浮筒 displacer

一种用于测量液位的检测元件,它所受到的浮力与其浸入液体的深度成线性关系。

3.2

浮筒式液位仪表 displacement type level instrument

以浮筒为检测元件,测量液面或液-液界面位置的装置。

4 产品分类

4.1 型式

4.1.1 仪表按动力源分为:

a) 气动式;

b) 电动式。

4.1.2 仪表按功能分为：

a) 变送；

b) 变送、指示。

4.1.3 仪表按现场安装及连接方式分为：

a) 外浮筒式：

侧侧法兰安装式；

顶底法兰安装式；

顶侧法兰安装式；

侧底法兰安装式。

b) 内浮筒式：

顶置法兰安装式；

侧置法兰安装式。

4.1.4 仪表按工作条件分为：

a) 普通型；

b) 高温型；

c) 低温型；

d) 高压型；

e) 防爆型。

4.2 基本参数

4.2.1 正常工作环境条件

a) 温度：按 GB/T 17214.1—1998 的规定分别为：

B2：5 ℃～40 ℃；

C2：－25 ℃～＋55 ℃；

C3：－40 ℃～＋70 ℃。

b) 相对湿度：10%～90%；

c) 大气压力：86 kPa～106 kPa。

4.2.2 额定工作介质温度范围

仪表的额定工作介质温度范围由制造厂予以规定。

4.2.3 量程

仪表的量程：100 mm，200 mm，300 mm，400 mm，500 mm，600 mm，800 mm，1 000 mm，1 200 mm，1 600 mm，2 000 mm，2 500 mm，3 000 mm 。

4.2.4 公称工作压力

仪表的公称工作压力为：1.6 MPa，2.5 MPa，4.0 MPa，6.4 MPa，16 MPa，25 MPa，32 MPa，40 MPa。

4.2.5 密度和密度差范围

仪表适用的工作介质密度在 0.4 g/cm^3～2.0 g/cm^3 范围内（液位测量），允许分档；密度差不小于 0.1 g/cm^3，允许分档（界面位置测量）。

4.2.6 输出信号

a) 气动式仪表的输出信号为：20 kPa～100 kPa；

b) 电动式仪表的输出信号为：0 mA～10 mA(d.c.)；

4 mA～20 mA(d.c.)。

注：优先选用 4 mA～20 mA。

4.2.7 **电动式仪表负载电阻**

a) 输出信号为 0 mA～10 mA 时，最大负载为 1 500 Ω；

b) 输出信号为 4 mA～20 mA 时，最大负载为 350 Ω 或 450 Ω 或 750 Ω。

4.2.8 **动力源**

a) 气动式仪表的气源公称压力为 140 kPa；

b) 电动式仪表的交流电源公称电压为 220 V，公称频率为 50 Hz；直流电源公称电压为 24 V。

4.2.9 **外部连接**

4.2.9.1 连接法兰的型式和尺寸应符合有关标准的规定。

4.2.9.2 气动式仪表的气源和输入、输出信号配管接头应符合 GB/T 2878 的规定。

5 技术要求

5.1 基本误差

仪表的输出信号的基本误差按量程的百分数表示，并应符合表 1 的规定。

表 1

精确度等级	0.5	1.0	1.5	2.5
基本误差限/%	±0.5	±1.0	±1.5	±2.5

5.2 回差

仪表的回差不应超过基本误差限的绝对值。

5.3 重复性

仪表的重复性误差不应超过基本误差限绝对值的二分之一。

5.4 死区

仪表的死区不应超过基本误差限绝对值的五分之二。

5.5 始动漂移

始动漂移不应超过基本误差限的绝对值。

5.6 环境温度变化影响

当环境温度在 4.2.1 规定的正常工作环境温度范围内变化时，温度每改变 10 ℃，仪表的输出信号变化量不应超过式(1)计算值：

$$\Delta_1 = \alpha \frac{|t_2 - t_1|}{10} \quad \cdots\cdots(1)$$

式中：

Δ_1——环境温度变化引起的输出信号变化的百分数；

t_1——15 ℃～35 ℃范围内的实际温度值，单位为摄氏度(℃)；

t_2——−25 ℃～+55 ℃(−40 ℃～+70 ℃或 5 ℃～40 ℃)范围内温度值，单位为摄氏度(℃)；

α——温度系数，%/10 ℃。

气动式仪表和电动式仪表的温度系数分别从表 2 和表 3 中选取。

表 2

精确度等级	0.5	1.0	1.5;2.5
温度系数/(%/10 ℃)	0.5	1.0	1.5

表 3

精确度等级	0.5	1.0	1.5	2.5
温度系数/(%/10 ℃)	1.0	1.2	1.4	1.8

5.7 气源变化影响

气动式仪表的气源压力在公称值的±10%以内变化时，它的输出信号变化不应超过基本误差限绝对值的1.5倍。

5.8 电源变化影响

交流电源供电的电动式仪表，当电源电压从公称值的85%～110%、频率从公称值的90%～102%组合变化时，直流供电的电动式仪表，当直流电源电压从公称值的85%～120%变化时，输出信号的变化量不应超过基本误差限绝对值的三分之一。

5.9 电源中断影响

电动式仪表经过供电电源断、通的连续试验，试验后仪表的输出信号稳态变化量不应超过基本误差限绝对值的三分之一。

电源中断时间从下列数列中选取：

直流供电的仪表：5 ms、20 ms、100 ms、200 ms、500 ms。

交流供电的仪表：在交越点上中断1、5、10和25个周期的持续时间。

5.10 电源电压低降影响

将电动式仪表的电源电压从公称值降低到公称值的75%，并保持5 s。电源电压再恢复到公称值后，仪表的输出信号稳态变化量不应超过基本误差限绝对值的三分之一。

5.11 外界磁场影响

电动式仪表在磁场强度400 A/m，频率50 Hz的外界磁场影响下，输出信号的变化量不应超过基本误差限的绝对值。

5.12 输出负载变化影响

电动式仪表负载电阻在4.2.7规定的允许范围内变化时，输出信号的变化量不应超过基本误差限的绝对值。

5.13 输出交流分量

交流供电的电动式仪表输出的交流分量的有效值，不应超过输出量程的1.0%。

5.14 绝缘电阻

电动式仪表各端子之间及与金属外壳之间的绝缘电阻不小于20 MΩ，湿热试验后的绝缘电阻不应小于2 MΩ。

5.15 绝缘强度

交流电源供电的电动式仪表各端子之间及与金属外壳之间应能承受50 Hz正弦交流电，历时1 min的绝缘强度试验，应无击穿或飞弧现象。判定电流为5 mA，试验电压按表4规定。

表 4

电压公称值/V	试验电压(a.c.)/kV
＜60	0.5
60～＜250	1.5

5.16 耐湿热性能

仪表在温度为(40±2)℃和相对湿度为91%～95%的条件下至少保持48 h，试验时的仪表输出信号的变化量应不超过基本误差限绝对值的3倍，电动式仪表的绝缘电阻应符合5.14的要求。然后，在参比大气条件下放置不少于24 h后，仪表的基本误差仍应符合5.1的要求。

5.17 耐压

仪表的承压部分应能承受1.5倍公称工作压力，历时5 min的耐压强度试验，应无渗透、泄漏和损坏现象。

5.18 耗气量

气动式仪表的最大耗气量应符合表5的规定。

表5

类　　型	耗气量(标准状态)/(L/h)
变送仪	600
变送、指示仪	650

5.19 阶跃响应

气动式仪表的阶跃响应时间不超过5 s。

5.20 抗运输环境性能

仪表在运输包装条件下，应符合JB/T 9329—1999规定的要求。其中，低温试验为−40 ℃；低温和碰撞试验以后，仪表的基本误差、回差、重复性和外观，仍应符合5.1、5.2、5.3和5.22的要求。

5.21 加速寿命

仪表应能承受10^4次循环试验。仪表零件应无损坏和异常现象。

5.22 外观

仪表应不带有妨碍示值读数的缺陷；外表面和零部件的色泽应均匀，镀、涂层不应有剥落、起泡、划痕等缺陷。铭牌清晰、平整。

5.23 防爆

防爆型仪表应按GB 3836.1和GB 3836.2或GB 3836.4的要求设计，并经过国家指定的防爆安全检验单位审查和检验，取得防爆合格证明书后方可生产。在仪表上应有防爆等级标志。

6 试验方法

6.1 试验条件

6.1.1 试验的参比大气条件

温度：20 ℃±2 ℃；

相对湿度：60%～70%；

大气压力：86 kPa～106 kPa；

试验期间温度的允许最大变化速率为1 ℃/10 min。

6.1.2 试验的一般大气条件

当试验不可能或无必要在参比大气条件下进行时，推荐采用下述大气条件：

温度：15 ℃～35 ℃；

相对湿度：45%～75%；

大气压力：86 kPa～106 kPa；

试验期间温度的允许最大变化速率为1 ℃/10 min。

6.1.3 其他环境条件

除上述大气条件外，试验尚应在下述环境条件下进行：

磁场：除地磁场外，应使其他外界磁场小到其影响可以忽略不计。

机械振动：应使机械振动小到其影响可以忽略不计。

6.1.4 动力条件

6.1.4.1 电源

电压：公称值，允差±1%；

频率：公称值，允差±1%；

谐波失真(交流电源)：小于5%；

纹波(直流电源):小于0.1%。

6.1.4.2 气源

压力:公称值,允差±3%;

温度:环境温度±2 ℃;

湿度:在工作压力下露点至少比仪表表面温度低10 ℃;

无油无灰尘:含油量不大于10 mg/m^3;灰尘微粒含量不大于0.1 g/m^3,直径不大于3 μm。

6.2 试验的一般规定

a) 仪表处于正常工作位置。

b) 电动式仪表的负载阻抗按4.2.7的规定,对输出信号为直流电压的仪表,取负载阻抗最小值;对输出信号为直流电流的仪表,取负载阻抗的最大值。气动式仪表的负载阻抗除非制造厂另有规定外,应采用长8 m、内径4 mm的管道,后接20 cm^{3}的容器。

c) 输入值允许用相应的测量力替代。

d) 检验所用的测量系统的基本误差,应不超过被测仪表基本误差限的三分之一。

e) 电动式仪表在接通电源后,按制造厂规定的使用要求进行预热。

f) 除非另有规定,试验结果应按量程的百分数来表示。

6.3 基本误差试验

依次将输入值平稳地置于量程内,包括测量范围上下限在内的至少5个均匀分布的测量点上,分别读出上、下行程相应各点的输出信号。试验应至少重复进行三次,并按式(2)计算测量点的基本误差,取其中绝对值最大的。

$$\Delta_2 = \frac{A_a - A_s}{A} \times 100\% \qquad \cdots\cdots(2)$$

式中:

Δ_2——测量点处的基本误差,%;

A_a——测量点仪表输出信号相应的液位值,单位为毫米(mm);

A_s——测量点实际液位值,单位为毫米(mm);

A——仪表的量程,单位为毫米(mm)。

6.4 回差试验

按6.3的试验方法进行,回差由同一测量点上任何一个循环中相应的上行程输出与下行程输出之差的最大值确定。

6.5 重复性试验

按6.3的试验方法进行,计算同一行程各测量点上所获得的输出信号两个极限值之间的代数差。重复性由其中最大值确定。

6.6 死区试验

试验应按下列顺序分别在量程的10%、50%、90%上进行:

a) 缓慢改变输入值(升高或降低),直到输出信号产生微小变化,记录此时的输入值。

b) 在相反方向缓慢地改变输入值,直到输出信号产生微小变化,记录此时的输入值。

c) 上述两个输入值之差的绝对值就是该点死区。每点至少测量三个循环,取最大值,用量程的百分数表示。

6.7 始动漂移试验

试验前,仪表在试验环境条件下或制造厂提出的条件下放置24 h,不接通动力源。

仪表在接通动力源后施加量程的10%输入值,并各在5 min、1 h和4 h后记下输出信号。然后依次断开输入信号和动力源,并在试验条件下放置至少24 h,再用量程的90%输入值重复上述试验。将5 min、1 h后测得的输出信号与4 h后测得的输出信号比较,最大差值即为仪表的始动漂移。

6.8 环境温度影响试验

本试验应在温度试验箱中进行,B2、C2 和 C3 试验温度的试验顺序如下:

B2:+20 ℃、+40 ℃、+20 ℃、+5 ℃、+20 ℃。

C2:+20 ℃、+40 ℃、+55 ℃、+20 ℃、0 ℃、−10 ℃、−25 ℃、+20 ℃。

C3:+20 ℃、+40 ℃、+60 ℃、+70 ℃、+20 ℃、0 ℃、−20 ℃、−40 ℃、+20 ℃。

试验时输出信号为量程的 50%,先在试验环境条件下测量。然后,在温度循环的预定值上进行测量。每一温度的允差为±2 ℃。在每一温度上应保持足够时间(不少于 2 h)并在每两个相邻温度点间,按式(1)计算温度每变化 10 ℃时仪表输出信号的变化。

第一次循环结束后,仪表不做任何调整,即进行与第一次完全相同的第二次温度循环。取两次循环测量和计算得到的每 10 ℃变化时的最大值。

第一次循环结束后,温度每变化 10 ℃仪表输出信号的变化量,小于规定基本误差限的 25%时,不必进行第二次温度循环。

6.9 气源变化影响试验

将气动式仪表的输入信号调整到量程的 50%,当气源压力分别为公称值的 90%和 10%时,观察输出信号的变化量。

6.10 电源变化影响试验

电动式仪表的交流电源电压和频率按表 6 组合变化;直流电源按公称值的 85%和 120%变化,观察输入信号为量程的 10%、50%和 90%时,在每种变化条件下输出信号的变化量。

表 6

序号	交流电压/V	频率/Hz
1	公称值	公称值
2	公称值	公称值的 102%
3	公称值	公称值的 90%
4	公称值的 110%	公称值
5	公称值的 110%	公称值的 102%
6	公称值的 110%	公称值的 90%
7	公称值的 85%	公称值
8	公称值的 85%	公称值的 102%
9	公称值的 85%	公称值的 90%

6.11 电源中断影响试验

将电动式仪表的输入信号值分别调整在量程的 10%、50% 和 90%,电源中断时间按 5.9 的规定。

对于直流电源,每一中断时间试验应重复 10 次。对于交流电源,随机相位中断试验应重复 10 次。两次试验之间的时间间隔至少是中断时间的 10 倍。重新通电 10 min 后,计算输出信号的稳态变化量。

6.12 电源电压低降试验

将电动式仪表的输入信号分别调整在量程的 10%、50%和 90%,使电源电压降低到公称值的 75%,并保持 5 s,再使电压恢复到公称值。计算输出信号的稳态变化量。

6.13 外界磁场影响试验

将电动式仪表置于磁场强度 400 A/m,频率 50 Hz 的交流磁场中,使它的输入信号为量程的 50%。然后,分别在相互垂直的三个磁场方向上改变相位(0°~360°),观察输出信号的变化量。记下最不利的磁场方向和相位条件下的输出信号变化量。

6.14 输出负载变化影响试验

将电动式仪表的输入信号调整在量程的 10%、50%和 90%,测量负载电阻从最小值变化到最大值所引起的输出信号的变化量。

6.15 输出交流分量试验

电动式仪表的输入信号分别调整在量程的10%、50%和90%,用交流毫伏表在负载电阻两端,测量输出交流分量,均以输出量程的百分数表示。

6.16 绝缘电阻试验

电动式仪表的绝缘电阻用直流电压为500 V(交流220 V供电的仪表)或100 V(直流24 V供电的仪表)的绝缘电阻测试仪进行测量。试验时断开电源,但应使电源开关位于接通位置。将输出端子和电源端子分别短接,然后测量下述端子之间的绝缘电阻:

——输出端子-外壳;

——电源端子-外壳;

——输出端子-电源端子。

6.17 绝缘强度试验

绝缘强度试验采用50 Hz的正弦波电压,试验电压按表4规定的试验电压值。试验应在6.16规定的端子之间进行。

6.18 耐湿热性能试验

仪表在试验环境条件下稳定工作(一般不少于2 h)后,测量仪表的基本误差和回差。然后,将仪表置入湿热试验箱内,使箱内的温度为(40±2)℃,相对湿度为91%~95%,并至少保持48 h。在上述周期的最后4 h内接通电源,周期结束后立即施加量程50%的输入值,测量仪表输出信号。

试验后,电动式仪表从试验箱内取出,观察仪表有否跳火花痕迹和元件损坏。立刻测量其绝缘电阻,确认是否符合5.14的要求。

然后,在参比大气条件下放置不少于24 h,测量仪表的输出信号并计算输出信号的变化量。

6.19 耐压强度性能试验

仪表测量部分的耐压试验,应先将试验的压力缓慢升至试验压力后,保持5 min,检查有无渗漏和损坏。然后,缓慢泄压。

6.20 耗气量试验

将转子流量计串接在气动式仪表的气源管路中,使输出信号在量程的全范围内变化,测得最大流量Q_1并按式(3)换算成标准状态下的流量。

$$Q_N = Q_1\sqrt{\frac{P_1 + 101}{101}} \qquad \cdots\cdots(3)$$

式中:

Q_N——耗气量(标准状态),单位为升每小时(L/h);

Q_1——流量计指示值,单位为升每小时(L/h);

P_1——流量计入口处压力(表压力),单位为千帕(kPa)。

6.21 阶跃响应试验

试验前对气动式仪表进行预调,然后,在仪表的输入端施加相当于80%量程的阶跃信号,先由量程的10%→90%,再由量程的90%→10%,测量仪表的阶跃响应时间。

然后,再在仪表上施加相当于10%输入量程的阶跃信号,按正反行程分别在量程的5%→15%、45%→55%、85%→95%处进行试验,测量仪表的阶跃响应时间。

6.22 抗运输环境性能试验

低温和碰撞试验按JB/T 9329—1999规定的要求和方法进行。低温试验后仪表恢复放置不少于24 h,允许调整后再进行检验。

注:对工作温度为-40 ℃~+70 ℃的产品,可不做低温试验。

6.23 加速寿命试验

对仪表施加峰-峰值为50%量程，且中点处于上限值和下限值中间的交变输入信号，其频率应使响应不低于80%。仪表在制造厂规定的负载条件下承受10^4次循环试验。

6.24 外观检查

用目视观察的方法进行。

6.25 防爆性能

仪表的防爆性能应按GB 3836.1、GB 3836.2和GB 3836.4的规定进行试验并取证。

7 检验规则

7.1 出厂检验

每台仪表须经检验合格后方能出厂。气动式仪表应按本标准5.1、5.2、5.3、5.4、5.17和5.22进行检验。

电动式仪表应按本标准的5.1、5.2、5.3、5.4、5.14、5.15、5.17和5.22进行检验。

7.2 型式检验

具有下列情况之一时，应进行型式检验：

a) 新产品的定型鉴定；

b) 当产品的结构、材料、工艺有较大改变，可能影响产品技术性能时；

c) 产品正常生产时定期或积累一定产量后，应周期性进行一次检验；

d) 产品长期停产后，重新恢复生产时；

e) 出厂检验结果与上次型式检验有较大差异时；

f) 国家质量监督机构提出型式检验要求时。

气动式或电动式仪表的型式检验应分别按本标准该类仪表的全部技术要求进行。

8 标志、包装和贮存

8.1 标志

在仪表的适当位置上固定铭牌，铭牌应注明：

a) 制造厂名和商标；

b) 产品名称和型号；

c) 产品的主要技术参数：测量范围、工作压力、工作温度、精确度等级等；

d) 产品编号；

e) 防爆产品应注明防爆标志、等级及防爆合格证编号；

f) 制造日期。

8.2 包装

仪表的包装、随机文件、箱面标志均应符合GB/T 15464的要求。

8.3 贮存

仪表应存放在周围空气温度0 ℃～40 ℃，相对湿度不大于85%的干燥通风的室内，并不含有腐蚀性气体和物质。

ICS 17.220.20
N 23

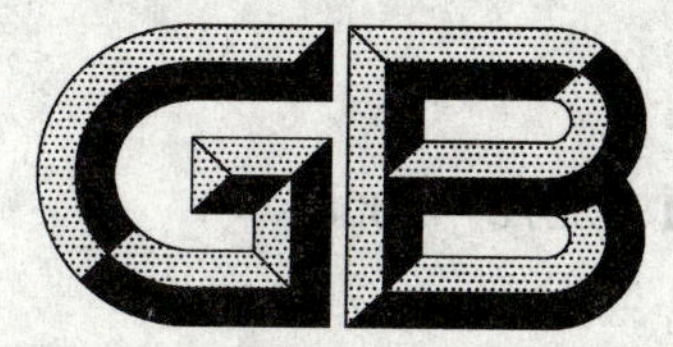

中华人民共和国国家标准

GB/T 13970—2008
代替 GB/T 13970—1992

数字仪表基本参数术语

Basic parameter terms of digital instruments

2008-08-19 发布　　2009-03-01 实施

中华人民共和国国家质量监督检验检疫总局
中国国家标准化管理委员会　发布

前　言

本标准代替 GB/T 13970—1992《数字仪表基本参数系列》。

本标准与 GB/T 13970—1992 的主要差异：

——根据 GB/T 1.1—2000《标准化工作导则　第 1 部分：标准的结构和编写规则》的规定，修改编写格式；

——本标准名称改为："数字仪表基本参数术语"；

——增加了标准的前言；

——在规范性引用文件中，增加了 GB/T 13978、GB/T 14913 标准；

——增加了电感、电容等部分术语，并引入"不确定度"概念；

——删除"变换特性"章节；

——增加了附录 A"基本不确定度和工作不确定度的表示"。

本标准的附录 A 为规范性附录。

本标准由中国机械工业联合会提出。

本标准由全国电工仪器仪表标准化技术委员会(SAC/TC 104)归口。

本标准起草单位：哈尔滨电工仪表研究所、深圳世纪人通讯设备有限公司、上海四达电子仪表有限公司、东莞华仪仪表科技有限公司、优利德科技(东莞)有限公司、国家电工仪器仪表质量监督检验中心、湖北省电力试验研究院、江西省电力科学研究院、上海英孚特电子技术有限公司、江苏省计量科学研究院、上海市计量测试技术研究院、山东省计量科学研究院。

本标准主要起草人：郭利陆、刘献成、申莉、邵凤云、薛德晋、孙平、李林、来磊、张勤、马雪峰、叶江雪、朱登伟、胡林生。

本标准所代替标准的历次版本发布情况为：

——GB/T 13970—1992。

数字仪表基本参数术语

1 范围

本标准规定了数字仪表性能特性的基本参数术语。本标准适用于测量下列基本电量的模数变换器或数字仪表：

直流和交流电流；

直流和交流电压；

直流和交流功率；

功率因数或相位；

频率；

电阻、阻抗或其分量。

本标准也适用于测量上述基本电量的多用仪表。

在多功能仪表中，本标准仅适用于执行测量上述基本电量功能的部分。

本标准也适用于以上述基本电量作为模拟量的非电量测量仪表。

本标准未规定数字仪表用附件(例如，分流器、高压探头、滤波器等)的性能特征的参数术语。

本标准不适用于基于将电能量转换为数字量方式工作的电能计量仪表。

2 规范性引用文件

下列文件中的条款通过本标准的引用而成为本标准的条款。凡是注日期的引用文件，其随后所有的修改单(不包括勘误的内容)或修订版均不适用于本标准，然而，鼓励根据本标准达成协议的各方研究是否可使用这些文件的最新版本。凡是不注日期的引用文件，其最新版本适用于本标准。

GB/T 4208—1993 外壳防护等级(IP 代码)

GB/T 4793.1 测量、控制和试验室用电气设备的安全要求 第1部分:通用要求

GB/T 13978—2008 数字多用表通用技术条件

GB/T 14913 直流数字电压表及模数转换器

3 术语和定义

GB/T 13978—2008、GB/T 14913 中确立的术语和定义适用于本标准。

4 与被测电量类型相关的术语

被测电量的主要类型表示及术语见表 1。

表 1 被测电量参数的主要类型表示及术语

条款	术语	单位	表示及参数	注
4.1	直流电流	A	直流电流-直流电压变换方式	
4.2	直流电压	V	[使仪表的测量(变换)范围与其相适应的规范化过程]	
4.3	交流电流	A	交流电流-直流电压变换； a) 平均值响应； b) 真有效值响应； c) 其他响应	

表 1（续）

条款	术语	单位	表示及参数	注
4.4	交流电压	V	交流电压-直流电压变换； a) 平均值响应； b) 有效值响应； c) 峰值响应。	
4.5	直流和（或）交流功率	W	模拟量乘法器-直流电压变换； a) "和"与"差"乘法器； b) 脉冲调制(时分割)乘法器。 数字乘法器-功率数字量输出	
4.6	功率因数		cosφ	
4.7	相位	(°)	直流电压(或时间)变换，度	
4.8	频率	Hz	门脉冲时间及显示时间	
4.9	电阻、阻抗及其分量	Ω	电阻、阻抗-平均，电压(或时间)变换	
4.10	电感	H		
4.11	电容	F		

5 与参比条件相关的术语

适于数字仪表和模数转换器参比条件的术语见表 2。

表 2 适于数字仪表和模数转换器参比条件的术语

条款	术语	单位	表示及参数	注
5.1	温度(范围)	℃	参比值(范围)及允许偏差	
5.2	相对湿度	%	参比值(范围)及允许偏差	
5.3	大气压力(或海拔)	kPa(m)	参比值(范围)及允许偏差	
5.4	电源电压	V	参比值(范围)及允许偏差	
5.5	电源频率	Hz	参比值(范围)及允许偏差	
5.6	交流电源畸变	%	参比值(范围)及允许偏差	
5.7	直流输入信号的纹波		参比值(范围)及允许偏差	

6 与基本工作方式相关的术语

基本工作方式的表示及术语见表 3。

表 3 基本工作方式的表示及术语

条款	术语	单位	表示及参数	注
6.1	根据采样、变换来源		a) 触发式； b) 重复式； c) 跟踪式。	
6.2	量程设定		手动或自动设定，远程、程控。	
6.3	极性设定		手动或自动设定，远程、程控	

7 与额定工作条件相关的术语

额定工作条件的表示及术语见表4。

表4 额定工作条件的表示及术语

条款	术语	单位	表示及参数	注
7.1	温度(范围)	℃	使用环境条件分组值	
7.2	相对湿度	%	使用环境条件分组值	
7.3	大气压力(或海拔)	kPa(m)	使用环境条件分组值	
7.4	电源电压	V	使用环境条件分组值	
7.5	电源频率	Hz	使用环境条件分组值	
7.6	交流电源畸变	%	使用环境条件分组值	
7.7	其他影响量			

8 与校准相关的特性术语

与校准相关的特性表示及术语见表5。

表5 与校准相关的特性表示及术语

条款	术语	单位	表示及参数	注
8.1	校准源		内部的和(或)外部的标准电池或其他源	
8.2	校准电压	V		
8.3	校准周期	天,月或年		
8.4	其他电参量校准		见表1	

9 与测量电量输入的特性相关术语

测量电量输入的表示及术语见表6。

表6 测量电量输入的表示及术语

条款	术语	单位	表示及参数	注
9.1	相对于公共点的输入		对称输入、非对称输入或差分输入	
	对地		接地,浮置	
	屏蔽		屏蔽方式和接地(壳、信号低端)方式	
	带有放大器		是/否,全部或者某些测量范围	
	带有输入滤波器		是/否,滤波器可断开	
9.2	阻抗			
	仪表工作状态下的输入阻抗:			
	a) 输入端间;	Ω 或 pF	最大值和最小值	
	b) 输入端对公共点,公共点和地之间;	Ω 或 pF	说明可适用情况	

表 6（续）

条款	术语	单位	表示及参数	注
	c) 仪表非工作状态下的输入阻抗；	Ω或pF		
	d) 源阻抗。	Ω或pF	不同于各种测量/变换范围时，应予以说明	
9.3	过载			
	输入端间最大值	V或A	对仪表无损害	

10 与测量（变换）量程的相关特性术语

测量（变换）量程相关的表示及术语见表7。

表 7 测量（变换）量程相关的表示及术语

条款	术语	单位	表示及参数	注
10.1	测量有效范围		对所有的测量范围加以说明，表示形式：	
10.1.1	零在测量范围的低端时		0～999.99被测量单位（例如：mV）	
10.1.2	零在量程内时		－99.99～0～＋99.99被测量单位（例如：mV）	
10.1.3	超出有效范围的部分		（1.00～1.99）mV或者（－1.99～－1.00）mV和（1.00～1.99）被测量单位	
10.1.4	过载范围	%		
10.1.5	每一测量范围的温度系数			
10.1.6	分辨力		按每一测量范围规定，例如：测量范围分辨力	
		A	±200 μA 1 nA	
		V	60 mV 10 μV 10 nV	
		Ω	20 kΩ 100 Ω	
10.1.7	电压频率乘积（电压表）	V·Hz		

11 与采样、变换时的时间特性相关术语

采样、变换过程中时间的表示和术语见表8。

表 8 采样、变换过程中时间的表示和术语

条款	术语	单位	表示及参数	注
11.1	变换速率	s^{-1}	说明最大值和最小值	
11.2	响应时间		对每一输入滤波器控制的设定单独的说明	
	阶跃响应时间	s		
	极性响应时间	s		
	量程响应时间	s		
11.6	恢复时间	s		

12 与准确度相关的特性的术语

与准确度相关的表示及术语见表9。

表 9　与准确度相关的表示及术语

条款	术语	单位	表示及参数	注
12.1	基本不确定度极限	%		
12.2	工作不确定度	%	按附录 A	
12.3	零位调整		说明零位调整装置	
12.4	串模和共模干扰效应		说明频率关系及其他试验条件	
	共模抑制比	dB		
	串模抑制比	dB		
12.5	预热时间	min		

13　与测量结果的输出信息的特性术语

测量结果的输出信息的特性的表示及术语见表 10。

表 10　测量结果的输出信息的表示形式及术语

条款	术语	单位	表示及参数	注
13.1	输出代码制式		BCD、ASCII 等	
13.2	输出制式		a)　串行输出制式； b)　并行输出制式； c)　串-并行输出制式。	
13.3	测量速率	次/秒	分别按每一测量范围或位数规定	
13.5	输出连接形式		浮置或双层浮置	
13.6	模拟输出信号形式		输出信息信号形式；电压、电流或阻抗状态(短路或开路)	
13.7	“0”或“1”电平及极性			
13.8	电压特性		例如：对上升时间予以说明	
13.9	允许负载	A 或 Ω		

14　与输出接口的表示形式相关术语

输出接口的表示形式及术语见表 11。

表 11　输出接口的表示形式及术语

条款	术语	单位	表示及参数	注
14.1	输出		电量输出和(或)可视显示输出	
14.2	字数		最大示值范围	
14.3	测量(变换)范围内的表示单位数		对所有的测量范围加以说明 安装式仪表	
14.4	输出值表示方式位数		3 1/2～4 1/2	

表 11(续)

条款	术语	单位	表示及参数	注
			可携式仪表 3 1/2～5 1/2 实验室用 5 1/2～8 /12 频率表 5～11	
14.5	显示器件		LED、LCD 或其他	
14.6	字符尺寸	mm		
14.7	极性表示方式		+/−	
14.8	系统通讯接口		接口标准或型式(例如,IEEE488 或 RS-232)	

15　与供电电源相关的术语

供电电源的表示及术语见表 12。

表 12　供电电源的表示及术语

条款	术语	单位	表示及参数	注
15.1	电源型式		交流电源、直流电源或(和)电池	
15.2	电源电压	V	参比值或参比范围	
15.3	电源频率	Hz	参比值或参比范围	
15.4	功率消耗	VA,W		

16　与附件相关的术语

对于配用附件的相关术语见表 13。

表 13　配用附件的表示及术语

条款	术语	单位	表示及参数	注
16.1	探头		说明是否附有或者任选,是否可互换	
16.2	滤波器			
16.3	其他附件			

17　与其他性能特性相关的术语

其他性能特性参数的表示及术语见表 14。

表 14　其他性能特性表示及术语

条款	术语	单位	表示及参数	注
17.1	设计		例如,便携式、嵌入式安装、框架式等	
	外形尺寸		全部投影尺寸	
	长	mm		
	宽	mm		
	高	mm		

表 14（续）

条款	术语	单位	表示及参数	注
	重量	kg		
17.2	防护			
17.2.1	外壳防护等级		IP 数字 按 GB 4028	
17.2.2	安全等级		按 GB 4793.1	
	保护接地端的连接		接壳，接屏蔽或中间装置	
17.3	电磁兼容			
17.3.1	传导干扰			
	对称的	μV		
	非对称的	μV		
17.3.2	辐射干扰	μV/m		
17.3.3	其他干扰			
17.4	冷却		自然/强制	
	空气耗量	m^3/h		
17.5	电子固态器件			
	可替换			

附 录 A
（规范性附录）
基本不确定度和工作不确定度的表示

A.1 基本不确定度

数字多用表仪表的基本不确定度可以用下式表示：

$U_1 = \pm (a\%R + b\%R_A)$

式中：

R——被测量的读数值；

R_A——所测量程满度值；

a——与读数值有关的系数；

b——与量程有关的系数。

其中：$a \geqslant 4b$

或者可以写成：

$u = \pm (a\%R_X + n)$

式中：

$n = b\%R_A$——以字数计。

A.2 工作不确定度

数字多用仪表的工作不确定度的表示如下：

$$U_{OP} = |U_I| + 1.15 \times \sqrt{\sum_1^n U_i^2}$$

式中：

U_{OP}——工作不确定度；

U_I——基本不确定度；

U_i——各影响量引起的改变量；

n——影响量的数量。

ICS 27.120.10
F 72

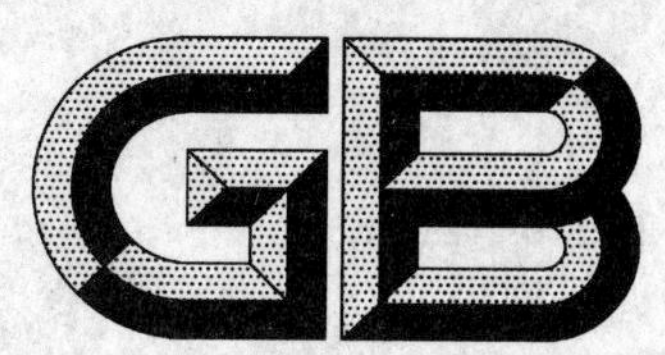

中华人民共和国国家标准

GB/T 13976—2008
代替 GB/T 13976—1992

压水堆核电厂运行状态下的放射性源项

Radioactive source term of PWR nuclear power plant for operational states

2008-07-02 发布　　2009-04-01 实施

中华人民共和国国家质量监督检验检疫总局
中国国家标准化管理委员会　发布

前　言

本标准参考了美国核协会制定的美国国家标准 ANSI/ANS-18.1:1984、美国核管会的技术文件 NUREG-0017:1985 以及 IAEA 的 TRS No.421。

本标准代替 GB/T 13976—1992《压水堆核电厂运行工况下的放射性源项》。

本标准与 GB/T 13976—1992 相比主要变化如下：

——标准名称改为《压水堆核电厂运行状态下的放射性源项》；

——删除了原术语“3.2　活化气体、3.13　放射性物质释放率”；增加了“正常运行”、“预计运行事件”、“水活化产物”的术语和定义；

——原“3.1　运行工况”改为“3.1　运行状态”，对部分术语的定义进行了修改；

——删除了直流式蒸汽发生器的相关内容；

——修改了源项计算中主要设计数据、主要流体内核素比活度数据、调整因子的参数值和未经处理的洗涤废液放射性物质向环境的释放率数据；

——增加了碳-14 的源项。

本标准的附录 A、附录 B、附录 C、附录 D、附录 E、附录 F 为规范性附录，附录 G、附录 H、附录 I 和附录 J 为资料性附录。

本标准由中国核工业集团公司提出。

本标准由全国核能标准化技术委员会归口。

本标准起草单位：上海核工程研究设计院。

本标准主要起草人：梅其良、何忠良、邓理邻。

本标准所代替标准的历次版本发布情况为：

——GB/T 13976—1992。

压水堆核电厂运行状态下的放射性源项

1 范围

本标准规定了压水堆核电厂运行状态下一次冷却剂、蒸汽发生器炉水和蒸汽内放射性核素比活度的确定方法及液态流出物和气态流出物源项的确定方法。

本标准计算的源项适用于评价通过液态和气态流出物释放到环境中去的放射性核素的年平均排放量。

本标准采用的数据是基于使用锆包壳二氧化铀燃料的压水堆核电厂。

本标准仅适用于采用U型管式蒸汽发生器的压水堆核电厂。

2 规范性引用文件

下列文件中的条款通过本标准的引用而成为本标准的条款。凡是注日期的引用文件，其随后所有的修改单(不包括勘误的内容)或修订版均不适用于本标准，然而，鼓励根据本标准达成协议的各方研究是否可使用这些文件的最新版本。凡是不注日期的引用文件，其最新版本适用于本标准。

EJ/T 421　三十万千瓦压水堆核电厂　核级高效碘吸附器

3 术语和定义

下列术语和定义适用于本标准。

3.1

运行状态　operational states

符合正常运行和预计运行事件定义的那些工况。

3.2

正常运行　normal operation

核电厂在规定的运行限值和条件范围内的运行。

3.3

预计运行事件　anticipated operational occurrences

设备失效、操作人员失误和管理失误等多方面原因导致的计划外的放射性物质释放，但并没有达到事故程度的后果。

3.4

化学废液　chemical waste

那些去污剂、再生剂或其他化学试剂含量较高的液体。这种废液主要来自去污系统、树脂再生废水和实验室废水。

3.5

干净废液　clean waste

那些含氚、无氧、低电导率的液体。它们主要来自一次冷却剂系统设备的泄漏水和排放水以及某些阀和泵密封的泄漏水。这些水通常经过处理后作为一次冷却剂的补给水予以复用。

3.6

洗涤废液　detergent waste

含有洗涤剂、肥皂或类似有机物质的液体。这种液体主要来自洗衣水、人员淋浴水以及那些放射性水平不高的设备的去污废液。

3.7

脏废液 dirty waste

地面疏水 floor drains

那些无氚、含氧、高电导率的非一次冷却剂水质的液体。它们来自厂房污水收集坑、地面疏水和取样站疏水。这种液体不用作一次冷却剂的补给水。

3.8

气态流出物 gaseous effluent

已处理过的含有放射性物质的废气,这些放射性物质是由于核电厂运行而产生的。

3.9

液态流出物 liquid effluent

已处理过的含有放射性物质的废液,这些放射性物质是由于核电厂运行而产生的。

3.10

分配系数 partition coefficient

当液体和气体之间处在平衡态时,某一核素在气相内的浓度与液相内的浓度之比。

3.11

分配因子 partition factor

当液体和气体之间处在平衡态时,某一核素在气相内的量与在气相和液相内的总量的比值。

3.12

放射性卤素 radioactive halogens

氟、氯、溴、碘的放射性同位素(其中碘的放射性同位素是剂量计算中的关键性同位素)。

3.13

放射性惰性气体 radioactive noble gases

氦、氖、氩、氪、氙和氡的放射性同位素(其中氪和氙的放射性同位素是剂量计算中的关键性同位素)。

3.14

水活化产物 water activation products

水中的^{16}O通过$^{16}O(n,p)^{16}N$反应形成的^{16}N。

3.15

源项 source term

在核电厂运行状态下向环境排放的放射性物质数量的年平均计算值。

3.16

蒸汽发生器排污水 steam generator blowdown

为了保持适当的水化学性质而从蒸汽发生器排出的炉水。

3.17

汽轮机厂房地面疏水 turbine building floor drains

高电导率低比活度的疏排水,主要来源于二次系统的泄漏、蒸汽疏水器的排水,取样系统排水及维修排水。

4 计算主要流体内放射性核素比活度的方法

4.1 计算前提

4.1.1 由参考核电厂运行状态下放射性核素源项推算所考虑的核电厂运行状态下放射性核素的源项。参考核电厂的主要设计参数见附录A。

4.1.2 所考虑的核电厂其系统流程及核素去除途径与参考核电厂一致。参考核电厂的系统流程及核素去除途径见附录B。

4.1.3　为便于调整放射性核素比活度，将核电厂主要流体内存在的放射性核素分成六类，见附录C。

4.1.4　参考核电厂主要流体内存在的放射性核素比活度见附录D。

4.2　所考虑的核电厂各主要流体内放射性核素比活度的确定

4.2.1　如果所考虑的核电厂主要设计参数与参考核电厂的标称值一致，则所考虑的核电厂主要流体内的放射性核素比活度见附录D。

4.2.2　如果所考虑的核电厂的任何主要设计参数（例如反应堆热功率、冷却剂流量或冷却剂质量等）不等于在附录A列举的标称值时，需将参考核电厂各主要流体内的放射性核素比活度进行调整。

4.2.3　用调整因子进行相应的调整计算。调整因子的计算以式(1)为基础：

$$C = \frac{S}{m \cdot (\lambda + \beta)} \qquad \cdots\cdots(1)$$

式中：

C——放射性核素比活度；

S——系统内放射性核素产生率（由本系统产生的或由其他系统流入的）；

m——流体的质量；

λ——放射性核素的衰变常数；

β——在系统内由于除盐、过滤、泄漏等原因（不包括放射性核素的衰变作用）而导致的放射性核素的总去除率。

4.2.4　所考虑的核电厂主要流体内的放射性核素比活度等于参考核电厂各主要流体内的放射性核素比活度乘以调整因子。

4.2.5　调整因子的计算公式见附录E，公式中所用到的参数及其取值见附录F。

5　流出物放射性核素源项

5.1　气态流出物放射性核素源项参见附录G。

5.2　液态流出物放射性核素源项参见附录H。

5.3　氚通过液态流出物和气态流出物排向环境的释放率参见附录I。

5.4　碳-14通过液态流出物和气态流出物向环境的释放率参见附录J。

附 录 A
（规范性附录）
参考核电厂主要设计参数

参考核电厂主要设计参数见表 A.1。

表 A.1 参考核电厂主要设计参数

参 数	符号	单位	标称值	最大	最小
热功率	P	MW	3 400	3 800	3 000
蒸汽流量	FS	t/h	6.80×10^{3}	7.71×10^{3}	5.90×10^{3}
一次冷却剂系统内水的质量	WP	t	2.49×10^{2}	2.72×10^{2}	2.27×10^{2}
所有蒸汽发生器内水的总质量	WS	t	2.04×10^{2}	2.27×10^{2}	1.81×10^{2}
反应堆下泄流量(净化)	FD	t/h	1.68×10^{1}	1.91×10^{1}	1.45×10^{1}
反应堆下泄流量(硼控所需年平均值)	FB	t/h	2.27×10^{-1}	4.54×10^{-1}	1.13×10^{-1}
蒸汽发生器排污水流量(总计)	FBD	t/h	3.40×10^{1}	4.54×10^{1}	2.27×10^{1}
蒸汽发生器排污水中的放射性核素不再返回二次系统的份额	NBD	—	1.00[a]	1.00	0.90
通过净化系统阳离子除盐器的流量	FA	t/h	1.68	3.40	0.00
流过冷凝液除盐器的流量与蒸汽总流量之比	NC	—	0[b]	0.01	0.00
从净化系统流往废气系统的惰性气体总量与由一次冷却剂系统送往净化系统(不包括硼回收系统)的惰性气体总量之比	Y	—	0	0.01	0.00

[a] 表中所列的标称值为这样的系统的设计标称值：系统中未设置冷凝液除盐器，但设置有蒸汽发生器排污水除盐器，蒸汽发生器排污水经除盐器处理后返回到主冷凝器。对于铯和铷，该标称值为0.9。

[b] 该标称值只适用于不使用冷凝液除盐器的核电厂。对于使用全流量冷凝液除盐的U型管式蒸汽发生器，NC的取值为$NC=1.0$。对于采用在蒸汽冷凝前抽取蒸汽用于预热补给水的U型管式蒸汽发生器的压水堆，其蒸汽抽取量的标称份额为蒸汽总流量的35%。这股旁通蒸汽未经冷凝液除盐器的处理。由于核素具有优先进入湿气分离器/再热器排水和优先从高压缸随被抽取的蒸汽一起抽走的特性，因此，对于这种在主冷凝器前抽取蒸汽的系统，各类核素不经冷凝液除盐处理的旁通份额分别为：碘：80%；铯、铷：90%；其余核素：90%。即各类核素NC的取值分别为：碘：0.2；铯、铷：0.1；其余核素：0.1。

附 录 B
（规范性附录）
参考核电厂系统流程及核素去除途径

参考核电厂系统流程及核素去除途径见图 B.1。

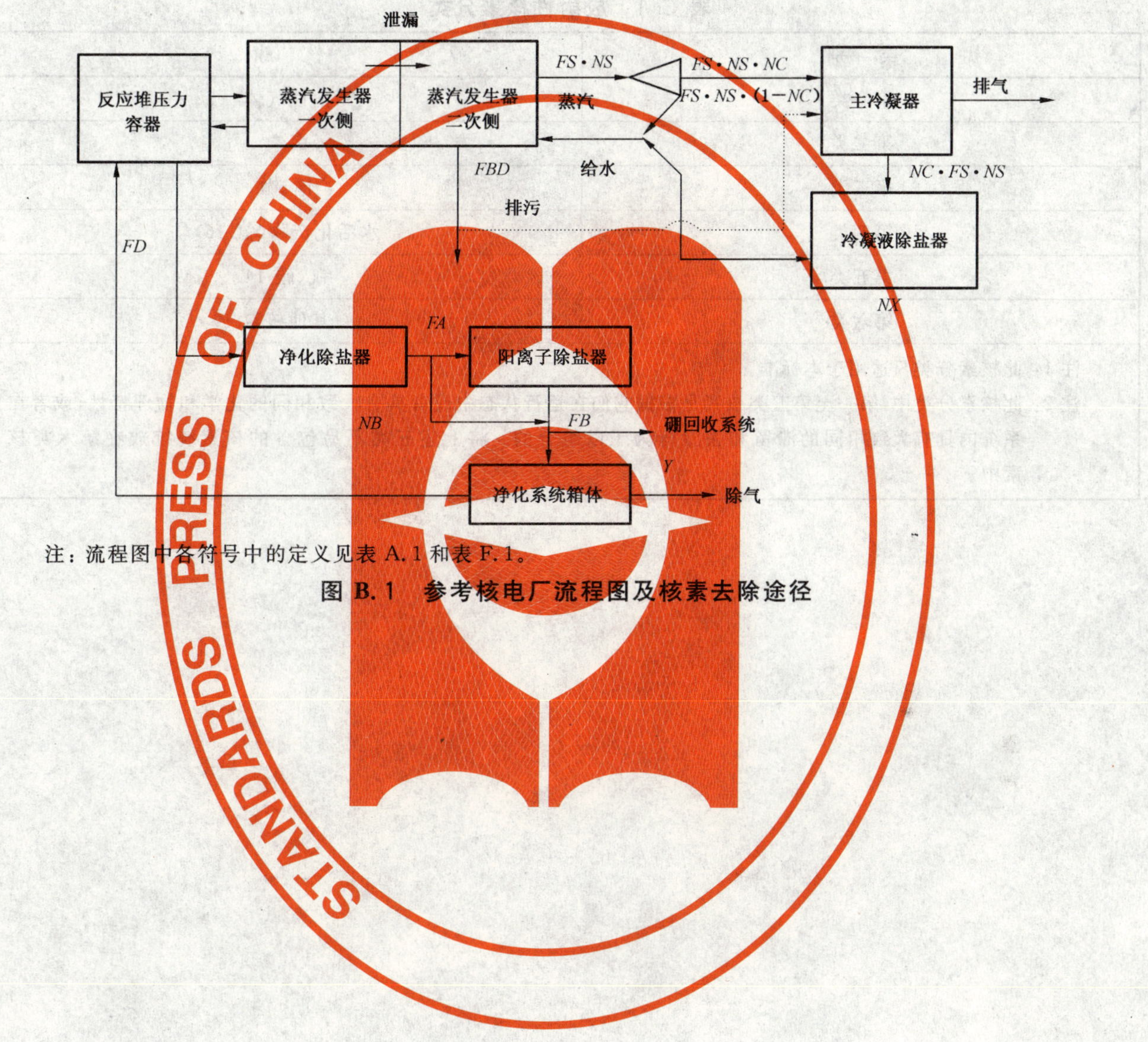

注：流程图中各符号中的定义见表 A.1 和表 F.1。

图 B.1 参考核电厂流程图及核素去除途径

附 录 C
（规范性附录）
放射性核素分类

放射性核素分类见表 C.1。

表 C.1 放射性核素分类

类 别	核 素
第一类	惰性气体
第二类	卤素
第三类	铯、铷
第四类	水活化产物(氮-16)
第五类	氚、碳-14
第六类	其他核素

注 1：此核素分类只适用于本标准。

注 2：此核素分类中，第一至第五类核素是根据它们在运行状态中或者具有大致相同的化学和物理特性，或者在系统内具有大致相同的滞留和去除行为予以组合的。将上述五类不易包含的核素统统放在第六类核素中。

附 录 D
（规范性附录）
参考核电厂主要流体内放射性核素比活度

参考核电厂主要流体内放射性核素比活度见表 D.1。

表 D.1 参考核电厂主要流体内核素比活度

单位为 MBq/kg

核素	一次冷却剂[a]	二次冷却剂[b]	
		炉水[c]	蒸汽[d]
第 1 类核素(惰性气体)			
Kr-85m	5.920	0	1.258×10^{-6}
Kr-85	1.591×10^{1}	0	3.293×10^{-6}
Kr-87	5.550	0	1.110×10^{-6}
Kr-88	1.036×10^{1}	0	2.183×10^{-6}
Xe-131m	2.701×10^{1}	0	5.550×10^{-6}
Xe-133m	2.590	0	5.550×10^{-7}
Xe-133	9.620×10^{1}	0	1.998×10^{-5}
Xe-135m	4.810	0	9.990×10^{-7}
Xe-135	3.145×10^{1}	0	6.660×10^{-6}
Xe-137	1.258	0	2.627×10^{-7}
Xe-138	4.440	0	9.250×10^{-7}
第 2 类核素(卤素)			
Br-84	0.592	2.775×10^{-6}	2.775×10^{-8}
I-131	1.665	6.660×10^{-5}	6.660×10^{-7}
I-132	7.770	1.147×10^{-4}	1.147×10^{-6}
I-133	5.180×10^{1}	1.776×10^{-4}	1.776×10^{-6}
I-134	1.258×10^{1}	8.880×10^{-5}	8.880×10^{-7}
I-135	9.620	2.442×10^{-4}	2.442×10^{-6}
第 3 类核素(铯、铷)			
Rb-88	7.030	1.961×10^{-5}	9.620×10^{-8}
Cs-134	2.627×10^{-1}	1.221×10^{-5}	6.290×10^{-8}
Cs-136	3.219×10^{-2}	1.480×10^{-6}	7.400×10^{-9}
Cs-137	3.478×10^{-1}	1.628×10^{-5}	8.140×10^{-8}
第 4 类核素(水活化产物)			
N-16	1.480×10^{3}	3.700×10^{-5}	3.700×10^{-6}
第 5 类核素(氚)			
H-3	3.700×10^{1}	3.700×10^{-2}	3.700×10^{-2}
第 6 类核素(其他核素)			
Na-24	1.739	5.550×10^{-5}	2.775×10^{-7}

表 D.1（续） 单位为 MBq/kg

核　　素	一次冷却剂[a]	二次冷却剂[b]	
		炉水[c]	蒸汽[d]
Cr-51	1.147×10^{-1}	4.810×10^{-6}	2.331×10^{-8}
Mn-54	5.920×10^{-2}	2.405×10^{-6}	1.221×10^{-8}
Fe-55	4.440×10^{-2}	1.813×10^{-6}	9.250×10^{-9}
Fe-59	1.110×10^{-2}	4.440×10^{-7}	2.257×10^{-9}
Co-58	1.702×10^{-1}	7.030×10^{-6}	3.478×10^{-8}
Co-60	1.961×10^{-2}	8.140×10^{-7}	4.070×10^{-9}
Zn-65	1.887×10^{-2}	7.770×10^{-7}	3.700×10^{-9}
Sr-89	5.180×10^{-3}	2.109×10^{-7}	1.073×10^{-9}
Sr-90	4.400×10^{-4}	1.813×10^{-8}	9.250×10^{-11}
Sr-91	3.552×10^{-2}	1.036×10^{-6}	5.180×10^{-9}
Y-91m	1.702×10^{-2}	1.184×10^{-7}	5.920×10^{-10}
Y-91	1.924×10^{-4}	7.770×10^{-9}	4.070×10^{-11}
Y-93	1.554×10^{-1}	4.440×10^{-6}	2.257×10^{-8}
Zr-95	1.443×10^{-2}	5.920×10^{-7}	2.923×10^{-9}
Nb-95	1.036×10^{-2}	4.070×10^{-7}	2.109×10^{-9}
Mo-99	2.368×10^{-1}	9.250×10^{-6}	4.440×10^{-8}
Tc-99m	1.739×10^{-1}	4.070×10^{-6}	2.109×10^{-8}
Ru-103	2.775×10^{-1}	1.147×10^{-5}	5.920×10^{-8}
Ru-106	3.330	1.369×10^{-4}	6.660×10^{-7}
Ag-110m	4.810×10^{-2}	1.961×10^{-6}	9.990×10^{-9}
Te-129m	7.030×10^{-3}	2.886×10^{-7}	1.443×10^{-9}
Te-129	8.880×10^{-1}	8.140×10^{-6}	4.070×10^{-8}
Te-131m	5.550×10^{-2}	1.998×10^{-6}	9.990×10^{-9}
Te-131	2.849×10^{-1}	1.073×10^{-6}	5.550×10^{-9}
Te-132	6.290×10^{-2}	2.442×10^{-6}	1.221×10^{-8}
Ba-140	4.810×10^{-1}	1.924×10^{-5}	9.620×10^{-8}
La-140	9.250×10^{-1}	3.441×10^{-5}	1.702×10^{-7}
Ce-141	5.550×10^{-3}	2.257×10^{-7}	1.147×10^{-9}
Ce-143	1.036×10^{-1}	3.700×10^{-6}	1.887×10^{-8}
Ce-144	1.443×10^{-1}	5.920×10^{-6}	3.034×10^{-8}
W-187	9.250×10^{-2}	3.219×10^{-6}	1.628×10^{-8}
Np-239	8.140×10^{-2}	3.108×10^{-6}	1.554×10^{-8}

a 进入下泄管路的一次冷却剂放射性核素比活度。

b 根据一次侧向二次侧的泄漏率为 3.9×10^{-4} kg/s 的计算值。

c 蒸汽发生器内炉水的放射性核素比活度。

d 离开蒸汽发生器的蒸汽内放射性核素比活度。

附 录 E
（规范性附录）
核电厂调整因子计算公式

核电厂调整因子计算公式见表 E.1。

表 E.1 核电厂调整因子计算公式[a]

元素类别	一次冷却剂(f_i)[b]	二次冷却剂	
		炉 水	蒸 汽
1	$\frac{P\cdot WP_n(R_{n1}+\lambda^c)}{WP\cdot P_n(R_1+\lambda)}$	—[d]	$\frac{FS_n}{FS}\cdot f_1$
2	$\frac{P\cdot WP_n(R_{n2}+\lambda)}{WP\cdot P_n(R_2+\lambda)}$	$\frac{WS_n\cdot(r_{n2}+\lambda)}{WS\cdot(r_2+\lambda)}\cdot f_2$	$\frac{WS_n\cdot(r_{n2}+\lambda)}{WS\cdot(r_2+\lambda)}\cdot f_2$
3	$\frac{P\cdot WP_n(R_{n3}+\lambda)}{WP\cdot P_n(R_3+\lambda)}$	$\frac{WS_n\cdot(r_{n3}+\lambda)}{WS\cdot(r_3+\lambda)}\cdot f_3$	$\frac{WS_n\cdot(r_{n3}+\lambda)}{WS\cdot(r_3+\lambda)}\cdot f_3$
4	1.0	$\frac{WS_n}{WS}$	$\frac{WS_n}{WS}$
5	—[e]	—[e]	—[e]
6	$\frac{P\cdot WP_n(R_{n6}+\lambda)}{WP\cdot P_n(R_6+\lambda)}$	$\frac{WS_n\cdot(r_{n6}+\lambda)}{WS\cdot(r_6+\lambda)}\cdot f_6$	$\frac{WS_n\cdot(r_{n6}+\lambda)}{WS\cdot(r_6+\lambda)}\cdot f_6$

a 式中各参量的物理意义参见附录 A 和附录 F，其中脚码 n 为参考核电厂的标称值。

b f_i 为用于计算一次冷却剂比活度的调整因子，在二次冷却剂比活度调整计算中也将用到它。

c λ 为核素的衰变常数，1/h。

d 在蒸汽发生器内惰性气体很快从水中析出，因此炉水内气体放射性物质的含量很低可以忽略不计。蒸汽内惰性气体比活度近似等于一次侧往蒸汽发生器内的泄漏率与蒸汽流量的比值。这些惰性气体随主冷凝器排气释放出去。

e 氚的比活度与下列因素有关：1）核电厂内氚化水的总量；2）氚的产生率，包括一次冷却剂的活化氚的产生率及燃料中氚的泄漏率；3）氚化水参与再循环的份额或从核电厂排放的数量；表 D.1 列举的氚的比活度是具有中等水平氚化水再循环情况下的典型值。

附 录 F
（规范性附录）
核电厂确定调整因子的参数值

核电厂确定调整因子的参数值见表 F.1。

表 F.1 核电厂确定调整因子的参数值

符号	说明	单位	核素类型					
			1	2	3	4	5	6
NA	阳离子除盐器对核素的去除份额	—	0	0	0.9	0	0	0.9[a]
NB	净化除盐器对核素的去除份额	—	0	0.99	0.5	0	0	0.98
R_n	去除率——一次冷却剂[b]	h^{-1}	9.0×10^{-4}	6.7×10^{-2}	3.7×10^{-2}	0	—[c]	6.6×10^{-2}
NS	蒸汽发生器内蒸汽比活度与炉水比活度之比	—	—[d]	1.0×10^{-2}	5.0×10^{-3}	—[f]	1.0	5.0×10^{-3}
NX	冷凝液除盐器对核素的去除份额	—	0.0	0.9	0.5	0.0	0.0	0.9
r_n	去除率——二次冷却剂[e]	h^{-1}	—[d]	1.7×10^{-1}	1.5×10^{-1}	—[f]	—[c]	1.7×10^{-1}
FL	一次侧向二次侧的泄漏率	kg/s	3.9×10^{-4}	3.9×10^{-4}	3.9×10^{-4}	3.9×10^{-4}	3.9×10^{-4}	3.9×10^{-4}

[a] 该项是有效去除项，即包括了淀积等机制的去除作用，对钼和腐蚀产物等核素淀积的去除作用是相当可观的。

[b] 当核电厂的设计参数不等于表 A.1 列举的标称值时，用下式计算 R_n 的数值：

对于第 1 类核素：$R_1=\dfrac{FB+(FD-FB)\cdot Y}{WP}$

对于第 2、3、6 类核素 $R_{2,3,6}=\dfrac{FD\cdot NB+(1-NB)\cdot(FB+FA\cdot NA)}{WP}$

[c] 氚的比活度与下列因素有关：1）核电厂内氚化水的总量；2）氚的产生率，包括一次冷却剂的活化氚的产生率及燃料中氚的泄漏率；3）氚化水参与再循环的份额或从核电厂排出的数量。表 D.1 列举的氚的比活度是具有中等氚化水再循环情况下的典型值。

[d] 在蒸汽发生器内惰性气体很快从炉水中析出并随着蒸汽离开蒸汽发生器，因此炉水内放射性气体的含量很低，可以忽略不计。蒸汽内惰性气体比活度近似等于一次侧往二次侧的惰性气体泄漏率与蒸汽总流量的比值。这些惰性气体随主冷凝器排气释放出去。

[e] 当核电厂的设计参数不等于附录 A 表 A.1 列举的标称值时，用下式计算 r_n 的数值：

对于第 2、3、6 类核素：$r_{2,3,6}=\dfrac{FBD\cdot NBD+NS\cdot FS\cdot NC\cdot NX}{WS}$

[f] 水的活化物在一次冷却剂内的化学和物理特性变化不定，难以确定。除盐器对它们几乎没有去除作用。其比活度由它们本身的衰变决定。

附 录 G
（资料性附录）
气态流出物源项

G.1 核电厂气态流出物中含有放射性惰性气体、放射性碘同位素、其他放射性微粒、氚、氩-41 和碳-14 等。

G.2 气态流出物中所含放射性核素主要来源于：

a) 废气处理系统；

b) 蒸汽发生器排污系统；

c) 主冷凝器抽气器排气；

d) 安全壳净化排气；

e) 辅助厂房、汽轮机厂房以及乏燃料贮存区的通风排气；

f) 二次系统泄漏的蒸汽；

g) 蒸汽的大气排放时排出的蒸汽或进行低功率物理实验时排放的蒸汽；

h) e)条内没有包括的厂房的通风排气。

注 1：g)和 h)两种来源的气载放射性物质的含量较低，惰性气体年排放时小于37 GBq/a；对于 I-131 小于37 MBq/a。在气载放射性物质源项计算中，排放量低于上述量级的来源均可以忽略。

注 2：气载放射性物质排放量的计算模型中，应考虑核电厂运行状态下一次冷却剂的连续脱气和因核电厂冷停堆除气排往废气处理系统的废气，还应考虑蒸汽发生器排污水处理系统排气中含有的碘。

G.3 厂房通风系统排出的放射碘同位素

G.3.1 厂房通风系统排出碘的化学形式及各厂房排出碘所占比例见表 G.1。

表 G.1 厂房排风中排出碘的化学形式及其所占比例

碘的化学形式	安全壳	辅助厂房	汽轮机厂房	燃料贮存厂房
微粒碘	0.09	0.04	—[a]	0.01
元素碘	0.21	0.21	0.78	0.17
HOI	0.21	0.22	—[a]	0.57
有机碘	0.49	0.53	—[a]	0.25
[a] 尚无测量到其他类型碘的相关数据。				

G.3.2 在厂房通风系统排气中碘的释放率与一次冷却剂中 I-131 的比活度有关。为便于比较，用归一化的释放率表示通过厂房通风排放出去的碘。表 G.2 给出了各主要放射性厂房通风系统未经处理的排风中平均 I-131 归一化释放率。

G.4 从厂房通风系统排风中排出的未经处理的放射性微粒的释放率见表 G.3。

表 G.2 厂房通风系统未经处理的排风中平均 I-131 归一化释放率[a,b]

单位为(GBq/a)/(MBq/kg)

工　况	安全壳	辅助厂房[c]	汽轮机厂房[d]
功率运行期间	8.0×10^{-4}[e]	0.72[f]	3.8×10^{3}
换料/维修停堆期间	0.32	2.59	4.2×10^{2}

a 归一化的 I-131 释放率是每单位一次冷却剂 I-131 释放率［(GBq/a)/(MBq/kg)］。

b 在各种工况下归一化的释放率是放射性核素 I-131 的有效泄漏率。它是厂房内一次冷却剂的泄漏率及碘在泄漏水和气相中分配的组合效果。对于汽轮机厂房，在确定其有效泄漏率时，必须考虑在蒸汽发生器内从水夹带至蒸汽内的 I-131。

c 将表中给出的归一化释放率乘以核电厂一次冷却剂的 I-131 比活度(MBq/kg)，即为该核电厂通过辅助厂房通风系统的实际释放率(GBq/a)。

d 将表中给出的归一化释放率乘以蒸汽发生器炉水中 I-131 的比活度(MBq/kg)，再乘以附录 F 中的蒸汽发生器内碘的分配系数 NS，即为汽轮机厂房通风系统的实际释放率(GBq/a)。

e 该释放率是指每天泄漏的一次冷却剂内 I-131 总活度的百分数，它是厂房内一次冷却剂泄漏率与碘在泄漏水和测量的气体内分配的组合。为了得到功率运行期间反应堆厂房通风系统 I-131 的释放率(GBq/a)，将表中给出的归一化释放率乘以该核电厂一次冷却剂内 I-131 比活度(MBq/kg)，并根据该核电厂安全壳通风系统采取的具体净化方法，得到安全壳通风系统的实际释放率。

f 包括来自乏燃料水池区通风的贡献。

表 G.3 从厂房通风系统排风中排出的未经处理的放射性微粒的释放率[a,c]

单位为 GBq/a

核　素	安全壳	辅助厂房	燃料贮存池区	废气系统
Cr-51	3.404×10^{-1}	1.184×10^{-2}	6.660×10^{-3}	5.180×10^{-4}
Mn-54	1.961×10^{-1}	2.886×10^{-3}	1.110×10^{-2}	7.770×10^{-5}
Co-57	3.304×10^{-2}	NA[b]	NA[b]	NA[b]
Co-58	9.250×10^{-1}	7.030×10^{-2}	7.770×10^{-1}	3.219×10^{-4}
Co-60	9.620×10^{-2}	1.887×10^{-2}	3.034×10^{-1}	5.180×10^{-4}
Fe-59	9.990×10^{-2}	1.850×10^{-3}	NA[b]	6.660×10^{b}
Sr-89	4.810×10^{-1}	2.775×10^{-2}	7.770×10^{-2}	1.628×10^{-5}
Sr-90	1.924×10^{-1}	1.073×10^{-2}	2.960×10^{-2}	6.290×10^{-4}
Zr-95	NA[b]	3.700×10^{-2}	1.332×10^{-4}	1.776×10^{-4}
Nb-95	6.660×10^{-2}	1.110×10^{-2}	8.880×10^{-2}	1.369×10^{-4}
Ru-103	5.920×10^{-2}	8.510×10^{-4}	1.406×10^{-3}	1.184×10^{-4}
Ru-106	NA[b]	2.220×10^{-4}	2.553×10^{-3}	9.990×10^{-5}
Sb-125	NA[b]	1.443×10^{-4}	2.109×10^{-3}	NA[b]
Cs-134	9.250×10^{-2}	1.998×10^{-2}	6.290×10^{-2}	1.221×10^{-3}
Cs-136	1.184×10^{-1}	1.776×10^{-3}	NA[b]	1.961×10^{-4}
Cs-137	2.035×10^{-1}	2.664×10^{-2}	9.990×10^{-2}	2.849×10^{-3}
Ba-140	NA[b]	1.480×10^{-2}	NA[b]	8.510×10^{-4}
Ce-141	4.810×10^{-2}	9.620×10^{-4}	1.628×10^{-5}	8.140×10^{-5}

a 表列数据为运行的核电厂的典型测量值。

b NA——在该厂房的通风排风中，未检测到该核素。假定该核素在总排放量中所占的份额小于 1%。

c 由表 G.3 得出，各个厂房通风系统排出的放射性微粒占排出微粒总量的份额分别为：安全壳占 63%；辅助厂房占 5%；乏燃料贮存水池占 31%；废气处理系统小于 1%。

G.5　厂房通风系统排放的放射性惰性气体

G.5.1　一次冷却剂系统内惰性气体每天以总量的3%的速率泄漏到安全壳空气中，并依此计算通过安全壳通风系统排向环境的放射性惰性气体释放率。

G.5.2　辅助系统厂房内一次冷却剂的总泄漏率为 8.4×10^{-4} kg/s，所漏出冷却剂中的惰性气体全部进入厂房空气。

G.5.3　汽轮机厂房内蒸汽的泄漏率为 2.14×10^{-1} kg/s，所漏出蒸汽中所含气体全部进入厂房空气中。

G.6　安全壳通风排放的氩-41

对于每台机组，氩-41的平均释放率为1.258 TBq/a(34 Ci/a)。在安全壳通风或净化排风时，这些氩-41全部释放到大气中。

G.7　安全壳通风频率和空气净化

G.7.1　为了换料和维修，假设核电厂每年至少有两次冷停堆，因而安全壳每年至少有两次净化排风。

G.7.2　对于在运行期间利用装备的小直径通风管(直径小于0.2 m)连续通风净化的核电厂，除考虑每年两次冷停堆的空气净化排放外，还应考虑在核电厂运行状态下，小风量连续排风的贡献。

G.7.3　对于运行期间不进行小风量净化的核电厂，按每年通风净化22次的频率确定安全壳的净化排风量。

G.7.4　凡配备有内循环和通风净化系统的核电厂，应考虑该系统对排风中所含碘的去除作用。在对安全壳空气净化处理前，安全壳内循环净化系统对安全壳内的空气预先进行净化处理。内循环净化系统的流量取核电厂具体设计值。除非另有说明，否则认为在安全壳净化排风前，内循环净化系统已工作了16 h，并假定放射性气载物质只与安全壳自由容积内70%的空气混合(混合效率为70%)。

G.8　活性炭吸附器对碘的去除效率及高效微粒空气过滤器对微粒的去除效率

G.8.1　高效微粒空气过滤器对微粒的去除效率为99%(去污因子为100)。

G.8.2　凡参照行业标准 EJ/T 421 要求设计的活性炭吸附器，对所有形式的碘的去除效率列在表G.4中。

表 G.4　活性炭吸附器对碘的去除效率

活性炭床深	对放射性碘的去除效率/ %
0.05 m(2 in)：用于安全壳内部的空气过滤系统	90
0.05 m(2 in)：用于安全壳外部的空气过滤系统，相对湿度为70%	70
0.102 m(4 in)：用于安全壳外部的空气过滤系统，相对湿度为70%	90
0.150 m(6 in)：用于安全壳外部的空气过滤系统，相对湿度为70%	99

G.9　活性炭延迟系统

活性炭延迟系统滞留时间计算见式(G.1)：

$$T = 6.87\times10^{-4}MK/F \qquad \cdots\cdots(G.1)$$

式中：

T——活性炭吸收的滞留时间，d；

K——动力学吸收系数，cm^3/g；

M——活性炭吸收体的质量，t；

F——系统流量，m^3/min。

表 G.5 给出动力学吸收系数 K 的数值。

表 G.5 动力学吸收系数 K 单位为 cm^3/g

核素	运行温度 25 ℃ 露点 7.2 ℃	运行温度 25 ℃ 露点 −17.8 ℃	运行温度 25 ℃ 露点 −40 ℃	运行温度 −17.8 ℃ 露点 −28.9 ℃
Kr	18.5	25	70	105
Xe	330	440	1 160	2 410

G.10 主冷凝器抽气中的放射性碘的释放率

G.10.1 在主冷凝器抽气器排放的未经处理的排气中放射性碘的归一化释放率为 1.7(TBq/a)/(MBq/kg)。

G.10.2 该归一化释放率是放射性碘的有效释放率。它是流往主冷凝器的蒸汽流量、碘在主冷凝器和抽气器排气间的分配、蒸汽发生器内二次侧水与蒸汽之间碘的分配的综合效应。将归一化释放率乘以二次冷却剂内碘同位素的比活度(MBq/kg)再乘以表 F.1 中给出的碘的分配系数(NS),即为通过主冷凝器抽气器排气排放的放射性碘的实际释放率。

G.11 蒸汽发生器排污系统扩容箱排气中放射性碘的释放率考虑

蒸汽发生器排污系统扩容箱排气中放射性碘的释放率按两种情况考虑:

a) 若核电厂排污扩容箱的排风是经扩容箱排风冷却器冷却后排放的,或者是通过主冷凝器抽气器排放的,则可不考虑通过排污扩容箱排风排放的放射性碘核素,即认为扩容箱中碘的分配因子为零;

b) 如果扩容箱的排气直接排入大气,在扩容箱内碘的分配因子为 0.05。

G.12 废气处理系统的输入流量

应按系统的设计容量确定废气处理系统流向废气储存箱的输入流量。如果没有现成的数据,可采用下列数据作初步计算:

a) 对于废气处理系统中不采用氢复合器的核电厂,对每座反应堆,从废气处理系统流向废气储存箱的输入流量为 0.2 m^3/h(STP);

b) 对于废气处理系统中采用氢复合器的核电厂,对每座反应堆,从废气处理系统流向废气箱储存箱的输入流量为 0.035 m^3/h(STP)。

附　录　H
（资料性附录）
液态流出物源项

H.1　核电厂液态流出物中含有放射性碘同位素、铯和铷，其他放射性微粒、氚和碳-14。

H.2　在估计核电厂运行状态下液态流出物中的放射性核素排放量时，应考虑下列主要来源：

a）为了保持核电厂水的平衡或为了控制核电厂内氚的积累，在硼回收系统工艺过程中形成的已处理过的废液；

b）从脏废液或各种废液系统排放的已处理过的废液；

c）从蒸汽发生器排污处理系统排放的已处理过的废液；

d）从化学废液或者从冷凝液除盐器再生系统排放的已处理过的废液；

e）从汽轮机厂房地面疏水以及污水坑的排放废液；

f）厂内洗涤液。

H.3　运行核电厂各股待处理废液的日平均输入流量和预计比活度见表H.1。

表H.1　核电厂待处理废液日平均输入流量及预计比活度

来　源		待处理废液日平均输入流量/(m^3/d)[a]				相对活度[b]
		采用U型管式蒸汽发生器，排污水经处理后再循环至二次冷却剂系统的核电厂			采用排污处理系统，处理后液体不再循环到冷凝器或二次冷却剂系统的核电厂	
		采用带超声波树脂清洗器的深床冷凝液除盐器	采用不带超声波树脂清洗器的深床冷凝液除盐器	采用粉末式冷凝液除盐器		
一次冷却剂系统（安全壳内）	a）一次冷却剂泵密封泄漏水	0.076	0.076	0.076	0.076	0.1
	b）一次冷却剂的泄漏［包括除a）项外的各种泄漏途径］	0.038	0.038	0.038	0.038	1.67[c]
	c）一次冷却剂设备疏排水	1.9	1.9	1.9	1.9	0.001
一次冷却剂系统（安全壳外）	a）一次冷却剂系统设备排放水	0.30	0.30	0.30	0.30	1.0
	b）乏燃料池管道疏排水	2.65	2.65	2.65	2.65	0.001
	c）一次冷却剂取样系统排放水	0.76	0.76	0.76	0.76	0.05
	d）辅助厂房地板疏水	0.76	0.76	0.76	0.76	0.1

表 H.1（续）

来源		待处理废液日平均输入流量/(m^3/d)[a]				相对活度[b]
		采用U型管式蒸汽发生器，排污水经处理后再循环至二次冷却剂系统的核电厂			采用排污处理系统，处理后液体不再循环到冷凝器或二次冷却剂系统的核电厂	
		采用带超声波树脂清洗器的深床冷凝液除盐器	采用不带超声波树脂清洗器的深床冷凝液除盐器	采用粉末式冷凝液除盐器		
二次冷却剂系统	a) 二次冷却剂取样系统排放水	5.3	5.3	5.3	5.3	10^{-4}
	b) 冷凝液除盐器树脂的输送溶液	11.4	45.4	—	—	10^{-8}
	c) 冷凝液除盐器再生溶液	3.2	12.9	—	—	根据再生频度及再生水体积计算
	d) 超声波树脂清洗器溶液	56.8	—	—	—	2×10^{-6}
	e) 冷凝液粉除盐器反洗水	—	—	30.7	—	2×10^{-6}
	f) 蒸汽发生器排污水	—	—	—	取设计值	按设计流程计算
	g) 汽轮机厂房地面疏水	27.3	27.3	27.3	27.3	按主蒸汽比活度乘相应的分配系数而得
洗涤和去污系统	a) 厂内洗衣设备	1.1	1.1	1.1	1.1	—[d]
	b) 热淋浴排水	可忽略	可忽略	可忽略	可忽略	—
	c) 洗手池排水	0.76	0.76	0.76	0.76	—[d]
	d) 设备和墙面去污清洗水	0.15	0.15	0.15	0.15	—[d]
总计		112.4	99.6	71.9	39.9	

[a] 本表所给出的流量和比活度为测量的典型值，废液输入量及其比活度变化很大，在计算液体源项时，表中数据可供参考。

[b] 为便于比较和计算，应以一次冷却剂的比活度为单位表示各股废液的放射性水平，相对活度是把废液的比活度表示成一次冷却剂比活度的份额或倍数。

[c] 因为泄漏水中约有40%的水立即闪蒸，使泄漏水的比活度提高，因而倍数大于1。

[d] 为计算通过该项排放的放射性物质量，可利用表H.3列举的比活度进行计算。

H.4 在废液处理系统中，去除放射性核素的途径有：

a) 放射性核素在收集、处理和排放期间的衰变；

b) 处理系统中各种处理设备对核素的去除作用。主要处理设备有除盐器、过滤器、蒸发器、反渗透装置等，还应考虑设备表面对核素的吸附作用。

H.5 核电厂废液处理系统中各种净化设备的去污因子见表 H.2。

表 H.2 各种系统净化设备的去污因子(*DF*)

处理系统		去污因子(*DF*)		
	除　盐　器	阴离子	Cs,Rb	其余核素
混床	一次冷却剂下泄流(CVCS)	100	2	50
	废液处理系统(H^+ OH^-)	10^2(10)	2(10)	10^2(10)
	蒸发器冷凝液(H^+ OH^-)	5	1	10
	硼回收系统	10	2	10
	蒸汽发生器排污系统	10^2(10)	10(10)	10^2(10)
阳床(任何系统)		1(1)	10(10)	10(10)
阴床(任何系统)		10^2(10)	1(1)	1(1)
粉末床(Powdex)(任何系统)		10(10)	2(10)	10(10)
蒸发器		除碘外其余核素		碘
各种废液		10^3		10^2
硼回收系统		10^3		10^2
洗涤废液单独使用的蒸发器		10^2		10^2
反渗透装置		所有核素		
洗涤废液		30		
其余废液系统		10		
过滤器		对所有核素 $DF=1$		

注1：对串联使用的除盐器，第二个除盐器使用括号内的 *DF*。

注2：本标准列举的各种废液处理设备的去污因子是该设备在核电厂寿期内(包括停堆期在内)预计的对放射性核素的平均去除性能。

注3：在确定废液处理系统的总去污因子时，应考虑下列因素：

a) 系统的总去污因子为该系统内各项处理设备的去污因子的乘积；

b) 在废液处理过程中，不考虑处理设备对惰性气体、氚和水的活化产物(N-16)的去除，即对它们的去污因子为1；

c) 凡选择使用(根据需要选用)的设备或者在正常流程中不用的设备，在确定系统的总去污因子时均不予以考虑。

由于处理设备对不同核素的去除性能各不相同，因此应按核素的分类分别列出系统对各类核素的总去污因子。

注4：在确定除盐器的去污因子时，考虑了下列因素：

a) 除盐器的去污因子与进入除盐器入口处料液的放射性物质浓度和离子浓度有关，与离子交换树脂的交换能力有关。在相同运行条件下，去污因子随进入料液的放射性物质浓度和离子浓度的增加而增大，随着料液在树脂中穿透深度的增大而减小。表列数值为核电厂在寿期内的平均数值；

b) 对于串联使用的两个除盐器，通常第一个除盐器的 *DF* 比第二个的要高一些，但对于铯、铷，由于第一个除盐器去除了料液中的大部分竞争核素(如钠)，第二个除盐器具有比第一个除盐器更强的离子交换，表列数值考虑了这一因素。

H.6 废液处理系统处理前的收集时间、处理时间、排放时间和排放份额

H.6.1 为了考虑在收集、处理和排放期间内核素的衰变，可按下列准则确定收集、处理和排放时间。

H.6.1.1 收集时间

如果系统装有备用收集箱，则按充至80%箱体设计容量确定其收集时间，见式(H.1)：

$$T_c = \frac{0.8V}{G} \qquad \cdots\cdots(H.1)$$

式中：

T_c——收集时间，d；

V——收集箱体的容量，m^3；

G——废液的输入流量，m^3/d。

如果只有一个箱体，则按充至40%箱体设计容量确定其收集时间，见式(H.2)：

$$T_c = \frac{0.4V}{G} \qquad \cdots\cdots(H.2)$$

H.6.1.2 处理和排放时间

在废液处理系统中考虑衰变去除作用的处理和排放时间的计算如下。

设废液处理系统流程见图H.1：

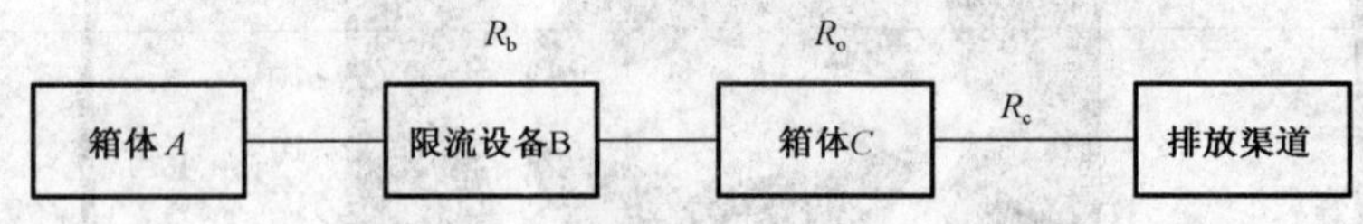

图 H.1 废液处理系统流程简图

流程简图中：

A——流程图中第1个箱体的容量，m^3；

B——由设备的最大流量规定的限制处理流量的设备；

C——流程图中排放前最后一个箱体的容量，m^3；

R_b——限流设备的流量(B设备的流量)，m^3/d；

R_o——向最后一个箱体另外添加的废液的流量，m^3/d；

R_c——箱体C的排放泵的排放流量，m^3/d。

处理天数T_p计算如下：

有备用箱体，见式(H.3)：

$$T_p = \frac{0.8A}{R_b} \qquad \cdots\cdots(H.3)$$

无备用箱体，见式(H.4)：

$$T_p = \frac{0.4A}{R_b} \qquad \cdots\cdots(H.4)$$

排放天数T_d计算如下：

有备用箱体，见式(H.5)：

$$T_d = \frac{0.8C}{R_c} \qquad \cdots\cdots(H.5)$$

无备用箱体，见式(H.6)：

$$T_d = \frac{0.4C}{R_c} \quad \cdots\cdots\cdots\cdots\cdots\cdots\cdots\cdots (H.6)$$

算得 T_p 和 T_d 后验算它们是否满足下列条件：

有备用箱体：

$$0.8C > T_p(R_b + R_o)$$

无备用箱体：

$$0.4C > T_p(R_b + R_o)$$

如果满足则考虑衰变作用的处理和排放时间为：

$$衰变时间 = T_p + 0.5T_d$$

如果不满足，则不考虑排放期间的衰变作用，即：

$$衰变时间 = T_p$$

H.6.2 废液处理系统处理时间和排放时间计算例题

设有图 H.2 所示的废液处理流程及其相应的输入流量，根据 H.6.1.2 叙述的方法，其处理时间为：

$$T_p = \frac{0.8 \times 75.7\ \text{m}^3}{0.06\ \text{m}^3/\text{min} \times 1\ 440\ \text{min/d}} = 0.7\ \text{d}$$

排放时间为：

$$T_d = \frac{0.8 \times 151.4\ \text{m}^3}{0.04\ \text{m}^3/\text{min} \times 1\ 440\ \text{min/d}} = 2.1\ \text{d}$$

验算：

$$0.8 \times 151.4\ \text{m}^3/(2\ \text{m}^3/\text{d} + 0.06\ \text{m}^3/\text{min} \times 1\ 440\ \text{min/d}) = 1.37\ \text{d}$$

因为该值大于 T_p(0.7 d)，故可考虑衰变作用的处理和排放时间为：

$$T_p + 0.5T_d = 0.7\ \text{d} + \frac{1}{2} \times 2.1\ \text{d} = 1.75\ \text{d}$$

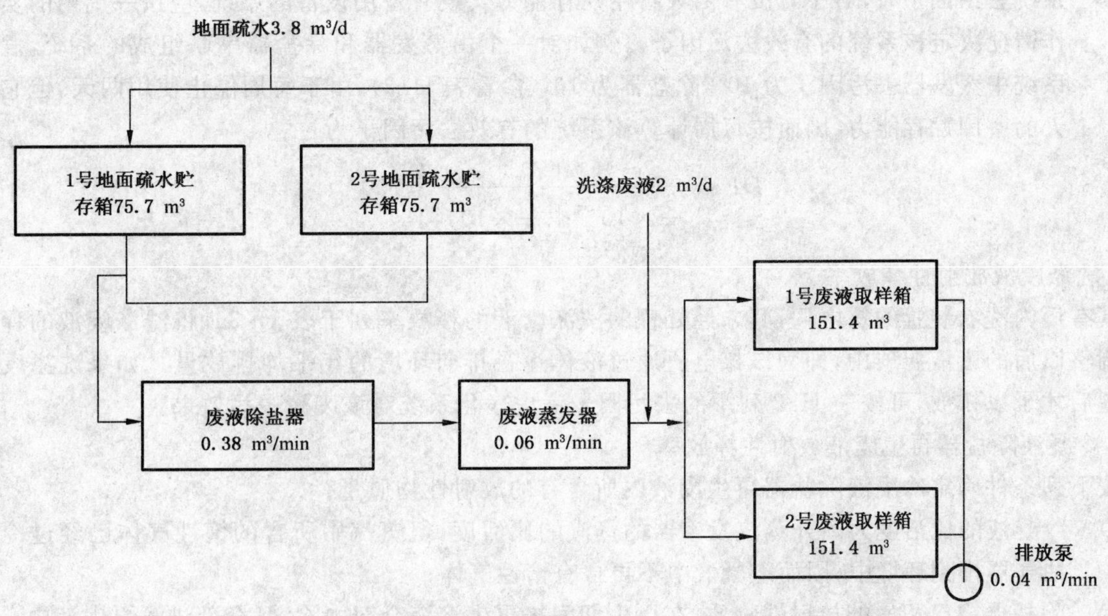

图 H.2 废液处理衰变时间计算例题流程图

H.6.3 处理后废液排放份额

H.6.3.1 处理后废液的排放份额在10%～100%之间,且与下列因素有关:

a) 在设备因故障而停用期间,废液系统处理废液的能力;

b) 废液产生量波动情况;

c) 对氚的控制程度;

d) 贮存箱承受波动的能力。

H.6.3.2 小排放份额(10%)只能用于系统设计具有大幅度废液循环或者即使在设备故障停运或预计运行事件情况下系统也有足够的能力使处理后的废液得以复用。

H.6.3.3 对蒸汽发生器排污处理系统,根据系统能力按具体情况可以考虑小于10%的排放份额。

H.7 预计运行事件对废液源项的影响

H.7.1 将已算出的源项,按每座反应堆增加5.92 GBq/a(0.16 Ci/a),作为因误操作等预计运行事件而导致的计划外排放的放射性物质排放量的增加量,并认为增加的排放量的同位素组成与已算出的源项是相同的。

H.7.2 蒸发器因维修每周连续有2天停止使用,引起下列调整:

H.7.2.1 如果系统有两天内产生的废液的暂存容量或者另有备用蒸发器可投入使用,则不必对这一因素进行调整。

H.7.2.2 如果具有的贮存能力小于两天,则对超出贮存容量的废液按下列原则考虑。

a) 对于干净废液、脏废液系统:经替代设备处理后,按杂质含量高的系统的排放份额计算处理后的排放量。

b) 对于化学废液:超过系统贮存容量的多余废液或应该使用替代蒸发器而在替代蒸发器投入使用前产生的废液,均按直接排往环境处理。

H.7.2.3 储存能力

a) 如果有两个以上储存箱,假定事故开始时一个箱体已充至80%,其余箱体是空的,如果仅有一个储存箱,假定事故开始时已充至40%。

b) 系统的有效去污因子(DF):由于假定蒸发器每周因维修有连续两天要停止工作,因此在决定系统去污因子时,对于既没有两天备用贮存能力又没有备用设备的系统,应按一周内的实际工作情况决定该系统的有效去污因子。例如对一个由蒸发器和除盐器串联组成的系统,假定该系统中蒸发器去污因子为10^3,除盐器为10^2(参看表H.2),由于每周停止使用两天,但它有一天的备用贮存能力,因而按每周计算该系统的有效去污因子为:

$$DF=\frac{1}{\frac{6}{7}\times 10^{-5}+\frac{1}{7}\times 10^{-2}}\approx 700$$

H.8 洗涤废液放射性释放率

具有厂内洗衣装置的核电厂,其未经处理的洗涤废液的释放率列于表H.3。将洗涤废液的释放率加到调整以后的废液源项中,即为该核电厂通过液体途径排向环境的年平均排放量。如果洗涤废液也经处理后才予以排放,可按表H.2列举的去污因子考虑净化系统对该废液去污效果。

H.9 冷凝液除盐器再生废液放射性释放率

按下列条件确定冷凝液除盐器再生废液内所含有的放射性物质量:

a) 冷凝液的比活度为离开蒸汽发生器的蒸汽的比活度,但蒸汽中所含的惰性气体已经过冷凝器抽气器排到环境中,因而冷凝液中不再含有惰性气体;

b) 除盐器中已积累的放射性物质,在再生期间被再生溶液全部去除,且全部进入再生液中;

c) 若系统采用超声波树脂清洗器,除盐器的再生周期为8 d,若不采用超声波清洗器的系统,再生周期为1.2 d,每次再生溶液的用量取系统的设计值。

表 H.3 计算的未经处理的洗涤废液放射性物质释放率

核素	释放率/[(GBq/a)/机组]
P-32	6.660×10^{-3}
Cr-51	1.739×10^{-1}
Mn-54	1.406×10^{-1}
Fe-55	2.664×10^{-1}
Fe-59	8.140×10^{-2}
Co-58	2.923×10^{-1}
Co-60	5.180×10^{-1}
Ni63	6.290×10^{-2}
Sr-80	3.256×10^{-3}
Sr-90	4.810×10^{-4}
Y-91	3.108×10^{-3}
Zr-95	4.070×10^{-2}
Nb-95	7.030×10^{-2}
Mo-99	2.220×10^{-3}
Ru-103	1.073×10^{-2}
Ru-106	3.293×10^{-1}
Ag-110m	4.440×10^{-2}
Sb-124	1.591×10^{-2}
I-131	5.920×10^{-2}
Cs-134	4.070×10^{-1}
Cs-136	1.369×10^{-2}
Cs-137	5.920×10^{-1}
Ba-140	3.367×10^{-2}
Ce-141	8.510×10^{-3}
Ce-144	1.443×10^{-1}
总　计	3.33

附 录 I
（资料性附录）
氚的释放率

I.1 核电厂在运行状态下，氚的平均释放率为 14.8(GBq/a)/MW，即 0.4(Ci/a)/MW。经由液态流出物和气态流出物排放到环境中。

I.2 经由液相途径排放的氚的数量取决于液体的排放体积(二次系统排放的废液除外)。在计算中把排放液体折算成氚的比活度为 37 MBq/kg 的一次冷却剂；经液相途径排放的氚的数量最大可达氚的计算排放总量的 90%(如果超过 90%，则取 90%)。

I.3 氚的总释放率中除去液相排放外，其余经由气相排放。在气相排放中，经由反应堆厂房通风的排放量占 20%；经由辅助厂房通风的排放量占 80%。

附　录　J
（资料性附录）
碳-14 的释放率

J.1　核电厂在运行状态下，碳-14 的平均释放率为 130.8(MBq/a)/MW。经液态流出物和气态流出物排放到环境中。

J.2　核电厂中的碳-14 主要以气态形式向环境释放，占总释放量的 99%。在气态碳-14 中，碳氢化合物形式占 75%～95%，CO_2 形式占 5%～25%。

J.3　核电厂中碳-14 小部分以液态形式向环境释放，占总释放量的 1%。

ICS 17.220.20
N 23

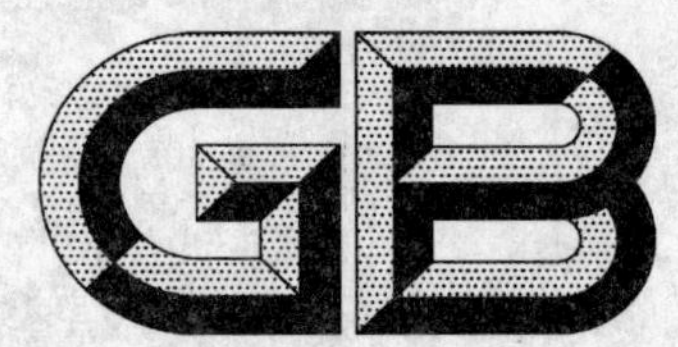

中华人民共和国国家标准

GB/T 13978—2008
代替 GB/T 13978—1992

数 字 多 用 表

Digital Multimeters

2008-08-19 发布 2009-03-01 实施

中华人民共和国国家质量监督检验检疫总局
中国国家标准化管理委员会 发布

前　言

本标准代替 GB/T 13978—1992《数字多用表通用技术条件》。

本标准与 GB/T 13978—1992 相比有较大变化，主要有：

——规范性引用文件方面，只保留了 GB 11463—1989，其余均引用了新的国家标准，并引用了两项国际电工委员会标准。

——术语方面：

删除了与本标准无关的术语：数字电压(DVV)(电流、电阻)表、量化、对称输入、非对称输入、性能特性、线性转换、非线性转换、换码点、转换指令、触发工作方式、线性误差、漂移、死区、基本误差、绝对误差、相对误差等术语。

增加了：被测量、(测量)不确定度、被测量的不确定度、测量值、指示和读数值、(规定的)测量范围、仪表的绝对不确定度、基本不确定度、校准、校准图、校准曲线、实物量具、分压器、畸变因数、准确度等级、等级指数等术语。

修改了：额定值、改变量、影响量、串模电压、共模电压、串模抑制比、共模抑制比、输入阻抗、输出阻抗、改变量、输出信号、输出状态等术语。

——产品分类方面，取消了按工作原理、模式转换原理的分类。

——技术要求方面，取消了原标准没有技术指标的要求项目，将其放入第 8 章标志、包装、储存中。

——取消了不需在标准中规定的尺寸、质量方面的要求。

——必须有技术指标的项目规定了技术指标，如：功能、过载能力、测量范围、稳定性、响应时间、数据输出、接口、预热时间、可靠性、电磁兼容性、输入电阻、输入阻抗、波峰因数、串模抑制能力、共模抑制能力、串模电压、共模电压、欧姆调零、开路电压、最大输入电流、最大电压、功率消耗、线性范围等。

——特别在安全要求方面，按 GB 4793.1—2007 标准的要求，明确了有关的安全要求项目，增加了机械安全要求，明确了塑料外壳的强度、熔断器座、电源电压选择装置、调整机构电气安全、印制电路板的不燃性、电气间隙和爬电距离、温度极限值、耐热、电流测量电路、测量等级、污染等级、防火焰蔓延、电池充电、电池极性等方面的要求等。

——按 GB/T 18268—2000 标准的要求选择了相关的电磁兼容性的严酷度等级和技术要求。

——按 GB 4028 的要求，规定了外壳防护等级。

——环境分类方面，按 IEC 60732-3-7 标准的要求，将仪表的环境分类归入了 7K2 的类别。

——根据 IEC 60359 的规定，以不确定度取代了误差，规定了基本不确定度、工作不确定度和影响量影响的指标，以附录的形式给出了工作不确定度和基本不确定度、影响量影响之间的关系。

——试验方法中，因原标准除了基本误差外，基本上没有技术指标，试验方法相应地也只规定了几项基本的试验条件，没有具体的试验方法，本次修订对应于每个技术要求规定了试验方法，确定了近 80 种试验方法。

——全面地修订了检验规则和合格判据。

——修订了标志、包装、储存的规定。

——取消了原标准的表 7 特性的检验项目，以附录 C 检验项目和不合格分类取代。

本标准的附录 A、附录 C 和附录 D 是规范性附录，附录 B 是资料性附录。

本标准自实施之日起，原国家标准 GB/T 13978—1992 废止。

本标准由中国机械工业联合会提出。

本标准由全国电工仪器仪表标准化技术委员会(SAC/TC 104)归口。

本标准起草单位:哈尔滨电工仪表研究所、上海英孚特电子技术有限公司、上海四达电子仪表有限公司、深圳世纪人通讯设备有限公司、东莞华仪仪表科技有限公司、优利德科技(东莞)有限公司、国家电工仪器仪表质量监督检验中心、山东省计量科学研究院、江苏省计量科学研究院、上海市计量测试技术研究院、湖北省电力试验研究院、江西省电力科学研究院。

本标准主要起草人:薛德晋、刘献成、邵凤云、申莉、来磊、李林、孙平、张勤、马雪峰、叶江雪、朱登伟、郭利陆、胡林生。

本标准所代替标准的历次版本发布情况为:

——GB/T 13978—1992。

数 字 多 用 表

1 范围

本标准界定了数字多用表(以下简称为仪表)的术语、规范性引用文件,规定了技术要求、试验方法和检验规则,给出了产品标志、包装和贮存等一些基本要求。

本标准适用于各种分类的数字式多用表。也适用于各种数据处理与信息控制设备和自动测试系统或个人仪器系统中,旨在对直流电压、交流电压、直流电流、交流电流和电阻等模拟量进行数字化测量的各种模数转换器。

本标准还适用于同类型以测量电压为基础兼有其他参量(电的或非电的)数字式测量仪器及其联用的附件,或者是它们的组合。

本标准也适用于数字和模拟或图形组合的多用表的数字测量、显示部分。

本标准不适用于模拟式多用表和其他非数字指示仪表。

2 规范性引用文件

下列文件中的条款通过本标准的引用而成为本标准的条款。凡是注日期的引用文件,其随后所有的修改单(不包括勘误的内容)或修订版均不适用于本标准,然而,鼓励根据本标准达成协议的各方研究是否可使用这些文件的最新版本。凡是不注日期的引用文件,其最新版本适用于本标准。

GB/T 191—2008 包装储运图示标志(ISO 780:1997,MOD)

GB/T 2423.1—2001 电工电子产品的环境试验 第1部分:试验方法 试验A:低温(idt IEC 60068-2-1:1990)

GB/T 2423.2—2001 电工电子产品的环境试验 第2部分:试验方法 试验B:高温(idt IEC 60068-2-2:1974)

GB/T 2423.4—1993 电工电子产品基本环境试验规程 试验Db:交变湿热试验方法(idt IEC 60068-2-30:1980)

GB/T 2829—2002 周期检验计数抽样程序及表(适用于对过程稳定性的检验)

GB 4208—1993 外壳防护等级(IP代码)(eqv IEC 60529:1989)

GB 4793.1—2007 测量、控制和实验室用电气设备的安全要求 第1部分:通用要求

GB 9254—1998 信息技术设备的无线电骚扰限值和测量方法

GB 11463—1989 电子测量仪器可靠性试验

GB/T 17626.1—2006 电磁兼容 试验和测量技术 抗扰度试验总论(IEC 61000-4-1:2000,IDT)

GB/T 17626.2—2006 电磁兼容 试验和测量技术 静电放电抗扰度试验(IEC 61000-4-2:2000,IDT)

GB/T 17626.3—2006 电磁兼容 试验和测量技术 射频电磁场辐射抗扰度试验(IEC 61000-4-3:2000,IDT)

GB/T 17626.4—1998 电磁兼容 试验和测量技术 电快速瞬变脉冲群抗扰度试验(idt IEC 61000-4-4:1995)

GB/T 17626.5—1999 电磁兼容 试验和测量技术 浪涌(冲击)抗扰度试验 (idt IEC 61000-4-5:1995)

GB/T 17626.6—1998 电磁兼容 试验和测量技术 射频场感应的传导骚扰抗扰度(idt

IEC 61000-4-6:1996)

GB/T 17626.11—1999 电磁兼容 试验和测量技术 电压暂降、短时中断和电压变化的抗扰度试验(idt IEC 61000-4-11:1994)

GB/T 17626.29—2006 电磁兼容 试验和测量技术 直流电源输入端口电压暂降、短时中断和电压变化的抗扰度试验(IEC 61000-4-29:2000,IDT)

GB/T 18268—2000 测量、控制和实验室用的电设备电磁兼容性要求(idt IEC 61326-1:1997)

IEC 60359:2001 电工和电子测量设备的性能表示

IEC 60721-3-7:2002-10 环境条件分级 第3-7部分:环境参数及其严酷度组别——携带式和非固定使用设备

3 术语和定义

下列术语和定义适用于本标准。

3.1 通用术语

3.1.1

数字多用表(DMM) digital multi-meter

用于测量电压(和或电流)、电阻和/或其他参量的,并以十进制数字显示测量值的电子式多量限、多功能的测量仪表。

3.1.2

模拟信号 analogue signal

具有一个或多个参数值的连续范围的信号,不同的信息与其中的一个值相联系。

注:对于一个量,模拟信号就是该量的模拟表示。

3.1.3

数字信号 digital signal

参数值的范围为离散数的信号。不同的信息与其中之一相联系。

3.1.4

模/数转换 analogue-to-digital conversion

把被测的模拟信号转换为数字信号的过程。

3.1.5

电子模/数转换器 electronic analogue-to-digital convertor

执行电信号的模/数转换并以数字形式给出结果的电子器件或装置。

3.1.6

分压器 voltage divider

由电阻器、电感器、电容器、变压器,或这些器件的组合构成的设备,在该设备的两个点间可以得到所需要的外加电压的分数值。

3.1.7

实物量具 material measure

在使用中以一个恒定的方式再现或提供一个或多个给定量已知值的装置。

注1:有关的量可以称之为供出量。

注2:该定义也包括诸如信号发生器和标准电压或电流发生器等装置,它们经常被归诸于替代仪表。

注3:供出量的值和不确定度的识别是由带有测量单位或代码项的数字给出的,称之为实物量具的标称值或标志值。

[IEC 60359]

3.2 关于输入的术语

3.2.1

输入端 input terminals

把被测量施加到仪器仪表的连接端子。

3.2.2

差分输入 difference input

有两组输入端的输入电路,用于测量加给它们的同类电量之间的差值。

3.2.3

接地输入 grounded input

有一个输入端直接同测量"地"相连的输入方式,该端往往是公共端。

3.2.4

浮置输入 floating input

与机架、电源和任一在外部可触及到的电路相绝缘的一种输入方式。

3.2.5

保护输入 guarded input

带有屏蔽保护的一种输入方式,其屏蔽与地以及公共端相绝缘,并与某个载有信号的导体等电位。

3.2.6

被测量 measurand

提交测量、处于由测量系统进行测量评估状态的量。

注1:由一个提交测量的量体现的值,当其和测量仪表不相互影响时可以被称为该量的无干扰值。

注2:无干扰值及其相关联的不确定度只能通过计算得到,计算是通过测量系统模型以及与仪表已知的适当的计量特性相互作用的测量模型进行的,这个值可以被称为仪表的负载。[IEC 60359]

3.2.7

过载 overload

当输入信号超过测量范围的最大值时为过载。

3.2.8

最大允许输入电压(电流) maximum permissible input voltage(current)

在额定工作条件下,允许施加到一组输入端子间的最大电压(电流)值。

3.2.9

过负载能力

仪表能承受的电压或电流的最大输入量并持续规定的时间而不损坏的能力。

3.2.10

输入零电流 input offset current

在输入信号为零时,仪器的输入电路中由于仪器内部引起的电流。

注:它等效于在输入电压和偏置电压为零时,使输出指示值减小到零所施加给两输入端之间的注入电流。

3.2.11

输入偏置电流 input bias current

当输入信号为零时,为使输出指示减少到零而输入端注入的电流。

3.2.12

输入阻抗 input impedance

工作条件下在输入端子间测得的输入回路的阻抗。

注1:阻抗能以用术语导纳表示。

注2:在特定情况下,例如,采样设备或自平衡电位计的输入阻抗因测量瞬间的不同而不同。测量前、测量中及测量

后的输入阻抗均不同。

注 3：当在特定频率和电压下，流进输入端子的电流瞬时值是输入电压瞬时值的非线性函数时，吸收相同的有功功率的，在实际输入电路中流动一个与基波分量相等的无功电流的电阻和电抗的组合，有时被称为等效阻抗。

3.2.13

非工作状态输入阻抗　input impedance at non-operating mode

在非工作状态下，仪器输入端子间所呈现的阻抗。

3.2.14

串模电压　series mode voltage

由被测量产生的叠加在输入电压上的不期望的部分。

注：串模电压的典型例子是感应电压，例如直流电信号上的纹波或热电势。

3.2.15

共模电压　common mode voltage

存在于两个测量输入端与参考点之间，其幅度和相位或极性相同的那部分输入电压。

注：参考点可以是底盘端、测量地端或一个不可接触点。

3.2.16

串模抑制比（SMRR）　series mode rejection ratio

在输出信息中产生规定变化的串模电压与被测量引起的能产生相同变化的电压之比。

注 1：串模抑制比通常用分贝（dB）表示，并且可能与频率、波形和测量方法有关。

注 2：串模抑制比也适用于电压以外的量。

3.2.17

共模抑制比（CMRR）　common mode rejection ratio

施加于按规定电路连接在一起的规定参考点和两个输入端之间的电压与产生相同输出值在输入端之间所需施加的电压之比。

注 1：共模抑制比通常用分贝（dB）表示，并且可能与频率、波形和测量方法有关。

注 2：共模抑制比也适用于电压以外的量。

3.3　关于仪器工作的术语

3.3.1

转换速率　conversion rate

在一个时间间隔内完成的模数转换或数模转换次数与这个时间间隔的持续时间之比。

3.3.2

转换时间　conversion time

完成一次将模拟量转换为数字量（或反过程）所需的时间。

3.3.3

采样时间　sampling time

输入量被转换电路所取样的时间间隔。

3.3.4

读出时间　readout time

仪器持续工作时，读取有效输出信号的时间间隔。

注：读出时间通常规定在最大转换速率下。

3.3.5

显示时间　display time

输入量被转换电路所取样的时间间隔。

3.3.6

复位时间　reset time

置全部转换电路于初始条件所需要的时间间隔。

3.3.7

响应时间　response time

从输入量阶跃变化后到输出信号变化达到最终值给定百分比(通常是90%)所需要的时间。

3.3.7.1

量程响应时间　range response time

按规定的量值施加输入信号使仪器切换到相邻量程(不含极性变化)所需要的时间间隔。

3.3.7.2

极性响应时间　polarity response time

按规定的量值加输入信号到引起指示极性改变所需要的时间间隔。

3.3.8

输入建立时间　input setting time

从施加阶跃输入信号到满足误差规定的转换所需要的时间间隔。

3.3.9

测量速率　measuring rate

单位时间内完成测量的次数。

3.3.10

过载恢复时间　overload recovery time

从去掉规定的过载输入信号到可以进行满足误差规定的测量所需要的时间间隔。

3.3.11

电零位　electrical zero

在输入信号为零且输入端与外部干扰隔离的情况下,或厂家的有特殊说明要接到某电路上时,所测得的输出信息值。

注:电零位也可称为零点。

3.4　关于仪器技术性能的术语

3.4.1

测量值　(measure-)value

指定代表被测量的集合中的中间元素。

注:该测量值不是代表被测量的,比该集合中的其他元素都小的元素。它只不过是挑选出来为了方便地表达 $V \pm U$ 形式的集合,其中 V 是中间元素,U 是集合的半宽度。限定词“测量”是在认为需要避免与读数值或指示相值混淆时使用的。[IEC 60359]

3.4.2

指示或读数值　indication or reading value

仪表的输出信号。

注1:指示值能够从校准曲线的指示得到。

注2:对于实物量具,指示是其名义值或规定值。

注3:指示依赖于仪表的输出形式;

对于模拟输出,它是带有适当显示单位的数字;

对于数字输出,它是显示出的数字化的数字;

对于代码输出,它是代码模式的符号。

注4:对于模拟输出,指的是通过人类观察者的读出(如:指针在仪表标尺上),输出单位是标度数的单位;对于模拟输出也意味着由另一个仪表读出(如:校准过的变送器),输出单位是支持输出信号的量的测量单位。[IEC 60359]

3.4.3

(规定的)测量范围　(specified)measurement range

由两个被测量、或供出量的值确定的范围,在此范围内规定了测量仪表的不确定度的极限。

注1:一个仪表可以有几个测量范围。

注2:规定的测量范围的上限或下限有时被相应地称之为最大能力和最小能力。[IEC 60359]

3.4.4

量程　range

满足规定的不确定度极限的测量范围。测量范围的最大值或最小值即为量程的上限值或下限值。[IEC 60359]

3.4.5

超量程　over range

能保证本量程不确定度极限规定的量程延伸范围。通常用满量程的相对百分数表示。

3.4.6

满度值　full scale value

量程的最大值。

注:满度值可以不是最大显示值。

3.4.7

分辨力　resolution

引起指示(值)产生可觉察改变的被测量或供出量的最小变化。

3.4.8

(测量)不确定度　uncertainty (of a measurement)

和测量结果相关的参数,它表征该值能够合理地归结到被测量的离散程度。[IEC 60359 3.1.4]

注1:例如,该参数可以是一个标准偏差(或它的一个给定的倍数),或说明了置信水准区间的半宽度。

注2:通常,测量不确定度包含许多分量,这些分量中某些能够从一系列测量结果的统计分布进行评定,并且可以用标准差来表征。另一些分量也能用标准差来表征,可用基于经验或其他信息的假定概率分布估算。

注3:测量结果应理解为被测量之值的最佳估计,全部不确定度分量均贡献了分散性,包括那些由系统效应引起的,诸如与修正值和参考测量标准器有关的分量。

注4:定义和注1、注2来自GUM (Guide to the Expression of Uncertainty in Measurement)的B 2.18。本标准选择GUM程序中的包含因子为2的区间的半宽度代表不确定度。这个选择符合当前许多国家标准实验室的实际。包含因子2的正态分布符合95%的置信水平。另外,统计学的细节需要在包含因子和置信水平之间建立联系。由于这种细节不总是可用的,因此认为规定包含因子更可取。在认识GUM的定义时,由于在最通常的情况下,“区间”保证以一个足够高的置信水平,以相同的方法赋予同一个被测量和所有其他测量结果相一致,所以它能够适度地用于描述被测量。

注5:根据国际度量衡委员会CIPM (International Committee for Weights and Measures) 文件INC-1和GUM,由统计方法评定得到的不确定度分量被称为A类不确定度,通过其他方法评定的那些不确定度分量称为B类分量。

3.4.9

被测量的基本不确定度　intrinsic uncertainty of the measurand

描述一个测得的量能够赋予的最小不确定度。(IEC 60359 3.1.11)

注1:由于任何一个给定的量是在一个给定的精细水平上被规定或被识别的,所以无法以小而又小的不确定度测得一个量。如果谁试图以小于其自身的基本不确定度去测量一个给定的量,谁就不得不以更精细的水平重新定义这个量,那么谁就是实际上在测量另一个量。也见GUM D.1.1。

注2:以被测量的基本不确定度实现的测量结果可以被称为上述量的最佳测量。

3.4.10

仪表的绝对不确定度　(absolute)instrumental uncertainty

可忽略基本不确定度的一个被测量的直接测量结果的不确定度。(IEC 60359 3.1.12)

注1:除非另外特别说明,仪表的不确定度以包含因子2的区间代表。

注2:在被测量的系列的直接测量的单次读数中基本不确定度小于仪表的不确定度的情况下,根据定义,该测量不确定度和仪表的不确定度一致。另外,仪表的不确定度在评估基于相关的一系列直接测量的典型连接的测量不确定度中作为B类分量处理。

注3:根据定义,仪表的不确定度自动地包含了读数值量化的影响(在模拟输出中,是最小可能评估的分度区间,在数字输出中,是最后稳定的单位数字)。

注4:对于实物量具,仪表的不确定度是为保证它的各次测量结果的一致性,由实物量具复现的与被测量的量值相关联的不确定度。

注5:在可能和方便的情况下,该不确定度可以用相对的形式或基准的形式表示。相对不确定度是绝对不确定度U和测量值V之比,而基准不确定度是绝对不确定度U对约定选择的值V_f之比率U/V_f。

3.4.11

基本不确定度　intrinsic uncertainty

经预热预调和校准后,被测量值在其额定范围内,影响量在参比条件下,24 h内测得的不确定度。

参比条件见表1。

3.4.12

90天基本不确定度　intrinsic uncertainty in 90 day

经预热预调和校准后,被测量值在其额定范围内,环境温度在参比温度±5 ℃范围内,其他影响量在参比条件下,90天内测得的不确定度。

3.4.13

一年基本不确定度　intrinsic uncertainty in 1 a

经预热预调和校准后,被测量值在其额定范围内,环境温度在参比温度±5 ℃范围内,其他影响量在参比条件下,一年内测得的不确定度。

3.4.14

工作不确定度　operating uncertainty

在额定工作条件内的不确定度。工作不确定度包括基本不确定度和影响量产生的改变量。

注:在影响量的工作范围内,诸影响量数值的某些结合点上,会有工作不确定度的极大值。

3.4.15

准确度等级　accuracy class

测量仪表的分类,所有该分类里的这些仪表预定遵从一组有关不确定度的规范。[IEC 60359]

注1:一个准确度等级允许规定一个不确定度极限(对于一个规定的影响量范围),无论怎样,它也规定其他计量特性。

注2:对于不同的额定工作范围,一个仪表可以规定不同的准确度等级。

注3:除非另有规定,规定一个准确度等级的不确定度极限是一个包含因子为2的区间。

3.4.16

等级指数　class index

标志不确定度等级的数字。

3.4.17

改变量(由影响量引起的)　variation (due to an influence quantity)

对于指示仪表的被测量的同一值,或实物量具的各值,假定当一个影响量相继取两个不同值,其他影响量保持参比条件时的示值之差。

注1:评估与影响量的不同值相关的不确定度得到的改变量的宽度应不大于同一影响量的参比范围的宽度。其他

的性能特性和其他的影响量应该处于规定参比条件的范围内。

注2：当改变量大于仪表基本不确定度时，改变量是一个意味深长的参数。[IEC 60359]

3.4.18

稳定性　stability

在所有条件保持恒定时，在规定的时间内仪器输出信息保持不改变的能力。

注：按时间长短分为短期(30 d以内)稳定性和长期(90 d以上)稳定性。

3.4.19

温度系数　temperature coefficient

测量示值随温度的变化率。

3.4.20

基本量程　basic range

不确定度最小的量程。

3.4.21

重复性　repeatability

在恒定条件下，连续进行测量(转换)时，仪器给出测量结果的一致性能力。

3.4.22

平均值响应　average-responding

在规定频率范围内，其测量结果正比于规定频率范围内输入波形的绝对值的平均数。其示值可以用输入正弦波的方均根值(RMS)表示。

3.4.23

峰值响应　peak-responding

在规定频率范围内，对于具有各种谐波分量的周期波形，其测量结果等于输入交流信号的峰值。

3.4.24

有效值响应　root-mean-square responding

在测量交流信号时，对于在规定频率范围内和峰值因数下的输入波形，其测量结果等于它的方均根值(RMS)。

3.4.25

波峰因数　crest factor

周期性波形的峰值与它的有效值之比。

3.4.26

总畸变因数　total distortion factor

总失真的方均根值与非正弦波量的方均根值之比。

注：总畸变因数取决于基波分量的选择。如果从上下文不能指出使用哪一个，则应该给出。

3.4.27

电压频率积　V·Hz volt-herz product

交流电压的方均根值(V)与它的频率(Hz)的乘积。

3.4.28

电压负荷　voltage burden

在电流测量中，利用电阻插入技术取得的电压降大小。

3.5　关于输出的术语

3.5.1

输出端　output terminals

仪器以规定的电压(电流)形式提供输出信息或以规定的阻抗状态来表示的一些连接点。

3.5.2

辅助端　auxiliary terminals

供给或接收辅助的模拟或数字信号用的端子。输入端和输出端除外。

3.5.3

输出信号　output signal

由转换器产生的被测量的模拟或数字表示。

3.5.4

辅助输出信号　auxiliary output signal

呈现在辅助输出端的输出信号。通常由它来评价、判断输出信息。

3.5.5

输出信息　output information

转换过程得到的被测量的数字表示(电信息或显示数字)。

3.5.6

输出状态　output state

在读出时间内有效的电的或可视的信息组。

3.5.7

输出阻抗　output impedance

在工作条件下，在输出端子之间测得的输出电路的阻抗。

注1：阻抗能以术语导纳表示。

注2：在特定情况下，例如，采样设备或自平衡电位计的输出阻抗因测量瞬间的不同而不同。测量前、测量中及测量后的输出阻抗均不同。

注3：当在特定频率和电压下，流进输出端子的电流瞬时值是输出电压瞬时值的非线性函数时，吸收相同的有功功率的，在实际输出电路中流动一个与基波分量相等的无功电流的电阻和电抗的组合，有时被称为等效阻抗。

3.5.8

通用接口总线(GP-IB)　general purpose interface bus

可程控仪器的一种接口系统。

3.5.9

串行接口　serial interface

可程控仪器的一种在数据终端设备(DTE)和数据电路终接设备(DCE)之间使用串行二进制进行数据交接的接口。

3.6　关于仪器使用和储运技术规范的术语

3.6.1

预置时间　preconditioning time

仪器在通电前存放在规定条件下的时间。

3.6.2

预热时间　warm-up time

从电源通电瞬间到测量仪表按制造厂规定可以使用的时刻之间持续的时间。

3.6.3

预调整　preliminary adjustment

按产品技术文件要求，对仪器可调部件进行调整的预操作。

3.6.4

校准　calibration

在规定的条件下，参照标准器建立存在于测量结果和指示之间关系的一组操作。

[IEC 60359 3.1.6]

注1：原则上，指示和测量结果之间的关系能用一个校准图来表示。

注2：校准必须在规定的仪表工作条件下满意地实施。如果仪表在超出校准使用的范围以外的条件下工作，代表其结果的校准图是无效。

注3：十分经常的是，特别是当仪表的计量特性根据以往的经验已经充分了解了的情况下，为了方便预定一个简化的校准图并且仅在校准检验以检查仪表的响应是否在其极限内时执行。当然，简化的图比由仪表的完全校准定义的图要宽，并且因此归于测量结果的不确定度也比较大。

3.6.5

校准图　calibration diagram

由指示轴和测量结果轴定义的坐标平面的一部分，它表示仪表对被测量的不同值的响应。

[IEC 60359 3.1.7]

3.6.6

校准曲线　calibration curve

给出指示值和被测量值之间关系的曲线。[IEC 60359 3.1.8]

注1：校准曲线是校准图上平行于测量结果轴线的校准图宽度的中点曲线，这样，连接的各点代表被测量值。

注2：当校准曲线是一根通过原点的直线时，它方便地得到斜线，该斜线是众所周知的仪表常数[IEV]。

3.6.7

校准期　calibrating interval

能够保证满足不确定度要求的两次校准时间间隔。

3.6.8

额定值　rated value

制造厂对仪器的一个规定的工作条件所指定的量值。

3.6.9

影响量　influence quantity

不是测量的对象，但影响被测量或测量仪器指示值的量。

注1：一个影响量可以是仪器外部的，也可以是仪器内部的。

注2：当在测量范围内调节一个性能特性时，可能会影响另一个性能特性的误差，前者称为后者的内部影响量。

[IEC 60359]

3.6.10

参比值　reference value

一组参比条件的一个规定值。

注：参比值带有偏差。[IEC 60359]

3.6.11

参比条件　reference conditions

影响量的一组规定的值和/或值的范围的集合，在此条件下确定一个仪表的最小允许不确定度。

注：规定参比条件的范围也称为参比范围，通常与规定工作条件的范围相比较窄，而不是更宽。[IEC 60359]

3.6.12

工作范围　operating range

指单一影响量的数值范围，它构成额定工作条件的一部分。

注：在概念上，工作范围与名义使用范围及额定使用范围类同。

3.6.13

额定工作条件　rated operating conditions

为了使校准图有效，在测量期间必须满足的一组条件。

注：除了对影响量规定测量范围和的额定工作条件以外，对于其他的性能特性以及不能表示为量的范围的其他指示，条件也可以包括规定的范围。

[IEC 60359]

3.6.14

极限工作条件　limit operating conditions

工作状态下的测量仪器能承受的极端条件。当仪器回到额定工作条件下工作时，不致损坏和降低其性能。

3.6.15

两端法电阻测量　two-terminal resistance measurement

在电阻测量中，两电流注入端和两测量被测电阻上电压的端子重合的测量方法。

3.6.16

四端法电阻测量　four-terminal resistance measurement

在电阻测量中，提供两个注入电流的端子，并提供另外两个检测被测电阻上电压降的端子的测量方法。

3.6.17

自动校零　auto-zeroing

为消除由于温度或元器件老化而引起的偏置电压或系统漂移的影响，在A/D转换过程中所采取的内部自动稳定电零位技术。

3.6.18

自动校准　auto-calibration

接入标准值后，仪器内部自动进行校准的调节过程。

4　产品分类

4.1　按交流响应分类

平均值响应；

峰值响应；

有效值响应。

4.2　按电阻测量的方式分类

两端法测量和四端法测量。

4.3　按欧姆-电压转换方式分类

标准恒流源转换式；

比较放大器转换式。

4.4　按显示位数(分辨力)分类

通常满量程显示位数(分辨力)分为3-1/2、3-3/4、4-1/2、4-3/4、5、5-1/2、6-1/2、7-1/2、8-1/2等。

注：数字仪表的位数可以用公式(1)表征：

$$n\frac{N}{N+1} \qquad \cdots\cdots(1)$$

式中：

n——能显示'0～9'十个数字的位数；

N——没有进位时，首位能显示的最高数字；

$N+1$——进位后的首位数字。

4.5　按测量速率分类

通常分为超高速(大于1 000次/s)；高速(1 000次/s～100次/s)；中速(100次/s～10次/s)；低速(10次/s以下)等类型。

4.6 按量程转换方式分类

手动切换、自动切换、程控切换和远程切换。

4.7 按结构形式分类

通常分为台式、便携式、手持式、卡式、模块式等。

4.8 按使用环境分类

本标准按 IEC 60721-3-7 的规定分类，不注明的即为 7K2 级，其温度、湿度等见表 4，大气压力为 70 kPa～106 kPa。

4.9 按供电电源分类

可分为交流电源、直流电源和交直流两用电源供电类型。

5 技术要求

5.1 安全要求

5.1.1 仪表应符合 GB 4793.1—2007 的第 6、9、10、14 和 16 章有关防电击、防止火焰蔓延、温度极限值和耐热、元器件、电流测量电路以及多功能仪表和类似设备的规定。

5.1.2 自动转换量程的仪表在最高量程上应具有超出量程的指示。

5.2 机械要求

5.2.1 机械安全要求

仪表的机械结构应符合 GB 4793.1—2007 的第 8 章有关耐机械冲击和撞击的规定。

仪表的熔断器座、电网电源电压选择装置、印制电路板不燃性等应符合 GB 4793.1—2007 的 14.4、14.5、14.8 的相应要求。

5.2.2 外壳

仪表外壳的防护等级为 IP51。

仪表的金属外壳应有良好的表面处理，不得有镀层脱落、锈蚀、霉斑等现象，也不应有划伤、玷污等痕迹，不允许有明显变形损坏或缺损。

仪表的塑料外壳应具有足够的机械强度，不得有缺损和开裂、划伤和污迹，不允许有明显的变形。

并应符合 GB 4793.1—2007 的 8.1 和 10.5.2 相应的要求。

仪表可具有封印装置，防止未经授权开启外壳，接触到仪表的内部结构。

5.2.3 按键、按钮

仪器可具有一个或多个按键、按钮等，按键、按钮应灵活可靠，无卡死或接触不良的现象。

5.2.4 可调整机构

仪器如具有可调整机构，则不应松动、破损或自行改变位置等情况。可调整机构在正常情况下不得形成危险的带电部件，如果是需用工具进行调整的机构，应符合 GB 4793.1—2007 的 6.2.3 的要求。

5.3 电磁兼容性要求

5.3.1 对电磁骚扰的抗扰度

5.3.1.1 仪表在传导、辐射等电磁骚扰的影响下，不应损坏或受到实质性影响。经电磁兼容试验后，仪表能准确、可靠地工作。

5.3.1.2 骚扰量包括：静电放电、射频电磁场、电快速瞬变脉冲群、射频场感应的传导骚扰、浪涌电压及电压暂降、短时中断和电压变化。试验等级根据 GB/T 18262 的规定选择如表 1。

5.3.2 无线电干扰抑制

无线电干扰的限值按 GB 9254—1998 中 B 级设备的规定。对于电池供电或线性电源的仪表可以不进行此项试验。

表 1　电磁兼容试验等级

电磁兼容项目	试验等级	技术要求
静电放电	4	允许在试验中有性能和功能的短暂降低或丧失,但能自行恢复
射频电磁场辐射	3(频率范围 80 MHz～1 GHz)	允许最后一位数字变化,试验后应正常
电快速瞬变脉冲群	2	允许最后一位数字变化,试验后应正常
射频场感应的传导骚扰	3	允许最后一位数字变化,试验后应正常
浪涌(冲击)	4	允许在试验中有性能和功能的短暂降低或丧失,但能自行恢复
电压暂降、短时中断	0%U_T,持续时间 50 个周期 40%U_T,持续时间 1 min	允许在试验中有性能和功能的短暂降低或丧失,但能自行恢复
电压变化	40%U_T	允许在试验中有性能和功能的短暂降低或丧失,但能自行恢复
注:对于电池供电的仪表,不进行电快速瞬变脉冲群、浪涌和电压暂降、短时中断等试验。		

5.4　过载能力

5.4.1　具有电压、电流测量功能的仪表在经受电压(或电流)最高量程的测量范围上限值 1.2 倍,持续时间为 2 h 的连续过载以后,仪表不应受到损害;当过负载撤销时,仪表的零值读数不应产生±2 个字的变化,当其恢复到参比温度以后 2 h,仪表应能准确地工作。

5.4.2　具有交流电压测量功能的仪表,在交流电压测量功能下除在 50 Hz 频率范围内能承受上述过负载以外,还需在最高响应频率下按下式计算的电压进行过负载试验:

$$V_{OV} = 1.2\frac{2\times 10^7}{F_H}V \qquad \cdots\cdots(2)$$

式中:

V_{OV}——过载电压;

F_H——最高响应频率。

5.4.3　具有电压、电流测量功能的仪表应能承受 2 倍测量范围上限值的电压(或电流)持续时间为 0.5 s 的短时过负载 5 次,每次间隔 15 s 的试验而无损坏,试验后恢复到室温 2 h 后仪表不应产生±2 个字的变化,并应准确地工作。

5.5　供电电源

对于电网供电的仪表的电气间隙和爬电距离应符合 GB 4793.1—2007 的 6.7.2 有关规定。电源线和插头、连接器等要求应符合 GB 4793.1—2007 的 6.10 有关规定。供电电源的断开要求应符合 GB 4793.1—2007 的 6.11 有关规定。

对于电池供电的仪表应符合 GB 4793.1—2007 的 13.2.1、13.2.2 有关电池电解液、电池和电池充电等要求,并应说明电池类型、型号、使用寿命等。

5.6　功耗

交流供电的仪表在额定工作条件下的视在功率不应大于 25 VA。其误差不应超过±10%。

5.7　分辨力

制造厂应说明仪器的最高分辨力,并且实际的测试分辨力应与制造厂标注的一致。如果各功能、各量程的分辨力不同,应分别标明。

5.8　预热时间和调零预热时间

仪表的预热时间一般应不大于 1 h,如需要更长的预热时间应在使用说明书中说明。

仪表的调零预热时间应不大于预热时间的一半。

5.9 稳定性

5.9.1 仪表在参比条件下的 24 h 内的短期稳定性应优于基本不确定度限值的 1/10。

5.9.2 仪表在 23 ℃±5 ℃,其他环境条件为参比条件下的 1 年长期稳定性应优于基本不确定度的限值。

5.10 可靠性

仪表的 MTTF 应不小于 43 800 h。

5.11 功能要求

5.11.1 测量功能

5.11.1.1 基本测量功能

仪表的基本测量功能一般为:直流电压测量、直流电流测量、交流电压测量、交流电流测量、直流电阻测量;

仪表的基本测量功能至少应具有直流电压测量功能和直流电阻测量功能。

5.11.1.2 扩展的测量功能

仪表可以具有温度测量、电容测量、分贝测量、二极管导通测量、波形测量等扩展的测量功能。

5.11.2 显示功能

显示的被测量值应和相应的单位符号一致。

仪表应具有对被测量在测量范围内的连续变化的不间断的显示能力。仪表的不同功能、不同量程可以有不同的显示位数。

5.11.3 数据存储功能

手持式多用表可具有数据保持功能,其他多用表应具有数据存储功能。制造厂应说明存储容量。

5.11.4 数据输出功能

除手持式数字多用表外,仪表应具有数据输出功能。通信协议应符合国家标准、行业标准或国际规范。

5.12 接口

除手持式数字多用表外,仪表应具有通信接口,并在接口处标志相应的串行、并行或 GB-IB 等的标识。

5.13 测量范围

在各功能的测量范围内宜分成几个互相衔接的量程。制造厂应规定各量程值的划分及其上下限值,如有超量程,应规定超量程范围。

5.14 不确定度要求

5.14.1 基本不确定度

5.14.1.1 标准规定的参比条件见表 2。

5.14.1.2 基本测量功能的基本量程的基本不确定度极限见表 3。

5.14.1.3 各类多用表的 90 d 和 1 a 的基本不确定度应符合表 3 的规定。

5.14.1.4 扩展的测量功能的基本不确定度的极限由制造厂规定。

5.14.2 仪表非基本量程的绝对不确定度限值可以按下式确定。确定不确定度时的包含因子为 2。

$$u = \pm(a\%R + b\%R_A) \quad \cdots\cdots(3)$$

式中:

R——被测量的读数值;

R_A——所测量程满度值;

a——与读数值有关的系数;

b——与量程有关的系数。

其中：$a \geqslant 4b$

或者可以写成：

$$u = \pm (a\% R + n) \quad \cdots\cdots (4)$$

式中：

$n = b\% R_A$——以字数表示。

5.14.3 不确定度和等级指数的关系

以规定基本测量不确定度的系数 a 和 b 之和作为等级指数。

等级指数从 1—2—5 序列及其十进倍数和小数中选择，必要时可以使用 1.5、2.5 和 3 的非推荐序列。以等级指数的百分数表征仪表的相对不确定度的极限。

表 2 参比条件

影响量	参比值或范围	允许偏差
环境温度	23 ℃	±1 ℃
相对湿度	(45～75)%RH	—
大气压	86 kPa～106 kPa	—
交流供电电压	220 V	±2%
交流供电频率	50 Hz 或 60 Hz	±1%
交流供电波形	正弦波	畸变因素≤2%
直流供电电压	额定值	±1%
直流供电电压的波纹	0	$\Delta V/V_O \leqslant 0.1\%$
外部参比频率的电磁场	0	<0.05 mT
RF 电磁场，30 kHz～1 GHz	0	<1 V/m
射频场感应的传导骚扰 150 kHz～80 MHz	0	<1 V
通风	良好	—
阳光照射	避免直射	—
注：ΔV 为纹波电压的峰值；V_O 为直流供电电压的额定值。		

5.14.4 工作不确定度

5.14.4.1 仪表的标称使用范围限值及其允许的改变量极限见表 4。

5.14.4.2 仪表的工作不确定度与基本不确定度和影响量影响的关系见附录 A。

5.14.4.3 仪表基本量程的工作不确定度极限不应超过 90 d 基本不确定度的 3 倍。

5.14.4.4 工作不确定度的连续工作时间间隔和仪器校准期应在下列数列中选取：90 d；0.5 a；1 a。

表 3 基本不确定度极限

位数	不确定度(%)									
	功能									
	DCV		ACV(40 kHz～20 kHz)		DCI		ACI(40 kHz～5 kHz)		Ω(≤2 MΩ)	
	24 h	90 d/1 a	24 h	90 d/1 a	24 h	90 d/1 a	24 h	90 d/1 a	24 h	90 d/1 a
$3\frac{N}{N+1}$	0.5	0.5	1.0	1.0	1.0	1.0	1.5	2.0	0.5	1.0
$4\frac{N}{N+1}$	0.05	0.1	0.5	0.5	0.1	0.2	1.0	1.0	0.10	0.2

表 3（续）

<table>
<tr><td rowspan="3">位 数</td><td colspan="10">不确定度(%)</td></tr>
<tr><td colspan="10">功 能</td></tr>
<tr><td colspan="2">DCV</td><td colspan="2">ACV(40 kHz～20 kHz)</td><td colspan="2">DCI</td><td colspan="2">ACI(40 kHz～5 kHz)</td><td colspan="2">Ω(≤2 MΩ)</td></tr>
<tr><td></td><td>24 h</td><td>90 d/1 a</td><td>24 h</td><td>90 d/1 a</td><td>24 h</td><td>90 d/1 a</td><td>24 h</td><td>90 d/1 a</td><td>24 h</td><td>90 d/1 a</td></tr>
<tr><td>$5\frac{N}{N+1}$</td><td>0.01</td><td>0.02</td><td>0.2</td><td>0.2</td><td>0.05</td><td>0.1</td><td>0.2</td><td>0.5</td><td>0.02</td><td>0.01</td></tr>
<tr><td>$6\frac{N}{N+1}$</td><td>0.002</td><td>0.005</td><td>0.05</td><td>0.1</td><td>0.02</td><td>0.05</td><td>0.1</td><td>0.3</td><td>0.005</td><td>0.05</td></tr>
<tr><td>$7\frac{N}{N+1}$</td><td>0.000 5</td><td>0.000 5</td><td>0.02</td><td>0.05</td><td>0.005</td><td>0.01</td><td>0.05</td><td>0.1</td><td>0.002</td><td>0.001</td></tr>
<tr><td>$8\frac{N}{N+1}$</td><td>0.000 2</td><td>0.000 4</td><td></td><td></td><td></td><td></td><td></td><td></td><td>0.000 5</td><td>0.000 6</td></tr>
</table>

表 4 标称使用范围限值

<table>
<tr><td colspan="2">影 响 量</td><td>标称使用范围极限
(另有标志者除外)</td><td>允许的改变量极限</td></tr>
<tr><td colspan="2">环境温度</td><td>−5 ℃～45 ℃(7K2-IEC 60721-3-7)
(或标注的其他工作温度范围)</td><td>温度系数应不大于基本不确定度(24 h)极限的 1/10/℃</td></tr>
<tr><td colspan="2">储存和运输温度</td><td>−25 ℃～70 ℃</td><td>—</td></tr>
<tr><td colspan="2">相对湿度</td><td>5%～85%(7K2-IEC 60721-3-7)</td><td>50%(基本不确定度)</td></tr>
<tr><td colspan="2">直流被测量的纹波</td><td>$\Delta V/V_0 \leqslant 5\%$</td><td>100%基本不确定度</td></tr>
<tr><td colspan="2">交流被测量的畸变
(对有效值响应的仪表)</td><td>峰值因数：1～3</td><td>不超过基本不确定度的要求</td></tr>
<tr><td colspan="2">交流被测量的频率响应范围</td><td>基本频率响应：40 kHz～20 kHz，电压，
40 kHz～5 kHz，电流；
扩展的频率范围由制造厂确定</td><td>不超过基本不确定度的要求</td></tr>
<tr><td colspan="2">参比频率的外磁场</td><td>0.4 kA/m</td><td>100%基本不确定度</td></tr>
<tr><td colspan="2">外部恒定磁感应</td><td>1 000 At(安匝)</td><td>100%基本不确定度</td></tr>
<tr><td colspan="2">射频电磁场</td><td>10 V/m，频率范围为 80 MHz～1 GHz</td><td>200%基本不确定度</td></tr>
<tr><td colspan="2">射频场感应的传导骚扰</td><td>3 V，频率范围为 150 kHz～80 MHz</td><td>200%基本不确定度</td></tr>
<tr><td rowspan="5">供电电源</td><td>交流供电电压</td><td>额定值±20%</td><td>不超过基本不确定度的要求</td></tr>
<tr><td>交流供电频率</td><td>额定值±2%</td><td>不超过基本不确定度的要求</td></tr>
<tr><td>交流供电波形</td><td>畸变系数 5%</td><td>不超过基本不确定度的要求</td></tr>
<tr><td>直流供电电压</td><td>额定值±20%</td><td>不超过基本不确定度的要求</td></tr>
<tr><td>直流供电电压的波纹</td><td>$\Delta V/V_0 \leqslant 5\%$</td><td>不超过基本不确定度的要求</td></tr>
</table>

5.15 不同测量功能的技术要求

5.15.1 直流电压测量

5.15.1.1 极性

仪表应能自动测量极性并显示。正极性可以不标识，负极性应标以“—”号。

5.15.1.2 输入电阻

输入电阻值应不小于 10 MΩ,4-1/2 以上的仪表,基本量程及以下量程的输入电阻值应不小于 1 000 MΩ,基本量程以上应不小于 10 MΩ。

必要时还应给出在非工作状态下的最小输入电阻值。

5.15.1.3 零位稳定性

仪表基本量程的零位稳定性应不大于基本不确定度极限的 1/10。

5.15.1.4 零位调节范围

仪表的零位可调节范围应不小于最后一位数字。

5.15.1.5 输入零电流

仪表的输入零电流值应不大于 1 nA。

5.15.1.6 串模干扰抑制能力

仪表的 50 Hz 和 60 Hz 串模抑制比应不小于 60 dB。其计算公式如下:

$$SMMR = 20\lg\frac{U_S}{\Delta U}(\text{dB}) \quad \cdots\cdots(5)$$

式中:

U_S——串模干扰电压的峰值;

ΔU——施加串模干扰电压前后的显示值变化所对应的电压值。

也可以按不同的频率区段给出串模干扰抑制能力。

具有输入滤波器的仪器,须单独给出其滤波器的串模抑制能力。

5.15.1.7 共模干扰抑制能力

当每根导线连接 1 kΩ 电阻时,50 Hz 和 60 Hz 的仪表共模抑制比应不小于 120 dB。其计算公式如下:

$$CMMR = 20\lg\frac{U_C}{\Delta U}(\text{dB}) \quad \cdots\cdots(6)$$

式中:

U_C——共模干扰的直流电压值或交流电压的峰值;

ΔU——施加共模干扰电压前后的显示值变化所对应的电压值。

所允许的最大共模干扰电压(直流或交流峰值)应不大于该量程的允许最大输入电压值。

5.15.2 交流电压测量

5.15.2.1 输入阻抗

仪表的最小输入电阻应不低于 1 MΩ,并联的最大电容值应不大于 150 pF。

5.15.2.2 波峰因数

对于有效值(RMS)响应的仪表,其基本量程的最大波峰因数在 1~3 时应符合其对不确定度的要求,波峰因素高于 3 的,每提高 1 个数字允许附加改变量为基本不确定度的 1/2。

对于平均值响应的仪表应说明对输入波形失真度的要求。

5.15.2.3 响应时间

当读数值达到最终显示值的±0.2%时交流电压测量的响应时间应不大于 0.5 s。

5.15.2.4 测量信号频率范围

在 40 Hz~20 kHz 的频率范围内仪表应满足不确定度的要求。制造厂同时应声明−3 dB 的频带宽度。

5.15.2.5 电压频率积,V·Hz

当对交流电压的测量值(V)与它的频率(Hz)之间有限制时,其允许的电压频率积(V·Hz)数值,对于 20 V 以下的测量范围,应不低于 1×10^7;对于 200 V 及以上的测量范围,应不低于 2×10^7。

5.15.2.6 交流共模抑制能力

当每根导线连接 100 Ω 电阻时,50 Hz 和 60 Hz 或直流的仪表共模抑制比应不小于 120 dB。其计算公式如下：

$$CMMR = 20\ \lg \frac{U_C}{\Delta U}(\mathrm{dB}) \qquad \cdots\cdots(7)$$

式中：

U_C——共模干扰的直流电压值或交流电压的峰值；

ΔU——施加共模干扰电压前后的显示值变化所对应的电压值。

所允许的最大共模干扰电压(直流或交流峰值)应不大于该量程的允许最大输入电压值。

也可以按不同的频率区段给出共模干扰抑制能力。

5.15.3 电阻测量

5.15.3.1 欧姆调零

4-1/2 位以上的仪表应具有欧姆测量调零装置以消除导线电阻和热电势的影响。否则厂家应提供专用测试导线。

5.15.3.2 最大输入电压

仪表的最大输入电压不应小于直流 250 V 或交流 250 V。

5.15.3.3 开路电压

仪表的开路电压应不大于 15 V，必要时应说明各量程的开路电压值。

5.15.3.4 响应时间

电阻测量范围在 20 MΩ 以下的，响应时间应不大于 0.5 s；测量范围在 200 MΩ 以上的响应时间应不大于 5 s。

5.15.4 直流电流测量

5.15.4.1 允许的调零电流范围

允许的最大电流调零范围不小于最后 1 位数字。

5.15.4.2 最大输入电流

自动量程转换的仪表其允许最大输入电流值应不小于最高量程满度值的 115%，并且其不确定度应符合基本不确定度的要求。

5.15.4.3 电流测量的线性范围

电流的线性测量范围应至少从该量程的 1% 到 95%。如有与规定不同的线性范围，制造厂应特别说明。

5.15.4.4 最大电压负荷

各量程的允许最大电压负荷值应不大于 1.5 V。

5.15.5 交流电流测量

5.15.5.1 电流测量的线性范围

电流的线性测量范围应至少从该量程的 2% 到 95%。如有与规定不同的线性范围，制造厂应特别说明。

5.15.5.2 最大电压负荷

各量程允许的最大电压负荷值应不大于 1.5 V。

5.15.5.3 波峰因数

对于有效值(RMS)响应的仪表，其满量程峰值因数应为 1～3；更高峰值因数时可以有附加不确定度，其极限由制造厂规定。

6 试验方法

6.1 通用试验条件

6.1.1 除另有说明外，应在表 2 规定的参比条件下进行试验。

6.1.2 测量功能试验设备的不确定度应小于被试仪表对应功能基本不确定度的1/3以上。

6.1.3 测量功能试验设备短期稳定性应小于被试仪表对应功能基本不确定度的1/5以上。

6.1.4 测量功能检定装置的分辨力应小于被试仪表对应功能基本不确定度的1/5。

6.1.5 所使用的标准仪器与试验设备应符合定期计量检定合格的规定。

6.1.6 仪表带有可更换的插入单元或分机时，其主机与每个插入单元或分机均应作为一个整体进行试验。

6.1.7 仪器在进行性能试验以及介电强度试验时，应保持整机处于完整状态，在不打开机箱的情况下进行。

6.2 安全性试验

6.2.1 介电强度试验按GB 4793.1—2007的6.8的规定进行。

6.2.2 可触及零部件的试验按GB 4793.1—2007的6.2的规定进行。

6.2.3 电气间隙和爬电距离的试验按GB 4793.1—2007的6.7的规定进行目视检验。

6.2.4 防火焰蔓延的试验按GB 4793.1—2007的9的规定进行。

6.2.5 温度极限值的试验按GB 4793.1—2007的10.4的规定进行。

6.2.6 耐热试验GB 4793.1—2007的10.5的规定进行。

6.2.7 超出量程的指示试验，以目测的方法进行。

6.3 机械要求试验

6.3.1 仪表的耐冲击和撞击性能试验按GB 4793.1—2007的8.2的规定进行；手持式仪表按GB 4793.1—2007的8.2.2的规定进行。

6.3.2 仪表的熔断器座的试验按GB 4793.1—2007的14.4的规定进行。

6.3.3 仪表电网电源电压选择装置的试验按GB 4793.1—2007的14.5的规定进行。

6.3.4 仪表印制电路板不燃性要求的试验按GB 4793.1—2007的14.8的规定进行。

6.3.5 仪表外壳防护等级的试验按GB/T 4028—1993的12.4和13.2.1的规定进行。

6.3.6 外壳的外观和封印装置以目测检验的方法进行。

6.3.7 塑料外壳的强度试验按GB 4793.1—2007的8.1，外壳的耐热试验按GB 4793.1—2007的10.5.2的规定进行。

6.3.8 仪表按键和按钮的试验以手动、目测检验的方法进行。

6.3.9 仪表可调整机构的试验以手动、目测的方法进行。

6.4 电磁兼容性试验

所有试验除非另有规定，仪表应在其正常工作位置、盖上表盖，所有预定接地的部分应接地。

6.4.1 静电放电抗扰度试验

应按GB/T 17626.2的规定，并在下列条件下进行：

——作为台式设备试验；

——仪表在工作状态，电源接通额定电压；

——接触放电电压8 kV，放电次数10次(在最敏感的极性)；

——如无外露金属零部件而不能进行接触放电，则以15 kV试验电压进行空气放电。

6.4.2 射频电磁场抗扰度试验

试验应按GB/T 17626.3的规定，并在下列条件下进行：

——作为台式设备试验；

——仪表在工作状态，电源接通额定电压，仪表在基本量程下测试。标准表(或标准电源)应不受射频场影响；

——暴露于电磁场中的电缆长度：1 m；

——频率范围：80 MHz～1 000 Mz；

——在 1 kHz 正弦波上以 80%调幅载波调制；

——电场强度：10 V/m。

6.4.3 快速瞬变脉冲群试验

试验应按 GB/T 17626.4 的规定，并在下列条件下进行：

——作为台式设备试验；

——仪表在工作状态，电源接通额定电压；

——耦合器与被试设备之间的电缆长度≤1 m；

——试验以共模方式(线对地)作用于测量电路，试验电压 2 kV；

——辅助电路，试验电压 1 kV；

——试验时间：每一极性 60 s。

6.4.4 射频场感应的传导骚扰抗扰度试验

试验应按 GB/T 17626.6 的规定，并在下列条件下进行：

——作为台式设备试验；

——仪表在工作状态，电源接通额定电压，仪表在基本量程下测试。标准表(或标准电源)应不受射频场影响；

——频率范围：150 kHz～80 MHz；

——电压水平：3 kV。

6.4.5 浪涌抗扰度试验

试验应按 GB/T 17626.5 的规定，并在下列条件下进行：

——作为台式设备试验；

——仪表在工作状态，电源接通额定电压；

——浪涌发生器与仪表之间的电缆长度：1 m；

——以差模方式(线对线)进行试验，试验电压 1 kV；

——以共模方式(线对地)进行试验，试验电压 2 kV；

——相位角：在对于交流电源零位的 60°和 240°施加脉冲；

——I/O 信号端口试验电压 1 kV；

——发生器电源阻抗：42 Ω；

——试验次数：正负极性各 5 次；

——重复频率：最大 1/min。

6.4.6 无线电干扰抑制试验

试验应按 GB 9254 的规定，并在下列条件下进行：

——作为台式设备试验；

——作为 B 级设备；

——仪表在工作状态，电源接通额定电压；

——与仪表连接的无屏蔽电缆长度：1 m。

6.4.7 电压暂降和短时中断试验

——仪表在工作状态，电源接通额定电压；

——交流电源供电的仪表按 GB/T 17626.11—1999 的规定进行；

——直流电源供电的仪表按 GB/T 17626.29—2006 的供电进行；

——电池供电的仪表不进行此项试验；

——0%U_T，持续时间 50 个周期；

——40%U_T，持续时间 1 min；

——电压变化 40%U_T。

6.5 过负载试验

6.5.1 连续过负载试验

a) 按5.4.1的规定施加过负载，持续时间2 h；

b) 将激励减小至零，并将输入端短路，观察仪表的读数值。并置于工作条件下2 h；

c) 经过程序b)以后，进行基本量程的不确定度试验。

6.5.2 对具有交流电压测量功能的仪表

a) 在交流电压测量功能下按5.4.2的规定施加过负载，持续时间2 h；

b) 重复6.5.1的b)和c)程序。

6.5.3 短时过负载试验

a) 按5.4.3的规定施加短时过负载；

b) 完成程序a)后2 h，观察仪表的零值读数值，并进行基本量程的不确定度试验。

6.6 供电电源试验

6.6.1 电网电源供电的仪表用目测检验的方法检验仪表与GB 4793.1—2007的6.7.2、6.10、6.11的符合性。

6.6.2 电池供电的仪表以目测检验的方法检验与GB 4793.1—2007的11.5、13.2.1和13.2.2的符合性。

6.7 功耗试验

仪表的功耗试验应在参比温度下，供电电源处于额定电压、额定频率，仪表显示器所有显示位数都显示的情况下进行测定。测定仪表功耗的设备的不确定度不大于5%。

6.8 分辨力的检验

在被试仪表的最小量程、最高分辨力(灵敏度)下进行试验，用具有高分辨力的测量装置进行测试。

由信号源供给信号使被检表显示值为某一数值，同时读出测量装置的示值U_1；然后微调使被检表读数在末位变化一个字，再读出测量装置的示值U_2；两次示值之差$D=U_2-U_1$即为被检表的分辨力。

6.9 预热时间和调零预热时间试验

短接测量输入端子，接通仪表的电源电路，同时启动计时装置，观察被试表的显示读数值，记录直至读数稳定不变的时刻，即为调零预热时间。如果读数值不为零，调节调整装置直至为零；

接通被试表电源保持至1 h后开始进行直流电压的基本量程测量，测量时保持直流标准电压源输出不变，在20 min内如果被试表的读数值变化不大于仪表基本不确定度的1/5，则该20 min开始的时刻即为仪表的预热时间完成的时刻。

6.10 稳定性试验

试验在进行不确定度试验的同时进行，检验应在基本量程和最大量程的上限进行。

6.11 可靠性试验

仪表的可靠性试验在批量生产鉴定时进行。按GB 11463规定的方法进行。

6.12 测量功能试验

在进行仪表不确定度试验时同步进行。

6.13 显示功能试验

本试验仅在DC-V功能基本量程下进行。由电压源给出直流电压信号，观察被检表能否做连续变化。如20 000序列，可如下给出电压进行检查：

0.000 1→0.001 0→0.010 0→0.100 0→1.100 0

0.000 2→0.002 0→0.020 0→0.200 0→1.200 0

……

0.000 9→0.009 0→0.090 0→0.900 0→1.900 0

与此同时检查显示的单位符号、正、负极性，小数点等。

6.14 数据存储功能试验

对手持式仪表，测量某个直流电压，然后按下数据保持按键，观察仪表显示值是否为原测量值。

其他多用表，在进行不确定度试验后检查数据存储内容，观察是否符合本标准要求。

6.15 数据输出功能试验

用相应的接口与计算机进行通信试验，证实仪表的数据输出功能。

6.16 接口试验

在进行6.14程序的同时目测检查接口的标识。

6.17 测量范围试验

在进行显示功能试验的同时，检查测量范围。观察自动量程切换、各量程衔接和超出量程的显示等。

6.18 不确定度检验

6.18.1 在参比条件下，对所用标准仪器进行预热、预调等操作，使仪表处于最佳工作状态。被试表如果需要预热或预调零的应按标准要求进行预热和预调零。

交流仪表的试验应在正弦波下进行。

6.18.2 直流电压测量功能的不确定度检验

6.18.2.1 可用直接比较法、直流电压标准源法或直流标准仪器法进行试验，直流标准仪器法作为仲裁的试验方法。

6.18.2.2 使用直接比较法、直流电压标准源法试验时，如果标准直流数字电压表或标准源与被检仪表的量程对不上时，可用标准分压箱来扩展量程。

6.18.2.3 试验至少应在基本量程上进行，其他量程应选择具有代表性的量程或最有可能出现较高不确定度的量程进行试验。并应在最低至最高测量范围的近似等分的5个以上的试验点进行试验。

6.18.2.4 每个试验点应至少进行5次以上测量，建立校准图，以校准图的半宽度作为不确定度。

6.18.3 直流电流测量功能的不确定度试验。

6.18.3.1 可用直流标准电流源法、直接比较法或标准数字电压表法进行试验，直流数字电压表法可作为仲裁的试验方法。

6.18.3.2 试验至少应在基本量程上进行，其他量程应选择具有代表性的量程或最有可能出现较高不确定度的量程进行试验。并应在最低至最高测量范围的近似等分的5个以上的试验点进行试验。

6.18.3.3 每个试验点应至少进行5次以上测量，建立校准图，以校准图的半宽度作为不确定度。

6.18.4 直流电阻测量功能的不确定度试验

6.18.4.1 可用标准电阻器法、电阻校准仪法或标准数字电阻表法进行试验，标准定值器法可作为仲裁试验方法。

6.18.4.2 用标准电阻法进行时为了保持阻值的稳定，标准电阻要放在恒温箱的环境条件中，并在小于额定功率(电压)下使用。

6.18.4.3 用标准电阻器法、电阻校准仪法进行试验时，当被测电阻小于或等于1 000 Ω时(或按仪器说明书规定)，采用四端测量法，并要求由于引线电阻、接触电阻等所带来的不确定度小于被检表基本不确定度的1/5。采用标准数字电阻表法试验时，标准电阻接入标准数字电阻表和被试表时均应采用四端测量法。

6.18.4.4 试验至少应在各量程的满度值进行，其他量程应选择具有代表性的量程或最有可能出现较高不确定度的量程进行试验。并应在最低至最高测量范围的近似等分的5个以上的试验点进行试验。

6.18.4.5 每个试验点应至少进行5次以上测量，建立校准图，以校准图的半宽度作为不确定度。

6.18.5 交流电压测量功能的不确定度试验

6.18.5.1 可用直接比较法、交流标准电压源法或交流标准仪器法进行试验，热电转换的交流标准仪器法可作为仲裁的试验方法。

6.18.5.2 使用直接比较法、电压标准源法试验时，如果标准数字电压表或标准源与被检仪表的量程对不上时，可用感应分压器分压后再接到被检表上进行试验。

6.18.5.3 试验至少应在基本量程上进行，其他量程应选择具有代表性的量程或最有可能出现较高不确定度的量程进行试验。并应在最低至最高测量范围的近似等分的5个以上的试验点进行试验。

6.18.5.4 试验点的选取：在40 Hz～20 kHz范围内，应选取40 Hz、100 Hz、1 kHz频率点，每个电压量程选取不少于3个电压检定点；在40 Hz～20 kHz的其他频率点，选取电压量程的满度点。

6.18.5.5 每个试验点应至少进行5次以上测量，建立校准图，以校准图的半宽度作为不确定度。

6.18.6 交流电流测量功能的不确定度试验

6.18.6.1 可用直接比较法、交流标准电流源法或交流标准仪器法进行试验，热电转换的交流标准仪器法可作为仲裁的试验方法。当被试表的电流量程较大时可用跨导放大器法进行试验。

6.18.6.2 被检电流幅值一般选取每个量程的满度点，被检频率点一般选取：40 Hz、100 Hz、1 kHz、5 kHz，也可根据实际需要增加或减少其他频率。

6.18.6.3 试验至少应在基本量程上进行，其他量程应选择具有代表性的量程或最有可能出现较高不确定度的量程进行试验。并应在最低至最高测量范围的近似等分的5个以上的试验点进行试验。

6.18.6.4 每个试验点应至少进行5次以上测量，建立校准图，以校准图的半宽度作为不确定度。

6.19 影响量试验

6.19.1 温度影响(温度系数)试验

平均温度系数应在整个工作范围内测定，将工作温度范围按20 K宽区间进行划分，然后在该区间中心的+10 K～－10 K范围内测定平均温度系数。对于－5 ℃～45 ℃的7K2工作温度范围，可以在5 ℃、35 ℃的上下10 K进行温度影响试验。试验时，其温度变化不应超出规定的工作温度范围。

试验时仪表应在上述各温度点保温2 h，确保仪表内部达到温度平衡时进行测量。

6.19.2 湿度影响试验

a) 试验在直流电压测量的基本量程的满度值进行；

b) 在参比条件下测定a)的不确定度；

c) 将仪表置于湿度箱中，将湿度调至标称范围的下限，保持2 h；

d) 测定仪表在程序c)下的不确定度；

e) 将湿度调至标称范围的上限，保持2 h；

f) 测定仪表在程序e)下的不确定度；

g) 计算d)和f)测定的不确定度与b)的不确定度之差，即为湿度影响量。

6.19.3 直流被测量的纹波影响试验

a) 采用直流标准源法在基本量程的满度进行检测，获取其不确定度。

b) 叠加5%的45 Hz的纹波电压或电流(对电流表)，缓慢地提高频率到65 Hz，找出被试表读数值变化最大的频率，在此频率下获取被试表的改变量。

c) 在90 Hz～130 Hz的频率范围内重复程序b)。

6.19.4 交流被测量的畸变影响

a) 在被试表的基本量程进行试验，首先在正弦波下试验，记录对应被试表读数值R_1的标准仪器的值；

b) 用矩形波发生器作为信号源，试验中用有效值响应的比较仪作标准，以确保波峰因数的大小对误差的影响量满足要求，用脉冲示波器测量矩形波发生器的信号占空比；

c) 调整矩形波发生器的占空比为1∶1(从脉冲示波器上获取)，此时的峰值因数为1；调整矩形波发生器信号的幅度，使标准仪器的读数与程序a)的相同，记录被试表的读数值R_2；

d) 保持矩形波发生器的幅度不变，改变矩形波的占空比(从脉冲示波器上获取)，使其从1∶1到1∶3，观察被试表读数值的变化，在读数值变化最大的占空比下读取并记录被试表的读数R_3；

e) 计算 R_3,R_2 与 R_1 的差值,取其最大者为畸变产生的改变量;

f) 更高的波峰因数试验,则按下式计算占空比。

波峰因数 K_P 与占空比的关系为:

$$K_P = \sqrt{\frac{T}{t_1} - 1} \quad \cdots\cdots (8)$$

其中:

T——矩形波的周期,$T=t_1+t_2$;

t_1——矩形波的宽度;

t_2——矩形波的空。详见图1。

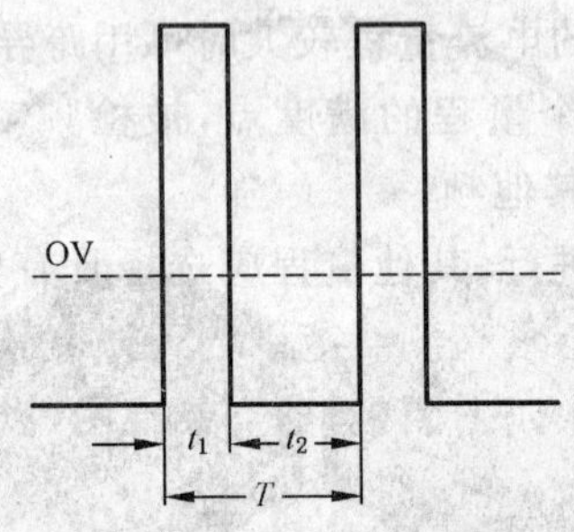

图1 矩形波波形图

6.19.5 交流被测量的频率影响试验

6.19.5.1 测量方法和设备与不确定度试验时相同,可任选一种试验方法。

6.19.5.2 测试首先在基本量程某一电压下进行,如果频率响应趋势已知,可根据变化趋势选频率点,频率点按1、2、5的倍率选取,弯曲部分应多取几个点,力求反映出频率响应的特点。

6.19.5.3 在仪表的输入端加上欲测频率的交流电压,读取并记录被试表的读数值。

6.19.6 参比频率的外磁场试验

可使用中心能放置仪表的环形电流线圈产生 0.4 kA/m 磁感应强度场。环形线圈的平均直经为 1 m,截面为矩形,并且相对直径具有较小的径向宽度。磁场强度为400安匝。

被试表置于线圈的中心,外部 0.4 kA/m 的磁感应强度由施加给仪表电压相同频率的电流产生,逐步地转动仪表在线圈中的位置和改变外磁场的相位,在对被测仪表最不利的相位和方向的条件下进行试验。

6.19.7 外部恒定磁场影响试验

恒定磁场可采用直流电磁铁获得,见附录D。该磁场应作用于按正常使用时仪表的所有可触及表面。其磁势值应为 1 000 At(安匝)。

试验在基本量程的测量范围上限进行,首先读取被试表对应读数值的标准仪表的读数值,并保持该读数值不变。然后以上述直流电磁铁作用于被试表的所有可触及表面,观察被试表读数值的变化,取其变化的最大值为影响量的改变量。

6.19.8 射频电磁场影响试验

在作射频场电磁兼容性试验的同时进行。

6.19.9 射频场感应的传导骚扰试验

在作射频场传导骚扰电磁兼容性试验的同时进行。

6.19.10 交流供电电压影响试验

a) 将仪表的电源线接入可调交流稳压电源的输出端,将稳压电源的电压调整至仪表供电电压的额定值,在仪表的基本量程的满度值处进行试验,读取并记录被试表的读数值 R_1,保持测量值不变;

b) 调整稳压电源的输出电压至被试表供电电压的上限值,读取并记录程序a)的被测量的被试表

上的读数值 R_2；

c) 调整稳压电源输出电压至被试表供电电压的下限值，重复程序 b)，记录被试表的读数值 R_3；

d) 计算 R_3、R_2 与 R_1 的差值，取其大者作为供电电压影响的改变量。

6.19.11 交流供电频率影响试验

a) 将仪表的电源线接入频率可调的交流稳压电源的输出端，将稳压电源的频率调整至频率的额定值，在仪表的基本量程的满度值处进行试验，读取并记录被试表的读数值 R_1，保持测量值不变；

b) 调整稳压电源输出电压的频率至本标准表 4 的上限值，读取并记录程序 a)的被测量在被试表上的读数值 R_2；

c) 调整稳压电源输出电压的频率至本标准表 4 的的下限值，重复程序 b)，记录被试表的读数值 R_3；

d) 计算 R_3、R_2 与 R_1 的差值，取其大者作为供电电源频率影响的改变量。

6.19.12 交流供电波形影响试验

a) 将被试仪表的电源线接入波形可调的交流稳定电源的输出端，将稳定电源的波形调整为正弦波，电压为供电电压的额定值。在仪表的基本量程的满度值处进行试验，读取并记录被试表的读数值 R_1，保持测量值不变。

b) 调整稳定电源的输出电压的波形，使其含有 5%三次谐波，保持电压的频率和额定值不变，读取并记录程序 a)的被测量在被试表上的读数值 R_2。

c) 计算 R_2 与 R_1 的差值，取其大者作为供电电源波形影响的改变量。

6.19.13 直流供电电压影响试验

试验方法同交流供电电压影响试验，供电电源改为可调直流稳压电源。

6.19.14 直流供电电压纹波影响试验

a) 被试表的电源接入直流稳压电源，在被试表的直流电压测量功能的基本量程的满度值处进行试验，读取被试表的指示值 R_1，并保持被测量值不变。

b) 在直流稳压电源的输出上叠加 5%的 45 Hz 的纹波电压，并使其总的输出电压与程序 a)相同，缓慢地提高频率到 65 Hz，找出被试表读数值变化最大的频率，在此频率下获取被试表的改变量。

c) 在 90 Hz～130 Hz 的频率范围内重复程序 b)。

6.20 直流电压测量功能的特殊要求试验

6.20.1 极性试验

在进行基本不确定度试验的同时目测检验其极性改变时的显示符号。

6.20.2 输入电阻试验

a) 将被试表投入工作状态，将标准电压源的测试电压 V 施加到被试表的输入端，读取并记录被试表的读数值 U_1；

b) 将标准电压源的测试电压 V 经过一个数值已知的标准电阻 R 接入被试表的正极性输入端，读取并记录被试表的读数值 U_2；

c) 保持程序 a)的测试电压 V 不变，用一个输入电阻极高的标准直流电压表测量标准电阻 R 两端的电压值 V_R；

d) 用下式计算被试表的输入电阻 R_I：

$$R_I = \frac{U_1 - U_2}{\frac{V_R}{R}} \qquad \cdots\cdots(9)$$

6.20.3 零位稳定性试验

a) 试验在基本量程下进行，将仪表置于参比条件下 2 h，将被试表投入工作状态，使被试表的直流电压输入端短路，读取并记录被试表的读数值 U_1，保持仪表的工作状态不变；

b) 经过 24 h 后再次读取并记录被试表的读数值 U_2；

c) 计算 U_2-U_1 的差值即为仪表的零位稳定性。

6.20.4 零位调节范围试验

以手动目测的方法进行试验。

6.20.5 输入零电流试验

a) 将被试表表投入工作状态，将被试表的两个直流电压输入端接入一个已知的电阻 R，电阻 R 阻值在 $10^5 \sim 10^9$；

b) 用一个输入电阻极高的标准直流电压表测量电阻 R 两端的电压值 V_R；

c) 用下式计算被试表的输入零电流 I_Z：

$$I_Z = \frac{V_R}{R} \qquad \cdots\cdots (10)$$

6.20.6 串模干扰抑制能力试验

测量电路如图 2 所示。图中 T_1 为自耦变压器，T_2 为隔离变压器，U_S 为交流电源，$V\sim$ 为交流电压表，E 为可调直流电源，C 为电容器，电容量为 1 μF。应在最小量程进行测试，被试表处在直流电压功能，先在输入端加一直流电压 E(如干电池等)，E 的电压值接近满度值的 70%左右，并保持不变。然后再叠加交流电压 U_c，逐渐加大，使被试表有一个 ΔU 变化，记下此时所加的交流电压峰值 U_c。串模干扰电压的大小应使被检表读数有明显变化，但不能超过允许电压值。交流干扰源需用音频信号发生器或交流电压源。

按公式(5)计算被试表的串模抑制比 SMMR。

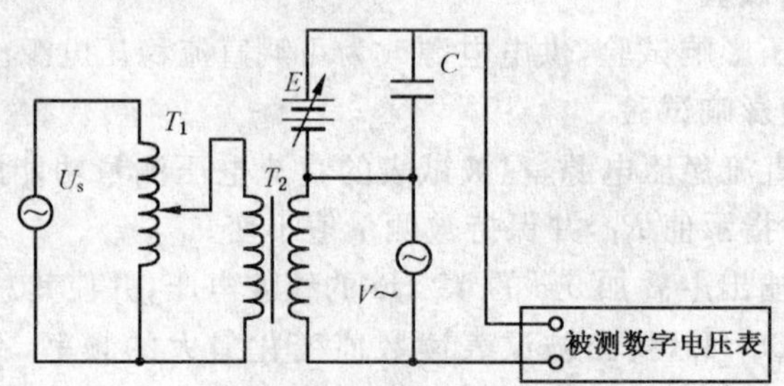

图 2 串模抑制比试验电路图

6.20.7 共模抑制能力的试验

6.20.7.1 直流共模抑制能力的试验

按图 3 的电路进行试验。

输入端加上一个直流电压 E(使被试表显示为满度值的 70%左右，然后加入共模干扰电压 U_c，逐渐加大 U_c，使被检数字多用表指示有一个明显的 ΔU 变化为止。电阻 R 为不平衡电阻，电阻值为 $R=1\ \text{k}\Omega$。记下电压表的读数 U_c。

按公式(6)计算交流共模抑制能力 $CMMR_{DC}$ 公式中 U_c 是直流干扰电压值。

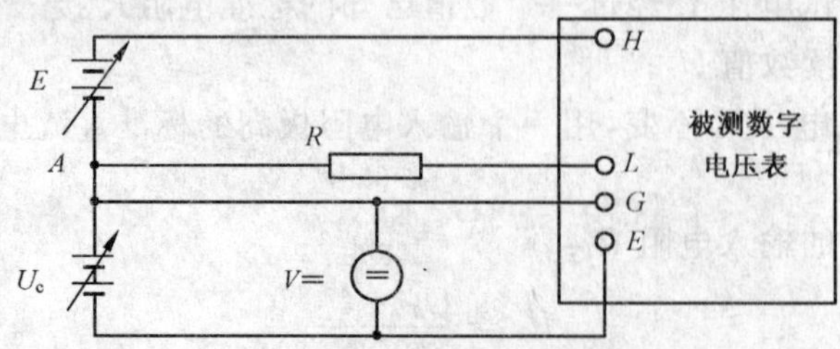

图 3 直流共模抑制能力的试验电路图

6.20.7.2 交流共模抑制能力的试验

按图 4 的电路进行试验。

试验方法同 6.20.7.1。

按公式(6)计算交流共模抑制能力 $CMMR_{AC}$,公式中 U_c 是交流干扰电压的峰值。

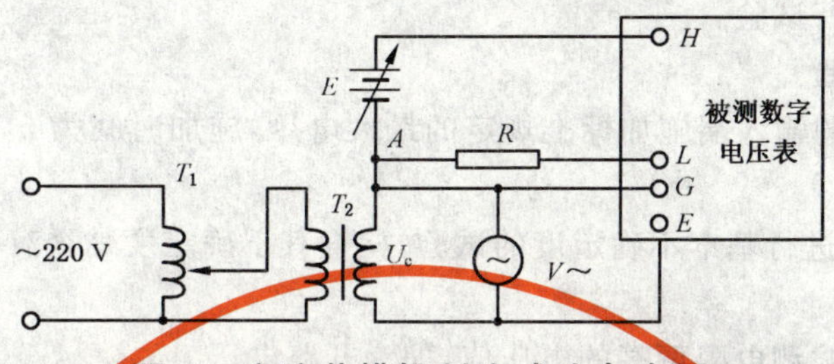

图 4 交流共模抑制比试验电路图

6.21 交流电压测量功能的特殊要求试验

6.21.1 输入阻抗试验

a) 按图 5 的线路测量仪表的输入阻抗,图中,T 为输出。

b) 选取测量频率 10 kHz,调节交流信号源的输出为适当的值。调节电容箱和电阻箱使指零仪表 G 指零。

c) 按公式(11)、(12)计算输入电阻和输入电容值:

$$R_i = \frac{n_1}{n_2}R \qquad (11)$$

$$C_i = \frac{n_1}{n_2}C \qquad (12)$$

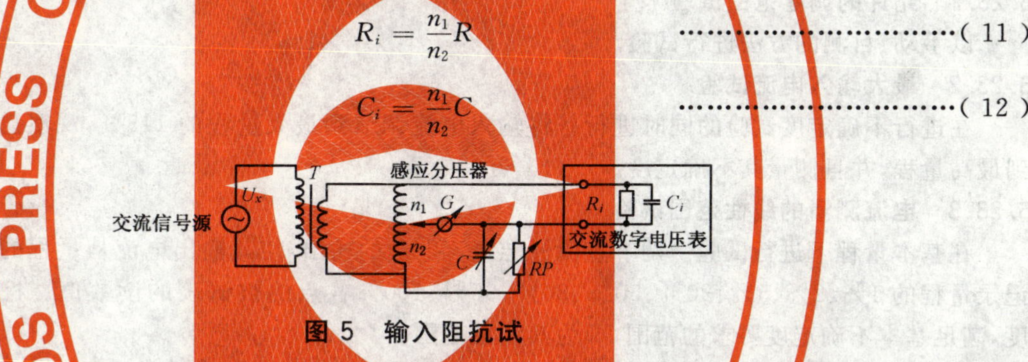

图 5 输入阻抗试

6.21.2 波峰因数试验

波峰因数 1～3 的试验同 6.19.12 交流电压波形影响试验,高于 3 的波峰因数试验方法同 6.19.12。

6.21.3 响应时间试验

a) 试验在基本量程的满度附近进行。缓慢地增加标准电压源的激励,使被试表达到预定的读数值,保持标准电压源的输出值不变的情况下关闭标准电压源的输出。

b) 突然打开标准电压源的输出,并同时开始计时,观察被试表的读数,当读数达到预定读数值的 80%时,记录该时刻的时间 t,即为响应时间。

6.21.4 测量信号的频率范围试验

在交流被测量的频率影响试验的同时进行,试验在基本量程下实施。选择 40 Hz、100 Hz、1 kHz、10 kHz 和 20 kHz 各频率点进行基本不确定度试验,求取其各点的基本不确定度。

6.21.5 电压频率积试验

用频率范围达到 2 MHz 以上的标准表作为试验标准。在 20 V 量程下,从 20 kHz 到 2 MHz 改变信号源的频率,同时观察被试表的读数值变化,以读数值的不确定度达到 10 倍基本不确定度时为止,计算其电压频率积。

在 200 V 量程进行上述同样的试验,计算其电压频率积。

6.21.6 共模抑制能力试验

6.21.6.1 直流共模抑制能力试验的电路和方法同 6.20.7.1。

6.21.6.2 交流共模抑制能力试验的电路和方法同 6.20.7.2,试验的频率分别为 50 Hz 和 60 Hz。

6.22 电阻测量功能的特殊要求试验

6.22.1 欧姆调零试验

以目测手动的方法进行试验。

6.22.2 最大输入电压试验

a) 在直流电阻测量的输入端施加标准规定的最大电压，施加时间为 5 min，观察被试表有无损坏或异常；

b) 撤销激励后 1 h，进行基本不确定度的试验，检查其不确定度是否有变化。

6.22.3 开路电压试验

用高内阻电压表测量被测电阻两端的电压值，即为开路电压。

6.22.4 响应时间试验

a) 试验在基本量程的满度附近进行，测量相应大小的标准电阻值，直至在 5 min 内读数值不再变化时止，记录其最终读数值，断开被测电阻的连接；

b) 再次将程序 a)使用的同一电阻接入测量端，并同时开始启动时间记录装置，记录当读数值达到程序 a)读数值的 80%时的时间记录装置的时间，即为响应时间。

6.23 直流电流测量功能试验

6.23.1 允许的调零范围试验

以手动、目测的方法进行试验。

6.23.2 最大输入电流试验

在进行不确定度试验的同时进行。将输入电流调节到最大量程的 115%，观察量程是否自动切换到最高量程，并且测量其不确定度。

6.23.3 电流测量的线性范围试验

在基本量程下进行试验。调节直流标准电流电源的输出，使其输出电流从量程的 0 开始到 100%，记录量程的 1%、2%、5%、20%、50%、80%、95%、100%各点的被试表的读数值。检查各点的不确定度，满足基本不确定度要求的范围，即为其线性范围。

6.23.4 电压负荷试验

试验在最高量程的满度进行。用高内阻的低电压直流电压表(不确定度优于 1%)测量被试表电流测量端子之间的电压值，测定的最终值即为电压负荷值。

6.24 交流电流测量功能试验

6.24.1 电流测量线性范围试验

在基本量程下进行试验。调节交流标准电流电源的输出，使其输出电流从量程的 0 开始到 100%，记录量程的 1%、2%、5%、20%、50%、80%、95%、100%各点的被试表的读数值。检查各点的不确定度，满足基本不确定度要求的范围，即为其线性范围。

6.24.2 最大电压负荷试验

试验在最高量程的满度进行。用高内阻的低电压的交流电压表(不确定度优于 1%)测量被试表电流测量端子之间的电压值，测定的最终值即为电压负荷值。

6.24.3 波峰因数试验

波峰因数为 1～3 的试验在进行 6.19.12 交流被测量的波形畸变试验完成，更高的波峰因数的试验方法同 6.19.12，但是试验时的占空比应在 1∶4 以上。

6.25 标志试验

6.25.1 仪表外壳上的标志试验

6.25.1.1 设备外标志的耐受清洗性能的试验通过目测检验以及进行下列试验来验证。以手用浸有规定的清洁剂(如无规定，则用酒精)的布不加力擦拭 30 s，观察标志清晰程度的变化以及粘性标志有否翘起或松动。

6.25.1.2　在外观检验的同时，以目测的方法进行。

6.25.2　**仪表技术文件的标志试验**

以目测制造厂提供的技术文件的方法进行试验。

7　检验规则

7.1　检验分类

仪表的检验分为出厂检验、型式检验和周期性检验。

7.1.1　出厂检验

出厂检验是对每台仪表进行的检验。由制造厂质量检验部门进行检验，检验合格后应出具检验合格证明，仪表如具有封印的，检验合格后还应加以封印。

出厂检验项目见附录 C。

7.1.2　型式检验

7.1.2.1　型式检验规定

型式检验是对少量仪表按本标准规定进行所有项目的检验。型式检验通常又分为设计定型鉴定检验和生产定型鉴定检验。

除非在相应条款中另有说明，所有检验应在参比条件下进行。

推荐的型式试验项目及顺序在附录 C 中给出。

下列情况应进行型式检验：

a）　新产品定型鉴定；

b）　当仪表的结构、工艺或主要元器件有重大改变时。

若在型式试验后，对仪表所进行的调整仅影响仪表部分性能时，则只需对因调整而可能影响到的特性进行有限的试验。

7.1.2.2　型式检验合格判据

允许出现 1 次缺陷，但均不允许出现致命缺陷。

7.1.3　周期检验

7.1.3.1　周期检验规定

正常生产时应进行周期检验，并按 GB/T 2829—2002 规定的程序进行。

周期检验每二年进行一次，检验项目及顺序见附录 C。

7.1.3.2　周期检验抽样方案

按 GB/T 2829—2002 的规定，选择判别水平 I、不合格质量水平 RQL＝30 的一次抽样方案。

即：

$$(n,\mathrm{Ac},\mathrm{Re})=[3,0,1]$$

式中：

n——抽样数；

Ac——合格判定数；

Re——不合格判定数。

7.2　不合格分类

不合格分为 A、B、C 三类。A 类不合格权值为 1，B 类不合格权值为 0.5，C 类不合格权值为 0.2。

检验不合格类别的划分见附录 C。

7.3　检验结果的判定

a）　检验中，以样本的 A 类不合格或其他类不合格折算为 A 类不合格，作为不合格判定数。

b）　除另有说明外，对在同一样本的同一检验项目上重复出现的不合格，均以一个不合格计。

c）　根据合格或不合格的样本数，按抽样方案中的合格判定数 Ac 和不合格判定数 Re，确定检验是否合格。

8 标志、包装、贮存

8.1 标志

8.1.1 在正常使用条件下设备外的标志应清晰明显，并且能抗由制造厂规定的清洁剂的清洗效应影响试验，试验后标志应清晰明显，并且粘性标签不应松动或卷角。

8.1.2 制造厂应在仪表的外壳上给出下面的信息：

a) 产品的型号、名称；

b) 制造厂的名称、商标或供货者名称或商标；

c) 执行的标准号；

d) 制造顺序号；

e) 仪表的污染等级、测量类别；

f) 供电电源的性质和电压的额定值；

g) 电源选择开关(如有时)附近，清晰地标注相应的电压值；

h) 量程切换开关对应的量程；

i) 输入、输出和接口的标识(如有时)；

j) 根据 GB 4793.1—2007 要求的与安全有关的标志。

8.1.3 制造厂应在技术文件中标注：

a) 仪表的测量速率。若可调时，还应给出其变化范围；

b) 采用不连续输入进行模-数转换的仪表，给出每次测量转换的采样时间和采样方式，也可以分段给出；

c) 必要时，测量结果的显示时间、保持时间，数据读出时间、读出位数；

d) 必要时，仪表的阶跃响应时间、量程响应时间和极性响应时间等，也可以另外给出输入信号较小突变值的建立时间；

e) 交流测量的响应方式，如有效值响应、平均值响或峰值响应；

f) 交流电压和交流电流测量的允许输入方式，如：交流输入、交流和直流输入；

g) 峰值响应的交流电压测量仪表应给出显示下降速率或保持时间；

h) 数据传输速率；

i) 如果电阻测量与测量原理有关，制造厂应说明仪表的电阻测量的原理；

j) 电阻测量的输入接线方式，如：采用二端法或四端法；

k) 电阻测量的保护的类型和接线法，如：采用有源保护或是无源保护；

l) 当电阻测量取决于外部电容和所使用的保护/屏蔽技术，应给出最高测量电阻时的建立时间。若加滤波器时，须另作说明；

m) 测量结果的输出形式和制式；

n) 输出数据的技术参数和输出端的负载能力以及通讯协议；

o) 仪表采用的接口方式和类型，接口的引脚布线图和指令(编码)表；

p) 接口的通信参数条件及其选择方式和通信命令；

q) GB-IB 接口(如有时)的功能子集、程控数据、器件地址和接口地址选择方式等；

r) 对于高速和超高速仪表的各程控数据的执行时间和测量数据及状态数据的发送时间；

s) 电阻测量的各量程恒流源提供的流过被测电阻的电流值；

t) 其他应说明的事项。

8.1.4 产品说明书应给出产品的详细的操作说明。

8.1.5 包装储运指示标志应符合 GB 191—2008 的规定。

8.2 包装

8.2.1 产品应按相关标准及运输部门有关包装的规定和设计图纸规定的包装方法进行包装。也可按照合同(协议)规定进行包装。

一般要求,包装箱内应有良好的防震性能和防潮性能。并且包装箱体应坚固耐用。

8.2.2 包装时,应保证仪器的完好性和成套性,并且不应有明显机械损伤。

产品包装箱内应放入装箱清单。装箱清单应包括下列内容:

a) 产品名称、型号;

b) 产品技术说明书和使用说明书等有关随机文件名称和数量;

c) 选件、附件、备件及维修工具等名称、型号、规格和数量;

d) 产品合格证书并有装箱人员、检验人员和质检部门的签字盖章。

8.3 贮存

8.3.1 储存产品的仓库应有良好的通风和降湿措施。应无酸、碱、易燃、易爆、有毒等化学物品和没有其他有腐蚀性的气体及产品。

8.3.2 码放产品应垫高地面至少 30 cm 高,距离取暖设备应不少于 2 m。

8.4 随机文件

8.4.1 产品出厂时,应附有使用说明书等必备技术文件,以供用户使用仪器时查阅。

8.4.2 产品出厂时,应填写装箱单。

附 录 A
（规范性附录）
基本不确定度和工作不确定度的关系

工作不确定度应包括基本不确定度和由影响量引起的改变量。

工作不确定度和基本不确定度以及影响量引起的改变量之间的关系如下：

$$U_{\mathrm{OP}} = |U_{\mathrm{I}}| + 1.15 \times \sqrt{\sum_{1}^{n} U_i^2}$$

式中：

U_{OP}——工作不确定度；

U_{I}——基本不确定度；

U_i——各影响量引起的改变量；

n——影响量的数量。

附 录 B
（资料性附录）
从“误差”到“不确定度”的概念和术语的发展以及不确定度极限的规定

本附录B.1《从“误差”到“不确定度”的概念和术语的发展》择自IEC 60359:2001的附录A。B.2《不确定度极限的规定》择自IEC 60359:2001的第6章。

B.1 从“误差”到“不确定度”的概念和术语的发展

测量结果从“误差”的概念向“不确定度”的概念的发展意味着基本计量术语的某些再调整，为避免仍然习惯于传统方法的人们的误解，这是值得讨论的。这个发展是由于在术语“真值”和“误差”方面的传统思路不适当，一个不适当是与现代仪表使用的发展变得越来越突出，现代仪表应用强烈地依靠仪表内信号的自动完善。

在传统思路中被测量是假定用一个带有测量单位的单纯的实数的真值来代表的，但是仪表是不能产生这个真值的，而是指示一个与真值不同的，带有“随机”和“系统”分量的附加“误差”的值。然而，真值是永远不能得到的，由此，“误差”也是不能确定的：最大可能做的是为其估算一个极限，一个“最大误差”，假定实际误差存在最大误差之中，并且据此估算一个区间，期望“真”的值存在于区间中。实际上，这个区间不能通过参考未知的“真值”估算出来，而是通过多个测量的一致性，亦即通过它们的“躺在误差之中”（意味着“最大误差”）估算。此外，由于在“精度”和“准确度”之间产生明显的区别，分别意味着具有小的随机和系统误差，因此没有术语描述一个仪表或一次测量的综合性能。因而，现行的测量世界开始合理地引入“不确定度”的术语，用这个术语说明一个代表性的宽度，这个宽度是保证测量一致性的值的集合。

CIPM（国际度量衡委员会）1980年建议通过将不确定度分成两个分量，以克服传统的“随机”和“系统”误差之间的区别，没有一个统一的规则给出这些区分，随着测量次数增加可以降低不确定度的不确定度分量为A类分量，不能降低的为B类。GUM（Guide to the Expression of Uncertainty in Measurement）与之配套，分析怎样综合几个分量，并且给出一个不依靠真值概念的不确定度的定义。

这个不确定度定义要求重新调整有关仪表校准的几个术语，因为一个被测量能够合理地归于一个值的散布的叙述使得传统的定义被作废，传统定义将一个测量结果作为一个单一的值并且按指示值的附加修正值进行校准。

首先，代表被测量表达的“测量结果”应该和能够归于被测量的值的整个散布的观念一致。因此3.1.2的定义说一个值的集合，作为一个区间看待，用它的分别被认作“值”和“不确定度”的中间元素和其半宽度来表达是适当的。确定集合大小的是不确定度，中间元素正好是一个归宿于该集合的标志，但是并不比其他元素能更好地代表被测量：代表被测量的是整个集合。尽管在传统的思路中误差是一个指定值的正确性、归纳性判定，不确定度是测量结果的基本成分：没有一个测量结果可以不用不确定度表示的（根据前后关系能按惯例指出不确定度）。例如，以149 mA±1 mA方式给出流过一个给定电阻的电流：该被测量用从148 mA到150 mA的整个集合来表示；毫安是测量单位；149 mA是集合的中间元素，它是测量值；±1 mA是集合的半宽度，是测量不确定度。

由于用值的集合来描述被测量，因此从仪表的指示值到这个描述的转化不能视为指示值自身的“对误差的修正”的术语。此外，现代仪表的使用甚至更依靠仪表内信号的复杂的细节，而作为自动控制和调整链的一部分的测量仪表甚至不能在一个标尺上出现可视的指示。

一个能够避免误解而且适合于所有各种仪表的术语，在仪表输出的描述，亦即指示值（见3.1.5）和被测量的描述，亦即包括不确定度（见3.1.2）在内的最终测量结果之间应该有清晰的区分：该指示值允许通过仪表的校准得到测量结果（见3.1.6和6.1）。

通过校准引入的信息在校准图(见 3.1.7 和 6.1)中以读数值和测量值的坐标平面里的一个狭带进行综合的表达。需要一个狭带是因为一方面必须知道无论哪个指示值都必须和什么值和什么不确定度相对应——这不是简单的对读数值修正的问题。该狭带适宜地被它的中间线——校准曲线(见 3.1.8 和 6.1),以及它的半宽度——不确定度所代表。

例子:

a) 一个带有 100 个标尺分度的安培表:80 个分度。该仪表的校准图告诉我们,在额定工作条件下(见 3.3.13),这个读数能够确定该(直接)测量的结果:8.0 A±0.1 A。为方便使用者,这个信息可以由安培表的标尺分度(1 A 10 个分格)和一个规定满标尺(包括读数的不确定度)的不确定度为±1%的准确度等级指数所提供。然而,这种标尺分度对校准曲线(见 6.2)只是一个短划,并不意味着仪表产生一个被最终对误差修正过的安培值。

b) 一个力-电压变送器:50 mV。该变送器的校准图表明,在额定工作条件下,有作为(直接)力测量的结果的值:210 kN±4 kN。这个信息可以由表格内的指示值和与不确定度范围相关的测量值之间的对应关系提供。

c) 一个过热报警装置:"on"(亦即点亮灯)。装置的校准图表明,在额定工作条件下,当灯点亮时温度高于 90 ℃±5 ℃。这个信息可以由装置的说明书注明。注明的是:在这种测量中,被测量不是温度自身,而是温度高于(on)和低于(off)阈值的区分,不确定度的区间适用于该阈值。

校准曲线画出仪表指示和被测量(见 3.1.9)的指示值之间的关系,在正确完成直接测量的情况下,被测量就是测量值,或在间接测量(包括由重复观察的测量,见 3.2.9)的情况下是计算测量结果的一个元素,在任何情况下,计算也需要由校准图获得的与指示值相关联的不确定度。

在传统的方法中在"校准"名目下处理的困难情形是引入"标度"或"调整"的术语,意味着当涉及在指示值和标准器的(约定真)值之间建立关系的操作时(见 VIM 4.29),进行确定仪表标度线的位置的操作(见 VIM 6.11)。这被视作同意以被测量的测量单位(或其倍数)标志标度线。这个术语对于经典的仪表是十分自然的,这种仪表是一个指针被机械驱动越过黄铜上雕刻的标度尺,它不适合于更精密的仪表,适用于所有情况的是一个更通用的术语。

一个正确测量的结果的不确定度应该保证和同一个被测量的所有的其他正确测量一致,该一致性是由代表结果的数字集合的重叠(见 3.1.10)。不确定度的标准由适用于 GUM 的合成不确定度标准得出,合成不确定度是两个结果之差的不确定度:这种术语中两个测量结果当它们用数字区间表示时,被认为是彼此一致的,诸如$|V_1-V_2|\leqslant U_{12}=\sqrt{(U_1^2+U_2^2-2rU_1U_2)}$,其中 U_{12} 是两个测量之差的不确定度,r 是两个测量的相关系数。如果两个测量是完全不相关的,那么 $r=0$,并且对于一致性两个区间必须部分交叠;如果它们完全正相关,那么 $r=+1$,$U_{12}=U_1-U_2$,并且一致性要求完全交叠;如果它们是逆相关,$r=-1$,那么 $U_{12}=U_1+U_2$,并且对于一致性,两个区间的交叠可以被简化为 1 个元素。一致性的评估因此被密切地与几个测量之间的相关性的评判联系在一起,这个评判可能不容易,并且将要求在校准数据方面更关注其统计的细节。对于本标准的目的,我们认为测量要在工作条件合成影响的两个相反的极端实施,是 $r=-1$ 的逆相关(见 6.1)。

例子:

一个电容器的电容量的以下测量被认为是相互完全一致的:

a) 322.5±0.2 pF,b) 322.6±0.2 pF,c) 322.58±0.02 pF,d) 323.0±0.5 pF。另一个不相关的结果,e) 322.52±0.02 pF,和 c)是不一致的,但是仍然和另一个一致。如果这些测量是正确的,意味着在 c)和 e)测量之间电容已经变化了;相应于±0.02 pF 的不确定度的两次测量是变化的,当不确定度为≥±0.2 pF,各次测量的电容量被认为是不变的。

观念上一个明显的推理是不确定度是测量结果的基本部分,亦即如果一个值不和它的不确定度结合,这个值是没有意义的,工作条件应该用范围来规定,而不是一个单一的值。不能使用这样的叙述,例如,仪表应该在 25 ℃下工作,而是宁可说,温度影响量的参比范围是 24 ℃到 26 ℃(或者 25 ℃±1 ℃),

这意味着温度 T 必须规定成 24 ℃≤$T-U<T+U$≤26 ℃才是满意的。很显然,温度测量必须带有不确定度 $U\ll 1$ ℃,此外,该条件(25 ℃)只有在偶尔才是满足的。

在概念和术语从“误差”到“不确定度”的发展的同时,电测量仪表也在范围上经历了发展。已经出版的早期的电测量指示仪表标准中,逐渐形成了“基本误差”和改变量的概念。然后在电子测量仪表的标准方面也跟随着。主要的问题来自处理改变量,一方面不能仅在参比条件下使用仪表,在参比条件下定义了“基本(最大)误差”;而在另一方面,无法对几个改变量的组合形成一个经济的标准(也是由于术语和概念上的模糊,以模糊的术语和概念,无论它们是作为“系统误差”分量或者作为计算“最大工作误差”的计算学装置都不能清除改变量)。由于电工和电子测量仪表方面的差别开始缩小,IEC 60359(1987)对两种仪表提出了一个标准,试图克服这个困难,将改变量作为等概率分布的不相关的独立误差源来处理。虽然这个方法允许有一个简易的数学程序计算“最大误差”,但是它缺乏物理基础,当然,大部分影响量既不是无关联的也不是等概率的。此外,问题仍然是处理“误差”这个术语。现在,电工和电子测量仪表之间的差距已完全消失,不确定度的思想已经流行,现在正是全面地解决现代术语问题的时候。

B.2 不确定度极限的规定

B.2.1 所有关于仪表不确定度的信息,亦即通过已校准仪表的直接测量的不确定度,在概念上是通过校准图传递的,校准图也就是由指示的 R 轴(以输出作为单位)和代表仪表对不同值的被测量的响应的值 M 轴(以测量为单位)定义的坐标平面的部分(图 B.1)。校准图不需要以图形表示,在大多数情况下,表格或代数关系更方便,但是通过图的形式提供综合观察,更适合于一般讨论。

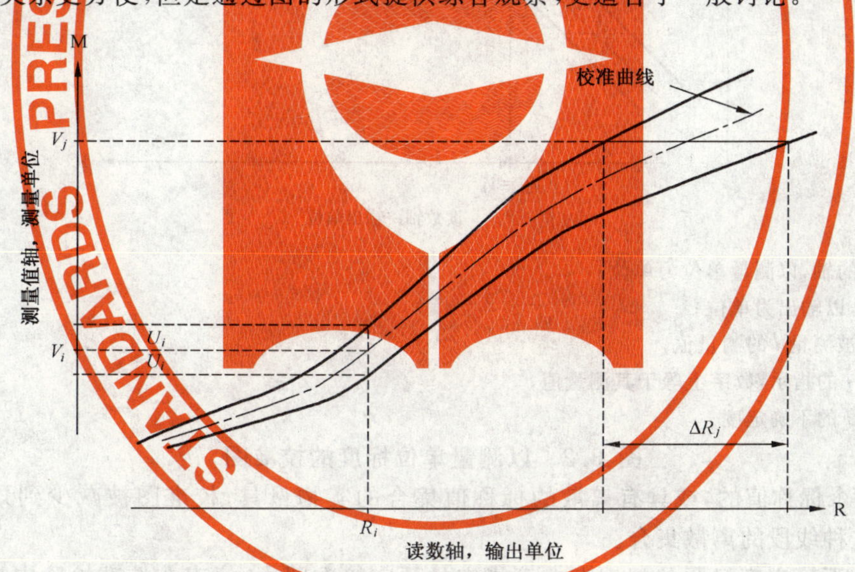

M——测量值的轴,以测量的单位制为单位;
V_j——已知被测量 j 的值;
R_i——已知被测量 i 的指示;
U_i——已知被测量的不确定度;
R——指示值轴,以输出值为单位;
ΔR_j——已知被测量 j 的指示范围;
V_i——赋予被测量 i 的测量值。

图 B.1 校准图

原则上,校准图由确定代表读数值的范围 ΔR_j 的线段来构建,这样,人们在规定的置信水平上,通过在规定工作条件的整个范围内对已知具有比仪表小得多的不确定度的测量值 V_j 的被测量实施一系列测量能够获得,亦即(具有比仪表小得多的不确定度的测量值 V_j 的值)被用作“约定(真)值”。在校准

图上穿过读数值 R_i 平行于 M 轴截取线段 $(V \pm U)_i$，R_i 是在生成测量结果的特定测量中获得的，由于它和，也仅仅和所有的其他结果相一致，所以通过测量同一被测量可以获得其他的结果。由于系列测量是在一致性极限上根据定义在工作条件的综合效应的相反的极端实施的测量，这里以相关系数 $r=-1$ 评定得到的一致性。

校准曲线是校准图上平行于 M 轴截取的线段中点的连线。仪表的绝对不确定度由平行于 M 轴的校准图截取的线段的半长给出（图 B.1）。测量范围是规定校准曲线的测量轴的线段。

现场使用的绝大多数仪表的是这样安排输出显示的，选择合适的输出单位，使代表指示值的数字和代表测量值的一致。这个方法，校准曲线是一个带有单位斜度的直线，并且为了方便使用者，标尺被直接按测量单位标度（见图 B.2）。这个形式的简化不改变指示（读数值）和归结为测量结果的测量值之间的概念上的不同：校准图仍然用于决定不确定度。

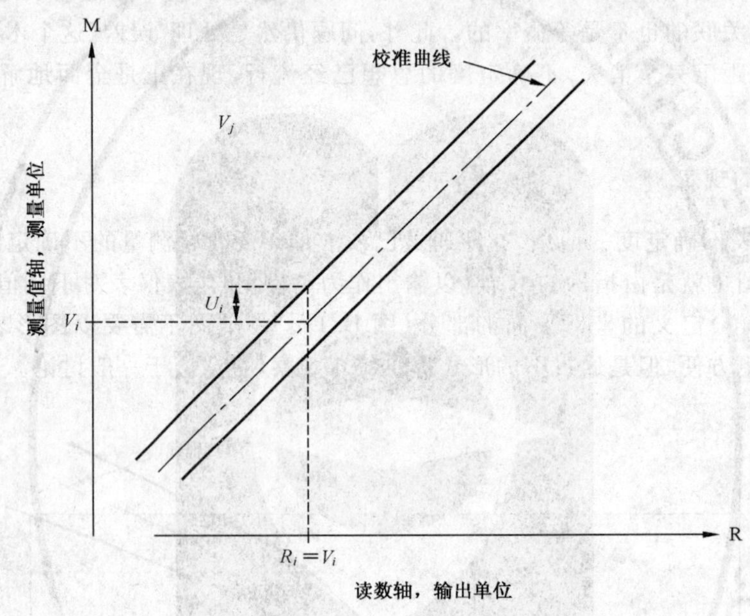

M——测量值的轴，以测量单位为单位；

R——指示轴，以输出为单位；

V_i——归结到被测量 i 的测量值；

$R_i=V_i$——被测量 i 的指示，数字上等于其测量值；

U_i——被测量 i 的不确定度。

图 B.2　以测量单位标度的校准图

对于只有一个标称值的，或具有离散的标称值集合的实物量具，校准图被减少到只有一个平行于 M 轴的线段或这种线段的离散集合。

B.2.2　原则上，不确定度极限的规定存在于指定的预定校准图中，仪表在校准检验中被预期符合校准图。实际上，这不是估计一个特定测量的不确定度，甚至也不是估计特定仪表的仪表不确定度，而是对这样一种仪表的不确定度设定一个极限，它是规定一个通用校准图的宽度，足以包含满足该规定的仪表的实际校准图，以至于依据这个极限指定的不确定不高于实际的（但是是未知的）不确定度。

对所有设备，在参比条件下给出基本校准图，它决定基本不确定度。

当每个工作条件不同于其参比条件时，可预期改变校准图的宽度和/或在 M-R 平面里移动。改变量描述当一个影响量假定其值超出参比范围时的校准曲线的移动，但是没有述及新的校准图的宽度，在任何情况下它取决于该影响量围绕其额定值的工作范围。

B.2.3　如果有一个相关设备的 IEC 产品标准写入了"最大误差极限"的条款，那么应该根据该标准对任何给定的工作条件的集合规定不确定度的极限。在不确定度条款中起草规范时，对确定"最大误差"的方法给予应有的关注，该不确定度由依据该标准设置的误差极限构建的校准图得到。

附 录 C
（规范性附录）
检验项目和不合格分类

表 C.1

序号	试验项目	标准要求	试验方法	不合格类别	出厂检验	周期性试验	型式检验
1	外观、封印装置检查	5.2.2	6.3.6	C	✓	✓	✓
2	安全性试验	5.1.1					
2.1	介电强度试验	5.1.1	6.2.1	A	✓	✓	✓
2.2	可触及零部件试验	5.1.1	6.2.2	A		✓	✓
2.3	电气间隙和爬电距离	5.1.1	6.2.3	A		✓	✓
2.4	防火焰蔓延试验	5.1.1	6.2.4	A			✓
2.5	温度极限值试验	5.1.1	6.2.5	A		✓	✓
2.6	耐热试验	5.1.1	6.2.6	A			✓
2.7	超出量程的指示试验	5.1.2	6.2.7	B	✓	✓	✓
3	机械要求试验	5.2					
3.1	耐冲击和撞击试验	5.2.1	6.3.1	B			✓
3.2	熔断器座试验	5.2.1	6.3.2	A	✓	✓	✓
3.3	电网电源选择装置	5.2.1	6.3.3	A	✓		✓
3.4	电路板不燃性要求的试验		6.3.4	A			✓
3.5	外壳防护等级试验	5.2.2	6.3.5	B			✓
3.6	塑料外壳强度、耐热性试验	5.2.2	6.3.7	B	a		✓
3.7	按键、按钮试验	5.2.2	6.3.8	B	✓	✓	✓
3.8	调整结构试验	5.2.3	6.3.9	B	✓	✓	✓
4	电磁兼容性试验	5.3					
4.1	静电放电试验	5.3.1	6.4.1	B			✓
4.2	射频电磁场试验	5.3.1	6.4.2	B			✓
4.3	快速瞬变脉冲群试验	5.3.1	6.4.3	B		✓	✓
4.4	射频场感应传导试验	5.3.1	6.4.4	B			✓
4.5	浪涌试验	5.3.1	6.4.5	B			✓
4.6	无线电干扰抑制	5.3.2	6.4.6	B			✓
4.7	电压暂降和短时中断试验	5.3.1	6.4.7	B		✓	✓
5	过负载能力	5.4					
5.1	连续过负载试验	5.4.1	6.5.1	B		✓	✓
5.2	短时过负载试验	5.4.3	6.5.3	B		✓	✓
6	供电电源要求试验	5.5	6.6	B			✓

表 C.1（续）

序号	试 验 项 目	标准要求	试验方法	不合格类别	出厂检验	周期性试验	型式检验
7	功率消耗试验	5.6	6.7	B		✓	✓
8	分辨力试验	5.7	6.8	B	✓	✓	✓
9	预热时间和调零预热时间	5.8	6.9	B	✓	✓	✓
10	稳定性试验	5.9	6.10	B	✓	✓	✓
11	可靠性试验	5.10	6.11	A*			✓
12	测量功能试验	5.11.1	6.12	B	✓	✓	✓
13	显示功能试验	5.11.2	6.13	B	✓	✓	✓
14	数据存储功能试验	5.11.3	6.14	B	✓	✓	✓
15	数据输出功能试验	5.11.4	6.15	B	✓	✓	✓
16	接口功能试验	5.12	6.16	B	✓	✓	✓
17	测量范围试验	5.13	6.17	B	✓	✓	✓
18	不确定度试验	5.14	6.18.1～6.18.6	B	✓	✓	✓
19	影响量试验	5.14.4.1		B			
19.1	温度影响量试验	5.14.4.1	6.19.1	B		✓	✓
19.2	湿度影响量试验	5.14.4.1	6.19.2	B	—		✓
19.3	直流被测量纹波影响试验	5.14.4.1	6.19.3	B			✓
19.4	交流被测量畸变影响试验	5.14.4.1	6.19.4	B			✓
19.5	交流被测量频率影响试验	5.14.4.1	6.19.5	B			✓
19.6	外磁场影响试验	5.14.4.1	6.19.6	B		✓	✓
19.7	恒定外磁场影响试验	5.14.4.1	6.19.7	B		✓	✓
19.8	射频电磁场影响试验	5.14.4.1	6.19.8	B			✓
19.9	射频场感应传导影响试验	5.14.4.1	6.19.9	B			✓
19.10	交流供电电压影响试验	5.14.4.1	6.19.10	B		✓	✓
19.11	交流供电频率影响试验	5.14.4.1	6.19.11	B		✓	✓
19.12	交流供电波形影响试验	5.14.4.1	6.19.12	B			✓
19.13	直流供电电压影响试验	5.14.4.1	6.19.13	B		✓	✓
19.14	直流供电电压纹波影响试验	5.14.4.1	6.19.14	B			✓
20	直流电压测量功能试验	5.15.1					
20.1	极性检验	5.15.1.1	6.20.1	B	✓	✓	✓
20.2	输入电阻试验	5.15.1.2	6.20.2	B	—	✓	✓
20.3	零位稳定性试验	5.15.1.3	6.20.3	B	✓	✓	✓
20.4	零位调节范围试验	5.15.1.4	6.20.4	B	✓	✓	✓
20.5	输入零电流	5.15.1.5	6.20.5	B		✓	✓

表 C.1（续）

序号	试验项目	标准要求	试验方法	不合格类别	出厂检验	周期性试验	型式检验
20.6	串模干扰抑制能力试验	5.15.1.6	6.20.6	B		√	√
20.7	共模干扰抑制能力试验	5.15.1.7	6.20.7	B		√	√
21	交流电压测量功能试验	5.15.2					
21.1	输入阻抗试验	5.15.2.1	6.21.1	B		√	√
21.2	波峰因数试验	5.15.2.2	6.21.2	B		√	√
21.3	响应时间试验	5.15.2.3	6.21.3	B		√	√
21.4	测量信号频率范围试验	5.15.2.4	6.21.4	B		√	√
21.5	电压频率积试验	5.15.2.5	6.21.5	B		√	√
21.6	共模抑制能力试验	5.15.2.6	6.21.6	B		√	√
22	电阻测量功能试验	5.15.3					√
22.1	欧姆调零试验	5.15.3.1	6.22.1	B	√	√	
22.2	最大输入电压试验	5.15.3.2	6.22.2	B	√	√	√
22.3	开路电压试验	5.15.3.3	6.22.3	B	√	√	√
22.4	响应时间试验	5.15.3.4	6.22.4	B		√	√
23	直流电流测量功能试验	5.15.4					√
23.1	允许的调零电流范围试验	5.15.4.1	6.23.1	B	√	√	
23.2	最大输入电流试验	5.15.4.2	6.23.2	B	√	√	√
23.3	电流测量线性范围试验	5.15.4.3	6.23.3	B	√	√	√
23.4	电压负荷试验	5.15.4.4	6.23.4	B		√	√
24	交流电流测量功能试验	5.15.5					√
24.1	电流测量的线性范围试验	5.15.5.1	6.24.1	B	√	√	
24.2	电压负荷试验	5.15.5.2	6.24.2	B	√	√	√
24.3	波峰因数试验	5.15.5.3	6.24.3	B		√	√
25	标志试验	8.1					
25.1	仪表外壳标志耐清洗试验	8.1.1	6.25.1.1	B		√	√
25.2	仪表外壳标志标识检验	8.1.2	6.25.1.2	B	√	√	√
25.3	仪表技术文件标志试验	8.1.3	6.25.2	C	√	√	√

A＊——可靠性试验只在批量生产鉴定试验时进行，正常生产后允许5年进行一次。

附　录　D

（规范性附录）

外磁场影响试验电磁铁

比例：1∶1（尺寸单位：mm）

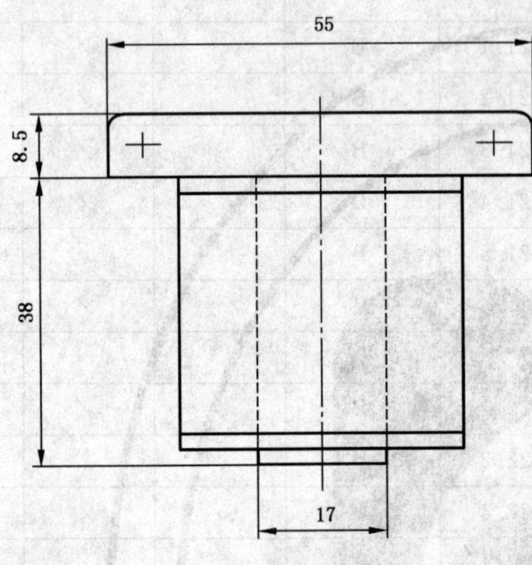

—22

—22

被试仪表

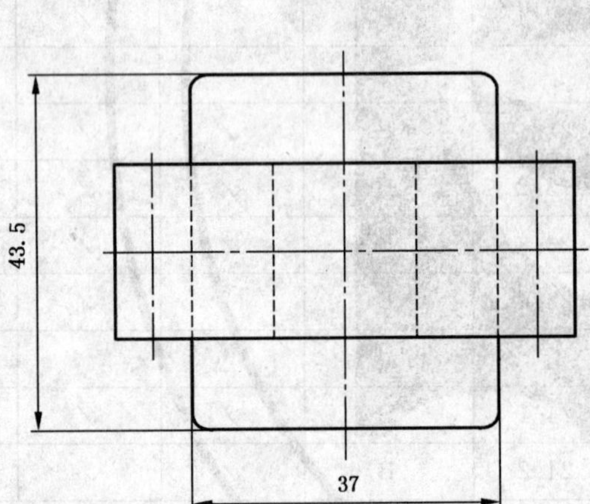

绕组参数举例：500 匝 Φ 0.6 mm²/0.28 mm²

或：1 000 匝 Φ 0.4 mm²/0.126 mm²

铁芯比总损耗：1.0 W/kg

图 D.1　外磁场影响试验

ICS 71.040.10
N 60

中华人民共和国国家标准

GB/T 13979—2008
代替 GB/T 13979—1992

质谱检漏仪

Mass spectrometer leak detector

2008-07-28 发布 2009-02-01 实施

中华人民共和国国家质量监督检验检疫总局
中国国家标准化管理委员会 发布

前 言

本标准代替 GB/T 13979—1992《氦质谱检漏仪》。

与 GB/T 13979—1992 相比较，本标准的主要变化如下：

——标准名称“氦质谱检漏仪”更改为“质谱检漏仪”；

——增加了前言；

——修改了“正常工作条件”中的“大气压力”；

——细分了绝缘电阻指标；

——提高了绝缘强度指标；

——补充了用分子泵的质谱检漏仪达到最佳工作压力的时间。

本标准由中国机械工业联合会提出。

本标准由全国工业过程测量和控制标准化技术委员会分析仪器分技术委员会（SAC/TC 124）归口。

本标准起草单位：成都仪器厂、北京中科科仪技术发展有限责任公司、中国航天科技集团公司第五研究院总装与环境工程部、北京分析仪器研究所。

本标准主要起草人：鞠世春、余永惠、李智、闫荣鑫、张函迅。

本标准所代替标准的历次版本发布情况为：

——GB/T 13979—1992。

质谱检漏仪

1 范围

本标准规定了质谱检漏仪(以下简称检漏仪)的要求、试验方法、检验规则、标志、包装、运输、贮存、质量保证等。

本标准适用于以质谱分析法作为检测手段的检漏仪。

2 规范性引用文件

下列文件中的条款通过本标准的引用而成为本标准的条款。凡是注日期的引用文件,其随后所有的修改单(不包括勘误的内容)或修订版均不适用于本标准,然而,鼓励根据本标准达成协议的各方研究是否可使用这些文件的最新版本。凡是不注日期的引用文件,其最新版本适用于本标准。

GB/T 191—2008 包装储运图示标志(ISO 780:1997,MOD)

GB/T 2829—2002 周期检验计数抽样程序及表(适用于对过程稳定性的检验)

GB 4793.1—2007 测量、控制和实验室用电气设备的安全要求 第1部分:通用要求(IEC 61010-1:2001,IDT)

GB/T 11606—2007 分析仪器环境试验方法

GB/T 15464—1995 仪器仪表包装通用技术条件

3 要求

3.1 正常工作条件

检漏仪工作条件应满足:

a) 温度:5 ℃~35 ℃;

b) 相对湿度:≤80%;

c) 供电电源:电压(380±38)V 或(220±22)V;频率(50±0.5)Hz;

d) 大气压力:86 kPa~106 kPa;

e) 附近无强电磁场,无剧烈震动,无腐蚀性气体。

3.2 外观

检漏仪的外观应满足:

a) 表面涂覆层应色泽均匀平整,无明显损伤、尖角、斑痕、脱落、起泡、龟裂和锈蚀;

b) 检漏仪上的开关、旋钮和调节机构应安装牢固、操作灵活。

3.3 安全要求

检漏仪应满足安全要求如下:

a) 绝缘电阻

在正常工作条件下,检漏仪的绝缘电阻应大于 20 MΩ。

b) 绝缘强度

在正常工作条件下,检漏仪应能承受 1 500 V 交流有效值连续 1 min 的电压试验,不应出现飞弧和击穿现象。

c) 泄漏电流

在正常工作条件下,检漏仪的泄漏电流应不大于 3.5 mA。

3.4 检漏仪的错、缺相保护功能

使用三相电源的检漏仪应当有错、缺相保护功能。

3.5 检漏仪漏率显示系统误差

检漏仪漏率显示系统的误差应不超过±5%。

3.6 检漏仪漏率音响报警功能

检漏仪应有被检工件漏率音响报警功能。

3.7 检漏仪测试口压力测量和控制电路

带有粗抽泵的检漏仪，在检漏口应当有压力指示仪表，压力指示仪表误差应符合制造厂标准，并应具有在制造厂规定的压力范围内从粗抽自动(或手动)切换到检漏的功能。

3.8 检漏仪质谱室灯丝保护电路

检漏仪中和质谱室相连的高真空抽气系统应当有压力指示仪表和质谱室灯丝保护电路，其参数范围应符合制造厂的规定。

3.9 达到检漏仪最佳工作压力的时间

3.9.1 使用油扩散泵的检漏仪，其高真空系统开机后压力达到制造厂规定的最佳工作压力的时间：

a) 加液氮的检漏仪应不大于 0.5 h；

b) 不加液氮的检漏仪应不大于 2 h。

3.9.2 使用分子泵的检漏仪，其高真空系统开机后压力达到制造厂规定的最佳工作压力的时间应不大于 10 min。

3.10 检漏仪的最小可检漏率

用常规检漏方式的检漏仪在全抽速条件下，检漏仪的最小可检漏率应不大于 2×10^{-11} Pa·m^3·s^{-1}(对空气)；用逆扩散检漏方式的检漏仪，检漏仪的最小可检漏率应不大于 2×10^{-10} Pa·m^3·s^{-1}(对空气)。

3.11 电源电压变化对检漏仪最小可检漏率的影响

当电源电压由额定值变化±10%时，检漏仪的最小可检漏率仍应达到 3.10 的要求。

3.12 检漏仪的时间常数

检漏仪的清除时间或响应时间应不大于 3 s。

3.13 检漏仪的自身漏隙

检漏仪的高真空系统，不应有用自身喷氦就可以检出的漏隙存在。

3.14 检漏仪的成套性

按制造厂规定。

3.15 检漏仪运输、运输贮存条件

检漏仪在运输包装状态下，按 GB/T 11606—2007 2.4 试验项目中的交变湿热试验、低温贮存试验，高温贮存试验和跌落试验的项目进行试验。其中高温 55 ℃；低温 −40 ℃；交变湿热：相对湿度 95%、温度 40 ℃；倾斜跌落高度 250 mm。试验完成后，将检漏仪置于正常工作条件下进行检验，应能正常工作。

4 试验方法

4.1 试验条件

本试验方法应在 3.1 所规定条件下进行。

4.2 外观

用目视和手感检查。

4.3 安全试验

4.3.1 绝缘电阻

设备：500 V 的绝缘电阻表。

仪器的电源插头不接入电网，电源开关置于接通位置，用绝缘电阻表在电源插头相、中联线与地线之间施加 500 V 直流试验电压，稳定 5 s 后测绝缘电阻。

4.3.2 绝缘强度

设备：耐电压测试仪；耐电压测试仪产生的试验电压应为正弦波形，其失真系数不大于 5%，频率为 50 Hz±2.5 Hz。

仪器的电源插头不接入电网，电源开关置于接通位置，将耐电压测试仪的击穿电流置于 5 mA 档，在电源插头相、中联线与地线之间施加试验电压，试验电压应在 5 s～10 s 内逐渐上升到 1 500 V，并保持 1 min，然后在 5 s～10 s 内平稳下降到零。

4.3.3 泄漏电流

设备：泄漏电流测量仪。

仪器置于绝缘工作台上，其电源插头与泄漏电流测量仪相联，泄漏电流测量仪接入电网并通电，仪器电源开关置于接通位置，将电压调至额定值的 1.1 倍测量，记录电流值；变换电源极性，重复测量，记录电流值，取最大值。

4.4 检漏仪的错、缺相保护功能

使三相电源发生错相及缺相，检查检漏仪保护电路的功能。

4.5 检漏仪漏率显示系统误差

在放大器的校准点输入适当的电压，检验在同一量程内及不同量程间输出指示值误差。

误差按公式(1)计算：

$$误差 = (显示值 - 校准值) / 校准值 \times 100\% \quad \cdots\cdots(1)$$

4.6 漏率音响报警功能

调节报警点设置装置，由一端到另一端，用校准电压改变显示系统输出电压，检查漏率音响报警电路的功能和报警点的设定范围。

4.7 检漏仪测试口压力测量和控制电路

在检漏仪测试口接经检定的压力计，校对检漏仪中的压力计，其参数范围应符合在制造厂规定的压力范围内从粗抽自动(或手动)切换到检漏的功能。例如，设定切换点为 10 Pa，测试口粗抽至 10 Pa 时，检漏阀应自动打开。

4.8 检漏仪质谱室灯丝保护功能

调节检漏仪的节流阀或抽速阀(或在测试口安装针阀)，以改变质谱室内的压力，检查灯丝保护电路的功能。

4.9 达到最佳工作压力的时间试验

试验前检漏仪已抽到最佳工作压力，然后停机 8 h 以上，但未超过 24 h，系统保持在低压状态。

检漏仪开机后，记下时间，按正常操作程序运行，测高真空系统压力达到制造厂规定值的时间。

4.10 最小可检漏率

将校准漏孔装在检漏仪的测试口，并将检漏仪经调压器接入电源，用适当的电压表监视电源接入质谱室供电的一相，把电源电压调至 220 V。当检漏仪质谱室已处于制造厂规定的最佳工作压力时，调好零位，调到氦峰，在显示系统的输出端接上记录装置。

a) 测信号：

打开校准漏孔阀，3 min 后读取此时信号值 U_s'，关闭漏孔阀，1 min 后读取本底值 U_0'，则由该漏孔产生的信号值 U_s 为：$U_s=U_s'-U_0$。

注：选择校准漏孔，使 U_s 值不小于最小可检信号的 50 倍。

b) 测噪声：

关闭漏孔阀 3 min 后，用记录装置记录整机噪声曲线 20 min，然后依时间等分为 20 段，做出其近似直线。测定该曲线上相对于近似直线的最大绝对偏差，把 20 个最大偏差的平均值乘以

2，称之为噪声 U'_n。

注：在测量过程中，偶尔出现一次大的脉冲可以略去不计。

c) 测漂移：

在上述噪声曲线的近似直线上，测定某 1 min 输出漂移有最大斜率的漂移值为 U''_n，如果该最大斜率小于最灵敏档满刻度的 2%，则以 20 min 内的总漂移除以 20 作为漂移值 U''_n。

d) 最小可检漏率按公式(2)计算：

$$Q_{min}=\frac{U_n}{U_s}\times Q_o \quad \cdots\cdots (2)$$

式中：

Q_{min}——最小可检漏率，单位为帕立方米每秒(Pa·m³·s⁻¹)；

Q_o——为校准漏孔的漏率(注意温度系数的修正)，单位为帕立方米每秒(Pa·m³·s⁻¹)；

U_s——校准漏孔所产生的信号，单位为毫伏(mV)；

U_n——关漏孔阀时检漏仪的噪声和漂移绝对值之和，单位为毫伏(mV)。$U_n=|U'_n|+|U''_n|$，如 U_n 值小于检漏仪最灵敏档满刻度值的 2%，则以最灵敏档满刻度值的 2% 为 U_n 值，代入上式计算。

4.11 电源电压变化对检漏仪最小可检漏率的影响

改变电源电压为额定值的±10%，重复 4.10 的测量，获得的两个值和 4.10 所得的值，取三值中最大的一个作为检漏仪的最小可检漏率。

4.12 检漏仪的时间常数试验

检漏仪调整到正常运行状态，在检漏仪测试口装上校准漏孔，当漏孔输出的氦在显示系统上建立信号后。

a) 算出 37% 的信号值，突然关闭检漏阀(或漏孔阀)，用秒表测出信号降到原值 37% 时所需的时间为清除时间；

b) 算出 63% 的信号值，关闭漏孔阀，待指示稳定后，突然打开漏孔阀，用秒表测出信号上升到原值 63% 时所需的时间为响应时间。

4.13 检漏仪自身漏隙

检漏仪调整到处于正常运行状态，用喷氦法对检漏仪自身的高真空系统进行检漏。

4.14 成套性

目视检查。

4.15 运输、运输贮存

检漏仪在包装状态下，按 GB/T 11606—2007 中第 8 章、第 15 章、第 16 章、第 17 章的方法进行。

5 检验规则

5.1 每台检漏仪须经制造厂的检验部门检验合格并签发产品质量合格证才能出厂。

5.2 检验分类

检漏仪的检验分出厂检验和型式检验。

5.2.1 出厂检验

检漏仪应逐台做出厂检验，检验项目按本标准第 3.2～3.11、3.13、3.14 进行。

5.2.2 型式检验

5.2.2.1 产品在下列情况之一时，应按 3.2～3.15 要求进行型式检验。

a) 新检漏仪和老检漏仪转厂生产试制定型鉴定；

b) 正式生产后，如结构、材料、工艺有较大改变，可能影响检漏仪性能时；

c) 正常生产时，定期或积累一定产量后，应周期进行一次检验；

d) 产品长期停产后，恢复生产时；

e) 出厂检验结果与上次型式检验有较大差异时；

f) 国家质量监督机构提出进行型式检验要求时。

5.2.2.2 型式检验的样品应从出厂检验合格的批中随机抽取。

5.2.2.3 型式检验应按 GB/T 2829—2002 的规定进行，采用一次抽样方案。检漏仪的检验项目、不合格分类、不合格质量水平(RQL)、判别水平(DL)按表 1 规定进行。批质量以每百单位检漏仪不合格数表示。

表 1

序号	不合格分类	检验项目及章条			不合格质量水平(RQL)	判别水平(DL)	抽样方案	
		项目	要求章条	试验方法章条			样品量(*n*)	判定数组(Ac,Re)
1	A	安全要求	3.3	4.3	30	Ⅰ	3	(0,1)
2	B	检漏仪的错、缺相保护功能	3.4	4.4	65			(1,2)
3		检漏仪漏率显示系统误差	3.5	4.5				
4		检漏仪漏率音响报警功能	3.6	4.6				
5		检漏仪测试口压力测量和控制电路	3.7	4.7				
6		检漏仪质谱室灯丝保护功能	3.8	4.8				
7		达到最佳工作压力的时间	3.9	4.9				
8		检漏仪的最小可检漏率	3.10	4.10				
9		电源电压变化对检漏仪最小可检漏率的影响	3.11	4.11				
10		检漏仪的时间常数	3.12	4.12				
11		检漏仪的自身漏隙	3.13	4.13				
12		运输、运输贮存	3.15	4.15				
13	C	检漏仪外观	3.2	4.2	100			(2,3)
14		检漏仪成套性	3.14	4.14				

5.2.2.4 若型式检验不合格，应分析原因找出问题并落实措施，重新进行型式检验。若再次型式检验不合格，则应停产整顿，检漏仪停止出厂，待问题解决，型式检验合格后方可恢复出厂检验。

5.2.2.5 若型式检验合格，经出厂检验合格的批，作为合格品可以出厂或入库。若入库超过 12 个月再出厂，则应重新进行出厂检验。

6 标志、包装、运输、贮存

6.1 标志

6.1.1 检漏仪标志

检漏仪应有如下标志：

a) 制造厂名称；

b) 检漏仪型号；

c) 检漏仪名称；

d) 商标；

e) 制造日期、检漏仪编号；

f) GB 4793.1—2007 中 5.1.3“电源”规定的标志。

6.1.2 包装标志

检漏仪包装箱上应有如下标志：

a) 制造厂名称及地址；

b) 检漏仪型号；

c) 检漏仪名称；

d) 商标；

e) 检漏仪质量，单位为 kg；体积：长×宽×高，单位为 mm×mm×mm；

f) 包装储运图示标志"易碎物品"、"向上"、"怕雨"等应符合 GB/T 191—2008 规定；

g) 发货、收货单位名称及地址。

6.2 包装

6.2.1 检漏仪包装

检漏仪包装应符合 GB/T 15464—1995 中防潮、防震包装规定。

6.2.2 随机文件

包括：

a) 装箱单；

b) 使用说明书；

c) 合格证；

d) 附备件清单。

6.3 运输

检漏仪在包装完整的情况下，可用一般交通工具运输。运输过程中应按印刷的运输标志的要求进行运输作业，防止雨淋、翻倒、曝晒及剧烈冲击。

6.4 贮存

检漏仪在运输包装状态下，应贮存在环境温度为 0 ℃～40 ℃、相对湿度不应大于 85%，且空气中不应含有腐蚀性气体的室内。

7 质量保证

在用户遵守保管和使用规则的条件下，检漏仪自发货之日起 12 个月内，因制造质量不良而不能正常工作时，制造厂商应无偿为用户修理或更换零部件（不包括易损易耗件的调换）。

ICS 17.040.30
F 86

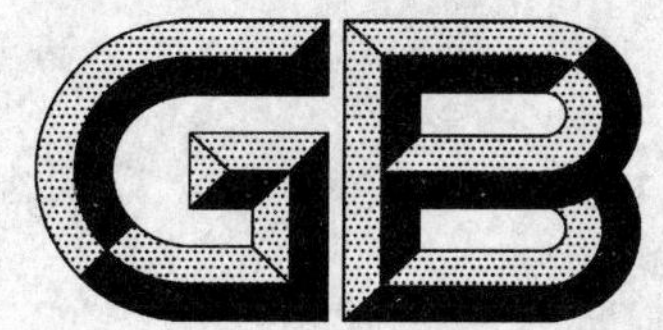

中华人民共和国国家标准

GB/T 13980—2008
代替 GB/T 13980—1992

电离辐射密度计

Density gauges utilizing ionizing radiation

(IEC 60692:1999,Nuclear instrumentation—Density gauges utilizing ionizing radiation—Definitions and test methods,NEQ)

2008-07-02 发布　　2009-04-01 实施

中华人民共和国国家质量监督检验检疫总局
中国国家标准化管理委员会　发布

前　言

本标准对应于 IEC 60692:1999《利用电离辐射的密度仪　定义和试验方法》,与 IEC 60692:1999 一致性程度为非等效。

本标准代替 GB/T 13980—1992《电离辐射密度计》。

本标准与 GB/T 13980—1992 相比主要差异如下:

——规范性引用文件,引用合适标准的最新版本;

——术语和定义,按 IEC 60692:1999 的"定义"编写,并与 GB/T 7352 保持一致;

——技术要求:

- 调整技术要求项目的顺序,按外观、基本性能等要求顺序排列,并将正常工作的大气环境条件和供电电源条件与它们对密度计性能的影响分开表述(第 5 章);
- 调整和补充部分技术要求的指标(第 5 章);
- 正常工作的大气环境条件和供电电源条件按 IEC 60692:1999 的附录 A 分别划分为Ⅰ、Ⅱ、Ⅲ三个组别和 1,2,3 三个级别(5.1.2);
- 增加交流供电电源频率变化、电磁环境条件、抗振动、冲击和包装运输等环境适用性要求;
- 安全要求(包括电气安全和辐射安全)及其试验方法按 GB/T 19661—2005 编写,并给出具体参数(5.7);
- 增加诊断特性和可靠性要求(5.8,5.9);

——试验方法:

- 补充部分试验方法,例如电磁环境试验、放射源试验等,使之与技术要求一一对应;
- 改写部分试验方法,大多按 IEC 60692:1999 的"试验方法"编写,但气候环境试验和机械环境按 GB/T 8993—1998 编写,而电磁环境按 GB/T 11684—2003 编写;

——检验规则,补充检验分类,细化检验项目一览表(第 7 章);

——增加随行文件的内容(第 8 章);

——增加附录 A(资料性附录),将本标准未采用的 IEC 60692:1999 的试验方法列入附录 A。

本标准的附录 A 是资料性附录。

本标准由中国核工业集团公司提出。

本标准由全国核仪器仪表标准化技术委员会(SAC/TC 30)归口。

本标准起草单位:深圳市计量质量检测研究院、上海工业自动化仪表研究所、核工业标准化研究所。

本标准主要起草人:周迎春、李佳嘉、熊正隆、李名兆、蔡闻智、许晓蔚。

本标准所代替标准的历次版本发布情况为:

——GB/T 13980—1992。

电离辐射密度计

1 范围

本标准规定了电离辐射密度计的产品分类,技术要求,试验方法,检验规则以及标志、包装、运输、贮存和随行文件。

本标准适用于利用电离辐射测量物质平均密度的电离辐射密度计(以下简称密度计)。

2 规范性引用文件

下列文件中的条款通过本标准的引用而成为本标准的条款。凡是注日期的引用文件,其随后所有的修改单(不包括勘误的内容)或修订版均不适用于本标准,然而,鼓励根据本标准达成协议的各方研究是否可使用这些文件的最新版本。凡是不注日期的引用文件,其最新版本适用于本标准。

GB/T 2423.23—1995 电工电子产品环境试验 试验Q:密封

GB/T 3836.1 爆炸性环境用电气设备 第1部分:通用要求(GB/T 3836.1—2000,eqv IEC 60079-0:1998)

GB/T 3836.2 爆炸性气体环境用电气设备 第2部分:隔爆型“d”(GB/T 3836.2—2000,eqv IEC 60079-1:1990)

GB/T 3836.4 爆炸性气体环境用电气设备 第4部分:本质安全型“i”(GB/T 3836.4—2000,eqv IEC 60079-11:1999)

GB/T 4075—2003 密封放射源 一般要求和分级(ISO 2919:1999,MOD)

GB/T 4208—1993 外壳防护等级(IP代码)(eqv IEC 529:1989)

GB/T 8993—1998 核仪器环境条件与试验方法

GB/T 10257—2001 核仪器和核辐射探测器质量检验规则

GB/T 11684—2003 核仪器电磁环境条件与试验方法

GB 11806 放射性物质安全运输规程(GB 11806—2004,IAEA No. TS-R-1:1996/2003,IDT)

GB/T 15849 密封放射源的泄漏检验方法(GB/T 15849—1995,eqv ISO 9978:1992)

GB/T 17626(所有部分) 电磁兼容 试验和测量技术(idt IEC 61000-4)

GB/T 18271.3—2000 过程测量和控制装置 通用性能评定方法和程序 第3部分:影响量影响的试验(idt IEC 61298-3:1998)

GB/T 18871—2002 电离辐射防护与辐射源安全基本标准

GB/T 19661.1—2005 核仪器及系统安全要求 第1部分:通用要求

GB/T 19661.2—2005 核仪器及系统安全要求 第2部分:辐射防护要求(IEC 60405:2003,Nuclear instrumentation—Constructional requirments and classification of radiometric gauges,MOD)

EJ/T 1059 核仪器产品包装通用技术要求

3 术语和定义

下列术语和定义适用于本标准。

3.1 与设备有关的术语和定义

3.1.1

密度计 density gauge

带有电离辐射源,并设计成可以利用电离辐射衰减或反散射的变化,测量均匀物质或多种物质混合物的平均密度的测量装置。

注：密度计可能包括测量并校正不良影响量的补偿传感器。

3.1.2

透射式密度计　transmission density gauge

利用穿透被测材料的电离辐射进行测量的密度计。

3.1.3

反散射式密度计　back-scatter density gauge

利用被测材料反散射的电离辐射进行测量的密度计。

3.1.4

质量流测量系统　mass flow measurement system

为测量悬浮固体的瞬时质量流量或总量，与流量测量装置相组合的密度计。

3.1.5

测量头　measuring head

由一个或多个辐射源和辐射探测器以及能用来测量和校正不良影响量影响的任何补偿传感器或装置一起组成的子部件。

注：辐射源可是密封放射源，或是能发出固定或可变能量 X 射线的辐射发生器。测量头可以由分立的源组件和探测器组件等组成，还可包括信号处理的电子设备。

3.1.6

电测量部件　electronic measuring sub-assembly

处理单元　processing unit

通过组合的电气和电子器件，用于处理测量头产生的电气量并为测量目的提供具有适宜值的电气量的部件。

注：电测量子部件通常称为主机。

3.1.7

透射式密度计的测量间距　measuring gap for transmission density gauge

置于被测材料两侧的源部件与探测部件相对面之间的最短距离(见图 1 的 a)。

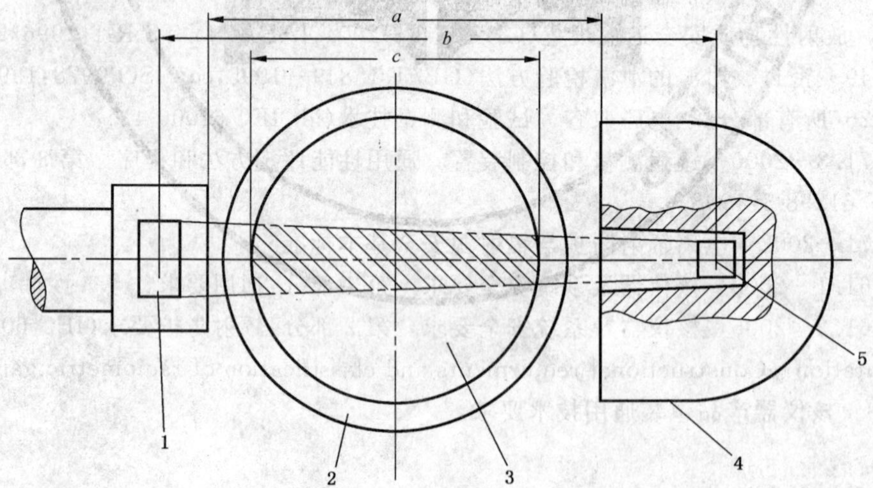

1——探测器；
2——管道；
3——被测物质(材料)；
4——屏蔽；
5——辐射源。

图 1　典型密度测量结构的例子

3.1.8

反散射式密度计的测量间距　measuring gap for backscattering density gauge

从探测部件(或源部件)最靠近被测物质的面到被测物质最远表面(或基体物质表面)的最短距离。

注:术语“测量间距”有时用来描述其内完成测量的空间和自由体积。这个空间可能比上面描述的距离小。

3.1.9

总测量路径　total measuring path

放射源与探测器的实际中心之间的距离(见图1的 b)。

3.1.10

有效测量路径　effective measuring path

被测辐照材料的长度(见图1的 c)。该长度可以是被辐照管子或容器的内径。

3.2　与时间响应有关的术语和定义

3.2.1

平均建立时间(模拟信号)　mean setting time (analogue signals)

从被测量发生规定的阶跃变化时起,到输出信号达到并保持在最终平均值 $\pm 2\sigma$ 的统计噪声带内所需的最短时间。

3.2.2

恢复时间　recovery time

当测量状态从测量间距内没有被测物质的状态阶跃到测量范围内一个指定值时起,到输出信号达到并保持在最终平均值 $\pm 2\sigma$ 的统计噪声带内所需的时间。

3.2.3

平均响应时间　mean response time

τ

从被测量发生阶跃变化时起,到输出信号第一次达到其最终平均值的规定百分数时止(适当考虑给出的信号统计特性)的平均时间。通常,阶跃变化的63.2%作为定义一倍时间常数的规定百分数。任何瞬时过冲量的大小宜予以指明。

3.2.4

采样时间(数字信号)　sampling time (digital signals)

完成输入量信息收集并转换为单一数值过程的整个时间间隔。

3.2.5

采样率　sampling rate

被测量在单位时间内被采样的次数。

3.2.6

总积分时间　overall integration time

以指定方式完成被测量数字化并取平均(例如,线性平均或指数平均)所用的时间间隔(通常以采样时间表示)。这些数字值可表示被测量按时间的平均值。

3.2.7

平均建立时间(数字)　mean setting time (digital)

从被测量发生规定的阶跃变化时起,到输出信号达到并保持在最终平均值 $\pm 2\sigma$ 的统计噪声带内所需的最短时间。该数字平均建立时间宜表示为采样时间的倍数。

3.3　与测量和控制功能有关的定义

3.3.1

准确度(静态)　accuracy (static)

在参考条件下进行静态测量时,指示值与约定真值相符合的程度。

注:通常测量的是不精确度,并用它来表示精确度。

3.3.2

准确度(动态) accuracy (dynamic)

在正常工作环境条件下进行测量时,指示值与约定真值相符合的程度。

注:见准确度(静态)。

3.3.3

重复性 repeatability

在相同的工作条件下,由同一操作员在短时间内连续多次对同一样品值的输入进行测量,其结果的一致性程度。

注:通常测量的是非重复性,并用它来表示重复性。

3.3.4

再现性 reproducibility

复现性 reproducibility

在相同的工作条件下,可由不同的操作员在长时间内多次对相同的输入值进行测量,其结果的一致性程度。再现性也适用于在相同工作条件下,对相同的输入值进行校准时,用不同测量仪器测量输出,其结果的一致性程度。

注:通常测量的是非再现性,并用它来表示再现性。

3.3.5

外部噪声敏感度 external noise susceptibility

由于电磁或高能辐射源的外部噪声源的干扰所引起的示值误差。

注:外部噪声敏感度通常表示为主测量单位或实际测量值对规定的噪声源或能量和场强的百分数。

3.3.6

分辨力 resolution

能够观察或者检测的被测量的最小变化。应考虑信号的统计特性和采样技术的影响。宜校正信号过滤和数据测量时间对采样数据的影响。

3.3.7

额定范围 rated range

制造商对设备指定的测量、观察、提供或设置的量的范围。

3.3.8

有效范围 effective range

额定范围的一部分,在该范围内仪器能在指定的误差极限内完成测量。

注:为较充分表示仪器特性,有效范围可进一步细分。

3.3.9

量程 span

有效范围的上、下限值的代数差,或被测变量的上、下范围值的代数差。

3.3.10

影响量 influence quantity

通常是设备外部的可以影响其性能的任何量。

注:当一个性能特性变化影响到另一个性能特性时,将它称为影响特性。

3.3.11

参考条件 reference conditions

为进行比对和校准试验而规定的、带有容差或限定范围的一组影响量和影响特性(必需时)的值。

3.3.12

额定使用范围 rated range of use

仪器满足有关工作误差要求的影响量数值的范围。

3.3.13

校准曲线　calibration curve

作为被测变量函数的系统输出信号的解析式、图形或列表的表示。

3.3.14

标准化　standardization

在某些可能产生误差的条件(例如源衰变、污垢和电子漂移等)下进行测量时,系统可使测量输出规范化的自动、半自动或手动功能。

注1:标准化的例子包括空干管子、给管子充水、内置衰减器或关闭闸门等。

注2:标准化的目标是定期调整测量过程以最大限度降低源衰变、杂质堆积、电子漂移等的影响。检查样品的手动插入和随过程参数变化的变化被认为是重新校准,而不是标准化。

3.3.15

误差极限　limit of error

设备在试验方法规定的条件下工作时,制造商对一个被测量所指定的误差最大值。

注:误差极限宜对源活度、平均响应时间、测量间距和被测材料密度的指定参考范围予以给定。

在壁厚度不保持恒定的情况下,可提供合适的措施以校正壁厚度中由于材料的腐蚀、侵蚀和堆积的影响。

3.3.16

材料堆积误差　material build-up error

由于杂质或过程固体堆积在辐射束路径中容器壁或管壁上所引起的示值误差。

注:材料堆积误差通常表示为主测量单位(能体现被测目标量物理特征的单位)或实际测量值对指定堆积水平的百分数。

3.3.17

基本误差　intrinsic error

固有误差　intrinsic error

在参考条件下测定的误差。

3.3.18

线性度　linearity

测量系统的实际校准曲线接近规定直线的吻合程度,如图2规定。

注:通常,测量的非线性度表示为绝对线性度或相对线性度;例如,平均曲线与直线之间的标准偏差或最大偏差。

在对准每个方向中两个或多个满量程偏差点后确定该平均曲线。除非另行规定,线性度值关系到输出。

3.3.19

不稳定性　instabilities

在参考条件下且所有影响量保持恒定,被测量在有效测量范围内保持不变,仪器在规定时段输出信号的变化。

3.3.20

综合辐射测量不稳定性　overall radiometric instability

由所有内在影响引起的输出信号变化,但电离辐射统计涨落和源活度衰变引起的漂移除外 。如果没有其他规定,漂移可以用一个相对于初始输出信号的输出信号最大变化的时间函数来表示。综合辐射测量不稳定性包括长期漂移和短期漂移。

3.3.21

辐射噪声　radiometric noise

统计涨落　statistical fluctuation

辐射不稳定性　radiometric instability

源辐射发射及被探测的随机特性单独引起的输出信号变化。当探测器处于辐照状态时,其值规定为输出信号(不包含所有的漂移)平均值的$\pm 2\sigma$。

注1:辐射噪声的定义不包含电噪声,但测量它时,却不能析出电噪声。

注2:当探测器处于最强辐照状态时的辐射噪声为全辐射噪声。

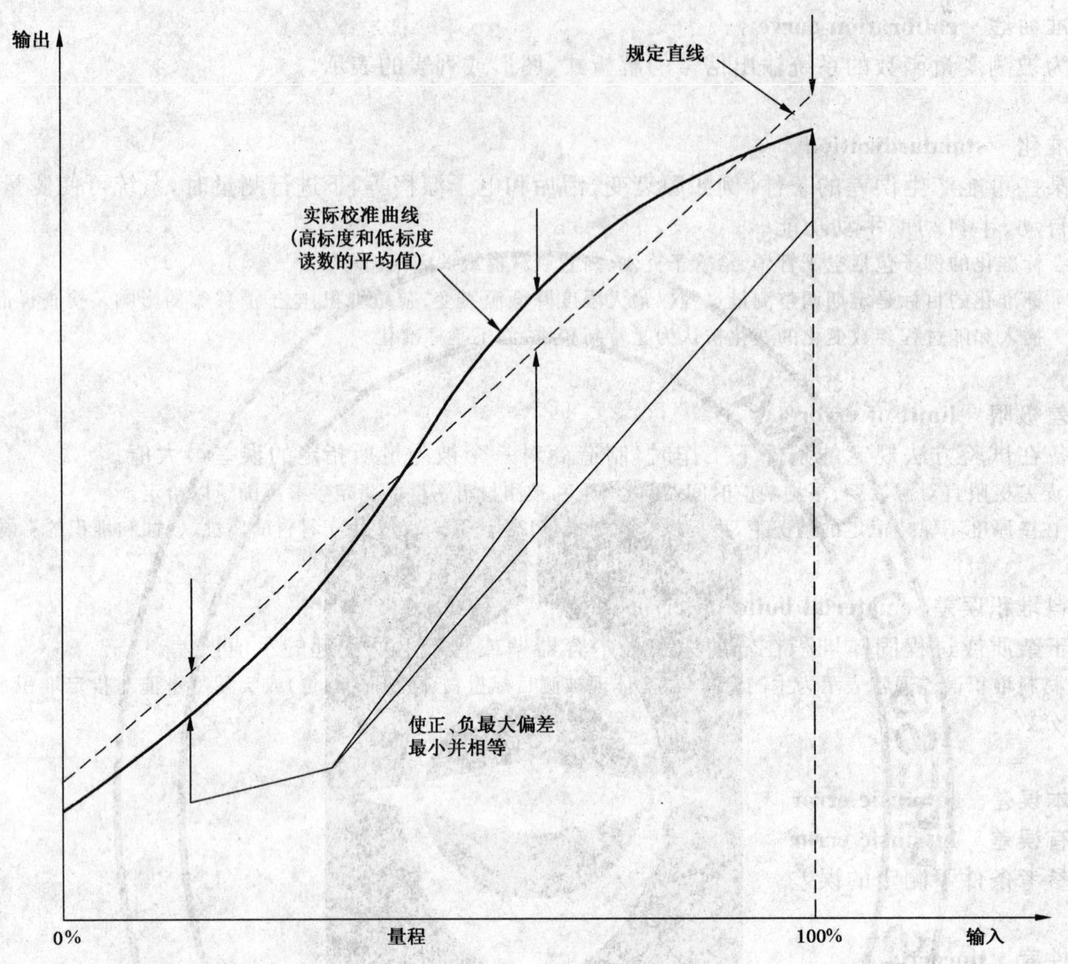

图 2 线性度曲线

3.3.22

电不稳定性 electrical instability

在参考条件下,当所有影响量保持恒定且辐射探测器不受照射时输出信号的变化。

注:电不稳定性包含电噪声和长期电不稳定性,其中电噪声是输出信号变化的相对标准偏差,而长期电不稳定性是输出信号平均值的变化。

3.3.23

短期漂移 short-term drift

在短于一天的时段内发生的漂移。

注:短期漂移不包括由外因(例如容器壁或管壁的腐蚀或磨损以及材料在管壁或容器壁上的堆积)所引起的漂移。

3.3.24

长期漂移 long-term drift

在一天直至一年的时段内观察到的漂移,它不包括诸如腐蚀、容器和管道的磨损以及在管道和容器壁上物质粘附等外界因素引起的漂移。

3.3.25

放射源衰变引起的漂移 drift due to radioactive decay instability

放射源衰变不稳定性 source decay instability

源活度衰变以及任何相关补偿电路和算法引起的误差。

4 产品分类

4.1 按所采用辐射方式分：

——透射式密度计；

——反散射式密度计。

4.2 按测量头安装方式分：

——固定式密度计；

——便携式密度计；

——潜入式密度计。

5 技术要求

5.1 通用要求

5.1.1 指示值变化的修正方法

密度计在实际使用中，由于容器或管道等壁的腐蚀、磨损和内壁结垢以及容器中压力和温度变化等因素引起的指示值变化的修正方法，由制造商与用户商定或由企业标准确定。

5.1.2 正常工作的大气环境条件和供电电源条件

密度计正常工作的大气环境条件分为Ⅰ、Ⅱ和Ⅲ三组别，其中：

Ⅰ——室内使用，即在实验室或制造商正常建立的条件下且小心操作设备的地方；

Ⅱ——简易房或工棚使用，即在非极端环境条件或在Ⅰ组与Ⅲ组之间的环境条件下使用；

Ⅲ——室外使用，设备可能遭受其他恶劣环境。

密度计正常工作的供电电源条件分为1、2和3三个级别，但与大气条件的Ⅰ、Ⅱ和Ⅲ三组没有必然的对应关系。

密度计正常工作大气环境条件具体参数见表1。测量头和电测量部件可以选用不同的组别；对测量头的大气环境条件有特殊要求时，由用户与制造商按 GB/T 8993 商定。

表 1 正常工作的大气环境条件

使用组别	大气环境条件			适用场所举例
	环境温度/℃	相对湿度/%	大气压力/kPa	
Ⅰ	+5～+40	20～80(30 ℃)，无凝露	86～106	室内
Ⅱ	−10～+55	10～90(35 ℃)，含凝露		简易房或工棚
Ⅲ	−25～+60	5～95(40 ℃)，含凝露		室外

密度计供电电源条件的具体参数见表2。对供电电源有特殊要求时，由用户与制造商商定。

表 2 正常工作的供电电源及其变化范围

供电条件级别	直流电源电压		交流电源电压		交流电源频率	
	标称值/V	额定变化范围/%	标称值/V	额定变化范围/%	标称值/Hz	额定变化范围/%
1	由制造商规定	±10	220 380	±10	50	±2(1 Hz)
2				−12～+10		±5(2.5 Hz)
3				−20～+15		±10(5 Hz)

5.1.3 输出信号

密度计的输出信号随其输出类型如下：

a) 对模拟气动信号，为 20 kPa～100 kPa(表压)；

b) 对模拟直流电流信号，为 0 mA～10 mA 或 4 mA～20 mA，并说明最大负载电阻；

c) 对模拟直流电压信号，为 0 V～5 V、0 V～10 V 或 1 V～5 V，并说明最大负载电流。

另外，对接点信号的越限报警信号，应给出接点容量；对带计算机的密度计的输出终端，应采用优选的计算机接口电路。

5.2 外观

密度计的外壳和零部件表面的涂覆层、面板、铭牌及标志均应光洁完好，没有剥落和伤痕，标志的文字和符号应清晰，测量头安装架的表面处理应良好。

5.3 基本性能

5.3.1 基本误差

密度计的基本误差应按准确度等级划分，并符合表 3 的规定。

表 3 基本误差

准确度等级	0.1	0.2	0.5	1.0	1.5	2.5	5.0	10
基本误差/%	±0.1	±0.2	±0.5	±1.0	±1.5	±2.5	±5.0	±10

密度计的基本误差用量程的百分数表示，同时应说明其测量条件，包括放射源的种类和活度、仪器的平均响应时间、测量间距和有效范围。

5.3.2 重复性

密度计指示值的重复性误差不应超过基本误差的绝对值。

5.3.3 不稳定性

5.3.3.1 统计涨落

密度计示值的统计涨落（$\pm 2\sigma$ 标准偏差）不应超过基本误差绝对值的 2/3。

5.3.3.2 漂移

密度计的示值在 8 h 或 48 h 内的漂移不应超过基本误差。

5.3.3.3 放射源衰减引起的不稳定性

密度计因放射源衰减引起的示值误差不应超过基本误差。校准或修正放射源衰减影响的方法、周期和效果，由产品的企业标准予以规定。

5.3.4 时间响应

密度计的平均响应时间、平均建立时间和恢复时间应按使用情况选择，一般不超过 200 s。

5.3.5 线性度

线性刻度的密度计，其示值的非线性误差不应超过基本误差。

5.4 辐射源

密度计所用密封放射源应符合 GB/T 4075—2003 第 4 章的分级规定、第 5 章的活度规定和第 6 章的性能要求。产品的企业标准应明确规定所用放射源的核素、活度和有效时间，或规定辐射发生器所产生辐射的类型、能量和强度。密度计的技术性能指标应在说明辐射源的条件下给出。

5.5 密封要求

潜入式密度计的测量头的密封要求应满足 GB/T 4208—1993 的防持续潜水影响的等级（IPX8），或由制造商与用户商定或由企业产品标准规定。

5.6 环境条件

5.6.1 概述

影响密度计性能的环境条件包括大气环境条件（环境温度和湿热环境）、电源环境条件（供电电源电压变化以及交流供电电源频率的变化）、电磁环境条件和机械环境条件。

5.6.2 环境温度

密度计在规定使用组别的环境温度下工作时，温度每变化 10 ℃所引起测量示值的相对变化（附加误差）不应大于表 4 的规定。

表 4 影响量引起的示值变化

准确度等级	0.1	0.2	0.5	1.0	1.5	2.5	5.0	10
环境温度每变化 10 ℃所引起示值的相对变化/%	0.1	0.2	0.5	1.0	1.5	2.0	2.5	5.0
湿热环境的示值相对参考条件的变化/%	0.3	0.6	1.2	2.4	3.5	5.0	7.5	15
供电电源电压最大变化所引起示值的相对变化/%	0.1	0.2	0.5	1.0	1.5	2.0	2.5	5.0
交流电源频率最大变化所引起示值的相对变化/%	0.1	0.2	0.5	1.0	1.5	2.0	2.5	5.0
外界磁场(5.6.6.2)所引起示值的相对变化/%	0.1	0.2	0.3	0.5	0.8	1.2	2.5	5.0
机械振动(5.6.7.1)所引起示值的相对变化/%	0.1	0.2	0.3	0.5	0.8	1.2	2.5	5.0

5.6.3 湿热环境

密度计在规定使用组别的湿热环境下工作时，其测量示值相对参考条件的变化(附加误差)不应大于表 4 的规定。

5.6.4 供电电源电压变化

当密度计的直流或交流(有效值)供电电源电压分别在规定级别的范围内作最大变化时，其测量示值相对额定电压的变化(附加误差)不应大于表 4 的规定。

5.6.5 交流供电电源频率的变化

当密度计的交流供电电源频率在规定级别的范围内作最大变化时，其测量示值相对额定频率的变化(附加误差)不应大于表 4 的规定。

5.6.6 电磁环境条件

5.6.6.1 一般要求

应按 GB/T 11684—2003 的 4.5 和表 8 确定密度计的工作场所类别，其电磁环境条件应按 GB/T 11684—2003 的 4.6，由制造商与用户商定或由企业产品标准规定。

密度计在经过规定的电磁环境条件试验后，其结果不宜低于表 5 中的 B 级。

表 5 电磁环境条件试验结果等级

评估等级	试验结果
A	在抗扰度试验中和试验后能按性能要求连续正常工作
B	在抗扰度试验后能按性能要求连续正常工作，但在抗扰度试验中容许有按制造商指定和说明的性能降低，并能自行恢复
C	在抗扰度试验中和试验后容许有暂时的功能丧失，但试验后能自动或手动调整恢复功能和性能
D	因硬件或软件损坏，或数据丢失而造成不能自行恢复至正常状态的功能丧失或性能降低

5.6.6.2 外界磁场

密度计在磁场强度为 400 A/m 的外界磁场作用下，其示值的相对变化不应超过表 4 的规定值。

5.6.7 机械环境条件

5.6.7.1 振动和冲击

密度计对振动和冲击耐受的级别和参数应按 GB/T 8993 的有关条款，由制造商与用户商定或由企业产品标准规定。例如，在振幅峰值为 3.5 mm(振动频率 2 Hz～9 Hz)以及加速度幅值为 10 m/s^2(振动频率 9 Hz～200 Hz)的机械振动环境中，其示值的相对变化不应超过表 4 的规定值。

5.6.7.2 运输

密度计应能承受 GB/T 8993—1998 附录 H 规定的运输环境条件。

5.7 安全要求

5.7.1 电气安全

5.7.1.1 一般要求

密度计应按 GB/T 19661.1—2005 的 5.3 进行防电击分类。对Ⅲ类防电击的密度计不考虑电气安全要求。对Ⅰ类防电击密度计的接地要求如下：

a) 所有的金属框架应使用低阻抗的导体接地；
b) 同一机箱或同一台仪表内，各功能单元的电路之间只能形成一个公共接地点；
c) 同一机箱或同一台仪表内，测量微弱信号的各功能单元应按要求进行电气绝缘和屏蔽，其屏蔽电路在接到公共地电路和单元本身接地电路前，应维持自身的绝缘和屏蔽的连续性。

5.7.1.2 电气安全参数

对Ⅰ类或Ⅱ类防电击密度计，若交流供电电源为交流 220 V 或 380 V，则典型电气安全参数见表 6；若需要其他条件的电气安全参数，可按 GB/T 19661.1 的相应条款予以选择。

表 6 电气安全要求参数

项目		典型参数		
		Ⅰ类	Ⅱ类	参数条件
绝缘强度/V	220 V 供电，工作电压不超过 300 V	1 060	1 700	50 Hz 交流有效值
	380 V 供电，工作电压不超过 600 V	1 960	3 136	
电源插头接地的保护连接阻抗/Ω		0.1		外壳任意可触及点与仪器地之间
可触及电流(漏电流)/mA		0.5		正常工作、100 Hz 以下交流有效值
绝缘电阻(需要时)/MΩ		10	20	正常大气条件

5.7.1.3 报警和安全装置

密度计宜有显示工作状态的报警和安全装置。

5.7.2 辐射安全

5.7.2.1 一般要求

密度计的辐射防护应按 GB/T 19661.2—2005 的 4.3 的辐射防护分级(见表 7)要求，由制造商与用户商定或由企业产品标准规定，并满足 GB/T 19661.2—2005 的 6.1、6.2 和 6.3 的规定，其中没有辐射准直器、带全方位辐射束的密度计应满足表 7 中第 6 级的要求。

制造商应为密度计中辐射源的安全操作、申购、贮存、倒装和处理以及辐射事故应急处理等制定安全规则。

5.7.2.2 源部件

源闸应有锁紧装置，源闸的开关位置标记应清晰醒目，源部件外壳上应有明显的放射性标志和屏蔽性能的级别标记。辐射标志应使用 GB/T 18871—2002 图 F1 的符号；必要时，还应使用该标准图 F2 的符号做出警告标志。对源部件的其他要求，可见 GB/T 19661.2—2005 的 4.4 和第 7 章。

表 7 辐射防护分级

	辐射防护分级						
	1	2	3	4	5	6	7
在 5cm 距离处的最大剂量当量率	不试验	>1 mSv/h	>0.5 mSv/h ≤1 mSv/h	>0.05 mSv/h ≤0.5 mSv/h	>7.5 μSv/h ≤50 μSv/h	≤7.5 μSv/h	特殊
在 1 m 距离处的最大剂量当量率	不试验	>0.1 mSv/h	>25 μSv/h ≤100 μSv/h	>7.5 μSv/h ≤25 μSv/h	>2.5 μSv/h ≤7.5 μSv/h	≤2.5 μSv/h	特殊

5.7.3 防爆要求

在爆炸性气体环境中使用的密度计应按国家授权的防爆检验机构批准的图样制造，并符合

GB/T 3836.1 以及与其防爆类型相对应的 GB/T 3836.2(隔爆型)或 GB/T 3836.4(本质安全型)规定的要求。防爆密度计应经国家指定的防爆机构检验合格,并取得“防爆合格证”。

5.8 诊断特性

制造商应在企业标准中说明密度计的诊断特性。

5.9 可靠性

密度计的可靠性指标由产品的企业标准规定。

6 试验方法

6.1 总则

6.1.1 概述

应进行本章所有合适的试验,其结果应编制文件。如果不能进行某些试验,应由用户与制造商协商认可,同时以评价形式阐明其原因,给出预期性能的估算值或替代试验,并予以标注。如果要进行更多的试验,其试验方法可参见附录 A。

许多试验要求规定密度的测量样品或要求样品密度瞬时变化。对这些试验,可使用对辐射测量等价的替代固体样品,例如金属板或金属块。

6.1.2 参考条件和标准试验条件

密度计应在参考条件或标准试验条件(见表 8)下进行试验。

在不产生异议时,可在正常大气条件下进行试验,但在试验过程中,除按需要改变某个环境参数外,其他环境参数应保持在规定的偏差范围内,例如,温度的变化不超过±3 ℃,湿度变化不超过$^{+2}_{-3}$%,等等。

表 8 试验的参考条件和标准试验条件

影 响 量	参考条件	标准试验条件	正常大气条件
环境温度/℃	20	20±2 或(23,25,27)±2	15～35
湿热环境/%	65	50%～75%	45～75
大气压强/kPa	101.3	86～106	86～106
交流供电电压/V	U_N[a]	(1±1%)U_N	
交流供电频率/Hz	50[b]	(1±1%)50	
交流供电波形	正弦波	波形总畸变<5%	
环境 γ 辐射(空气吸收剂量率)/(μGy/h)	0.1	<0.25	
外磁场干扰	可忽略	小于引起干扰的最低值	
外界磁感应	可忽略	小于地磁场引起干扰的 2 倍	
放射性污染	可忽略	可忽略	

[a] 单相电源 220 V 或三相电源 380 V。当用电池供电时,其电压的变化为额定值的±1%,不考虑纹波。

[b] 交流供电频率,特殊情况按产品标准规定处理。

6.1.3 试验设备

密度计试验设备的功能和性能,包括设备的容积和尺寸、内部环境条件的均匀性、参数的可调节范围、偏差或准确度等性能特性应满足试验和有关标准的要求,并通过法定计量部门按有关检定规程或标准进行的检定或校准。例如,固体模拟样品介质密度的约定真值的误差不应大于密度计基本误差的1/3。

试验可在模拟试验装置上进行,试验时按制造商的规定选用源活度或源强度、平均响应时间或平均建立时间。

6.1.4 通用要求的验证

通用要求通过审查制造商的产品说明书等技术文件进行验证。

6.2 外观检查

用目视法检查密度计的外观。

6.3 基本性能试验

6.3.1 基本误差

本试验可以用溶液在模拟试验筒内进行，也可以用固体模拟样品在模拟试验装置上进行。

在有效范围内，至少选择五个均布的试验点（包括有效范围的两端和中间各选一点）。在每一个试验点上至少进行二次测量（密度值上升和下降两个方向上各测一次），计算每次测量的基本误差。

6.3.2 重复性

本试验采用模拟试验方法进行。将密度计安装在模拟试验装置上，用固体模拟样品使密度计工作在有效范围内，对重复产生的同一被测密度连续测量 10 次，重复性用均方根误差（标准偏差）表示。

允许在每次测量前对仪器重新校准，即在密度计经受正常标准化周期的每个时刻测量试验样品。平均的标准化周期宜符合制造商的技术规格书，通常为 5 s～60 s。

6.3.3 不稳定性

6.3.3.1 统计涨落

应在有效范围内以量程的 10%、50% 和 90% 用探测器输出的信号完成测量。可报告统计涨落的所有 3 个值或最大值。应规定各自的响应时间。

应按最终输出信号值的 $\pm 2\sigma$ 确定其最终输出信号的统计涨落，如图 3 所示。统计涨落以被测量绝对值的百分数或其单位予以报告。

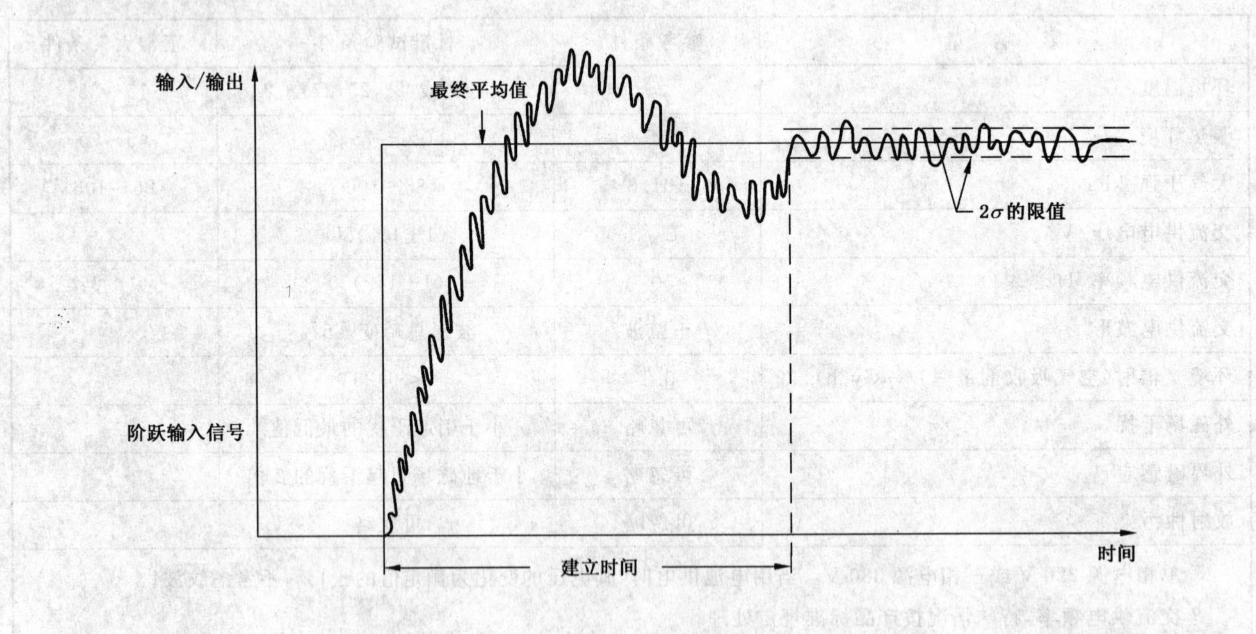

图 3 输出响应曲线

6.3.3.2 漂移

在模拟试验装置上，使密度计工作在有效范围的 75% 处，在 8 h 或 8 h 内，用自动记录仪记录输出信号，或至少均匀地记录输出信号，漂移用 24 h 内的输出信号同初始输出信号的最大偏离与量程之比的百分数表示。

6.3.3.3 放射源衰减引起的不稳定性

密度计因放射源衰减所引起不稳定性的测量由企业的产品标准等技术文件规定。

6.3.4 时间响应

6.3.4.1 概述

本试验采用模拟试验方法进行，把密度计安装在模拟试验装置上，用固体模拟样品使被测密度产生阶跃变化，用示波器或记录仪对密度计的输出信号测取一系列的数据或照片，并通过数据处理来获得被测时间参量。

被测密度产生阶跃变化所需的时间不应大于密度计相应被测时间参量值的1/10。

通常，被测时间参量应取3次测量的平均值作为最后测量结果。

6.3.4.2 平均响应时间

使用高速记录仪、示波器或其他合适的仪器，获取若干被测量中阶跃变化（例如给定量程范围的30%～80%）所引起响应的记录或图形等数据，并确定每个测量值第一次达到最终稳态平均值的63.2%所要求的时间。平均响应基于3次这样测量的最大值。宜规定任何瞬时信号过冲量的大小。

注：这个响应时间按定义也可称为时间常数。

6.3.4.3 平均建立时间

应通过引入一个被测材料明显的密度阶跃变化和观察密度计在感兴趣点的响应来测量平均建立时间（见图3）。

推荐的条件是，明显的密度阶跃变化不宜大于50%，而读数宜位于量程的30%～80%。

应测量增加读数和减少读数的平均建立时间。

试验通过快速插入或移出测量间距中的吸收体来完成，这将导致有效量程约50%读数的变化。

在仪器覆盖大量程的情况下，应在有效范围一个以上的点进行试验。

6.3.4.4 恢复时间

恢复时间通过引入被测材料的阶跃变化和观察密度计的响应来测定。将进行两个试验：一个从零密度（没有被测材料）到有效范围约10%的密度；另一个从零密度到有效范围约90%的密度。密度变化可模拟实现（例如，使用辅助辐射源和固态吸收体适当辐照探测器部件）。每个试验至少进行3次。测量信号达到并保持在统计噪声带$\pm 2\sigma$以内所要求的时间应作为每个试验案例的恢复时间予以平均和记录。

6.3.5 线性度

在有效范围内，至少选择10个均布的试验点（包括有效范围的两端），按6.3.1的方法在被测密度递增和递减两个方向上分别进行至少两次全量程的测量，然后从定义3.3.13和3.3.18中阐明的校准数据用作图法或解析法确定线性度（见图2），并以实际绝对值的正或负的百分数表示或用实际测量值的单位（例如$\pm 0.001\ g/cm^3$）表示。当用统计法表示时，应指定$\pm 2\sigma$的限值。确定线性度的方法应由制造商规定（通常使用回归分析法）。

6.4 辐射源试验

密封放射源的检查和试验按GB/T 4075—2003的第7章和GB/T 15849的有关规定进行。对辐射发生器的检查和试验由制造商与用户商定或由产品的企业标准规定。

6.5 密封试验

潜入式密度计的测量头按下述任一方法进行密封试验：

——GB/T 4208—1993的13.2.8规定的方法；

——GB/T 2423.23—1995第8章或第10章规定的方法；

——制造商与用户商定的或由企业产品标准规定的方法。

6.6 环境试验

6.6.1 概述

全部环境试验均采用模拟试验方法进行，把密度计的测量头安装在模拟试验装置上，用固体模拟样品使密度计工作在有效范围内任意一点。除被涉及的环境条件可改变外，其他环境参数均保持在规定的参考条件下。

6.6.2 环境温度

温度试验依据其使用组别按表1选择不同的低温和高温，分别按GB/T 8993—1998的附录A和附录B规定的方法进行，并计算环境温度每变化10 ℃引起的示值变化。

试验结束后，密度计在温度试验前、后两次在参考条件下的示值之差应在重复性误差范围之内，外观符合5.2的要求。

当测量头和电测量部件对正常工作的大气条件所选的组别不同时，环境温度试验可对测量头和电测量部件分别进行。

试验可使用基于计算机的数据获取系统或完整测量系统监测辐射信号水平。制造商应逐个规定设备的其他部件是否经受该温度试验。将连续监测信号水平，即使在温度变化期间也不例外，以评价热梯度的影响。信号以及任何补偿前和补偿后由温度变化引起的误差均应予以记录。如果任何其他的温度适合于被试设备，则制造商宜在报告中阐明实验室试验结果。

首先用满辐射(无样品)进行试验，以评价主要机械测量装置的温度稳定性。然后用表示有效范围的一个或多个样品重复这些试验。使用样品实质上是考查样品密度在试验温度下的热变化。

6.6.3 环境湿热

环境湿热试验依据其使用组别按表1选择不同的湿热环境，按GB/T 8993—1998的附录D规定的方法进行，并计算湿热环境引起的示值变化。

当测量头和电测量部件对正常工作的大气条件所选的组别不同时，环境湿热试验可对测量头和电测量部件分别进行。制造商应逐个规定设备的那些部件将经受湿度试验。

试验结束后，密度计在湿热试验前、后两次在参考条件下的示值之差应在重复性误差范围之内，外观符合5.2的要求。

6.6.4 供电电源电压变化

为评定直流或交流供电电源电压变化对密度计测量的影响，需要完成两个试验：一个是按5.1.2和表2的级别从供电电源电压的标称值增加到额定变化范围的上限值；而另一个则是降低到其下限值。

应在每种情况记录下述测量结果：

a) 在第一分钟内：指示值或提供值的最大改变(立即与电源电压变化前的对应值相比较)；

b) 在15 min后：指示值或提供值的改变(立即与电源电压变化前的对应值相比较)。

6.6.5 交流供电电源频率变化

为评定交流供电电源频率变化对密度计测量的影响，将要完成两个试验：一个是按5.1.2和表2的级别从交流供电电源频率的标称值增加到额定变化范围的上限值；而另一个则是降低到其下限值。

其测量程序与6.6.4相同。

6.6.6 电磁环境试验

6.6.6.1 基本试验

电磁环境抗扰度的试验方法按GB/T 17626或GB/T 11684—2003第5章和附录B，由制造商与用户商定或由企业产品标准规定。密度计对所规定电磁环境各种抗扰度的试验结果应满足5.6.6.1的要求。

6.6.6.2 外界磁场

按GB/T 18271.3—2000第15章和6.3.1的方法进行测量，并计算外界磁场引起的附加误差。

6.6.7 机械环境试验

6.6.7.1 振动和冲击

振动和冲击分别按GB/T 8993—1998附录E和附录F规定的方法进行。例中的振动可按GB/T 18271.3—2000第7章和6.3.1的方法进行测量，并计算机械振动引起的附加误差。

6.6.7.2 运输

包装运输试验按GB/T 8993—1998附录H规定的方法进行。

6.7 安全要求的试验

6.7.1 电气安全

6.7.1.1 一般检查

应依据产品说明书等技术文件确定密度计的防电击分类。对Ⅰ类防电击密度计，用目测法和演示法检查接地要求。

6.7.1.2 电气安全参数试验

对Ⅰ类和Ⅱ类防电击密度计，电气安全参数的试验和测量方法如下：

1) 绝缘强度(介电强度)按GB/T 19661.1—2005的5.6规定的方法进行试验；

2) 保护连接阻抗按GB/T 19661.1—2005的5.4.3.4规定的方法进行测量；

3) 可触及电流(漏电流)按GB/T 19661.1—2005的5.7.4规定的方法进行测量；

4) 绝缘电阻按GB/T 19661.1—2005的5.8.2规定的方法进行测量。

6.7.1.3 报警和安全装置的检查

密度计的报警和安全装置用目测法和演示法进行检查。

6.7.2 辐射防护

辐射防护分级的剂量当量率，采用合适的剂量仪器按GB/T 19661.2—2005第8章规定的方法在源组件的周围进行测量。

对源闸门锁紧装置、闸门开关和放射源外壳标志等要求采用目测法和演示法进行检查。对源闸的其他要求按GB/T 19661.2—2005第9章规定的方法进行试验。

对豁免放射源应进行验证和确认。

6.7.3 防爆试验

防爆试验由国家授权的防爆监测检验机构按照GB/T 3836.1以及与其防爆类型相对应的GB/T 3836.2(隔爆型)或GB/T 3836.4(本质安全型)规定进行。

6.8 诊断特性

诊断特性的试验方法由具体产品的企业标准规定。

6.9 可靠性

可靠性试验可以采用试验室试验，也可以采用现场试验，其试验方法由具体产品的企业标准规定。

7 检验规则

密度计的质量检验按GB/T 10257的规定进行。检验分为型式检验和出厂检验。对出厂检验，当产品批量较小时推荐全检，批量较大时可抽检。

应按GB/T 10257—2001第5章规定检验项目及其分组，确定全检或抽检，选择抽样方案、检查水平和合格质量水平(AQL)(见表9)，实施检验以及判定和处置检验结果。

表9 密度计检验项目一览表

组别	序号	检验项目	技术要求章条号	试验方法章条号	型式检验	出厂检验	抽样方案	检查水平	AQL
A1	1	通用要求	5.1	6.1.4	●	●	全检		
	2	外观	5.2	6.2	●	●			
	3	基本误差	5.3.1	6.3.1	●	●			
	4	密封	5.5	6.5	●	○			
	5	辐射安全(全检)	5.7.2	6.7.2	●	●			

表 9（续）

组别	序号	检验项目		技术要求章条号	试验方法章条号	型式检验	出厂检验	抽样方案	检查水平	AQL
A2	6	重复性		5.3.2	6.3.2	●	●		一般检查水平Ⅱ	4
	7	不稳定性	统计涨落	5.3.3.1	6.3.3.1	●	○			
	8		漂移	5.3.3.2	6.3.3.3	●	○			
	9		放射源衰减引起的	5.3.3.3	6.3.3.3	●	○			
	10	时间响应	平均响应时间	5.3.4	6.3.4.2	●	○			
	11		平均建立时间		6.3.4.3	●	○			
	13		恢复时间		6.3.4.4	●	○			
	14	线性度		5.3.5	6.3.5	●	●			
	15	电气安全	一般检查	5.7.1.1	6.7.1.1	●	●			10
	17		电气安全参数测量	5.7.1.2	6.7.1.2	●[a]	●[a]			
	18		报警和安全装置的检查	5.7.1.3	6.7.1.3	●	●	一次正常检查抽样方案		
	19	辐射源		5.4	6.4	●	○			
B	20	大气环境	环境温度	5.6.2	6.6.2	●	●		特殊检查水平S-2	6.5
	21		湿热环境	5.6.3	6.6.3	●	○			
C	22	机械环境	振动、冲击	5.6.7.1	6.6.7.2	●	○			
	23		包装运输	5.6.7.2	6.6.7.2	●	○			
D	24	电源环境	供电电源电压变化	5.6.4	6.6.4	●	○			10
	25		交流电源频率变化	5.6.5	6.6.5	●	○			
	26	电磁环境	一般试验	5.6.6.1	6.6.6.1	●	○			
	27		外界磁场	5.6.6.2	6.6.6.2	●	○			
E	28	诊断特性		5.8	6.8	●	○			
F	29	防爆		5.7.3	6.7.3	●	○			15
	30	可靠性		5.9	6.9	○	○			

注：●——必检项目；○——选检项目。

[a] 在型式检验时可不测绝缘电阻，在现场维修后，可用绝缘电阻测量代替绝缘强度试验。

8 标志、包装、运输、贮存和随行文件

8.1 标志

8.1.1 密度计或其电测量部件上应有铭牌，铭牌上应标出：

——制造商名和商标；

——产品名称和型号；

——产品制造日期、编号或生产批号。

8.1.2 源组件上应有符合 5.7.2.2 规定的放射性标志和铭牌，铭牌上至少应有：

a) 放射源的核素、活度和有效时间，或辐射发生器所产生辐射的类型、能量和强度；

b) 辐射源的辐射安全级别；

c) 源组件编号。

铭牌内容可根据使用现场的情况进行增补。

8.1.3 防爆部件的标志和铭牌应符合 GB/T 3836.1 的有关规定。

8.2 包装

密度计的包装应符合 EJ/T 1059 的规定。

8.3 运输

密度计在有外包装的条件下，应允许用汽车、飞机、轮船等任意方式运输，对带放射源的部件应按 GB/T 11806 的规定进行运输，托运前应经辐射安全主管部门检查并获得认可证书。

8.4 贮存

密度计在内外包装完好、贮存环境温度－40 ℃～＋60 ℃，相对湿度≤95％的条件下，其贮存期不应少于1年。

当放射源不使用时应交有关部门处理或贮存在专用的放射源存放处，并有专人负责保管。

8.5 随行文件

密度计出厂的随行文件应有产品合格证、使用说明书等有关文件。

产品合格证的内容包括：

——制造商名称；

——产品名称和型号规格、产品系列号；

——优质产品标志、质量等级；

——检验合格章、检验日期和检验员号。

使用说明书的内容包括：

——制造商的名称、地址和联络方式；

——放射源活度及其测量时间、检定要求和修正方法；

——性能特性的参数或范围；

——使用、维护和贮存的方法和注意事项。

附 录 A
（资料性附录）
IEC 60692 的部分试验方法

IEC 60692:1999《核仪器 利用电离辐射的密度计 定义和试验方法》提供了密度计完整的试验方法，这里列出第 6 章未采用的试验方法。

A.1 不稳定性试验

A.1.1 电不稳定性

A.1.1.1 概述

应进行电不稳定性试验以确定电部件在没有任何电离辐射源时输出信号的变化。这可通过关闭源闸门或将源从测量头移开的方式来实现。前置放大器的噪声和稳定性可通过基于计算机的数据获取系统、或测量系统中的自动逻辑功能、或任何其他适合于测试点所出现信号的方式来监测。

A.1.1.2 电噪声

为合适采样随机噪声，数据获取系统应有不大于测量点响应时间 10%的积分时间或时间常数。采样率宜使得采样的时间间隔比密度计在测量点的响应时间大 3 倍（$>3\tau$）。噪声用被测量的单位表示。

A.1.1.3 长期电不稳定性

应使用数据获取系统或测量系统自动逻辑功能在前置放大器监测长期电不稳定性。以 6 min 的平均间隔设置 60 s 的采样时间。对至少 100 h 的周期收集每小时的平均数据（至少 100 个数据点）。计算该平均输出值及其标准偏差，并用被测量的单位表示。

A.1.2 辐射噪声和综合辐射测量不稳定性

这些试验通过开放闸门和测量系统处于全工作状态来进行。试验过程与 A.1.1 中描述的过程相同。宜对线性度化的最终输出收集数据，并代表有效范围内量程 10%、50%和 90%的被测材料值。辐射噪声和综合辐射测量不稳定性均予以估算。密度计设置为无定期标准化或重新校准的连续测量模式。结果以被测材料绝对值的百分数或被测量的单位予以报告。

A.2 特殊试验

特殊试验是用户与制造商协商意见一致的特别试验。可考虑的影响量是腐蚀、太阳辐射、电瞬变等条件。密度变化可模拟实现（例如，使用辅助辐射源和固态吸收体适当辐照探测器部件）。

A.3 外部噪声敏感度

制造商应进行试验以确定由电磁或高能辐射源等外部噪声源所造成的示值误差。误差将表示为被测量的主测量单位或所测实际量值对规定噪声源的百分数。

A.4 有效范围

密度计的有效范围是许多因素的函数并由制造商规定。这些因素包括测量噪声、极限噪声分辨率和校准线性度。制造商也应考虑未完全由标准化补偿的不稳定性的（电的和辐射测量的）长期影响。在许多应用中，主要限制因素可与密度计对影响量的敏感度相关，影响量的例子有供电电源电压变化、环境温度变化和杂质堆积。

A.5 标准化特性

制造商应描述密度计中使用的标准化周期。该描述应包括下述对象：

——自动化程度(手动、半自动化、自动化);
——被补偿的影响量和变量;
——所使用的方法(标准化点的数量、衰减器的数量和类型、算法等);
——完成标准化周期所要求的时间;
——标准化频度;
——标准化效果(补偿程度和标准化准确度)。

参 考 文 献

[1] GB/T 6592—1996 电工和电子测量设备性能表示(eqv IEC 60359:1987/2001 第3版)

[2] IEC 60476:1993 利用辐射源的电测量系统和仪器 一般要求

[3] IEC 60692:1999(第2版) 核仪器 利用电离辐射的密度计 定义和试验方法

[4] IEC 61336:1996 核仪器 利用电离辐射的厚度测量系统 定义和试验方法

ICS 37.040.10
N 46

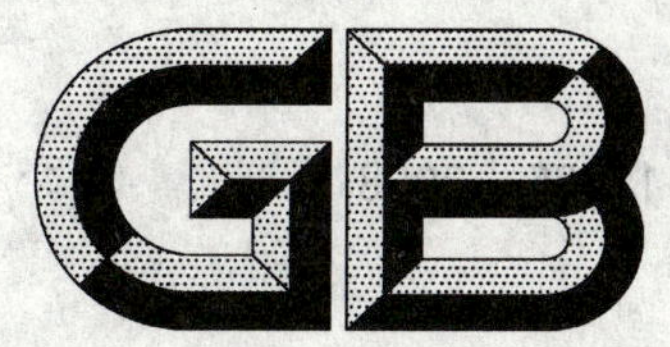

中华人民共和国国家标准

GB/T 13985—2008
代替 GB/T 13985—1992

照相机操作力和强度

Operating force and strength of camera

2008-07-02 发布　　　　2009-02-01 实施

中华人民共和国国家质量监督检验检疫总局
中国国家标准化管理委员会　发布

前　言

本标准代替 GB/T 13985—1992《照相机操作力和强度》，与 GB/T 13985—1992 相比，主要变化如下：

——技术要求分为两部分：第一部分：照相机操作力和操作力矩；第二部分：照相机操作机构的强度。各部分的技术要求再按银盐胶片照相机和数码照相机进行分类。

——增加了电子拨杆的操作力、操作力矩和操作强度的技术要求和试验方法。

——增加了数码照相机专用机构的操作力、操作力矩和操作强度的技术要求和试验方法。

——增加了自动变焦镜头伸出最大长度时的承受强度的技术要求和试验方法。

——手动变焦镜头调节环旋转增加了直进式变焦环的操作力和强度的技术要求。

——部分操作力、操作力矩和操作强度指标作了修整。

——补充了带胶卷时测试卷片上弦力矩的暗盒规定。

——删除了输片齿轮强度的要求。

本标准由中国机械工业联合会提出。

本标准由全国照相机械标准化技术委员会(SAC/TC 107)归口。

本标准起草单位：杭州照相机械研究所。

本标准主要起草人：毛凤珍。

本标准所代替标准的历次版本发布情况：

—— GB/T 13985—1992。

照相机操作力和强度

1 范围

本标准规定了银盐胶片照相机、数码照相机的操作机构的操作力和强度要求。

本标准适用于小型照相机，但不适用特种照相机、一步成像照相机以及座式照相机。

2 技术要求

2.1 照相机操作力和操作力矩

2.1.1 银盐胶片照相机和数码照相机共有的通用操作机构

2.1.1.1 按钮式操作机构

按钮式操作机构包括(但不限于)：自拍按钮、模式按钮、电源开关按钮、液晶显示按钮、删除按钮、自动调焦按钮。

按钮操作力：0.5 N～8.0 N。

2.1.1.2 拔杆式或推拉式操作机构

电子拨杆式或推拉式操作机构包括(但不限于)：自动调焦拨杆、电源开关杆、模式切换杆。

机械推拉式操作机构包括(但不限于)：电池盖的锁定开关、镜头盖的开启操作。

电子推拉式操作力：0.5 N～8.0 N；电子拨杆式操作力矩：0.01 N·m～0.10 N·m。

机械推拉式操作力：0.5 N～15.0 N。

2.1.1.3 旋转环操作机构

旋转环操作机构主要用于：感光度调节环、快门时间调节环、光圈调节盘、切换模式调节环。

转盘的旋转力矩：0.01 N·m～0.12 N·m。

2.1.2 银盐胶片照相机和数码照相机共有的专用操作机构

2.1.2.1 快门释放力：1.5 N～5.5 N。

2.1.2.2 内藏闪光灯弹出操作力：2.0 N～8.0 N。

2.1.2.3 内藏闪光灯按入力：0.3 N～7.0 N。

2.1.2.4 电池盖关闭力：1.0 N～30.0 N。

2.1.2.5 镜头可换式相机的操作机构

2.1.2.5.1 摄影距离刻度、光圈调节环、装在镜头上的快门时间调节环旋转力矩：0.02 N·m～0.25 N·m。

2.1.2.5.2 手动变焦环操作力矩及操作力

旋转式变焦环的旋转操作力矩：0.027 N·m～0.500 N·m。

直进式变焦环的操作力：2.0 N～13.0 N。

镜头缩紧旋转力矩：0.35 N·m～1.15 N·m。

镜头拆卸钮压力：0.6 N～10.0 N。

2.1.3 数码照相机专用的操作机构

2.1.3.1 记录媒体(存储卡)

插入力：≤20.0 N。

取出力：≤20.0 N。

2.1.3.2 液晶屏翻盖力矩或旋转力矩：0.05 N·m～0.80 N·m。

2.1.4 银盐胶片照相机专用的操作机构

2.1.4.1 倒片揿钮按力或推力：1.0 N～3.5 N。

2.1.4.2 后盖开启力：4.0 N～15.0 N。

2.1.4.3 后盖关闭力(距离后盖开启端 10 mm 处)：5.0 N～30.0 N。

2.1.4.4 手动卷片上弦力矩(不带胶片)：<0.30 N·m。

2.1.4.5 手动卷片上弦力矩(带胶片)：<0.50 N·m。

2.1.4.6 机械自拍上弦力矩：<0.30 N·m。

2.1.4.7 机械自拍推拉力：1.0 N～6.0 N。

2.1.4.8 机械自拍启动力：0.3 N～3.0 N。

2.1.4.9 倒片力矩(带胶片)：<0.30 N·m。

2.2 照相机操作机构的强度

2.2.1 银盐胶片照相机和数码照相机共有的通用操作机构的强度

2.2.1.1 按钮式操作机构

按钮式操作机构包括(但不限于)：自拍按钮、模式按钮、电源开关按钮、液晶显示按钮、删除按钮、自动调焦按钮。

按钮强度：≥25.0 N。

2.2.1.2 拨杆式或推拉式操作机构的强度

电子拨杆式或推拉式操作机构包括(但不限于)：自动调焦拨杆、电源开关杆、模式切换杆。

机械推拉式操作机构包括(但不限于)：电池盖的锁定开关、镜头盖的开启操作。

电子推拉式操作强度：≥15.0 N；拨杆式操作强度：≥0.30 N·m。

机械推拉式操作强度：≥25.0 N。

2.2.1.3 旋转式转盘的旋转强度

旋转式转盘包括(但不限于)：感光度调节环、快门时间调节环、光圈调节盘、切换模式调节环、电源开关。

旋转式转盘的旋转强度：≥0.50 N·m。

2.2.2 银盐胶片照相机和数码照相机共有的专用操作机构的强度

2.2.2.1 快门释放钮按下强度：≥32.0 N

2.2.2.2 外部存在的窗类强度：

观察窗的尺寸：≤Φ6 mm(或面积≤30 mm^2)：≥15.0 N；

>Φ6 mm(或面积>30 mm^2)：≥20.0 N。

2.2.2.3 吊环扣拉伸强度：

应大于以照相机自重(即只含照相机本身的重量，不包含可移动的附件)10 倍的重量。

2.2.2.4 吊环扣旋转强度：≥1.50 N·m。

2.2.2.5 三脚架连接螺纹旋紧强度：

金属结构：≥2.50 N·m；

塑料结构：≥2.00 N·m。

2.2.2.6 三脚架连接螺孔支撑强度：≥2.00 N·m。

2.2.2.7 (闪光灯)附件插座承受的安装强度：≥100.0 N。

2.2.2.8 (闪光灯)附件插座稳定强度：

金属结构：≥2.00 N·m；

塑料结构：≥1.00 N·m。

2.2.2.9 镜头可换式照相机的操作机构的强度

2.2.2.9.1 摄影距离刻度、光圈调节环、装在镜头上的快门时间调节环旋转强度：≥1.00 N·m。

2.2.2.9.2 手动变焦调节环旋转强度

旋转式变焦环的旋转强度：≥1.00 N·m；

直进式变焦环的强度：≥30.0 N。

2.2.2.9.3 镜头锁紧旋转强度：≥2.00 N·m。

2.2.2.9.4 镜头装卸按钮机构的按钮强度：≥50.0 N。

2.2.2.9.5 镜头旋转时的强度：≥1.20 N·m。

2.2.2.10 自动变焦镜头伸出最大长度时的承受强度：≥5.0 N。

2.2.3 数码照相机专用的操作机构

2.2.3.1 外部存在的液晶显示屏的强度：≥15.0 N。

2.2.3.2 液晶显示屏的旋转强度：≥1.00 N·m。

2.2.4 银盐胶片照相机专用的操作机构

2.2.4.1 手动卷片上弦强度：≥1.50 N·m。

2.2.4.2 机械自拍上弦强度：≥0.40 N·m。

2.2.4.3 机械自拍推拉强度：≥50.0 N。

2.2.4.4 倒片盘拉出强度：≥50.0 N。

2.2.4.5 倒片摇把强度：≥20.0 N。

2.2.4.6 后盖铰链强度：能支持带标准镜头相机的1.3倍重量。

3 试验方法

3.1 测试设备

照相机的操作力、力矩及强度的测试设备：测力计、扭矩仪。

3.2 旋转盘式操作机构的试验方法

旋转盘式操作机构的强度应在旋转方向两终端的停滞点测试；无论旋转操作过程中有停顿（如快门时间或感光度旋转盘）或无停顿的，均在两终端测试。强度测试时，应在所要求的指标值上持续15 s时间。

3.3 带胶片照相机卷片机构的试验方法

3.3.1 带胶片测试手动卷片上弦力矩时，胶片暗盒应采用标准暗盒。

3.3.2 卷片上弦强度应分别在卷片到头和快门未释放重新上弦两种情况进行测试。

3.3.3 倒片与卷片机构连用时，倒片力矩可以不测。测试倒片摇把强度时，应将倒片摇把从倒片盘中拉出至极限位置上进行（图1）。

3.4 光圈、摄影距离刻度、快门时间、手动变焦及感光度调节环旋转的试验方法

3.4.1 光圈、摄影距离刻度、手动变焦调节环旋转力矩应测试两个相反方向。

3.4.2 光圈、摄影距离刻度、快门时间、手动变焦及感光度调节环旋转强度应在两个相反调节方向的止端测试，快门时间及感光度调节若由揿钮装置定位时，则以揿钮压力代替旋转力矩的测试。

3.5 后盖铰链强度的试验方法

后盖铰链强度应在打开后盖后，使镜头对准拍摄前方（图2）和对准地面（图3）两个方向上进行测试，照相机重量0.3倍的砝码应挂在照相机的中间，支撑点至铰链的距离为后盖长度的三分之一。

3.6 外部存在的窗类强度以及液晶显示屏强度的试验方法

3.6.1 观察窗及受光窗等强度应在窗部的中心位置测试，测力计的接触面的大小如下：

窗的尺寸≤Φ6 mm（或面积≤30 mm^2），接触面大小Φ2 mm；

窗的尺寸>Φ6 mm（或面积>30 mm^2），接触面大小Φ5 mm。

3.6.2 液晶显示屏的强度试验:取一个 Φ20 mm 的橡胶棒,放在液晶显示屏中心位置,用测力计进行测试。

3.7 三脚架螺孔支撑强度的试验方法

三脚架连接螺孔支撑强度测试时,应先将照相机在三脚架上固定好,然后在垂直和平行于三脚架中垂线的两个方向上进行。

3.8 附件插座强度的试验要求

附件插座稳定强度测试时,利用一端带有标准闪光插头的金属杆件进行,应在前、后、左、右四个方向上进行试验。

3.9 自动变焦镜头伸出最大长度时的承受强度的试验方法

自动变焦镜头伸出最大长度时,镜头处于垂直位置,在镜头上方放置质量为 500 g 的砝码,持续时间 1 min,然后检查自动变焦功能。

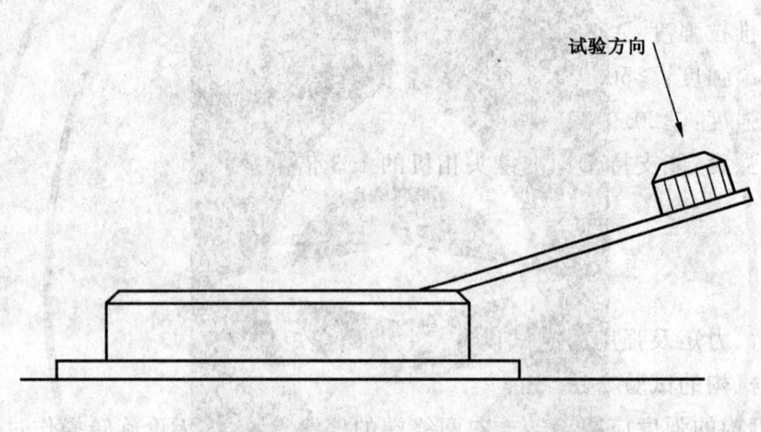

图 1

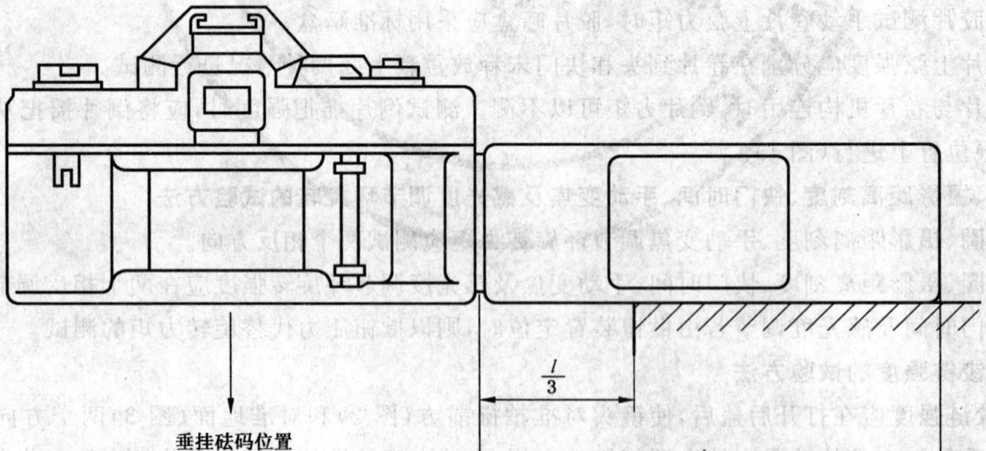

垂挂砝码位置

$\frac{l}{3}$

l

图 2

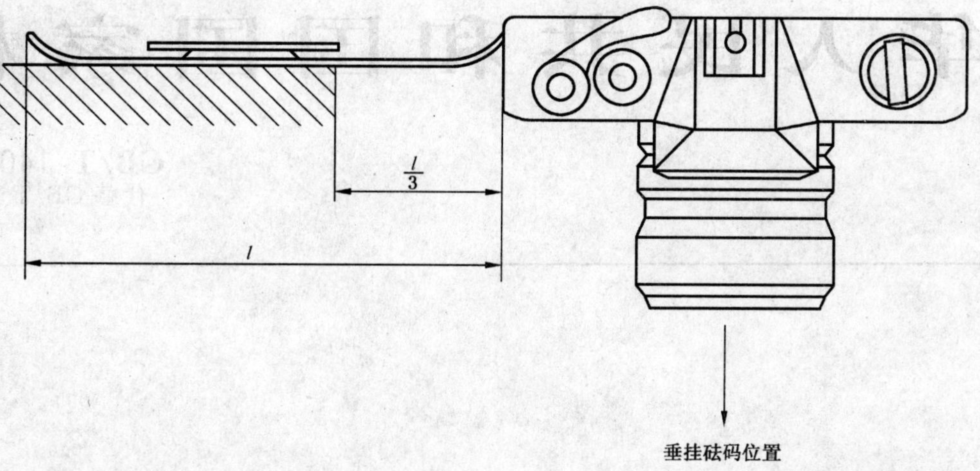

图 3

ICS 03.100.30
A 02

中华人民共和国国家标准

GB/T 14002—2008
代替 GB/T 14002—1992

劳动定员定额术语

Terminology of work and personnel quota

2008-04-23 发布 2008-07-01 实施

中华人民共和国国家质量监督检验检疫总局
中国国家标准化管理委员会 发布

前　言

本标准替代 GB/T 14002—1992《劳动定额术语》。

本标准与 GB/T 14002—1992《劳动定额术语》相比主要变化如下：

——标准名称，由《劳动定额术语》更名为《劳动定员定额术语》，扩大了术语覆盖面；

——新增方法研究相关术语 86 条；

——新增工作岗位研究相关术语 67 条；

——新增劳动定员相关术语 13 条；

——原标准劳动定额相关术语合并为一章，并进行了必要的压缩和调整。

本标准由中华人民共和国劳动和社会保障部提出。

本标准由全国劳动定额定员标准化技术委员会归口。

本标准起草单位：首都经济贸易大学、北京机械工业学院、中国铁路工程总公司。

本标准主要起草人：安鸿章、孙义敏、庞德敬。

本标准于 1992 年首次发布，2008 年第一次修订。

引　言

劳动定员定额术语的标准化是推行本领域标准化工作的基础。劳动定员定额术语工作遵循统一的原则和方法，能够：

a) 以实际和有效的方式组织劳动定员定额标准化工作的开展；
b) 切实保证劳动定员定额专业领域内及相关领域之间使用术语的科学性、一致性、系统性和逻辑上的完整性；
c) 有利于本领域内概念体系间的协调和不同语种术语间的协调；
d) 有助于本领域科学研究和教学活动的发展和创新。

劳动定员定额术语

1 范围

本标准规定了人力资源管理中劳动定员定额标准化工作的基本术语。

本标准适用于人力资源管理中的方法研究，工作岗位研究，劳动定员定额标准的制定与执行，以及相关专业的教学与科研工作。

2 方法研究

2.1

方法研究 method study

遵循科学的方法和步骤，对现行工作方法进行系统的观察、记录、分析，改进其中不必要和不合理的部分，以寻求更为简便、有效、安全和经济的工作方法的原理和技术。

2.2 方法研究的程序

2.2.1

选择 select

发掘生产过程中有关作业程序和方法存在的各种问题，经过筛选，分清主次，将影响生产率、质量、成本、工期和安全生产等方面的关键问题作为方法研究的重点。

2.2.2

准备 prepare

由专业委员组成方法研究小组，确定研究对象，收集有关信息，制定计划，进行专业培训，完成方法研究前期的各项活动。

2.2.3

记录 record the facts

在现场对作业活动直接进行观察、测量，采用专门的符号和表格，将现行作业程序和方法真实地描述和记录下来。

2.2.4

考查 examine the facts

根据现场调查结果，对现行作业活动的目的、时间、地点、人员、程序和方法，进行系统、全面、细致、严格的考证、检查和分析。

2.2.5

开发 develop the new method

在严格考查基础上，广开思路，集思广益，提出改进作业的具体办法，经过分析比较，寻求经济合理、切实可行的方案。

2.2.6

确立 establishing

对新开发的各种方案，经过综合评价，制定出标准作业程序和方法。

2.2.7

实施 implementation

贯彻执行新标准作业程序和方法。

2.2.8

修改　amending

通过定期检查，揭示实施中出现的问题和不足，并采取措施加以改进。

2.2.9

考查分析[法]　the questioning technique

5 W 1 H[法]·····

在方法研究的考查阶段所采取的考查提问方法。通过提问对现行作业活动进行全面质询，包括：作业目的是什么(What)；为什么这样做(Why)；作业在何处进行更合适(Where)；作业在何时进行更理想(When)；作业应该由谁来完成(Who)；应当用何种方法来完成(How)。

2.3　改进原则

2.3.1

删除　elimination

通过对作业活动目的性的考查和分析，将某项作业活动予以取消。

2.3.2

合并　combination

通过对作业活动的工作地点、程序和人员等方面的考查和分析，将若干项作业活动予以合并，以达到简化工作和提高效率的目的。

2.3.3

重排　rearrangement

通过对作业活动的作业程序的考查，改变原有作业活动的先后顺序，以达到改进工作方法和提高效率的目的。

2.3.4

简化　simplification

通过分析考查，在达到作业活动目的的前提下，取消不必要的操作及动作，使作业活动减少到最低限度。

2.4　方法研究的基本技术

2.4.1

图表分析　chart analysis

采用标准的表格、符号，将现行的生产流程或操作过程真实地加以记录，然后灵活运用各项改进原则，经过系统分析和比较，提出改进方法。

2.4.2

线图分析　flow diagram analysis

采用标准的符号和线条，以平面或立体图显现现行生产流程，为有效地进行程序分析，改进现行生产流程提供依据。

2.4.3

摄像分析　photograph analysis

利用现代摄像技术手段，记录现行生产流程、作业活动和操作方法，进行系统分析和比较，以寻求经济合理的程序和方法。

2.5　流程分析

2.5.1

流程分析　flow analysis

针对生产和管理事务过程及其活动进行系统地调查、记录和分析研究，以达到改进现状或设计新流程的目的。

2.5.2 生产过程活动

2.5.2.1

加工 working

有意识地改变对象物的物理及化学性质,或与其他对象物组合与分解的活动。

示例:

车床上加工零件,搅拌机搅拌,打字员打字等。

2.5.2.2

检验 inspection

对物品的数量和质量进行检查,并将检查结果与标准对比,以判断是否合格。

示例:

检验加工零件质量,物品入库前清查等。

2.5.2.3

搬运 transportation

有意识地移动对象物的位置,从一处移至另一处的活动。

示例:

手推车搬运物料,传送带输送物料等。

2.5.2.4

延迟 delay

由于预定的活动(如作业、检验或搬运)没有发生,而造成对象物的闲置。

示例:

物料堆放在工作场所,半成品等待检验等。

2.5.2.5

储存 storage

对象物在计划控制下的保存或停放。本环节的取消,必须经过制度或手续上的认可。

示例:

物料存入仓库,文件存入档案。

2.5.3 流程分析的技术

2.5.3.1

概略流程分析 outline process analysis

为掌握产品制造过程的大致状况,用较短时间进行调查,发现改进重点,并为以后详细分析作准备。调查中只记录分析加工和检验两项活动。

2.5.3.2

工艺流程分析 technological process analysis

针对产品制造过程中发生的全部活动,包括加工、检验搬运、延迟和储存,进行全面系统地调查、记录和分析研究,并加以改进的方法。

2.5.3.3

流程路线分析 flow line analysis

运用生产活动的图示符号,在工作地布置图上表示对象物或操作者移动路线的现状,通过分析改进,达到合理布置缩短工艺路线的目的。

2.5.3.3.1

平面路线分析　surface flow line analysis

运用生产活动图示符号，在工作地的平面图上进行路线的分析和改进。

2.5.3.3.2

立体路线分析　three-dimension flow line analysis

运用生产活动图示符号，在工作地的空间布置图上进行立体路线的分析和改进。

2.5.3.4

管理事务流程分析　management affairs produce

针对管理事务手续和票据账单传递程序进行系统调查、记录和分析研究，以达到改进现状或设计新的管理事务流程的目的。

2.5.3.5

搬运分析　transport analysis

以搬运距离、搬运数量和搬运方法为对象，分析对象物空间放置的合理性，以改进搬运工作，减轻搬运强度，提高搬运效率。

2.5.3.5.1

搬运活动分析　transport flexibility analysis

搬运对象物由放置状态进入移动状态难易程度的分析。

2.5.3.5.2

搬运活动性指数　transport flexibility index

衡量对象物由放置状态进入移动状态难易程度的指标。

2.5.3.6

相互关联分析　relevant analysis

通过各生产单位和业务部门之间关联性的调查，并以“关联密切靠近配置”的原则，合理布置生产单位和业务部门。

2.5.3.7

工艺路线分析　technological process route

通过对众多加工对象工艺路线的分析，从中找出具有代表性的一种或几种加工工艺路线，并依此布置设备，最终使全部加工对象的工艺路线最短。

2.5.3.8

余力分析　spare produce facilities analysis

调查和分析作业负荷量与现有人员或设备的能力是否相适宜，以及工序间生产能力是否平衡，并研究充分利用人力及设备多余能力的措施。

2.6　操作分析

2.6.1

操作分析　operation analysis

以生产流程或管理事务流程中各个作业事项为对象的分析技术，通过对操作活动结构的细致分析，提出科学合理的操作程序和方法。

2.6.2　操作分析技术

2.6.2.1

操作者作业分析　operator operation process analysis

对操作者承担的工序操作活动，进行详细地观察、记录和分析的技术。通过对现有操作方法的改进，达到减轻劳动强度，提高工作效率，确保安全生产的目的。

2.6.2.2

工组联合作业分析　gang process analysis

以数人组成的工组作业活动为对象，按作业活动顺序，从时间空间上对每个操作者的分工与协作进行详尽地观察和记录，通过分析改进，以达到协调工组内部的分工和平衡作业负荷量，最终实现提高工组效率的目的。

2.6.2.3

人一机作业分析　man-machine process analysis

以机械作业活动为对象，在一个作业循环中，考察人的活动和机械运作的配合，以提高机械设备和操作者的作业负荷，并确保操作的安全性。

2.7　动作分析

2.7.1

动作分析　motion analysis

以操作或动作为对象，通过对动作内容进行详细的观察、记录和分析改进，以消除不必要的动作，降低劳动强度，实现操作方法的合理化。

2.7.2

动素　therblig

构成劳动活动的基本单元。

2.7.2.1

空手移动　transport empty

伸手

空手接近或离开目的物的动作。

2.7.2.2

握住　grasp

握住目的物的动作。

2.7.2.3

移动　transport loaded

用手移动目的物的动作。

2.7.2.4

对准　position

为进行下一个动作而对准位置的动作。

2.7.2.5

装配　assemble

将两个以上的目的物组合起来的动作。

2.7.2.6

使用　use

借助于器具或设备进行的操作。

2.7.2.7

拆卸　disassemble

分解两个以上目的物的动作。

2.7.2.8

放手　release load

放下目的物的动作。

2.7.2.9

对比　inspect

将目的物与规定标准进行比较的动作。

2.7.2.10

寻找　search

寻找目的物的动作。

2.7.2.11

选择　select

从许多目的物中挑选一件的动作。

2.7.2.12

思考　plan

操作中做出判断、理解后，决定下一操作步骤。

2.7.2.13

预对　pre-position

为避免“对准”动作而设定目的物位置的动作。

2.7.2.14

保持　hold

保持或支持目的物的动作。

2.7.2.15

休息　rest

为消除疲劳，工作中的短暂停歇。

2.7.2.16

延迟　unavoidable delay

操作者不能控制的原因造成的延迟。

2.7.2.17

故延　avoidable delay

操作者可以避免的延迟。

2.7.3　动作分析技术

2.7.3.1

动作目视技术　visual motion study

通过研究人员直接观察，并采用动作要素符号将操作者的左右手和目视动作正确无误地记录下来，然后分析记录资料，并提出改进操作方法的技术。

2.7.3.2

动作摄像分析　motion photographic study picture recording videotape recording

应用摄影技术将研究的操作拍成影片或录像带，依据影片或录像带进行分析与改进操作的技术。

2.7.3.2.1

瞬间动作分析　instantaneous motion study

采用慢速拍摄操作者的动作，然后用正常速度放映，并对操作者的动作活动加以分析和改进的方法。

2.7.3.2.2

微动作分析　micro motion study

采用高速拍摄操作者的动作，然后用正常速度放映，针对慢动作镜头，进行精细的分析，并改进其操作方法。

2.7.4

动作经济原则　principles of motion economy

实现动作经济合理，减轻作业疲劳，用以改善工作方法的原则。包括身体使用、作业区布置、工具与设备有关的三个方面要求。

2.7.4.1

身体使用　using of human body

有效地使用身体各部位，包括：双手应同时开始和结束工作；除规定的休息时间外，双手不应同时空闲；双臂的动作应对称，方向应相反；应尽可能以最低等级的动作来完成手的操作；应尽可能利用物体的自重，达到位移物体的目的，在需要用力时，则应尽可能减轻物体的重量；作连续的曲线运动比作方向突变的直线运动为好；弹射式的运动比受控制或受限制的运动轻快；动作应尽可能轻松、有节奏，使动作自然流畅等8项基本原则。

2.7.4.2

作业区布置　arrangement of workplace

合理布置作业区域，包括：工具和物料应置于固定位置；工具物料及装置应布置在操作者的最近处；尽可能利用零件物料的重量，落至操作者身边或手边；应尽可能利用坠落（对加工完成的零件）方法；工具、物料应依照最佳的工作顺序排列；应有适当的照明设备，使视觉舒适；工作台及椅子的高度，应使操作者坐立适宜；工作椅式样及高度，应使操作者保持良好姿势等8项基本原则。

2.7.4.2.1

正常作业区域　normal working area

分别以左右臂的肘为圆心，前臂为半径所画圆弧所形成的区域。操作者在正常作业区域内取物时，上臂可以不动。

2.7.4.2.2

最大作业区域　maximum working area

人的手动最大面积，即右手以右肩为圆心，右臂为半径，所画半圆弧面积与左手以左肩为圆心，左臂为半径，所画半圆弧的面积的集合。

2.7.4.3

使用工具和设备的原则　design of tools and equipment

有效使用工具、设备的原则，包括：尽可能解除手工操作，以夹具或用脚踏工具代替；可能时应将两种工具合并；工具物料应尽可能预放在工作位置；用手指操作时，应按各个手指的功能，合理分配负荷；手柄的设计，应尽可能增大与手的接触面，以便于掌握；机器上的杠杆、十字杆等，应安排最适宜的位置，保证使用时省力、轻快、灵活，以减少工人体力消耗，最大限度地利用机械力的作用等6项基本原则。

3　工作岗位研究

3.1

工作岗位研究　position study

工作岗位调查、岗位分析、岗位设计、岗位评价、岗位分类和分级的总称。

3.1.1

工作岗位　position

职位

在特定的组织中，在一定的时间空间范围内，由员工所要完成的任务（3.1.2），以及与之对应的责任（3.1.6）、权限（3.1.7）和职务组成的统一体。更确切地说，在一定的时间空间范围内，即在一定的生产技术组织或工作条件下，由一名员工在制度工时内完成规定的工作任务，并具有相对应的职务（3.1.3）、职责（3.1.4）和职权（3.1.5），就构成一个工作岗位。

3.1.2

任务　task

为达到一定的工作目标而进行的一项工作活动。

3.1.3

职务　name fo the post

岗位名称

对某一工作岗位特定的指称。以简洁的专业名词对工作岗位的性质和特征所做出的概括。

示例：

人事总监，财务处长，销售经理，项目主管，主任科员，仓库保管员等。

3.1.4

职责[范围]　responsibilities and duties

岗位的职务(3.1.3)、任务(3.1.2)与责任(3.1.6)的简称。即根据岗位的性质和特点，对岗位员工全部的工作任务和工作责任，从时间空间上所做出的界定。

3.1.5

职权　authority of office

职责范围以内所应具有的权力。即依法及制度赋予员工的完成工作任务所需要的各种权力，一定的职责(3.1.4)要赋予一定的职权。

3.1.6

责任　responsibility

根据劳动分工与协作的要求，规定员工在本岗位范围内对人、对事、对物所应承担的各种义务。即要求员工尽职尽责、保质保量按时地完成本职工作。

3.1.7

权限　limits of authority

权限是对职权(3.1.5)的具体细分细化。依照有关规章制度，为了保证员工完成本岗位的工作任务，对其岗位职责内所应具有的权力范围和内容所作的界定。

3.2

工作岗位调查　position survey

以工作岗位为对象，采用科学的调查方法，收集各种与工作岗位有关的信息的过程。

3.3

工作岗位分析　position analysis

对企业各类岗位的性质、任务、职责、劳动条件和环境，以及职工承担本岗位任务应具备的资格条件所进行的系统分析和研究，并制定出岗位规范、工作说明书等人事文件的过程。

3.3.1　工作岗位分析方法

3.3.1.1

参与法　participation approach

工作岗位分析人员通过直接地参与某一岗位的实际工作，体验和了解工作岗位的性质和特点，从而对岗位的工作内容和人员要求做出客观的描述。

3.3.1.2

观察法　observation approach

工作岗位分析人员直接到工作现场，针对某些特定对象(一个或多个任职者)的作业活动进行观察、收集、记录有关工作的内容、工作间的相互关系、人与工作的关系，以及工作环境、条件等信息，并用文字或图表形式记录下来，然后进行分析、归纳和总结。

3.3.1.3

工作日志法　work diary approach

任职者按时间顺序、详细记录自己的工作内容与工作过程，工作岗位分析人员根据日志所提供的数据资料，经过归纳、总结和概括，完成工作分析的任务。

3.3.1.4

问卷调查法　questionnaire survey approach

采用调查问卷来获取工作分析的信息，以达到工作岗位分析的目的和要求。

3.3.1.5

访谈法　interviews approach

面谈法

工作岗位分析人员就某类岗位的有关问题，面对面地询问任职者、主管、专家等人对该工作岗位的意见和看法。

3.3.1.6

关键事件法　CIT

关键事件技术　critical incident technique

要求调查人员、本岗位员工或与本岗位有关的员工，将劳动过程中的"关键事件"详细加以记录，在大量收集信息之后，对岗位的特征和要求进行分析研究。

3.3.1.7

资料分析法　material analytic approach

为降低工作岗位分析的成本，利用原有数据资料，对工作岗位的任务、责任、权力、负荷、任职资格等做出简要的归纳和总结，作为下一步工作岗位评价的基础和依据。

3.3.1.8

能力分析法　ARP

能力要求法　ability requirements approach

根据预先设计的能力清单，对胜任岗位的工作任务所需要的基本技能逐一进行分析，最终完成员工规格要求的分析任务。胜任岗位的工作任务所需要的技能一般可分解为一般心理能力、知觉能力、心理动力能、力生理能力、感官能力等多种基本的能力。

示例：

——心理能力(Psychological ability)包括：口头理解、书面理解、口头表达、书面表达、观念正确、独创性、记忆能力、问题敏感性、数学推理、演绎能力、归纳能力、信息整理能力和思维灵活性等。

——知觉能力(Conscious ability)包括：知觉速度、知觉灵活性、空间定向、形象化和知觉速度等。

——心理动力能力(Psychological motive power ability)控制精确、多肢协调、反应定向、速度控制、反应时间、臂—手稳定性、手工灵巧、手指敏捷、腕—指速度、腿臂运动速度、选择性注意和时间分享等。

——生理能力(Physiological ability)包括：静止力量、爆发力量、动态力量、躯干力量、伸展灵活性、动态灵活性、总的身体协调、总的身体平衡和耐力等。

——感官能力(Sensory Ability)包括：近视力、远视力、视觉色彩辨别、夜视力、周边视力、深度知觉、炫目敏感度、一般听力、听注意力、声音定位化、语言听力和语言清晰性等。

采用预先设计的观察记录表，以员工的劳动行为为对象，观察其"做什么?"、"如何做?"、"为什么这样做?"，并从信息、人、物三个方面对员工的活动水平和定向程度分别进行分析评定。

注：该法1971年由美国的范纳(Fine)和威利(Wiley)设计，以后得到其他专家的补充和完善，并被推广应用。

3.3.2

工作说明书　concept of job specifications

以书面形式对各类工作岗位的工作性质、内容、任务、责任、权限、方法、工作环境和工作条件，以及本岗位人员资格条件等所作的统一规定。

注：工作说明书的内容，一般包括：基本资料(岗位名称、岗位等级、岗位编码、定员标准、直接上级)工作职责、额外职责、岗位关系、工作内容及要求、工作权限、工作环境和条件、工作时间；以及人员的资历、身体条件、心理品质和能力要求。

3.3.2.1

岗位晋升图　job promotion chart

岗位晋升阶梯图　job promotion stairs diagram

说明各类工作岗位从纵向到横向不同发展途径的图表。

注：工作说明书的组成部分之一，不仅能够标明企业各类岗位之间的相互关系，而且有利于员工明确今后发展方向，促进员工认真学习技术，不断提高自身素质，为担任更高一级的职务创造条件。

3.4　工作岗位设计

3.4.1

工作岗位设计　position design

根据组织需要，并兼顾个人的需要，规定某个岗位的任务、责任、权力以及在组织中与其他岗位关系的过程。

3.4.2

工作扩大化　job enlargement

对岗位的工作进行横向扩展，扩大职责范围和工作责任，增加劳动活动的内容，使作业形式多样化，改变过细分工对员工心理生理上的不利影响，从而提高劳动效率。

3.4.3

工作丰富化　job enrichment

在岗位现有工作的基础上，通过充实工作内容，使岗位工作多样化，消除因从事单调工作而产生的枯燥厌倦情绪，从心理上满足员工的需要，提高工作任务的挑战性、技术性和独特性。

3.4.4

工作轮换　job rotation

将员工轮换到另一操作水平和技术要求相接近的工作岗位上去工作。

3.4.5

劳动环境的优化　optimization of work environment

利用现代科学技术，改善劳动环境中的各种因素，使之适合于劳动者的生理心理的特点，建立起人—机—环境的最优系统。

3.5　工作岗位评价

3.5.1

工作岗位评价　position evaluation

在工作岗位分析的基础上，按照一定的岗位衡量标准，从工作任务、繁简难易程度、责任大小以及所需的资格条件出发，对工作岗位进行系统的测量、评比和估价的过程。

3.5.2

工作岗位评价指标　position appraisal index

根据工作岗位评价的要求，对影响工作岗位的诸多要素进行分解，将其转化为多维度的可测量、可评比的评价指标体系。

3.5.3

劳动技能　work skills

劳动者从事劳动活动所应具备的技术和能力要求。可采用技术知识要求、操作复杂程度、看管设备复杂程度、产品品种与质量要求的程度、处理预防事故复杂程度等指标进行评定。

3.5.4

劳动责任　work responsibility

劳动者从事劳动活动所应承担的责任。可采用质量责任、产量责任、看管责任、安全责任、消耗责任、管理责任等指标进行评定。

3.5.5

劳动强度　labor intensity

劳动者所从事劳动活动的繁重、紧张或密集程度，以劳动者一定时间内体力和智力(肌肉能量和神经能量)的消耗来衡量。

3.5.5.1　体力劳动强度测定方法

3.5.5.1.1

直接测热法　direct determining heat method

把人置于特制的量热器中，直接测量受测者产生的热量，然后计算出能量代谢率。其测量装置较为复杂，只限于实验研究。

3.5.5.1.2

间接测热法　indirect determining heat method

利用人体作业时二氧化碳的呼出量，结合呼吸商(二氧化碳呼出量与氧耗量之比)和氧的热价，间接计算出产生的热量，从而测得能量代谢率。

3.5.5.1.3

肺通气量法　lungs capacity method

通过测定一定时间内的肺通气量而计算出能量代谢率。

3.5.5.1.4

心率法　heart rhythm method

通过测量心率来衡量劳动强度。

3.5.5.2

劳动强度分级　labor intensity classification

以体力劳动强度指数为依据，划分出劳动负荷量大小的等级。

3.5.5.3

体力劳动强度指数　intensity index of physical work

依据劳动者工作日劳动时间率和平均能量代谢率，计算出劳动强度分级标准。

注：参照 GB/T 3869—1997《体力劳动强度分级》。

3.5.6

劳动环境　work environment

劳动者从事生产劳动活动场所的外部环境和条件。

3.5.6.1

有毒作业　poisonous operation

劳动环境中存在生产性毒物，并且可能危害劳动者的健康的作业。

3.5.6.2

高温作业　high temperature operation

员工的工作地点具有生产性热源，其气温等于或高于本地区夏季室外通风设计计算温 2℃的作业。

3.5.6.3

高处作业　work high above the ground

员工在坠落高度基准面 2 m 或 2 m 以上从事有可能坠落的作业。根据基准面以上的高度不同，可分为：一级、二级、三级和特级高处作业等四个级别。

3.5.6.4

井下作业　work in the mine

在地面以下的矿井或坑道里的生产作业。

3.5.6.5

露天作业　work in the open aire

长期在无遮蔽的地面进行的作业。

3.5.6.6

噪声作业　noise operation

接触生产性噪声的生产劳动称为噪声作业。

3.5.6.7

粉尘作业　dust operation

粉尘是指游浮在劳动环境空气中的固体微粒，员工长时间处于这种环境中的作业。

3.5.6.8

局部振动作业　part vibration operation

使用手持振动工具或接触振动工件的作业。

3.5.6.9

电离辐射作业　ionization and radiation operation

暴露在电离辐射环境中从事生产和工作。

3.5.7　**工作岗位评价方法**

3.5.7.1

序列法　ranking method

排列法

评定人员根据岗位的相对价值，按高低次序对岗位进行排列。

3.5.7.2

分类法　classification method

按照事先建立的各种岗位级别和结构，将待评定岗位划分到合适的岗位级别内。

3.5.7.3

评分法　score method

点数法

选定工作岗位的主要影响因素，并采用一定点数(分值)表示每一因素，然后按预先规定的衡量标准，对现有的岗位的各个因素逐一评比、估价，求得点数，经过加权求和，最后得到各个岗位的总点数。

3.5.7.4

因素比较法　factors comparison method

选定若干(15～20)具有典型性的工作岗位，按照各岗位共有的主要影响因素(4～6)，逐一对典型性岗位进行排序，然后将各个岗位的工资总额按照专家小组公认的评价要素权重进行分解，在保证各岗位评价要素所赋予的工资额合理的前提下，再将所有被选定岗位评价要素的工资额，进行横向与纵向的对比，从而保证赋予各个岗位评价要素工资额的合理性，使之成为岗位评价要素指标的分级标准。岗位评价人员即可依据本标准，对企业所有的岗位进行对比分析，最终求出被评价岗位的分值。

3.5.7.5

专家评估法　expert appraisal method

专家评定法

由岗位评价专家，通过工作分析岗位的性质、内容、任务、责任，权限以及岗位员工的素质要求，收集岗位评价所需要的各种信息，根据予设评价标准，评定工作岗位的等级。

3.5.7.6

测评信度　measuring and appraisal reliability

测评结果的前后一致性，即测评得分可信赖的程度。

3.5.7.7

信度系数　reliability coefficient

鉴定测评信度的统计指标。

3.5.7.8

测评效度　measuring and appraisal validity

测评本身可能达到期望目标的程度，也就是测评结果反映被评价对象的真实程度。

3.5.7.9

效度系数　validity coefficient

鉴定测评效度的统计指标。

3.5.8

工作岗位评价标准　position appraisal standard

对工作岗位评价的方法、指标及其指标体系等方面所作的统一规定。

3.6　工作岗位分类分级

3.6.1

岗位分类　position classification

职位分类

在工作岗位调查、分析和评价的基础上，根据岗位本身的工作性质、繁简难易程度、所负担的工作职责大小以及岗位所需人员资格条件等因素，对工作岗位进行横向和纵向的划分，从而区别出岗位的类别和等级。

3.6.1.1

职系　occupational groups

由工作性质和基本特征相似相近，而任务轻重、责任大小、繁简难易程度和要求不同的工作岗位所构成的岗位序列。一个职系就相当于一种专门职业，职系是岗位分类中的细类。

3.6.1.2

职组　occupational family

由工作岗位性质和特征相似相近的若干职系构成的岗位群。职组是岗位分类中的中小类。例如，小学教师就是一个职系，而教师就是一个职组。

3.6.1.3

职门　occupational category

工作性质和特征相近的若干职组的集合。若干工作性质和特征相近的职组归结在一起，就构成某一职门，凡是属于不同职门的岗位，它们的工作性质完全不同。职门是岗业分类中的大类。

职门与职组、职系四位关系如图 3.1 所示。

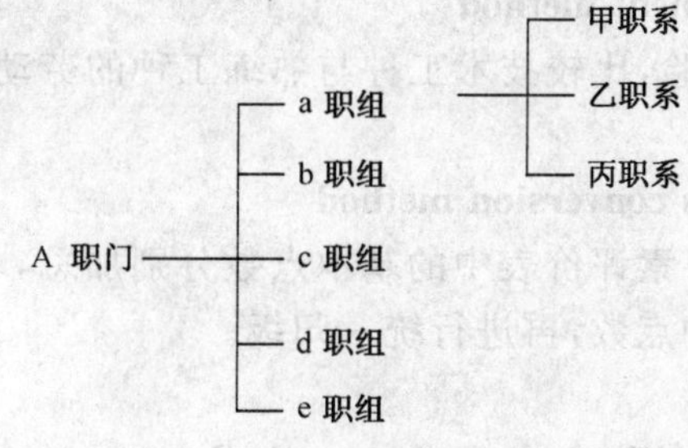

图 3.1　职门与职组、职系的相互关系图

3.6.1.4

岗级　class of position

在同一职系中，工作岗位性质、任务轻重、繁简难易程度、责任大小以及所需人员资格条件相同或相近岗位的集合。

3.6.1.5

岗等　grade of position

在岗位坐标系中，工作性质不同，但繁简难易程度、责任大小以及所需资格条件相同或相近的岗位的集合。

岗级与岗等的关系如图 3.2 所示。

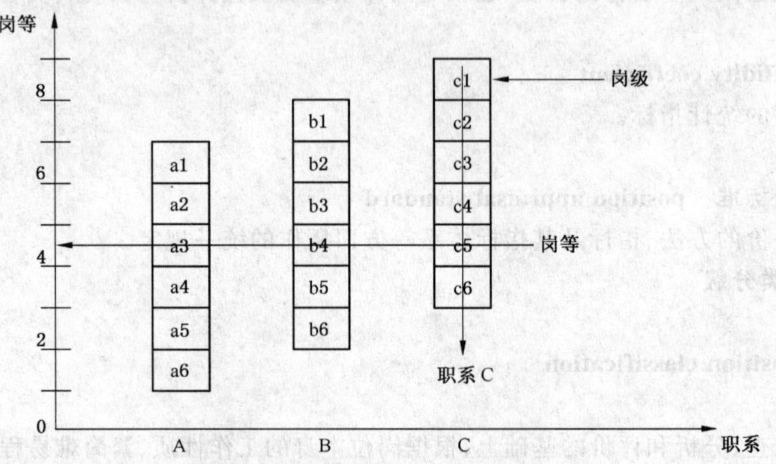

图 3.2　岗级与岗等的关系图

3.6.2

岗位横向分类　position horizontal classification

根据各种岗位工作的不同性质，将各类岗位划分为职门、职组和职系的过程

3.6.3

岗位纵向分级　position vertical classification

在横向分级的基础上，根据工作繁简难易程度、责任大小以及岗位承担人员所需具备的资格条件等因素，对同一职系中的各个工作岗位进行统一的规级列等，最终构建起一个覆盖全部工作岗位的坐标系。如图 3.2 所示。

注：岗位纵向分级包括两个步骤：一是划分岗级，即在横向分级的基础上，分别对性质相同的一个小类即职系内的每一个岗位，按其工作难易繁简程度、责任大小，以及上岗人员所需具备的资格条件等因素进行评价，根据评价的结果，将各个岗系的所有岗位划分为若干岗级；二是归入统一的岗等，即在各个职系分别归级的基础上，将不同职系的岗级进行衡量评比，凡是各种要素相近的岗级，都归入统一的一个岗等内。如图 3.2 所示。

3.6.4　岗位分类方法

3.6.4.1

经验判断法　experience judgment method

邀请企业各有关人员，根据经验，比较技术工种与熟练工种的劳动差别，进行统一归级。

3.6.4.2

基本点数换算法　basic points conversion method

先将熟练工种与技术工种在要素评价表中的基本点数分别加总，求出两者之间的比例，按比例将各个熟练工种的点数折算成技术工种点数，再进行统一归级。

3.6.4.3

交叉岗位换算法　intersect position conversion method

把既可以归为熟练工种又可归为技术工种的某些特殊工种，先分别划岗归级，再根据这些工种在不同类型中的岗位等级，求出技术工种与熟练工种之间的统一换算比例，然后归级。

4 劳动定员

4.1

劳动定员 personnel quota

人员定额

在一定生产技术组织条件下，为保证企业生产经营活动正常进行，按一定素质要求，对配备某类人员所规定的限额。

4.2

编制定员 establishment personnel quota

根据组织模式和机构设置的要求，在划分各级部门职责范围的基础上，对各类工作岗位人员配置数量和质量所提出的总要求。

4.2.1

编制总额 establishment total

与单位内组织机构设置相对应的各个部门各类工作岗位职务及其人员配置总量的限定。

4.2.2

编制员额 establishment staff

对某一部门内各类工作岗位的人员配置总量的限额。

4.2.3

岗位职务等级序列表 position rank alignment table

由序号、所属部门、岗位名称、岗位编码、职责范围、岗位等级等标志组成的表格。

4.3

员工分类 staff family

根据工作岗位的性质和特点，对企业员工进行的分类。

示例：

操作和服务人员，管理人员，专业技术人员等。

4.4

企业定员范围 scope of enterprise personnel quota

在企业中，为了保证生产经营活动的正常进行，凡是因生产工作需要安排劳动者的岗位，无论是生产性、还是非生产性，一律要确定定员。其他人员不列入劳动定员的范围内。

4.5

各类人员比例分析 ratio analysis of different types staff

对企业不同工作岗位各类人员配置的比例关系所进行的研究。

示例：

——对生产人员与非生产人员的比例关系分析；

——对生产人员内部的比例关系分析：包括对生产工人内部基本工人和辅助工人的比例关系、各工种之间的比例、技术熟练程度高与技术熟练程度低工人的比例关系分析；

——对男女员工的比例关系分析；

——对服务人员与企业其他各类员工的比例关系分析；

——工程技术人员与管理人员的比例关系、工程技术人员内部不同专业人员的比例关系、以及管理人员内部不同专业人员的比例关系的分析等。

4.6 劳动定员的方法

4.6.1

效率定员 personnel quota by efficiency

按照工作任务总量和劳动定额、定额完成率以及出勤率等指标，经过核算确定的劳动定员。

4.6.2

设备定员 personnel quota by equipment

根据计划需要开动的机械设备的总数目、设备的开动率和设备看管定额以及出勤率等指标，经过核算确定的劳动定员。

4.6.3

岗位定员 personnel by position

根据工作岗位的职责范围、工作任务量、岗位负荷率、工作轮班以及出勤率等指标，经过测定确定的劳动定员。

4.6.4

比例定员 personnel quota by ratio

按照与某一类服务对象或某类人员之间的数量依存关系。

4.6.5

按职责范围定员 personnel quota by scope of responsibilities and duties

首先确定组织结构以及各个部门的业务分工和职责范围，然后确定工作岗位，再根据各个岗位的业务复杂程度、工作量大小以及相关人员的效率水平，经过核算确定的劳动定员。

5 劳动定额

5.1

劳动定额 work quota

在一定生产技术组织条件下，采用科学合理的方法，对生产单位合格产品或完成一定工作任务的劳动消耗量所预先规定的限额。

5.1.1

时间定额 time quota

工时定额 man-time quota

生产单位合格产品或完成一定工作任务量的劳动时间消耗的限额。

5.1.2

产量定额 output quota

在单位时间内生产合格产品的数量或完成工作任务量的限额。

5.1.3

看管定额 looking after quota

对操作者(一个或一组)在同一时间内照管机器设备的台数或工作岗位数规定的限额。

5.1.4

服务定额 service quota

按一定的质量要求，对服务人员在制度时间内提供某种服务所规定的限额。

5.1.5

工作定额 job quota

采用多种指标和方法，对各类人员完成管理性劳动所规定的限额。

5.1.6

现行定额 quota in force

在报告期内企业正在贯彻实施并进行考核的劳动定额。

5.1.7

计划定额　planned quota

计划期内企业预定实行或可能达到的劳动定额。

5.1.8

设计定额　designed quota

为满足新建、改建、扩建项目或新产品设计的需要而制定的劳动定额。

5.1.9

不变定额　fixed quota

将某一时期现行定额固定下来，在一定时期内保持不变，作为衡量对比基础的劳动定额。

5.2　劳动定额管理

5.2.1

劳动定额制定　formulation of work quota

采用科学方法，根据先进合理的原则，快、准、全地制定劳动定额的过程。

5.2.2

劳动定额贯彻　enforcement of work quota

制定和修订后的劳动定额，通过行政部门颁布，使劳动定额得以实施的过程。

5.2.3

劳动定额统计　statistics of work quota

劳动定额管理信息的反馈过程。通过统计分析，为企业指导生产、组织劳动与分配、评价劳动效率、修订定额提供依据。

5.2.4

劳动定额修订　revision of work quota

由于生产技术条件变更，以及生产水平和劳动者技术熟练程度的提高，对现行劳动定额所作的修改。

5.2.5

劳动定员定额水平　work and personnel quota level

在一定生产技术组织条件下，行业或企业规定的劳动定员定额在数值上要求的高低松紧程度。

注：在劳动定员定额制定和实施的时空范围内，其水平应保持其先进性和可行性。定员定额水平的确定应以市场为导向，积极向国内、国际先进水平靠拢，以促进行业、企业竞争能力的提高；劳动定员定额水平应当保持动态性和相对性。定员定额水平不是固定不变的，随着生产、管理、技术水平的发展和提高，定员定额及标准的水平需要逐步提高。定员定额及其标准在有效期内应保持其先进性，一旦部分乃至全部失去先进性就必须进行修订。

5.3　工时消耗分类

5.3.1

定额时间　quota time

生产工人在工作班内为完成生产任务，直接和间接的全部工时消耗。

5.3.1.1

准备与结束时间　time for preparation and end

为执行一项作业或加工一批产品，事前准备和事后结束工作所消耗的时间。

示例：

如熟悉图纸和工艺、设备调整、准备专用工艺装备、首件及成批交付检验等所消耗的工时。

5.3.1.2

作业时间　operation time

直接用于完成生产作业或零件加工所消耗的时间。

5.3.1.3

作业宽放时间　allowed time for operation

完成生产作业和零件加工过程中，由于工作现场组织管理和工艺装备的技术需要所发生的间接工时消耗，它包括组织性宽放时间和技术性宽放时间。

5.3.1.4

个人需要与休息宽放时间　allowance time for individual needs and relaxation

工作班内满足个人生理需要，以及为消除过分紧张和劳累所必需的短暂休息时间。

5.3.2

非定额时间　non-quota time

生产工人在工作班内发生的无效劳动和损失的时间。

5.3.2.1

非生产时间　non-production time

在工作班内，由于企业组织管理不善或自身的责任做了非本职或不必要的工作所消耗的时间。

示例：

如找图纸、物料、工具、寻找管理人员或检验人员，承担部分应由辅助工人完成的工作等所消耗的工时。

5.3.2.2

停工时间　break down time

工作班内由于组织管理不善或因操作者个人原因而损失的时间。

示例：

如停电、停工待料、迟到、旷工等损失的工时。

5.4　制定劳动定额的基本方法

5.4.1

经验估工法　empirical evaluation method of working-hours

根据生产实践经验依照有关技术工艺文件或实物，并考虑所使用设备工具工艺装备、原材料等条件，分析估算定额的方法。

5.4.2

概率估工法　probabilistic evaluation method of working-hours

在已知资料不足时，定额人员可预先对工序或作业完工时间做出先进(a)、落后(b)、最有把握(m)三种估计，最后根据公式(1)，计算时间定额：

$$T = M + t\sigma \qquad \cdots\cdots(1)$$

式中：

T——时间定额；

$M=\dfrac{(a+4m+b)}{6}$

$\sigma=\sqrt{(b-a)^2/6^2}$

t——概率度；

a——最早完成时间；

b——最迟完成时间；

m——最有把握完成时间。

5.4.3

统计分析法　statistical analysis method

根据以往生产相同或相似产品工序工时消耗统计资料，经过整理汇总和分析计算确定定额的方法。

5.4.4

类推比较法　analogy and comparison method

以典型零件、工序的工时定额数据为依据，经过对比分析推算出同类零件或工序定额的方法。

5.4.5

工时测定法　working-hours measurement method

通过对生产技术组织条件的分析，在挖掘生产潜力以及操作合理化的基础上，采用实地观测和分析研究确定定额的方法。

5.4.6

定额标准资料法　quota standard data method

以系统成套的时间定额标准为基础，通过对作业要素的分解，找出一一对应的项目及时间值，最后求出零件(或工序、工步、操作)时间定额的方法。

5.5　工时测定的方法

5.5.1

工作日写实　workday diary

在工作地按照时间消耗的顺序，采用计时器对劳动者的工作活动及其时间消耗情况进行连续性的观察记录。

5.5.2

测时　measuring time

在工作现场以工序为对象，对构成工序的作业要素进行周期性观察，并测定其工时消耗的情况。

5.5.2.1

定时点　appointed time

工序加工过程中相邻操作单元之间的分界标志，当工人按工艺进行操作到达定时点，标志前一操作的结束，后一操作的开始。

5.5.2.2

测定次数　frequency of measurement

测时过程中对各个操作单元使用秒表测定的次数。测定次数与测时结果的误差成反比，必要的测定次数可采用公式求得。

在95%的可靠性范围内，相对误差不超过正负5%时：

$$N_1 = \left[\frac{40\sqrt{n\sum x_i^2 - (\sum x_i)^2}}{\sum x_i}\right]^2 \quad \cdots\cdots(2)$$

在95%的可靠性范围内，相对误差不超过正负10%时：

$$N_2 = \left[\frac{20\sqrt{n\sum x_i^2 - (\sum x_i)^2}}{\sum x_i}\right]^2 \quad \cdots\cdots(3)$$

式中：

N——必要测定次数；

n——预测次数；

x_i——预测时间值。

5.5.2.3

连续测时法　method of continuous measuring time

以秒表为计时工具，按先后顺序对工序的各个单元逐一观察，连续记录其起止时间的一种测时方法。

5.5.2.4

反复测时法　method of repeated measurement of time

用秒表对工序各个操作单元独立进行多次反复的测定，直接记录操作延续时间的一种测时方法。

5.5.2.5

循环测时法　method of cyclical measurement of time

以秒表为测时工具，按操作顺序依次将若干个作业要素(作业要素数—1)合并进行测定，最后获得各个作业要素时间值的一种测时方法。

5.5.2.6

整体测时法　method of whole measurement of time

工序不再细分，以工序为一整体采用秒表直接测定其延续时间的一种测时方法。

5.5.2.7

测时数列　measuring time data

按固定的定时点对同一作业要素经过多次重复测定而获得的延续时间数列。

5.5.2.8

异常值　abnormal value

由于不正常因素的影响在测时数列中出现的过大或过小的操作延续时间值。

5.5.2.9

稳定系数　coefficient of stability

反映测时数列稳定程度的指标，它等于测时数列中最大值与最小值之比。

5.5.2.10

作业要素实测值　actual measuring value of work factors

对作业要素的测时数列，作一定处理后获得的作业要素延续时间代表值。

5.6　工作抽样的方法

5.6.1

工作抽样　working sampling

运用统计学中纯随机抽样的原理，通过对工作地的操作者或机器设备进行随机的瞬间观察，调查各类活动事项的发生次数及发生率，并推断出总体的分布状况。

5.6.2

事项发生率　event probability

某一活动事项的发生次数与总观察次数的比率。

注：一般采用 P 表示事项发生率。

5.6.3

绝对误差　absolute error

直接用调查事项发生率的误差数值表示观察结果(事项发生率)准确程度的指标。

注：一般采用 E 表示绝对误差且 $E=SP$。

5.6.4

相对误差　relative error

以调查事项发生率的比率，表示观察结果(事项发生率)准确程度的指标。

注：一般采用 S 表示相对误差。

5.6.5

必要观察次数　necessary observing times

在一定可靠性(95%)范围内，为了满足一定准确程度要求而必须进行观察的总次数，其计算公式为：

$$N = 4(1-P_y)/S^2 P_y \quad \cdots\cdots(4)$$

或者：

$$N = 4P_y(1-P_y)/E^2 \qquad (5)$$

式中：

N——必要观察次数；

P_y——预测的事项发生率；

S——相对误差(±)；

E——绝对误差，$E=SP$。

5.6.6

随机观察时刻　random observing time

按随机原则确定的观察时点。

5.6.6.1

等间隔观察时刻　equal interval observing time

按照相等的时间间隔进行抽样观察。

5.6.6.2

不等间隔观察时刻　unequal interval observing time

按照不等的时间间隔进行抽样观察。

5.7

工时评定　performance rating

对工人实际作业状态和作业速度按一定标准进行对比和评价，将实测作业的平均延续时间调整为正常时间的技术。

5.7.1

正常时间　normal time

以实测的作业平均延续时间为基础经过工时评定后所得的结果。

5.7.2

正常作业速度　normal speed

具有平均熟练程度的工人，在一个工作班内积极努力工作所达到的作业速度。按此速度工作，能持续进行操作，又不致产生过度的体力消耗和精神疲劳。

5.7.3

速度评定法　speed rating

以标准作业速度为尺度衡量工人实际作业的速度，求出评比系数，将实测时间值调整为正常时间。

5.7.4

系数评定法　leveling

它以技巧、努力程度、工作环境、均匀一致性四个要素为评定项目，每项分为最优、优、良好、正常、差、最差6级，并赋予一定系数值，以此为标准进行工时评定。

5.7.5

客观评定法　objective rating

对作业速度和作业难度进行双重评定的方法。首先对工人作业速度进行评价定出速度评定系数，然后再对工人工作难度(身体使用部位、足脚动作、手眼配合、双手动作、物体移动、条件和重量)进行评比，求出难度调整系数，最后以实测值为基础计算正常作业时间。其计算公式为：

$$T_{zch} = T_{sh} \cdot K_s \cdot K_n \qquad (6)$$

式中：

T_{zch}——正常作业时间；

T_{sh}——作业实测数值；

K_s——速度评定系数；

K_n——难度调整系数。

5.7.6

综合评定法 synthetic rating

采用时间标准对实测值进行工时评定的方法。将作业要素的实测值与规定的标准时间对比，求出评定系数，然后再求出全部操作的平均评定系数，最后计算整个作业的正常时间，其评定系数的计算公式为：

$$R = T_b / T_{sh} \quad \cdots\cdots(7)$$

式中：

R——评定系数；

T_b——作业实测值；

T_{sh}——时间标准值。

5.7.7 **预定动作时间标准**

5.7.7.1

时间衡量法 methods time measurement

将人的操作分解为11种基本动作单元，并根据移动距离、工件重量、难易程度、对称性等影响因素分别设定标准时间，以此对现行作业进行衡量确定其标准时间。

注：一般使用英文缩写MTM表示本法。

5.7.7.2

工作因素分析法 work factors system

将人的操作分解为8种基本动作，根据动作移动距离设立基础时间，并设定5种影响操作的不利影响因素及其工时消耗标准，以此为依据，通过对现行操作衡量，计算出作业标准时间。

注：一般使用英文缩写WF表示本法，它包括详细法、简易法、预备法等多种具体形式。

5.7.7.3

模特排时法 modeled arrangement predetermined time standard

将人的操作活动划分为3大类21种基本动作，每一基本动作赋予特定的分类符号，代表动作内容，级别及时间值。以此对现行作业进行衡量，计算出作业标准时间。

示例：

如M3表示：M——手移动，3——小臂部分移动，其时间为3MOD，3MOD＝3×0.129＝0.387 s。

6 劳动定员定额标准化

6.1

劳动定员定额标准 work and personnel quota standard

对劳动定员定额制定、实施、统计分析、考核和修订的各个环节中重复性事物和概念所作的统一规定。它是以科学技术与生产实践经验的综合成果为基础，经有关方面协商一致，由主管机构批准，以特定形式发布，作为共同遵守的准则。

6.2

标准时间 standard time

具有平均熟练程度的操作者，在标准作业条件和环境下，以正常的作业速度和标准的程序方法，完成某一作业所需要的总时间。它等于正常作业时间与各类宽放时间的总和。

6.2.1

单件时间 work piece time

它等于工序作业时间以及应分摊的作业宽放时间和个人需要与休息宽放时间的总和。

6.2.2

标准时间使用系数　use coefficient of standard time

实际的生产技术组织条件不符合标准作业条件时，对标准时间修正的系数。

6.2.2.1

生产技术条件系数　coefficient of productive and technical condition

由于实际的生产技术条件，包括加工材质、加工设备、工具和加工要求等方面不符合标准条件，修正标准时间的系数。

6.2.2.2

批量系数　batch coefficient

因实际加工批量不符合标准的加工批量，修正标准时间的系数。

6.2.2.3

定员系数　coefficient of personnel quota

因实际配备人数不符合定员人数，修正标准时间的系数。

6.2.2.4

设备看管系数　coefficient of looking equipment

因实际看管设备台数不符合规定看管台数，修正标准时间的系数。

6.3　**劳动定员定额标准分类**

6.3.1

劳动定员定额基础标准　method standard of work and personnel quota

在一定范围内作为制定劳动定员定额标准的基础，具有广泛指导意义并普遍使用的共性标准。

6.3.2

劳动定员定额方法标准　method standard of work and personnel quota

以劳动定员定额的制定、贯彻执行、统计分析、考核和修订等各种方法为对象制定的劳动定员定额标准。

6.3.3

劳动定员定额管理标准　managerial standard of work and personnel quota

对劳动定员定额标准化领域中需要协调统一的管理事项所制定的劳动定员定额标准。

6.3.4

劳动定员定额工作标准　working standard of work and personnel quota

对劳动定员定额工作中劳动岗位责任、工作范围、工作要求、作业方法和劳动消耗量等所作的统一规定。

6.3.5

单项定员标准　single personnel quota standard

详细定员标准

以某类人员或某一岗位、设备、加工工序乃至单项作业为对象制定的劳动定员标准。

6.3.6

综合定员标准　comprehensive personnel quota standard

概略定员标准

以多岗位人员完成同一工作或加工同一代表性产品所制定的劳动定员标准。

示例：

某交通公司为下属长途汽车运输企业制定的综合定员标准是：每辆15吨以上的载重车货运定员人数为3.36人(含各类相关人员人数)。

6.3.7

时间定额标准　time quota standard

采用时间定额的形式制定的劳动定额工作标准。

6.3.7.1

图解式定额标准　graphical quota standard

在直角坐标中(均等坐标或对数坐标)采用几何图线(直线或曲线)反映工时消耗与影响因素之间函数关系的定额标准。

6.3.7.2

函数式定额标准　functional quota standard

采用数学公式反映工时消耗与影响因素之间函数关系的定额标准。

6.3.7.3

表格式定额标准　table quota standard

采用表格形式反映工时消耗与影响因素之间函数关系的定额标准。

6.3.7.4

分解时间定额标准　decomposition-time quota standard

按定额时间的组成部分如准备结束时间标准、辅助时间标准、种类宽放时间标准等制定的时间定额标准。

6.3.7.5

零件时间定额标准　part-time quota standard

以产品典型零件为对象制定的时间定额标准。

6.3.7.6

工序时间定额标准　process-time standard

以工序为对象制定的时间定额标准。

6.3.7.7

工步时间定额标准　step-time quota standard

以工步为对象制定的时间定额标准。

6.3.7.8

操作时间定额标准　operation-time quota standard

以操作为对象制定的时间定额标准。

6.3.7.9

预定动作时间标准　predetermined time standard

在作业程序分析和动作研究基础上,以预先设定基本动作单位为对象制定的时间定额标准。

6.3.8

产量定额标准　output quota standard

采用产量定额形式制定的劳动定额标准。

6.3.9

双重定额标准　dual quota standard

以工时定额和产量定额的双重形式制定的劳动定额工作标准。

中 文 索 引

A

按职责范围定员………………………… 4.6.5

B

搬运………………………………… 2.5.2.3
搬运分析……………………………… 2.5.3.5
搬运活动分析………………………… 2.5.3.5.1
搬运活动性指数……………………… 2.5.3.5.2
保持 ………………………………… 2.7.2.14
编制定员……………………………… 4.2
编制总额……………………………… 4.2.1
编制员额……………………………… 4.2.2
比例定员……………………………… 4.6.4
不变定额……………………………… 5.1.9
必要观察次数………………………… 5.6.5
不等间隔观察时刻…………………… 5.6.6.2
标准时间……………………………… 6.2
标准时间使用系数…………………… 6.2.2
表格式定额标准……………………… 6.3.7.3

C

重排………………………………… 2.3.3
储存………………………………… 2.5.2.5
操作分析……………………………… 2.6.1
操作者作业分析……………………… 2.6.2.1
拆卸………………………………… 2.7.2.7
参与法……………………………… 3.3.1.1
测评信度……………………………… 3.5.7.6
测评效度……………………………… 3.5.7.8
产量定额……………………………… 5.1.2
测时………………………………… 5.5.2
测定次数……………………………… 5.5.2.2
测时数列……………………………… 5.5.2.7
操作时间定额标准…………………… 6.3.7.8
产量定额标准………………………… 6.3.8

D

动作分析……………………………… 2.7.1
动素………………………………… 2.7.2
对准………………………………… 2.7.2.4
对比………………………………… 2.7.2.9
动作目视技术………………………… 2.7.3.1
动作摄像分析………………………… 2.7.3.2
动作经济原则………………………… 2.7.4
电离辐射作业………………………… 3.5.6.9
点数法……………………………… 3.5.7.3
定额时间……………………………… 5.3.1
定额标准资料法……………………… 5.4.6
定时点……………………………… 5.5.2.1
等间隔观察时刻……………………… 5.6.6.1
单件时间……………………………… 6.2.1
定员系数……………………………… 6.2.2.3
单项定员标准………………………… 6.3.5

F

方法研究……………………………… 2.1
放手………………………………… 2.7.2.8
访谈法……………………………… 3.3.1.5
肺通气量法…………………………… 3.5.5.1.3
粉尘作业……………………………… 3.5.6.7
分类法……………………………… 3.5.7.2
服务定额……………………………… 5.1.4
非定额时间…………………………… 5.3.2
非生产时间…………………………… 5.3.2.1
反复测时法…………………………… 5.5.2.4
分解时间定额标准…………………… 6.3.7.4

G

概略流程分析………………………… 2.5.3.1
工艺流程分析………………………… 2.5.3.2
管理事务流程分析…………………… 2.5.3.4
工艺路线分析………………………… 2.5.3.7
工组联合作业分析…………………… 2.6.2.2
故延 ………………………………… 2.7.2.17
工作岗位研究………………………… 3.1
工作岗位……………………………… 3.1.1
工作岗位调查………………………… 3.2
工作岗位分析………………………… 3.3
观察法……………………………… 3.3.1.2

工作日志法……………………………… 3.3.1.3
关键事件法……………………………… 3.3.1.6
关键事件技术…………………………… 3.3.1.6
工作说明书……………………………… 3.3.2
岗位晋升图……………………………… 3.3.2.1
岗位晋升阶梯图………………………… 3.3.2.1
工作岗位设计…………………………… 3.4.1
工作扩大化……………………………… 3.4.2
工作丰富化……………………………… 3.4.3
工作轮换………………………………… 3.4.4
工作岗位评价…………………………… 3.5.1
工作岗位评价指标……………………… 3.5.2
高温作业………………………………… 3.5.6.2
高处作业………………………………… 3.5.6.3
工作岗位评价标准……………………… 3.5.8
岗位分类………………………………… 3.6.1
岗级……………………………………… 3.6.1.4
岗等……………………………………… 3.6.1.5
岗位横向分类…………………………… 3.6.2
岗位纵向分级…………………………… 3.6.3
岗位职务等级序列表…………………… 4.2.3
各类人员比例分析……………………… 4.5
岗位定员………………………………… 4.6.3
工时定额………………………………… 5.1.1
工作定额………………………………… 5.1.5
个人需要与休息宽放时间……………… 5.3.1.4
概率估工法……………………………… 5.4.2
工时测定法……………………………… 5.4.5
工作日写实……………………………… 5.5.1
工作抽样………………………………… 5.6.1
工时评定………………………………… 5.7
工作因素分析法………………………… 5.7.7.2
概略定员标准…………………………… 6.3.6
工序时间定额标准……………………… 6.3.7.6
工步时间定额标准……………………… 6.3.7.7

H

合并……………………………………… 2.3.2
函数式定额标准………………………… 6.3.7.2

J

记录……………………………………… 2.2.3
简化……………………………………… 2.3.4
加工……………………………………… 2.5.2.1
检验……………………………………… 2.5.2.2
间接测热法……………………………… 3.5.5.1.2
井下作业………………………………… 3.5.6.4
局部振动作业…………………………… 3.5.6.8
经验判断法……………………………… 3.6.4.1
基本点数换算法………………………… 3.6.4.2
交叉岗位换算法………………………… 3.6.4.3
计划定额………………………………… 5.1.8
经验估工法……………………………… 5.4.1
绝对误差………………………………… 5.6.3

K

考查……………………………………… 2.2.4
开发……………………………………… 2.2.5
考查分析[法]…………………………… 2.2.9
空手移动………………………………… 2.7.2.1
看管定额………………………………… 5.1.3
客观评定法……………………………… 5.7.5

L

流程分析………………………………… 2.5.1
流程路线分析…………………………… 2.5.3.3
立体路线分析…………………………… 2.5.3.3.2
劳动环境优化…………………………… 3.4.5
劳动技能………………………………… 3.5.3
劳动责任………………………………… 3.5.4
劳动强度………………………………… 3.5.5
劳动强度分级…………………………… 3.5.5.2
劳动环境………………………………… 3.5.6
露天作业………………………………… 3.5.6.5
劳动定员………………………………… 4.1
劳动定额制定…………………………… 5.2.1
劳动定额贯彻…………………………… 5.2.2
劳动定额统计…………………………… 5.2.3
劳动定额修订…………………………… 5.2.4
劳动定员定额水平……………………… 5.2.5
类推比较法……………………………… 5.4.4
连续测时法……………………………… 5.5.2.3
劳动定员定额标准……………………… 6.1
劳动定员定额基础标准………………… 6.3.1
劳动定员定额方法标准………………… 6.3.2
劳动定员定额管理标准………………… 6.3.3

劳动定员定额工作标准…………………… 6.3.4
零件时间定额标准………………………… 6.3.7.5

M

面谈法………………………………………… 3.3.1.5
模特排时法…………………………………… 5.8.7.3

N

能力分析法…………………………………… 3.3.1.8
能力要求法…………………………………… 3.3.1.8

P

平面路线分析………………………………… 2.5.3.3.1
排列法………………………………………… 3.5.7.1
评分法………………………………………… 3.5.7.3
批量系数……………………………………… 6.2.2.2

Q

确立…………………………………………… 2.2.6
权限…………………………………………… 3.1.7
企业定员范围………………………………… 4.4

R

人—机作业分析……………………………… 2.6.2.3
任务…………………………………………… 3.1.2
人员定额……………………………………… 4.1

S

实施…………………………………………… 2.2.7
删除…………………………………………… 2.3.1
摄像分析……………………………………… 2.4.3
使用…………………………………………… 2.7.2.6
思考…………………………………………… 2.7.2.12
瞬间动作分析………………………………… 2.7.3.2.1
身体使用……………………………………… 2.7.4.1
使用工具和设备的原则……………………… 2.7.4.3
设备定员……………………………………… 4.6.2
时间定额……………………………………… 5.1.1
设计定额……………………………………… 5.1.8
事项发生率…………………………………… 5.6.2
随机观察时刻………………………………… 5.6.6
速度评定法…………………………………… 5.7.3
时间衡量法…………………………………… 5.7.7.1
生产技术条件系数…………………………… 6.2.2.1
设备看管系数………………………………… 6.2.2.4
时间定额标准………………………………… 6.3.7
双重定额标准………………………………… 6.3.9

T

图表分析……………………………………… 2.4.1
体力劳动强度指数…………………………… 3.5.5.3
停工时间……………………………………… 5.3.2.2
统计分析法…………………………………… 5.4.3
图解式定额标准……………………………… 6.3.7.1

W

握住…………………………………………… 2.7.2.2
微动作分析…………………………………… 2.7.3.2.2
问卷调查法…………………………………… 3.3.1.4
稳定系数……………………………………… 5.5.2.9

X

选择…………………………………………… 2.2.1
修改…………………………………………… 2.2.8
线图分析……………………………………… 2.4.2
相互关联分析………………………………… 2.5.3.6
寻找…………………………………………… 2.7.2.10
选择…………………………………………… 2.7.2.11
休息…………………………………………… 2.7.2.15
心率法………………………………………… 3.5.5.1.4
序列法………………………………………… 3.5.7.1
信度系数……………………………………… 3.5.7.7
效度系数……………………………………… 3.5.7.9
效率定员……………………………………… 4.6.1
现行定额……………………………………… 5.1.6
循环测时法…………………………………… 5.6.2.5
相对误差……………………………………… 5.6.4
系数评定法…………………………………… 5.7.4
详细定员标准………………………………… 6.3.5

Y

延迟…………………………………………… 2.5.2.4
余力分析……………………………………… 2.5.3.8
移动…………………………………………… 2.7.2.3
预对…………………………………………… 2.7.2.13
延迟…………………………………………… 2.7.2.16

有毒作业………………………………… 3.5.6.1
因素比较法……………………………… 3.5.7.4
员工分类………………………………… 4.3
异常值…………………………………… 5.5.2.8
预定动作时间标准……………………… 6.3.7.9

Z

准备……………………………………… 2.2.2
装配……………………………………… 2.7.2.5
作业区布置……………………………… 2.7.4.2
正常作业区域…………………………… 2.7.4.2.1
最大作业区域…………………………… 2.7.4.2.2
职位……………………………………… 3.1.1
职务……………………………………… 3.1.3
职责[范围]……………………………… 3.1.4
职权……………………………………… 3.1.5
责任……………………………………… 3.1.6
资料分析法……………………………… 3.3.1.7
直接测热法……………………………… 3.5.5.1.1
噪声作业………………………………… 3.5.6.6
专家评估法……………………………… 3.5.7.5
专家评定法……………………………… 3.5.7.5
职位分类………………………………… 3.6.1
职系……………………………………… 3.6.1.1
职组……………………………………… 3.6.1.2
职门……………………………………… 3.6.1.3
准备与结束时间………………………… 5.3.1.1
作业时间………………………………… 5.3.1.2
作业宽放时间…………………………… 5.3.1.3
整体测时法……………………………… 5.5.2.6
作业要素实测值 ………………………… 5.5.2.10
正常时间………………………………… 5.7.1
正常作业速度…………………………… 5.7.2
综合评定法……………………………… 5.7.6
综合定员标准…………………………… 6.3.6

英 文 索 引

A

amending ······ 2.2.8
assemble ······ 2.7.2.5
avoidable delay ······ 2.7.2.17
arrangement of workplace ······ 2.7.4.2
authority of office ······ 3.1.5
ARP ······ 3.3.1.8
ability requirements approach ······ 3.3.1.8
allowed time for operation ······ 5.3.1.3
allowance time for individual needs and relaxation ······ 5.3.1.4
analogy and comparison method ······ 5.4.4
appointed time ······ 5.5.2.1
abnormal value ······ 5.5.2.8
actual measuring value of work factors ······ 5.5.2.10
absolute error ······ 5.6.3

B

basic points conversion method ······ 3.6.4.2
break down time ······ 5.3.2.2
batch coefficient ······ 6.2.2.2

C

combination ······ 2.3.2
chart analysis ······ 2.4.1
critical incident technique(CIT) ······ 3.3.1.6
concept of job specifications ······ 3.3.2
classification method ······ 3.5.7.2
class of position ······ 3.6.1.4
coefficient of stability ······ 5.5.2.9
coefficient of productive and technical condition ······ 6.2.2.1
coefficient of personnel quota ······ 6.2.2.3
coefficient of looking equipment ······ 6.2.2.4
comprehensive personnel quota standard ······ 6.3.6

D

develop the new method ······ 2.2.5
delay ······ 2.5.2.4
disassemble ······ 2.7.2.7
design of tools and equipment ······ 2.7.4.3

direct determining heat method …… 3.5.5.1.1
dust operation …… 3.5.6.7
designed quota …… 5.1.8
decomposition-time quota standard …… 6.3.7.4
dual quota standard …… 6.3.9

E

examine the facts …… 2.2.4
establishing …… 2.2.6
elimination …… 2.3.1
expert appraisal method …… 3.5.7.5
experience judgment method …… 3.6.4.1
establishment personnel quota …… 4.2
establishment total …… 4.2.1
establishment staff …… 4.2.2
enforcement of work quota …… 5.2.2
empirical evaluation method of working-hours …… 5.4.1
event probability …… 5.6.2
equal interval observing time …… 5.6.6.1

F

flow diagram analysis …… 2.4.2
flow analysis …… 2.5.1
flow line analysis …… 2.5.3.3
factors comparison method …… 3.5.7.4
fixed quota …… 5.1.9
formulation of work quota …… 5.2.1
frequency of measurement …… 5.5.2.2
functional quota standard …… 6.3.7.2

G

gang process analysis …… 2.6.2.2
grasp …… 2.7.2.2
grade of position …… 3.6.1.5
graphical quota standard …… 6.3.7.1

H

hold …… 2.7.2.14
heart rhythm method …… 3.5.5.1.4
high temperature operation …… 3.5.6.2

I

implementation …… 2.2.7

inspection ······ 2.5.2.2
inspect ······ 2.7.2.9
instantaneous motion study ······ 2.7.3.2.1
interviews approach ······ 3.3.1.5
indirect determining heat method ······ 3.5.5.1.2
intensity index of physical work ······ 3.5.5.3
ionization and radiation operation ······ 3.5.6.9
intersect position conversion method ······ 3.6.4.3

J

job promotion chart ······ 3.3.2.1
job promotion stairs diagram ······ 3.3.2.1
job enlargement ······ 3.4.2
job enrichment ······ 3.4.3
job rotation ······ 3.4.4
job quota ······ 5.1.5

L

limits of authority ······ 3.1.7
labor intensity ······ 3.5.5
lungs capacity method ······ 3.5.5.1.3
labor intensity classification ······ 3.5.5.2
looking after quota ······ 5.1.3
leveling ······ 5.7.4

M

method study ······ 2.1
management affairs produce ······ 2.5.3.4
man-machine process analysis ······ 2.6.2.3
motion analysis ······ 2.7.1
motion photographic study picture recording videotape recording ······ 2.7.3.2
micro motion study ······ 2.7.3.2.2
maximum working area ······ 2.7.4.2.2
material analytic approach ······ 3.3.1.7
measuring and appraisal reliability ······ 3.5.7.6
measuring and appraisal validity ······ 3.5.7.8
man-time quota ······ 5.1.1
measuring time ······ 5.5.2
method of continuous measuring time ······ 5.5.2.3
method of repeated measurement of time ······ 5.5.2.4
method of cyclical measurement of time ······ 5.5.2.5
method of whole measurement of time ······ 5.5.2.6
measuring time data ······ 5.5.2.7

methods time measurement …… 5.8.7.1
modeled arrangement predetermined time standard …… 5.8.7.3
method standard of work and personnel quota …… 6.3.1
method standard of work and personnel quota …… 6.3.2
managerial standard of work and personnel quota …… 6.3.3

N

normal working area …… 2.7.4.2.1
name fo the post …… 3.1.3
noise operation …… 3.5.6.6
non-quota time …… 5.3.2
non-production time …… 5.3.2.1
necessary observing times …… 5.6.5
normal time …… 5.7.1
normal speed …… 5.7.2

O

outline process analysis …… 2.5.3.1
operation analysis …… 2.6.1
operator operation process analysis …… 2.6.2.1
observation approach …… 3.3.1.2
optimization of work environment …… 3.4.5
occupational groups …… 3.6.1.1
occupational family …… 3.6.1.2
occupational category …… 3.6.1.3
output quota …… 5.1.2
operation time …… 5.3.1.2
objective rating …… 5.7.5
operation-time quota standard …… 6.3.7.8
output quota standard …… 6.3.8

P

prepare …… 2.2.2
photograph analysis …… 2.4.3
position …… 2.7.2.4
plan …… 2.7.2.12
pre-position …… 2.7.2.13
principles of motion economy …… 2.7.4
position study …… 3.1
position …… 3.1.1
position survey …… 3.2
position analysis …… 3.3
participation approach …… 3.3.1.1

position design ········ 3.4.1
position evaluation ········ 3.5.1
position appraisal index ········ 3.5.2
poisonous operation ········ 3.5.6.1
part vibration operation ········ 3.5.6.8
position appraisal standard ········ 3.5.8
position classification ········ 3.6.1
position horizontal classification ········ 3.6.2
position vertical classification ········ 3.6.3
personnel quota ········ 4.1
position rank alignment table ········ 4.2.3
personnel quota by efficiency ········ 4.6.1
personnel quota by equipment ········ 4.6.2
personnel by position ········ 4.6.3
personnel quota by ratio ········ 4.6.4
personnel quota by scope of responsibilities and duties ········ 4.6.5
planned quota ········ 5.1.7
probabilistic evaluation method of working-hours ········ 5.4.2
performance rating ········ 5.7
part-time quota standard ········ 6.3.7.5
process-time standard ········ 6.3.7.6
predetermined time standard ········ 6.3.7.9

Q

questionnaire survey approach ········ 3.3.1.4
quota in force ········ 5.1.6
quota time ········ 5.3.1
quota standard data method ········ 5.4.6

R

record the facts ········ 2.2.3
rearrangement ········ 2.3.3
relevant analysis ········ 2.5.3.6
release load ········ 2.7.2.8
rest ········ 2.7.2.15
responsibilities and duties ········ 3.1.4
responsibility ········ 3.1.6
ranking method ········ 3.5.7.1
reliability coefficient ········ 3.5.7.7
ratio analysis of different types staff ········ 4.5
revision of work quota ········ 5.2.4
relative error ········ 5.6.4
random observing time ········ 5.6.6

S

select ······ 2.2.1
simplification ······ 2.3.4
storage ······ 2.5.2.5
surface flow line analysis ······ 2.5.3.3.1
spare produce facilities analysis ······ 2.5.3.8
search ······ 2.7.2.10
select ······ 2.7.2.11
score method ······ 3.5.7.3
staff family ······ 4.3
scope of enterprise personnel quota ······ 4.4
service quota ······ 5.1.4
statistics of work quota ······ 5.2.3
statistical analysis method ······ 5.4.3
speed rating ······ 5.7.3
synthetic rating ······ 5.7.6
standard time ······ 6.2
single personnel quota standard ······ 6.3.5
step-time quota standard ······ 6.3.7.7

T

transportation ······ 2.5.2.3
technological process analysis ······ 2.5.3.2
three-dimension flow line analysis ······ 2.5.3.3.2
transport analysis ······ 2.5.3.5
transport flexibility analysis ······ 2.5.3.5.1
transport flexibility index ······ 2.5.3.5.2
technological process route ······ 2.5.3.7
therblig ······ 2.7.2
transport empty ······ 2.7.2.1
transport loaded ······ 2.7.2.3
task ······ 3.1.2
time quota ······ 5.1.1
time for preparation and end ······ 5.3.1.1
time quota standard ······ 6.3.7
table quota standard ······ 6.3.7.3

U

use ······ 2.7.2.6
unavoidable delay ······ 2.7.2.16
using of human body ······ 2.7.4.1
unequal interval observing time ······ 5.6.6.2

use coefficient of standard time …… 6.2.2

V

visual motion study …… 2.7.3.1
validity coefficient …… 3.5.7.9

W

working …… 2.5.2.1
work diary approach …… 3.3.1.3
work skills …… 3.5.3
work responsibility …… 3.5.4
work environment …… 3.5.6
work high above the ground …… 3.5.6.3
work in the mine …… 3.5.6.4
work in the open aire …… 3.5.6.5
work quota …… 5.1
working-hours measurement method …… 5.4.5
workday diary …… 5.5.1
working sampling …… 5.6.1
work factors system …… 5.7.7.2
work and personnel quota standard …… 6.1
work piece time …… 6.2.1
working standard of work and personnel quota …… 6.3.4

ICS 59.080.30
W 43

中华人民共和国国家标准

GB/T 14014—2008
代替 GB/T 14014—1992

合成纤维筛网

Synthetic fiber bolting cloths

2008-12-31 发布　　2009-08-01 实施

中华人民共和国国家质量监督检验检疫总局
中国国家标准化管理委员会　发布

前言

本标准代替GB/T 14014—1992《蚕丝、合成纤维筛网》。

本标准与GB/T 14014—1992相比，主要变化如下：

——将标准名称由《蚕丝、合成纤维筛网》改为《合成纤维筛网》；

——增加了前言；

——在附录A中增加了JPP、DFP、DPP筛网的62个产品型号、规格；

——在附录B中增加了JMP、JMG、DMP面粉筛网的型号、规格；

——在附录A、附录B、附录E中，增加了丝径的项目。

本标准的附录A、附录B、附录E为规范性附录。附录C、附录D为资料性附录。

本标准由中国纺织工业协会提出。

本标准由全国纺织品标准化技术委员会丝绸分会归口。

本标准起草单位：上海新铁链筛网制造有限公司、上海丝绸(集团)有限公司。

本标准主要起草人：陆金发、王吉康、钱志明、陈伟良、李健民。

本标准所代替标准的历次版本发布情况为：

——GBn 90～93—1980、GB 2014—1980、GB/T 14014—1992。

合 成 纤 维 筛 网

1 范围

本标准规定了合成纤维筛网型号、规格的表示方法、要求、试验方法、检验规则、标志、包装与贮存。

本标准适用于评定合成纤维筛网的品质。

2 规范性引用文件

下列文件中的条款通过本标准的引用而成为本标准的条款。凡是注日期的引用文件，其随后所有的修改单(不包括勘误的内容)或修订版均不适用于本标准，然而，鼓励根据本标准达成协议的各方研究是否可使用这些文件的最新版本。凡是不注日期的引用文件，其最新版本适用于本标准。

GB/T 251 纺织品 色牢度试验 评定沾色用灰色样卡(GB/T 251—2008,ISO 105-A03:1993,IDT)

GB/T 2828.1—2003 计数抽样检验程序 第1部分:按接收质量限(AQL)检索的逐批检验抽样计划(ISO 2859-1:1999,IDT)

GB/T 3923.1 纺织品 织物拉伸性能 第1部分:断裂强力和断裂伸长率的测定 条样法

GB/T 4666 机织物长度的测定

GB/T 4667 机织物幅宽的测定

GB/T 4668 机织物密度的测定

GB/T 8170 数值修约规则

3 筛网型号、规格的表示方法

3.1 筛网型号的表示方法

3.1.1 合成纤维筛网型号由原料代号加上织物组织(或用途)代号表示。

3.1.2 筛网型号表示方法见表1。

表1 筛网型号表示方法

原料类别及代号	织物组织或用途及代号					
	方平组织 F		平纹组织 P		面粉网 M	
	有梭织机	片梭织机	有梭织机	片梭织机	P系列	G系列
锦纶丝 J	JF	JFP	JP	JPP	JMP	JMG
涤纶丝 D	DF	DFP	DP	DPP	DMP	—

3.2 筛网规格的表示方法

3.2.1 方平组织、平纹组织筛网的规格由附录A中的各种筛网型号加经向或纬向密度表示。例:型号为JF,经密为30根/cm,其规格表示为JF30。

3.2.2 面粉网规格由附录B中的型号加序号表示。例:型号JMP,序号6,其规格表示为JMP6。

3.2.3 各种筛网规格的孔宽参考值和有效筛滤面积参考值见附录 C。

4 要求

4.1 要求

4.1.1 合成纤维筛网的要求包括织物的幅宽、密度、外观疵点、断裂强力、断裂伸长率等五个项目。

4.1.2 幅宽、密度、外观疵点为外观品质,断裂强力、断裂伸长率为内在品质。

4.2 分等规定

4.2.1 合成纤维筛网的等级分为一等品、二等品,低于二等品的为不合格品。

4.2.2 合成纤维筛网的评等以匹为单位。断裂强力、断裂伸长率按批评等,密度、幅宽、外观疵点按匹评等,筛网的等级以内在品质和外观品质中最低一项评定。

4.2.3 合成纤维筛网内在品质的规定见表 2。

表 2 内在品质的规定

<table>
<tr><th rowspan="2">产品型号</th><th rowspan="2">产品等级</th><th rowspan="2">幅宽偏差/cm</th><th colspan="2">密度偏差/%</th><th rowspan="2">断裂强力/N</th><th colspan="2">断裂伸长率/%
不大于</th></tr>
<tr><th>经向</th><th>纬向</th><th>经向</th><th>纬向</th></tr>
<tr><td>JF JFP</td><td rowspan="6">一等品</td><td rowspan="6">±2.5</td><td rowspan="6">±2.0</td><td rowspan="6">±5.0</td><td rowspan="6">见附录 A</td><td rowspan="3">52.0</td><td rowspan="3">50.0</td></tr>
<tr><td>JP JPP</td></tr>
<tr><td>JMP JMG</td></tr>
<tr><td>DMP</td><td rowspan="3">42.0</td><td rowspan="3">40.0</td></tr>
<tr><td>DF DFP</td></tr>
<tr><td>DP DPP</td></tr>
<tr><td>JF JFP</td><td rowspan="6">二等品</td><td rowspan="6">±4.0</td><td rowspan="6">±3.0</td><td rowspan="6">±8.0</td><td rowspan="6">附录 A 的 80%</td><td rowspan="3">65.0</td><td rowspan="3">62.5</td></tr>
<tr><td>JP JPP</td></tr>
<tr><td>JMP JMG</td></tr>
<tr><td>DMP</td><td rowspan="3">52.5</td><td rowspan="3">50.0</td></tr>
<tr><td>DF DFP</td></tr>
<tr><td>DP DPP</td></tr>
</table>

4.2.4 合成纤维筛网的幅宽偏差、密度偏差、断裂强力、断裂伸长率其中一项不符合表 2 的规定,依次降等。

4.2.5 合成纤维筛网一等品、二等品外观疵点的评定规定见表 3。

表 3 外观疵点的评定规定

<table>
<tr><th>序号</th><th>疵点名称</th><th>一等品允许范围</th><th>二等品允许范围</th></tr>
<tr><td rowspan="2">1</td><td rowspan="2">缺经</td><td>40 孔及以下,距边 1 cm 以内,长 3 cm 及以内。</td><td>40 孔及以下
1) 距边 1 cm 及以内,长 3.1 cm～20 cm。
2) 距边 1 cm 外,长 0.1 cm～10 m。</td></tr>
<tr><td>40 孔以上
1) 距边 1 cm 外,长 0.5 cm 及以内。
2) 距边 1 cm 及以内,长 3 cm 及以内。</td><td>40 孔以上
1) 距边 1 cm 外,长 0.6 cm～10 cm。
2) 距边 1 cm 及以内,长 3.1 cm～20 cm。</td></tr>
</table>

表 3（续）

序号	疵点名称	一等品允许范围	二等品允许范围
2	筘路	标准孔宽(1±30%)mm，长 10 m 以内 1 条。	标准孔宽(1±60%)mm，每匹 1 条。
3	宽急经	1）轻微的长 2 m 及以内。 2）明显的长 1 m 及以内。	1）轻微的长 2.1 m～20 m。 2）明显的长 1.1 m～10 m。
4	纬密档	规格纬密(1±10%)根/cm。	11 孔～40 孔，规格纬密(1±18%)根/cm。
			4 孔～10 孔，41 孔及以上，规格纬密(1±20%)根/cm
5	断纬	距边 2 cm 内(条距为 3 m 及以上)，每匹允许 2 条。	距边 2.1 cm～5 cm 内(条距为 3 m 及以上)，每匹允许 2 条。
		距边 2.1 cm～5 cm，每匹允许 1 条。	
6	跳梭	距边 2.1 cm～5 cm，每匹允许 1 条。	距边 2.1 cm～5 cm，每匹允许 2 条。
7	叠纬（重梭）	每匹允许 1 梭。	梭距 3 m 及以上，每匹允许 3 梭
8	带纬	距边 5 cm。	距边 5.1 cm～10 cm。
9	纬线糙块、塌纬(塌纡)	1）纬线粗达 3 倍，长 3 cm 及以内，每 10 米 2 只。 2）纬线粗达 4 倍～5 倍，长 1 cm 及以内，每 10 米 2 只。	1）纬线粗达 3 倍，长 3 cm 及以内，每 10 米 3 只～6 只。 2）纬线粗达 4 倍～5 倍，长 1cm 及以内，每 10 米 3 只～5 只。
10	糙	18 孔及以下:5 孔 19 孔～30 孔:10 孔 31 孔～40 孔:15 孔 41 孔～80 孔:20 孔 81 孔及以上:25 孔	18 孔及以下:6 孔～10 孔 19 孔～30 孔：11 孔～20 孔 31 孔～40 孔：16 孔～30 孔 41 孔～80 孔：21 孔～40 孔 81 孔及以上：26 孔～50 孔
11	错经	不允许。	每匹 1 处～2 处。
12	错纬	每匹 1 处，长 5 cm 及以内。	每匹 2 处～3 处，每处长在 5 cm～10 cm 及以内。
13	经纬缺股	1）二股及以上经线缺二分之一，长 10 cm 之内。 2）二股及以上纬线缺二分之一，每匹允许 1 梭。	1）二股及以上经线缺二分之一，长 10.1 cm～30 cm。 2）二股及以上纬线缺二分之一，每匹允许 2 梭～3 梭。
14	缩纬	1）20 cm 以内轻微的 5 梭及以内。 2）20 cm 内明显的 1 梭。	1）20 cm 以内轻微的 6 梭～10 梭 2）20 cm 内明显的 2 梭～5 梭
15	破边	1）未破到内幅，长 5 cm 及以内。 2）破到内幅不允许。	1）未破到内幅，长 5.1 cm～10 cm。 2）破到内幅 2 cm，长 5 cm 及以内。
16	污渍	深浅程度按 GB/T 251 中 3 级。	深浅程度按 GB/T 251 中 3 级以下。
17	伤痕	不允许。	每匹允许 2 处。
18	破洞	不允许。	不允许。

注 1：距边均指距内边。

注 2：序号 10“糙”指凡破坏一个组织点作 1 孔。

注 3：凡表 3 按序号每一疵点均按 1 处疵点算。

注 4：外观疵点说明见附录 D。

4.2.6 外观疵点的评等规定

4.2.6.1 每匹产品按表3中外观疵点允许八处评为一等品、二等品，超过八处，依次降等。

4.2.6.2 对于每匹疵点处数超过定等限度规定，则顺降一等。

4.2.7 表3中二等品允许范围的疵点可以标疵，每一标疵，放尺10 cm。

5 试验方法

5.1 长度试验方法

可按经向检验台计数表记录实际长度。仲裁检验按GB/T 4666的规定进行。

5.2 幅宽试验方法

可在每匹样品的中间和距两端至少3 m处以距离相等测量五处的幅宽，求其算术平均值。按GB/T 8170修约至整数。仲裁检验按GB/T 4667的规定进行。

5.3 密度试验方法

按GB/T 4668中的规定进行。

5.4 断裂强力试验方法

按GB/T 3923.1的规定进行。

5.5 断裂伸长率试验方法

按GB/T 3923.1的规定进行。

5.6 外观疵点检验方法

5.6.1 外观疵点检验条件

5.6.1.1 外观疵点检验在经向检验台上进行，检验台台面应黑色、光滑。

5.6.1.2 光源采用天然北光，或采用2支40 W加罩的日光灯，照度为320 lx～500 lx。光源距离检验台面70 cm。应避免阳光。

5.6.2 外观疵点检验方法

5.6.2.1 检验员位于检验台前面，检验视距为40 cm～50 cm。

5.6.2.2 幅宽165 cm及以下一人检验，幅宽165 cm以上两人检验。

5.6.2.3 检验速度：40孔及以下7 m/min，40孔～100孔6 m/min，100孔以上5 m/min。

6 检验规则

6.1 检验分类

检验分为型式检验和出厂检验。型式检验的时机根据生产厂实际情况或合同协议规定，一般在转产、停产后复产、原料或工艺有重大改变时进行。出厂检验在产品生产完毕交货前进行。

6.2 检验项目

出厂检验和型式检验的检验项目为标准的全部项目。

6.3 组批

出厂检验和型式检验均以同一任务单或同一合同号为同一检验批。

6.4 抽样

6.4.1 幅宽、密度、外观疵点的抽样采用GB/T 2828.1—2003中一般检验水平Ⅱ，接收质量限(AQL)为4.0的一次抽样方案，断裂强力、断裂伸长率的抽样采用GB/T 2828.1—2003中特殊检验水平S-2，接收质量限(AQL)为4.0的一次抽样方案，抽样方案见附录E。

6.4.2 样本应从检验合格批中随机抽取。用于测试断裂强力和断裂伸长率的试样应无影响试验结果的外观疵点，试样可以在每匹筛网的任意部位剪取。

6.5 检验结果的判定

6.5.1 幅宽、密度、外观疵点按匹评定等级，其他项目按批评定等级，以所有试验结果中最低评等评定样品的最终等级。

6.5.2 试样内在品质检验结果所有项目符合标准要求时，判定该试样所代表的检验批内在品质合格。幅宽、密度和外观品质的判定按 GB/T 2828.1—2003 中一般检验水平Ⅱ，接收质量限(AQL)为 4.0 的规定。批内在品质和外观品质均合格时判定为合格批；否则判定为不合格批。

6.6 复验

6.6.1 交收双方对检验结果有疑义时，可申请复验，复验以一次为准。

6.6.2 复验按本标准要求和试验方法进行。

6.6.3 复验具体项目，全检或抽样由交收双方议定。

6.6.4 复验的组批与抽样、检验结果的判定按本标准的 6.3、6.4、6.5 执行。

7 标志、包装与贮存

7.1 标志

7.1.1 标志要求明确、清晰，便于识别。

7.1.2 筛网成品出厂每匹应附有品质合格证，内容包括品名、型号、规格、幅宽、匹长、等级、标准编号、生产厂名、厂址、检验员代号。

7.2 包装

7.2.1 筛网成品外套塑料袋，包装应保证成品品质不受损伤，便于贮存和运输。

7.2.2 筛网成品包装有卷装和折叠两种形式，以匹为单位。幅宽在 218 cm 及以下以圆管卷装，幅宽在 218 cm 以上根据用户要求进行包装。

7.2.3 筛网匹长规定：各种规格 10 m～50 m 为整匹，标准匹长 30 m。3 m 以下作零料处理。

7.3 贮存

7.3.1 筛网不宜受潮，也不宜在强烈阳光下暴晒，贮存筛网的仓库应保持干燥，通风良好。

7.3.2 筛网应平放，堆放在垫仓板上面，不能贴墙，以免受潮变质。

8 其他

对标准中要求另有协议或合同者，可按协议或合同执行。

附 录 A
（规范性附录）
方平组织、平纹组织筛网型号、规格及有关物理性能

表 A.1 方平组织、平纹组织筛网型号、规格及有关物理性能

<table>
<tr><th rowspan="2">型号</th><th rowspan="2">规格/
(孔/cm)</th><th rowspan="2">丝径/
mm</th><th colspan="2">密度/
(根/cm)</th><th colspan="2">断裂强力/N
不小于</th><th rowspan="2">备 注</th></tr>
<tr><th>经向</th><th>纬向</th><th>经向</th><th>纬向</th></tr>
<tr><td rowspan="10">JF
JFP</td><td>30</td><td>0.06×2</td><td>30</td><td>30</td><td>310</td><td>330</td><td rowspan="10">常用幅宽：102 cm，127 cm，145 cm，218 cm，276 cm。</td></tr>
<tr><td>33</td><td>0.06×2</td><td>33</td><td>33</td><td>340</td><td>360</td></tr>
<tr><td>36</td><td>0.06×2</td><td>36</td><td>36</td><td>270</td><td>400</td></tr>
<tr><td>39</td><td>0.06×2</td><td>39</td><td>39</td><td>410</td><td>430</td></tr>
<tr><td>42</td><td>0.06×2</td><td>42</td><td>42</td><td>440</td><td>470</td></tr>
<tr><td>46</td><td>0.05×2</td><td>46</td><td>46</td><td>320</td><td>340</td></tr>
<tr><td>50</td><td>0.05×2</td><td>50</td><td>50</td><td>350</td><td>370</td></tr>
<tr><td>54</td><td>0.043×2</td><td>54</td><td>54</td><td>280</td><td>290</td></tr>
<tr><td>58</td><td>0.043×2</td><td>58</td><td>58</td><td>300</td><td>320</td></tr>
<tr><td>62</td><td>0.043×2</td><td>62</td><td>62</td><td>320</td><td>340</td></tr>
<tr><td rowspan="18">JP
JPP</td><td>4</td><td>0.55</td><td>4</td><td>4</td><td>1 720</td><td>1 830</td><td rowspan="18">常用幅宽：115 cm，127 cm，158 cm，165 cm，182 cm，218 cm，254 cm，316 cm。</td></tr>
<tr><td>5</td><td>0.50</td><td>5</td><td>5</td><td>1 780</td><td>1 900</td></tr>
<tr><td>6</td><td>0.40</td><td>6</td><td>6</td><td>1 370</td><td>1 460</td></tr>
<tr><td>7</td><td>0.35</td><td>7</td><td>7</td><td>1 220</td><td>1 300</td></tr>
<tr><td>8</td><td>0.35</td><td>8</td><td>8</td><td>1 400</td><td>1 480</td></tr>
<tr><td>9</td><td>0.25</td><td>9</td><td>9</td><td>840</td><td>900</td></tr>
<tr><td>10</td><td>0.30</td><td>10</td><td>10</td><td>1 260</td><td>1 340</td></tr>
<tr><td rowspan="2">12</td><td>0.25</td><td rowspan="2">12</td><td rowspan="2">12</td><td>1 120</td><td>1 190</td></tr>
<tr><td>0.30</td><td>1 530</td><td>1 630</td></tr>
<tr><td>14</td><td>0.25</td><td>14</td><td>14</td><td>1 770</td><td>1 880</td></tr>
<tr><td rowspan="2">16</td><td>0.20</td><td rowspan="2">16</td><td rowspan="2">16</td><td>960</td><td>1 020</td></tr>
<tr><td>0.25</td><td>1 430</td><td>1 510</td></tr>
<tr><td rowspan="2">20</td><td>0.15</td><td rowspan="2">20</td><td rowspan="2">20</td><td>670</td><td>720</td></tr>
<tr><td>0.20</td><td>1 130</td><td>1 210</td></tr>
<tr><td>24</td><td>0.15</td><td>24</td><td>24</td><td>760</td><td>810</td></tr>
<tr><td>28</td><td>0.12</td><td>28</td><td>28</td><td>900</td><td>950</td></tr>
<tr><td>30</td><td>0.12</td><td>30</td><td>30</td><td>680</td><td>730</td></tr>
<tr><td>32</td><td>0.10</td><td>32</td><td>32</td><td>450</td><td>480</td></tr>
</table>

表 A.1（续）

型号	规格/（孔/cm）	丝径/mm	密度/（根/cm）		断裂强力/N 不小于		备　注
			经向	纬向	经向	纬向	
JP JPP	36	0.10	36	36	500	530	常用幅宽：115 cm，127 cm，158 cm，165 cm，182 cm，218 cm，254 cm，316 cm。
	40	0.10	40	40	560	600	
	43	0.08	43	43	440	460	
	48	0.08	48	48	430	460	
	56	0.06	56	56	290	310	
	59	0.06	59	59	300	320	
	64	0.06	64	64	330	350	
	72	0.05	72	72	240	260	
	80	0.05	80	80	270	290	
	88	0.043	88	88	220	240	
	96	0.043	96	96	240	260	
	100	0.043	100	100	220	240	
	104	0.043	104	104	270	280	
	120	0.043	120	120	310	330	
	130	0.043	130	130	290	310	
	140	0.038	140	140	260	290	
DF DFP	30	0.055×2	30	30	280	290	常用幅宽：127 cm，145 cm，165 cm，218 cm，254 cm，276 cm，316 cm。
	33	0.055×2	33	33	310	320	
	36	0.055×2	36	36	330	350	
	39	0.055×2	39	39	360	320	
	42	0.045×2	42	42	260	280	
	46	0.045×2	46	46	280	300	
	54	0.045×2	54	54	330	360	
	58	0.039×2	58	58	270	290	
DP DPP	4	0.55	4	4	1 840	1 960	常用幅宽：115 cm，127 cm，158 cm，165 cm，182 cm，218 cm，254 cm，316 cm。
	5	0.50	5	5	1 900	2 020	
	6	0.40	6	6	1 460	1 550	
	7	0.35	7	7	1 300	1 390	
	8	0.35	8	8	1 490	1 580	
	9	0.35	9	9	1 670	1 780	
	10	0.25	10	10	1 010	1 080	
		0.30			1 360	1 240	

表 A.1（续）

型号	规格/(孔/cm)	丝径/mm	密度/(根/cm) 经向	密度/(根/cm) 纬向	断裂强力/N 不小于 经向	断裂强力/N 不小于 纬向	备注
DP DPP	12	0.15	12	12	430	460	常用幅宽：115 cm，127 cm，158 cm，165 cm，182 cm，218 cm，254 cm，316 cm。
		0.25			1 210	1 290	
		0.30			1 640	1 750	
	14	0.20	14	14	900	960	
	15	0.20	15	15	960	1 030	
		0.25			1 510	1 620	
	16	0.20	16	16	1 520	1 620	
	18	0.15	18	18	650	700	
		0.18			920	990	
	19	0.15	19	19	690	740	
	20	0.08	20	20	220	230	
		0.10			340	360	
		0.15			730	780	
	21	0.15	21	21	760	820	
	24	0.12	24	24	590	630	
		0.15			820	810	
	27	0.12	27	27	660	710	
	28	0.08	28	28	300	330	
		0.12			610	650	
	29	0.12	29	29	710	760	
	30	0.12	30	30	730	790	
	32	0.08	32	32	350	370	
		0.10			480	500	
	34	0.08	34	34	370	400	
		0.10			510	540	
	36	0.10	36	36	540	580	
	39	0.055	39	39	180	190	
		0.064			240	250	
	40	0.08	40	40	380	410	
	43	0.08	43	43	390	420	
	47	0.055	47	47	220	230	
		0.064			290	300	

表 A.1(续)

型号	规格/(孔/cm)	丝径/mm	密度/(根/cm)		断裂强力/N 不小于		备　注
			经向	纬向	经向	纬向	
DP DPP	47	0.071	47	47	360	380	常用幅宽:115 cm,127 cm,158 cm,165 cm,182 cm,218 cm,254 cm,316 cm。
	48	0.08	48	48	470	490	
	49	0.064	49	49	300	310	
		0.071			380	390	
	53	0.055	53	53	250	260	
		0.064			330	340	
	59	0.055	59	59	270	280	
		0.064			360	380	
	64	0.055	64	64	300	310	
		0.064			400	410	
	72	0.045	72	72	170	240	
		0.055			330	360	
	77	0.055	77	77	360	380	
	80	0.045	80	80	180	260	
	88	0.045	88	88	276	293	
	90	0.039	90	90	210	220	
		0.045			280	300	
	100	0.039	100	100	230	250	
	110	0.035	110	110	160	170	
		0.039			250	270	
	120	0.035	120	120	180	200	
		0.039			280	300	
	130	0.035	130	130	200	210	
	140	0.035	140	140	220	230	
	150	0.035	150	150	230	250	
	165	0.031	165	165	250	260	

附 录 B
（规范性附录）
面粉网型号、序号及有关物理性能

表 B.1 面粉网型号、序号及有关物理性能

型号	序号	丝径/mm		密度/(根/cm)		断裂强力/N 不小于		备注
		经向	纬向	经向	纬向	经向	纬向	
JMP	6	0.06+0.05×2	0.06	35	37	216	206	常用幅宽：103 cm,127 cm。
	7	0.06+0.05×2	0.06	37	40	226	226	
	8	0.06+0.05×2	0.06	40	42	245	235	
	9	0.06+0.05×2	0.06	42	48	255	275	
	10	0.06+0.05×2	0.06	47	52	284	294	
	11	0.06+0.05×2	0.06	50	56	314	314	
	12	0.06+0.05×2	0.06	54	58	284	390	
	13	0.06+0.043×2	0.06	57	61	304	305	
	14	0.06+0.043×2	0.05	62	68	275	255	
JMG	12	0.40		4.5	4.5	1 031	1 095	常用幅宽：102 cm,127 cm。
	14	0.40		5	5	1 146	1 217	
	15	0.40		5.5	5.5	1 260	1 339	
	16	0.35		6	6	1 053	1 119	
	18	0.35		6.5	6.5	1 141	1 212	
	19	0.35		7	7	1 228	1 305	
	20	0.30		7.5	7.5	967	1 028	
	22	0.30		8	8	1 031	1 095	
	24	0.30		8.5	8.5	1 095	1 164	
	26	0.30		9	9	1 160	1 232	
	27	0.25		10	10	895	951	
	28	0.25		10.5	10.5	940	998	
	30	0.25		11	11	984	1 046	
	31	0.25		11.5	11.5	1 029	1 093	
	34	0.25		12	12	1 074	1 141	
	36	0.25		12.5	12.5	1 119	1 189	
	38	0.20		14	14	802	852	
	40	0.20		14.5	14.5	831	882	
	42	0.20		15	15	859	913	

表 B.1（续）

型号	序号	丝径/mm		密度/(根/cm)		断裂强力/N 不小于		备注
		经向	纬向	经向	纬向	经向	纬向	
JMG	44	0.20		16	16	916	974	常用幅宽：102 cm,127 cm。
	45	0.20		16.5	16.5	945	1004	
	46	0.20		17	17	974	1035	
	47	0.20		17.5	17.5	1 002	1 065	
	50	0.20		18	18	1 031	1 095	
	52	0.15		20.5	20.5	660	702	
	54	0.15		21.5	21.5	693	736	
	58	0.15		22	22	709	753	
	60	0.15		23	23	741	787	
	62	0.15		23.5	23.5	757	804	
	64	0.15		24	24	773	822	
	66	0.10		28.5	28.5	408	434	
	68	0.10		29	29	415	441	
	70	0.10		29.5	29.5	422	449	
	72	0.10		30.5	30.5	437	464	
	74	0.10		32	32	458	487	
DMP	6	0.08+0.064×2	0.08	30	34	338	336	常用幅宽：103 cm,127 cm,145 cm,160 cm。
	7	0.08+0.064×2	0.08	33	36	426	356	
	8	0.08+0.064×2	0.07	36	40	466	328	
	9	0.07+0.048×2	0.064	43	48	382	316	
	10	0.064+0.04×2	0.064	49	52	326	342	
	11	0.064+0.04×2	0.048	53	60	352	227	
	12	0.064+0.04×2	0.048	55	63	370	238	
	13	0.064+0.04×2	0.048	58	68	386	257	
	14	0.048+0.04×2	0.048	62	69	315	261	
	15	0.048+0.04×2	0.048	65	74	331	280	

附 录 C
（资料性附录）
筛网孔宽和有效筛滤面积参考值

本附录提供了筛网各种规格的孔宽参考值和有效筛滤面积参考值，为用户在选择筛网规格时参考。方平组织、平纹组织筛网孔宽和有效筛滤面积参考值见表 C.1。面粉网孔宽和有效筛滤面积参考值见表 C.2。

表 C.1 筛网孔宽和有效筛滤面积参考值

型号	规格/（孔/cm）	丝径/mm	孔宽（参考值）/mm	有效筛滤面积（参考值）/%
JF JFP	30	0.06×2	0.212	40.32
	33	0.06×2	0.181	35.82
	36	0.06×2	0.156	31.56
	39	0.06×2	0.135	27.62
	42	0.06×2	0.116	23.89
	46	0.05×2	0.118	29.43
	50	0.05×2	0.101	25.25
	54	0.043×2	0.099	28.53
	58	0.043×2	0.086	25.08
	62	0.043×2	0.075	21.74
JP JPP	4	0.55	0.190	60.84
	5	0.50	1.500	56.25
	6	0.40	1.267	57.76
	7	0.35	1.079	57.00
	8	0.35	0.900	51.84
	9	0.25	0.860	60.00
	10	0.30	0.700	49.00
	12	0.25	0.583	49.00
		0.30	0.533	40.96
	14	030	0.414	34.00
	16	0.20	0.425	46.00
		0.25	0.375	36.00
	20	0.15	0.350	49.00
		0.20	0.300	36.00
	24	0.15	0.267	40.96
	28	0.12	0.237	33.64
	30	0.12	0.213	41.00

表 C.1（续）

型号	规格/（孔/cm）	丝径/mm	孔宽（参考值）/mm	有效筛滤面积（参考值）/%
JP JPP	32	0.10	0.213	46.24
	36	0.10	0.178	40.96
	40	0.10	0.150	36.00
	43	0.08	0.152	43.00
	48	0.08	0.130	37.95
	56	0.06	0.120	43.48
	59	0.06	0.110	42.00
	64	0.06	0.100	37.30
	72	0.05	0.090	41.24
	80	0.05	0.075	36.35
	88	0.043	0.071	38.76
	96	0.043	0.061	33.95
	100	0.043	0.060	36.00
	104	0.043	0.053	30.71
	120	0.043	0.040	23.75
	130	0.043	0.037	23.00
	140	0.038	0.033	21.61
DF DFP	30	0.055×2	0.223	45.00
	33	0.055×2	0.192	40.00
	36	0.055×2	0.167	36.00
	39	0.055×2	0.146	32.00
	42	0.045×2	0.148	39.00
	46	0.045×2	0.127	33.93
	54	0.045×2	0.094	25.66
	58	0.039×2	0.094	29.63
DP DPP	4	0.55	1.950	61.00
	5	0.50	1.550	60.00
	6	0.40	1.270	58.00
	7	0.35	1.080	57.00
	8	0.35	0.900	52.00
	9	0.35	0.760	47.00
	10	0.25	0.750	56.00
		0.30	0.700	49.00
	12	0.15	0.680	67.00

表 C.1（续）

型号	规格/（孔/cm）	丝径/mm	孔宽（参考值）/mm	有效筛滤面积（参考值）/%
DP DPP	12	0.25	0.580	48.00
		0.30	0.530	40.00
	14	0.20	0.515	52.00
	15	0.20	0.470	50.00
		0.25	0.420	40.00
	16	0.20	0.425	46.00
	18	0.15	0.405	53.00
		0.18	0.375	46.00
	19	0.15	0.375	51.00
	20	0.08	0.420	71.00
		0.10	0.400	64.00
		0.15	0.350	49.00
	21	0.15	0.325	47.00
	24	0.12	0.340	67.00
		0.15	0.270	42.00
	27	0.12	0.250	46.00
	28	0.08	0.280	62.00
		0.12	0.240	45.00
	29	0.12	0.225	43.00
	30	0.12	0.215	42.00
	32	0.08	0.230	54.00
		0.10	0.210	45.00
	34	0.08	0.215	53.00
		0.10	0.195	44.00
	36	0.10	0.180	42.00
	39	0.055	0.200	61.00
		0.064	0.190	55.00
	40	0.08	0.150	36.00
	43	0.08	0.150	42.00
	47	0.055	0.160	57.00
		0.064	0.150	50.00
		0.071	0.140	43.00
	48	0.08	0.128	38.00
	49	0.064	0.140	47.00

表 C.1（续）

型号	规格/（孔/cm）	丝径/mm	孔宽（参考值）/mm	有效筛滤面积（参考值）/%
DP DPP	49	0.071	0.135	44.00
	53	0.055	0.135	51.00
		0.064	0.125	44.00
	59	0.055	0.115	46.00
		0.064	0.105	38.00
	64	0.055	0.100	41.00
		0.064	0.090	33.00
	72	0.045	0.095	47.00
		0.055	0.085	38.00
	77	0.055	0.075	33.00
	80	0.045	0.080	41.00
	88	0.045	0.075	44.00
	90	0.039	0.070	40.00
		0.045	0.065	34.00
	100	0.039	0.060	36.00
	110	0.035	0.056	38.00
		0.039	0.052	33.00
	120	0.035	0.048	33.00
		0.039	0.044	28.00
	130	0.035	0.042	30.00
	140	0.035	0.036	25.00
	150	0.035	0.032	23.00
	165	0.031	0.029	23.00

表 C.2　面粉网孔宽和有效筛滤面积参考值

型号	序号	丝径/mm		孔宽（参考值）/mm	有效筛滤面积（参考值）/%
		经向	纬向		
JMP	6	0.06＋0.05×2	0.06	0.207	55.63
	7	0.06＋0.05×2	0.06	0.189	53.03
	8	0.06＋0.05×2	0.06	0.173	50.34
	9	0.06＋0.05×2	0.06	0.152	46.59
	10	0.06＋0.05×2	0.06	0.132	42.44
	11	0.06＋0.05×2	0.06	0.119	39.39
	12	0.06＋0.05×2	0.06	0.112	38.28
	13	0.06＋0.043×2	0.06	0.102	36.56
	14	0.06＋0.043×2	0.05	0.095	38.24

表 C.2（续）

型号	序号	丝径/mm	孔宽(参考值)/mm	有效筛滤面积(参考值)/%
JMG	12	0.40	1.822	67.00
	14	0.40	1.600	64.00
	15	0.40	1.418	61.00
	16	0.35	1.317	62.00
	18	0.35	1.180	59.00
	19	0.35	1.079	57.00
	20	0.30	1.023	60.00
	22	0.30	0.950	58.00
	24	0.30	0.876	56.00
	26	0.30	0.811	54.00
	27	0.25	0.750	56.00
	28	0.25	0.702	54.00
	30	0.25	0.659	53.00
	31	0.25	0.619	51.00
	34	0.25	0.583	49.00
	36	0.25	0.550	47.00
	38	0.20	0.514	51.90
	40	0.20	0.489	50.40
	42	0.20	0.466	49.00
	44	0.20	0.425	46.20
	45	0.20	0.406	44.90
	46	0.20	0.388	43.60
	47	0.20	0.371	42.30
	50	0.20	0.355	41.00
	52	0.15	0.338	47.90
	54	0.15	0.315	45.90
	58	0.15	0.304	44.90
	60	0.15	0.285	42.90
	62	0.15	0.275	41.90
	64	0.15	0.267	41.00
	66	0.10	0.251	51.20
	68	0.10	0.245	50.40
	70	0.10	0.239	49.70
	72	0.10	0.227	48.30
	74	0.10	0.213	46.20

表 C.2（续）

型号	序号	丝径/mm		孔宽(参考值)/mm	有效筛滤面积(参考值)/%
		经向	纬向		
DMP	6	0.08+0.064×2	0.08	0.209	49.00
	7	0.08+0.064×2	0.08	0.199	47.00
	8	0.08+0.064×2	0.07	0.174	45.00
	9	0.07+0.048×2	0.064	0.150	45.00
	10	0.064+0.04×2	0.064	0.132	43.00
	11	0.064+0.04×2	0.048	0.117	44.00
	12	0.064+0.04×2	0.048	0.110	42.00
	13	0.064+0.04×2	0.048	0.100	39.00
	14	0.048+0.04×2	0.048	0.097	40.00
	15	0.048+0.04×2	0.048	0.090	38.00

附　录　D
（资料性附录）
外观疵点说明

D.1　缺经:经丝因外力或某种因素的影响而断裂或缺股,在织物上表现为缺少经丝。

D.2　筘路:沿网面经向呈现一条或几条位置不变,经丝不缺,但向两边挤压的稀密不匀的直条。

D.3　宽急经:网面上显出浮宽状的经丝称宽经,显出陷入或收紧的经丝称急经。

D.4　纬密档:纬丝密度突然减少或增加所造成的横档。

D.5　断纬:网面全幅内缺少一段纬丝。

D.6　跳梭:网面局部出现纬丝脱离组织,不规则地浮在表面的疵点。

D.7　叠纬(重梭):在同一梭口内,织入两根以上纬线。

D.8　带纬(带纡):织造中将多余纬丝织入网面造成的疵点。

D.9　纬丝糙块、塌纬(塌纡):织入的纬丝上有长结、毛丝、扭纬、糙类,称纬丝糙;由于纡子脱圈织入网面,呈现两根以上片断的重叠纬丝。

D.10　糙:织物经丝和纬丝组织点被破坏,网面显示并列经浮点和纬浮点现象。

D.11　错经:经丝原料搞错或条份不符合工艺规定织入成品,造成网面显出经向直条。

D.12　错纬:纬丝原料搞错或条份不符合工艺规定织入成品,造成网面显出纬向横档。

D.13　经纬缺股:多根并捻的经纬丝,在准备工序或在织造时,断了其中一根或一根以上造成网面显出一条较细的经、纬丝。

D.14　缩纬:在织造时,因纡子退卷张力不匀,在网面上纬丝呈卷曲状。

D.15　破边:筛网边幅破裂。

D.16　污渍:网面受到污染而形成的油渍、筘渍、棕丝渍、渍经等。

D.17　伤痕:受到外物摩擦或轧损,使网面起毛或有擦伤的痕迹。

D.18　破洞:经、纬向丝线共断两根及以上。

附 录 E
（规范性附录）
检验抽样方案

E.1 根据 GB/T 2828.1—2003，采用一般检验水平Ⅱ，AQL 为 4.0 的正常一次抽样方案如表 E.1 所示。

表 E.1 AQL 为 4.0 的正常一次抽样方案

样本量字码	批 量	样本量	接收质量限(AQL)为 4.0	
			Ac	Re
A	2～8	2	⇩	
B	9～15	3	0	1
C	16～25	5	⇧	
D	26～50	8	⇩	
E	51～90	13	1	2
F	91～150	20	2	3
G	151～280	32	3	4
H	281～500	50	5	6
J	501～1 200	80	7	8
K	1 201～3 200	125	10	11
L	3 201～10 000	200	14	15
M	10 001～35 000	315	21	22
N	35 001～150 000	500	⇧	
P	150 001～500 000	800		
Q	500 001 及其以上	1 250		

⇩——使用箭头下面的第一个抽样方案。如果样本量等于或超过批量，则执行 100% 检验。

⇧——使用箭头上面的第一个抽样方案。

Ac——接收数。

Re——拒收数。

E.2 AQL 为 4.0 的特殊检验水平 S-2 一次抽样方案如表 E.2 所示。

表 E.2 AQL 为 4.0 的特殊检验水平 S-2 一次抽样方案

样本量字码	批 量	样本量	接收质量限(AQL)为 4.0	
			Ac	Re
A	2～8	2	⇩	
A	9～15	2		
A	16～25	2		
D	26～50	3	0	1
E	51～90	3	⇧	
F	91～150	3		
G	151～280	5		
H	281～500	5		
J	501～1 200	5		
K	1 201～3 200	8	⇩	
L	3 201～10 000	8		
M	10 001～35 000	8		
N	35 001～150 000	13	1	2
P	150 001～500 000	13	⇧	
Q	500 001 及其以上	13		

⇩—— 使用箭头下面的第一个抽样方案。如果样本量等于或超过批量,则执行 100%检验。

⇧——使用箭头上面的第一个抽样方案。

Ac——接收数。

Re——拒收数。

ICS 59.060.10
W 40

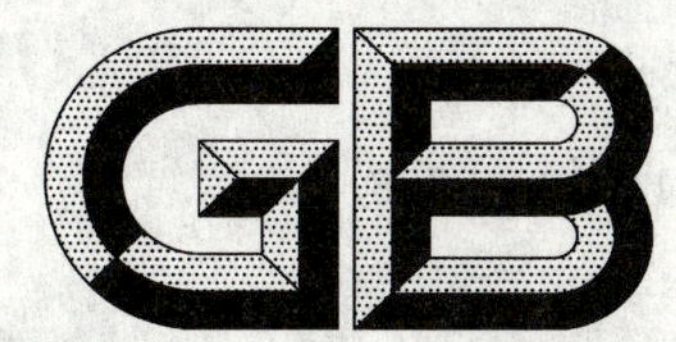

中华人民共和国国家标准

GB/T 14033—2008
代替 GB/T 14033—1992

桑蚕捻线丝

Thrown silk

2008-05-23 发布　　2008-12-01 实施

中华人民共和国国家质量监督检验检疫总局
中国国家标准化管理委员会　发布

前　言

本标准代替 GB/T 14033—1992《桑蚕经纬捻线丝》。

本标准与 GB/T 14033—1992 相比主要变化如下：

——将标准名称《桑蚕经纬捻线丝》改为《桑蚕捻线丝》；

——捻度范围扩大至适用于 1 500 捻/m 以下的绞装桑蚕捻线丝；

——纤度范围扩大至适用于 49 den(54.4 dtex)及以下的绞装桑蚕捻线丝；

——适当调整捻线丝规格范围；

——适当加严了 200 捻/m 以下捻度变异系数、捻度偏差率指标；

——适当调整 200 捻/m～500 捻/m、500 捻/m 以上捻度偏差率双特级指标；

——增加了 800 捻/m 及以上桑蚕捻线的捻度变异系数、捻度偏差率指标；

——调整了双特级引用的原料生丝的清洁分数；

——对 100 捻/m 以下捻线丝的捻度变异系数和捻度偏差率不作考核；

——强伸力的试验方法由采用等速牵引试验仪(CRT)改为采用等速伸长试验仪(CRE)试验方法；

——取消了等速牵引试验仪(CRT)的强伸力技术指标，增加了等速伸长试验仪(CRE)的强伸力技术指标；

——增加了桑蚕捻线丝的检验条件；

——对 200 den(222.2 dtex)以上捻线丝不考核强伸力项目；

——增加 200 den(222.2 dtex)以上纤度丝数量、回数、读数精度及纤度总和与纤度总量的允差规定；

——增加了不足 5 件(10 箱)或 6 件～9 件(11 箱～19 箱)时的组批规定；

——增加了绞装桑蚕捻线丝纸箱包装标志；

——修改了部分标志要求。

本标准由中国纺织工业协会提出。

本标准由全国纺织品标准化技术委员会丝绸分技术委员会归口。

本标准起草单位：广东始兴县金兴茧丝绸责任有限公司、中华人民共和国广东出入境检验检疫局技术中心、浙江丝绸科技有限公司(浙江丝绸科学研究院)、中华人民共和国无锡出入境检验检疫局、无锡理想丝线有限公司。

本标准主要起草人：李淳、杨正文、周颖、葛薇薇、邓志光、李慧、孙伟华、冷欣荣。

本标准所代替标准的历次版本发布情况为：

——GB/T 14033—1992 。

桑蚕捻线丝

1 范围

本标准规定了桑蚕捻线丝的术语和定义、标示、要求、检验方法、检验规则和包装、标志。

本标准适用于1 500捻/m以下,2根～9根所用原料生丝,名义纤度在49 den(54.4 dtex)及以下的绞装桑蚕捻线丝的品质评定。

2 规范性引用文件

下列文件中的条款通过本标准的引用而成为本标准的条款。凡是注日期的引用文件,其随后所有的修改单(不包括勘误的内容)或修改版均不适用本标准,然而,鼓励根据本标准达成协议的各方研究是否可使用这些文件的最新版本。凡是不注日期的引用文件,其最新版本适用于本标准。

GB/T 2543.1 纺织品 纱线捻度的测定 第1部分:直接计数法

GB/T 8170 数值修约规则

GB/T 8693 纺织纱线的标示

GB/T 8694 纺织纱线及有关产品捻向的标示

GB/T 9995 纺织材料含水率和回潮率的测定 烘箱干燥法

3 术语和定义

下列术语和定义适用于本标准。

3.1

桑蚕捻线丝 thrown silk

两根或两根以上的无捻或有捻生丝经并合加捻的本色丝。

3.2

捻线丝的名义纤度 nominal denier of thrown silk

以原料生丝的名义纤度乘以根数,作为捻线丝的名义纤度。

4 捻线丝的标示

捻线丝的标示、符号按GB/T 8693规定,捻向按GB/T 8694规定。

示例1:20/22 den(23 dtex) f3 S 230

表示三根20/22 den(23 dtex)无捻生丝S向230捻/m。

示例2:20/22 den(23 dtex) f1 Z 725×2 S 625

表示单根20/22 den(23 dtex)Z向725捻/m生丝,2股S向625捻/m。

示例3:20/22 den(23 dtex) f3 Z 600×3 S 500

表示三根20/22 den(23 dtex)Z向600捻/m生丝,3股S向500捻/m。

5 要求

5.1 回潮率

捻线丝的公定回潮率为11.0%,实测回潮率不得低于8.0%,不得超过14.0%,实测回潮率超过14.0%或低8.0%时,应退回委托方重新整理平衡。

5.2 品质技术指标

捻线丝的品质技术指标规定见表 1。

表 1 捻线丝的品质技术指标规定

检验项目	规格	等级				
		双特级	特级	一级	二级	三级
捻度变异系数[a]/% ≤	200 捻/m 及以下	7.50	8.50	10.00	12.00	14.00
	201 捻/m～500 捻/m	5.50	6.50	8.00	10.00	12.00
	501 捻/m～800 捻/m	4.50	5.50	6.50	8.00	10.00
	801 捻/m～1 250 捻/m	4.00	5.00	6.00	7.00	9.00
	1 251 捻/m～1 499 捻/m	3.50	4.50	5.00	6.00	8.00
捻度偏差率[a]/% ≤	200 捻/m 及以下	5.00	6.00	8.00	10.00	12.00
	201 捻/m～500 捻/m	4.00	4.50	6.50	8.50	10.50
	501 捻/m～800 捻/m	3.50	4.00	5.00	6.50	8.50
	801 捻/m～1 250 捻/m	3.00	3.50	4.50	6.00	8.00
	1 251 捻/m～1 499 捻/m	2.50	3.00	4.00	5.00	7.00
断裂强度[b]/cN/dtex (gf/den) ≥		3.22 (3.65)		3.13 (3.55)		3.13 以下 (3.55 以下)
断裂伸长率[b]/% ≥		18.5		17.5		17.5 以下
纤度变异系数/% ≤	2 根	6.00	6.50	7.50	9.50	12.50
	3 根	5.50	6.00	6.50	8.50	11.00
	4 根	5.00	5.50	6.00	7.50	9.50
	5～9 根	4.50	5.00	5.50	7.00	8.50
清洁/分 ≥		96.5	95.0	90.0	84.0	75.0
洁净/分 ≥		92.00	90.00	86.00	82.00	73.00

a 100 捻/m 以下捻线丝的捻度变异系数、捻度偏差率不考核。

b 捻线丝名义纤度为 200 den(222.2 dtex)以上时，断裂强度及断裂伸长率项目不作考核。

5.3 捻线丝的外观疵点分类和批注规定

见表 2。

表 2 捻线丝的外观疵点分类和批注规定

	疵点名称	疵 点 说 明	批注数量		
			整批/把	拆把/绞	样丝/绞
主要疵点	宽急股	单丝或股丝松紧不一,呈小圈或麻花状	—	8	2
	拉白丝	张力过大,光泽变异,丝条拉白	—	8	2
	多根(股)与缺根(股)	股丝线中比规定出现多根(股)或缺根(股),长度在 1.5 m 及以上者	—	—	1
	双线	双线长度在 1.5 m 及以上者	—	—	1
	污染丝	丝条被异物污染	—	8	2
	杂物飞入	废丝及杂物带入丝绞内	—	8	2
	长结	结端长度在 4 mm 以上	—	8	2
一般疵点	缩曲丝	定型后丝条呈卷曲状	—	8	2
	切丝	股丝中存在一根及以上的断丝	—	8	2
	色不齐	绞与绞,把与把之间颜色程度差异较明显	10 以上	—	—
	夹花	同一丝绞中颜色差异较明显	10 以上	—	—
	整理不良	绞把不匀,编丝留绪不当,定型或成形不良等	10 以上	—	—
注:达不到一般疵点者为轻微疵点。					

5.4 分等规定

5.4.1 分级原则

捻线丝品质以批为单位评定等级。依据捻线丝的品质技术指标和外观疵点的综合成绩,分为双特级、特级、一级、二级、三级和级外品。

5.4.2 基本等级的评定

受验捻线丝根据品质技术指标检验结果,清洁、洁净引用原料生丝检验结果,以其最低一项成绩确定该批捻线丝的基本等级,若任何一项低于三级品指标时,作级外品。

5.4.3 外观疵点的降级规定

外观检验评为稍劣者,依 5.4.2 所确定的等级再降一级。若按 5.4.2 已评为三级品者,则降为级外品。若外观检验评为级外品,则一律作级外品。

5.4.4 其他

凡发现产品不符合规格要求,原料混批,应作级外品处理,并在检验单上注明。

6 组批

6.1 桑蚕捻线丝根据原料生丝同一品种,同一规格组批,每批为 5 件型(10 箱),约 300 kg。也可 10 件型(20 箱)组批,约 600 kg。

6.2 不足 5 件(10 箱)的按 5 件型规定组批,6 件至 9 件(11 箱～19 箱)的按 10 件型规定组批。

7 检验方法

7.1 抽样

7.1.1 抽样方法

在外观检验的同时，抽取具有代表性的重量和品质检验用样丝。抽样时应遍及件与件内或箱与箱内的不同部位，并按边、中、角的比例抽取。每把丝限抽取一绞样丝。

7.1.2 抽样数量

重量检验样丝数量：每批抽 2 份，每份 2 绞，分成 2 组；品质检验样丝数量：每批抽 10 绞。若 10 件型(20 箱)组批时，则抽样数量及有关检验项目按比例计算。

7.1.3 丝锭准备

抽取的品质检验样丝，按表 3 规定卷绕丝锭。

表 3 品质检验样丝卷绕速度和卷绕时间规定

捻线丝名义纤度/den(dtex)	丝锭卷绕速度/(m/min)	丝锭卷绕时间/min	丝锭个数	
			面层	底层
33(36.7)及以下	165	20	10	10
34～100(37.8～111.1)	165	10	10	10
100(111.1)以上	165	5	20	20

7.2 重量检验

7.2.1 仪器设备

a) 电子秤：量程≥150 kg，最小分度值≤0.05 kg；

b) 电子天平：量程≥500 g，最小分度值≤0.01 g；

c) 带有天平的烘箱。其中天平：量程≥1 000 g，最小分度值≤0.01 g。

7.2.2 检验规程

7.2.2.1 净重

全批受验丝抽样后，逐件(箱)在电子秤上称量核对，得出“毛重”。“毛重”复核时允许差异为 0.10 kg，以第一次“毛重”为准。用电子秤称出五个布袋或五只纸箱(包括箱中的定位纸板、防潮纸等)的重量。任取三把～五把，拆下商标、纸、绳，称其重量，以此推算全批丝的“皮重”，将全批丝“毛重”减去全批丝的“皮重”，即为全批丝的“净重”。

7.2.2.2 湿重

将抽取的重量检验样丝，以份为单位，立即在电子天平上称量核对，得出各份“湿重”。“湿重”复核时允许差异为 0.20 g，以第一次“湿重”为准。各份“湿重”样丝重量允许差异规定：重量 200 g 以下，20 g以内；重量 200 g 及以上，30 g 以内。

7.2.2.3 干重

将称过“湿重”的样丝，以份为单位，松散地放置在烘篮内，以不超过(140±2)℃的温度烘至恒重，得出“干重”。相邻两次称量恒重的判定按 GB/T 9995 的规定执行，即当连续两次称见质量的差异小于后一次称见质量的 0.1 %时，后一次的称见质量即为干重。

7.2.3 检验结果计算

7.2.3.1 回潮率按式(1)计算，计算结果精确到小数点后两位。

$$W=\frac{m-m_0}{m_0}\times 100 \qquad \cdots\cdots(1)$$

式中：

W——实测回潮率，%；

m——样丝的湿重，单位为克(g)；

m_0——样丝的干重，单位为克(g)。

将同批样丝的总湿重减去总干重后除以总干重乘以100为该批丝的回潮率。如同批两组样丝之间的回潮率差异超过1%，则应再抽取一份样丝，按上述方法求出回潮率，再与前两组的湿重和干重合并计算出该批丝的回潮率。

7.2.3.2 公量按式(2)计算，计算结果精确到小数点后两位。

$$m_k = m_j \times \frac{100+W_k}{100+W} \qquad \cdots\cdots(2)$$

式中：

m_k——公量，单位为千克(kg)；

m_j——净量，单位为千克(kg)；

W_k——公定回潮率，%；

W——实测回潮率，%。

7.3 品质检验

7.3.1 检验条件

捻度、断裂强度、断裂伸长率、纤度的测定应在温度(20±2)℃，相对湿度(65±5)%的标准大气下进行，样品应在上述条件下平衡12 h以上方可进行检验。

7.3.2 外观检验

7.3.2.1 设备

a) 内装日光荧光灯的平面组合灯罩或集光灯罩。要求光线以一定的距离柔和均匀地照射于丝把的端面上，其照度为450 lx～500 lx；

b) 检验台。

7.3.2.2 检验规程

将全批受验丝逐把剥去一端包装纸，排列在检验台上，以感官检验全批丝的外观质量。在整批丝中发现表2各项外观疵点的丝绞必须剔除。在一把丝中疵点丝有下列情况之一时，则整把剔除：12绞成把者有2绞；24绞及以上成把者有4绞。需要拆把检验时，拆把数量：每批5件型10把(每批10件型20把)。拆开一道棉纱绳，进行全面检验，在拆把检验中发现外观疵点，按表2规定的批注数量给予批注。

7.3.2.3 外观评等

外观评等分为良、普通、稍劣、级外品：

——良：整理法良好，光泽手感良好，有一项轻微缺点者；

——普通：整理法一般，光泽手感有差异，有一项以上轻微缺点者；

——稍劣：整理法不好，有主要疵点1项～2项或一般疵点1项～3项，或主要疵点1项和一般疵点1项～2项者；

——级外品：超过稍劣范围者。

7.3.3 捻度检验

7.3.3.1 设备

a) 捻度试验仪；

b) 挑针。

7.3.3.2 检验规程

按 GB /T 2543.1 规定测试捻度，当捻线丝的名义捻度<1 250 捻/m 时，隔距长度为(500±0.5)mm；当捻线丝的名义捻度≥1 250 捻/m 时，隔距长度为(250±0.5)mm，预加张力(0.05±0.01)cN/dtex (1/18 gf/den)。每只丝锭试验一次，共测 20 次。

7.3.3.3 检验结果计算

7.3.3.3.1 平均捻度按式(3)计算，计算结果精确到小数点后一位。

$$\overline{X}=\frac{\sum_{i=1}^{N}Y_i\times 1\ 000}{N\times L} \qquad \cdots\cdots\cdots\cdots(3)$$

式中：

$\overline{X}$——平均捻度，单位为捻每米(捻/m)；

Y_i——每个试样捻数测试结果，单位为捻；

N——试验次数；

L——试样长度，单位为毫米(mm)。

7.3.3.3.2 捻度变异系数按式(4)计算，计算结果精确到小数点后两位。

$$CV=\frac{\sqrt{\sum_{i=1}^{N}(X_i-\overline{X})^2/(N-1)}}{\overline{X}}\times 100 \qquad \cdots\cdots\cdots\cdots(4)$$

式中：

CV——捻度变异系数，%；

$\overline{X}$——平均捻度，单位为捻每米(捻/m)；

X_i——每个试样捻度测试结果，单位为捻每米(捻/m)；

N——试验次数。

7.3.3.3.3 捻度偏差率按式(5)计算，计算结果精确到小数点后两位。

$$S=\frac{|X-\overline{X}|}{X}\times 100 \qquad \cdots\cdots\cdots\cdots(5)$$

式中：

S——捻度偏差率，%；

$\overline{X}$——平均捻度，单位为捻每米(捻/m)；

X——名义捻度，单位为捻每米(捻/m)。

7.3.4 断裂强度及伸长率检验

7.3.4.1 设备

a) 等速伸长试验仪(CRE)：量程 0～500 N(0～50 kgf)，读数精度为 0.1 N(0.01 kgf)，隔距长度为 100 mm，动夹持器移动的恒定速度为 150 mm/min；

b) 天平：量程≥1 000 g，最小分度值≤0.01 g。

7.3.4.2 检验规程

取丝锭五个，按表 4 规定卷取样丝五绞。

表 4 断裂强度和断裂伸长率检验样丝规定

名义纤度/den(dtex)	每绞样丝回数/回
33(36.7)及以下	300
34～50(37.8～55.6)	200
51～100(56.7～111.1)	100
101～200(112.2～222.2)	50

7.3.4.3　**检验结果计算**

7.3.4.3.1　断裂强度按式(6)计算,计算结果精确到小数点后两位。

$$P_0=\frac{\sum_{i=1}^{N}F_i}{\sum_{i=1}^{N}T_{di}\times n} \qquad \cdots\cdots(6)$$

式中:

P_0——断裂强度,单位为克力每旦(厘牛每分特)[gf/den(cN/dtex)];

F_i——各绞样丝绝对断裂强力,单位为克力(厘牛)[gf(cN)];

T_{di}——各绞样丝纤度,单位为旦(分特)[den(dtex)];

n——样丝回数,单位为回;

N——样丝总绞数,单位为绞。

注:1 gf/den≈0.882 6 cN/dtex。

7.3.4.3.2　断裂伸长率按式(7)计算,计算结果精确到小数点后一位。

$$\bar{\delta}=\frac{\sum_{i=1}^{N}\delta_i}{N} \qquad \cdots\cdots(7)$$

式中:

$\bar{\delta}$——平均断裂伸长率,%;

δ_i——各绞受验样丝断裂伸长率,%;

N——受验样丝绞数。

7.3.5　**纤度变异系数检验**

7.3.5.1　**设备**

a)　纤度机:机框周长 1.125 m,速度 270 r/min~300 r/min,附有回转计数及自停装置;

b)　生丝纤度仪:量程 500 den,最小分度值 0.10 den;

c)　天平:量程≥1 000 g,最小分度值≤0.01 g。

7.3.5.2　**纤度丝数量、回数、读数精度及纤度总和与纤度总量间的允许差异规定**

见表 5。

表 5　纤度丝数量、回数、读数精度及纤度总和与纤度总量间的允差规定

捻线丝名义纤度/den(dtex)	每批纤度丝数量/绞	每绞纤度丝回数/回	每组纤度总和与纤度总量间的允许差异/den(dtex)	读数精度/den(dtex)
33(36.7)及以下	100	400	3.5(3.89)	0.5(0.56)
34~100(37.8~111.1)	100	100	7.0(7.78)	1(1.11)
101~200(112.2~222.2)	100	100	14.0(15.56)	2(2.22)
200(222.2)以上	100	50	28.0(31.11)	2(2.22)

7.3.5.3　检验规程

将丝锭用纤度机按表5规定卷取纤度丝。将卷取的纤度丝以50绞为一组，逐绞在生丝纤度仪上称计，求得“纤度总和”，然后分组在天平上称得“纤度总量”，两者间允许差异见表5，超过规定时，须逐绞复称至允许差额以内为止。

7.3.5.4　检验结果计算

7.3.5.4.1　平均纤度按式(8)计算，计算结果精确到小数点后两位。

$$\overline{T_d}=\frac{\sum_{i=1}^{n}f_iT_{di}}{N} \qquad (8)$$

式中：

$\overline{T_d}$——平均纤度，单位为旦(分特)[den(dtex)]；

T_{di}——各组纤度丝的纤度，单位为旦(分特)[den(dtex)]；

f_i——各组纤度丝的绞数，单位为绞；

n——纤度的组数；

N——纤度丝总绞数，单位为绞。

7.3.5.4.2　纤度变异系数按式(9)计算，计算结果精确到小数点后两位。

$$CV_d=\frac{\sqrt{\sum_{i=1}^{n}f_i(T_{di}-\overline{T_d})^2/N}}{\overline{T_d}}\times 100 \qquad (9)$$

式中：

CV_d——纤度变异系数，%；

$\overline{T_d}$——平均纤度，单位为旦(分特)[den(dtex)]；

T_{di}——各绞纤度丝的纤度，单位为旦(分特)[den(dtex)]；

f_i——各组纤度丝的绞数，单位为绞；

n——纤度的组数；

N——纤度丝总绞数，单位为绞。

7.4　各检验结果计算数据在所规定的精确程度以外的数字取舍时，按GB/T 8170规定修约。

8　检验规则

8.1　交收检验

以批为单位，按照本标准规定进行重量和品质检验，并评定桑蚕捻线丝的等级。

8.2　复验

8.2.1　在交收检验中，若报验方对检验结果提出异议，可以在15 d内申请复验。

8.2.2　复验以一次为限，复验项目按本标准规定或双方协议进行，并以复验结果为最后评等依据。

9　包装和标志

9.1　包装

9.1.1　绞装捻线丝的整理和重量规定见表6。

表 6 绞装捻线丝的整理和重量规定

每绞重量/g	65±5	95±5	200±10
每把绞数/绞	36	24	12
丝片周长/m(in)	1.117 6(44);1.270(50)		
丝片阔度/cm	约 8		
编丝规定	五洞六编四道		
每把重量/kg	约 2.4		
每件重量/kg	约 60		
每件把数/把	25±2		

9.1.2 编绞线用 14 号(42ˢ)四股或用 28 号(21ˢ)双股白色棉纱线,松紧要适当。编丝方法采用平扎绞编四道,编丝结头端长不超过 2 cm,编绞线的底面线结头要平齐一致,编绞线的长度一般为 37 cm～46 cm。

9.1.3 每把捻线丝的外层用 58 号(10ˢ)50 根或 28 号(21ˢ)100 根棉纱绳扎紧,丝片周长为 1.117 6 m,每把扎三道,丝片周长为 1.270 m,每把扎四道,并包以有韧性的白内衬纸、牛皮纸后放上商标,再用 28 号(21ˢ)9 根三股棉纱绳捆扎三道。

9.1.4 布袋包装时,每件丝布袋用 28 号(21ˢ)9 根三股棉纱绳扎口或缝口,布袋外用粗绳或塑料带紧缚。

9.1.5 绞装捻线丝的纸箱质量和装箱规定见表 7。

表 7 绞装捻线丝的纸箱质量和装箱规定

项　　目		要　　求
装箱排列		每箱四层 每层三把 箱内四周六面衬防潮纸
纸箱质量		用双瓦楞纸制成。坚韧、牢固、整洁,并涂防潮剂
纸箱规格 (内壁尺寸)	长/mm 宽/mm 高/mm	640 400 440
纸箱印刷		每个纸箱外按统一规定印字,字迹应清晰
封箱包扎		箱底箱面用胶带封口,外用塑料带捆扎成廿字形

9.1.6 每批净重或公量为 285 kg～315 kg,十件组批为 570 kg～630 kg。件与件(箱与箱)之间重量差异不超过 5 kg。零把重量不少于 1 kg,不大于 3 kg。

9.1.7 包装应牢固,便于仓储及运输。包装用的布袋、纸箱、纸、绳等应清洁、坚韧、整齐一致。

9.2 标志

9.2.1 标志应明确、清楚、便于识别。

9.2.2 每件(箱)捻线丝内应附商标,每件(箱)捻线丝外包装上应标明规格、包件号、企业代号等。

9.2.3 每批捻线丝应附有品质和重量检验证书。

10 其他

对捻线丝的规格、品质、包装、标志有特殊要求者,供需双方可另行协议。

ICS 23.100.40
J 20

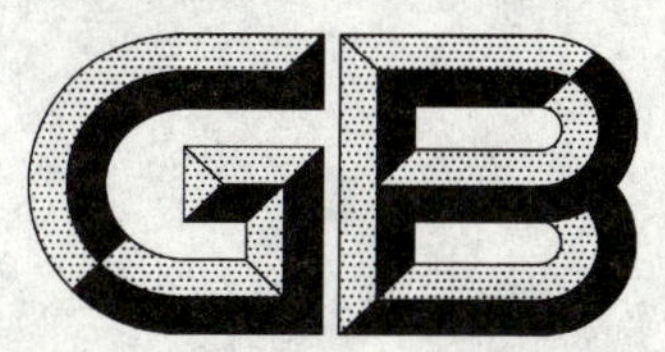

中华人民共和国国家标准

GB/T 14038—2008/ISO 16030:2001/Amd.1:2005
代替 GB/T 14038—1993

气动连接　气口和螺柱端

Pneumatic fluid power—Connections—Ports and stud ends

(ISO 16030:2001/Amd.1:2005,IDT)

2008-06-25 发布　　2009-01-01 实施

中华人民共和国国家质量监督检验检疫总局
中国国家标准化管理委员会　发布

前 言

本标准等同采用ISO 16030:2001/Amd.1:2005《气压传动 连接 气口和螺柱端》(英文版)。

为便于使用,本标准做如下编辑性修改:

——在"规范性引用文件"中,按GB/T 1.1—2000的要求编写,以对应的国家标准代替了国际标准,并采用不注日期的引用方式;

——增加了"附录NA(资料性附录)普通螺纹系列";

——删除了"参考文献"。

本标准代替GB/T 14038—1993《气缸 气口螺纹》。

本标准与GB/T 14038—1993相比有以下差异:

——标准名称作了更改。

——原标准的气口规定了普通螺纹系列;本标准除小规格的气口选用M3、M5、M7普通螺纹外,其余选用G1/8~G2 55°非密封管螺纹。

——原标准仅适用于气缸的气口螺纹;本标准适用于包括气缸在内的所有气动元件。

——原标准仅规定了气口螺纹系列;本标准增加了对气口和螺柱端的性能要求及其试验方法。

本标准的附录A、附录B、附录NA为资料性附录。

本标准由中国机械工业联合会提出。

本标准由全国液压气动标准化技术委员会(SAC/TC 3)归口。

本标准起草单位:上海新益气动工程有限公司、无锡气动技术研究所有限公司、宁波佳尔灵气动机械有限公司、上海康茂胜气动控制元件有限公司。

本标准主要起草人:宋剑峰、李企芳、杨燧然、单军波、方芙年。

本标准所代替标准的历次版本发布情况为:

——GB/T 14038—1993。

引　言

在气动系统中，动力是通过闭合回路中的压缩空气来传递和控制的。

各气动元件主要通过带螺纹的气口，并借助带螺柱端的管接头、接管等各类管件相互连接。气口是各气压传动元件如气源处理件、阀、气缸及其他气动辅件等必不可少的部分。

气动连接 气口和螺柱端

1 范围

本标准规定了气压传动用圆柱螺纹的气口和螺柱端的尺寸和性能要求。

本标准规定了用于自－90 kPa～1.6 MPa压力范围内防泄漏连接的可重复使用的、有效保压的密封装置。

本标准适用于在气压传动中新设计的螺纹气口和螺柱端。

2 规范性引用文件

下列文件中的条款通过本标准的引用而成为本标准的条款。凡是注日期的引用文件，其随后所有的修改单(不包括勘误的内容)或修订版均不适用于本标准，然而，鼓励根据本标准达成协议的各方研究是否可使用这些文件的最新版本。凡是不注日期的引用文件，其最新版本适用于本标准。

GB/T 193 普通螺纹 直径与螺距系列(GB/T 193—2003,ISO 261:1998,MOD)

GB/T 3141 工业液体润滑剂 ISO粘度分类(GB/T 3141—1994,eqv ISO 3348:1992)

GB/T 7307 55°非密封管螺纹(GB/T 7307—2001,eqv ISO 228-1:1994)

GB/T 17446 流体传动系统与元件 术语(GB/T 17446—1998,idt ISO 5598:1985)

ISO 8778 气压传动 标准参考大气

3 术语和定义

GB/T 17446确立的术语和定义适用于本标准。

4 尺寸要求

4.1 气口的尺寸应符合图1和表1的规定。

4.2 螺柱端的尺寸应符合图2和表2的规定。密封装置是螺柱端的组成部分。密封类型举例表示于附录A中。

气口中心线间的距离见附录B。

注：在部分老产品中，气口中心线间的距离见附录NA。

5 性能要求

5.1 额定压力范围

气口、螺柱端和密封装置应在－90 kPa～1.6 MPa的额定压力范围内使用而进行设计，除非对气口、螺柱端和密封装置的制造材料有所要求，则由制造商另行规定。

其重要性在于确保气口周围有足够的实体以保持压力。

5.2 额定温度范围

气口、螺柱端和密封装置均应在－20℃～＋80℃的额定温度范围内使用而进行设计，除非对气口、螺柱端和密封装置的制造材料有所要求，则由制造商另行规定。

5.3 性能验证

气口、螺柱端和密封装置均应符合第6章中所规定的全部要求。

5.4 密封装置

密封装置应能有效保压，可重复使用且能经受长期工作。

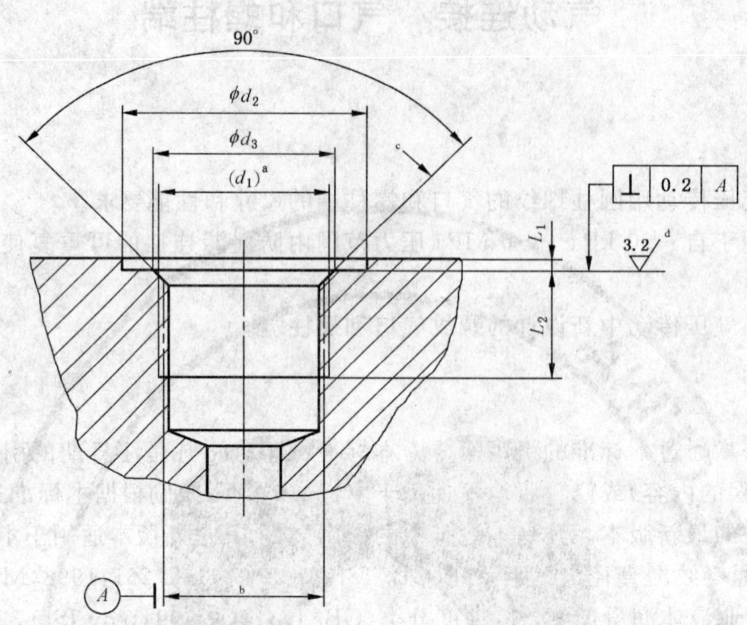

a 螺纹；

b 中径；

c 此表面上不得有毛刺或径向划痕；

d 此值适用于表面呈同心环槽的场合，否则 Ra 应为 2.4 μm。

图 1　气口

表 1　气口尺寸

单位为毫米

螺纹(d_1)	d_2 min	d_3 公称尺寸	d_3 公差	L_1 max	L_2 min
M3	7	3.1	+0.3 0	0.5	3.5
M5	9	5.1		0.5	4.5
M7	12	7.1		0.5	6
G1/8	15	9.8	+0.4 0	0.5	6
G1/4	19	13.3		1	7
G3/8	23	16.8		1	8
G1/2	27	21		1	9.5
G3/4	33	26.5		1	11
G1	40	33.4		1	12
G1¼	50	42.1		2	17
G1½	56	48	+0.5 0	2	18
G2	69	60		2	20

注：普通螺纹 M3～M7 应符合 GB/T 193，而管螺纹 G1/8～G2 应符合 GB/T 7307。

6 测试方法

6.1 通则

6.1.1 基本方法

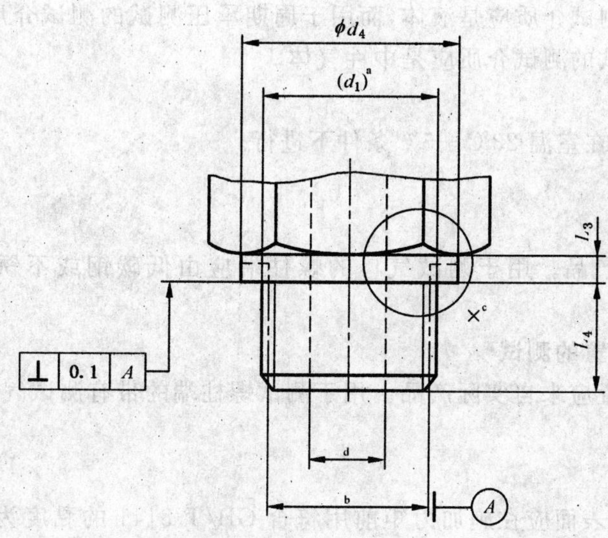

a 螺纹；

b 中径；

c 由制造商选用。密封示例见附录 A；

d 通孔的尺寸与形状取决于材料和设计。

图 2 螺柱端

表 2 螺柱端尺寸

单位为毫米

螺纹 (d_1)	d_4 max	L_3 min	L_4	
			公称尺寸	公差
M3	6.5	1	3	0 −0.5
M5	8.5	1	4	0 −0.8
M7	11.5	1	5.5	0 −1
G1/8B	14.5	1	5.5	0 −0.9
G1/4B	18.5	1.5	6.5	0 −1.3
G3/8B	22.5	1.5	7.5	
G1/2B	26.5	1.5	9	0 −1.8
G3/4B	32.5	1.5	10.5	
G1B	39	1.5	11.5	0 −2.3
G1¼B	49	2.5	16.5	
G1½B	55	2.5	17.5	
G2B	68	2.5	19.5	

注：普通螺纹 M3～M7 应符合 GB/T 193，而管螺纹 G1/8～G2 应符合 GB/T 7307。

第6章中的测试是检验气口、螺柱端和密封装置的型式试验。型式试验通常只进行一次，但若气口、螺柱端的制造材料有所改变则必须重新测试。已用于任何一项测试的零部件不应再作进一步测试，也不能再使用或返回仓库。

6.1.2 测试介质

用于破裂压力测试的测试介质应是液体，而用于周期承压测试的测试介质是中性气体或液体。用于泄漏测试和长期塑变测试的测试介质应是中性气体。

6.1.3 温度

除非另有规定，测试应在室温23℃±5℃条件下进行。

6.1.4 被测件

6.1.4.1 气口的测试

被测气口应来自实际产品。用于测试气口的螺柱端应由低碳钢或不锈钢制造，尺寸 L_4 为其最小值。

6.1.4.2 螺柱端和密封装置的测试

被测螺柱端和密封装置应来自实际产品。用于测试螺柱端的带有测试气口的试块应由低碳钢或不锈钢制造。

6.1.5 螺纹润滑

为了测试，螺纹和接触表面应在施加力矩前用符合GB/T 3141的黏度为VG32的液压油润滑，以正确测试最大拧紧负荷。

6.2 破裂压力测试

6.2.1 方法

测试3件样品以确认气口、螺柱端和密封装置的破裂压力达到或超过5倍的最高额定压力。

6.2.2 被测件与力矩要求

6.2.2.1 螺柱端测试

按表3中给定的力矩值在试块气口中测试来自实际产品的螺柱端(如6.1.4.2中所描述)。

6.2.2.2 气口测试

按表3中给定的力矩值的2倍，测试来自实际产品并装有测试用螺柱端的气口(如6.1.4.1中所描述)。

6.2.3 规程与升压速率

施加力矩。以恒定的速率平稳升高压力，在3 s～15 s时间内达到规定的测试压力。当达到规定测试压力后保持此压力位至少历时2 min。

6.2.4 合格/不合格判定

不应出现裂痕、破损或螺柱端从气口脱落现象。

6.3 泄漏测试

6.3.1 方法

按最小力矩测试3件终端螺柱样品，确认它们在施加1.5倍最高额定压力后历时2 min仍无泄漏。气口不必进行泄漏测试。

6.3.2 被测件与力矩要求

按管接头制造商规定的最小力矩值在试块气口中测试来自实际产品的螺柱端样品(如6.1.4.2中所描述)。

6.3.3 规程

施加相当于1.5倍最高额定压力的压力历时2 min。

6.3.4 合格/不合格判定

在施加压力的过程中不应出现泄漏现象。

6.4 周期耐久性(脉冲)测试

6.4.1 方法

测试10件样品,对每件测试样品施加最高额定压力(允差$^{+20\%}_{0}$)至少100万次周期后,确认不超出允许的泄漏量。

6.4.2 被测件与力矩要求

测试样品应如6.1.4中所规定并应由10件装有测试螺柱端(如6.1.4.1中所描述)的实际气口样品和10件带有试块气口(如6.1.4.2中所描述)的实际螺柱端样品所组成。螺柱端应按表3中给定的力矩值;而气口则应按表3中给定力矩值的2倍。

表3 用于螺柱端验证测试的力矩

螺纹(d_1)	力矩/N·m (±5%)
M3	0.3
M5	0.8
M7	2
G1/8	3
G1/4	6
G3/8	10
G1/2	15
G3/4	22
G1	35
G1¼	85
G1½	110
G2	180

6.4.3 规程与压力脉冲周期

先以图3所示的波形,使每件测试样品承受100万次压力脉冲周期,然后再进行泄漏测试(见6.3)。

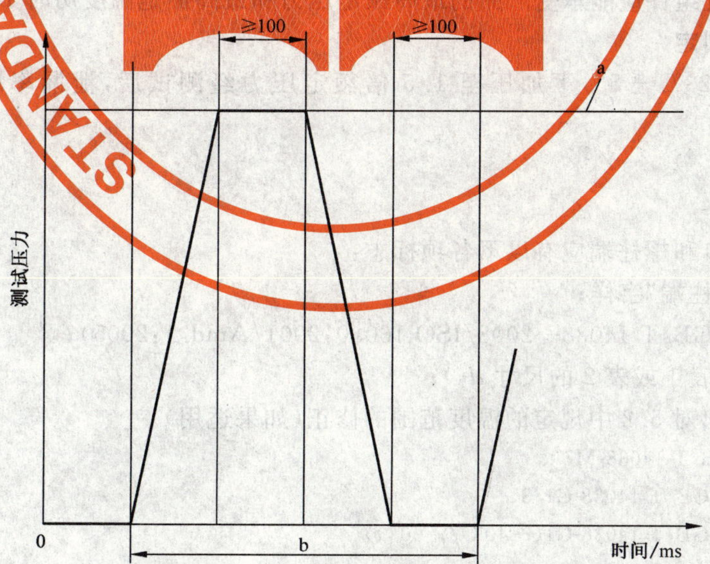

a 最高额定压力$^{+20\%}_{0}$;

b 一个完整周期。

图3 用于周期耐久性(脉冲)测试的压力脉冲周期波形

6.4.4 合格/不合格判定

测试之后，每件测试样品均应通过泄漏测试。当使用中性气体并按最高额定压力测试的每件测试样品的泄漏量应不超过 1 cm^3/min(ANR)(见 ISO 8778)。

6.5 过力矩性能测试

6.5.1 方法

测试气口和螺柱端样品各 3 件以确认因施加力矩而无严重变形现象。

6.5.2 被测件与力矩要求

6.5.2.1 螺柱端

按表 3 中给定的力矩值测试在试块气口中来自实际产品的螺柱端(如 6.1.4.2 中所描述)。

6.5.2.2 气口

施加表 3 中给定的力矩值的 2 倍后，测试来自实际产品并装有测试用螺柱端的气口(如 6.1.4.1 中所描述)。

6.5.3 规程

施加力矩。气口试块或实际被测产品在测试过程中应受到约束，且扳手应置于螺柱端或管接头的六角头上。

6.5.4 合格/不合格判定

任何可见的裂痕或严重变形都可能导致气口或螺柱端不能使用，均应视为不合格。

6.6 长期塑变测试

6.6.1 方法

在试块气口中测试 6 件来自实际产品的螺柱端样品(如 6.1.4.2 中所描述)，以确认它们在施加力矩且螺柱端经受最高额定压力和最高额定温度达到给定时间后不超过允许的泄漏量。以金属制造的气口不必进行该测试。

6.6.2 被测件与力矩要求

为进行气口和/或螺柱端的长期塑变测试，应采用 6.5.2 中所规定的被测件和力矩。

6.6.3 规程

施加力矩。此装置组件应能承受产品的最高额定压力和最高额定温度历时 1 000 h。

6.6.4 合格/不合格判定

当螺柱端在室温 23℃±5℃下加压至 1.5 倍额定压力经测试后，泄漏率应不超过 1 cm^3/min(ANR)。

7 标志

符合本标准的气口和螺柱端应有以下各项标志：

a) “气口”或“螺柱端”字样；

b) 引用本标准(GB/T 14038—2008/ISO 16030:2001/Amd.1:2005)；

c) 螺纹规格(按表 1 或表 2 的尺寸 d_1)；

d) 在括号中列出对 5.2 中规定的温度范围的修正(如果适用)。

示例：气口 GB/T 14038-M7

螺柱端 GB/T 14038-G1/8

螺柱端 GB/T 14038-G1(−40℃/+50℃)

8 标注说明(引用本标准)

当遵守(执行)本国家标准时，在测试报告、产品目录和商务文件中使用下列说明：“气口和/或螺柱端符合 GB/T 14038—2008《气动连接 气口和螺柱端》。”

附 录 A
（资料性附录）
密封方法示例

密封方法示例见图 A.1。

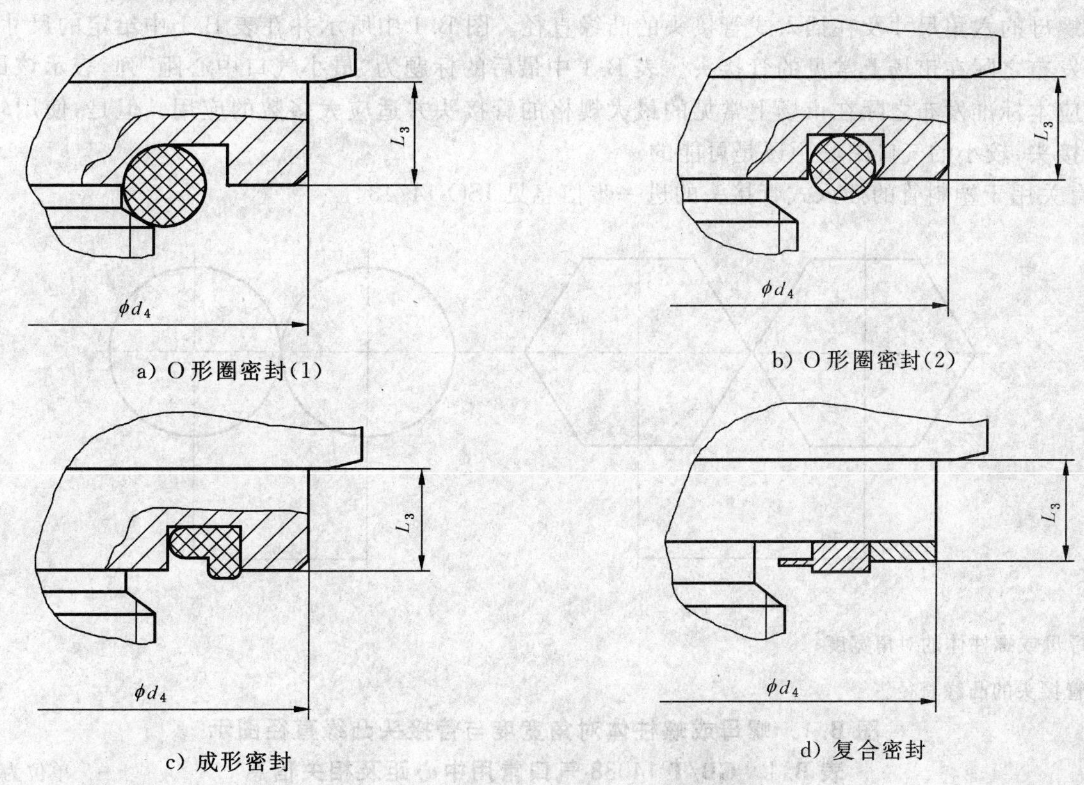

图 A.1 密封方法示例（见图 2 中的×部分）

附 录 B
（资料性附录）
GB/T 14038 气口的中心距

B.1 气口中心线间的最小距离取决于拟用于气口的管接头。不同的管接头有不同的螺柱端体规格、管接头螺母的六角尺寸及在插入式管接头的凸缘直径。图 B.1 中所示并在表 B.1 中给定的尺寸，取自本标准发布之际在市场上常见的管接头。表 B.1 中最后的标题为“最小气口中心距”列，表示该最小尺寸将适应本标准发布之际在市场上常见的最大规格的管接头并适应大多数的应用。但是，使用较小或特殊管接头，较小的气口中心距还是可能的。

B.2 有关用于塑料管的插入式管接头的进一步信息见 ISO 14743。

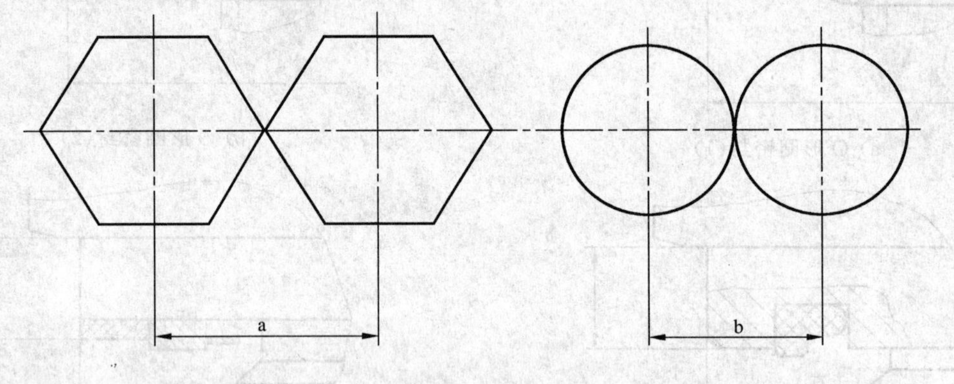

[a] 螺母或螺柱体的对角宽度；

[b] 管接头的凸缘直径。

图 B.1 螺母或螺柱体对角宽度与管接头凸缘直径图示

表 B.1 GB/T 14038 气口常用中心距及相关信息

单位为毫米

螺纹 (d_1)	管子规格	金属类管接头螺柱端				插入式管接头螺柱端			最小气口中心距
		管螺母六角对边宽度范围	最大管螺母对角宽度	螺柱体六角对边宽度范围	最大螺柱体对角宽度	螺柱体六角对边宽度范围	最大螺柱体对角宽度	最大管接头凸缘直径	
M3	3	—	—	4.5	5.2	5.5～7	8.08	8	8.1
	4	—	—	4.5	5.2	7.9～9.5	10.97	14.9	14.9
M5	3	—	—	7	8.08	6.5～8	9.24	8	9.3
	4	8～10	11.55	7～8	9.24	8～12	13.86	14.9	14.9
	6	12	13.86	10	11.55	10～14	16.17	16.9	16.9
M7	4	—	—	—	—	—	—	14.9	14.9
	6	—	—	—	—	—	—	16.9	16.9
G1/8	4	8～10	12.71	13～14	16.17	13～14	16.17	14.9	16.2
	6	11～14	16.17	13～14	16.17	13～14	16.17	16.9	16.9
	8	14～17	19.64	13～14	16.17	14	16.17	18.9	19.7
	10	19	21.95	13～17	19.64	—	—	—	22

表 B.1(续)

单位为毫米

螺纹(d_1)	管子规格	金属类管接头螺柱端				插入式管接头螺柱端			最小气口中心距
		管螺母六角对边宽度范围	最大管螺母对角宽度	螺柱体六角对边宽度范围	最大螺柱体对角宽度	螺柱体六角对边宽度范围	最大螺柱体对角宽度	最大管接头凸缘直径	
G1/4	4	—	—	—	—	14～16	18.48	14.9	18.5
	6	12～14	16.17	14～19	21.95	16～17	19.64	16.9	22
	8	13～17	19.64	17～19	21.95	16～17	19.64	18.9	22
	10	17～19	21.95	17～19	21.95	17～19	21.95	23.5	23.5
	12	19～22	25.41	17～19	21.95	19～22	25.41	25.4	25.4
G3/8	6	14	16.17	19～22	25.41	—	—	—	25.4
	8	14～17	19.64	19～22	25.41	19～22	25.41	18.9	25.4
	10	19	21.95	19～22	25.41	19～22	25.41	23.5	25.4
	12	19～22	25.41	19～22	25.41	20～22	25.41	25.4	25.4
	14	—	—	—	—	22～24	27.72	27.4	27.7
	15	24～27	31.19	24	27.72	—	—	—	27.7
	16	24～27	31.19	24	27.72	22～24	27.72	24	27.7
	18	32	36.96	27	31.19	—	—	—	37
G1/2	6	14	16.17	27	31.19	—	—	—	31.2
	8	17	19.64	27	31.19	—	—	—	31.2
	10	19	21.95	27	31.19	24～27	31.19	23.5	31.2
	12	22	25.41	27	31.19	24～27	31.19	25.4	31.2
	14	—	—	—	—	24～27	31.19	27.4	31.2
	15	27	31.19	27	31.19	—	—	—	31.2
	16	24～27	31.19	24～27	31.19	24～27	31.19	31.1	31.2
	18	32	36.96	27	31.19	—	—	—	37
	22	36	41.58	32	36.96	—	—	—	41.6
G3/4	12	22	25.41	32	36.96	—	—	—	37
	15	27	31.19	32	36.96	—	—	—	37
	18	32	36.96	32	36.96	—	—	—	37
	22	36	41.58	32	36.96	—	—	—	41.6
	28	41	47.36	41	47.36	—	—	—	47.4
G1	22	36	41.58	41	47.36	—	—	—	47.4
	28	41	47.36	41	47.36	—	—	—	47.4
	35	50	57.75	46	53.13	—	—	—	57.8
	42	60	69.3	55	63.53	—	—	—	69.3

表 B.1（续）

单位为毫米

螺纹 (d_1)	管子规格	金属类管接头螺柱端				插入式管接头螺柱端			最小气口中心距
		管螺母六角对边宽度范围	最大管螺母对角宽度	螺柱体六角对边宽度范围	最大螺柱体对角宽度	螺柱体六角对边宽度范围	最大螺柱体对角宽度	最大管接头凸缘直径	
G1¼	28	41	47.36	50	57.75	—	—	—	57.8
	35	50	57.75	50	57.75	—	—	—	57.8
	42	60	69.3	55	63.53	—	—	—	69.3
G1½	35	50	57.75	55	63.53	—	—	—	63.5
	42	60	69.3	55	63.53	—	—	—	69.3
G2	—	—	—	70	80.85	—	—	—	80.9

附　录　NA
（资料性附录）
普通螺纹系列

在部分老产品中，气口和螺柱端的普通螺纹被延续使用，其系列为：

M3，M5，M6，M8×1，M10×1，M12×1.25，M12×1.5，M14×1.5，M16×1.5，M18×1.5，M20×1.5，M22×1.5，M27×2，M33×2，M42×2，M48×2，M50×2，M60×2。

ICS 29.140.30
K 74

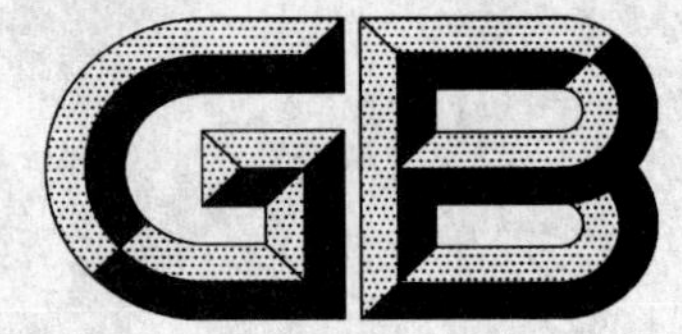

中华人民共和国国家标准

GB/T 14044—2008
代替 GB/T 14044—2005

管形荧光灯用镇流器　性能要求

Ballasts for tubular fluorescent lamps—Performance requirements

(IEC 60921:2006,MOD)

2008-12-30 发布　　2009-09-01 实施

中华人民共和国国家质量监督检验检疫总局
中国国家标准化管理委员会　发布

前　言

本标准修改采用 IEC 60921:2006《管形荧光灯用镇流器　性能要求》(第 2.1 版,英文版)。

本标准根据 IEC 60921:2006 重新起草。本标准与 IEC 60921:2006 的主要差异如下:

a)　本标准增加了第 15 章噪声;

b)　本标准附录 A 增加了 A.10 线路功率因数的测量、A.11 电源电流的测量、A.12 噪声测试;

c)　本标准增加了图 A.12 线路功率因数测量线路和图 A.13 噪声测试铁板尺寸。

为了便于使用,本标准还做了下列编辑性修改:

a)　用小数点"."代替作为小数点的逗号",";

b)　'本国际标准'一词改为'本标准';

c)　删除国际标准前言。

d)　对于 IEC 60921:2006 中引用的其他国际标准中有被等同采用为我国标准的,本标准用引用我国的这些国家标准或行业标准代替对应的国际标准,其余未有等同采用为我国标准的国际标准,在本标准中均被直接引用。

本标准代替 GB/T 14044—2005《管形荧光灯镇流器　性能要求》。

本标准与 GB/T 14044—2005 相比,主要差异如下:

a)　增加了 3.1;

b)　增加了 4.7;

c)　增加了 6.2 c)及其后的注 2;

d)　增加了 6.3 及 6.5;

e)　增加了 7.3;

f)　删除了 11.1;

g)　增加了第 16 章,能效等级的内容是依据欧洲 CELMA 指令;试验方法参考了 EN 50294。

本标准的附录 A、附录 C、附录 D 均为规范性附录,附录 B 为资料性附录。

本标准由中国轻工业联合会提出。

本标准由全国照明电器标准化技术委员会(SAC/TC 224)归口。

本标准起草单位:国家电光源质量监督检验中心(上海)、浙江阳光集团股份有限公司、佛山市华全电气照明有限公司、上海国荣漆包线有限公司、北京电光源研究所。

本标准主要起草人:裘继红、俞安琪、吴国明、区志杨、周安顺、柯柏权、杨国钧、赵秀荣。

本标准所代替标准的历次版本发布情况为:

——GB/T 14044—1993;GB/T 14044—2005。

引 言

本标准包含管形荧光灯用镇流器性能要求。本标准和 GB 19510.9 一起使用,本标准所涉及的所有镇流器应符合 GB 19510.9 的要求。

除非 IEC 60081 和 IEC 60901 中灯的数据表另有规定,否则,符合本标准的镇流器与符合 IEC 60081 和 IEC 60901 要求的灯配合使用,并且条件合适时即在灯周围的空气温度为 10 ℃～35 ℃,电压为额定电源电压的 92%～106%以及电源周围的温度为 10 ℃～50 ℃时,在满足 GB 20550 要求的启动器或满足 GB/T 19655 要求的启动装置工作时灯能满意地启动。

灯和镇流器的兼容性由称为"基准镇流器"的镇流器评估,此镇流器具有好的稳定性和可重复性。该镇流器在检验商业镇流器和挑选基准灯时使用。另外镇流器的检验也十分困难,它要求正确的检验方法。此试验在基准灯上进行,特别是在比较基准灯在基准镇流器上的工作结果和同一只灯在受试镇流器上工作的结果时。

注:要求还包括基准镇流器结构的所有特性和检验镇流器时为确保准确性和可再生性需要考虑的性能,特别是关于基准灯的选择。

本标准给出了在基准镇流器电路中对于不带启动器工作的灯的功率和电流的测量方法。在灯工作时该电路不提供独立的供电电源来加热阴极。尽管对于镇流器的规定影响很小,我们仍然认为对于一些不带启动器的预热型低压阴极灯,包括对于给出灯功率和电流测量的两种可选方法是有效的。

a) 不带阴极预热的灯功率和电流的测量;

b) 带阴极预热的灯功率和电流的测量。

关于评价采用的方法应由生产商规定。

本标准说明了关于在声频阻抗的测量的两种可选电路。当对电抗的感性特性没有疑问时可选择较简单的电路,否则用另一个电路。

管形荧光灯用镇流器　性能要求

1　范围

本标准规定了使用 50 Hz 或 60 Hz、1 000 V 以下交流电源，与管形预热阴极荧光灯一起工作的（非电阻型）镇流器的性能要求，其所用荧光灯可以带或不带启动器或启动装置工作，灯的额定功率、尺寸和特性均应符合 IEC 60081 和 IEC 60901 的规定。本标准适用于完整的镇流器及其零部件，例如，电阻、变压器和电容。

本标准不包括 GB 19510.4 所规定的高频工作的管形荧光灯用交流电子镇流器。

注：在某些地区，制定有关于灯具电磁兼容性的法规。灯的控制装置也能使这种电磁兼容性发生变化。参见参考文献。

2　规范性引用文件

下列文件中的条款通过本标准的引用而成为本标准的条款。凡是注日期的引用文件，其随后所有的修改单（不包括勘误的内容）或修订版均不适用于本标准，然而，鼓励根据本标准达成协议的各方研究是否可使用这些文件的最新版本。凡是不注日期的引用文件，其最新版本适用于本标准。

GB 19510.1—2008　灯的控制装置　第 1 部分：一般要求和安全要求（IEC 61347-1:2006，IDT）

GB 19510.9—2008　灯的控制装置　第 9 部分：荧光灯用镇流器的特殊要求（IEC 61347-2-8:2006，IDT）

GB/T 19655　灯用附件　启动装置（辉光启动器除外）　性能要求（GB/T 19655—2005，IEC 60927:1996，IDT）

GB/T 21656—2008　灯的国际编码系统（ILCOS）（IEC 61231:1999，IDT）

IEC 60081　双端荧光灯　性能要求

IEC 60901　单端荧光灯　性能要求

EN 50294　镇流器—灯电路的总输入功率的测量方法

3　定义

本标准采用下列及 GB 19510.9—2008 中的定义。

3.1

超前（顶峰）式镇流器　(peak) lead circuit ballast

采用电容与灯串联使得灯电流领先于线路电压的镇流器。

4　关于试验的一般要求

4.1　本标准规定的试验均为型式试验。

注：本标准所规定的要求和公差均是根据对制造商为此目的提供的型式试验样品进行试验而制定的。这种型式试验样品原则上应具有制造商的产品的典型特性，并应尽可能地接近该产品的中心点值。

关于本标准给出的公差，可以预计大部分产品只要按照型式试验样品去生产，将符合本标准。

由于产品的离散性，所以不可避免有时会出现超出规定的公差范围的镇流器。

关于计数检查抽样方案和程序，参见 IEC 60410。

4.2　试验应按照条款的顺序进行，但另有规定的除外。

4.3　一只样品应承受所有的试验。

4.4　通常，应对每一种类型的镇流器进行所有的试验。在涉及到一系列类似的镇流器的情况下，应对该系列中每一额定功率的镇流器或对从中挑选出的有代表性的并经过制造商认可的镇流器进行全部的试验。

4.5　试验应在附录 A 所规定的条件下进行。

4.6　本标准规定的所有镇流器均应符合 GB 19510.9 的要求。

4.7　应注意灯的性能标准，里面包含了“镇流器设计信息”。应满足这些要求使灯正常工作，但本标准对于镇流器的型式试验并不要求对灯的性能测试。

5　标志

下述内容应标在镇流器上，或注明在制造商的产品目录或类似文件中。

5.1　线路功率因数，例如：λ 0.85。

如果功率因数小于 0.85 且超前，其后应标有字母 C，例如，λ 0.80 C。

对于要求灯串联工作的镇流器，应标出适用的功率因数。

如果适用的话，应标出下列附加标志：

5.2　表明镇流器在设计上符合声频阻抗要求的标志≇(见第 14 章)。

6　灯或启动器两端的电压(使用的话)

试验应按照附录 A.4 所述测量条件进行。

6.1　带启动器工作的灯

镇流器在其额定电源电压的 92%～106%之间的任一电压下工作时，应能提供下述开路电压：

a)　在启动器的两端，有效值电压至少要达到 IEC 60081 或 IEC 60901 中相应灯的参数表中的给定值；

b)　在灯的两端，峰值电压(启动器的冲击电压除外)不超过 IEC 60081 和 IEC 60901 中相应灯的参数表中的给定值。

如果镇流器是设计用于与多个并联灯管配套工作，则对每一单独灯均应符合相关要求，即使在最不利的负载条件下也应如此。

6.2　不带启动器工作的灯

镇流器在其额定电压的 92%～106%之间的任一电压下工作时，应能提供下述开路电压：

a)　其有效值至少要达到 IEC 60081 或 IEC 60901 中相应灯的参数表中的给定值；

b)　其峰值电压不超过 IEC 60081 或 IEC 60901 中相应灯的参数表中的给定值；

c)　其开路电压的波峰系数(U_p/RMS)不超过 IEC 60081 或 IEC 60901 中相应灯的参数表中的给定值。

如果镇流器是设计用于与多个并联灯管配套工作，则对每一单独灯均应符合相关要求，即使在最不利的负载条件下也应如此。

注 1：在检验灯两端的开路电压时，要在灯的两端之间进行四次测量，并采用所测得的最大值。

注 2：对于装有可调式变压器的镇流器，可能使用串联电容形成了超前式镇流器或超前顶峰式镇流器。超前式镇流器典型的开路电压波峰系数为 1.55～2.0，对于超前顶峰式镇流器则为 2.0～2.3。

6.3　不带启动器工作的灯(应用于北美)

镇流器在其额定电压的 90%～110%之间的任一电压下工作时，应能提供下述开路电压：

a)　其有效值应在 IEC 60081 或 IEC 60901 中相应灯的参数表中的给定范围内；

b)　其对辅助启动器的峰值应至少为 IEC 60081 或 IEC 60901 中相应灯的参数表中的给定值；

c)　灯端及至辅助启动器的开路电压的波峰系数不超过 IEC 60081 或 IEC 60901 中相应灯的参数表中的给定值。

如果镇流器是设计用于与多个并联灯管配套工作，则对每一单独灯均应符合相关要求，即使在最不利的负载条件下也应如此。

注1：在检验灯两端的开路电压时，要在灯的两端之间进行四次测量，并采用所测得的最大值。

注2：对于装有可调式变压器的镇流器，可能使用串联电容形成了超前式镇流器或超前顶峰式镇流器。超前式镇流器典型的开路电压波峰系数为1.55～2.0，对于超前顶峰式镇流器则为2.0～2.3。

辅助启动电容的大小应在相关灯的参数表规定的范围之内。对于两灯串联镇流器，电容从地电位开始应尽可能的离灯远。对于三灯串联镇流器，电容从地电位开始应尽可能的离两个灯远。同样大小的另一个电容从地开始应尽可能的离灯远。如果到地的峰值电压超过最小值的30%，则第二个电容应避开上述两个灯之一。

6.4 灯工作时施加在启动器两端的最大(有效值)电压

当镇流器与基准灯一起在额定频率和额定电源电压的92%～106%之间的任一电压下工作时，启动器两端的电压不应超过IEC 60081中相应灯的参数表中给定的最大值。

当灯被首次触发时，以及在灯已被加热时均采用该极限值。

如果镇流器是设计用于与多个并联灯管配套工作，则相关要求应符合每一单独的灯的需求，在最不利的负载的条件下也应如此。

6.5 对于整体式启动灯

当镇流器在额定电源电压的92%～106%之间的任一电压下工作时，应在灯端提供开路电压如下：

a) 其有效值至少应为IEC 60901中相应灯的参数表中的规定值；

b) 其峰值不应超过IEC 60901中相应灯的参数表中的规定值。

7 预热条件

试验应按照附录A中A.5所述测量条件进行。

注：电容器上所标出的10%的公差(并联连接的电容器所特有的公差)不适用于串联连接的电容器，这是因为在不利的公差同时出现时，电容器与镇流器的公差之和会导致灯的性能降低。

因此，为了达到IEC 60081和IEC 60901中相应灯的参数表所规定的要求，应根据镇流器的串联扼流部件的公差，使电容的公差很小或选择串联的感抗和电容，以避免不利的公差同时出现。

7.1 对于带启动器(整体式)工作的灯

镇流器在其额定电源电压的92%～106%之间的任一电压下和额定频率下工作时，应能提供IEC 60081和IEC 60901中相应灯的参数表所规定的预热电流。

对于IEC 60081和IEC 60901中未给出这种参数的灯，预热电流应由灯的制造商规定。

7.2 对于不带启动器工作的灯

用具有IEC 60081中相应灯的参数表所规定之值的实际模拟负载电阻来代替灯的每个阴极，并使受试镇流器在其额定电源电压的92%～106%之间的任一电压下工作，此时，镇流器提供给每个模拟负载电阻的电压不应小于相应灯的参数表所规定的最小值，也不应大于该表所规定的最大值。

对于那些规定用于高电阻阴极灯的镇流器，如果其提供给每个模拟负载电阻的电压超过相应灯的参数表所规定的最大值，应采用下述补充试验程序。

实际模拟负载电阻应用具有式(1)导出的参数的电阻来代替：

$$R = \frac{11.0}{2.1 \times I_n}\Omega \qquad \cdots\cdots\cdots\cdots(1)$$

式中：

I_n——相应灯的参数表所规定的灯的标称工作电流。

受试镇流器在其额定电源电压的92%～106%之间的任一电压下工作时，通过每个电阻的电流应不超过灯的标称工作电流的2.1倍。

7.3 对于不带启动器工作的灯(应用于北美)

用具有 IEC 60081 和 IEC 60901 中相应灯的参数表所规定之值的替代电阻来代替灯的每个阴极，并使受试镇流器在其额定电源电压下工作。此时，镇流器提供给替代电阻间的阴极预热电压不应小于相应灯的参数表所规定的最小值，也不应大于该表所规定的最大值。当两个阴极平行工作时，替代值应为规定值的一半。此外受试镇流器在额定电源电压下工作时，应使灯阴极具有的工作阴极电压不小于相应灯的参数表所规定的最小值，也不大于该表所规定的最大值。

8 灯的功率和电流

试验应按照附录 A 中 A.6 要求进行。

8.1 带启动器(整体式)工作的灯

镇流器应能将基准灯的功率和电流限制在下述范围：基准灯的功率应不小于该灯与基准镇流器一起工作时的功率的 92.5%，基准灯的电流应不大于该灯与基准镇流器一起工作时的电流的 115%，但灯的相应参数表另有规定时除外。基准镇流器和受试镇流器应在相同的额定频率，并应在各自的额定电压下工作。

对于预定用于串联的灯工作的镇流器(每只灯的功率不超过 20 W)，其在额定电压下的上述极限值可放宽 5%，即在额定电压下灯的功率可放宽至 87.5%，灯的电流可放宽至 120%，而不是原来的 92.5% 和 115%。本试验所用基准镇流器的参数应是各个灯的功率之和。

注：附录 B 给出了适用于两只荧光灯串联工作，不需要进一步试验的镇流器一览表。

8.2 不带启动器工作的灯

镇流器应能将输入基准灯的电弧电流限制在如下范围：该电流应不大于该灯与基准镇流器一起工作时电弧电流的 115%。

施加到灯上的功率应使基准灯的光通量不小于该灯与基准镇流器一起工作时的光通量的 90%。根据所采用的测量方法所用线路可以提供或不提供单独的阴极加热(见附录 A)。

对于由 IEC 60081 中相应灯的参数表规定光电特性的两种测量方法的灯，制造商应说明具体使用的方法。

在进行这些试验时，基准镇流器与受试镇流器应在相同的额定频率、并在各自的额定电压下工作。

9 线路功率因数

当镇流器与一只或几只基准灯在额定电压和频率下一起配套工作时，所测得的线路功率因数与标志值的差异应不大于 0.05。如果对高功率因数镇流器的功率因数最小值有所要求，则按照上述条件所测得的值应为 0.85。对于这些高功率因数镇流器，在任何情况下测得的值均应不小于 0.85。

注：美国要求高功率因数镇流器的功率因数至少为 0.9。

10 电源电流

当镇流器与基准灯一起工作时，在额定电压下电源提供给镇流器的电流与镇流器的标志电流的差异应不超过与基准灯一起工作时的 10%。

11 任一阴极引线的最大电流

此项要求仅适用于不带启动器工作的灯所用的镇流器，对于这种镇流器，应按照附录 A 中 A.7 的要求进行试验。

在镇流器处于额定电源电压 106% 的条件下正常工作时，流入任一阴极终端的电流不应超过 IEC 60081或 IEC 60901 中相应灯的参数表所示值。

12 电流波形

灯的工作电流波形

试验应按照附录 A 中 A.8 的要求进行。

使镇流器在其额定电压下与一只或几只基准灯一起工作。灯达到稳定状态之后，灯的工作电流的波形应符合下述条件：

a) 各个连续的半周在示波器上应呈现出相似的波形，其峰值偏差应在 5%之内。

如果对用示波器测量的结果有疑问，只要每次谐波分量不超过基波电流的 2.5%，便可认为符合要求；

b) 峰值与有效值的最大比值应不超过 1.7。

13 磁屏蔽

镇流器应能有效屏蔽掉邻近的铁磁性材料的磁感应。

合格性采用下述试验进行检验：

将镇流器在额定电压下与一适用的灯一起工作。在灯达到稳定状态之后，先将一厚度为 1 mm，长度和宽度均大于受试镇流器相应尺寸的钢板直接与镇流器的底面接触，再使其处于与镇流器的各表面相距 1 mm 的位置。

在此操作期间测量灯的电流，由于钢板的存在而引起的灯电流的变化应不超过 2%。

14 声频阻抗

标有声频符号的镇流器应采用附录 A 中 A.9 所述线路进行试验。

对于 400 Hz～2 000 Hz 之间的每个信号频率，当镇流器在其额定电压和频率下与一基准灯一起工作时，镇流器的阻抗应是电感性的。该阻抗(单位是 Ω)应至少与下述电阻器的电阻相等，即其所消耗的功率与在额定电压和频率下工作的灯/镇流器组合体所消耗的功率相等的电阻器。

镇流器阻抗的测量要使用一信号电压，其值等于镇流器额定电源电压的 3.5%。

对于 250 Hz～400 Hz 之间的频率，该阻抗值应至少等于 400 Hz～2 000 Hz 之间的频率所要求的最小值的 1/2。

注 1：镇流器中可装有由容量小于 0.2 μF(总值)的电容器构成的无线电干扰抑制器，在进行本试验时，可将该抑制器断开。

注 2：在某些国家，只允许使用符合本章要求的镇流器。

15 噪声

镇流器噪声按附录 A 中 A.12 的方法进行试验时，应不超过 35 dB(A 声级)。

16 能效等级

镇流器的能效等级应符合表 1～表 9 的规定，测试按照 EN 50294 镇流器—灯电路的总输入功率的测量方法进行。但是试验电压为 220 V，如果镇流器标记了电压范围，并且电压范围在中间值的±5%范围内，则镇流器应在电压范围的中间值进行测量。

基准镇流器应符合附录 C 的要求。标准灯应符合附录 D 的要求。

镇流器—灯电路和基准镇流器—灯电路之间的测量和比较应采用同一个标准灯。

下列表 1～表 9 中灯的型号引用相应的 GB/T 21656—2008。

表 1　双端荧光灯用镇流器的能效等级

灯型号 (T)	ILCOS 编码	灯功率 (50 Hz)	能效等级/W		
			B1	B2	C
T	FD-15-E-G13-26/450	15 W	21	23	25
	FD-30-E-G13-26/895	18 W	24	26	28
	FD-18-E-G13-26/600	30 W	36	38	40
	FD-36-E-G13-26/1200	36 W	41	43	45
	FD-58-E-G13-26/1500	38 W	43	45	47
	FD-38-E-G13-26/1047	58 W	64	67	70
	FD-70-E-G13-26/1800	70 W	77	80	83

表 2　单端双管荧光灯用镇流器的能效等级

灯型号 (TC-L)	ILCOS 编码	灯功率 (50 Hz)	能效等级/W		
			B1	B2	C
TC-L	FSD-18-E-2G11	18 W	24	26	28
	FSD-24-E-2G11	24 W	30	32	34
	FSD-36-E-2G11	36 W	41	43	45

表 3　单端单排四管荧光灯用镇流器的能效等级

灯型号 (TC-F)	ILCOS 编码	灯功率 (50 Hz)	能效等级/W		
			B1	B2	C
TC-F	FSS-18-E-2G10	18 W	24	26	28
	FSS-24-E-2G10	24 W	30	32	34
	FSS-36-E-2G10	36 W	41	43	45

表 4　单端四管荧光灯用镇流器的能效等级

灯型号 (TC-D/TC-DE)	ILCOS 编码	灯功率 (50 Hz)	能效等级/W		
			B1	B2	C
TC-D TC-DE	FSQ-10-E-G24q1 FSQ-10-I-G24d1	10 W	14	16	18
	FSQ-13-E-G24q1 FSQ-13-I-G24d1	13 W	17	19	21
	FSQ-18-E-G24q2 FSQ-18-I-G24d2	18 W	24	26	28
	FSQ-26-E-G24q3 FSQ-26-I-G24d3	26 W	32	34	36

表 5 单端六管荧光灯用镇流器的能效等级

灯型号 (TC-T/TC-TE)	ILCOS 编码	灯功率 (50 Hz)	能效等级/W		
			B1	B2	C
TC-T TC-TE	FSM-18-I-GX24d2 FSM-18-E-GX24q2	18 W	24	26	28
	FSM-26-I-GX24d3 FSM-26-E-GX24q3	26 W	32	34	36

表 6 双 D 荧光灯用镇流器的能效等级

灯型号 (TC-DD/TC-DDE)	ILCOS 编码	灯功率 (50 Hz)	能效等级/W		
			B1	B2	C
TC-DD TC-DDE	FSS-10-E-GR10q FSS-10-L/P/H-GR10q	10 W	14	16	18
	FSS-16-I-GR8 FSS-16-E-GR10q FSS-16-L/P/H-GR10q	16 W	21	23	25
	FSS-21-E-GR10q FSS-21-L/P/H-GR10q	21 W	27	29	31
	FSS-28-I-GR8 FSS-28-E-GR10q FSS-28-L/P/H-GR10q	28 W	34	36	38
	FSS-38-E-GR10q FSS-38-L/P/H-GR10q	38 W	43	45	47

表 7 单端双管荧光灯用镇流器的能效等级

灯型号 (TC)	ILCOS 编码	灯功率 (50 Hz)	能效等级/W		
			B1	B2	C
TC	FSD-5-I-G23 FSD-5-E-2G7	5 W	10	12	14
	FSD-7-I-G23 FSD-7-E-2G7	7 W	12	14	16
	FSD-9-I-G23 FSD-9-E-2G7	9 W	14	16	18
	FSD-9-I-G23 FSD-9-E-2G7	11 W	16	18	20

表 8 双端荧光灯用镇流器的能效等级

灯型号 (T)	ILCOS 编码	灯功率 (50 Hz)	能效等级/W		
			B1	B2	C
T	FD-4-G5-16/150	4 W	9	11	13
	FD-6-G5-16/225	6 W	11	13	15
	FD-8-G5-16/300	8 W	13	15	17
	FD-13-G5-16/526	13 W	17	19	21

表 9 环形荧光灯用镇流器的能效等级

灯型号 (T9-C)	ILCOS 编码	灯功率 (50 Hz)	能效等级/W		
			B1	B2	C
T9-C	FC-22-E-G-G10q-29	22 W	28	30	32
	FC-32-E-G-G10q-29	32 W	38	40	42
	FC-40-E-G-G10q-29	40 W	46	48	50

附　录　A
（规范性附录）
试　　验

A.1　关于试验的一般说明

A.1.1　试验时采用 GB 19510.1—2008 附录 H 的一般要求，但是对于某些试验，例如本附录中 A.8 所要求的试验，电压的波形需要相当高的纯度，尤其是在电容器直接或间接与电源并联的情况下。因此，需要用特殊的装置来校正电源的波形。

A.1.2　磁效应

在距离基准镇流器或受试镇流器的任一表面 25 mm 范围之内，不应存在任何磁性物体，但另有规定时除外。

A.1.3　基准灯的安装与连接

a)　安装

为了确保基准灯电特性的稳定，应按照相应灯的参数表的说明安装基准灯。如果相应灯的参数表未给出安装说明，则应将灯水平安装。

建议使灯在其灯座中的位置保持稳定，不受干扰。

b)　带启动器(整体式)工作的基准灯

灯在老炼时应只采用一种接线布局，并应使用同一种接线布局(见 A.6)。

c)　不带启动器工作的基准灯

在基准灯使用时，灯的安装位置及镇流器阴极加热绕组引出端与基准灯阴极的连接位置，如能识别，应尽量遵守上述条件。

A.1.4　基准灯的稳定性

a)　在进行测量之前，应使灯达到稳定工作状态，不应有打旋现象产生。

b)　在进行每一系列试验之前或之后，应立即检验灯的特性。

A.1.5　基准镇流器和基准灯应分别符合附录 C 和附录 D 的要求。

A.2　基准镇流器试验的补充要求

A.2.1　一般要求

应在基准镇流器达到稳定的温度状态时再对其进行测量。

A.2.2　电压/电流比的测量

图 A.1 给出了典型的试验线路。如果采用该线路，不必对电压表的电流作任何校正，但电压表的电阻应符合 GB 19510.1—2008 附录 H 的要求。

如果频率未精确达到额定频率 f_n，应对所测得的电压按照式(A.1)进行校正后再加以采用：

$$在频率\ f_n\ 下的电压 = 在频率\ f\ 下的电压 \times \frac{f_n}{f} \qquad \cdots\cdots(A.1)$$

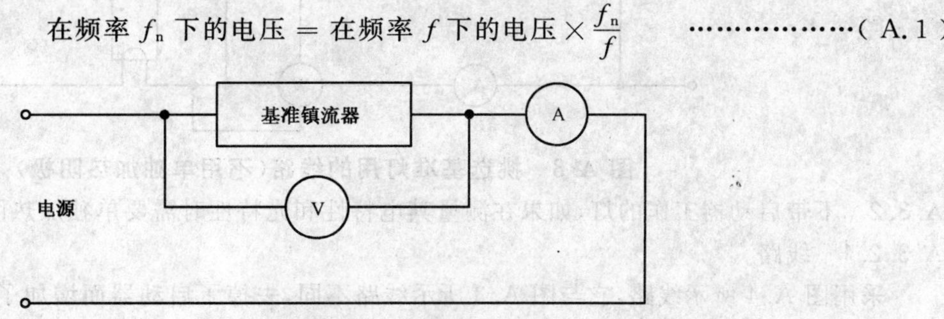

图 A.1　电压/电流比的测量线路

A.2.3　功率因数的测量

图 A.2 给出了用来确定功率因数的典型线路，对于仪器的损耗应作适当的补偿。

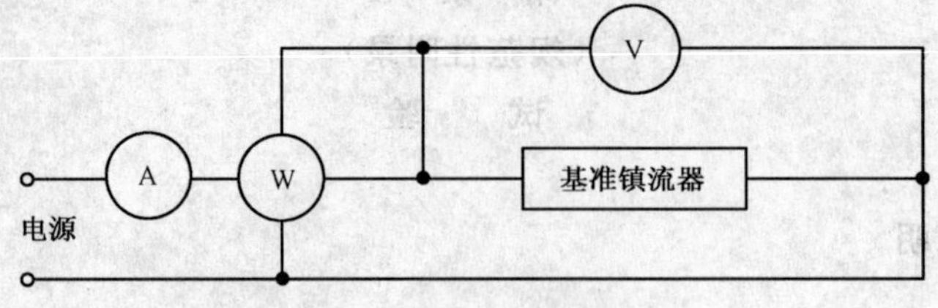

图 A.2　功率因数的测量线路

A.2.4　对磁屏蔽的测量

附录 C 中 C.2.2 所述钢板的尺寸应至少比外壳的凸出部分大 25 mm，并应将该钢板与每一受试表面呈几何对称的形式放置。

A.3　基准灯的挑选

A.3.1　带启动器工作的灯和不带启动器工作的灯，如果在测量其电特性和光特性时不需要单独加热阴极。

建议采用图 A.3 所示线路来挑选基准灯。

在灯启动之后，将启动装置从线路中移开。

此要求不适用于带整体式启动装置的灯。

在灯达到稳定的工作状态之后，测量灯的电流、电压和功率，使其符合附录 D 的要求。

在测量灯的电压或功率时，要将未使用仪器的电压线路断开。

在测量灯的功率时，不必补偿功率表的损耗(通常在电流线圈的灯端进行连接)。

注：对功率表的电压线路所造成的损耗不作补偿，其原因是，在大多数情况下，处于相同电源电压下的负载已大致上对由于并联的功率表电压电路引起的灯的功率损耗的降低作出了补偿。

如果对测量的精度有疑问，可通过测量与灯并联的该负载的其他值来计算出补偿误差。具体作法是增加并联电阻，并读取每次由功率表测得的功率值。然后，对所获得的结果实施外推法，以便确定在没有任何并联负载时的实际功率。

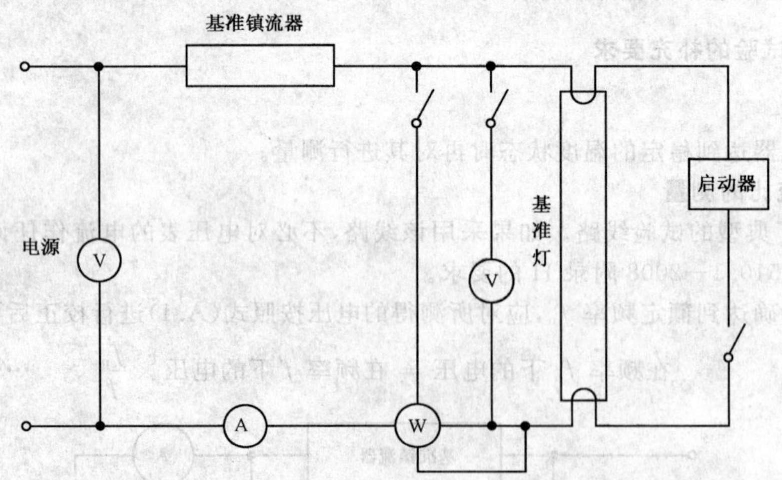

图 A.3　挑选基准灯用的线路(不用单独加热阴极)

A.3.2　不带启动器工作的灯，如果在测量其电特性和光特性时需要单独加热阴极：

A.3.2.1　线路

采用图 A.4 所示线路，它与图 A.3 所示线路不同，去掉了启动器而增加了用来加热灯阴极的低压变压器。对这些变压器的初级电压需进行调整，以便获得所需要的输出电压。阴极变压器的连接应能使其电压从镇流器线路的电压中扣除。

电源电压A通常是与被测灯的型号相对应的基准镇流器线路的规定电压。

电源电压B可来自同一电源，但应具有独立的电压控制，以便能在不影响电源A的情况下进行调节。电源电压A和B最好来自同一电源，而不应来自多相电源的不同相位。

两个阴极加热变压器(或一个带有两个次级绕组的变压器)应是优质的，具有良好的调节功能，并且其电流容量应是实际需要电流的几倍。这种变压器应是低损耗型的，它们应能将这些损耗在测量中产生的误差对灯的总功率的影响降低到最小程度。

注：当变压器的每个次级绕组在所需要的3.6 V电压下具有50 VA的最小短路视在功率时，该变压器便能达到这些要求。

低电阻阴极灯的阴极电压中心值为3.6 V。

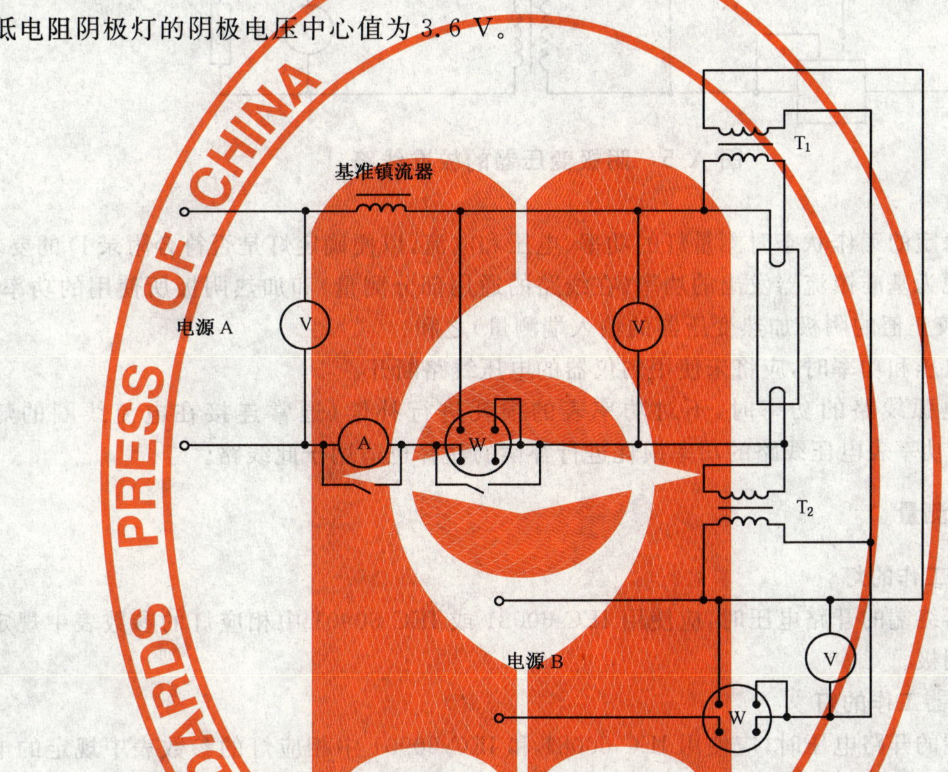

注：变压器 T_1 和 T_2 可采用独立的电源，但是所提供的电压应具有相同的相位。

图A.4 挑选基准灯用的线路(单独加热阴极)

A.3.2.2 校准

应对每个阴极变压器(或成对的变压器)单独进行校准，以便确定在正常工作期间产生的功率损耗。

该功率损耗随提供给所涉及的特定类型的阴极的电流而变化。对于每一类型的阴极所对应的给定镇流器，这些损耗值只需测定一次。因此，适宜的变压器损耗适用于不同类型的灯的测量。

在每个变压器上均能方便地获得“校准电压”，这需要确定为获得所要求的次级输出电压而应加以调节的初级电压。这种校准虽然不是最主要的，但它使在日常工作中调节初级电压成为可能，从而避免经常使用容易损坏的低量程热电偶电压表。

进行校准时采用图A.5所示线路。将每个次级绕组连接在具有相关特定类型阴极的电特性的替代电阻上。调节初级电压，从而使两个次级电压的平均值达到3.6 V，然后记录下此初级电压值。对于与变压器配用的其他类型的阴极，应重复进行此种校正。

还应测定每种负载条件下变压器的功率损耗(将铁芯损耗和焦耳效应一起考虑)，测量该损耗时应使用图A.5所示线路。重新调节初级电压，直至使替代电阻两端的电压达到规定值(3.6 V)，并读取功率值。

这样，变压器的损耗可计算为输入功率值减去(两个电压线路的)仪器的校正值，再减去替代电阻所消耗的功率。

对于每个绕组，该电阻的此种功率可按公式 E^2/R 计算。由于总功率的读数可能在 5 W～10 W 范围之内，应使用低量程功率表。

对于所有具备规定尺寸的阴极的灯，此种变压器的损耗可视为是恒定不变的，并且不必考虑由实际阴极的变化而引起的微小差异。

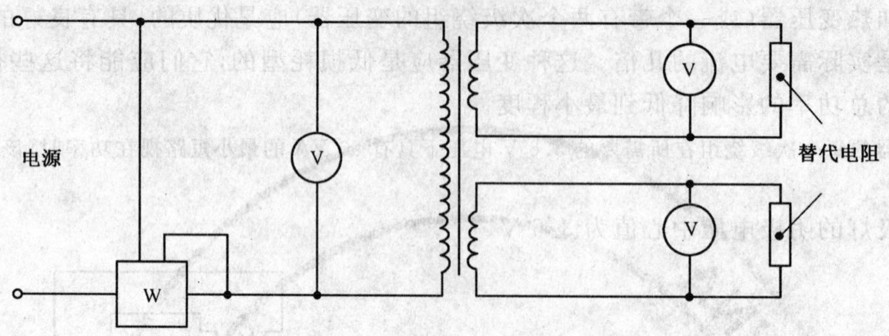

图 A.5　阴极变压器的校准线路

A.3.2.3　测量

应在灯达到稳定的工作状态时测量灯的功率、电压和电流，以便确定灯是否符合附录 D 的要求。

灯的功率应视为基准镇流器发出的功率（在线路的通用部分测量）和加热阴极所使用的功率（在采用 A.3.2.2 所述校正值的阴极加热变压器的输入端测量）之和。

在测量灯的电压和功率时，应将未使用的仪器的电压线路断开。

在测量灯的电弧线路的功率时，不对功率表的损耗进行补偿（通常连接在电流线圈的灯端）。A.3.1中关于不对功率表电压线路的功率损耗进行补偿的注释也适用于此线路。

A.4　开路电压的测量

A.4.1　带启动器工作的灯

在测量启动器终端的开路电压时，应使用 IEC 60081 或 IEC 60901 中相应灯的参数表中规定的电阻代替灯的每个阴极。

A.4.2　不带启动器工作的灯

在测量灯终端的开路电压时，应使用 IEC 60081 和 IEC 60901 中相应灯的参数表中规定的电阻代替灯的每个阴极。

适用的电压值为能够测得的四个电压值中最大的电压值。

A.4.3　整体式启动的灯

在测量灯终端的开路电压时，应使用 IEC 60901 中相应灯的参数表所规定的电阻代替灯的每个阴极。

A.5　预热条件的测量

A.5.1　带（整体的）启动器工作的灯

在测量预热电流时，应使用 IEC 60081 和 IEC 60901 中相应灯的参数表所规定的电阻代替灯的每个阴极。

A.5.2　不带启动器工作的灯

在测量预热电流时，模拟电阻值应考虑到电压表的内阻。

A.6　灯的功率和电流的测量

A.6.1　带启动器（整体式）的灯

图 A.6 给出了适用的试验线路。

在进行测量时，应将启动装置从线路中移开。

此要求不适用于带整体式启动装置的灯。

在灯的线路中，电压线路不应与启动器用的插脚或触点连接。

在测量灯的电压和功率时，应将未使用的仪器的电压线路断开。

在测量灯的功率时，不必对功率表的损耗进行补偿(通常连接在电流线圈的灯端)。

在将灯从一个镇流器线路转接到另一个镇流器线路之后，为了缩短该灯重新达到稳定状态的时间，应采用快速开关技术。在运用这种开关技术期间，不应变更同一基准灯的各个插脚或触点的连接引线。

注：对功率表的电压线路所造成的损耗不作补偿，其原因是，在大多数情况下，处于相同电源电压下的负载已大致上对由于并联的功率表电压电路引起的灯的功率损耗的降低作出了补偿。

如果对测量的精度有疑问，可通过测量与灯并联的该负载的其他值来计算出补偿误差。具体作法是增加并联电阻，并读取每次由功率表测得的功率值。然后，对所获得的结果实施外推法，以便确定在没有任何并联负载时的实际功率。

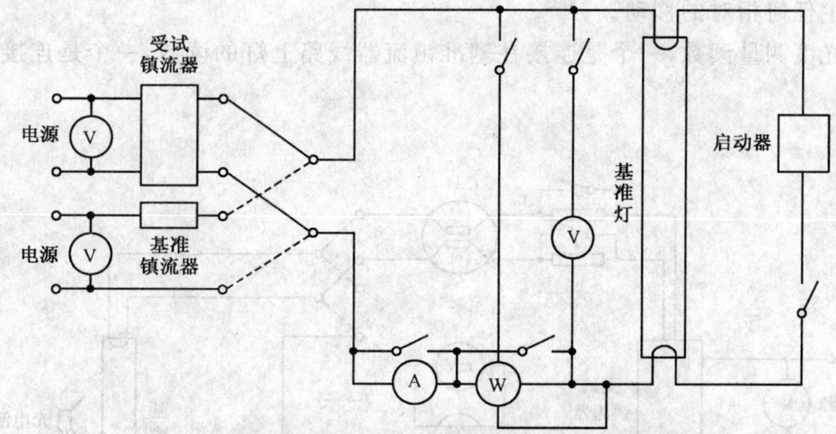

图 A.6　功率和输出电流的测量线路(带启动器的灯)

A.6.2　对于不带启动器工作的灯

图 A.7 给出了适用的试验线路，主要由以下几部分组成：

a)　转换开关，最好是快速型的，能使基准灯或者连接在基准镇流器上，或者连接在受试镇流器上。如果在测量灯的光电特性时不需单独加热阴极，应采用图 A.3 所示基准镇流器线路。如果在测量灯的光电特性时需要单独加热阴极，应采用图 A.4 所示基准镇流器线路。

b)　灯电流的测量装置

注：图 A.7 给出了灯电流的测量方法：

——上方的阴极用双绕组电流表测量；

——下方的阴极用电流互感器的测量。

由于在不带启动器工作的线路中任何可触及的导体上一般不存在灯的实际被测电流，在测量时需要特殊的方法。

图 A.7 给出了两种测量方法。也可采用其他能给出同样结果的方法。

一种方法是使用带有两个绕组并能显示两个绕组的电流之和的电流表。这两个绕组被插接在连接有同一阴极的导线上(见图 A.7 的上方)。

为了补偿在并联的加热线路中接入仪器引起的偏差，将其值与电流表的相应线路的电阻值相等的附加电阻插接在每根导线上，然后进行第二次测量。

假设 I_1 和 I_2 是连续测得的两个电流的读数，那么在正常工作时灯的电流的实际值由式(A.2)给出(但应符合 GB 19510.1—2008 附录 H 的条件)：

$$I = I_1 + (I_1 - I_2) \qquad \cdots\cdots(A.2)$$

另一种方法是使用电流互感器并按照下述要求进行试验：将两根连接灯的阴极的导线一起以给定

的圈数缠绕在一适用的仪表型电流互感器的磁芯上。

再将一适用的电流测量装置(例如,连接在毫伏表上的热电偶)连接在该互感器的次级接线端上。

这种组合提供了一种测量这两根导线中的合成电流的方法。对这种组合要进行预先校正,方法是将其与一只灯一起连接在能以普通方式测量灯电流的线路上(例如,接有基准镇流器的线路)。

注:在使用电流互感器时,可将灯测量装置的线路中的反射阻抗,例如百分之几欧姆,完全忽略不计。

相对于阴极加热线路的阻抗就是缠绕在磁芯上的两根导线的串联电阻,它也可很容易地被降低到同样的数量级。

然而,如果这些阻抗中有一个是不可忽略的,该阻抗就应符合 GB 19510.9—2008 中附录 D 的要求,采用与上述带双绕组的电流表的方法相类似的方法可确定其对测量结果的影响。

c) 一种能测量光通量比值的测试装置。

进行本项测量时,不必将灯置于积分球中。只需使光电探测器与灯保持一定的距离,并使其对准灯的中心部位,但是在整个试验期间应采取适当的措施,使光电探测器不受其他辐射的影响,并防止灯和光感受器之间产生任何相对的移动。

应记下两个光度测量读数,一个是连接在基准镇流器线路上灯的读数,一个是连接在受试镇流器上的灯的读数。

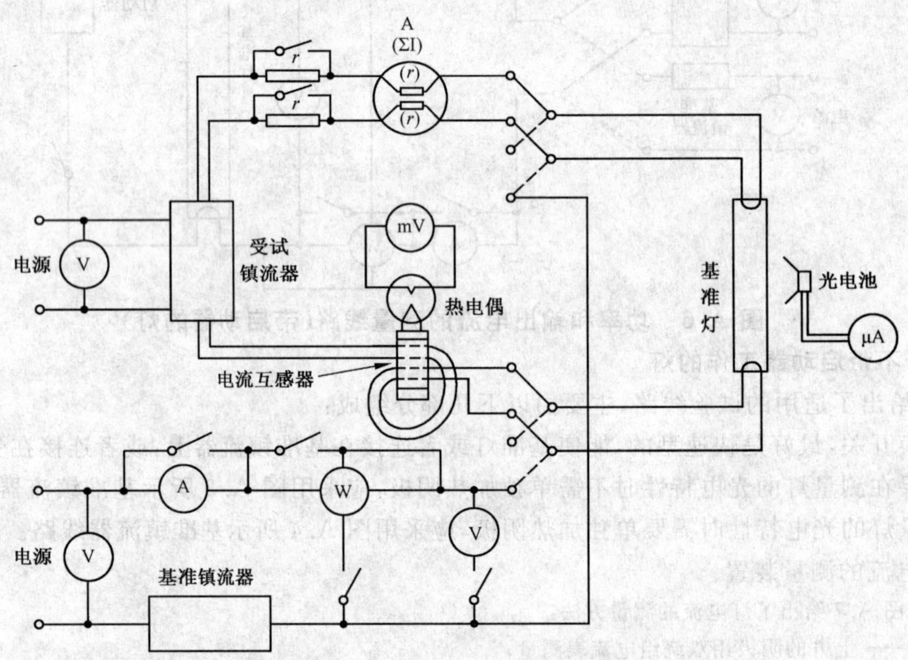

图 A.7 功率和输出电流的测量线路(不带启动器的灯)

A.7 导入任一阴极引线中最大电流的测量

测量时采用图 A.8 所示线路。

选用线路是为了能使镇流器正常工作,而所进行的试验与阴极上的热点的位置无关。

模拟阴极电阻应具有 IEC 60081 中相应的参数表所规定的目标值。

为保证镇流器的正常工作条件,基准灯的阴极要采用独立的线路进行加热,所用电压相当于受试镇流器在试验电压下提供给该阴极的电压。

为了补偿由于接入电流表而引起的偏差,可接上一个电阻值与电流表的电阻值相等的辅助电阻(r),然后,重复进行测量,并按照 A.6 所示要求校正测量结果。

测量应在 1 号、2 号、3 号和 4 号导线上进行,测量时灯应保持在同一位置。

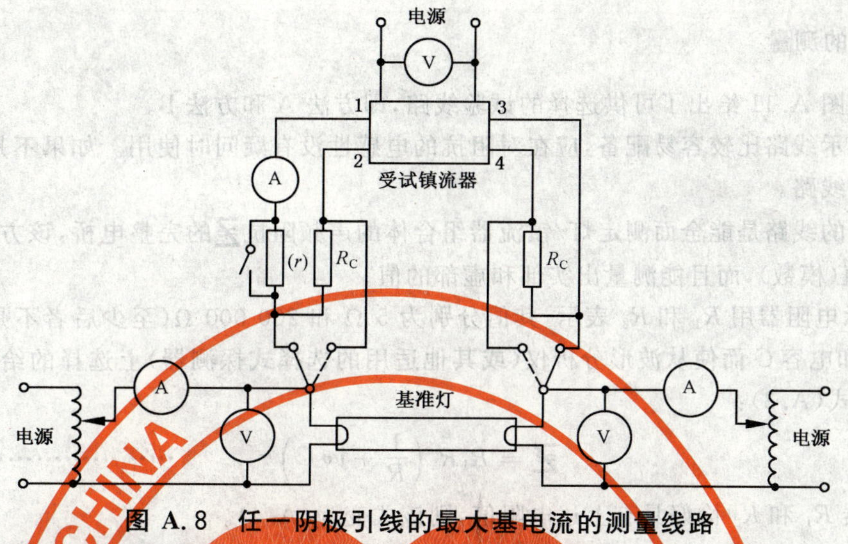

图 A.8　任一阴极引线的最大基电流的测量线路

A.8　电流波形的测量(图 A.9)

A.8.1　带启动器工作的灯

灯电流的峰值应采用经过校正的示波器进行确定，电阻 R_2 要连接在线路的接地一侧。

通常跨接在启动器开关上的电容器用容量为 0.01 μF 的电容器代替。

应确保所涉及的不同频率的电压具有足够低的阻抗。此外，在计算试验结果时应考虑到最大值为 3%的电源电压畸变(见 GB 19510.1—2008 中 H.2.3)。

如有疑问，应使用无波形畸变的电源。

A.8.2　不带启动器工作的灯

电源电流的测量可按照 A.8.1 的要求进行。

对于灯电流的测量，A.6 所述采用电流互感器的测量装置也可用来确定灯的电流的波形或峰值。

将一电阻跨接在电流互感器的次级绕组上，或者，如果 A.6 所用电流测量装置是纯电阻性的例如热电偶，也可用于这种线路。此时，该电阻等于图 A.9 中的电阻 R_2，并与测量仪器直接跨接。由于要求该电阻保持低值，所以应在阴极射线示波器之前接入一放大器。

对整套装置(电流互感器、电阻器、波形分析仪和示波器)的校准以及波形畸变的消除采用下述方法进行检验：就是将该装置与灯一起连接在一能直接测量灯的电流的线路中。然后，把在该线路中用电流互感器获得的结果与用同一线路直接测量所获得的结果进行比较。

关于灯线路中装有电流互感器的测量装置的反射阻抗要求，应参照 A.6.2b)的注释。此外，消除波形畸变的条件也限制了该互感器的电阻负载的允许值，因此，该反射阻抗通常应保持很低的值。在任何情况下，该反射阻抗均应符合 GB 19510.1—2008 附录 H 的要求。

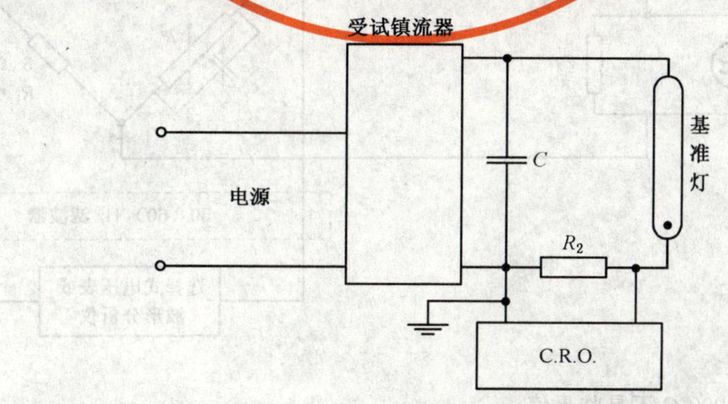

图 A.9　电流波形的测量线路

A.9 声频阻抗的测量

图 A.10 和图 A.11 给出了可供选择的试验线路，即方法 A 和方法 B。

图 A.11 所示线路比较容易配备，应在对阻抗的电感性没有疑问时使用。如果不是这种情况，应使用图 A.10 所示线路。

图 A.10 中的线路是能全面测定灯/镇流器组合体的声频阻抗$\mathbf{Z}$的完整电桥，该方法不仅能测量声频阻抗的绝对值（模数），而且能测量出实部和虚部的值。

线路图所示电阻器用 R_1 和 R_2 表示，其值分别为 5 Ω 和 200 000 Ω（至少后者不是临界值）。在通过调节电阻 R 和电容 C 而使从波形分析仪（或其他适用的选择式探测器）上选择的给定声频达到平衡时，通常可得出式(A.3)：

$$\mathbf{Z} = R_1 R_2 \left(\frac{1}{R} + \mathrm{j}\omega C\right) \qquad \text{(A.3)}$$

如果电阻器 R_1 和 R_2 恰好具有上述电阻值，则该式变为(A.4)。

$$\mathbf{Z} = 10^6 \left(\frac{1}{R} + \mathrm{j}\omega C\right) \qquad \text{(A.4)}$$

在采用图 A.11 所示线路的情况下，两个声频电压，即灯/镇流器组合体终端的电压 V_B 和电阻器 R 的终端的电压 V_R 应借助一个开关并使用波形分析仪在恒定声频下进行测量。在为进行测量所选定的频率下，灯/镇流器组合体的声频阻抗$\mathbf{Z}$由式(A.5)得出：

$$\mathbf{Z} = R\frac{V_B}{V_R} \qquad \text{(A.5)}$$

在图 A.10 和图 A.11 中：

——A 为 50(60) Hz 电源变压器；

——B 为受试灯—镇流器组合体；

——$\mathbf{Z}_1$ 为对于 50(60) Hz 要足够高而对于 250 Hz～2 000 Hz 要足够低的阻抗值（例如：电阻 15 Ω ＋电容 16 μF）；

——$\mathbf{Z}_2$ 为对于 50(60) Hz 要足够低而对于 250 Hz～2 000 Hz 要足够高的阻抗值（例如：电感 20 mH）。

注：如果相应的源对于其他源的电流来说具有低的内阻抗，则不需要阻抗$\mathbf{Z}_1$ 和/或$\mathbf{Z}_2$。

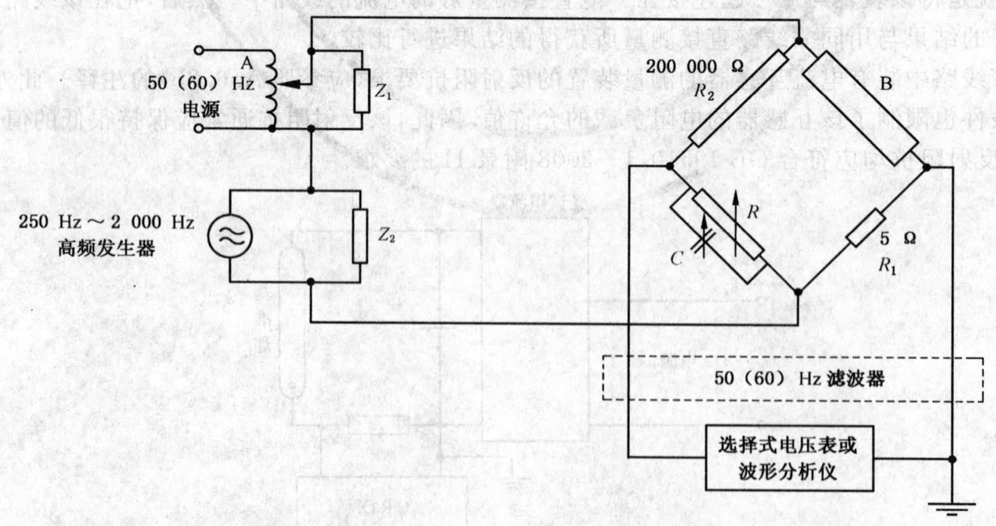

注：对于电桥的一分支，200 000 Ω 不是临界值。

图 A.10 声频阻抗测量线路 方法 A

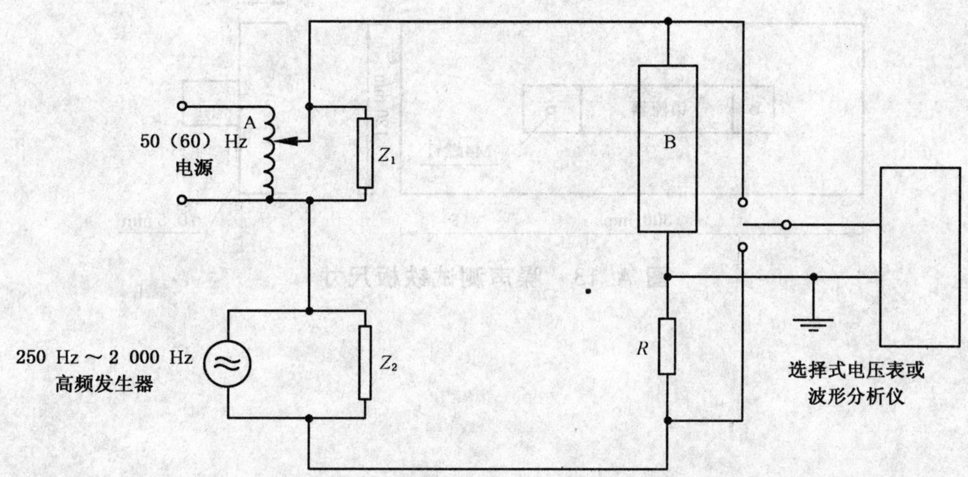

注：电阻 R 应符合 GB 19510.1—2008 附录 H 中 H.7.2 的要求。5 Ω 较为适宜。

图 A.11　声频阻抗测量线路　方法 B

A.10　线路功率因数的测量

采用图 A.12 所示线路进行。

测试某一数据时需把无关的仪表断开或短路。

A.11　电源电流的测量

采用图 A.12 所示线路进行

测试某一数据时需把无关的仪表断开或短路。

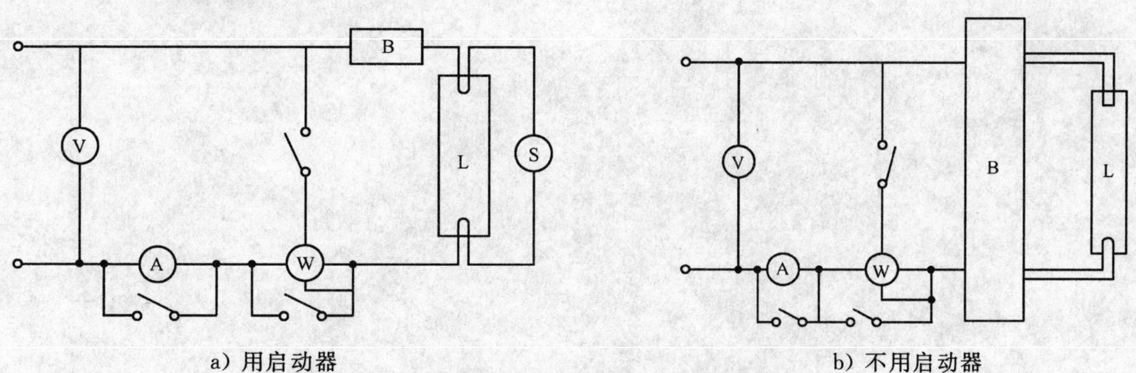

a）用启动器　　b）不用启动器

图 A.12　线路功率因数测量线路

A.12　噪声测试

测试应在消音室内进行，消音室的背景噪音应不大于 25 dB(A 声级)。把被测镇流器置于专用测试铁板上，并用 M4 螺钉固定，测试铁板应平整地放置在 15 mm～20 mm 厚的木板上。然后把被测镇流器与荧光灯处于额定电压和频率下，在灯正常工作 1 h 后进行测量。测量时把拾音器置于被测镇流器同高并距引出线端面 10 cm 处用音级器测量。

测试铁板由厚 0.5 mm 的铁板制成，表面作防锈处理。

测试铁板的形状尺寸见图 A.13。

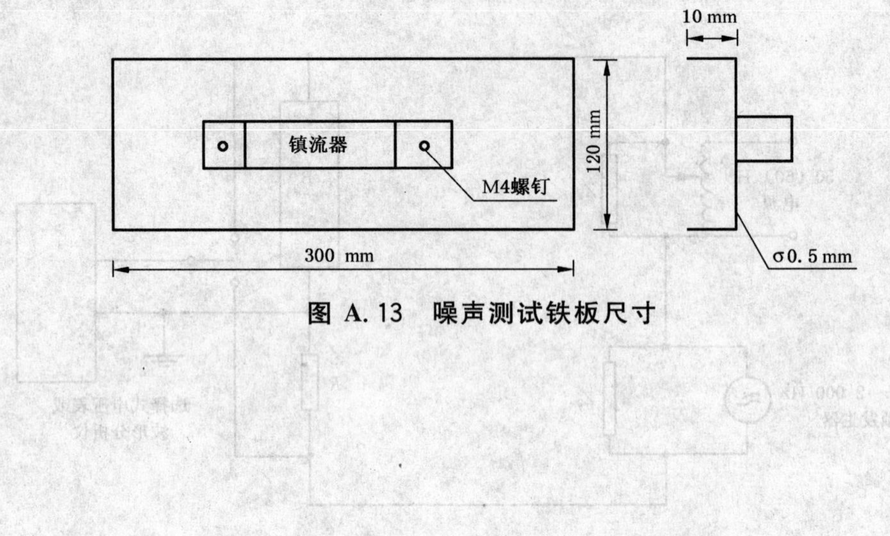

图 A.13 噪声测试铁板尺寸

附 录 B
（资料性附录）
两只荧光灯的串联工作

本附录给出了两只荧光灯串联工作所适用的镇流器的总表，这种镇流器不需再按照 8.1 的要求进行试验。

本附录适用于采用 220 V～250 V 电源，供带启动器工作的灯使用的简单扼流圈镇流器。

表 B.1 管形荧光灯串联工作时适用的镇流器

灯		下述参数表中的灯用的镇流器	
型号	参数表编号		
2×7 W 2×9 W	IEC 60901-0007 IEC 60901-0009	11 W	IEC 60901-0011
2×15 W，T8	IEC 60081-2120	30 W，T8	IEC 60081-2320
2×18 W 2×20 W	IEC 60081-2220 IEC 60081-2240	40 W	IEC 60081-2440

附 录 C
（规范性附录）
基准镇流器

C.1 标志

基准镇流器上应清晰耐久地标有下述标志：

a） 完整的“基准镇流器”字样；

b） 来源标志，该标志可采用商标、制造商名称或销售商品名称等形式；

c） 产品序号；

d） 灯的额定功率或灯的型号及标准电流；

e） 额定电源电压和频率。

C.2 设计特征

C.2.1 一般设计

基准镇流器是一自感式电感器，可以带或不带辅助电阻器，在设计上该种镇流器具有 C.3 中所述工作特性。

基准镇流器可用在采用启动器的线路中，或用在装有加热灯阴极的独立电源的适用线路中。

对于用在不带启动器的线路中的那类灯，IEC 60081 中相应灯的参数表规定了两种测量光电特性的方法供选用，制造商应说明所采用的方法。

C.2.2 保护功能

应对基准镇流器采取防磁保护功能，例如为其安装适宜的钢外壳。在将一厚 2.5 mm 的普通低碳钢板置于与镇流器外壳的任一表面相距 25 mm 的位置时，此种保护措施应能使镇流器的电压电流比相对于校准电流的变化不超过 0.2%。

此外，还应对基准镇流器采取防机械损伤的保护措施。

C.3 工作特性

按照附录 A 中 A.2 的要求进行试验。

C.3.1 额定电源电压和频率

基准镇流器的额定电源电压和频率应符合 IEC 60081 和 IEC 60901 中相应灯的参数表所给定的值。

C.3.2 电压/电流比

基准镇流器的电压/电流比应为 IEC 60081 和 IEC 60901 中相应灯的参数表所给定的值，并应满足下述公差：

a） 在校准电流下，公差为±0.5%；

b） 在校准电流的 50%～115%的其他任一电流下，公差为±3%。

C.3.3 功率因数

在校准电流下测定的基准镇流器的功率因数应达到 IEC 60081 和 IEC 60901 中相应的参数表所规定的值，并满足±0.005 的公差。

C.3.4 温升

当基准镇流器在其校准电流和额定频率下以及 20 ℃～27 ℃的环境温度下工作并达到热稳定状态之后，采用“电阻变化法”测定的镇流器绕组的温升应不超过 25 K。

附　录　D
（规范性附录）
基准灯

如果一只已经老炼了至少 100 h 的灯与基准镇流器一起在附录 A 所规定的条件下和 25 ℃的环境温度下（相关灯的参数表另有规定时除外）工作时，灯的功率，灯端电压或灯的工作电流与 IEC 60081 中相应灯的参数表所给定的相关目标值或标称值的差异不超过 2.5%，则该灯可视为是基准灯。

在采用能单独加热阴极的线路来测量基准灯的情况下（见附录 A 的 A.3.2），灯的电弧功率（而不是总功率）应在 IEC 60081 中相应灯的参数表所给定的相应值的 2.5%范围之内。

对于不带启动器工作的灯，还要求阴极的电阻值与该类型灯的目标值的差异不超过 10%。如果该电阻值较高，可使用一分流电阻器将其降低。

试验中应始终使用受试镇流器所适用的那种类型的基准灯。

当灯与基准镇流器一起工作达到稳定状态时，流经灯的电流的波形应基本上是连续半周内的同一波形。

注 1：本要求限制了任何整流效应可能引起的偶次谐波。

注 2：关于基准灯的挑选方法，见附录 A 的 A.3。

参 考 文 献

[1] GB/T 18595 一般照明用设备 电磁兼容性(EMC)抗扰度要求(GB/T 18595—2001, idt IEC 61547:1995)

[2] GB/T 19655 灯附件 起动装置(辉光起动器除外) 性能要求(GB/T 19655—2005, IEC 60927:1996,IDT)

[3] GB 20550 荧光灯用辉光启动器(GB 20550—2006,IEC 60155:1993,IDT)

[4] IEC 60410:1973 计数检查抽样方案和程序

[5] IEC 61000-3-2:2000 电磁兼容性(EMC) 第3-2部分:额定值 辐射谐波电流的额定值(设备输入电流为16 A/相位)

[6] IEC 61347-2-3:2006 灯的控制装置 第4部分:管形荧光灯用交流电子镇流器的特殊要求

ICS 29.120.40
K 31

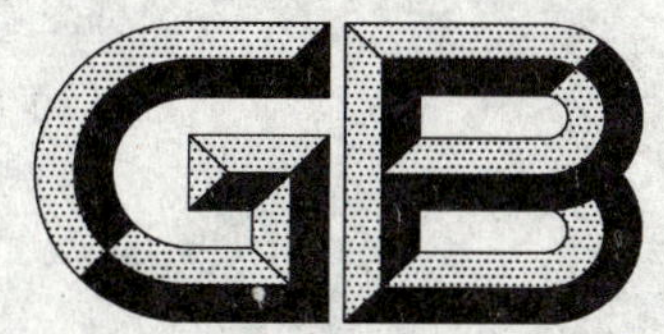

中华人民共和国国家标准

GB 14048.2—2008/IEC 60947-2:2006
代替 GB 14048.2—2001

低压开关设备和控制设备
第2部分:断路器

Low-voltage switchgear and controlgear—Part 2:Circuit-breakers

(IEC 60947-2:2006,IDT)

2008-09-19 发布　　　　2009-06-01 实施

中华人民共和国国家质量监督检验检疫总局
中国国家标准化管理委员会　发布

ICS 29.120.40
K 31

中华人民共和国国家标准

GB 14048.2—2008/IEC 60947-2:2006

低压开关设备和控制设备
第2部分：断路器

Low-voltage switchgear and controlgear—Part 2: Circuit-breakers

2008-09-19 发布　　2009-06-01 实施

中华人民共和国国家质量监督检验检疫总局
中国国家标准化管理委员会　发布

前　言

本部分为条文强制性标准。本部分中7.1.3、7.1.4、7.2.1、7.2.3、7.3、8.3.3.2、8.3.3.8、8.3.5、8.4及附录B、附录F、附录J和附录N为强制性，其余为推荐性。具有电子过电流保护的断路器的电子控制装置EMC试验甚为重要，必须对电子控制装置生产厂的产品进行EMC试验，如断路器制造厂选用已进行过EMC试验的电子产品，且具有试验报告，则不必重复试验。

本部分是《低压开关设备和控制设备》的第2部分，是产品标准，它包括了断路器的基本要求和试验方法。有关断路器的一般要求，如通用名词术语、试验电路、方法在第1部分中规定。本部分必须与第1部分结合使用。《低压开关设备和控制设备》包括：

——GB 14048.1　低压开关设备和控制设备　第1部分：总则

——GB 14048.2　低压开关设备和控制设备　第2部分：断路器

——GB 14048.3　低压开关设备和控制设备　第3部分：开关、隔离器、隔离开关及熔断器组合电器

——GB 14048.4　低压开关设备和控制设备　机电式接触器和电动机起动器

——GB 14048.5　低压开关设备和控制设备　第5-1部分：控制电路电器和开关元件　机电式控制电路电器

——GB 14048.6　低压开关设备和控制设备　接触器和电动机起动器　第2部分：交流半导体电动机控制器和起动器

——GB/T 14048.7　低压开关设备和控制设备　第7-1部分：辅助电器　铜导体的接线端子排

——GB/T 14048.8　低压开关设备和控制设备　第7-2部分：辅助电器　铜导体的保护导体接线端子排

——GB 14048.9　低压开关设备和控制设备　第6-2部分：多功能电器(设备)控制与保护开关电器(设备)(CPS)

——GB/T 14048.10　低压开关设备和控制设备　第5-2部分：控制电路电器和开关元件　接近开关

——GB/T 14048.11　低压开关设备和控制设备　第6-1部分：多功能电器　转换开关电器

——GB/T 14048.12　低压开关设备和控制设备　第4-3部分：接触器和电动机起动器——非电动机负载用交流半导体控制器和接触器

——GB/T 14048.13　低压开关设备和控制设备　第5-3部分：控制电路电器和开关元件——在故障条件下具有确定功能的接近开关(PDF)的要求

——GB/T 14048.14　低压开关设备和控制设备　第5-5部分：控制电路电器和开关元件——具有机械锁闩功能的电气紧急制动装置

——GB/T 14048.15　低压开关设备和控制设备　第5-6部分：控制电路电器和开关元件——接近传感器和开关放大器的DC接口(NAMUR)

——GB/T 14048.16　低压开关设备和控制设备　第8部分：旋转电机用装入式热保护(PTC)控制单元

本部分等同采用IEC 60947-2:2006《低压开关设备和控制设备　第2部分：断路器》(英文第四版)。

本部分与IEC 60947-2:2006的差异：

——1.1中关于交流额定电压，IEC规定为不超过1 000 V，对于交流额定电压1 140 V的断路器可参照本标准执行，有关断路器的性能等要求由制造厂和用户协商确定；

——考虑到国情，第3章“分类”中“开启式”不够合理，仍采用惯用名词“万能式”，塑料外壳式又称“模压外壳式”或“塑壳式”；

——8.1.2中关于型式试验地点，IEC规定可在制造厂的车间或任何合适的试验室里进行，当我国国家法规另有规定时，按有关规定进行。

——8.3.3.3.2c)2)中关于最大额定控制电源电压，IEC原文为30%，疑有误，更改为35%；

——L.1中CBI不能提供电路保护，尤其指过载保护。

本部分代替GB 14048.2—2001《低压开关设备和控制设备　低压断路器》。

本部分与GB 14048.2—2001的主要区别：

——明确提出断路器须公布冲击耐受电压U_{imp}；

——明确对绝缘材料耐非正常热和火的要求：

在主回路中固定导体的绝缘材料　　　960 ℃；

其他绝缘材料　　　650 ℃。

——对复位时间t进一步明确：

t不小于3 min，实际值应记录在试验报告中，最大复位时间为15 min或制造商规定的较长时间，但不超过1 h。在此时间内断路器不应被移动，在复位时间内试合闸至少应隔1 min；

——对电磁兼容提出更高要求：

除电子式过电流保护断路器外，对其辅助元件，如：欠电压脱扣器、分励脱扣器、闭合线圈、远程状态指示器等规定了电磁兼容要求，规定在附录N中；

——在型式试验中，电磁式和电子式脱扣器验证区别对待(见8.3.3.1.2)；

——增加附录L、附录M、附录N、附录O：

附录L、附录M、附录O规定了三种新产品的要求和试验方法：

附录L　无过电流保护要求的断路器，简称CBI；

附录M　剩余电流装置模块(无内部电流分断装置)，简称MRCD；

附录O　瞬时脱扣断路器，简称ICB；

附录N　电磁兼容——不包括在附录B、附录F和附录M中附件的附加要求和试验。

本部分的附录A、附录B、附录C、附录F、附录G、附录H、附录J、附录L、附录M、附录N和附录O为规范性附录，附录E和附录K为资料性附录。

本部分由中国电器工业协会提出。

本部分由全国低压电器标准化技术委员会(SAC/TC 189)归口。

本部分由上海电器科学研究所(集团)有限公司负责起草。

本部分参加起草单位：常熟开关制造有限公司、天津市百利电气有限公司、上海人民电器厂、施耐德电气(中国)投资有限公司、杭州之江开关股份有限公司、浙江正泰电器股份有限公司、苏州万龙集团有限公司、德力西电气有限公司、上海西门子低压断路器有限公司、天正集团有限公司、华通机电集团有限公司、天水二一三电器有限公司、宁波伊尔特智能电器开关有限公司、浙江电器开关有限公司、上海良信电器股份有限公司、通用电气(中国)研究开发中心有限公司、浙江达达电器有限公司、宁波燎原电器集团股份有限公司、人民电器集团有限公司、北京人民电器厂、环宇集团有限公司。

本部分主要起草人：万绍尤、陈正馨、顾惠民、赵鹏。

本部分参加起草人：管瑞良、刘凤琨、牟坚、何巍伟、胡雪松、汪泰宇、程玉标、黄蓉蓉、顾立立、王旭川、冯新民、王秀华、阳维龙、邵忠、邵彦奇、冯继锋、赵建平、祝贤定、黄章武、南寅、戴国忠。

本部分所代替标准的历次版本发布情况为：

——GB 14048.2—1994、GB 14048.2—2001。

低压开关设备和控制设备
第2部分:断路器

1 总则

本部分中专门引用的GB 14048.1—2006总则中的条款适用于本部分,凡本部分引用总则中的条款、分条款、表、图及附录均冠以GB 14048.1—2006,例:GB 14048.1—2006中的1.2.3、GB 14048.1—2006中的表4或GB 14048.1—2006中的附录A。

1.1 范围和目的

本部分适用于主触头用来接入额定电压不超过交流1 000 V或直流1 500 V电路中的断路器。本部分还规定了带熔断器的断路器的补充要求。

本部分适用于任何额定电流、各种结构型式或各种预定用途的断路器。

用作接地保护的断路器的要求包括在附录B中。

电子式过电流保护断路器的附加要求包括在附录F中。

用于IT系统断路器的附加要求包括在附录H中。

断路器电磁兼容的要求和试验方法包括在附录J中。

无过电流保护的断路器的要求包括在附录L中。

剩余电流装置模块(无内部电流分断装置)的要求包括在附录M中。

断路器附件电磁兼容的要求和试验方法包括在附录N中。

瞬时脱扣断路器(ICB)的要求包括在附录O中。

作为直接起动器用的断路器的补充要求在适用于低压接触器及起动器的GB 14048.4—2003中规定。

作为建筑物及类似场所中导线保护用的以及为非熟练人员使用而设计的断路器的要求在GB 10963中规定。

设备(例如电气器具)用断路器的要求在GB 17701—2008中规定。

对于某些特定用途(例如牵引、轧钢机及船用)的断路器,可作一些必要的特殊规定和补充要求。

注:本部分涉及的断路器可配备除过电流和欠压以外的在预定条件下能自动断开的装置,例如逆功率或逆电流断开装置。本部分不涉及在这种预定条件下的动作验证。

本部分的目的是规定:

a) 断路器的特性;

b) 断路器在以下情况下应符合的条件:

1) 正常工作时的动作及性能;

2) 过载情况下的动作和性能以及短路情况下包括运行中的配合使用(例如选择性和后备保护的配合)的动作和性能;

3) 介电性能。

c) 为证明达到上述条件须进行的各项试验和所采用的试验方法;

d) 断路器上所标明或给定的数据。

1.2 规范性引用文件

下列文件中的条款通过《低压开关设备和控制设备》的本部分的引用而成为本部分的条款。凡是注日期的引用文件,其随后所有的修改单(不包括勘误的内容)或修订版均不适用于本部分,然而,鼓励根据本部分达成协议的各方研究是否可使用这些文件的最新版本。凡是不注日期的引用文件,其最新版本适用于本部分。

GB/T 2423.4—2008 电工电子产品环境试验 第2部分:试验方法 试验Db:交变湿热(12 h+12 h循环)(IEC 60068-2-30:2005,IDT)

GB/T 2423.22—2002 电工电子产品环境试验 第2部分:试验方法 试验N:温度变化(idt IEC 60068-2-14:1984)

GB/T 2828.1—2003 计数抽样检验程序 第1部分:按接收质量(AQL)检索的逐批检验抽样计划(ISO 2859-1:1999,IDT)

GB/T 2900.18—2008 电工术语 低压电器

GB 4824—2004 工业、科学和医疗(ISM)射频设备 电磁骚扰特性 限值和测量方法(CISPR 11:2003 ,IDT)

GB/T 5169.10—2006 电工电子产品着火危险试验 第10部分:灼热丝/热丝基本试验方法 灼热丝装置和通用试验方法(IEC 60695-2-10:2000,IDT)

GB/T 5169.11—2006 电工电子产品着火危险试验 第11部分:灼热丝/热丝基本试验方法 成品的灼热丝可燃性试验方法(IEC 60695-2-11:2000,IDT)

GB/T 5169.12—2006 电工电子产品着火危险试验 第12部分:灼热丝/热丝基本试验方法 材料的灼热丝可燃性试验方法(IEC 60695-2-12:2000,IDT)

GB/T 5169.13—2006 电工电子产品着火危险试验 第13部分:灼热丝/热丝基本试验方法 材料的灼热丝起燃性试验方法(IEC 60695-2-13:2000,IDT)

GB 6829—1995 剩余电流动作保护器的一般要求(eqv IEC 60755:1992)

GB/T 7676(所有部分) 直接作用模拟指示电测量仪表及其附件

GB 10963.1—2005 家用及类似场所用过电流保护断路器 第1部分:用于交流的断路器(IEC 60898-1:2002,IDT)

GB 10963.2—2003 家用及类似场所用过电流保护断路器 第2部分:用于交流和直流的断路器(IEC 60898-2:2000,IDT)

GB 14048.1—2006 低压开关设备和控制设备 第1部分:总则(IEC 60947-1:2001, MOD)

GB 14048.4—2003 低压开关设备和控制设备 机电式接触器和电动机起动器(IEC 60947-4-1:2000,IDT)

GB 16895(所有部分) 建筑物的电气装置

GB 16916.1—2003 家用和类似用途的不带过电流保护的剩余电流动作断路器(RCCB) 第1部分:一般规则(IEC 61008-1:1996,MOD)

GB 16917.1—2003 家用和类似用途的带过电流保护的剩余电流动作断路器(RCBO) 第1部分:一般规则(IEC 61009-1:1996,MOD)

GB 17701—2008 设备用断路器(IEC 60934:2007,IDT)

GB 17625.1—2003 电磁兼容 限值 谐波电流发射限值(设备每相输入电流≤16 A)(IEC 61000-3-2:2001,IDT)

GB/T 17626.2—2006 电磁兼容 试验和测量技术 静电放电抗扰度试验(IEC 61000-4-2:2001,IDT)

GB/T 17626.3—2006 电磁兼容 试验和测量技术 射频电磁场辐射抗扰度试验(IEC 61000-4-3:2002,IDT)

GB/T 17626.4—2008 电磁兼容 试验和测量技术 电快速瞬变脉冲群抗扰度试验(IEC 61000-4-4:2004,IDT)

GB/T 17626.5—2008 电磁兼容 试验和测量技术 浪涌(冲击)抗扰度试验(IEC 61000-4-5:2005,IDT)

GB/T 17626.6—2008 电磁兼容(EMC) 试验和测量技术 射频场感应的传导骚扰抗扰度(IEC 61000-4-6:2003,IDT)

GB/T 17626.11—2008 电磁兼容(EMC) 试验和测量技术 电压暂降、短时中断和电压变化的抗扰度试验(IEC 61000-4-11:2004,IDT)

GB/T 17626.13—2006 电磁兼容 试验和测量技术 交流电源端口谐波、谐间波及电网信号的低频抗扰度试验(IEC 61000-4-13:2002,IDT)

IEC 60068-2-14:1984 环境试验—第2部分:试验方法 试验N:温度变化 修正件1(1986)

IEC 60947-1:2004 低压开关设备和控制设备—第1部分:总则

IEC 60947-4-1:2000 低压开关设备和控制设备 机电式接触器和电动机起动器 修正件1(2002)

IEC 61000-3-2:2001 电磁兼容(EMC)限值 谐波电流发射限值(设备每相输入电流≤16 A)修正件2(2004)

IEC 61000-3-3:2000 电磁兼容(EMC)限值 额定电流不大于16 A设备低压供电系统中电压波动与闪变的限制 修正件1(2001)

IEC 61000-4-3:2002 电磁兼容(EMC)试验和测量技术 射频电磁场辐射抗扰度试验 修正件1(2002)

IEC/TR 61000-5-2:1997 电磁兼容(EMC)安装和调整导则 接地和布线

IEC 61008-1:1996 家用和类似用途的不带过电流保护的剩余电流动作断路器(RCCB) 第1部分:一般规则 修正件1(2002)

IEC 61009-1:1996 家用和类似用途的带过电流保护的剩余电流动作断路器(RCBO) 第1部分:一般规则 修正件1(2002)

CISPR 11:2003 工业、科学和医疗(ISM)射频设备 电磁骚扰特性 限值和测量方法 修正件1(2004)

CISPR 22:2005 信息技术设备的无线电骚扰限值和测量方法 修正件1(2005)

2 定义

对于本部分涉及到的大部分定义,见GB 14048.1—2006中第2章及GB/T 2900.18—2008。

就本部分而言,应采用下列补充定义。

2.1

断路器 circuit-breaker

能接通、承载以及分断正常电路条件下的电流,也能在所规定的非正常电路(例如短路)下接通、承载一定时间和分断电流的一种机械开关电器。

2.1.1

壳架等级 frame size

表示一组断路器特性的术语,其结构尺寸对几个电流额定值者相同,壳架等级以相应于这组电流额定值的最大值A表示,在一壳架等级中,宽度可随极数而不同。

注:此定义不包含尺寸标准化。

2.1.2

结构段 construction break

一给定壳架等级断路器之间的结构存在的显著差异,要求进行附加型式试验(见7.1.5)。

2.2

带熔断器的断路器 integrally-fused circuit-breaker

由断路器和熔断器组合而成的单个电器,其每相均由一个熔断器与断路器的一极串联而成。

2.3

限流断路器　current-limiting circuit-breaker

分断时间短得足以阻止短路电流达到其预期峰值(否则可达到此峰值)前分断的断路器。

2.4

插入式断路器　plug-in circuit-breaker

断路器除有分断触头外,还有一组可分离的触头,从而使断路器可从电路中拔出或插入。

注:某些断路器仅在电源侧为插入式,而负载接线端子一般为接线式。

2.5

抽屉式断路器　withdrawable circuit-breaker

断路器除有分断触头外,还有一组与主电路隔离的隔离触头,处于抽出位置时,可以达到符合规定要求的隔离距离的断路器。

2.6

塑料外壳式断路器　moulded-case circuit-breaker

具有一个用模压绝缘材料制成的外壳作为断路器整体部件的断路器。

2.7

空气断路器　air circuit-breaker

触头在大气压力的空气中断开和闭合的断路器。

2.8

真空断路器　vacuum circuit-breaker

触头在高真空管中断开和闭合的断路器。

2.9

气体断路器　gas circuit-breaker

触头在除大气或较高压力的空气外的气体中断开和闭合的断路器。

2.10

接通电流脱扣器　making-current release

在闭合操作时,如接通电流超过预定值时,使断路器无任何人为延时断开的脱扣器,而且当断路器处于闭合位置时它不动作。

2.11

短路脱扣器　short-circuit release

用以短路保护的过电流脱扣器。

2.12

短延时短路脱扣器　short-time delay short-circuit release

用于在短延时结束后动作的过电流脱扣器。

2.13

报警开关　alarm switch

与断路器联结在一起的仅在断路器脱扣时才动作的辅助开关。

2.14

带防止闭合的闭锁装置的断路器　circuit-breaker with lock-out device preventing closing

当规定的条件仍存在时,即使给予闭合命令,也能防止每个触头闭合(即足以通电的闭合)的断路器。

2.15

短路分断(或接通)能力　short-circuit breaking (or making) capacity

在规定的条件下,包括开关电器接线端短路在内的分断(或接通)能力。

2.15.1

极限短路分断能力 ultimate short-circuit breaking capacity

按规定的试验程序所规定的条件，不要求断路器连续承载其额定电流能力的分断能力。

2.15.2

运行短路分断能力 service short-circuit breaking capacity

按规定的试验程序所规定的条件，要求断路器连续承载其额定电流能力的分断能力。

2.16

断开时间 opening time

GB 14048.1—2006 中 2.5.39 适用，并补充如下：

——对于直接动作的断路器，断开时间开始的瞬间是电流增大到足以导致断路器动作开始瞬间。

——对于利用任何形式辅助电源动作的断路器，断开时间开始的瞬间是对断开脱扣器施加或断开辅助电源的瞬间。

注：对断路器而言，"断开时间"通常被称为"脱扣时间"，严格地说脱扣时间是表示断开操作开始的瞬间到断开命令变成不可逆的瞬间之间的时间。

2.17

过电流保护配合 over-current protective co-ordination

两个或多个过电流保护电器串联起来，用以保证过电流选择性保护和/或后备保护。

2.17.1

过电流选择性 over-current discrimination

两个串联的过电流保护电器的一种过电流配合。电源侧保护电器（一般是电源侧，但并非一定是电源侧电器）在有/无另一保护电器的帮助下实现过电流保护，并防止另一个保护电器的过负荷。

2.17.2

全选择性 total discrimination(total selectivity)

在两台串联的过电流保护装置的情况下，负载侧的保护装置实行保护时而不导致另一台保护装置动作的过电流选择性保护。

2.17.3

局部选择性 partial discrimination(partial selectivity)

在两台串联的过电流保护装置的情况下，负载侧的保护装置在一个给定的过电流值及以下实行保护时而不导致另一台保护装置动作的过电流选择性保护。

2.17.4

选择性极限电流 selectivity limit current

I_s

选择性极限电流系指负载侧保护装置总的时间—电流特性与其他保护装置的弧前时间—电流特性（指熔断器）或脱扣时间—电流特性（指断路器）相交的电流坐标。

选择性极限电流（见图 A.1）是一种电流极限值：

——在此值以下，如有两台串联的过电流保护装置，负载侧的保护装置及时完成其分断动作，以防止其上一级保护装置开始动作（即保证了选择性）；

——在此值以上，如有两台串联的过电流保护装置，负载侧的保护装置可能不及时完成其分断动作而不能防止其上一级保护装置开始动作（即不保证选择性）。

2.17.5

后备保护 back-up protection

GB 14048.1—2006 中 2.5.24 适用。

2.17.6

交接电流　take-over current

I_B

GB 14048.1—2006 中 2.5.25 适用,并补充如下:

就本部分而言,GB 14048.1—2006 中 2.5.25 适用于断开时间≥0.05 s 串联的二个过电流保护装置。

对于断开时间<0.05 s 的二个串联的过电流装置可考虑作为配合,见附录 A。

注:交接电流系指二台串联的过电流保护装置间的最大分断时间—电流特性相交的电流坐标。

2.18

断路器的 I^2t 特性　I^2t characteristic of a circuit-breaker

表示与分断时间有关的 I^2t 最大值与预期电流(交流对称有效值)的函数关系(一般为一条曲线),预期电流可至最大值,最大的预期电流是相应于额定短路分断能力及有关的电压的预期电流。

2.19

复位时间　reseting time

一台断路器过电流脱扣后到其重新达到闭合条件之间经过的时间。

2.20

额定瞬时短路电流整定值　rated instantaneous short-circuit current setting

I_i

使脱扣器无任何人为延时动作的电流额定值。

3　分类

3.1　按使用类别分:

——A 类(见 4.4);

——B 类(见 4.4)。

3.2　按分断介质分,例如:

——空气中分断;

——真空中分断;

——气体中分断。

3.3　按设计型式分,例如:

——万能式;

——塑料外壳式。

3.4　按操作机构的控制方法分,即:

——有关人力操作;

——无关人力操作;

——有关动力操作;

——无关动力操作;

——储能操作。

3.5　按是否适合隔离分:

——适合隔离;

——不适合隔离。

3.6　按是否需要维修分:

——需要维修;

——不需要维修。

3.7 按安装方式分，例如：

——固定式；

——插入式；

——抽屉式。

3.8 按外壳防护等级分(见 GB 14048.1—2006 中 7.1.11)。

4 断路器的特性

4.1 特性概述

断路器的特性必须用下列项目(如适用)表明：

——断路器的型式(4.2)；

——主电路的额定值和极限值(4.3)；

——使用类别(4.4)；

——控制电路(4.5)；

——辅助电路(4.6)；

——脱扣器型式(4.7)；

——内装熔断器(指带熔断器的断路器)(4.8)。

4.2 断路器的型式

断路器的型式规定如下：

4.2.1 极数

如单极、双极、三极……

4.2.2 电流种类

电流种类(交流或直流)，交流时的相数和额定频率。

4.3 主电路的额定值和极限值

断路器的额定值应按 4.3.1～4.3.5.4 的规定，但不一定规定全部所列举的额定值。

4.3.1 额定电压

断路器规定有下列额定电压：

4.3.1.1 额定工作电压(U_e)

GB 14048.1—2006 中 4.3.1.1 适用，并补充如下：

——对于 GB 14048.1—2006 注 2a)涉及的断路器：

U_e 一般表示相间的电压。

注 1：在加拿大和美国，相电压和线电压一般用 U_e 表示。

a) 对于三相四线中性线接地系统是指相地间电压，包括相间电压(例如 277/480 V)。

b) 对于三相三线不接地或阻抗接地系统表示相间电压(例如 480 V)。

用于不接地或阻抗接地系统(IT)的断路器要求按附录 H 进行附加试验。

——对于 GB 14048.1—2006 注 2b)涉及的断路器：

这些断路器要求按附录 C 进行附加试验。

U_e 应表示相间(前面加字母 C)电压。

注 2：根据加拿大和美国目前实践，GB 14048.1—2006 注 2b)项涉及的断路器仅以相电压表示。

4.3.1.2 额定绝缘电压(U_i)

GB 14048.1—2006 中 4.3.1.2 适用。

4.3.1.3 额定冲击耐受电压(U_{imp})

GB 14048.1—2006 中 4.3.1.3 适用。

4.3.2 电流

断路器规定以下电流：

4.3.2.1 约定自由空气发热电流(I_{th})

GB 14048.1—2006 中 4.3.2.1 适用。

4.3.2.2 约定封闭发热电流(I_{the})

GB 14048.1—2006 中 4.3.2.2 适用。

4.3.2.3 额定电流(I_n)

对断路器而言，额定电流就是额定不间断电流(I_u)(见 GB 14048.1—2006 中 4.3.2.4)，并且等于约定自由空气发热电流(I_{th})。

4.3.2.4 四极断路器的电流额定值

GB 14048.1—2006 中 7.1.8 适用。

4.3.3 额定频率

GB 14048.1—2006 中 4.3.3 适用。

4.3.4 额定工作制

作为标准的额定工作制有以下几种：

4.3.4.1 八小时工作制

GB 14048.1—2006 中 4.3.4.1 适用。

4.3.4.2 不间断工作制

GB 14048.1—2006 中 4.3.4.2 适用。

4.3.5 短路特性

4.3.5.1 额定短路接通能力(I_{cm})

断路器的额定短路接通能力是在制造商规定的额定工作电压、额定频率以及一定的功率因数(对于交流)或时间常数(对于直流)下断路器的短路接通能力值，用最大预期峰值电流表示。

对于交流，断路器的额定短路接通能力应不小于其额定极限短路分断能力乘以表 2 所列系数 n 的乘积(见 4.3.5.3)。

对于直流，断路器的额定短路接通能力应不小于其额定极限短路分断能力。

额定短路接通能力表示断路器在对应于额定工作电压的适当外施电压下能够接通电流的额定能力。

4.3.5.2 额定短路分断能力

断路器的额定短路分断能力是制造商在规定的条件及额定工作电压下对断路器规定的短路分断能力值。

额定短路分断能力要求断路器在对应于规定的试验电压的工频恢复电压下应能分断小于和等于相当于额定能力的任何电流值，且：

——对于交流，功率因数不低于表 11 的规定(见 8.3.2.2.4)；

——对于直流，时间常数不超过表 11 的规定(见 8.3.2.2.5)。

对于工频恢复电压超过规定的试验电压值时(见 8.3.2.2.6)则不保证短路分断能力。

对于交流，假定交流分量为常数，与固有的直流分量值无关，断路器应能分断相应于其额定短路分断能力及表 11 规定的功率因数的预期电流。

额定短路分断能力规定为：

——额定极限短路分断能力；

——额定运行短路分断能力。

4.3.5.2.1 额定极限短路分断能力(I_{cu})

断路器的额定极限短路分断能力是制造商按相应的额定工作电压规定断路器在 8.3.5 规定的条件

下应能分断的极限短路分断能力值(见 2.15.1)。它用预期分断电流(kA)表示(在交流情况下用交流分量有效值表示)。

4.3.5.2.2 **额定运行短路分断能力(I_{cs})**

断路器的额定运行短路分断能力是制造商按相应的额定工作电压规定断路器在 8.3.4 规定的条件下应能分断的运行短路分断能力值(见 2.15.2)。它用预期分断电流(kA)表示，相当于额定极限短路分断能力规定的百分数中的一档(按表 1 选择)并化整到最接近的整数。它可用 I_{cu}的百分数表示(例如 $I_{cs}=25\%I_{cu}$)。

另一方面，当额定运行短路分断能力等于额定短时耐受电流时(见 4.3.5.4)，它可以按额定短时耐受电流值(kA)规定之，只要它不小于表 1 中相应的最小值。

如果使用类别 A(见 4.4)的 I_{cu}超过 200 kA，或使用类别 B 的 I_{cu}超过 100 kA，则制造商可申明 I_{cs}值为 50 kA。

表 1　I_{cs}和 I_{cu}之间的标准比值

使用类别 A (I_{cu}的百分数)	使用类别 B (I_{cu}的百分数)
25	—
50	50
75	75
100	100

4.3.5.3 **交流断路器的短路接通和分断能力与相应的功率因数之间的关系**

短路分断能力与短路接通能力之间的关系在表 2 中给定。

表 2　(交流断路器的)短路接通和分断能力之间的比值——*n* 及相应的功率因数

短路分断能力 I/ kA(有效值)	功率因数	*n* 要求的最小值 *n*=短路接通能力/短路分断能力
4.5≤I≤6	0.7	1.5
6<I≤10	0.5	1.7
10<I≤20	0.3	2.0
20<I≤50	0.25	2.1
50<I	0.2	2.2
注：对于某些用途，分断能力值低于 4.5 kA 时，其功率因数见表 11 的规定。		

额定短路接通和分断能力仅在断路器按 7.2.1.1 和 7.2.1.2 的要求操作时才有效。

对于特殊要求，制造商可以规定高于表 2 要求的额定短路接通能力。这些额定值的验证试验应由制造商和用户协商决定。

4.3.5.4 **额定短时耐受电流(I_{cw})**

断路器的额定短时耐受电流是制造商在按本部分 8.3.6.2 规定的试验条件下对断路器确定的短时耐受电流值。

对于交流，此电流为预期短路电流交流分量的有效值，并认为在短延时时间内是恒定的。

与额定短时耐受电流相应的短延时应不小于 0.05 s，其优选值如下：

0.05 s—0.1 s—0.25 s—0.5 s—1 s

额定短时耐受电流应不小于表 3 所示的相应值。

表 3　额定短时耐受电流最小值

额定电流 I_n/A	额定短时耐受电流 I_{cw}的最小值/kA
I_n≤2 500	12 I_n 或 5 kA，取较大者
I_n>2 500	30

4.4 使用类别

断路器的使用类别是根据断路器在短路情况下是否通过人为短延时明确用作串联在负载侧的其他断路器的选择性保护而规定(见图 A.3)。

必须注意适用于两种使用类别的试验差别(见表 9 和 8.3.4、8.3.5、8.3.6 和 8.3.8)。

使用类别规定于表 4 中。

表 4 使用类别

使用类别	选择性的应用
A	在短路情况下,断路器无明确指明用作串联在负载侧的另一短路保护装置的选择性保护,即在短路情况下,没有用于选择性的人为短延时,因而无 4.3.5.4 要求的额定短时耐受电流。
B	在短路情况下,断路器明确作串联在负载侧的另一短路保护装置的选择性保护,即在短路情况下,具有一个用于选择性的人为短延时(可调节)。这类断路器具有 4.3.5.4 要求的额定短时耐受电流。 注:选择性不必保证一直到断路器的极限短路分断能力(例如存在瞬时脱扣器动作时),但至少要保证表 3 规定值以下的选择性。
注 1:与每档额定短路电流值有关的功率因数或时间常数已在表 11 中给出(见 8.3.2.2.4 和 8.3.2.2.5); 注 2:须注意表 1 中使用类别 A 和 B 的 I_{cs} 要求的最小百分数的不同要求; 注 3:属使用类别 A 的断路器,可有一定的人为的短延时,且短时耐受电流应比表 3 要求的小,以满足除短路条件之外的选择性。在此种情况下,试验应包括试验程序Ⅳ(见 8.3.6),并且在规定的短时耐受电流下进行。	

4.5 控制电路

4.5.1 电气控制电路

GB 14048.1—2006 中 4.5.1 适用,并补充如下:

如果额定控制电源电压与主电路电压不同,则推荐按表 5 选用之。

表 5 额定控制电源电压的优选值

(如果额定控制电源电压与主电路电压不同时)

直流/V	单相交流/V
24、48、110、125、220、250	24、48、110、127、220、230
注:制造商应规定控制电路在额定控制电源电压值下所耗用的一个或几个电流值。	

4.5.2 气动控制电路(气动或电控气动)

GB 14048.1—2006 中 4.5.2 适用。

4.6 辅助电路

GB 14048.1—2006 中 4.6 适用。

4.7 脱扣器

4.7.1 型式

1) 分励脱扣器;

2) 过电流脱扣器:

   a) 瞬时的;

   b) 定时限的;

   c) 反时限的:

   ——与原先的负载无关;

   ——与原先的负载有关(例如热式脱扣器)。

注 1:术语"过载脱扣器"是用来识别用于过载保护的过电流脱扣器(见 GB 14048.1—2006 中 2.4.30)。术语"短路脱扣器"是用来识别用于短路保护的过电流脱扣器(见 2.11)。

注 2:本部分中所用术语"可调脱扣器"也包括可更换式脱扣器。

3） 欠电压脱扣器(作断开用)；

4） 其他脱扣器。

4.7.2 特性

1） 分励脱扣器和欠电压脱扣器(作断开用的)：

——额定控制电路电压(U_c)；

——电流种类；

——额定频率（指交流）。

2） 过电流脱扣器：

——额定电流(I_n)；

——电流种类；

——额定频率（指交流）；

——电流整定值(或整定值的范围)；

——时间整定值(或整定值的范围)。

过电流脱扣器的额定电流是指在8.3.2.5规定的试验条件下能够承载相应于最大电流整定值的电流值(如是交流，则为有效值)，在此条件下，温升不超过表7中的规定值。

4.7.3 过电流脱扣器的电流整定值

对于具有可调式脱扣器的断路器[见4.7.1中2)注2]，电流的整定值(或电流整定值的范围，如适用)应标明在脱扣器上或标明在刻度板上。该标志可直接用安培数或电流值的倍数标明在脱扣器上。

对于装有不可调脱扣器的断路器，标志可标在断路器上。如果过载脱扣器的动作特性符合表6的要求时，则在断路器上标明它的额定电流(I_n)即可。

在由电流互感器间接动作的脱扣器的情况下，标志可以标明所供给的电流互感器的初级电流或标明过载脱扣器的电流整定值。不论怎样标明，都应说明电流互感器的变比。

除非另有规定：

——过电流脱扣器的动作值除热式外，系指在－5 ℃～＋40 ℃的范围内与周围空气温度无关；

——对于热式脱扣器，规定的动作值则指基准温度为＋30 ℃±2 ℃。制造商应规定周围空气温度变化的影响[见7.2.1.2.4b)]。

4.7.4 过电流脱扣器的脱扣时间整定值

1） 定时限过电流脱扣器

这种脱扣器的延时不取决于过电流。如果延时是不可调，则脱扣时间整定值就应当用断路器的断开时间，以秒(s)为单位表示，如果延时是可调的，则脱扣时间整定值就应以断开时间的最大值和最小值表示。

2） 反时限过电流脱扣器

这种脱扣器的延时取决于过电流。时间-电流特性应以制造商提供曲线形式给出。这些曲线应表明从冷态开始的断开时间与脱扣器动作范围内的电流变化关系。制造商应以适当的方式指明使用这些曲线的允差。

这些曲线均应给出最大和最小电流整定值，如果给定的电流整定值的时间整定值是可调的，则建议这些曲线中还需给出每个最大和最小时间整定值。

注：建议电流以横坐标表示，时间以纵坐标表示，两个坐标轴均采用对数坐标刻度。此外，为了便于研究各种型式过电流保护装置的配合，建议按GB 13539.1—2002中5.6.1详述的标准图纸以及GB/T 13539.6—2002中的图4(Ⅰ)、图3(Ⅱ)、图4(Ⅱ)规定，电流以整定电流的倍数表示，时间以秒表示。

4.8 内装的熔断器(带熔断器的断路器)

GB 14048.1—2006中4.8适用。

制造商应提供所需的资料。

5 产品数据和资料

5.1 资料种类

GB 14048.1—2006 中 5.1 适用。本条款也适用于特殊设计。

其次，按需要制造商应提供各壳架等级（见 2.1.1）的有代表性的功耗资料，见附录 G。

5.2 标志

每个断路器应以耐久的方式标出下列数据。

a) 下列数据应标在断路器本体上或在一块或几块固定于断路器的铭牌上，并且在断路器安装好后，这些标志应位于显而易见之处：

——额定电流（I_n）；

——是否适合用作隔离，如果适合，则标上符号 —⁄—|×—；

——断开和闭合位置的指示。如果采用符号作指示，则分别用符号○和 | 表示（见 GB 14048.1—2006 中 7.1.5.1）。

b) 下列数据均应按 a）规定标明在断路器的外表上，除断路器安装好后一些无需见到的数据外：

——制造商名称或商标；

——型号或系列号；

——GB 14048.2，如果制造商声明符合本部分时；

——使用类别；

——额定工作电压（U_e）（见 4.3.1.1 和附录 H，如适用）；

——额定冲击耐受电压（U_{imp}）；

——额定频率值（或范围）（例如 50 Hz），和/或标明“d.c.”（或用符号 ⎓）；

——相应于额定电压（U_e）的额定运行短路分断能力（I_{cs}）；

——相应于额定电压（U_e）的额定极限短路分断能力（I_{cu}）；

——额定短时耐受电流（I_{cw}），和相应的短延时，（对使用类别 B）；

——电源端和负载端，除非其连接方向无关紧要；

——中性极端子，如果适用，用字母 N；

——保护接地端子，如果适用，用符号 ⏚（见 GB 14048.1—2006 中 7.1.9.3）；

——对于无补偿热脱扣器，如果基准温度不是 30 ℃，则应标明基准温度。

c) 下列数据应按 b）规定标明在断路器上或载明在制造商出版的资料中：

——额定短路接通能力（I_{cm}），如果此值大于 4.3.5.1 的规定时；

——额定绝缘电压（U_i），如果此值大于最高额定工作电压时；

——污染等级，如果不同于污染等级 3 时；

——约定封闭发热电流（I_{the}），如果与额定电流不同时；

——IP 代号，如适用（见 GB 14048.1—2006 中附录 C）；

——已标明的额定值所适用的最小外壳尺寸和通风数据（如有）；

——对于不装外壳使用的断路器，要详细标明断路器与接地的金属部件之间的最小距离；

——适用于环境 A 或环境 B（如适用）；

——有效值互感器（如适用，见 F.4.1.1）。

d) 下列有关断路器的断开装置和闭合装置的数据应标明在这些装置自己的铭牌上或标明在断路器的铭牌上；另外，如果位置不够，则应在制造商出版的资料中载明：

——闭合装置的额定控制电源电压（见 GB 14048.1—2006 中 7.2.1.2）和额定频率（对于交流）；

——分励脱扣器(见 GB 14048.1—2006 中 7.2.1.4)和/或欠电压脱扣器(或失压脱扣器)(见 GB 14048.1—2006 中 7.2.1.3)的额定控制电源电压和频率(对于交流);

——间接过电流脱扣器的额定电流;

——辅助触头的数量和型式以及电流种类、额定频率(对于交流)和辅助触头的额定电压,如果与主电路不同时。

e) 接线端子标志:

GB 14048.1—2006 中 7.1.7.4 适用[也可见上述 b)]。

5.3 安装、操作及维修说明书

GB 14048.1—2006 中 5.3 适用。

6 正常工作、安装及运输条件

GB 14048.1—2006 中 6 适用并补充如下:

污染等级(见 GB 14048.1—2006 中 6.1.3.2)。

除制造商另有规定外,断路器应适合在污染等级 3 的环境条件下安装。

7 结构与性能要求

7.1 结构要求

GB 14048.1—2006 中 7.1 除 7.1.1.1 用以下内容替代,其余适用:

在电的作用下可能受到热应力影响且其劣化有可能使电器的安全性降低的绝缘材料,在非正常热和火的作用下不应产生不利的影响。

试验要求按 GB/T 5169.10—2006、GB/T 5169.11—2006、GB/T 5169.12—2006 和 GB/T 5169.13—2006 规定的灼热丝试验。

在工作时用于固定主电路的载流部件所必须的绝缘材料部件应满足 GB 14048.1—2006 中 8.2.1.1.1 规定的灼热丝试验,温度为 960 ℃。

除上述规定的绝缘材料部件外,其他绝缘材料部件应满足 GB 14048.1—2006 中 8.2.1.1.1 规定的灼热丝试验,温度为 650 ℃。

7.1.1 抽屉式断路器

抽屉式断路器主电路的隔离触头和辅助电路的隔离触头(如适用)在隔离位置时应具有符合对隔离功能要求的隔离距离,但需考虑制造公差和由于磨损造成的尺寸变化。

抽屉机构应安装一个可靠指示装置,该装置应能明确地指示隔离触头的位置。

抽屉机构还应装有只有当断路器的主触头断开后才允许隔离触头分开或再闭合的联锁装置。

此外,抽屉机构应安装只有在下列情况下才允许主触头闭合的联锁装置:

——在隔离触头完全闭合时,或

——在隔离触头的动静部分之间获得了规定的隔离距离时(隔离位置)。

当抽屉式断路器处于隔离位置时,必须保证隔离触头之间所规定的隔离距离不能由于偶然原因而减小。

7.1.2 适用于隔离的断路器的补充要求

有关性能的附加要求见 7.2.7。

采用 GB 14048.1—2006 中 7.1.6 并补充下列注解:

注:如果脱扣位置不是所指示的断开位置,则必须清楚地指出脱扣位置。所指示的断开位置仅指保证触头间达到规定隔离距离的位置。

7.1.3 电气间隙和爬电距离

最小值在 GB 14048.1—2006 中表 13 和表 15 中给定。

7.1.4 对操作者安全要求

在人力操作工具范围内应无炽热颗粒喷出的通道或孔。

可按 8.3.2.6.1b)的规定来检查其是否符合要求。

7.1.5 结构段说明

给定壳架等级的断路器，若下列特点之一不相同，可视为一个结构段(见 2.1.2)：

——内部载流部件的材料，镀层和尺寸，但允许有列于下面 a)、b)和 c)中的差异；

——主触头的尺寸、材料、结构和连接方法；

——任何内置手操机构，其材料和物理特性；

——模压和绝缘材料；

——熄灭电弧装置的工作原理，材料和结构；

——过电流脱扣装置的基本结构，但允许有列于下面的 a)、b)和 c)中的差异。

如下的差异不能视为一结构段：

a) 接线端尺寸，只要电气间隙和爬电距离不减少；

b) 对于热磁脱扣器，其确定电流额定值的脱扣元件的尺寸和材料；

c) 供脱扣器运行的电流互感器的二次线圈；

d) 附加于内置操作工具的外加操作工具；

e) 型式标志和/或纯美学特征(例如标签)。

7.1.6 具有中性极断路器的附加要求

采用 GB 14048.1—2006 中 7.1.8 及下面附加要求。

如果一个具有适当接通和分断能力的极被用作中性极，则所有极包括中性极实质上可一起操作。

7.2 性能要求

7.2.1 操作条件

7.2.1.1 闭合

为了保证断路器能安全地闭合相当于其额定短路接通能力的接通电流，必须用与验证短路接通能力的型式试验相同的速度和力量来操作断路器。

7.2.1.1.1 有关人力闭合

对于带有关人力闭合机构的断路器，在规定短路接通能力额定值时，应考虑机械操作条件。

这种断路器不能用于预期接通电流峰值超过 10 kA 的电路中。

但是，当断路器带有关人力闭合机构同时装有能使断路器安全分断的快速断开脱扣器，不论其闭合 10 kA 以上的预期电流峰值时的速度和力量大小如何，上述规定不适用；在这种情况下，可规定一个额定短路接通能力。

7.2.1.1.2 无关人力闭合

带无关人力闭合机构的断路器可规定一短路接通能力额定值，它与机械操作条件无关。

7.2.1.1.3 有关动力闭合

动力闭合机构，必要时包括中间控制继电器，当闭合操作期间测量的电源电压保持在额定控制电源电压的 85%和 110%范围之间时(交流时，在额定频率)，应保证断路器在空载和额定接通能力之间的任何条件下能可靠闭合。

在 110%额定控制电源电压下，进行空载闭合操作时，应不致使断路器发生任何损坏。

在 85%额定控制电源电压下，闭合操作应在断路器通过的电流等于其额定接通能力且在其继电器或脱扣器的操作允许范围内进行，如果闭合操作有最大时间极限的规定时，则闭合时间不应超过此最大时间极限值。

7.2.1.1.4 无关动力闭合

带无关动力闭合操作的断路器可规定一额定短路接通能力，它与动力闭合操作条件无关。

对操作机构的储能装置以及闭合控制元件应能根据制造商的说明书操作。

7.2.1.1.5 **储能闭合**

这种型式的闭合机构应能保证断路器在空载和其额定接通能力之间的任何条件下闭合。

当断路器内部保持储能时，必须有一个能指示储能机构已完全储足能量的装置。

当辅助电源电压在额定控制电源电压的85%和110%之间时，对操作机构的储能装置以及闭合控制元件应能操作。

除非闭合操作机构储足能量，否则动触头不可能从断开位置移动。

当储能机构由人力操作时，应指明操作方向。

最后这一要求不适用于带无关人力闭合操作的断路器。

7.2.1.2 **断开**

7.2.1.2.1 **概述**

自动断开的断路器应自由脱扣，并且在完成闭合操作之前储足脱扣操作所需的能量，除非制造商与用户间另有协议。

7.2.1.2.2 **用欠电压脱扣器断开**

GB 14048.1—2006 中 7.2.1.3 适用。

7.2.1.2.3 **用分励脱扣器断开**

GB 14048.1—2006 中 7.2.1.4 适用。

7.2.1.2.4 **用过电流脱扣器断开**

a) 短路情况下断开

对于短路电流脱扣器所有电流整定值，短路脱扣器应使断路器脱扣，且具有电流整定值的脱扣电流值±20%的准确度。

如需作过电流配合时（见 2.17），制造商应提供下列资料（一般为曲线）：

——最大截断（允通）峰值电流（见 GB 14048.1—2006 中 2.5.19）与预期电流（对称有效值）的函数关系；

——使用类别 A 的断路器和具有瞬时超越脱扣器的（见 8.3.5 注）使用类别 B 的断路器（如适用）的 I^2t 特性（见 2.18）。

在按试验程序Ⅱ和Ⅲ（见 8.3.4 和 8.3.5）进行有关型式试验时可对上述资料进行检查看其是否符合要求。

注：可能的话可用其他形式提供有关验证断路器配合特性的数据，例如，与短路保护装置配合进行的试验。

b) 过载情况下的断开

1) 瞬时或定时限动作

对于过载脱扣器的所有电流整定值，脱扣器应使断路器脱扣，且具有电流整定脱扣电流值的±10%的准确度。

2) 反时限动作

反时限动作的约定值由表 6 给出。

在基准温度下（见 4.7.3），电流整定值的 1.05 倍时（见 GB 14048.1—2006 中 2.4.37），即在约定不脱扣电流（见 GB.14048.1—2006 中 2.5.30）时，各相极的脱扣器同时通电，从冷态开始，在小于约定时间（见 GB 14048.1—2006 中 2.5.30）内不应发生脱扣。

此外，在约定时间结束后，立即使电流上升至电流整定值的 1.30 倍，即达到约定脱扣电流（见 GB 14048.1—2006 中 2.5.31），断路器应在小于后者规定的约定时间内脱扣。

注：基准温度是指断路器的时间—电流特性所基于的周围空气温度。

表 6 反时限过电流断开脱扣器在基准温度下的断开动作特性

所有相极通电		约定时间/h
约定不脱扣电流	约定脱扣电流	
1.05 倍整定电流	1.30 倍整定电流	2[a]

a 当 $I_n \leqslant 63$ A 时，为 1 h。

如果制造商申明脱扣器实质上与周围温度无关，则表 6 中的电流值将在制造商公布的温度带内适用，允差范围在 0.3%/K 内。

温度带的宽在基准温度的任何一侧应至少为 10 K。

7.2.2 温升

7.2.2.1 温升极限

断路器在按 8.3.3.6 进行试验期间，在 8.3.2.5 规定的条件下测得的断路器几个部件的温升应不超过表 7 规定的极限值。断路器在按 8.3.4.4 和 8.3.6.3 进行试验期间，其接线端子的温升应不超过表 7 中规定的极限值。

7.2.2.2 周围空气温度

表 7 所列的温升极限值仅适用于周围空气温度保持在 GB 14048.1—2006 中 6.1.1 规定的范围内。

7.2.2.3 主电路

断路器的主电路，包括与其相连的过电流脱扣器，应能承受约定发热电流（I_{th} 或 I_{the}，如适用，见 4.3.2.1和 4.3.2.2），而温升不超过表 7 规定的极限值。

7.2.2.4 控制电路

用于断路器闭合和断开操作的控制电路，包括控制电路装置，应允许按 4.3.4 规定的额定工作制以及按 8.3.2.5 规定的温升试验条件下进行试验，而温升不超过表 7 中规定的极限值。

此条的要求应在新断路器上进行验证，或者，按制造商意见，此项验证可在 8.3.3.6 温升试验时进行。

7.2.2.5 辅助电路

辅助电路，包括辅助装置，按 8.3.2.5 进行试验时应能承受其约定发热电流而温升不超过表 7 中规定的极限值。

表 7 接线端子和易接近部件的温升极限值

部件名称[a]	温升极限值[b]/K
——与外部连接的接线端子	80
——人力操作部件：	
金属零件	25
非金属零件	35
——可触及但不是手握的部件：	
金属零件	40
非金属零件	50
——正常操作时无需触及的部件：	
金属零件	50
非金属零件	60

a 除上述所列部件外，对其他部件不作温升规定，但以不引起相邻绝缘 部件损坏为限。

b 上述规定的温升极限值不适用于新样品，但适用于第 8 章规定的相应试验程序中的温升验证。

7.2.3 介电性能

GB 14048.1—2006 中 7.2.3a）和 b）适用。

型式试验按 8.3.3.2 的规定。

所有程序试验中介电耐受能力的验证按 8.3.3.5 的规定。

常规试验按 8.4.5 规定。

7.2.3.1 冲击耐受电压

GB 14048.1—2006 中 7.2.3.1 适用。

7.2.3.2 主电路、辅助电路、控制电路的工频耐受电压

下面情况使用工频电压试验：

——介电试验作为验证固体绝缘的型式试验；

——在通断转换操作或短路型式试验后，作为成败依据的介电耐受验证；

——常规试验。

7.2.3.3 电气间隙

GB 14048.1—2006 中 7.2.3.3 适用。

7.2.3.4 爬电距离

GB 14048.1—2006 中 7.2.3.4 适用。

7.2.3.5 固体绝缘

固体绝缘应按 GB 14048.1—2006 中 8.3.3.4.1 3)的规定采用工频电压试验或直流试验(直流试验的试验电压正在考虑中)来验证。

就本部分而言，在试验时装有固态器件的电路应断开。

7.2.3.6 分离电路间的距离

GB 14048.1—2006 中 7.2.3.6 适用。

7.2.4 在空载、正常负载和过载条件下的接通和分断能力

7.2.4.1 过载性能

本要求适用于额定电流 630 A 及以下的断路器。

断路器在 8.3.3.4 规定的试验条件下应能完成主电路电流大于其额定电流时的操作循环次数。

每一操作循环包括一次接通操作和紧接着的一次分断操作。

7.2.4.2 操作性能能力

GB 14048.1—2006 中 7.2.4.2 适用并补充如下：

断路器应能满足表 8 的要求：

——在 8.3.3.3.3 规定的试验条件下主电路不通电流的操作性能试验。

——在 8.3.3.3.4 规定的试验条件下主电路通以电流的操作性能试验。

每个操作循环包括：闭合操作后接着断开操作(不通电流的操作性能试验)，或接通操作后接着分断操作(通电流的操作性能试验)。

表 8 操作循环次数

1	2	3	4	5
额定电流[a] A	每小时操作循环次数[b]	操作循环次数		
		不通电流	通电流[c]	总数
$I_n \leqslant 100$	120	8 500	1 500	10 000
$100 < I_n \leqslant 315$	120	7 000	1 000	8 000
$315 < I_n \leqslant 630$	60	4 000	1 000	5 000
$630 < I_n \leqslant 2\ 500$	20	2 500	500	3 000
$2\ 500 < I_n$	10	1 500	500	2 000

a 指给定壳架等级的最大额定电流。

b 第 2 栏给出的是最小的操作频率。如果经制造商同意，可提高该操作频率，在这种情况下，所用的操作频率应在试验报告中说明。

c 在每个操作循环期间，断路器应保持闭合一足够的时间，以保证通以全电流，但不超过 2 s。

7.2.5 短路条件下的接通和分断能力

GB 14048.1—2006 中 7.2.5 适用并补充如下：

额定短路接通能力应按 4.3.5.1 和 4.3.5.3 的规定。

额定短路分断能力应按 4.3.5.2 的规定。

额定短时耐受电流应按 4.3.5.4 的规定。

注：由制造商负责保证断路器脱扣特性与断路器耐受固有的热应力和电动应力的能力一致。

7.2.6 空白

7.2.7 适用于隔离的断路器的补充要求

GB 14048.1—2006 中 7.2.7 适用，并按 8.3.3.2、8.3.3.5、8.3.3.9、8.3.4.3、8.3.5.3 和 8.3.7.7 试验(如适用)。

7.2.8 带熔断器的断路器的特殊要求

注：断路器与连接在同一电路中的独立的熔断器的配合见 7.2.9。

一台带有熔断器的断路器应全面符合本部分包括额定极限短路分断能力在内的规定。尤其应符合试验程序Ⅴ中的要求(见 8.3.7)。

在发生过电流但没超过制造商宣布的选择性极限电流 I_s 情况下，断路器动作时应不引起熔断器熔断。

对于小于和等于组合装置规定的额定极限短路分断能力的所有过电流，一个或多个熔断器熔断时，断路器应断开(以防单相运行)。如果制造商规定断路器装有防闭合的锁扣装置(见 2.14)，则在熔断的熔断体或损坏的熔断体未更换好之前，或锁扣装置未解扣之前，断路器应不可能重新闭合。

7.2.9 断路器与另一短路保护装置的配合

断路器与另一短路保护装置的配合见附录 A。

7.3 电磁兼容(EMC)

要求和试验方法附录 J 给出。

8 试验

8.1 试验种类

GB 14048.1—2006 中 8.1 适用并补充如下：

8.1.1 验证断路器特性的试验为：

——型式试验(见 8.3)；

——常规试验(见 8.4)。

8.1.2 型式试验包括下列试验：

试　验	条　款　号
温升	8.3.2.5
脱扣极限和特性	8.3.3.1
介电性能	8.3.3.2
操作性能能力	8.3.3.3
过载性能(如适用)	8.3.3.4
短路分断能力	8.3.4 和 8.3.5
短时耐受电流(如适用)	8.3.6
带熔断器的断路器的性能	8.3.7

型式试验应由制造商进行，可在其车间或任何合适的试验室里进行，由其任选[4)]。

8.1.3 常规试验包括在 8.4 中。

8.2 验证结构要求

GB 14048.1—2006 中 8.2 适用。

8.3 型式试验

为了避免适用于各试验程序的相同试验重复出现，故将一般试验条件以下列三个标题汇总在本条款前：

——适用于所有程序的试验条件(8.3.2.1～8.3.2.4)；

——适用于温升试验的试验条件(8.3.2.5)；

——适用于短路试验的试验条件(8.3.2.6)。

凡用到这些一般试验条件的地方均可参照 GB 14048.1—2006 中的一般规则或可以以其为基准。

每一试验程序可参照适用的一般试验条件，这就要求相互参照使用，但能使每个试验程序的条文更简化。

贯穿本条款的术语“试验”用来表示所做的每项试验；“验证”应解释为“验证试验”，旨在验证断路器在一个试验程序中前项试验后的状况，从而验证其有无受到不利的影响。

为了便于查找某个试验条件或试验项目，在 8.3.1 中给出了按试验条件和项目排列的索引表，所用术语多数与条款标题所用的术语一样。

8.3.1 试验程序

试验条件与项目索引表

一般试验条件	条款号
断路器试验一般要求	8.3.2.1
断路器短路试验要求	8.3.2.6.1
频率	8.3.2.2.3
功率因数	8.3.2.2.4
记录(说明)	8.3.2.6.6
恢复电压	8.3.2.2.6
短路试验电路	8.3.2.6.2
短路试验程序	8.3.2.6.4
温升试验	8.3.2.5
时间常数	8.3.2.2.5
允差	8.3.2.2.2
试验项目(试验程序总分类表，见表 9)	**条款号**
介电性能	8.3.3.2
介电耐受能力(验证)	8.3.3.5、8.3.4.3、8.3.5.3、8.3.6.5、8.3.7.3、8.3.7.7、8.3.8.5
单极短路试验(对相接地系统)	附录 C
单极短路试验(对 IT 系统)	附录 H
主触头位置指示	8.3.3.9
带熔断器的断路器(短路试验)	8.3.7.1、8.3.7.5、8.3.7.6
操作性能能力	8.3.3.3、8.3.4.2、8.3.4.4
过载性能	8.3.3.4
过载脱扣器(验证)	8.3.3.7、8.3.4.5、8.3.5.1、8.3.5.4、8.3.6.1 8.3.6.6、8.3.7.4、8.3.7.8、8.3.8.1、8.3.8.7
运行短路分断能力	8.3.4.1、8.3.8.3
在最大短路耐受电流下的短路分断能力试验	8.3.6.4
短时耐受电流	8.3.6.2、8.3.8.2
温升(验证)	8.3.3.6、8.3.4.4、8.3.6.3、8.3.7.2、8.3.8.6
脱扣极限和特性	8.3.3.1
极限短路分断能力	8.3.5.2
抽屉式断路器(附加试验)	8.3.3.3.5

型式试验按组分若干程序，如表 9 所示。

对于每一程序，所有试验均应按所列项目依次进行。

参考 GB 14048.1—2006 中 8.1.1，程序Ⅰ(见 8.3.3)中的下列试验可从程序中省去，可在另外的试品上进行：

——脱扣极限和特性(8.3.3.1)；在此情况下被试样品在程序中只承受 8.3.3.1.3 试验(仅在最大整定值下)，并且不需附加验证 b)时间电流特性试验。

——介电性能试验(8.3.3.2)；

——8.3.3.3.2c)和 8.3.3.3.3 欠电压脱扣器试验，按 GB 14048.1—2006 中 7.2.1.3 的要求验证；

——8.3.3.3.2d)和 8.3.3.3.3 分励脱扣器试验，按 GB 14048.1—2006 中 7.2.1.4 的要求验证；

——抽屉式断路器不带电操作性能的附加试验(8.3.3.3.5)。

按 I_{cs}、I_{cu} 和 I_{cw} 之间的关系选用的试验程序表 9a 中给出。

表 9 试验程序总分类表[a]

试验程序	适用于		试验
Ⅰ 一般工作特性 (8.3.3)	全部断路器		脱扣极限和特性 介电性能 机械操作和操作性能能力 过载性能(如适用) 验证介电耐受能力 验证温升 验证过载脱扣器 验证欠压和分励脱扣器(如适用) 验证主触头位置指示(如适用)
Ⅱ 额定运行短路分断能力 (8.3.4)	全部断路器[b]		额定运行短路分断能力 操作性能能力 验证介电耐受能力 验证温升 验证过载脱扣器
Ⅲ 额定极限短路分断能力 (8.3.5)	使用类别 A 的全部断路器[c] 和使用类别 B 带瞬时超越[a] 的断路器		验证过载脱扣器 额定极限短路分断能力 验证介电耐受能力 验证过载脱扣器
Ⅳ 额定短时耐受电流 (8.3.6)	使用类别 B 的断路器[b]		验证过载脱扣器 额定短时耐受电流 验证温升 最大短时耐受电流时的短路分断能力 验证介电耐受能力 验证过载脱扣器
Ⅴ 带熔断器的断路器性能 (8.3.7)	带熔断器的断路器	第一阶段	选择性极限电流下的短路 验证温升 验证介电耐受能力
		第二阶段	验证过载脱扣器 交接电流下的短路 额定极限短路分断能力下的短路 验证介电耐受能力 验证过载脱扣器

表 9（续）

试验程序	适用于	试验
Ⅵ 综合试验程序 （8.3.8）	使用类别 B 的断路器： 当 $I_{cw}=I_{cs}$ （代替程序Ⅱ和Ⅳ） 当 $I_{cw}=I_{cs}=I_{cu}$ （代替试验程序Ⅱ、Ⅲ和Ⅳ）	验证过载脱扣器 额定短时耐受电流 额定运行短路分断能力 操作性能能力 验证介电耐受能力 验证温升 验证过载脱扣器
单极短路试验程序 （附录 C）	用于相接地系统的断路器	单极的短路分断能力（I_{su}） 验证介电耐受能力 验证过载脱扣器
单极短路试验程序 （附录 H）	用于 IT 系统的断路器	单极的短路分断能力（I_{IT}） 验证介电耐受能力 验证过载脱扣器

*：见 8.3.5 注。

[a] 按 I_{cs}、I_{cu} 和 I_{cw} 之间的关系选用不同试验程序和选择试验用的断路器，见表 9a。

[b] 除采用综合试验程序外。

[c] 除了：——$I_{cs}=I_{cu}$（见 8.3.5）。
——采用综合试验程序。
——对内装熔断器的断路器。

表 9a 按 I_{cs}、I_{cu} 和 I_{cw} 之间的关系选用的试验程序[a]

I_{cs}、I_{cu} 和 I_{cw} 的关系	试验程序	使用类别			
		A	A（内装熔断器）	B	B（内装熔断器）
情况 1 $I_{cs}\neq I_{cu}$（使用类别 A） $I_{cs}\neq I_{cu}\neq I_{cw}$（使用类别 B）	Ⅰ	×	×	×	×
	Ⅱ	×	×	×	×
	Ⅲ	×		×[b]	
	Ⅳ	×[d]		×	×
	Ⅴ		×		×
情况 2 $I_{cs}=I_{cw}\neq I_{cu}$（使用类别 B）	Ⅰ			×	×
	Ⅱ			×	×
	Ⅲ			×[b]	
	Ⅳ			×	×
	Ⅴ				×
	Ⅵ（综合）			×[c]	×[c]
情况 3 $I_{cs}=I_{cu}$（使用类别 A） $I_{cs}=I_{cu}\neq I_{cw}$（使用类别 B）	Ⅰ	×	×	×	×
	Ⅱ	×	×	×	×
	Ⅲ				
	Ⅳ	×[d]		×	×
	Ⅴ		×		×

表 9a（续）

I_{cs}、I_{cu}和 I_{cw}的关系	试验程序	使用类别			
		A	A(内装熔断器)	B	B(内装熔断器)
情况 4 $I_{cs}=I_{cu}=I_{cw}$(使用类别 B)	Ⅰ			×	
	Ⅱ			×	
	Ⅲ				
	Ⅳ			×	
	Ⅴ				
	Ⅵ(综合)			×[c]	

[a] 本表适用任何一个 U_e，对多个 U_e 额定值，本表适用于每个 U_e 额定值。试验程序适用性用"×"在相关地方指明。

[b] 试验仅限于 $I_{cu}>I_{cw}$。

[c] 按制造商意见或征得其同意，本程序可适用 B 类断路器，在这种情况下可代替试验程序Ⅱ和Ⅳ。

[d] 试验程序Ⅳ仅适用表 4 注 3 所属断路器的情况。

8.3.2 一般试验条件

注 1：验证操作过电压的试验条件正在考虑中。

注 2：按本部分要求的试验不排除涉及装于成套装置中断路器所要求的附加试验，例如按 GB 7251 的试验。

8.3.2.1 一般要求

除非制造商同意，每一试验程序应在一台(或一组)新的清洁的断路器上进行。

每一试验程序的试品数和试验条件(例如过载脱扣器的整定值，接线端子的连接方式)，均按断路器的参数列于表 10 中。

根据需要，在有关的条款中给出了附加要求。

除非另有规定，试验是在给定壳架等级最大额定电流的断路器上进行，而且被认为是包括了该壳架等级的所有额定电流。

在一壳架等级中有一个或一个以上结构段(见 2.1.2 和 7.1.5)的情况，应增加试品按表 10 注 h 进行试验。

除非另有规定，短路脱扣器对所有试验都应整定在最大值(时间和电流)。

被试断路器的所有主要零件均应符合断路器典型结构设计。

除非另有规定，试验应在与预期运行条件相同的电流种类、相同的频率(交流时)和相同的相数下进行。

如果机构是电动控制的，则应施以 7.2.1.1.3 规定的最低电压。此外，电动控制机构应是由配有开关装置的断路器专用控制电路供电。并应验证断路器在上述条件下操作时是否能进行正确的空载操作。

被试断路器应完整地安装在其本身的支架上或一等效的支架上。

断路器应在自由空气中试验。

如果断路器可在规定的单独外壳中使用，并在自由空气中已进行过试验，则须在制造商规定的最小外壳中进行附加试验，按 8.3.5 在 U_e 最大值与相应的 I_{cu}时，脱扣器整定在最大值(见表 10 注 a)的新样品上进行。

试验详情，包括外壳尺寸，应记录在试验报告中。

注：单独的外壳是指其设计和尺寸仅能安置一台断路器的外壳。

然而，如果断路器可用于规定的单独外壳中并通过了在制造商规定的最小外壳中的试验，那么在自由空气中的试验就不必进行，条件是外壳是裸金属、无绝缘。详情包括外壳尺寸应记录在试验报告中。

对在自由空气中进行试验，有关过载操作性能试验(8.3.3.4)，短路试验(8.3.4.1、8.3.5.2、8.3.6.4、8.3.7.1、8.3.7.5、8.3.7.6 和 8.3.8.3)以及短时耐受电流试验(8.3.6.2 和 8.3.8.2)，如适

用，应根据制造商的说明书，在断路器的各侧放置一金属网板，具体细节，包括断路器至金属网板的距离应在试验报告中说明。

金属网板的特性如下：

——结构：编织金属网或打孔金属板或拉制的金属网。

——开孔面积与全部面积之比：0.45～0.65；

——孔的尺寸：不超过 30 mm^2；

——表面处理：裸露或镀金属；

——电阻：应包括在可熔化元件电路［见 GB 14048.1—2006 中 8.3.4.1.2.d)］预期故障电流计算中，其值从电弧喷射在金属网上可能达到的最远点测得。

施于接线端子螺钉上的拧紧力矩应符合制造商说明书，如果无此说明书，则应符合 GB 14048.1—2006 中表 4 规定。

不允许维修或更换部件。

有时为了试验方便，提高试验的严酷性（例如采用较高的操作频率以缩短试验周期）是可行的，但是未经制造商同意，是不允许这样做的。

对于预期用于相接地系统的多极断路器的各极上进行单极试验，见附录 C。

对用于不接地系统或阻抗接地系统（IT）的断路器的附加试验，见附录 H。

表 10　试品数量

试验程序	标志的额定电压 U_e 个数			端子标记电源/负载		试品数量	试品编号	电流整定值[a]		试验电压	试验电流		温升验证	注
	1	2	多个	有	无			最小	最大		相应	最大		
Ⅰ	×	×	×	×	×	1	1		×	U_e 最大	见 8.3.3		×	h、j
Ⅱ (I_{cs}) 和 Ⅵ（综合）	×			×		2	1		×	U_e	×		×	h、i、j
							2	×		U_e	×			b
							1		×	U_e	×		×	h、i、j
	×				×	3	2	×		U_e	×			b
							3		×	U_e	×		×	c、j
							1		×	相应的 U_e 最大值		×	×	h、i、j
		×		×	×	3	2	×		相应的 U_e 最大值		×		b
							3		×	U_e 最大	×		×	c、j
							1		×	相应的 U_e 最大值		×	×	h、i、j
			×	×	×	4	2	×		相应的 U_e 最大值		×		b
							3		×	U_e 中间值	×		×	f、j
							4		×	U_e 最大	×		×	d、j
Ⅲ (I_{cu})	×			×		2	1		×	U_e	×			h
							2	×		U_e	×			b
							1		×	U_e	×			h
	×				×	3	2	×		U_e	×			b
							3		×	U_e	×			c
							1		×	相应的 U_e 最大值		×		h
		×		×	×	3	2	×		相应的 U_e 最大值		×		b
							3		×	U_e 最大	×			c
							1		×	相应的 U_e 最大值		×		h
			×	×	×	4	2	×		相应的 U_e 最大值		×		b
							3		×	U_e 中间值	×			f
							4		×	U_e 最大	×			d

表 10（续）

试验程序	标志的额定电压 U_e 个数			端子标记电源/负载		试品数量	试品编号	电流整定值[a]		试验电压	试验电流		温升验证	注
	1	2	多个	有	无			最小	最大		相应	最大		
Ⅳ(I_{cw})	同试验程序Ⅲ													e
Ⅴ	×	×	×	×	×	2	1		×	U_e 最大	×			g、h、j
(I_{cu})							2	×		U_e 最大	×			b
单极（附录 C）(I_{su})×	×	×	×	×	×	2	1		×	U_e 最大	I_{su}			h
							2	×		U_e 最大	I_{su}			—
单极（附录 H）(I_{1T})×	×	×	×	×	×	1			×	U_e 最大	I_{1T}			h

[a] 最小意指一给定壳架等级的最小 I_n；在可调过载脱扣器情况，它意指最小 I_n 的最小整定值。最大意指一给定壳架等级的最大 I_n。

[b] 在下列情况下，此样品可省去：

——在一给定壳架等级中，断路器只有一个不可调电流整定值；

——断路器只装分励脱扣器（即没有内装过电流脱扣器）；

——带电子过电流保护的断路器，对一给定壳架等级有一个仅靠电子方法调整电流整定值（即不变换传感器）。

[c] 接线相反。

[d] 接线相反，如端子无标记。

[e] 适用于 B 类断路器，也适用于表 4 注 3 所包括的 A 类断路器。

[f] 试验站和制造商协商。

[g] 如果端子无标记应在附加试品上进行接线相反试验。

[h] 在同一壳架等级中有一个或一个以上结构段的情况下（见 2.1.2 和 7.1.5），在对相应于每结构的最大额定电流下，应按试品 1 的试验条件在增加样品上进行试验。

[i] 注 h 的要求仅适用于综合试验程序。

[j] 如果 I_n 值因外部载流部件（即可更换的端子或抽屉座连接）不同而有差异的断路器，这种连接的最小和最大额定值应承受全部程序，程序完毕，最大额定值样品应对每种外部载流部件增加温升验证。

8.3.2.2 试验参数

8.3.2.2.1 试验参数值

GB 14048.1—2006 中 8.3.2.2.1 适用。

8.3.2.2.2 试验参数值的允差

GB 14048.1—2006 中 8.3.2.2.2 适用。

8.3.2.2.3 交流试验电路的频率

所有试验均应在断路器的额定频率下进行。对于所有的短路试验，如果额定分断能力实质上与频率值有关时，则允差应不超过±5%。

如果制造商声明额定分断能力实质上与频率值无关时，允差应不超过±25%。

8.3.2.2.4 试验电路的功率因数

采用 GB 14048.1—2006 中 8.3.4.1.3 并作下列修正：

本部分表 11 取代 GB 14048.1—2006 中表 16。

表 11　与试验电流相应的功率因数和时间常数

试验电流 I/kA	功率因数/cosϕ			时间常数/ms		
	短路	操作性能能力	过载	短路	操作性能能力	过载
$I \leqslant 3$	0.9			5		
$3 < I \leqslant 4.5$	0.8			5		
$4.5 < I \leqslant 6$	0.7			5		
$6 < I \leqslant 10$	0.5	0.8	0.5	5	2	2.5
$10 < I \leqslant 20$	0.3			10		
$20 < I \leqslant 50$	0.25			15		
$50 < I$	0.2			15		

8.3.2.2.5　试验电路的时间常数

GB 14048.1—2006 中 8.3.4.1.4 适用并作修正见表 11。

本部分表 11 取代 GB 14048.1—2006 中表 16。

8.3.2.2.6　工频恢复电压

GB 14048.1—2006 中 8.3.2.2.3a)适用。

8.3.2.3　试验结果的评定

试验结束后的断路器状况应按每个试验程序规定的验证项目加以检验。

如果断路器符合每个试验程序所列要求(如适用)则认为该断路器符合本部分的要求。

外壳不应破碎,但细裂缝还是允许的。

注:细裂缝是由于分断极大故障电流时,电弧所产生的高气压和热应力所造成,是一种表面性质。因此不会发展到穿透装置模压外壳的整个厚度。

8.3.2.4　试验报告

GB 14048.1—2006 中 8.3.2.4 适用。

8.3.2.5　温升试验的试验条件

断路器应符合 7.2.2 的要求。

GB 14048.1—2006 中 8.3.3.3 适用(其中 8.3.3.3.6 除外),并补充如下:

断路器应按 8.3.2.1 进行安装。

欠电压脱扣器(如适用)应通以最大额定控制电源电压。

对于四极断路器,试验先按三极(具有过电流脱扣器)进行。对于额定电流不超过 63 A 的断路器,则应进行附加试验,试验电流通过第 4 极和其相邻的一极。对于额定电流超过 63 A 的断路器,试验方法须由制造商和用户协商确定。

8.3.2.6　短路试验的试验条件

8.3.2.6.1　一般要求

注 1:请注意注 3,由于 b)中增加了新的要求,从而避免不必要的重复试验。

对 GB 14048.1—2006 中 8.3.4.1.1 作如下扩充:

a)　断路器应按 8.3.2.1 进行安装;

b)　除非手动操作工具在任何位置能表明在其周围没有可通过直径 0.26 mm 琴钢丝的开口,且此琴钢丝可插到灭弧区,否则需用下列装置试验。

仅限于断开操作,用一块清洁的、低密度的聚乙烯薄膜,其厚为 0.05 mm±0.01 mm,尺寸 100 mm×100 mm,如图 1 所示固定绷紧于框架中,分别置于如下二种情况前 10 mm 处:

——闭合工具无凹进部分的断路器,手动操作工具最大凸出处;

——闭合工具凹入的断路器,手动操作工具的凹入部分边缘处。

聚乙烯薄膜物理性能如下：

——23 ℃时的密度：0.92 g/cm³±0.05 g/cm³；

——熔点：110 ℃～120 ℃。

在断路器前侧，应有一合适的支架，以免聚乙烯薄膜由于受到短路试验时产生的压力波而撕裂，见图1。

除了断路器在独立外壳中试验外，此试验时应在金属网板和聚乙烯薄膜之间设置一由绝缘材料或金属制成的挡板，见图1。

注2：该试验装置仅适用O试验操作，因为CO操作用起来较困难，并且可认为O操作的严格性不比CO（见8.3.2.6.4）差。

注3：为了避免需一系列新的短路试验程序来证明符合本条，只要制造商同意，暂时允许对每一适用的试验程序用一个O试验操作来验证此点。

c) 试验时，应使断路器尽可能模拟运行情况进行操作。

装设有关动力操作的断路器，试验时应采用控制能源（电压或气压）在其额定值的85%下进行闭合。

装设无关动力操作的断路器，试验时应采用贮能到制造商规定的最大值的操作机构来完成闭合。

装设贮能操作的断路器，试验时应采用以辅助电源额定电压的85%贮能的操作装置进行闭合。

d) 如果断路器配有可调过电流脱扣器，则脱扣器的整定值应为每个试验程序所规定的值。

对无过电流脱扣器，但装有分励脱扣器的断路器，此脱扣器应施加一个等于脱扣器额定控制电源电压（见7.2.1.2.3）的70%的电压，而施加电压的时刻既不能比开始短路早也不能比开始短路迟10 ms。

e) 对于所有这些试验，试验电路的电源侧应接至断路器上由制造商注有标志的相应的接线端子。对于无标志者，试验的连接方式应按表10规定。

8.3.2.6.2 试验电路

GB 14048.1—2006中8.3.4.1.2适用。

8.3.2.6.3 试验电路的调整

GB 14048.1—2006中8.3.4.1.5适用。

8.3.2.6.4 试验程序

GB 14048.1—2006中8.3.4.1.6适用并补充如下：

试验电路按8.3.2.6.3调整后，用被试断路器及其连接电缆（如有）取代临时连接线。

短路条件下的性能试验应按表9的程序（见8.3.1）进行。

对于额定电流小于和等于630 A的断路器，试验用电缆长度应为75 cm，其截面相应于约定发热电流（见GB 14048.1—2006中8.3.3.3.4表9和表10），该长度应包括下列两段：

——电源侧50 cm；

——负载侧25 cm。

操作程序应按8.3.4.1，8.3.5.2，8.3.6.4和8.3.7.6所适用的各个试验程序。

对于四极断路器，在一台或多台新试品上按表10进行的补充操作程序，应在第四极和它相邻的一极上进行顺序Ⅲ和Ⅳ，或进行Ⅳ和Ⅴ（如适用）的试验，操作应在外施电压为$U_e/\sqrt{3}$下进行，所用的试验电路如GB 14048.1—2006中图12所示。试验电流应由制造商和用户协商确定。但是不应小于I_{cu}或I_{cw}的60%，取适用者。

应制造商的要求，可以在同台试品上进行补充试验，相关试验程序中的每项试验包括下列相应的试验：

——在三个相邻的相极上进行；

——在第四极和相邻极上进行。

下列符号用于规定操作顺序：

O——表示一次分断操作；

CO——表示接通操作后经一适当的间隔时间紧接着一次分断操作；

t——表示二个相继的短路操作之间的时间间隔，应尽量短，允许为断路器的复位时间（见 2.19），但不小于 3 min，实际值应记录在试验报告中。

最大复位时间为 15 min 或制造商规定的较长时间，但不超过 1 h。在此时间内断路器不应被移动，在复位时间内试合闸至少应隔 1 min。

上述试验时的最大 I^2t 值（见 GB 14048.1—2006 中 2.5.18）可以记录在试验报告中[见 7.2.1.2.4a)]。

注：在进行这些试验时记录的 I^2t 最大值可能不是规定条件下可能出现的最大值，如果需要确定这个最大值，则必须进行附加试验。

8.3.2.6.5 短路接通和分断试验时断路器的状态

GB 14048.1—2006 中 8.3.4.1.7 适用。

8.3.2.6.6 记录说明

GB 14048.1—2006 中 8.3.4.1.8 适用。

8.3.2.6.7 短路试验后的验证

a) 按 8.3.4.1、8.3.5.2、8.3.6.4、8.3.7.1、8.3.7.6、8.3.8.3（如适用）进行短路接通和分断能力试验的断开操作后，聚乙烯薄膜不应有正常视力或校正视力（不带附加放大）能看见的孔。

注：最小可见孔的直径小于 0.26 mm 可忽略不计。

b) 短路试验后，该断路器应符合每一适用程序所规定的验证项目。

8.3.3 试验程序Ⅰ：一般工作特性

本试验程序适用于所有断路器，且包括下列试验：

试 验	条 款
脱扣极限和特性	8.3.3.1
介电性能	8.3.3.2
机械操作和操作性能能力	8.3.3.3
过载性能（如适用）	8.3.3.4
验证介电耐受能力	8.3.3.5
验证温升	8.3.3.6
验证过载脱扣器	8.3.3.7
验证分励和欠电压脱扣器（如适用）	8.3.3.8
验证主触头位置（对适用于隔离的断路器）	8.3.3.9

试品的数量和可调脱扣器整定值应符合表 10。

从试验程序中省略的并在单独样品上进行的试验见 8.3.1。

8.3.3.1 脱扣极限和特性试验

GB 14048.1—2006 中 8.3.3.2 适用，并补充如下：

8.3.3.1.1 概述

周围空气温度应和温升试验（见 8.3.2.5）一样测量。

当过电流断开脱扣器通常为断路器内部部件时，则应在装入相应的断路器中进行验证。

任何单独的脱扣器均应在接近于正常使用条件下进行安装。整台断路器应按 8.3.2.1 进行安装。受试设备应防止被外界过度加热或冷却。

单独的脱扣器（如适用），或整台断路器应按正常使用一样进行连接，其连接导线的截面应根据相应的额定电流(I_n)(见 GB 14048.1—2006 中 8.3.3.3.4 中表 9 和表 10)选择，长度按 GB 14048.1—2006 中 8.3.3.3.4 规定。

对于具有可调式过电流脱扣器的断路器，试验应在下列情况下进行：

a) 最小电流整定值和最小延时整定值(如适用)；

b) 最大电流整定值和最大延时整定值(如适用)。

对于每种情况，采用的导线截面应符合额定电流(I_n)(见 4.7.2)。

注：脱扣特性与端子温度无关的脱扣器(例如电子脱扣器、磁脱扣器)试验时，接线排参数(如型式、截面、长度)可不同于 GB 14048.1—2006 中 8.3.3.3.4 的要求，其接线应与试验电流及由此产生的热应力相应。

对于中性极有过载脱扣器的断路器，此过载脱扣器验证应在中性极上单独进行。

该试验可以在任何合适的电压下进行。

8.3.3.1.2 **短路条件下的断开**

短路脱扣器(见 4.7.1)的动作应在脱扣器短路整定电流的 80%和 120%下进行验证。试验电流应无非对称分量。

当试验电流等于短路整定电流的 80%时，脱扣器应不动作，电流持续时间为：

——对于瞬时脱扣器为 0.2 s(见 2.20)；

——对于定时限脱扣器，等于制造商规定的延时的 2 倍时间范围。

当试验电流等于短路整定电流的 120%时，脱扣器应动作：

——对于瞬时脱扣器，应在 0.2 s 内(见 2.20)；

——对于定时限脱扣器，应在等于制造商规定的延时时间的 2 倍的时间间隔内动作。

带有电子过电流脱扣器的断路器，短路脱扣器的动作仅在每极独立验证一次。

带有电磁过电流脱扣器的断路器，多极短路脱扣器的动作应对每二极的组合串联验证一次。对有标记的中性极且具有短路脱扣器的断路器，中性极与任意选择的一极串联试验。此外，短路脱扣器的动作应在每极单独验证一次，按制造商对单极动作提出的脱扣电流下应动作：

——对于瞬动脱扣情况在 0.2 s 内(见 2.20)；

——对于定时限脱扣情况，等于制造商规定的延时的 2 倍时间范围内。

此外，定时限脱扣器应符合 8.3.3.1.4 的要求。

8.3.3.1.3 **过载条件下的断开**

a) 瞬时或定时限脱扣器

瞬时或定时限过载脱扣器(见 4.7.1 注 1)的动作应在脱扣器过载整定的 90%和 110%下进行验证。试验电流应无非对称分量。多极过载脱扣器的动作验证应在所有相极上同时通以试验电流。

其次，定时限脱扣器应符合 8.3.3.1.4 的要求。

当试验电流等于过载整定电流的 90%时，脱扣器应不动作，电流持续时间为：

——对于瞬时脱扣器为 0.2 s(见 2.20)；

——对于定时限脱扣器，时间间隔等于制造商规定的延时时间的 2 倍。

当试验电流等于过载整定电流的 110%时，脱扣器应动作：

——对于瞬时脱扣器，应在 0.2 s 内(见 2.20)；

——对于定时限脱扣器，应在等于制造商规定的延时时间的 2 倍的时间间隔内动作。

对有标记的中性极且具有过载脱扣器的断路器(见 8.3.3.1.1)，此脱扣器的试验电流应为电流整定值的 110%×1.2。

b) 反时限脱扣器

反时限脱扣器的动作特性应按 7.2.1.2.4b)2)的性能要求进行验证。

对有标记的中性极且具有过载脱扣器的断路器(见 8.3.3.1.1)，此脱扣器的试验电流应按表 6

所给,但约定脱扣电流下的试验电流应乘以系数1.2。

对于与周围空气温度有关的脱扣器,其动作特性应在基准温度下[见4.7.3和5.2 b)]进行验证,脱扣器所有相极都通电。

如果本试验是在不同的周围空气温度下进行的,则应按制造商的温度/电流数据进行校正。

对于制造商声明与周围空气温度无关的热磁脱扣器,其动作特性应用两种测量法进行验证,一种是在30 ℃±2 ℃下进行,另一种是在20 ℃±2 ℃或在40 ℃±2 ℃下进行,脱扣器的所有相极都通电。

对电子脱扣器,动作特性应在试验室(见GB 14048.1—2006中6.1.1)环境温度下验证,脱扣器的所有相极通电。

为验证脱扣器的时间/电流特性(在规定的允差范围内)是否符合制造商提供的曲线,需进行补充试验,电流值由制造商和用户协商。

注:除了本条款的试验外,断路器的脱扣器还要按试验程序Ⅲ、Ⅳ、Ⅴ和Ⅵ(见8.3.5.1,8.3.5.4,8.3.6.1,8.3.6.6,8.3.7.4,8.3.7.8,8.3.8.1和8.3.8.7)在每一极上单独进行验证。

8.3.3.1.4 定时限脱扣器的附加试验

a) 延时

本试验应在等于1.5倍整定电流的电流下进行:

——对于过载脱扣器,所有相极都通电;

——对于有标记的中性极并具有过载脱扣器的断路器(见8.3.3.1.1),这种过载脱扣器的试验电流应为1.5倍整定电流。

——对于电磁短路脱扣器,应对具有短路脱扣器的各极依次作各种可能的组合,把二极串联通以试验电流。

——对于电子短路脱扣器,任意选择一极验证。

测得的延时值应在制造商规定的范围内。

若试验电流与另一脱扣特性(例如瞬时脱扣特性)重叠,则试验电流可按需要减小,并记录在试验报告中。

b) 不脱扣持续时间

本试验应在上述a)有关过载和短路脱扣器试验的相同条件下进行:

首先,试验电流等于1.5倍整定电流,使其保持等于制造商规定的不脱扣持续时间的时间;然后电流降到额定电流并使该值持续到2倍制造商规定的延时时间,断路器不应脱扣。

8.3.3.2 介电性能试验

GB 14048.1—2006中除8.3.3.4.1 5)以外适用,并补充如下:

1) 按GB 14048.1—2006中8.3.3.4.1 2)c)①和②:正常工作位置,包括脱扣位置(如适用);

2) 按GB 14048.1—2006中8.3.3.4.1 3)c):对本部分而言,连接至主电路的带固态器件的电路,在进行本试验时应断开;

3) 声明不适合隔离的断路器,试验电压应施加于电器触头处于断开位置时的电源端和负载端之间,且电源端应连接在一起,负载端连接在一起,试验电压应符合GB 14048.1—2006表12。

4) 对于工作电压U_e大于50 V适用于隔离的断路器(见3.5)应对每极在触头断开位置测泄漏电流,试验电压为$1.1U_e$,不应超过0.5 mA。

8.3.3.3 机械操作试验和操作性能能力试验

8.3.3.3.1 一般试验条件

断路器必须按照8.3.2.1要求进行安装,但为了进行本项试验,可以安装在一个金属框架上外,应防止断路器受过热或过冷的影响。

本试验应在试验室的环境温度下进行。

每条控制电路的控制电源电压应在额定电流时在其接线端子上测量。

组成控制装置部分的所有电阻或阻抗应接入电路内，然而在电源和控制装置的接线端子之间不应增加附加阻抗。

8.3.3.3.2、8.3.3.3.3 和 8.3.3.3.4 的试验应在同一台断路器上进行，但是进行这几项试验的先后次序是可选择的。8.3.3.3.2 和 8.3.3.3.3 的欠压和分励脱扣器试验可选择在新的试品上进行。

对于可以维修的断路器，如果希望进行比表 8 规定更多的操作循环次数时，则首先应进行这些附加操作循环，接着按制造商的说明书进行维修，然后按表 8 规定的操作循环次数进行操作，在本试验程序剩下的操作循环次数内不允许进一步维修。

注：为了便于试验，允许将每项试验分成 2 个或更多的时段，但任一时段应不得小于 3 h。

8.3.3.3.2 结构和机械操作

a) 结构

应检验抽屉式断路器是否符合 7.1.1 规定的要求。

应检验带储能操作的断路器是否符合 7.2.1.1.5 有关储能指示和人力储能操作方向指示的要求。

b) 机械操作

按 8.3.3.3.1 进行试验的目的在于：

——证明当闭合装置通电时断路器脱扣良好；

——证明当闭合操作开始时，同时激励脱扣装置的情况下断路器的性能良好；

——证明当断路器已闭合时，操作动力操作装置时既不会损坏断路器也不会危及操作者。

断路器的机械操作可以在无载条件下检验。

带有关动力操作的断路器应符合 7.2.1.1.3 的要求。

带有关动力操作的断路器应将操作机构储能至制造商规定的最小和最大极限进行操作。

带储能操作的断路器应符合 7.2.1.1.5 规定的要求，其中辅助电源电压为额定控制电源电压的 85% 和 110%。同时还应验证在操作机构储能没有完全储到指示储足前动触头不能移离断开位置。

对于自由脱扣断路器，当脱扣器处在断路器脱扣位置时，触头应不可能保持在接触位置或闭合位置。

如果制造商规定断路器的闭合和断开时间，则这些时间应符合规定值。

c) 欠电压脱扣器

欠电压脱扣器应符合 GB 14048.1—2006 中 7.2.1.3 的要求，为此目的，欠电压脱扣器应装于合适的最大电流额定值的断路器上进行试验：

1) 释放电压

应验证脱扣器在规定的电压极限之间断开断路器。

电压应在约 30 s 时间内从额定控制电源电压降至 0 V。

下限试验在主电路无电流时进行，且脱扣器线圈无预先发热。

当脱扣器额定控制电源电压有一个范围时，本试验采用额定电压范围的最大值。

上限试验从相应于对脱扣器施加额定控制电源电压及断路器主电路通以额定电流时的稳定温度开始。本试验可和 8.3.3.6 温升试验结合进行。

当脱扣器的额定控制电源电压有一个范围时，本试验在最小和最高额定控制电源电压下进行。

2) 动作极限试验

在试验室温度下断路器断开时开始，施加 35% 最高额定控制电源电压，验证操动器操作时，断路器不能闭合。当电源电压升至 85% 最低控制电源电压时，验证操动器操作时，断路器能闭合。

3） 过电压情况下的性能

在断路器闭合，主电路无电流情况下，对欠电压脱扣器施加 110%额定控制电压 4 h，应验证欠电压脱扣器能耐受并不损害其功能。

d） 分励脱扣器

分励脱扣器应符合 GB 14048.1—2006 中 7.2.1.4 的要求，为此目的，分励脱扣器应装于适合的最大额定电流的断路器上进行试验。

在周围温度＋55±2 ℃，断路器主电路无电流时，验证分励脱扣器能在 70%额定控制电源电压下动作能使断路器断开。当脱扣器有一个额定控制电源电压范围时，试验以最低额定控制电源电压的 70%进行。

8.3.3.3.3 不带电操作性能能力

这些试验应在 8.3.2.1 规定的条件下进行。对断路器进行的循环操作次数已列入表 8 第 3 栏中；而每小时操作循环数见该表第 2 栏。

本试验应在断路器主电路不通电的情况下进行。

对于能配装分励脱扣器的断路器，总操作次数的 10%应为闭合/脱扣操作，分励脱扣器在最高额定控制电源电压下激励。

对于能配装欠电压脱扣器的断路器，总操作次数的 10%，应在最低额定控制电源电压时进行闭合/脱扣操作，此电压应在每次闭合操作后去掉，使断路器脱扣。

对上述每一情况，规定操作次数的一半应在试验开始时进行，而另一半在试验末尾期进行。

对装有欠电压脱扣器的断路器，在操作性能试验前，欠电压脱扣器不给电，闭合操作断路器 10 次，断路器应不能闭合。

本试验应在断路器自身闭合机构上进行。对于装有电动或气动闭合装置的断路器，这些装置应在额定控制电源电压或额定气压下进行试验。试验时应采取一些措施以保证电气元件的温升不超过表 7 所列极限值。

对于人力操作断路器，应按正常使用一样进行操作。

8.3.3.3.4 带电操作性能能力

断路器的安装条件和方法应按 8.3.2.1 的规定，试验电路按 GB 14048.1—2006 中 8.3.3.5.2。

操作频率和操作循环次数在表 8 第 2 栏和第 4 栏中给出。

断路器应在其最高额定工作电压下（由制造商指定）接通和分断其额定电流，功率因数或时间常数按表 11 选用，允差应符合 8.3.2.2.2 的规定。

交流断路器的试验应在频率 45 Hz～62 Hz 之间进行。

对于装有可调式脱扣器的断路器，本试验应在最大过载整定值和最小短路整定值下进行。

本试验应用断路器自身的闭合机构进行。对于装有电动或气动闭合装置的断路器，这些装置应在额定控制电源电压或额定气压下进行试验。试验时应采取一些措施以保证电气元件的温升不超过表 7 所列极限。

人力操作的断路器应按正常使用一样进行操作。

8.3.3.3.5 抽屉式断路器不带电操作性能能力补充试验

不带电操作性能能力试验应在抽屉式断路器的抽出机构和有关的联锁机构上进行。

操作循环次数应为 100 次。

本试验后，隔离触头，抽出机构及联锁装置应适合于继续使用。这些可通过外观检查进行验证。

8.3.3.4 过载性能

本试验适用于额定电流小于和等于 630 A 的断路器。

注 1：应制造商要求，额定电流大于 630 A 的断路器也可进行本项试验。

断路器的安装条件和安装方法应按 8.3.2.1 的规定，试验电路按 GB 14048.1—2006 中 8.3.3.5.2。

本试验应在制造商给定的断路器最高工作电压 U_{emax} 下进行。

对于装有可调式脱扣器的断路器，本试验应该用整定在最大值的脱扣器进行。

断路器应人力断开 9 次，过载脱扣器自动断开 3 次。但具有短路脱扣器，且其最大整定值小于试验电流的断路器除外，对于这些情况，12 次全为自动操作。

注 2：如果试验装置不能承受自动操作时发生的能量，经制造商同意，试验可按如下执行：

——12 次人力操作；

——在任何合适的电压下，进行 3 次自动断开的附加操作。

在每次人力操作循环期间，断路器应保持闭合足够的时间，以保证达到全试验电流，但不得超过 2 s。

每小时的操作循环次数应按表 8 第 2 栏的规定。如果断路器在这个频率内不能再扣，则可降低该频率至足以使断路器可以闭合，并达到全电流。

如果试验站的试验条件不允许在表 8 给定的操作频率下试验，则可采用较低的频率，但有关详情应在试验报告中注明。

试验电流值和恢复电压值应按表 12 规定，功率因数或时间常数（如适用）按表 11，允差按 8.3.2.2.2 的规定。

注：经制造商同意，本试验可以在比本规定更苛刻的条件下进行。

表 12　过载性能的试验电路特性

	交　流	直　流
电流	$6\times I_n$	$2.5\times I_n$
恢复电压	$1.05\times U_{emax}$	$1.05\times U_{emax}$
U_{emax}＝断路器的最高工作电压。		

交流断路器的试验应在频率 45 Hz 和 62 Hz 之间进行。

断路器电源接线端预期短路电流应至少为 10 倍试验电流值，或至少为 50 kA，两者取较低者。

8.3.3.5　验证介电耐受能力

a)　概述

本试验应在断路器仍如前面试验安装时进行，如果这不可行，可从试验电路上断开并拆下，但应采取措施确保不影响试验结果。

b)　试验电压

GB 14048.1—2006 中 8.3.3.4.1 3)b)适用。

试验电压应为 $2U_e$，最小为交流有效值 1 000 V，或直流 1 415 V（如交流试验电压不能实施时）。U_e 的值是指先前进行开关操作和/或短路试验的值。

c)　试验电压的施加

本试验按 GB 14048.1—2006 中 8.3.3.4.1 2)c)①②和③和外加在断路器断开时于每极进、出端间施压时间为 5 s，但不需要 8.3.3.4.1 1)的金属箔。就本部分而言，连接到主电路的固态器件电路在试验时应断开。正常工作位置包括脱扣位置（如有）。

对适作隔离的断路器应按 8.3.3.2 4)测量泄漏电流，但泄漏电流不应超过 2 mA。

d)　认可判据

GB 14048.1—2006 中 8.3.3.4.1 3)d)适用。

8.3.3.6　验证温升

继 8.3.3.5 试验后，在约定发热电流下按 8.3.2.5 进行温升试验，温升值不应超过表 7 规定值。

8.3.3.7　验证过载脱扣器

紧接着 8.3.3.6 试验后，应立即在基准温度下［见 7.2.1.2.4 b) 2)］在 1.45 倍电流整定值下验证过载脱扣器的动作。

对于本试验,所有的极串联连接。或者也可采用三相电源进行本试验。

本试验可以在任何合适的电压下进行。

动作时间不应超过约定脱扣时间。

注 1:经制造商的同意,在 8.3.3.6 试验与 8.3.3.7 试验之间可以有一间隔时间。

注 2:对于与周围温度有关的脱扣器,本试验可以在周围空气温度下及在按制造商的温度/电流参数修正过的试验电流下进行。

8.3.3.8 验证欠电压和分励脱扣器

装有欠电压脱扣器的断路器,应按 8.3.3.3.2 c) 1)试验。但在试验室温度下,主电路不通电时进行上限和下限的试验,脱扣器还应在最低控制电源电压的 70%时不动作,在最高额定控制电源电压的 35%时动作。

装有分励脱扣器的断路器,应按 8.3.3.3.2 d)进行试验。除试验可在试验室温度下进行之外,脱扣器还应在最低额定控制电源电压的 70%时动作。

8.3.3.9 验证主触头位置

适用于隔离的断路器(见 3.5),在 8.3.3.7 验证之后应按 GB 14048.1—2006 中 8.2.5 验证主触头位置指示的有效性。

8.3.4 试验程序Ⅱ:额定运行短路分断能力

除了当综合试验程序 VI(见 8.3.8)适用时外,本试验程序适用于所有的断路器,并包括下列试验:

试　验	条　款
额定运行短路分断能力	8.3.4.1
验证操作性能	8.3.4.2
验证介电耐受能力	8.3.4.3
验证温升	8.3.4.4
验证过载脱扣器	8.3.4.5

对于 $I_{cs}=I_{cu}$ 情况,见 8.3.5。

被试试品数量及可调式脱扣器的整定值应按表 10 规定。

8.3.4.1 额定运行短路分断能力试验

短路试验应在 8.3.2 规定的一般条件下以制造商根据 4.3.5.2.2 规定宣布的预期电流 I_{cs} 值进行。

本试验的功率因数应根据对应的试验电流的值按表 11 决定。

操作程序应为:

$$O—t—CO—t—CO$$

对于带有熔断器的断路器,应在每次动作后更换熔断的熔断器。为此,时间间隔 t 可能需要延长些。

8.3.4.2 验证操作性能

继 8.3.4.1 试验后,应按 8.3.3.3.4 验证操作性能,但与 8.3.4.1 试验同样的额定工作电压验证,操作次数应为表 8 第 4 栏规定次数的 5%。

在一给定的壳架等级,在表 10 中指定的最小 I_n 或最小过载脱扣器的整定值下的断路器经受了 8.3.4.1的试验后,不需做本项试验验证。

8.3.4.3 验证介电耐受能力

继 8.3.4.2 试验后,应按 8.3.3.5 验证介电耐受能力。

适用于隔离的断路器,应按 8.3.3.5 测量泄漏电流。

8.3.4.4 验证温升

继 8.3.4.3 试验后，应按 8.3.2.5 验证主电路接线端子处的温升。温升不应超过表 7 给定值。

对一给定壳架等级，在最小 I_n 或最小过载脱扣器整定值下的断路器经受 8.3.4.1 试验后，不需做本项试验验证。

8.3.4.5 验证过载脱扣器

紧接着 8.3.4.4 试验后，应立刻按 8.3.3.7 验证过载脱扣器的动作。

注：经制造商同意，在 8.3.4.4 试验与 8.3.4.5 试验之间可以有一间隔时间。

8.3.5 试验程序Ⅲ：额定极限短路分断能力

除了当综合试验程序Ⅵ(见 8.3.8)适用时外，本试验程序适用于使用类别 A 的断路器和具有额定极限短路分断能力比额定短时耐受电流高的使用类别 B 的断路器。

注：对于这种使用类别 B 的断路器，瞬时脱扣器在大于表 3 第 2 栏规定的电流值(见 4.3.5.4)下动作；这种型式的脱扣器可称作为"瞬时超越脱扣器"。

对于具有额定短时耐受电流等于其额定极限短路分断能力的使用类别 B 的断路器，无需进行本试验程序，因为在进行试验程序Ⅳ时要验证极限短路分断能力的。

对于带熔断器的断路器，可采用试验程序Ⅴ来取代本试验程序。

当 $I_{cs}=I_{cu}$，此试验程序不必进行，在此情况下，应在试验程序Ⅱ附加下列验证试验：

——在试验程序开始时验证 8.3.5.1；

——在试验程序结束时验证 8.3.5.4。

本试验程序包括下列试验：

试　验	条　款
验证过载脱扣器	8.3.5.1
额定极限短路分断能力	8.3.5.2
验证介电耐受能力	8.3.5.3
验证过载脱扣器	8.3.5.4

被试试品数量和可调式脱扣器的整定值应按表 10 规定。

8.3.5.1 验证过载脱扣器

过载脱扣器的动作应在 2 倍电流整定值下在每极上分别进行验证。本试验可以在任何合适的电压下进行。

注 1：对于与周围温度有关的脱扣器，如果周围温度不同于基准温度，则试验电流应按制造商的温度/电流参数进行修正。

注 2：脱扣特性与接线端子温度无关(如电子式过电流脱扣器、电磁式脱扣器)的试验，接线的参数(如型式、截面、长度)可不同于 GB 14048.1—2006 中 8.3.3.3.4 的要求。其接线应与试验电流及由此而产生的热应力相应。

对于每一单独的极，动作时间不应超过制造商规定的基准温度下的 2 倍整定电流的最大值。

8.3.5.2 额定极限短路分断能力试验

继 8.3.5.1 试验后，用等于制造商宣布的额定极限短路分断能力的预期电流值，按 8.3.2 的一般条件进行短路分断能力试验。

操作程序应为：

$$O—t—CO$$

8.3.5.3 验证介电耐受能力

继 8.3.5.2 试验后，按 8.3.3.5 验证介电耐受能力。对适用于隔离的断路器，泄漏电流不应超过 6 mA。

8.3.5.4 验证过载脱扣器

继8.3.5.3试验后，应按8.3.5.1验证过载脱扣器的动作，试验电流应为电流整定值的2.5倍。

对于每一单独的极，在基准温度下的动作时间不超过制造商规定的2倍电流整定值时的最大值。

8.3.6 试验程序Ⅳ：额定短时耐受电流

除了当综合试验程序Ⅵ(见8.3.8)适用时外，本试验程序适用于使用类别B的断路器和表4中注3包括的使用类别A的断路器，本试验程序包括下列试验。

试验	条款
验证过载脱扣器	8.3.6.1
额定短时耐受电流	8.3.6.2
验证温升	8.3.6.3
最大短时耐受电流下的短路分断能力	8.3.6.4
验证介电耐受能力	8.3.6.5
验证过载脱扣器	8.3.6.6

如果带熔断器的断路器属使用类别B时，则这些断路器应符合本程序的要求。

被试试品数量和可调式脱扣器的整定值应按表10规定。

8.3.6.1 验证过载脱扣器

过载脱扣器的动作应按8.3.5.1进行验证。

8.3.6.2 额定短时耐受电流试验

GB 14048.1—2006中8.3.4.3适用并补充如下：

对于本试验，应不让在试验时可能动作的任何过电流脱扣器，包括瞬时超越脱扣器(如有)动作。

8.3.6.3 验证温升

继8.3.6.2试验后，应按8.3.2.5的规定验证主电路接线端子的温升。温升不应超过表7给定值。

如制造商同意，温升可在介电耐受试验(8.3.6.5)后进行。对一给定壳架等级，断路器在最小I_n或最小过载脱扣器整定值下已进行8.3.6.2试验，则不需做本试验。

8.3.6.4 最大短时耐受电流下的短路分断能力试验

继8.3.6.3试验后，短路试验应按下列操作程序进行：

$$O—t—CO$$

在8.3.2规定的一般条件下，以等于短时耐受电流试验值(见8.3.6.2)的预期电流值，且在适用于额定短时耐受电流的最高电压下进行短路试验。

断路器应在短延时短路脱扣器的最大时间整定值的短时间内保持闭合，且在本试验期间，瞬时超越脱扣器(如有)不应动作。如果断路器有接通电流脱扣器(见2.10)，故若预期电流超过预定值，它将会动作，故CO操作时此要求不适用。

8.3.6.5 验证介电耐受能力

继8.3.6.4试验后，应按8.3.3.5验证介电耐受能力。

8.3.6.6 验证过载脱扣器

继8.3.6.5试验后，应按8.3.5.1验证过载脱扣器的动作，试验电流应为电流整定值的2.5倍。

对于每一单独的极，在基准温度下的动作时间不超过制造商规定的2倍电流整定值时的最大值。

8.3.7 试验程序Ⅴ：带熔断器的断路器的性能

本试验程序适用于带熔断器的断路器。本试验程序取代试验程序Ⅲ，包括下列试验。

	试　验	条　款
阶段 1	在选择性极限电流下的短路	8.3.7.1
	验证温升	8.3.7.2
	验证介电耐受能力	8.3.7.3
阶段 2	验证过载脱扣器	8.3.7.4
	在 1.1 倍交接电流下的短路	8.3.7.5
	在极限短路分断能力下的短路	8.3.7.6
	验证介电耐受能力	8.3.7.7
	验证过载脱扣器	8.3.7.8

本试验程序分为两个阶段：

——阶段 1 包括按 8.3.7.1～8.3.7.3 的试验；

——阶段 2 包括按 8.3.7.4～8.3.7.8 的试验。

这两个阶段的试验可以这样进行：

——在两台单独的断路器上进行，或

——在同一台断路器上进行，但在两个阶段之间可以维修，或

——在同一台断路器上进行，但在两个阶段之间不可以有任何维修，在这种情况下可以省略 8.3.7.3 规定的试验。

仅当 $I_{cs}>I_s$ 时，需进行 8.3.7.2 试验。

按 8.3.7.1，8.3.7.5 和 8.3.7.6 的试验应在断路器最高工作电压下进行。

被试试品数量和可调式脱扣器的整定值应按表 10 的规定。

8.3.7.1　选择性极限电流下的短路

在 8.3.2 规定的一般条件下，以等于制造商宣布的（见 2.17.4）选择性极限电流的预期电流进行短路试验。

为进行本试验，应装上熔断器进行。

本试验应包括一个“O”操作，试验完毕后熔断器仍完好无损。

8.3.7.2　验证温升

注：因为在进行试验程序Ⅱ，8.3.4.1 短路试验时熔断器可能已熔化，在这种情况下，按 8.3.7.1 的试验就较严酷，所以需进行此温升验证。

继 8.3.7.1 试验后，应按 8.3.2.5 验证主电路接线端子的温升。

温升不应超过表 7 给定值。

8.3.7.3　验证介电耐受能力

继 8.3.7.2 试验后，应按 8.3.3.5 验证介电耐受能力。

8.3.7.4　验证过载脱扣器

应按 8.3.5.1 验证过载脱扣器的动作。

8.3.7.5　在 1.1 倍交接电流下的短路

继 8.3.7.4 试验后，应在和 8.3.7.1 相同的一般条件下，以等于制造商宣布的 1.1 倍交接电流（见 2.17.6）的预期电流进行短路试验。

为进行本试验，应装上熔断器进行。

本试验应由一个“O”操作组成，试验结束时至少有两只熔断器熔断。

8.3.7.6　在极限短路分断能力下的短路

继 8.3.7.5 试验后，应在和 8.3.7.1 相同的一般条件下，以等于制造商宣布的极限短路分断能力

I_{cu}的预期电流进行短路试验。

为了进行本试验,应装上一组新的熔断器。

本操作顺序应为:

$$O—t—CO$$

在时间间隔 t 内需更换另一组新的熔断器,为此该时间间隔 t 可能需要延长。

8.3.7.7 **验证介电耐受能力**

继 8.3.7.6 试验,换上一组新的熔断器后,应按 8.3.5.3 验证介电耐受能力。

8.3.7.8 **验证过载脱扣器**

继 8.3.7.7 试验后,应按 8.3.5.1 验证过载脱扣器的动作,但是试验电流应为电流整定值的2.5 倍。

对于每一单独的极,在基准温度下的动作时间不超过制造商规定的 2 倍电流整定值时的最大值。

8.3.8 **试验程序Ⅵ:综合试验程序**

经制造商要求或同意时,本试验程序可适用于使用类别 B 的断路器:

a) 当额定短时耐受电流和额定运行短路分断能力具有相同值($I_{cw}=I_{cs}$)时,本程序取代试验程序Ⅱ和Ⅳ;

b) 当额定短时耐受电流和额定运行短路分断能力以及额定极限短路分断能力有相同值($I_{cw}=I_{cs}=I_{cu}$)时,本程序取代试验程序Ⅱ,Ⅲ和Ⅳ。

本试验程序包括下列试验:

试验	条款
验证过载脱扣器	8.3.8.1
额定短时耐受电流	8.3.8.2
额定运行短路分断能力[a]	8.3.8.3
验证操作性能能力	8.3.8.4
验证介电耐受能力	8.3.8.5
验证温升	8.3.8.6
验证过载脱扣器	8.3.8.7

[a] 对于属于上述 b)的断路器,这也是极限短路分断能力

被试试品数量和可调式脱扣器的整定值应符合表 10 规定。

8.3.8.1 **验证过载脱扣器**

过载脱扣器的动作应按 8.3.5.1 进行验证。

8.3.8.2 **额定短时耐受电流试验**

继 8.3.8.1 试验后,应按 8.3.6.2 在额定短时耐受电流下进行试验。

8.3.8.3 **额定运行短路分断能力试验**

继 8.3.8.2 试验后,应按 8.3.4.1 在相应于额定短时耐受电流适用的最高电压下进行额定运行短路分断能力试验。断路器应在短延时短路脱扣器最大时间整定值的短时间内保持闭合。

在本试验期间,瞬时超越脱扣器(如有)不应动作,但接通电流脱扣器(如有)应动作。

8.3.8.4 **验证操作性能**

继 8.3.8.3 试验后,按 8.3.4.2 验证操作性能。

8.3.8.5 **验证介电耐受能力**

继 8.3.8.4 试验后,应按 8.3.3.5 验证介电耐受能力。

适用于隔离的断路器,应按 8.3.3.5 测量泄漏电流。

8.3.8.6 **验证温升**

继 8.3.8.5 试验后,应按 8.3.2.5 验证主电路接线端子的温升。

温升不应超过表 7 给定值。

对一给定壳架等级，在最小 I_n 或最小过载脱扣器整定值下的断路器经受 8.3.8.3 试验后，不需做本项试验验证。

8.3.8.7　验证过载脱扣器

继 8.3.8.6 试验并经冷却之后，应按 8.3.3.7 验证过载脱扣器的动作。

其后，应在每极上按 8.3.5.1 单独验证过载脱扣器的动作，但试验电流应为 2.5 倍电流整定值的电流。

动作时间不应超过制造商规定的在 2 倍整定电流时的最大值，在基准温度下，在一极上单独进行。

8.4　常规试验

常规试验的定义，见 GB 14048.1—2006 中 2.6.2 和 8.1.3。

采用下列试验：

——机械操作(8.4.1)；

——验证过电流脱扣器(8.4.2)；

——验证欠电压和分励脱扣器的动作 (8.4.3)；

——CBR 按附录 B 附加试验(8.4.4)；

——介电试验(见注)(8.4.5)；

——验证电气间隙 (8.4.6)。

注：若通过材料和制造过程的控制，证明介电性能完善，这些试验可用抽样试验代替[按认可的抽样计划(见 IEC 60410 或 GB/T 2828.1—2003)]。

但是，断路器制造时的操作和/或其他常规试验可代替上面所列试验，只要采用条件相同，操作次数不少于规定的次数。

8.4.2、8.4.3、8.4.4 的试验在脱扣器装入断路器内或装入一个合适的模拟断路器工作状况的试验装置中进行。

8.4.1、8.4.2、8.4.3、8.4.5 和 8.4.6 试验条文中，术语"断路器"包括 CBR(如适用)。

8.4.1　机械操作试验

8.4.1.1 和 8.4.1.2 的试验应在主回路不通电情况下进行，但脱扣器动作要求的除外，试验时，不可调整，动作应可靠。

8.4.1.1　手动操作断路器应进行下列试验：

——两次闭合、断开操作；

——两次自由脱扣操作。

注：自由脱扣机械开关电器的定义见 GB 14048.1—2006 中 2.4.23。

8.4.1.2　动力操作断路器在最高额定控制电源电压和/或额定能源压力的 110%和在最低额定控制电源电压和/或额定能源压力的 85%时进行下列试验：

——两次闭合、断开操作；

——两次自由脱扣动作；

——对自动重合闸断路器，两次自动重合闸操作。

8.4.2　验证过电流脱扣器

8.4.2.1　反时限脱扣器

验证反时限脱扣器的调整应在一个电流整定值的倍数时进行，以验证脱扣时间是否符合制造商提供的曲线(在误差范围内)。

验证可在任何合适的温度下进行，按基准温度进行修正(见 4.7.3)。

8.4.2.2　瞬时和定时限脱扣器

验证瞬时和定时限脱扣器的调整应在 8.3.3.1.2 或 8.3.3.1.3a) (如适用)所给的电流值时检查脱扣器的动作和不动作，不需要测量分断时间。

试验可在两极串联通试验电流时进行，使有脱扣器的极采用各种可能的组合，或使每一有脱扣器的极单独通以试验电流进行试验。

一种确定脱扣水平的方法是采用缓慢上升的试验电流，从低于下限的电流值开始一直到断路器脱扣，脱扣应在试验电流的下限与上限之间发生。

8.4.3 验证欠电压和分励脱扣器的动作

8.4.3.1 欠电压脱扣器

试验应验证脱扣器是否能按 GB 14048.1—2006 中 7.2.1.3 及下列要求动作：

a) 吸合电压

脱扣器应在相应于最低额定控制电源电压的 85%时闭合。

b) 释放电压

脱扣器应在电压降至相应于额定控制电源电压的 70%～35%极限范围内的值时释放，电源电压调整时要考虑在 8.3.3.3.2c)1)规定的条件下的操作，当脱扣器的额定控制电源电压有一定范围时，上限应相应于额定控制电源电压范围中的最小值，下限应相应于额定控制电源电压范围中的最大值。

8.4.3.2 分励脱扣器(作断开用)

按 GB 14048.1—2006 中 7.2.1.4 验证脱扣器动作，试验可在任何方便的温度下进行，只要试验电压降低时考虑了脱扣器在 8.3.3.3.2d)规定的条件下动作所需的电压。在脱扣器的额定控制电源电压有一定范围时，试验电压应为相应于最低额定控制电源电压的 70%。

8.4.4 **CBR 附加试验**

CBR 或剩余电流装置应进行下列附加试验：

a) 试验装置的动作

CBR 应承受两次“闭合—脱扣”动作或两次“复位—脱扣”动作(对剩余电流部件)，CBR 在施加最低额定工作电压时，手动操作试验装置脱扣。

b) 验证 CBR 的剩余电流脱扣装置的调整

采用交流正弦剩余电流；必须验证：

——如可调，在 $I_{\Delta n}$最小整定值时，各极分别通以 $0.5I_{\Delta n}$剩余电流，CBR 不应脱扣；

——如可调，在 $I_{\Delta n}$最小整定值时，各极分别通以 $I_{\Delta n}$剩余电流，CBR 应脱扣。

8.4.5 介电试验

除不需用金属箔外，试验条件应符合 GB 14048.1—2006 中 8.3.3.4.1 1)。试验电压应如下施加：

——断路器在断开位置，每一对端子之间，此对端子在断路器闭合时在电气上是联接在一起的；

——对不带接至主电路的电子电路的断路器，置断路器于闭合位置，在每极与相邻极之间和每一极和框架(如有)之间；

——对带接至主电路的电子电路的断路器，置断路器于断开位置，在每极与相邻极之间和每一极和框架(如有)之间。电压施加在进线端或出线端，视电子元件的位置而定。

也可采用另一种方法，允许拆除连接至主电路的电子电路。在该情况下，断路器应处在闭合位置，试验电压施加在每极和相邻极之间，和每极与框架之间(如适用)。

试验方法有如下 a)、b)、c)三种供制造商选择：

a) 需进行二种试验

1) 冲击耐受电压

试验电压应不低于额定冲击耐受电压的 30%(不需考虑海拔修正系数)或相当于 $2U_i$ 峰值，取大者；

2) 工频耐受电压

试验设备应符合 GB 14048.1—2006 中 8.3.3.4.1 3)b)规定，但过电流继电器应整定在 25 mA。然而，为了安全起见，经制造商同意，可决定采用低功率或低整定值试验设备，但试验设备的短路电流至少应为过电流继电器脱扣整定值的 8 倍；例如，短路电流为 40 mA 的变压器，过电流继电器的最大整定值应为 5 mA±1 mA。

试验电压应为 $2U_e$ 最大值，或交流有效值 1 000 V(取较大者)，时间不少于 1 s。过电流继电器不应脱扣。

b) 按上面 a)2)单独进行工频试验，试验电压应为：正弦波峰值相应于 U_{imp} 的 30%、$2U_i$、2 倍最大 U_e 或交流 1 000 V 有效值的峰值的最大值。

c) 用 500 V 直流进行绝缘电阻试验时，其任何点的绝缘电阻应不小于 1 MΩ。

如按 8.4 注的抽样计划进行介电试验，工频耐受试验应按本章 8.4.5a)2)进行，但试验电压应符合 GB 14048.1—2006 中表 12A 规定。

8.4.6 验证电气间隙小于 GB 14048.1—2006 中表 13 中情况 A 相应值的试验

GB 14048.1—2006 中 8.3.3.4.3 适用。但对本部分而言，本试验应是常规试验。

注：电气间隙大于或等于 GB 14048.1—2006 中表 13 情况 A 的场合已包括在 8.4.5 的试验中。

单位为毫米

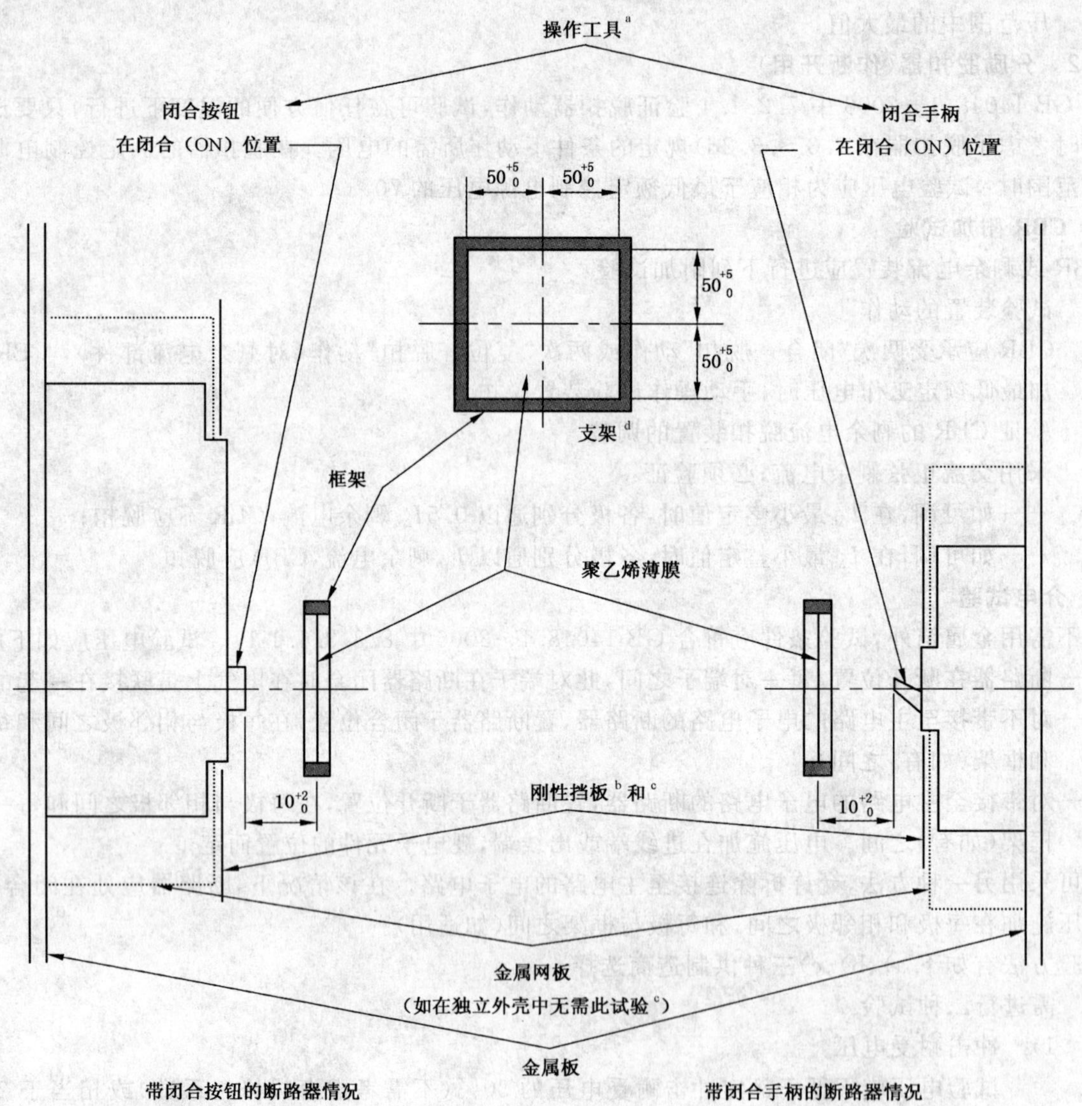

[a] 操作工具包括正常固定用于闭合操作的加长部分。

[b] 刚性挡板的目的在于防止从手柄或按钮以外区域出来的发射物至聚乙烯薄膜(如在独立外壳中试验则不需)。

[c] 刚性挡板和金属网板的前部可组合成一个导电金属板。

[d] 由任何合适的硬材料制成，以免聚乙烯薄膜破裂。

图 1 短路试验装置(连接电缆未画出)

附 录 A
（规范性附录）
断路器与串联在同一电路中的另一台短路保护装置在短路条件下的配合

A.1 前言

为了确保断路器(C_1)与串联在同一电路中的另一台短路保护装置(SCPD)在短路条件下的配合，则需要考虑两台电器各自的特性及它们连接在一起的性能。

注：SCPD可增加附加的保护装置，例如，过载脱扣器。

SCPD可由一熔断器(或一组熔断器)——见图A.1——或另一台断路器(C_2)(见图A.2～图A.5)组成。

当涉及串联动作的两台电器的性能时，仅对比两台串联在一起的电器的各自的特性是不够的，因为这两台电器的阻抗往往是不可忽略的。为此建议需考虑这种情况。对于短路电流，建议用I^2t来代替时间。

断路器C_1经常与另一台SCPD串联连接，其原因是由于设备中所采用的配电方式不同，或者是由于单独的断路器C_1的短路分断能力不能满足预定的用途要求。在这种情况下，SCPD可以安装在离断路器C_1一定距离的地方。SCPD可以保护供电给几台断路器C_1或只供电给一台断路器的主馈线。

对于这类使用情况，用户或专业技术管理部门可能需要仅根据理论计算来判断如何达到最佳配合水平。本附录的目的在于对这样的判断提供指导，同时也用来对断路器制造厂为未来用户提供的资料形式进行指导。

在所推荐的应用场合，如有必要进行这类试验时，也可作为试验的指导。

术语“配合”不仅包括考虑两者的选择性保护(见GB 14048.1—2006中2.5.23和2.17.2以及2.17.3)，而且还包括考虑后备保护(见GB 14048.1—2006中2.5.24)。

一般选择性可通过理论计算的方式加以考虑(见A.5)，而后备保护通常是用试验加以验证(见A.6)。

在考虑短路分断能力时，可根据预定的标准来确定是采用额定极限短路分断能力(I_{cu})还是采用额定运行短路分断能力(I_{cs})。

A.2 适用范围和目的

本附录对断路器与串联在同一电路中的其他SCPD的配合即有关选择性保护和后备保护提供指导并给出相应的要求。

本附录目的在于规定：

——断路器与另一台SCPD配合的一般要求；

——用于验证已符合配合条件的方法和试验(如认为有必要)。

A.3 断路器与另一台SCPD配合的一般要求

A.3.1 一般原理

理想的配合应为这样：使得断路器C_1在所有的过电流值小于其额定短路分断能力I_{cu}(或I_{cs})的极限值情况下只有断路器C_1动作。

注：如果在安装点的预期故障电流值小于断路器C_1的额定极限短路分断能力，则可认为SCPD在此电路中不考虑用作后备保护，作一般保护之用。

实际上，应采用下列一些原理：

a) 如果选择性极限电流值I_s(见2.17.4)过低，则就会有破坏选择性保护的危险。

b) 如果在安装点的预期故障电流值大于断路器 C_1 的额定极限短路分断能力，则 SCPD 应这样选择，即使得断路器 C_1 的性能按 A.3.3 和交接电流 I_B（见 2.17.6）（如有）应符合 A.3.2 的要求。

如有可能，SCPD 应安装在断路器 C_1 的电源侧。如果 SCPD 安装在负载侧，则 C_1 与 SCPD 之间的连接必须安置得使短路危险减小到最低限度。

注：在具有可更换的脱扣器情况下，这些原理应适用于各有关的脱扣器。

A.3.2 交接电流

就后备保护而言，交接电流 I_B 不应大于单独的断路器 C_1（见图 A.4）的额定极限短路分断能力 I_{cu}。

A.3.3 与另一台 SCPD 连接的断路器 C_1 的性能

对于小于或等于串接装置的短路分断能力的所有过电流值，C_1 应符合 GB 14048.1—2006 中7.2.5的要求，而串接装置应符合 7.2.1.2.4a）的要求。

A.4 串联的 SCPD 的型式和特性

根据要求，断路器制造厂应提供用于与断路器 C_1 串联的 SCPD 的型式和特性以及适合于串接装置在规定的工作电压下的最大预期短路电流等方面的资料。

用于按本附录进行任何试验的 SCPD 详细情况，例如，制造厂名称、型号、额定电压、额定电流以及短路分断能力等应在试验报告中注明。

最大限制短路电流（见 GB 14048.1—2006 中 2.5.29）不应大于 SCPD 的额定极限短路分断能力。

如果所串联的 SCPD 为断路器，则它应符合本部分的要求，或符合其他有关的标准。

如果所串联的 SCPD 为熔断器，则它应符合相应的熔断器标准。

A.5 验证选择性

通常选择性仅用理论计算方法来考虑的，即通过比较断路器 C_1 和串联的 SCPD（例如，当串联的 SCPD 为具有人为延时的断路器 C_2 时）的动作特性。

断路器 C_1 制造厂和 SCPD 制造厂均应提供足够的有关产品动作特性的数据以便对每种特定的组合确定 I_s。

在某些情况下，对组合装置需在 I_s 下进行试验，例如：

——当 C_1 为限流型，且 C_2 为无人为的延时时；

——当 SCPD 的断开时间小于半波的时间时。

当串联的 SCPD 是一断路器时欲获得要求的选择性，则 C_2 需要有一人为的短延时。

选择性可以是小于 C_1 额定短路能力 I_{cu}（或 I_{cs}）的局部选择性（见图 A.4）或全选择性。对于全选择性，C_2 的不脱扣特性或熔断器的弧前特性应大于 C_1 的脱扣（断开时间）特性。

有关全选择性的两个图例见图 A.2 和图 A.3。

A.6 验证后备保护

A.6.1 交接电流的确定

可通过比较 C_1 和串联的 SCPD 的动作特性（对 C_1 所有整定值，如适用，对 C_2 所有整定值）来检验是否符合 A.3.2 的要求。

A.6.2 验证后备保护

a) 通过试验验证

通常按 A.6.3 的试验来验证是否符合 A.3.3 的要求。在这种情况下，所有的试验条件应按本部分 8.3.2.6 的规定，使短路试验用的可变电阻器和电抗器置于组合装置的电源侧。

b) 通过特性比较验证

在某些实际情况下以及当SCPD为一断路器时(见图A.4和图A.5),则可以比较C_1和串联的SCPD的动作特性,但必须特别注意下列内容:

——C_1在I_{cu}下的焦耳积分值和组合装置预期电流下的SCPD的焦耳积分值;

——SCPD峰值动作电流对C_1的影响(例如由于电弧能量,最大峰值电流,截断电流等)。

配合是否恰当可按SCPD总的动作I^2t特性的最大值估计,I^2t的范围是从C_1的额定短路分断能力I_{cu}(或I_{cs})到应用的预期短路电流,但不超过C_1在其额定分断能力时的最大允通I^2t或制造厂规定的其他下限值。

注:如果串联的SCPD为熔断器,则理论研究应限于C_1的I_{cu}以下才有效。

A.6.3 验证后备保护的试验

如果C_1装有可调过电流断开脱扣器,则动作特性应为相应于最小时间和电流整定的动作特性。

如果C_1装有瞬时过电流断开脱扣器,则所用的动作特性应为相应于装有这类脱扣器的C_1的动作特性。

如果串联的SCPD为装有可调过电流断开脱扣器的断路器(C_2),则所用的动作特性应为相应于最大的时间和电流整定值的动作特性。

如果串联的SCPD为一组熔断器,则每次试验应用一组新的熔断器进行,即使在以前的试验中某些熔断器没有熔断。

如适用,根据8.3.2.6.4规定的连接电缆应包括在内,但如果串联的SCPD为断路器(C_2),则与该断路器连接的总长度为75 cm的电缆可放在电源侧(见图A.6)。

每个试验应包括按本部分8.3.5进行的O—t—CO操作程序,不论是在I_{cu}或I_{cs}下试验,CO操作均在C_1上进行。

用预定用途的最大预期电流进行一次试验。该值不应超过额定限制短路电流(见GB 14048.1—2006中4.3.6.4)。

另一次试验应在等于C_1额定短路分断能力I_{cu}(或I_{cs})的预期电流值下进行,进行本试验时,可用新的C_1试品进行,此外如果串联的SCPD为断路器,也可用新的C_2试品进行。

在每次操作期间:

a) 如果串联的SCPD为断路器(C_2):

——C_1和C_2均应在两次试验电流下脱扣,不要求进一步进行试验。

这是一般情况,仅提供后备保护。

——或在两次试验电流下C_1应脱扣,C_2应在每次操作结束时处在闭合位置,不要求再进行试验。

在每次操作期间允许C_2的触头瞬间分开。在这种情况下,除后备保护外,又可恢复供电(见图A.4注1)。进行本试验时,应记录C_2触头分开(如有)的时间。

——或在较低试验电流下C_1应脱扣,而在较高试验电流下C_1和C_2均应脱扣。

C_2的触头在较低的试验电流下允许瞬间分开。并应在中档电流下进行一些附加试验,以确定C_1和C_2均应脱扣的最小的试验电流,低于该电流时,C_2应能恢复供电。进行本试验时,应记录C_2触头分开时间(如有)。

b) 如果串联的SCPD为一熔断器(或一组熔断器):

——在单相电路中,至少应有一台熔断器熔断;

——在多相电路中,至少应有两台或两台以上熔断器熔断,或一台熔断器熔断和C_1脱扣。

A.6.4 获得的结果

GB 14048.1—2006中8.3.4.1.7适用。

试验之后,C_1应符合8.3.5.3和8.3.5.4的要求。

此外,如果串联的SCPD为一断路器(C_2),应用手动操作或其他合适的装置验证C_2触头无熔焊。

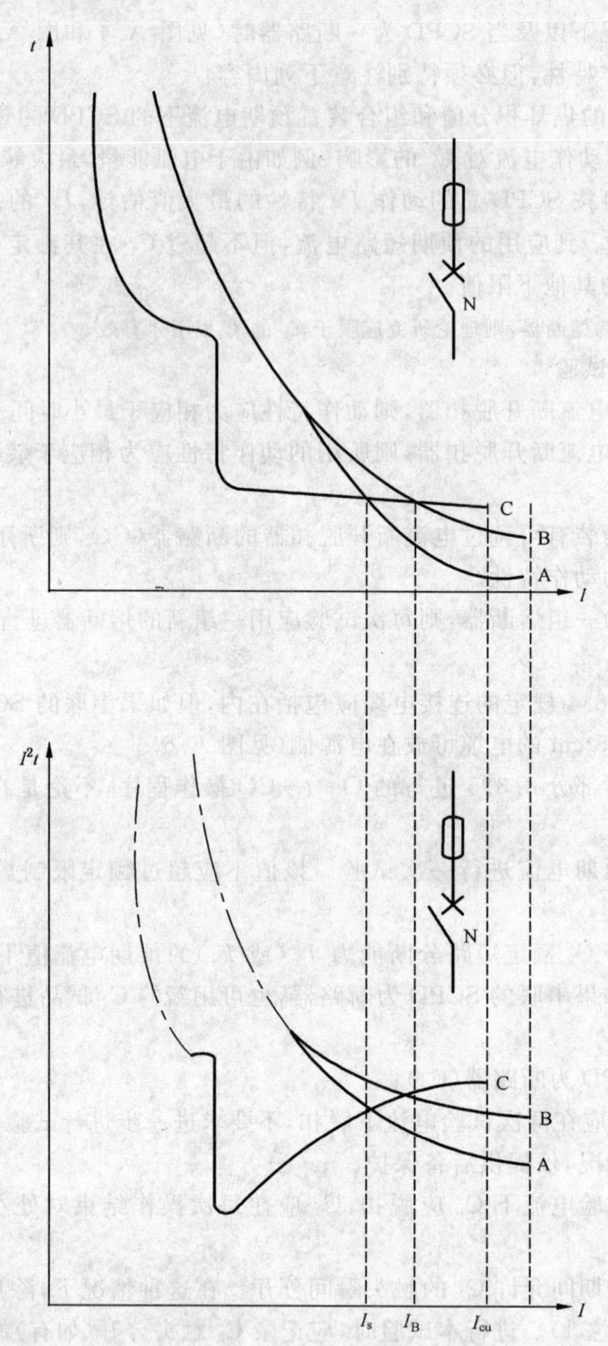

I——预期短路电流；

I_{cu}——额定极限短路分断能力(4.3.5.2.1)；

I_s——选择性极限电流(2.17.4)；

I_B——交接电流(2.17.6)；

A——熔断器弧前特性；

B——熔断器动作特性；

C——非限流断路器(N)的动作特性(分断时间/电流和 I^2t/电流)。

注 1：A 表示下限，B、C 表示上限。

注 2：点划线表示 I^2t 非绝热区。

图 A.1 在断路器与熔断器或作后备保护熔断器之间的过电流配合：动作特性

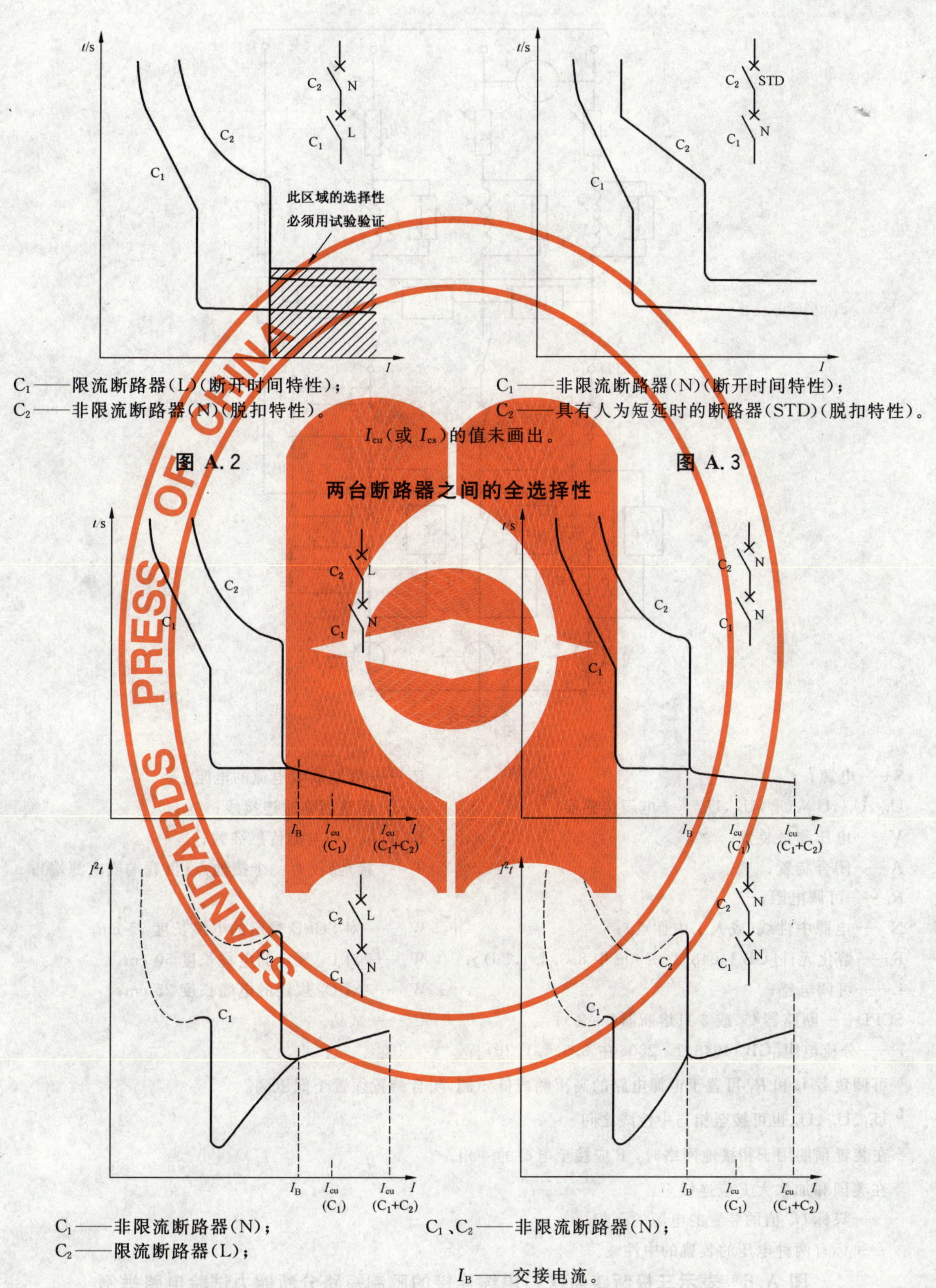

C_1——限流断路器(L)(断开时间特性);
C_2——非限流断路器(N)(脱扣特性)。

C_1——非限流断路器(N)(断开时间特性);
C_2——具有人为短延时的断路器(STD)(脱扣特性)。

I_{cu}(或 I_{cs})的值未画出。

图 A.2　　图 A.3

两台断路器之间的全选择性

C_1——非限流断路器(N);
C_2——限流断路器(L);

C_1、C_2——非限流断路器(N);

I_B——交接电流。

注 1:如适用,用 C_2 进行恢复供电。
注 2:$I_{cu}(C_1+C_2) \leqslant I_{cu}(C_2)$。
注 3:对 $I>I_B$ 的值,曲线是组合装置的曲线(用粗线表示),其数据需由试验获得。

图 A.4　　图 A.5

用断路器作后备保护——动作特性

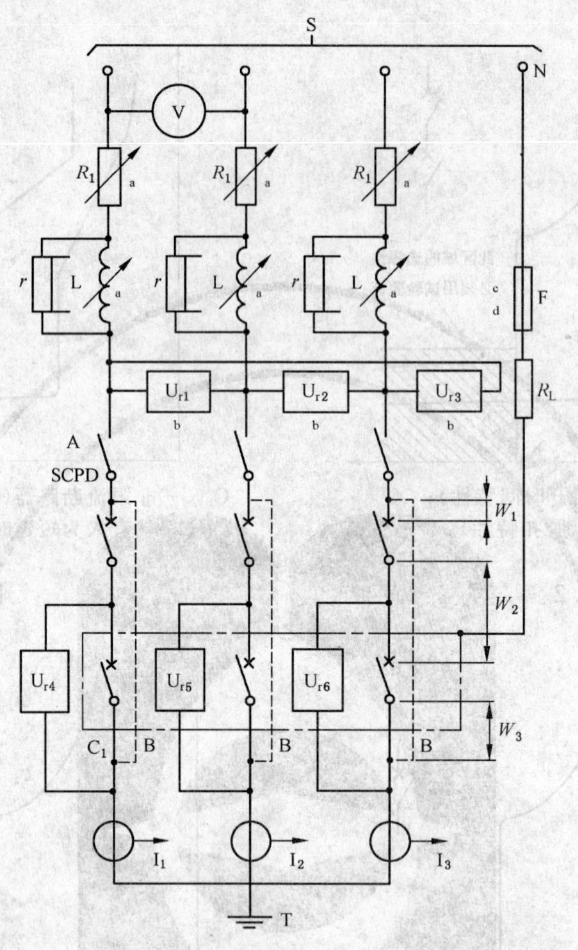

S——电源；

U_{r1},U_{r2},U_{r3},U_{r4},U_{r5},U_{r6}——电压传感器；

V——电压测量装置；

A——闭合装置；

R_1——可调电阻；

N——电源中性线(或人工中性点)；

F——熔化元件[GB 14048.1—2006 中 8.3.4.1.2d)]；

L——可调电感；

SCPD——断路器 C_2 或 3 只熔断器(一套)；

r——分流电阻[GB 14048.1—2006 中 8.3.4.1.2b)]；

R_L——限制故障电流的电阻；

B——调整用临时连接线；

I_1,I_2,I_3——电流传感装置；

T——接地：仅有一个接地点(负载端或电源端)；

W_1——对 SCPD 规定的电缆长度 75 cm；

W_2——对 C_1 规定的电缆长度 50 cm；

W_3——对 C_1 规定的电缆长度 25 cm；

C_1——试品。

[a] 可调负载 L 和 R_1 可置于电源电路的高压侧或低压侧，闭合装置须置于低压侧。

[b] U_{r1}、U_{r2}、U_{r3} 也可接至相与中性线之间。

[c] 在装置预期用于相接地网络时，F 应接至电源的一相。

[d] 在美国和加拿大 F 应连接至：

——只标 U_e 值的装置的电源的一相；

——标有两种电压的装置的中性线。

图 A.6　表示三极断路器(C_1)电缆连接的限制短路分断能力试验电路举例

附　录　B
（规范性附录）
具有剩余电流保护的断路器

引言

为了对电击危险提供保护，一般使用能对剩余电流起作用的装置作为保护系统。这类装置通常与断路器一起使用或作为断路器的整体部分达到一种双重保护目的，即：

——对设备提供过载和短路保护；

——对人提供间接接触保护，即由于绝缘损坏而导致对地电压增大的危险。

剩余电流装置还可以对由于过电流保护装置不能检测出的而长期存在的接地故障可能引起火灾危险和其他危险提供附加保护。

在有关的保护措施失效时，额定剩余电流不超过 30 mA 的剩余电流装置还可用作对直接接触起附加保护作用。

有关这类装置的安装要求在 GB 16895 的有关章节中规定。

本附录基本上以 GB 6829—1995、GB 16916.1—2003 和 GB 16917.1—2003 的相关要求为基础。

B.1　适用范围和目的

本附录适用于具有剩余电流保护的断路器(CBR)，它包括了同时执行剩余电流检测，将测量值与预期值进行比较，当该值超出预期值时使被保护电路断开的装置的要求。

本附录适用于：

——具有有剩余电流功能的作为一整体特性且符合本部分的断路器(以下简称整体式 CBR)；

——由剩余电流装置和符合本部分的断路器组装而成的 CBR；其机械和电气组装可以在工厂完成，也可由用户按制造商的说明书在现场完成。

本附录还包括 CBR 有关的电磁兼容(EMC)要求。

注：中线电流传感装置(如有)可安置在断路器或组合装置的外面(视情况而定)。

本附录仅适用于交流电路中的 CBR。

本附录中包括的 CBR 的剩余电流功能在功能上可与线路电压有关或无关。本附录不包括与可更换电源有关的 CBR。

本附录不适用于电流传感器(除中线电流传感器外)或处理器与断路器分开安装的装置。

这种装置的要求在附录 M 中给出。

本附录的目的是规定：

a)　剩余电流功能的特殊特性；

b)　CBR 应符合的特殊要求

——在正常电路条件下；

——在非正常电路条件下(无论是否为剩余电流性质的)；

c)　为验证 CBR 符合上述 b)的要求所需的试验以及合适的试验程序；

d)　有关的产品数据。

B.2　定义

下列定义引自 GB 6829—1995，作为补充本部分第 2 章：

B.2.1 关于从带电部件流入大地的电流定义

B.2.1.1

接地故障电流 earth fault current

由于绝缘故障而流入大地的电流。

B.2.1.2

对地泄漏电流 earth leakage current

无绝缘故障,从设备的带电部件流入大地的电流。

B.2.2 关于 CBR 激励的定义

B.2.2.1

激励量 energizing quantity

单独地或与其他这样的量一起施加到一个 CBR 上,使它能在规定的条件下完成其功能的电气激励量。

B.2.2.2

激励输入量 energizing input-quantity

当在规定条件下施加时,使 CBR 工作的激励量。

这些规定条件可以包括(例如)某些辅助元件的激励。

B.2.2.3

剩余电流 residual current

I_{Δ}

流过 CBR 主电路电流瞬时值的矢量和(以有效值表示)。

B.2.2.4

剩余动作电流 residual operating current

使 CBR 在规定条件下动作的剩余电流值。

B.2.2.5

剩余不动作电流 residual non-operating current

在该电流或低于该电流时,CBR 在规定条件下不动作的剩余电流值。

B.2.3 关于 CBR 的运行和功能的定义

B.2.3.1

具有剩余电流保护的断路器(CBR) circuit-breaker incorporating residual current protection (CBR)

在规定条件下,当剩余电流达到给定值时,用来使触头断开的断路器(见 2.1)。

B.2.3.2

动作功能与电源电压无关的 CBR CBR functionally independent of line voltage

其检测、判别和分断功能(见 B.2.3.6)均与电源电压无关的 CBR。

B.2.3.3

动作功能与电源电压有关的 CBR CBR functionally dependent on line voltage

其检测、判别和/或分断功能(见 B.2.3.6)与电源电压有关的 CBR。

注:当然,用于检测、判别和分断是施加在 CBR 上的电源电压。

B.2.3.4

检测 detection

感觉剩余电流存在的功能。

注:例如,该功能可由合成电流矢量和的互感器来完成。

B.2.3.5

判别　evaluation

当检测到的剩余电流超过某一规定的基准值时，使 CBR 可能动作的功能。

B.2.3.6

分断　interruption

自动地使 CBR 的主触头从闭合位置转换到断开位置，从而切断通过主触头电流的功能。

B.2.3.7

极限不驱动时间　limiting non-actuating time

对 CBR 施加一个大于额定剩余不动作电流的剩余电流值而不使 CBR 动作的最大延时时间。

B.2.3.8

延时型 CBR　time-delay CBR

专门设计的对应于一个给定的剩余电流值，能达到一个预定的极限不驱动时间值的 CBR。

剩余电流延时特性可以是(或不是)反时限时间-电流特性。

B.2.3.9

复位型 CBR　reset-CBR

其剩余电流装置，在发生剩余电流以后，在该装置能重新闭合之前，必须用一个 CBR 操作工具以外的工具人为复位的 CBR。

B.2.3.10

试验装置　test device

为了检验 CBR 是否动作而模拟一个剩余电流的装置。

B.2.4　关于激励量值和范围的定义

B.2.4.1

单相负载时不动作过电流的极限值　limiting value of the non-operating over-current in the case of a single-phase load

在没有剩余电流的情况下，能够流过 CBR(不论极数)而不导致其动作的最大单相过电流值(见B.7.2.7)。

B.2.4.2

在平衡负载情况下不动作电流极限值　limiting value of the non-operating current in the case of a balanced load

在对框架或对地无任何故障或任何泄漏电流时，能通过 CBR 监控电路的平衡负载(不管任何极数)，而不引起 CBR 动作的电流最大值。

B.2.4.3

剩余短路接通和分断能力　residual short-circuit making and breaking capacity

CBR 在规定的使用条件和性能下，能够接通、承受其断开时间，并能够分断剩余预期短路电流的交流有效分量值。

B.3　分类

B.3.1　根据剩余电流功能的动作方式分类

B.3.1.1　功能上与电源电压无关的 CBR(见 B.2.3.2)

B.3.1.2　功能上与电源电压有关的 CBR(见 B.2.3.3 和 B.7.2.11)

B.3.1.2.1　在电源电压故障情况下，有延时或没有延时自动断开。

B.3.1.2.2　在电源电压故障情况下，不能自动断开。

在电源电压故障时不能自动脱扣，但在电源电压故障时，如发生接地故障能在规定条件下脱扣。

注：本条款中的分类包括在没有出现危险情况时，不能够自动断开的 CBR。

B.3.2 按能否调节剩余动作电流分类

B.3.2.1 具有单一额定剩余动作电流的 CBR

B.3.2.2 具有多个剩余动作电流整定值的 CBR(见 B.4.1.1 注)

——分级调节；

——连续调节。

B.3.3 按剩余电流的延时功能分类

B.3.3.1 无延时的 CBR:非延时型

B.3.3.2 有延时的 CBR:延时型(见 B.2.3.8)

B.3.3.2.1 具有不可调延时的 CBR

B.3.3.2.2 具有可调延时的 CBR

——分级调节；

——连续调节。

B.3.4 按直流分量出现情况下的性能分类

——AC 型 CBR(见 B.4.4.1)；

——A 型 CBR(见 B.4.4.2)。

B.4 与剩余电流功能有关的 CBR 的特性

B.4.1 额定值

B.4.1.1 额定剩余动作电流($I_{\Delta n}$)

制造商对 CBR 所规定的，在该电流下 CBR 在规定的条件下必须动作的正弦剩余动作电流有效值(见 B.2.2.4)。

注：对于具有多个剩余动作电流整定值的 CBR，通常用最大整定值表示其额定值，参见 B.5 标志内容。

B.4.1.2 额定剩余不动作电流($I_{\Delta no}$)

制造商对 CBR 所规定的，CBR 在规定的条件下不该动作的正弦剩余不动作电流有效值(见 B.2.2.5)。

B.4.1.3 额定剩余短路接通和分断能力($I_{\Delta m}$)

制造商对 CBR 所规定的，在该值下 CBR 在规定的条件下能够接通、承载和分断的预期剩余短路电流的交流分量有效值(见 B.2.4.3)。

B.4.2 优选值和极限值

B.4.2.1 额定剩余动作电流优选值($I_{\Delta n}$)

额定剩余动作电流的优选值是：

0.006 A，0.01 A，0.03 A，0.1 A，0.3 A，0.5 A，1 A，3 A，10 A，30 A。

可以要求较高值。

$I_{\Delta n}$可以用额定电流的百分比表示。

B.4.2.2 额定剩余不动作电流($I_{\Delta no}$)的最小值

额定剩余不动作电流的最小值为 $0.5I_{\Delta n}$。

B.4.2.3 单相负载时的不动作过电流的极限值

单相负载时的不动作过电流的极限值应按 B.7.2.7 规定。

B.4.2.4 动作特性

B.4.2.4.1 非延时型

非延时型的动作特性见表 B.1。

表 B.1 非延时型的动作特性

剩余电流	$I_{\Delta n}$	$2I_{\Delta n}$	$5I_{\Delta n}$ [a]	$10I_{\Delta n}$ [b]
最大分断时间/s	0.3	0.15	0.04	0.04
[a] 对于 $I_{\Delta n}\leqslant 30$ mA 的 CBR，$5I_{\Delta n}$ 可用 0.25 A 取代。 [b] 按注 1)采用 0.25 A 时，则 $10I_{\Delta n}$ 为 0.5 A。				

$I_{\Delta n}\leqslant 30$ mA 的 CBR 应是非延时型。

B.4.2.4.2 延时型

B.4.2.4.2.1 极限不驱动时间(见 B.2.3.7)

对于延时型，极限不驱动时间是按 $2I_{\Delta n}$ 规定，并且应由制造商宣布。

$2I_{\Delta n}$ 的最小极限不驱动时间为 0.06 s。

按 $2I_{\Delta n}$ 规定的极限不驱动时间的优选值为：

0.06 s，0.1 s，0.2 s，0.3 s，0.4 s，0.5 s，1 s。

对于间接接触防护，$I_{\Delta n}$ 的最大延时为 1 s(见 GB 16895.21—2004 中 413.1)。

B.4.2.4.2.2 动作特性

对于极限不驱动时间大于 0.06 s 的 CBR，制造商应公布在 $I_{\Delta n}$、$2I_{\Delta n}$、$5I_{\Delta n}$ 和 $10I_{\Delta n}$ 的最大断开时间。

对于极限不驱动时间为 0.06 s 的 CBR，动作特性在表 B.2 中给出。

表 B.2 极限不驱动时间为 0.06 s 的延时型动作特性

剩余电流	$I_{\Delta n}$	$2I_{\Delta n}$	$5I_{\Delta n}$	$10I_{\Delta n}$
最大分断时间/s	0.5	0.2	0.15	0.15

对于具有反时限电流/时间特性的 CBR，制造商应规定剩余电流/分断时间特性。

B.4.3 额定剩余短路接通和分断能力值($I_{\Delta m}$)

$I_{\Delta m}$ 的最小值为 I_{cu} 的 25%值。

制造商可对较大值进行试验，并可公布该值。

B.4.4 在有直流分量或无直流分量接地故障电流情况下的动作特性

B.4.4.1 AC 型 CBR

对无论是突然施加或缓慢上升的无直流分量的剩余正弦交流电流确保脱扣的 CBR。

B.4.4.2 A 型 CBR

对无论是突然施加或缓慢上升的剩余正弦电流和剩余脉动直流(有/无规定的叠加直流分量)能确保脱扣的 CBR。

B.5 标志

a) 除 5.2 规定的标志外，下列数据应标在整体的 CBR 上(见 B.1)并且在安装位置上应清晰可见：

——额定剩余动作电流 $I_{\Delta n}$；

——剩余动作电流整定值(如适用)；

——对于延时型，应标出 $2I_{\Delta n}$ 时的极限不驱动时间。标志方法是用符号 Δt 表示，并在其后标上极限不驱动时间(以 ms 表示)；另一种标志方法是当极限不驱动时间为 0.06 s 时，则可用 S 符号表示(方框中的 S)；

——如适用，试验装置的操作工具上应标上字母 T(也可参见 B.7.2.6)；

——剩余电流有无直流分量情况下的动作特性：

AC 型 CBR 用符号 ∼ 表示；

A 型 CBR 用符号[A型符号]表示。

b) 下列数据应标在剩余电流组件上并且在安装位置上应清晰可见：

——额定电压(如果与断路器额定电压不同时)；

——额定频率值或范围(如果与断路器额定频率不同时)；

——$I_n \leqslant$……A(I_n 表示可与剩余电流组件组合的断路器的最大电流额定值)；

——额定剩余动作电流 $I_{\Delta n}$；

——剩余动作电流整定值(如适用)；

——极限不驱动时间(如 a)规定)；

——试验装置的操作工具(如 a)规定)；

——剩余电流有无直流分量的动作特性：

AC 型 CBR 用符号[AC型符号]表示；

A 型 CBR 用符号[A型符号]表示。

c) 下列数据应标在剩余电流组件上，并且当其与断路器组合后这些数据应易可见：

——制造商名称或商标；

——型号或系列号；

——可与剩余电流组件组装的断路器的识别标志，除非设计上已考虑了不可能造成不正确的组装(因不正确的组装会造成无效保护)；

——GB 14048.2；

——仅用于三相电源，用符号(3Ph)表示。

d) 下列数据应标在整体的 CBR 上或标在剩余电流组件上(如适用)，或标在制造商的技术文件中：

——额定剩余短路接通和分断能力 $I_{\Delta m}$(如果大于 25% I_{cu}时，见 B.4.3)；

——接线图，包括试验电路的连接，对于与电源电压有关的 CBR 应标出与电源线连接的图(如适用)；

——额定剩余不动作电流值 $I_{\Delta no}$，如果大于 0.5$I_{\Delta n}$。

e) 在制造商的技术文件中应有下列数据：

适用于：

——仅适用于三相系统，或

——三相和单相系统。

B.6 正常工作，安装和运输条件

采用本部分第 6 章。

B.7 设计和动作要求

B.7.1 设计要求

除了专门用于整定额定剩余动作电流或确定延时的工具外，应不可能用其他工具来改变 CBR 的动作特性。

剩余电流组件和断路器组合的 CBR 应按下述设计和制造：

——剩余电流组件与断路器的连接方式不应有任何有害于装置或伤害使用者的机械连接和/或电气连接；

——附加的剩余电流组件不应对断路器正常的操作或性能有任何不利的影响；

——剩余电流组件在进行试验程序试验时不应有由于短路电流而造成的永久性损坏。

B.7.2 动作要求

B.7.2.1 剩余电流情况下的动作要求

在检测到任何对地泄漏电流或接地故障电流等于或大于额定剩余动作电流且时间大于不驱动时间时,CBR应能自动断开。

CBR的动作应符合B.4.2.4规定的时间要求。应用B.8.2的试验来检验其是否符合要求。

B.7.2.2 额定剩余电流短路接通和分断能力 $I_{\Delta m}$

CBR应能满足B.8.10的试验要求。

B.7.2.3 操作性能能力

CBR应符合B.8.1.1.1的试验。

B.7.2.4 环境条件的影响

考虑了环境条件影响的CBR应能良好地动作。

用B.8.11的试验来检验其是否符合要求。

B.7.2.5 介电性能

CBR应能承受B.8.3的试验。

B.7.2.6 试验装置

CBR应具有一个试验装置来模拟一个剩余电流通过电流检测装置,以便定期地检查CBR的动作性能。

试验装置应满足B.8.4的试验。

当操作试验装置时,保护导体(如适用)不能带电。

当CBR处于断开位置时,操作试验装置应不可能对被保护回路供电。

试验装置不是专门用来进行断开操作的工具,因此不能用来进行断开操作。

试验装置的操作工具上应标有字母"T",其颜色不能用红色也不能用绿色,最好采用淡颜色。

注:试验装置只是用来检查脱扣功能,而不是按额定剩余动作电流值和断开时间来校核其功能的有效性。

B.7.2.7 在单相负载情况下不动作过电流值

CBR应能承受下列二个过电流值中的较小值而不脱扣:

——$6I_n$;

——最大短路脱扣电流整定值的80%。

用B.8.5的试验来检验其是否符合要求。

但是当CBR为使用类别B时,就不必进行本试验,因为在试验程序Ⅳ(或综合试验程序Ⅵ)期间已对本条要求进行了验证。

注:对于多相平衡负载不必进行试验,因为这些试验已在本条款要求中考虑了。

B.7.2.8 在冲击电压引起的浪涌电流的情况下,CBR抗误脱扣的性能

B.7.2.8.1 在电网电容负载情况下抗误脱扣

CBR应承受B.8.6.1的试验。

B.7.2.8.2 在闪流无后续电流情况下抗误脱扣

CBR应承受B.8.6.2的试验。

B.7.2.9 在接地故障电流含有直流分量的情况下,A型CBR的工作状况

在接地故障电流含有直流分量的情况下,CBR的工作状况也应按表B.1和表B.2(如适用)规定的最大分断时间,但试验电流值应按如下规定增加:

——对CBR的 $I_{\Delta n}>0.015$ A时,乘以系数1.4;

——对CBR的 $I_{\Delta n}\leqslant 0.015$ A时,乘以系数2(或0.03 A二者取较高值)。

用B.8.7的试验来检验其是否符合要求。

B.7.2.10 复位型 CBR 的操作条件

复位型 CBR 在出现剩余电流而脱扣后，如果 CBR 没有复位，则应不可能重新闭合 CBR。

按 B.8.1.1.1 进行 8.3.3.3.4 试验来检验其是否符合要求。

B.7.2.11 功能上与电源电压有关的 CBR 的附加要求

功能上与电源电压有关的 CBR 应能在其额定值的 0.85 倍和 1.1 倍之间的任何电源电压值下正确动作。

用 B.8.2.3 的试验来检验其是否符合要求。

当 CBR 有一个以上的额定频率或一个额定频率范围时，CBR 在所有频率时应能按本条要求动作。用 B.8.2 和 B.8.4 的试验来检验是否符合要求。

根据 CBR 的分类，功能上与电源电压有关的 CBR 应符合表 B.3 规定的要求。

表 B.3 功能上与电源电压有关的 CBR 的要求

按 B.3.1 分类的电器		电源电压故障时的状况
在电源电压故障时能自动断开的 CBR（见 B.3.1.2.1）	无延时	按 B.8.8.2a）要求无延时断开
	有延时	按 B.8.8.2b）要求有延时断开
在电源电压故障时虽不能自动断开，但是在发生危险的情况下能够断开的 CBR（见 B.3.1.2.2）		按 B.8.9 要求动作

B.7.3 电磁兼容

附录 J 的要求适用。

附加的试验规范见 B.8.12。

电压变化的抗扰度包括在 B.7.2.11 要求中。

B.8 试验

本条款对额定剩余动作电流 $I_{\Delta n}$ 小于或等于 30 A 的 CBR 的试验作了规定。

对 $I_{\Delta n}>30$ A 者，本章规定的试验的适用性由制造商和用户协商决定。

用于测量剩余电流仪器应至少为 0.5 级（见 GB/T 7676），并且应能显示（或允许确定）真实的有效值。

用于测量时间的仪器，其相对误差不应大于实测值的 10%。

B.8.1 概述

本附录规定的试验是对第 8 章试验的补充。

a) 型式试验

CBR 应进行第 8 章中规定的所有有关试验程序。在进行这些试验程序的介电耐受能力验证时（见 8.3.3.5），功能上与电源电压有关的剩余电流装置的控制电路与主电路应拆开进行。

试验用基本为正弦波的电流进行。

对于由一个单独的剩余电流装置和一台断路器组成的 CBR，其组装方式应按制造商的说明书进行。

当 CBR 具有多个剩余动作电流整定值时，则试验时应以最小整定值进行，除非另有规定。

当 CBR 具有可调延时时（见 B.3.3.2.2），则应将延时设定在最大值，除非另有规定。

当 CBR 具有可调瞬时脱扣时，则应将瞬时脱扣设定在最大值，除非另有规定。

b) 常规试验

8.4.4 适用。

B.8.1.1 在本部分第 8 章试验程序中所需进行的试验

B.8.1.1.1 操作性能能力

在表 8（见 7.2.4.2）规定的通电操作循环期间（见 8.3.3.3.4），三分之一分断操作应用试验装置进行，另一个三分之一分断操作应对任何一极通以 $I_{\Delta n}$ 的剩余电流值（或剩余动作电流的最小整定值，如适用)进行。

对复位型 CBR,需验证 CBR 在脱扣后若无故意复位动作应不能闭合。此验证应在通电的操作性能试验开始时间和结束时间进行(8.3.3.3.4)。

不允许有脱扣故障。

B.8.1.1.2 验证耐受短路电流能力

B.8.1.1.2.1 额定运行短路分断能力(试验程序Ⅱ)

继 8.3.4 试验后,按 B.8.2.4.1 验证 CBR 在剩余电流时的动作正确性。

B.8.1.1.2.2 额定极限短路分断能力(试验程序Ⅲ)

为了验证过载脱扣器动作正确性,应用两极试验来取代 8.3.5.1 和 8.3.5.4 规定的单极试验,试验时应依次对各相(极)各种可能的组合进行考核,试验条件可按 8.3.5.1 和 8.3.5.4 的规定,但需适用于两极试验。

继 8.3.5 试验后,应按 B.8.2.4.3 验证 CBR 的动作正确性。

B.8.1.1.2.3 额定短时耐受电流(试验程序Ⅳ或综合试验程序Ⅵ)

a) 额定短时耐受电流试验期间的性能状况

在进行 8.3.6.2 或 8.3.8.2(如适用)试验期间,不应发生脱扣。

b) 过载脱扣器的验证

——对于试验程序Ⅳ

为了按 8.3.6.1 和 8.3.6.6 验证过载脱扣器动作正确性,应用两极试验来取代 8.3.5.1 规定的单极试验,试验时应依次对各相极各种可能的组合进行考核。

——对于综合试验程序Ⅵ

为了按 8.3.8.1 验证过载脱扣器动作正确性,应用两极试验来取代 8.3.5.1 规定的单极试验,试验时应依次对各相极各种可能的组合进行考核。

为了按 8.3.8.7 验证过载脱扣器动作正确性,应用三相电源进行 8.3.3.7 规定的试验。

c) 验证剩余电流脱扣装置

继 8.3.6 或 8.3.8(如适用)试验后,应按 B.8.2.4.3 验证剩余电流脱扣装置。

B.8.1.1.2.4 具有熔断器的断路器(试验程序Ⅴ)

为了验证过载脱扣器的动作正确性,应用两极试验来取代 8.3.7.4 和 8.3.7.8 规定的单极试验,试验时应依次对各相(极)的各种组合进行考核,试验条件按 8.3.7.4 和 8.3.7.8 的规定,但适用于两极试验。

继 8.3.7 试验后,应按 B.8.2.4.3 验证 CBR 的动作正确性。

B.8.1.1.2.5 综合试验程序(试验程序Ⅵ)

继 8.3.8 试验后,应按 B.8.2.4.3 验证 CBR 的动作正确性。

B.8.1.2 附加试验程序

按表 B.4 内容对 CBR 进行附加试验程序。

表 B.4 附加试验程序

试验程序	试验项目	条款
BⅠ	动作特性	B.8.2
	介电性能	B.8.3
	在额定电压极限值下操作试验装置	B.8.4
	在过电流条件下的不动作电流的极限值	B.8.5
	在冲击电压引起的浪涌电流的情况下 CBR 抗误脱扣的性能	B.8.6
	在接地故障包含直流分量的情况下 CBR 的工作情况	B.8.7
	按 B.3.1.2.1 分类的 CBR 在电源电压故障情况下的工作状况	B.8.8
	按 B.3.1.2.2 分类的 CBR 在电源电压故障情况下的工作状况	B.8.9

表 B.4(续)

试验程序	试验项目	条款
BⅡ	剩余短路接通和分断能力($I_{\Delta m}$)	B.8.10
BⅢ	环境条件的影响	B.8.11
BⅣ	抗扰度试验 发射试验	B.8.12.1 B.8.12.2

对BⅠ、BⅡ、BⅢ每一试验程序应用一台试品进行试验。

对试验程序BⅣ,每一试验可用一新试品进行试验,或由制造商决定几项试验可在同一台试品上进行。

试验程序BI

B.8.2 验证动作特性

B.8.2.1 试验电路

CBR应按正常使用一样进行安装。

试验电路应按图B.1。

B.8.2.2 功能上与电源电压无关的CBR的试验电压

可在任何合适的电压下进行试验。

B.8.2.3 功能上与电源电压有关的CBR的试验电压

应在相应的接线端子上施加下列电压值进行试验:

——B.8.2.4和B.8.2.5.1规定的试验为最低额定电压的0.85倍;

——B.8.2.5.2规定的试验为最大额定电压的1.1倍。

对具有一个以上额定频率或一个额定频率范围的CBR,应在最高和最低频率下进行试验。但适用于50 Hz和60 Hz的CBR,在50 Hz或60 Hz时的试验可认为包括了其要求。

B.8.2.4 在20 ℃±5 ℃下空载试验

试验电路按图B.1接线,CBR应进行B.8.2.4.1、B.8.2.4.2和B.8.2.4.3的试验,且如适用,还需进行B.8.2.4.4的试验,所有的试验仅在任选的一极上进行。每次试验应包括三次测量或验证(如适用)。

除非另有规定,剩余动作电流整定值连续可调或分级可调的CBR,应在最小整定值、最大整定值和一个中间的整定值进行试验。

B.8.2.4.1 验证在剩余电流稳定上升的情况下动作的正确性

对可调延时的CBR,应在最小整定值进行试验。开关S_1和S_2以及CBR处于闭合位置,剩余电流从不大于$0.2I_{\Delta n}$值开始稳定增加,以便在大约30 s内达到$I_{\Delta n}$值,每次试验时测量脱扣电流。三次测量值均应大于$I_{\Delta no}$,且小于或等于$I_{\Delta n}$。

B.8.2.4.2 验证闭合剩余电流时的动作正确性

试验电路调节到额定剩余动作电流$I_{\Delta n}$值(或特定的剩余动作电流整定值,如适用,见B.8.2.4),开关S_1和S_2处于闭合位置,用CBR来闭合电路,以便尽可能地模拟运行状况,测量三次分断时间。

每次测量值都不应超过B.4.2.4.1或B.4.2.4.2.2(如适用)对$I_{\Delta n}$规定的极限值。

B.8.2.4.3 验证在突然出现剩余电流情况下动作的正确性

试验电路调节到B.4.2.4.1或B.4.2.4.2(如适用)规定的每个剩余电流I_{Δ}值,开关S_1和CBR处于闭合位置,然后闭合开关S_2使电路中突然产生剩余电流。

每次试验时,CBR应脱扣。

对每个I_{Δ}值测量分断时间。每次测量值都不应超过有关极限值。

B.8.2.4.4 验证延时型 CBR 的极限不驱动时间

试验电路调节到 $2I_{\Delta n}$ 值，试验开关 S_1 和 CBR 处于闭合位置，然后闭合开关 S_2 使电路中产生剩余电流，S_2 的闭合时间应等于制造商宣布的极限不驱动时间（见 B.4.2.4.2.1）。

在三次验证期间，每一次 CBR 均不应脱扣。如果 CBR 具有可调剩余动作电流整定值和/或可调延时，则试验（如适合时）应以最小剩余动作电流整定值及最大延时整定值进行。

B.8.2.5 在温度极限值下试验

注：上限温度值可以作为基准温度。

本条款中的温度极限值经制造商和用户协商后可以扩大，在这种情况下，试验应在协商的温度极限值下进行。

B.8.2.5.1 在－5 ℃下的空载试验

将 CBR 放置在一个环境温度稳定在－7 ℃和－5 ℃范围内的试验箱内。在达到热稳定后，对 CBR 进行 B.8.2.4.3 和 B.8.2.4.4（如适用）的试验。

B.8.2.5.2 在基准温度下或＋40 ℃下进行有载试验

将按图 B.1 连接好的 CBR 放置一个环境温度稳定在等于基准温度（见 4.7.3）的试验箱内，或在没有基准温度的情况，放置在环境温度稳定在等于 40 ℃±2 ℃的试验箱内。然后对所有各相（极）通以等于 I_n（图 B.1 中没有指出）的负载电流。

在达到热稳定状态后，对 CBR 进行 B.8.2.4.3 和 B.8.2.4.4（如适用）的试验。

B.8.3 验证介电性能

CBR 应符合 8.3.3.2 的要求。

B.8.4 验证在额定电压极限值下试验装置的动作

a) 对 CBR 施加等于 1.1 倍最高额定电压的电压，快速地操作试验装置 25 次，间隔时间为 5 s，每次操作前重新闭合 CBR。

b) 然后，在 0.85 倍最低额定电压下重复 a）试验，操作试验装置三次。

c) 接着，重复 a）试验，但只试一次，试验装置的操作工具保持在闭合位置 5 s。

进行这些试验时：

——对于标出电源端和负载端的 CBR，电源连接方式应按标志要求；

——对于没有标出电源端和负载端的 CBR，则电源应依次接至每一组接线端子，或同时接至两组接线端子上。

每次试验时，CBR 应动作。

对于具有可调剩余动作电流的 CBR：

——应用最小整定值来进行 a）和 c）试验；

——应用最大整定值来进行 b）试验。

对于具有延时可调的 CBR，试验应在最大延时整定值下进行。

注：试验装置的寿命验证被认为已包括在 B.8.1.1.1 的试验中。

B.8.5 验证在过电流条件下不动作电流的极限值

试验应采用单相负载，CBR 按图 B.2 进行连接。

调节阻抗 Z，使电路中流过的电流等于下列两个值中的一个较小值：

——$6I_n$；

——最大短路脱扣电流整定值的 80%。

注：为了调节该电流，可用阻抗忽略不计的连接线来代替 CBR(D)（见图 B.2）。

对于具有可调剩余电流整定值的 CBR，试验在最小整定值下进行。

对功能上与电源电压无关的 CBR，试验在任何合适的电压下进行。

对功能上与电源电压有关的 CBR，在电源侧施加其额定电压（如适用，施加额定电压范围内的某一电压)。

试验应在功率因数为0.5下进行。

将处于断开状态的开关 S_1 闭合,然后经 2 s 后再断开。对每一可能组合的电流回路重复试验三次,相邻两次闭合操作的时间间隔至少为 1 min。

CBR不应脱扣。

注:为避免 CBR 的过载脱扣器动作而造成脱扣的危险,可缩短 2 s 的时间(但不得小于最小分断时间)。

B.8.6 验证由于冲击电压引起的浪涌电流时 CBR 抗误脱扣的性能

对于具有延时可调的 CBR(见 B.3.3.2.2),延时应设定在最小档。

B.8.6.1 验证在电网电容负载情况下抗误脱扣的性能

用能提供一衰减的振荡电流(如图 B.4)的冲击电流发生器对 CBR 进行试验。

CBR 连接电路图的例子示于图 B.5 中。

随机选取的 CBR 的一极应承受 10 次冲击电流的作用,每两次试验后应改变冲击电流波的极性,每两次试验之间的时间应约为 30 s,冲击电流应当用适当的仪器测量,并用另外的同型号 CBR 试品(见 B.3.4)调节,并符合下列要求:

——峰值:$200(1{}^{+10}_{\ 0}\%)$A;

——有效波前时间:0.5(1±30%)μs;

——后续振荡波周期:10(1±20%)μs;

——每个后续峰值:约为前一波峰 60%。

试验期间 CBR 不应脱扣。

B.8.6.2 验证在闪流(无后续电流)情况下的抗误脱扣

用一台冲击发生器试验 CBR,发生器能提供 8/20 μs 冲击电流波,无反极性,如图 B.6 所示。

CBR 连接电路图的例子示于图 B.7 中。

CBR 的任意一个极,应承受 10 次冲击波的作用。

每两次试验后应改变冲击电流波的极性,每两次试验之间的时间应约为 30 s。冲击电流应当用适当的仪器测量,并应用另外的同型号 CBR 试品(见 B.3.4) 进行调节,并符合下列要求:

——峰值:$250(1{}^{+10}_{\ 0}\%)$A;

——有效波前时间(T_1):8(1±10%)μs;

——至半电流值有效时间(T_2):20(1±10%)μs。

试验时 CBR 不应脱扣。

B.8.7 验证接地故障电流含有直流分量时 A 型 CBR 的工作状况

B.8.7.1 试验条件

除试验电路应按图 B.8、图 B.9(如适用)外,B.8、B.8.2.1、B.8.2.2 和 B.8.2.3 的试验条件适用。

B.8.7.2 验证

B.8.7.2.1 验证剩余脉动直流连续上升情况下的动作正确性

试验电路应符合图 B.8。对于可调延时型 CBR(见 B.3.3.2.2),延时时间应设置在最小值。

辅助开关 S_1 和 S_2 和 CBR D 应闭合。有关晶闸管应可控:即使电流滞后角 α 达到 0°、90°、135°。CBR 的每个极应在每一电流滞后角试验。在辅助开关 S_3 的位置Ⅰ两次,在位置Ⅱ两次。

每次试验,电流从零开始,应按下列递增率平稳增加:

$1.4I_{\Delta n}/30$ A/s 对 $I_{\Delta n}>0.015$ A CBR

$2I_{\Delta n}/30$ A/s 对 $I_{\Delta n}\leqslant 0.015$ A CBR

其脱扣电流应符合表 B.5 规定。

表 B.5 在接地故障含直流分量情况下 CBR 脱扣电流范围

角 度 α	脱 扣 电 流/A	
	下 限	上 限
0°	$0.35I_{\Delta n}$	$I_{\Delta n} \leqslant 0.015$ A,0.03 A 或 $I_{\Delta n} > 0.015$ A,$1.4I_{\Delta n}$
90°	$0.25I_{\Delta n}$	
135°	$0.11I_{\Delta n}$	

B.8.7.2.2 验证在突然出现剩余脉动直流情况下动作正确性

试验应按图 B.8 进行。

电路应依次调节到下列规定的电流值,辅助开关 S_1 和 CBR 处于闭合位置,闭合开关 S_2 突然施加剩余电流。

注:在按 B.3.1.2.2 分类功能与电源电压有关的 CBR,其控制电路电源由主电路电源侧供电,本验证不必考虑 CBR 激励所需时间。但在此情况下,本验证要考虑用闭合 S_1 建立剩余电流,被试 CBR 和 S_2 处于预先闭合位置。

在电流滞后角 $\alpha=0°$每一试验电流值各测量四次,辅助开关 S_3 在位置Ⅰ两次,在位置Ⅱ两次。

对 $I_{\Delta n} > 0.015$ A 的 CBR,试验应在表 B.1 规定的每一个 $I_{\Delta n}$值乘系数 1.4 时进行。

对 $I_{\Delta n} \leqslant 0.015$ A 的 CBR,试验应在表 B.1 规定的每一个 $I_{\Delta n}$值乘系数 2(或在 0.03 A 时,二者取较高值)时进行。

任何值不应超过规定的极限值(见 B.7.2.9)。

B.8.7.2.3 验证在基准温度下有载动作的正确性

重复 B.8.7.2.1 和 B.8.7.2.2 的试验,在试验时的极和 CBR 的另一极通以额定电流,在刚开始试验前加上此电流。

注:额定电流的负载在图 B.8 中未表示。

B.8.7.2.4 验证在剩余脉动直流叠加平滑直流 0.006 A 情况下动作正确性

CBR 应按图 B.9 试验,以半波整流的剩余电流(电流滞后角 $\alpha=0°$)叠加 0.006 A 平滑直流。

CBR 每极应依次试验,Ⅰ和Ⅱ的每个位置各试两次。

对 $I_{\Delta n} > 0.015$ A 的 CBR,半波电流从零开始以每秒 $1.4I_{\Delta n}/30$ A 的递增率平稳增加,在电流达到 $1.4I_{\Delta n}+0.006$ A 以前应脱扣。

对 $I_{\Delta n} \leqslant 0.015$ A 的 CBR,半波电流从零开始以每秒 $2I_{\Delta n}/30$ A 的递增率平稳增加,在电流达到 0.03 A+0.006 A 以前应脱扣。

B.8.8 验证按 B.3.1.2.1 分类的功能上与电源电压有关的 CBR 的工作状况

对具有可调剩余动作电流的 CBR,试验在最小整定值下进行。

对具有可调延时的 CBR,试验在任一延时整定值下进行。

B.8.8.1 确定电源电压的极限值

将等于额定电压的电压施加在 CBR 的电源端,然后在相应于下列给定的两个时间中的较长的一个时间内逐渐地将电压降至零,直到自动断开:

——约 30 s;

——相对于 CBR 延时断开(如有)的足够长的时间(见 B.7.2.11);

测量相应的电压值。

共测量三次,所有测量的值均应小于 CBR 最小额定电压的 0.85 倍。

继三次测量后,验证 CBR 在通以等于 $I_{\Delta n}$的剩余电流,施加的电压刚好高于所测电压值的最大值时应脱扣。

然后，在小于所测电压值的最小值下验证 CBR 不可能用手动操作装置闭合。

B.8.8.2 验证电源电压故障时自动断开

CBR 处于闭合状态，在其电源端施加等于其额定电压的电压，或在额定电压有一定范围情况下，施加其中任何一额定电压。然后切断电源，CBR 应脱扣。测量电源切断和主触头断开之间的间隔时间。

测量三次：

a) 对于无延时断开的 CBR(见 B.7.2.11)，时间不应超过 0.2 s；

b) 对于具延时断开的 CBR，最大和最小时间值应在制造商规定的范围内。

B.8.9 验证电源电压故障时按 B.3.1.2.2 分类的功能上与电源电压有关的 CBR 的工作状况

对具有可调剩余动作电流的 CBR，试验在最小整定值下进行。

对具有可调延时的 CBR，试验在任一延时整定值下进行。

B.8.9.1 三相系统中一相断电的情况(对三极或四极 CBR)

CBR 按图 B.3 连接，然后在其电源侧施加额定电压的 0.85 倍电压，或在有一个额定电压范围时，则施加最低额定电压值的 0.85 倍电压。

然后断开开关 S_4 来切断其中一相，对 CBR 进行 B.8.2.4.3 的试验。接着再闭合开关 S_4，然后断开开关 S_5 再次试验，对 CBR 进行 B.8.2.4.3 的试验。

接着将可调电阻 R 依次接入其他两相中的每一相重复进行该试验程序。

B.8.9.2 低阻抗接地故障引起的过电流导致电压降低情况

CBR 按图 B.3 联接，在电源侧施加额定电压，或在有一个额定电压范围时，施加最低额定电压。

断开 S_1 来切断电源，CBR 不应脱扣。

然后 S_1 重新闭合，电压作如下减小：

a) 对于使用三相电源的 CBR：降至最低额定电压的 70%；

b) 对于使用单相电源的 CBR：降至 85 V，如下施加电压：

——对单极和双极 CBR：极之间；

——对三极或四极 CBR，如申明适合用于单相电源[见 B.5e)]：每两个极组合之间，按制造商说明书接线。

注：对本附录，单极 CBR 是一种带一个过电流保护极和一不断中性极(2 条电流路径)的装置。

然后按 a)或/和 b)(如适用)施加 $I_{\Delta n}$ 的电流值，CBR 应脱扣。

试验程序 BⅡ

B.8.10 验证剩余短路接通和分断能力

本试验的目的是验证 CBR 接通、承载一定时间和分断剩余短路电流的能力。

B.8.10.1 试验条件

CBR 应按 8.3.2.6 规定的一般试验条件及 GB 14048.1—2006 中图 9 进行试验，但是连接应这样，即使得短路电流为剩余电流。

本试验应在相对中线电压下仅在一个极(该极不应是中性极)上进行，不承载剩余短路电流的电流路径的电源端接上电源电压。

如果适合时，将 CBR 调整到最小剩余动作电流的整定值和最大延时整定值。

如果 CBR 具有一个以上 I_{cu} 值，且每个值都有一个对应于 $I_{\Delta m}$ 值，则试验应在最大的 $I_{\Delta m}$ 值下，且在相应相对中线电压下进行。

B.8.10.2 试验程序

需进行的操作顺序为：

$$O—t—CO$$

B.8.10.3 试验后 CBR 的状况

B.8.10.3.1 继 B.8.10.2 试验后，CBR 不应有妨碍其继续使用的损坏现象，并且不经维修，应能：

——在 GB 14048.1—2006 中 8.3.3.4.1 4)的条件下承受等于两倍于其最高额定工作电压的电压，就本部分而言，试验时带固态器件的电路应断开；

——在其最高额定工作电压下接通和分断其额定电流。

B.8.10.3.2 CBR 应能圆满地进行 B.8.2.4.3 的试验，但是只在 $1.25I_{\Delta n}$ 值下进行，无需测量分断时间。该试验应在任意选取的一极上进行。

如果 CBR 具有可调剩余动作电流，则试验应在最小整定值下，通以等于该整定值 1.25 倍的电流进行。

B.8.10.3.3 如适用，CBR 还应进行 B.8.2.4.4 的试验。

B.8.10.3.4 功能上与电源电压有关的 CBR 也应圆满地进行 B.8.8 或 B.8.9(如适用)的试验。

试验程序 BⅢ

B.8.11 验证环境条件的影响

本试验按 GB/T 2423.4—2008 标准进行。

上限温度应为 55 ℃±2 ℃，周期数应为：

——对于 $I_{\Delta n}$>1 A 者，为 6 周期；

——对于 $I_{\Delta n}$≤1 A 者，为 28 周期。

注：具有多个剩余动作电流整定值的 CBR，当其中有一个可能的整定值 $I_{\Delta n}$≤1 A 时，应对该 CBR 测试 28 周期。

在周期结束时，CBR 应能进行 B.8.2.4.3 的试验，但是通以 $1.25I_{\Delta n}$ 的剩余动作电流，试验时无需测量分断时间。只需验证一次。

如合适，CBR 还应符合 B.8.2.4.4 的试验。只需验证一次。

试验程序 BⅣ

B.8.12 验证电磁兼容

B.8.12.1 抗扰度试验

B.8.12.1.1 概述

附录 J 适用，但增加如下要求：

对剩余动作电流和/或延时可调的 CBR，则试验应在其最小整定值时进行。

CBR 应施加额定工作电压，或额定工作电压有一范围时，则在此范围内任何方便的电压下进行。

试验在无载情况下进行，但有剩余电流(有规定时)。

抗扰度试验结果的评定基于 J.2.1 中的性能标准，作如下规定：

性能标准 A：

对第 1 步，CBR 在任选的一极通以 $0.3I_{\Delta n}$ 时不应脱扣，监控功能(如有)应正确指示状态。

对第 2 步，当通电 $1.25I_{\Delta n}$ 时，在每一频率时 CBR 应脱扣，每一频率的停留时间应不小于 B.4.2.4.1或 B.4.2.4.2 中规定的 $I_{\Delta n}$ 时的最大分断时间(如适用)。

试验后应在按 B.8.2.4.3 规定验证出现突然剩余电流的情况下正确动作，但仅限在 $I_{\Delta n}$ 时。

性能标准 B：

试验时，CBR 在任选的一极通以 $0.3I_{\Delta n}$ 时不应脱扣。监控功能(如有)可以暂时受到影响。试验后，应在突然出现剩余电流的情况下(按 B.8.2.4.3)，验证 CBR 正确动作，但仅在 $I_{\Delta n}$ 时。

B.8.12.1.2 静电放电

附录 J 适用，特别是 J.2.2。

试验装置应符合图 J.1 和图 J.3。

B.8.12.1.1 性能标准 B 适用。但在试验期间，CBR 可脱扣。如出现此情况，后续试验应在紧接的较低水平进行，CBR 不应脱扣。

B.8.12.1.3 射频电磁场辐射

附录 J 适用，特别是 J.2.3。

试验装置应符合图J.4。

本试验接线应按GB/T 17626.3—2006中图5或图6(如适用),并考虑到制造商的安装说明,所用电缆的型式应记录在试验报告中。

B.8.12.1.1性能标准A适用。

B.8.12.1.4 电快速瞬变/脉冲群(EFT/B)

附录J适用,特别是J.2.4。

试验接线应按GB/T 17626.4—2008中图4。

试验装置应符合图J.5(用于试验电源线)和图J.6(用于试验信号线),并应考虑到制造商的安装说明书。

B.8.12.1.1中性能标准B适用。

B.8.12.1.5 浪涌

附录J适用,特别是J.2.5。

GB/T 17626.5—2008中7.2试验条件适用。

为方便起见,可利用B.12.1.4规定的安装,但接地参考板的使用可任选。

试验接线应符合GB/T 17626.5—2008中图6、图7、图8或图9,并考虑到制造商的安装说明。

B.8.12.1.1中性能标准B适用。

B.8.12.1.6 射频场感应的传导骚扰(共模)

附录J适用,特别是J.2.6。

B.8.12.1.1中性能标准A适用。

B.8.12.2 发射试验

B.8.12.2.1 概述

附录J适用,但增加如下要求:

CBR施加额定工作电压,或额定工作电压有一个范围时,在此范围内任一方便的电压。

试验在无载、无剩余电流下进行。

B.8.12.2.2 传导射频干扰(150 kHz~30 MHz)

附录J适用,特别是J.3.2。

B.8.12.2.3 辐射射频干扰(30 MHz~1 000 MHz)

附录J适用,特别是J.3.3。

B.8.13 电压变化、中断和电压暂降试验

注:电压暂降的定义见GB/T 17626.11—1999。

B.8.8和B.8.9有关的试验可认为足够覆盖电磁兼容的要求。

因此不需附加试验。

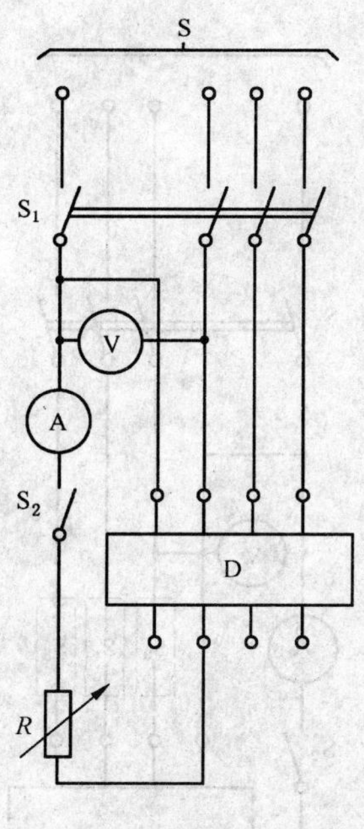

S——电源；

V——电压表；

A——电流表；

S_1——多极开关；

S_2——单极开关；

D——被试 CBR；

R——可调电阻。

图 B.1 验证动作特性的试验电路(见 B.8.2)

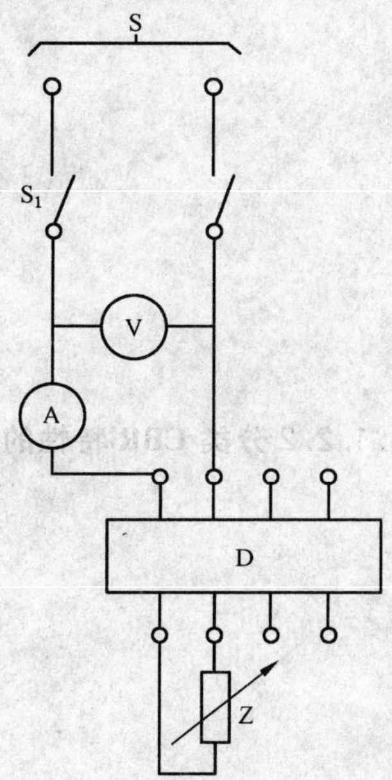

S——电源；

V——电压表；

A——电流表；

S_1——双极开关；

D——被试 CBR；

Z——可调阻抗。

图 B.2 验证在过电流条件下不动作电流极限值的试验电路(见 B.8.5)

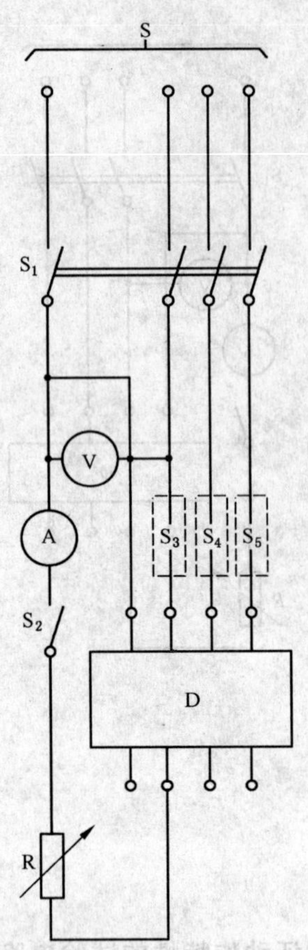

S——电源；

V——电压表；

A——电流表；

S_1——多极开关；

S_2——单极开关；

S_3，S_4，S_5——轮流断开一相的单极开关；

D——被试 CBR；

R——可调电阻。

图 B.3　验证按 B.3.1.2.2 分类 CBR 特性的试验电路(见 B.8.9)

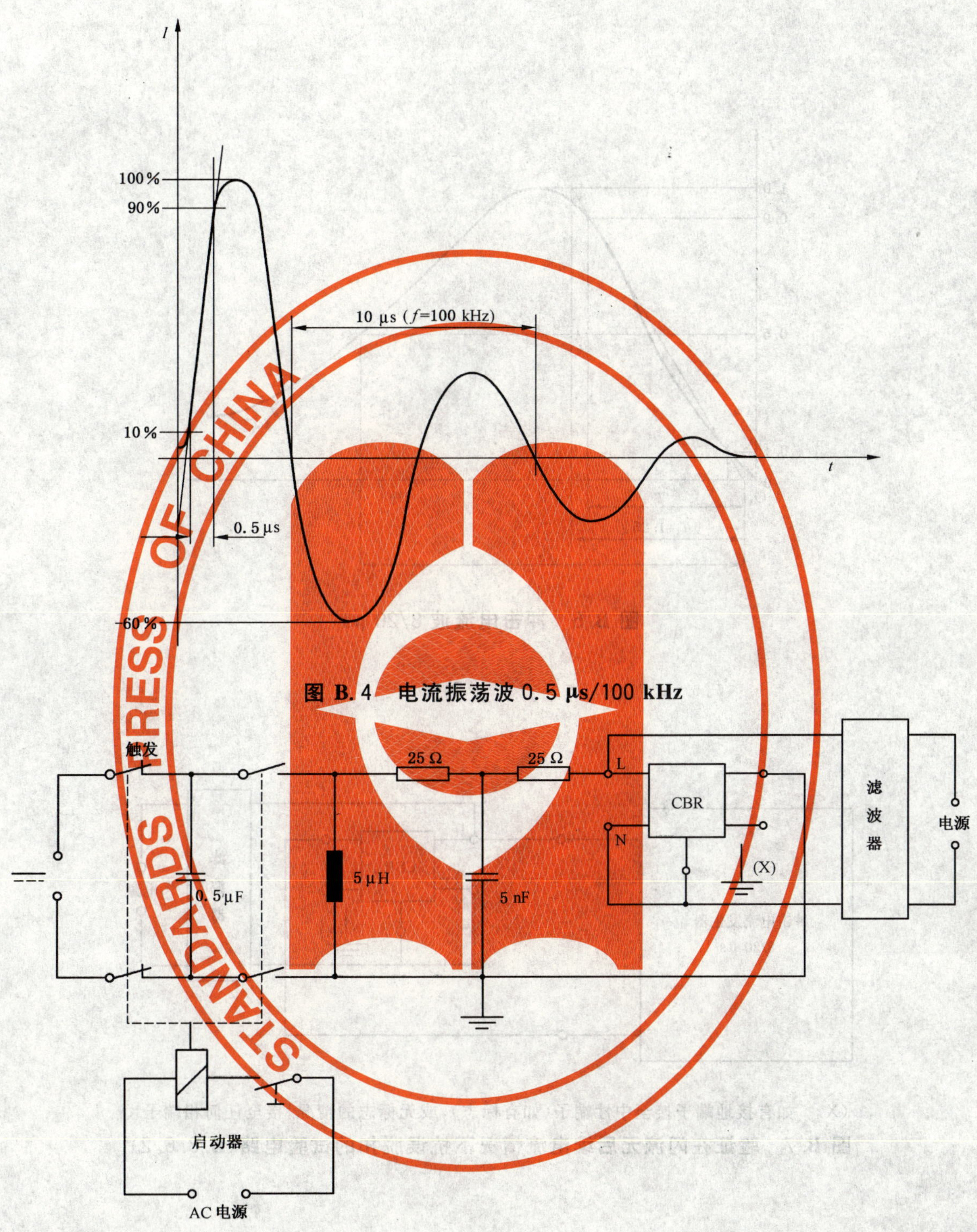

图 B.4　电流振荡波 0.5 μs/100 kHz

(X)　如有接地端子接至中性端子(如有标志),或无标志的情况,接至任何相端子。

注:电路元件数据仅供参考,可能要调节以符合图 B.4 波形要求。

图 B.5　验证抗误脱扣试验电路的举例

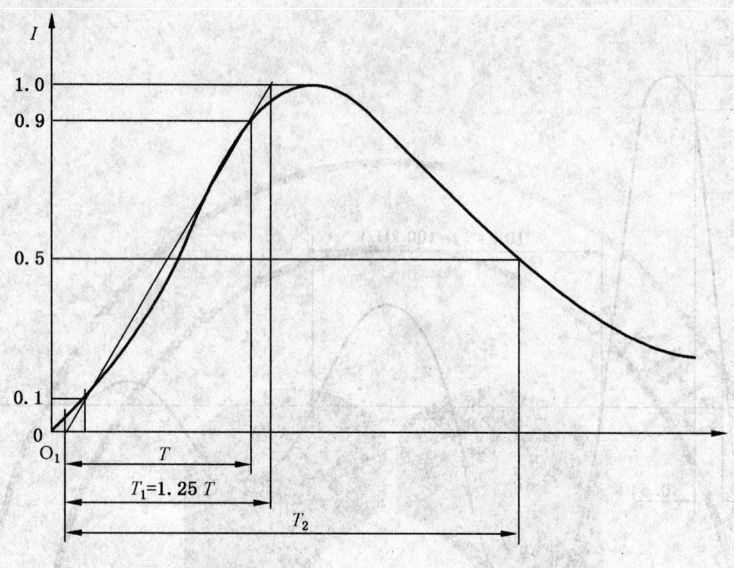

图 B.6 冲击电流波 8/20 μs

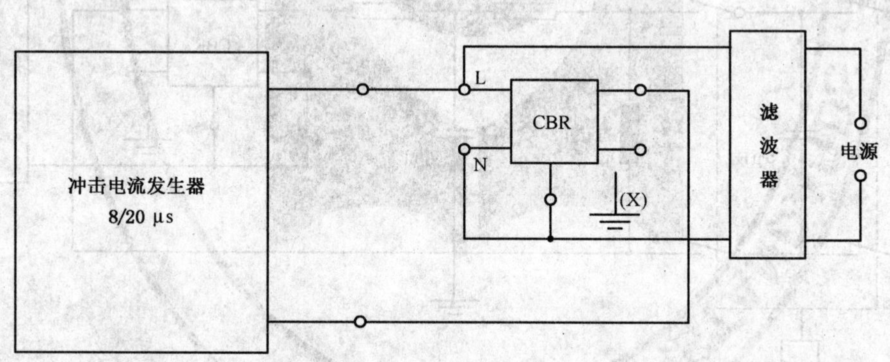

(X) 如有接地端子接至中性端子(如有标志),或无标志的情况,接至任何相端子。

图 B.7 验证在闪流无后续电流情况下抗误脱扣的试验电路(B.8.6.2)

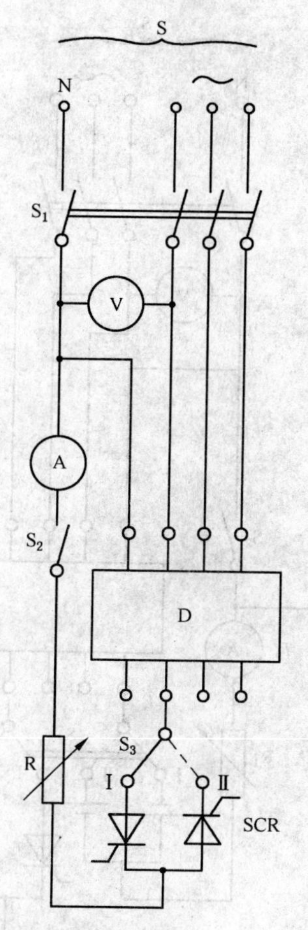

S——电源；

V——电压表；

A——电流表(测量有效值)；

D——被试 CBR；

SCR——晶闸管；

R——可调电阻；

S_1——多极开关；

S_2——单极开关；

S_3——双路开关。

图 B.8 验证在剩余脉动直流电流情况下 CBR 动作正确性的试验电路

(见 B.8.7.2.1、B.8.7.2.2 和 B.8.7.2.3)

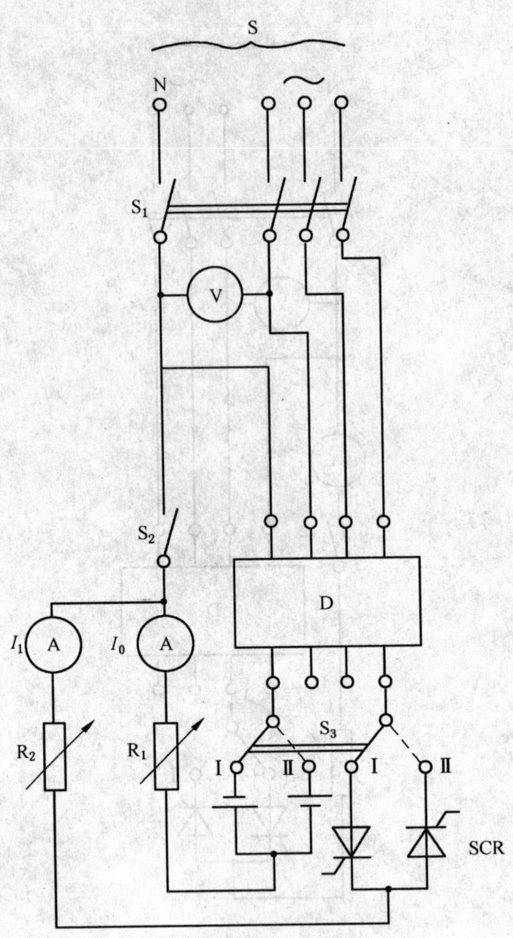

S——电源；

V——电压表；

A——电流表(测量有效值)；

D——被试 CBR；

SCR——晶闸管；

R_1,R_2——可调电阻；

S_1——多极开关；

S_2——单极开关；

S_3——双路开关。

图 B.9　验证在剩余脉动直流叠加平滑剩余直流情况下 CBR 动作正确性的试验电路

(见 **B.**8.7.2.4)

附 录 C
（规范性附录）
单极的短路试验程序

C.1 总则

本试验程序适用于专门用于相接地系统，并按4.3.1.1标识的多极断路器；本程序包括下列试验：

试 验	条 款
单极的短路分断能力(I_{su})	C.2
验证介电耐受能力	C.3
验证过载脱扣器	C.4

C.2 单极的短路分断能力试验

短路试验应在8.3.2规定的一般条件下以等于额定极限短路分断能力I_{cu}的25%的预期电流I_{su}值进行。

注：可以在高于I_{cu}的25%并由制造厂宣布的值下进行试验。

施加的电压应为相应于断路器的最高额定工作电压（在该电压下，断路器适用于相接地系统使用）的相对相电压，被试品数量和可调式脱扣器的整定值均应按表10的规定。功率因数应按表11中对应试验电流的合适的值。

试验电路应按GB 14048.1—2006中8.3.4.1.2和图9，电源S来源于三相电源中的两相，可熔元件F要与另外的相连接。另外的一极或几个极也应通过可熔元件与该相连接。操作程序应为：

$$O—t—CO$$

并且应轮换对每个极单独地进行试验。

C.3 验证介电耐受能力

继C.2试验后，应按8.3.5.3验证介电耐受能力。

C.4 验证过载脱扣器

继C.3试验后，应按8.3.5.4验证过载脱扣器的动作。

附　录　D
空

附　录　E
（资料性附录）
提交制造厂与用户协商的项目

注：就本附录而言：

——“协商”的意义很广。

——“用户”包括试验站。

按照本部分的条款，采用GB 14048.1—2006中附录J及下列补充项目：

本部分的条款号	项　　目
4.3.5.3	短路接通能力比表2规定值高的断路器
7.2.1.2.1	除自由脱扣操作及储能操作外的自动断开操作
表10	过载脱扣器中间整定值下的短路试验
8.3.2.5	约定发热电流大于63 A的四极断路器的温升试验方法
8.3.2.6.4	四极断路器上第四个极的短路试验的试验电流值
8.3.3.1.3b)	验证反时限时间电流特性的电流值
8.3.3.4	提高过载性能试验条件的严酷程度
8.3.3.7 8.3.4.5	在进行试验程序Ⅰ和Ⅱ时，验证温升与验证过载脱扣器之间的允许间隔时间
8.4.2	除过电流脱扣器，分励脱扣器和欠电压脱扣器以外的脱扣器调整
B.8	当$I_{\Delta n}$＞30 A时试验的适用性
B.8.2.5	试验环境温度极限的扩展

附 录 F
（规范性附录）
带电子过电流保护的断路器的附加试验

F.1 范围

本附录适用于安装在交流电路中并带有电子装置的过电流保护断路器，该装置装于断路器内，且与线路电压或任何辅助电源无关。

断路器性能试验验证在本附录规定的环境条件下进行。

用于完成过电流保护以外功能的电子装置的特殊试验不包括在本附录中，然而应进行本附录的试验以保证这些电子装置不会损害过电流保护功能的特性。

F.2 试验项目

本附录规定的试验属型式试验，作为第8章试验的补充。

注：如有特殊环境条件标准出现，应系统地参考该标准的有关部分（如适用）。

F.2.1 电磁兼容性（EMC）试验

F.2.1.1 概述

带电子过电流保护的断路器应按表J.1和表J.3试验。

F.2.1.2 性能标准

抗扰度试验的结果应按J.2.1性能标准进行评价，并作如下规定：

性能标准A：

第一步：断路器在0.9倍电流整定值时不应脱扣，同时监控功能（如有）应正确指示断路器的状态。

第二步：当负载在2倍电流整定值时，断路器应在制造商规定的时间电流特性的0.9倍最小值到1.1倍最大值之内脱扣，同时监控功能（如有）应正确指示断路器的状态。

性能标准B：

在试验期间，断路器在0.9倍电流整定值时不应脱扣。试验后，断路器在2倍电流整定值时应与制造商规定的时间电流特性一致，同时监控功能（如有）应正确指示断路器状态。

F.2.2 多频率的适应性

试验按F.6进行。

F.2.3 干热试验

试验按F.7进行。

F.2.4 湿热试验

试验按F.8进行。

F.2.5 在规定变化率下的温度变化循环

试验按F.9进行。

F.3 一般试验条件

F.3.1 概述

本附录规定的试验可以与第8章的试验分别进行。

在EMC试验中附录J适用，并增加F.4和F.5规定的附加要求。

F.3.2　电磁兼容性试验

对于抗扰度试验(F.4),应对每个壳架等级、每种电流传感器结构形式的一台断路器进行试验;绕组匝数的改变在本文中不视为不同的结构。

电流整定值 I_R 应调整到最小值。

短延时和瞬时脱扣器的整定值(如适用)应调整到最小值,但不小于 2.5 倍 I_R。

EMC 试验应采用合适的试验电路进行,如下文规定,要考虑到缺相敏感特征。

对于带电子过流保护的断路器,无论按下列那种方法试验,可认为脱扣特性相同:

——多极断路器的一个相极;

——二极或三极串联;

——按三极连接。

注:这可以将不同试验顺序所要求的不同相极组成所得到的试验结果作比较。

对于带剩余电流功能的断路器(亦可见附录 B、M)。

——在 F.4.4、F.4.5 和 F.4.6 情况下,试验在多极断路器的每二极上进行,以避免由剩余电流引起的误脱扣;

——在 F.4.1 和 F.4.7 情况下,试验可在任何相极组合下进行,只要能避免剩余电流引起的误脱扣。

F.4　抗扰度试验

F.4.1　谐波电流

F.4.1.1　概述

这些试验适合于那些电流传感器被制造商规定按有效值(r.m.s)采样的断路器。

这应在断路器上用"有效值(或 r.m.s)"标志指示,或者在制造商的技术文件中给出,或两者兼有。

试品应在自由空气中试验,除非它指定仅用于一专用的外壳中,在这种情况下,试品应在这样的外壳中试验,包括外壳尺寸的详情应载明于试验报告中。

试验应在额定频率时进行(如适用)。

注:试验电流可由基于使用晶闸管(见图 F.1)、饱和铁心的电源、可编程供电的电源或其他适当的电源产生。

F.4.1.2　试验电流

试验电流波形应由下列二种方案之一组成:

——方案 a):依次采用二种波形:

- 由基波和 3 次谐波构成的波形;
- 由基波和 5 次谐波构成的波形;

——方案 b):由基波及 3 次、5 次和 7 次谐波分量组成的波形。

试验电流:

——对方案 a):

三次谐波和峰值系数试验

- 72%基波分量≤3 次谐波≤88%基波分量;
- 峰值系数:2.0±0.2;

5 次谐波和峰值系数试验

- 45%基波分量≤5 次谐波≤55%基波分量;
- 峰值系数:1.9±0.2;

——对方案 b):

对每个周期,试验电流由二个相等而极性相反的半波构成,规定如下:

- 电流导通时间,对每半波为≤21%周期;

● 峰值系数：≥2.1。

注1：峰值系数是电流峰值除以电流波有效值。有关公式见图F.1。

注2：方案b)的试验电流的谐波成分至少为基波分量的如下比例：

——3次谐波>60%；

——5次谐波>14%；

——7次谐波>7%。

还可能出现高次谐波。

注3：方案b)的试验电流波形，例如由二个反向并联连接的晶闸管产生(见图F.1)

注4：试验电流 $0.9I_R$ 和 $2.0I_R$(见性能标准A)为合成波形的有效值。

F.4.1.3 试验方法

试验应按7.2.1.2.4b)在任选的二个相极进行，按图F.2接线，在任何方便的电压下承载试验电流。对具有缺相敏感性能的脱扣器，应按图F.3或图F.4(如适用)接线。

欠电压脱扣器(如有)应通电或拆除，试验时所有的辅助装置应断开。

验证误脱扣抗扰度(在0.9倍电流整定值)的持续时间应为相应于二倍电流整定值的脱扣时间的10倍。

F.4.1.4 试验结果

F.2.1.2的性能标准A适用。

F.4.2 静电放电

附录J，特别是J.2.2适用外，补充以下：

试验装置应符合图F.16和图J.3。

试验电路应按图F.2，对具有缺相敏感性能的脱扣器，试验电路应按图F.3或图F.4(如适用)。只要至金属外壳的距离保持0.1 m，误差 $^{+10}_{0}$ %，图F.2、图F.3和图F.4中的母排布置可不同。实际所用的试验装置应示于试验报告中。

F.2.1.2的性能标准B适用。

F.4.3 射频电磁场辐射

附录J特别是J.2.3适用外，作以下补充：

试验装置应符合图F.16和图F.17。

试验电路应符合图F.2。对具有缺相敏感性能的脱扣器，试验电路应按图F.3或图F.4(如适用)。

F.2.1.2的性能标准A适用。

F.4.4 电快速瞬变/脉冲群(EFT/B)

附录J特别是J.2.4适用外，补充以下：

试验装置对试验电源线应符合图F.16和图F.18，对试验信号线应符合图F.16和图F.19。

对交流主电路端口，干扰应施加于任选的一相极，试品按图F.6从其他两相极供电。

对具有缺相敏感性能的脱扣器，按图F.7三相极串联后进行试验或按图F.8所示三相接法任选一相进行试验。

F.2.1.2的性能标准A适用。但是在试验期间监控功能暂时改变(如不希望的LED点亮)是许可的，在该情况下，试验后应验证监控功能。对第二步，干扰应一直施加到断路器脱扣。

F.4.5 浪涌

附录J特别是J.2.5适用外，补充以下：

对交流主电路端口，干扰应施加于任选的一相极，试品从其他两相极供电，试验电路按图F.9(线—地)和图F.12(线—线)。

对具有缺相敏感性能的脱扣器，试验按图F.10(线—地)和图F.13(线—线)三相极串联或按图F.11(线—地)和图F.14(线—线)三相接法的任选一相极进行。

F.2.1.2 性能标准 B 适用。

F.4.6 射频场感应的传导骚扰(共模)

附录 J 特别是 J.2.6 适用外,补充以下:

试验装置应符合图 F.16、图 F.20,对电源线试验应符合图 F.21、图 F.22 或图 F.23,对信号线试验应符合图 F.16。

对交流主电路端口,干扰应施加于任选的一相极,断路器从其他两相极供电,试验电路按图 F.2。对具有缺相敏感性能的脱扣器,试验电路应按图 F.3 或图 F.4(如适用)。

F.2.1.2 的性能标准 A 适用。

F.4.7 电流暂降

F.4.7.1 试验方法

试品应在自由空气中试验,除非它指定仅用于一专用的单独的外壳中,在这种情况下就应在那种外壳中试验,包括外壳尺寸的详情应载明于试验报告中。

试验电路应符合图 F.2,任选两相极进行,对具有缺相敏感性能的脱扣器,试验电路应符合图 F.3 或图 F.4(如适用)。

应在任何方便的电压下用正弦电流进行试验,电流的施加应符合图 F.5 和表 F.1,其中 I_R 是整定电流,I_D 是暂降试验电流,T 为正弦电流的周期。

每次试验时间应在相应于二倍电流整定值的最大脱扣时间的三倍和四倍之间或 10 min,取较小者。

表 F.1 电流暂降和中断试验参数

试验编号	I_D	Δt
1	0	0.5 T
2		1 T
3		5 T
4		25 T
5		50 T
6	0.4 I_R	10 T
7		25 T
8		50 T
9	0.7 I_R	10 T
10		25 T
11		50 T

F.4.7.2 试验结果

F.2.1.2 的性能标准 B 适用,但试验后不需验证。

F.5 发射试验

F.5.1 谐波

电子控制器电路在极低功率下工作,所以产生的骚扰可忽略,因此不需要试验。

F.5.2 电压波动

电子控制器电路在极低功率下工作,所以产生的骚扰可忽略,因此不需要试验。

F.5.3 传导射频骚扰(150 kHz~30 MHz)

本附录所涉及的断路器与电源电压或任何辅助电源无关,电子电路与电源无直接连接,并在极低功率下工作,所以产生的骚扰可忽略,因此不需要试验。

F.5.4 辐射射频骚扰(30 MHz～1 GHz)

附录J,特别是附录J.3.3适用外,补充如下:

试验电路按图F.2,对具有缺相敏感性能的脱扣器,试验电路应按图F.3或图F.4(如适用)。

欠电压脱扣器(如有)应通电或拆除。所有其他辅助装置在试验时应断开。

表J.3的极限值适用。

F.6 多频率适用性

本试验验证声明可适用于多种频率的断路器的脱扣特性。但不适用于额定频率仅为50 Hz～60 Hz的断路器。

F.6.1 试验条件

试验应在每个额定频率下进行,或当声明适用于一个额定频率范围时,则在最低和最高频率下进行。

F.6.2 试验方法

在任何方便的电压下,对任选的一对相极进行试验。

试验电路应按图F.2,对具有缺相敏感性能的脱扣器,试验电路应符合图F.3或图F.4(如适用)。

欠电压脱扣器(如有)应通电或拆除,所有的辅助装置在试验时应断开。

短延时和瞬时脱扣电流应逐个整定(如有关)应各自调整到2.5倍电流整定值,如果没有该整定值,则采用最接近的较高整定值。

试验应如下进行:

a) 施加0.95倍约定不脱扣电流(见表6),施加时间等于相应于2.0倍电流整定值的脱扣时间的10倍;

b) 紧接着a)试验后,立刻施加1.05倍约定脱扣电流(见表6);

c) 再从冷态开始,在2.0倍电流整定值时进行试验。

F.6.3 试验结果

对每个试验频率,过载脱扣特性应符合下列要求:

——试验a)不应脱扣;

——试验b)应在约定时间内脱扣(见表6);

——试验c)应在制造商规定的时间电流特性最大值的1.1倍和最小值的0.9倍范围内脱扣。

F.7 干热试验

F.7.1 试验方法

应在40 ℃的周围温度下,按7.2.2在给定壳架等级最大额定电流的断路器的所有相极上进行试验,试验持续时间应为达到温度稳定后的168 h。

施加于端子的拧紧力矩应符合制造商说明书。如无此说明,GB 14048.1—2006中表4适用。

或者,试验可如下进行:

——在试验程序Ⅰ的温升验证时,测量和记录电子元件周围空气的最高温升;

——将电子控制器安装于试验小室中;

——施加电子控制器的输入激励电压;

——调整试验小室的温度至记录的电子元件周围空气温升再增加40 K,并维持此温度168 h。

F.7.2 试验结果

断路器和电子控制器应符合以下要求:

——断路器不应发生脱扣;

——不应发生可能引起断路器脱扣的电子控制器动作。

F.7.3 验证过载脱扣器

继 F.7.1 试验后，断路器的过载脱扣器的动作应按 7.2.1.2.4b)验证。

F.8 湿热试验

F.8.1 试验方法

试验按 GB/T 2423.4—2008 进行。

温度上限为 55 ℃±2 ℃(方案 1)，循环数为 6。

本试验也可以仅将电子控制器单独放在试验小室中进行试验。

F.8.2 验证过载脱扣器

继 F.8.1 试验后，按 7.2.1.2.4b)验证断路器过载脱扣器的动作。

F.9 在规定变化率下的温度变化循环

F.9.1 试验条件

每种结构的电子控制器应承受符合图 F.15 的温度变化循环。

在温度变化时温度上升和下降速率应为(1±0.2)K/min，温度一旦达到，至少应维持 2 h。

循环数应为 28。

F.9.2 试验方法

试验按 GB/T 2423.22—2002 进行。

对这些试验，电子控制器可以装入断路器中或单独进行。

电子控制器应模拟使用条件激励。

当电子控制器安装在断路器内时，主电路不应通电。

F.9.3 试验结果

电子控制器应符合如下要求：

在 28 个循环期间，不应发生可能引起断路器脱扣的电子控制器动作。

F.9.4 验证过载脱扣器

继 F.9.2 试验后，断路器的过载脱扣器的动作应按 7.2.1.2.4b)验证。

A——峰值电流；

T——周期；

t_1——每半波的导通时间；

t_0——延时。

$$峰值系数=\frac{A}{\sqrt{\frac{2}{T}\int_0^{T/2} I^2(t)\mathrm{d}t}}$$

图 F.1 按 F.4.1 用反向并联连接的晶闸管产生的试验电流图

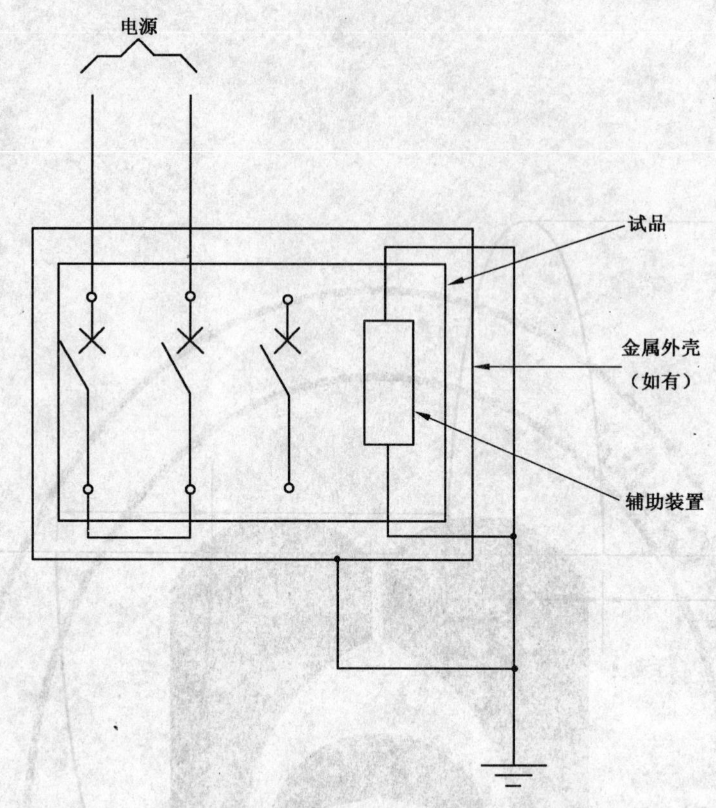

图 F.2　按 F.4.1.3,F.4.2,F.4.3,F.4.6,F.4.7.1,F.5.4 和 F.6.2 的抗扰度试验和发射试验的试验电路图——二相极串联

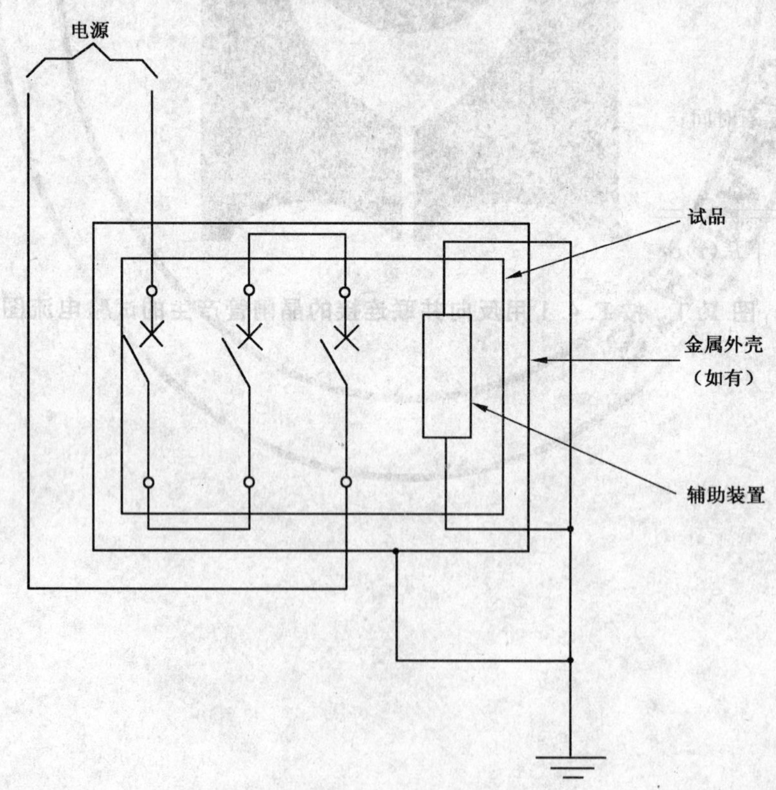

图 F.3　按 F.4.1.3,F.4.2,F.4.3,F.4.6,F.4.7.1,F.5.4 和 F.6.2 的抗扰度试验和发射试验的试验电路图——三相极串联

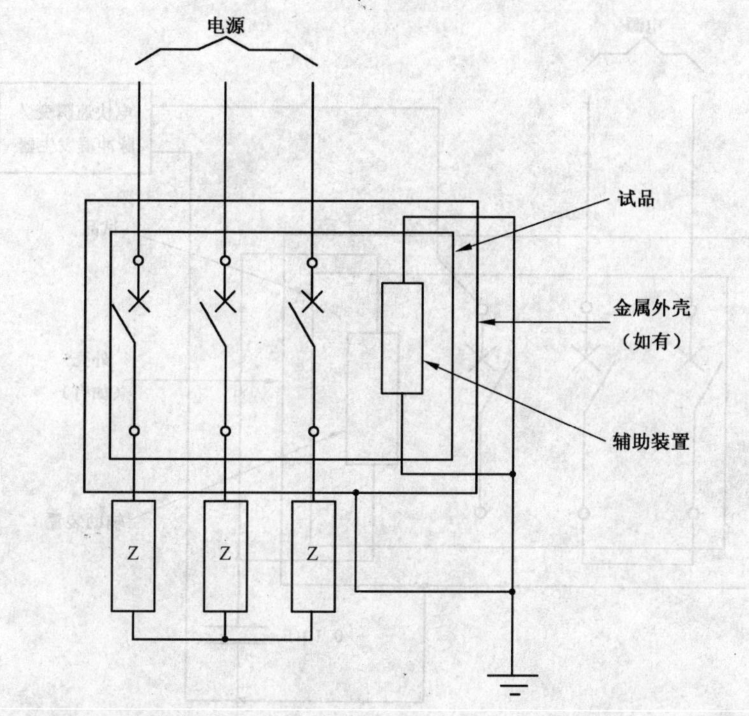

Z——调节电流的阻抗（如需要）。

图 F.4　按 F.4.1.3，F.4.2，F.4.3，F.4.6，F.4.7.1，F.5.4 和 F.6.2 的抗扰度试验和发射试验的试验电路图——三相极连接

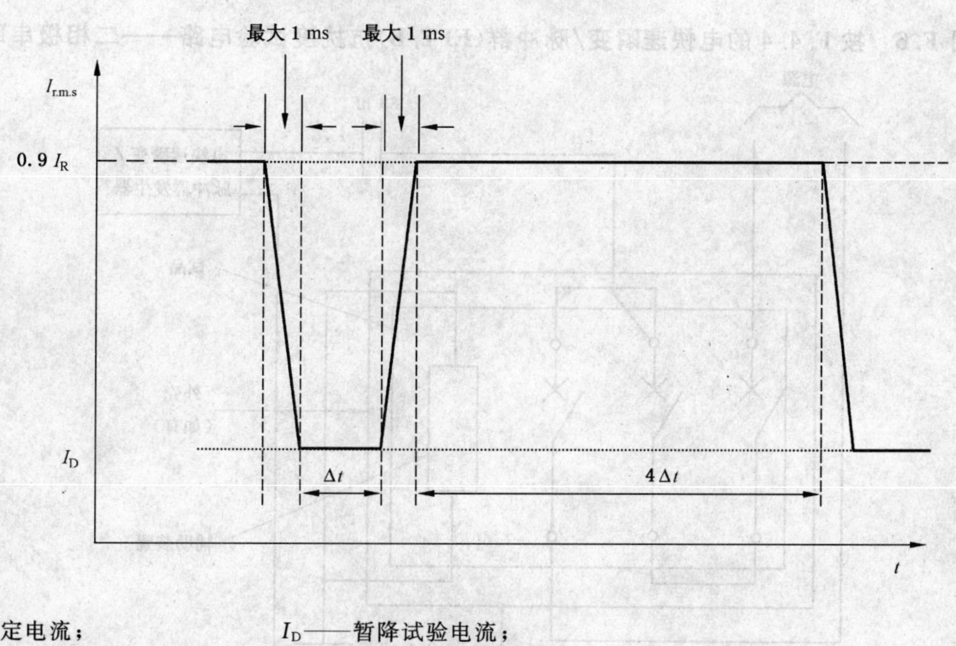

I_R——整定电流；　　I_D——暂降试验电流；

Δt——暂降时间；　　$4\Delta t$——电流施加时间。

图 F.5　按 F.4.7.1 验证电流暂降时间和中断影响的试验电流

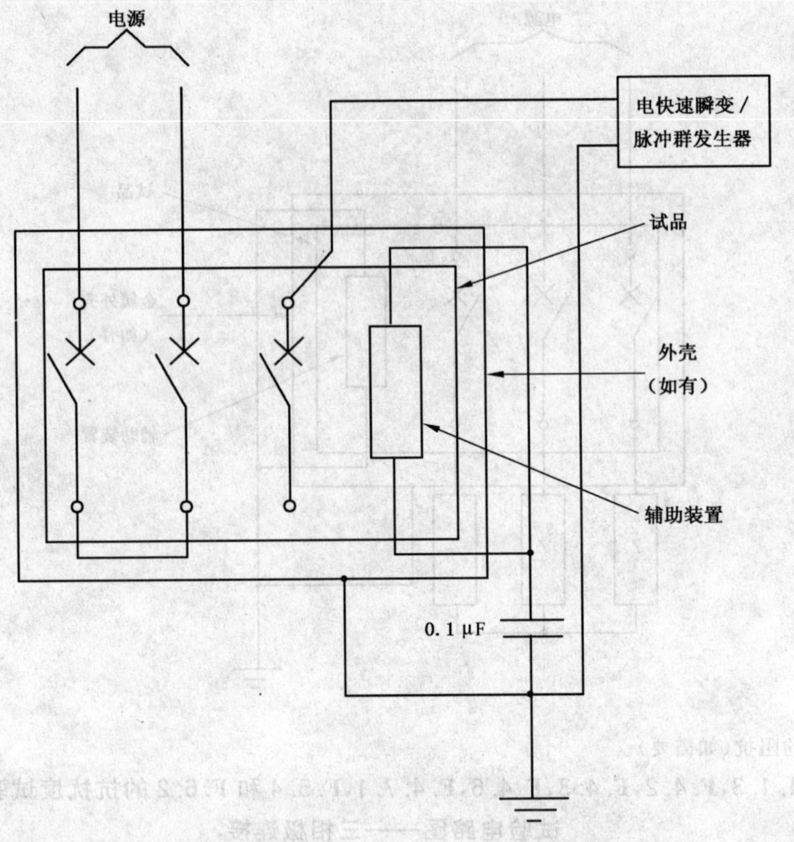

图 F.6　按 F.4.4 的电快速瞬变/脉冲群(EFT/B)抗扰度试验电路——二相极串联

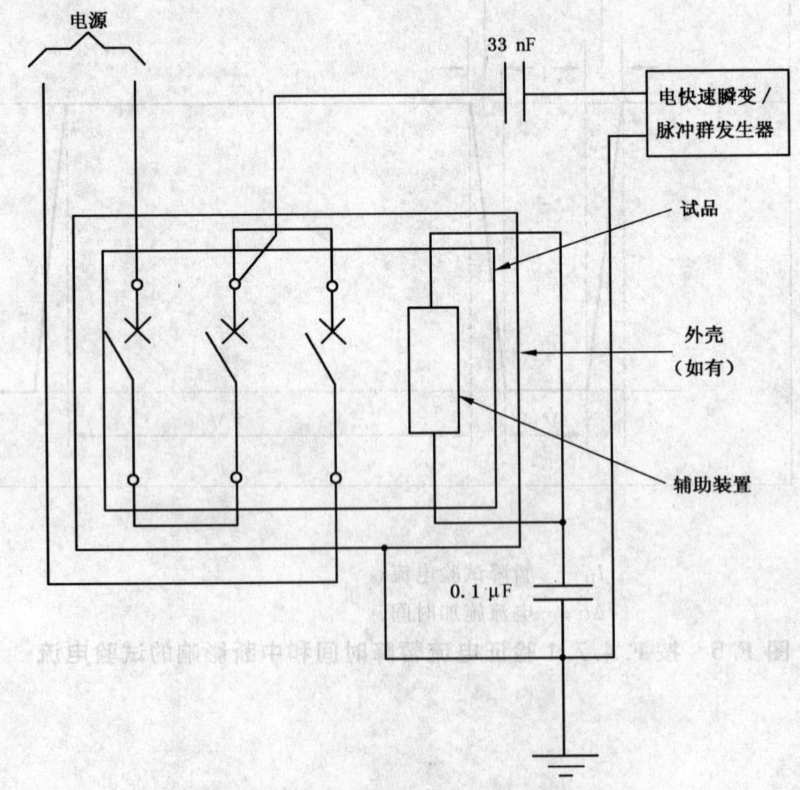

图 F.7　按 F.4.4 的电快速瞬变/脉冲群(EFT/B)抗扰度试验电路——三相极串联

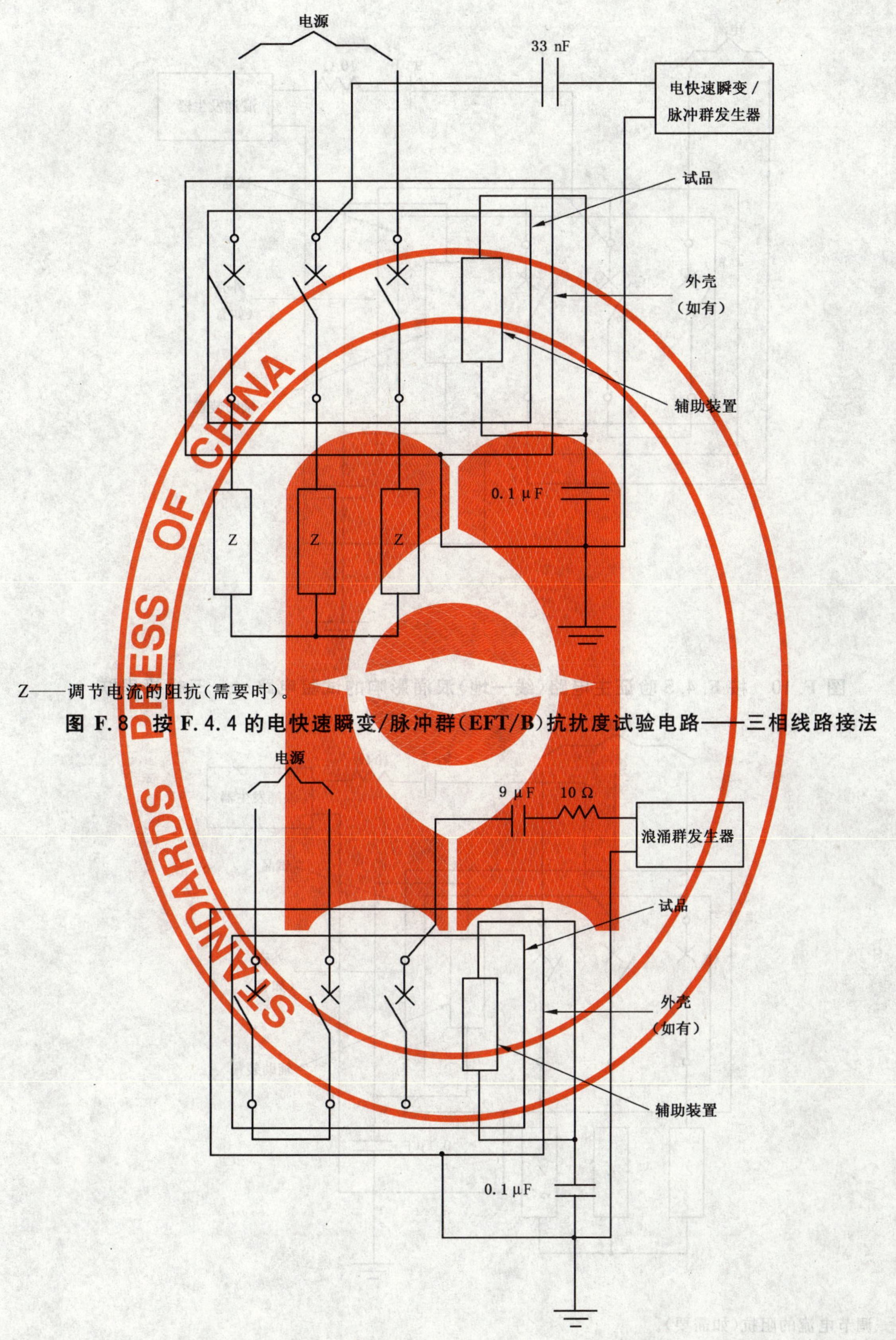

Z——调节电流的阻抗(需要时)。

图 F.8 按 F.4.4 的电快速瞬变/脉冲群(EFT/B)抗扰度试验电路——三相线路接法

图 F.9 按 F.4.5 验证主电路(线—地)浪涌影响的试验电路——二相极串联

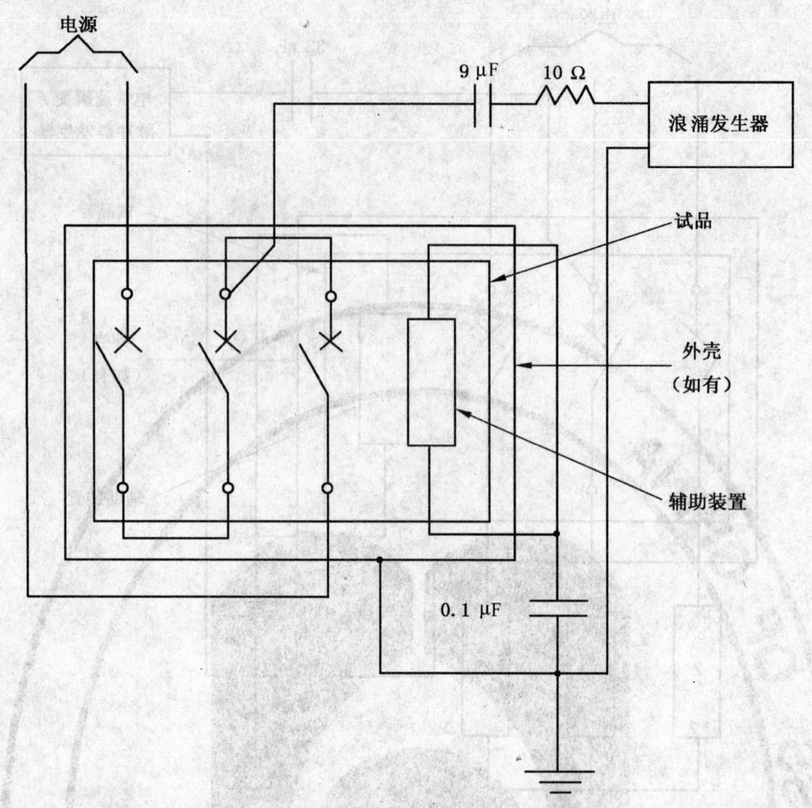

图 F.10　按 F.4.5 验证主电路(线—地)浪涌影响的试验电路——三相极串联

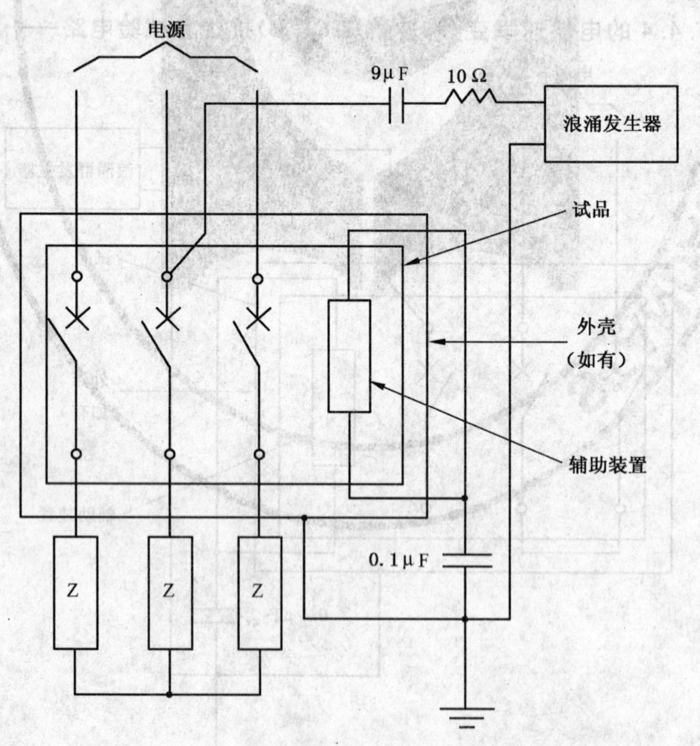

Z——调节电流的阻抗(如需要)。

图 F.11　按 F.4.5 验证主电路(线—地)浪涌影响的试验电路——三相接线

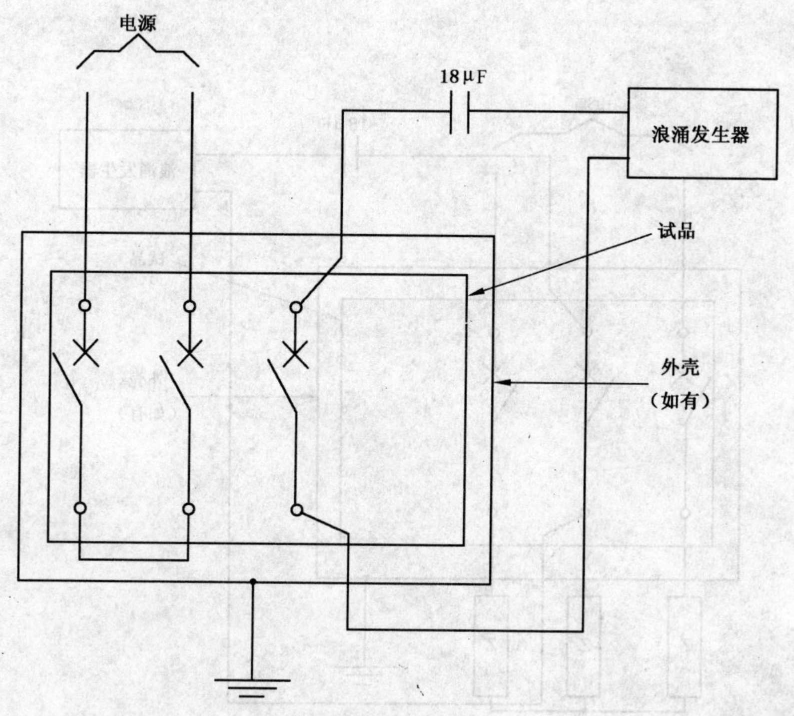

图 F.12　按 F.4.5 验证主电路浪涌电流影响的试验电路——二相极串联

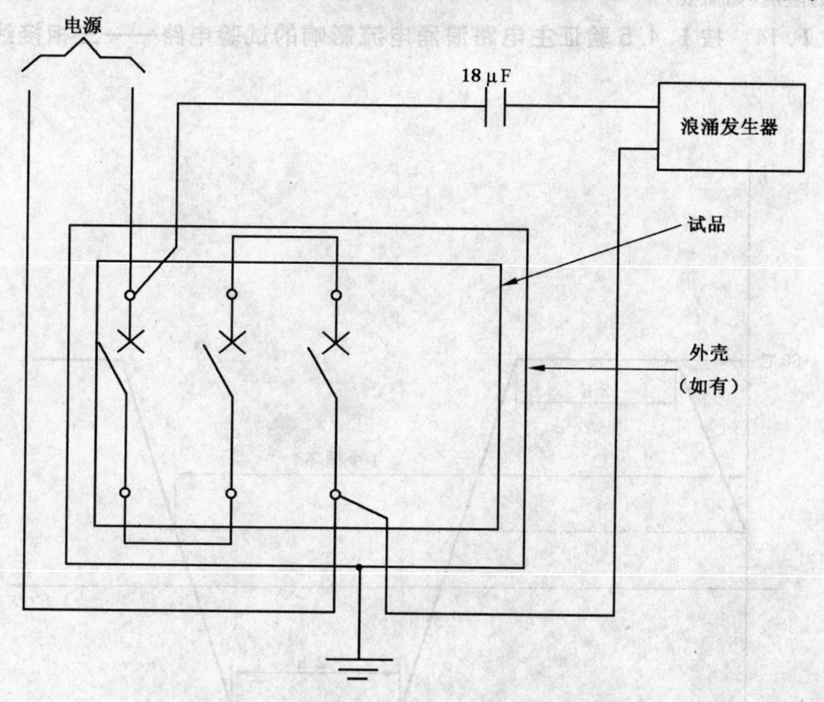

图 F.13　按 F.4.5 验证主电路浪涌电流影响的试验电路——三相极串联

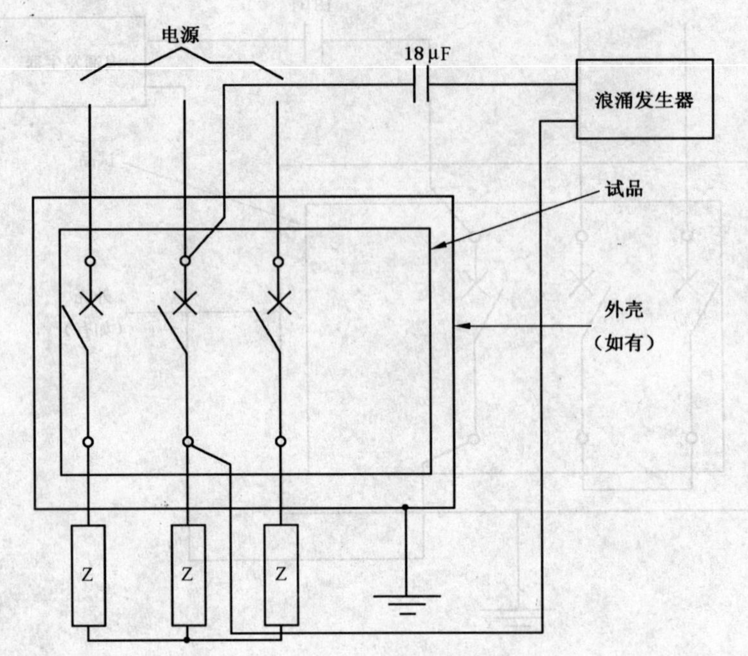

Z——调节电流的阻抗(如需要)。

图 F.14　按 F.4.5 验证主电路浪涌电流影响的试验电路——三相接线

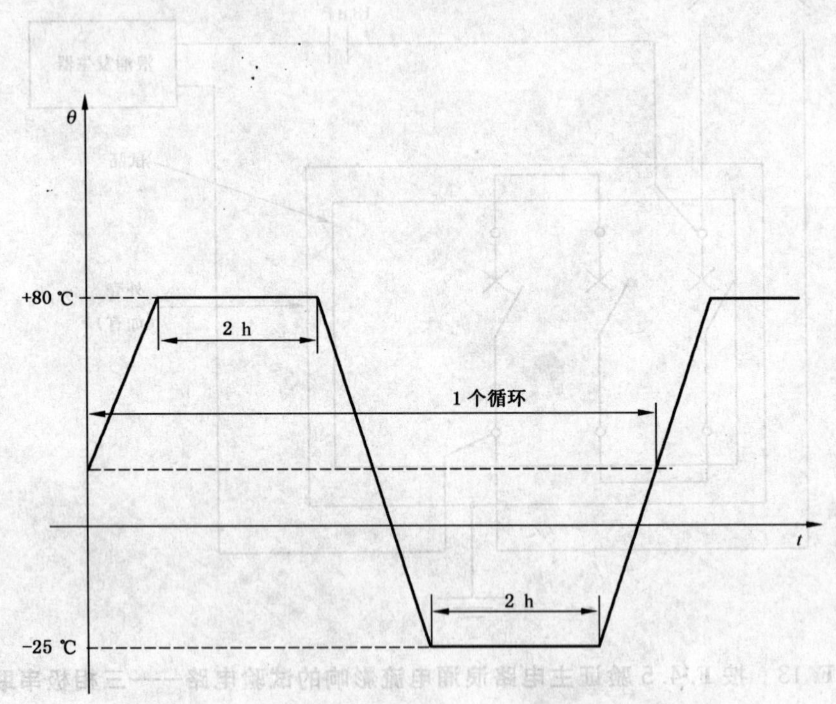

图 F.15　按 F.9.1 在规定变化率下的温度变化循环

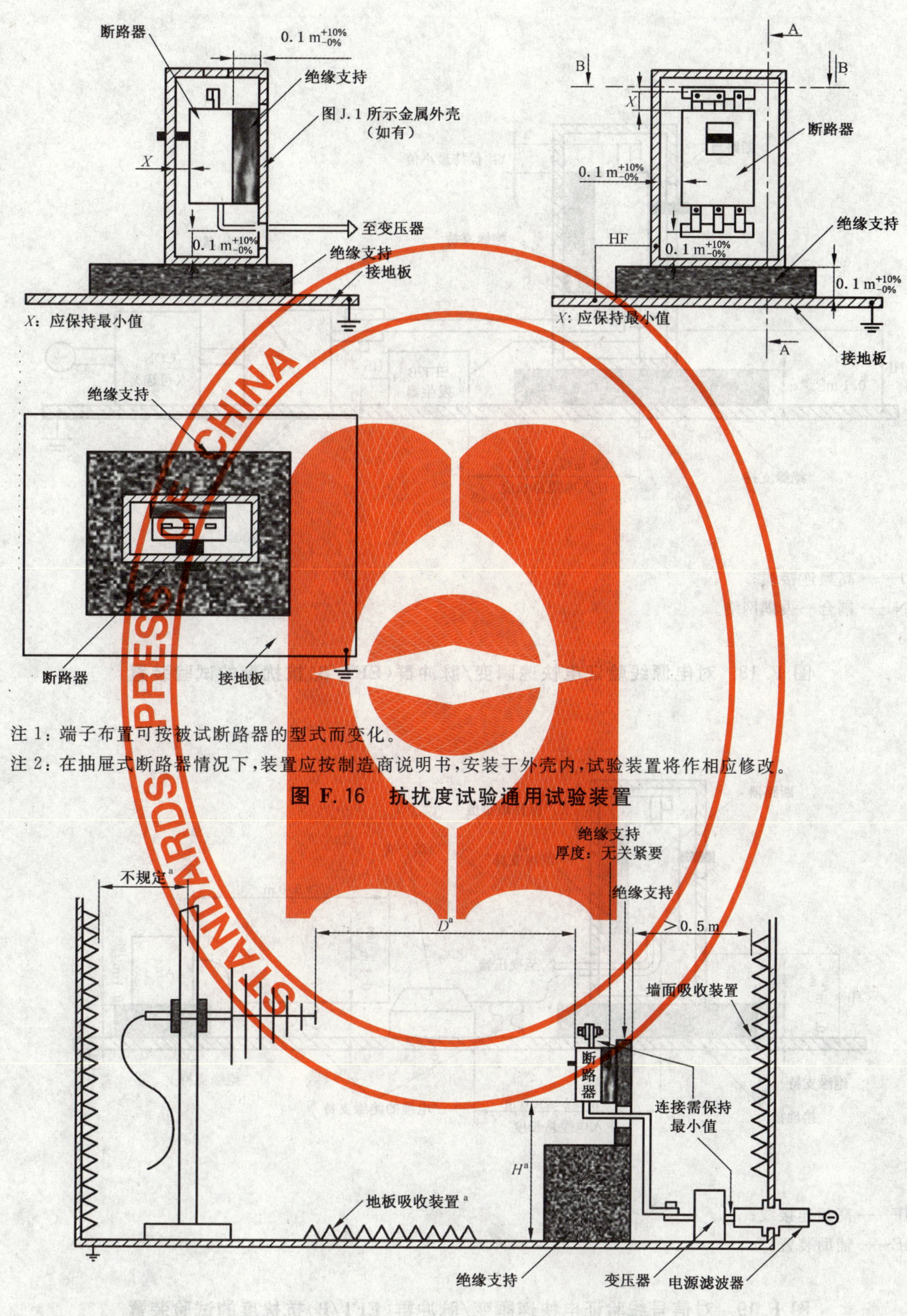

注 1：端子布置可按被试断路器的型式而变化。

注 2：在抽屉式断路器情况下，装置应按制造商说明书，安装于外壳内，试验装置将作相应修改。

图 F.16 抗扰度试验通用试验装置

[a] 见 GB/T 17626.3—2006。

图 F.17 验证射频电磁场辐射抗扰度的试验装置

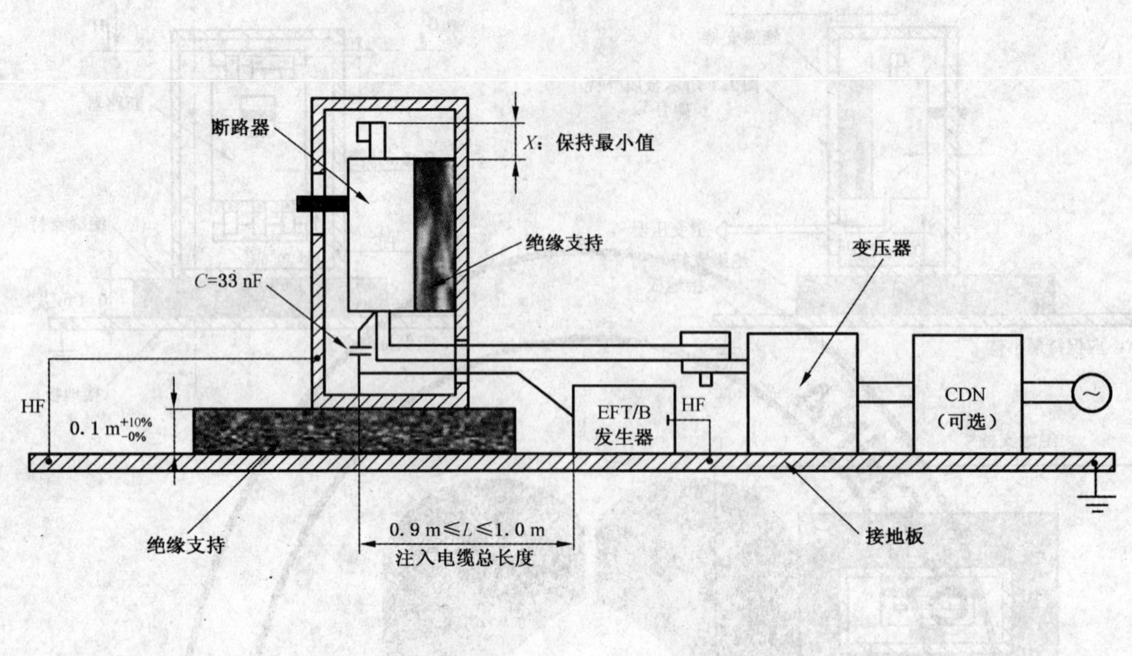

HF——高频连接线；

CDN——耦合—去耦网络。

图 F.18 对电源线验证电快速瞬变/脉冲群(EFT/B)抗扰度的试验装置

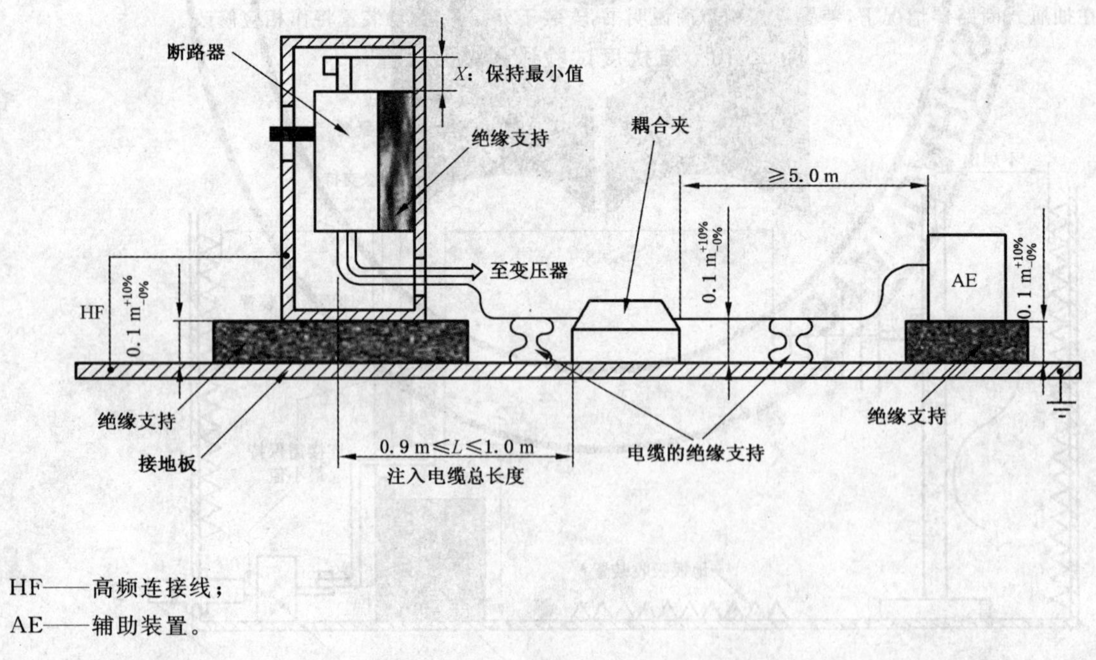

HF——高频连接线；

AE——辅助装置。

图 F.19 对信号线验证电快速瞬变/脉冲群(EFT/B)抗扰度的试验装置

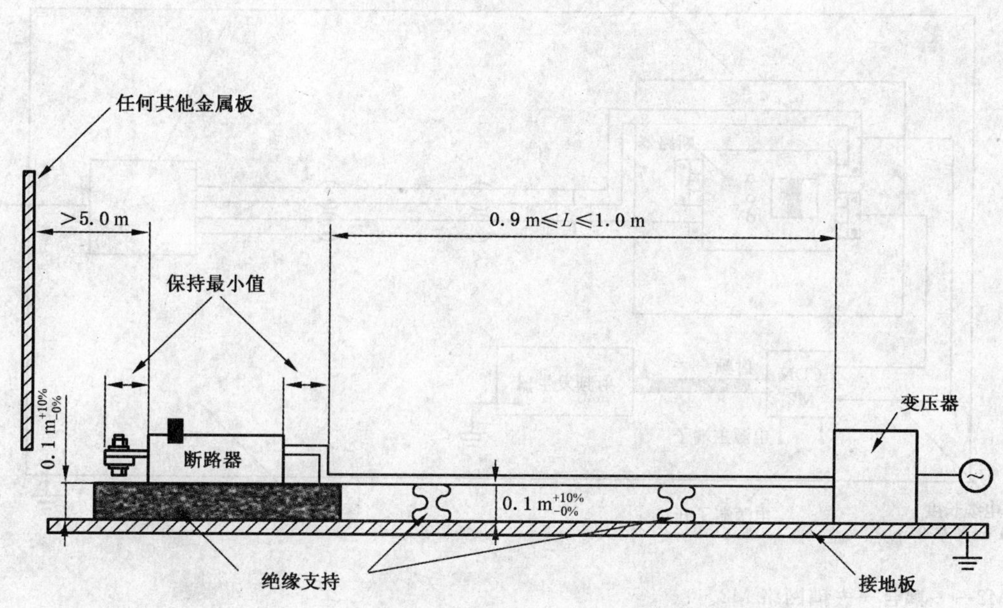

注：尺寸 L 是距接地板 0.1 m 处的连接导体长度。

图 F.20 验证射频场感应的传导骚扰的抗扰度的通用试验装置(共模)

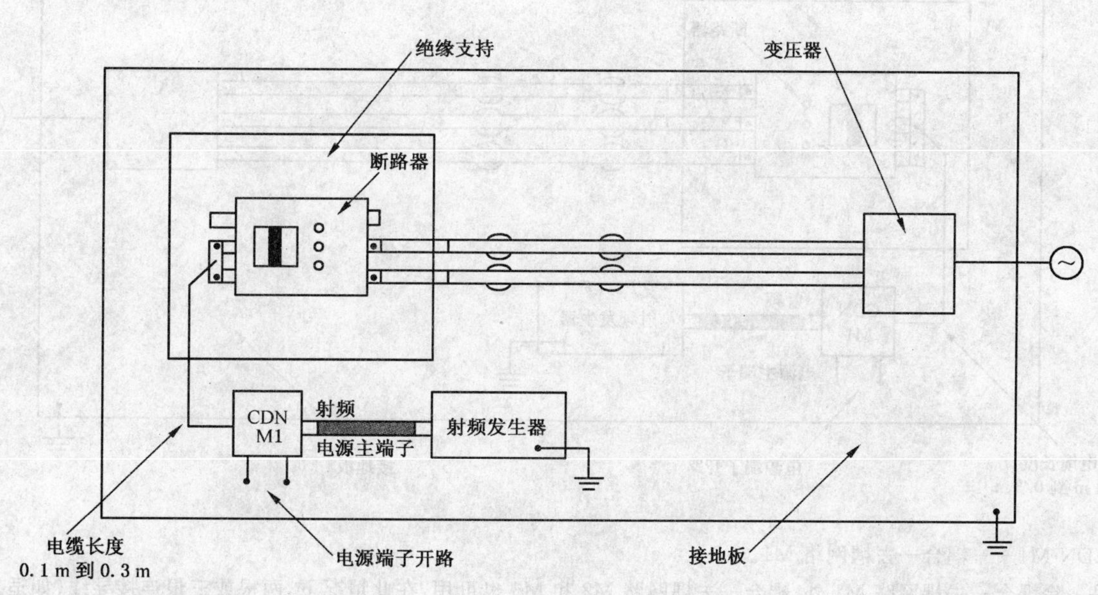

CDN M1——耦合—去耦网络 M1。

注：除耦合—去耦网路 M1 外，耦合—去耦网路 M2 或 M3 也可用，在此情况下，两根或三根连接导线(如适用)连接到试品的同一点上。

图 F.21 验证射频场感应的传导骚扰的抗扰度的连接配置——二相极串联

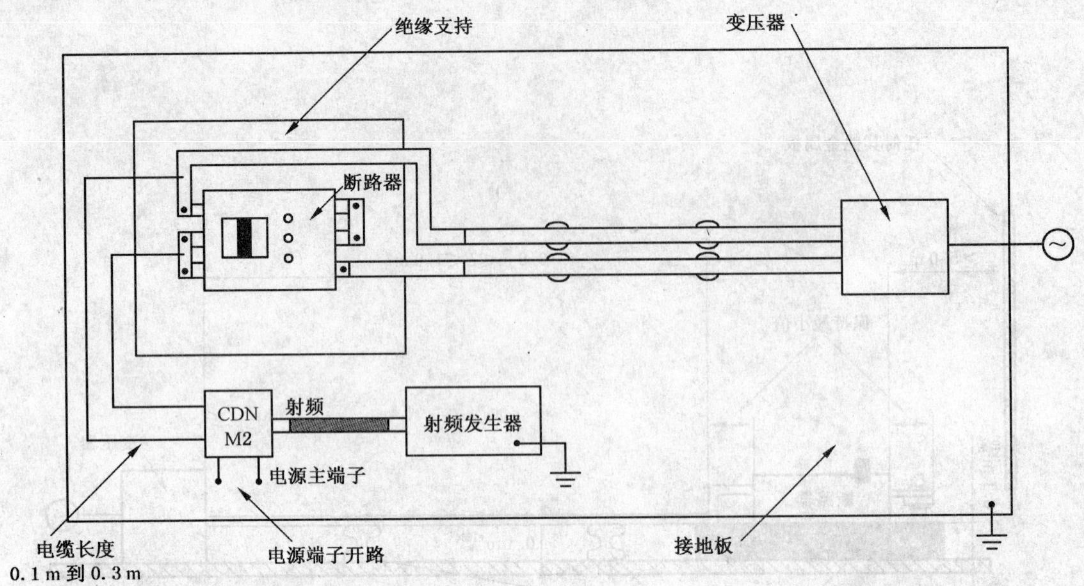

CDN M2——耦合—去耦网络 M2。

注：除耦合—去耦网路 M2 外，耦合—去耦网路 M3 也可用，在此情况下，两根或三根连接导线(如适用)连接到试品的同一点上。

图 F.22 验证由射频场感应的传导骚扰的抗扰度的连接配置——三相极串联

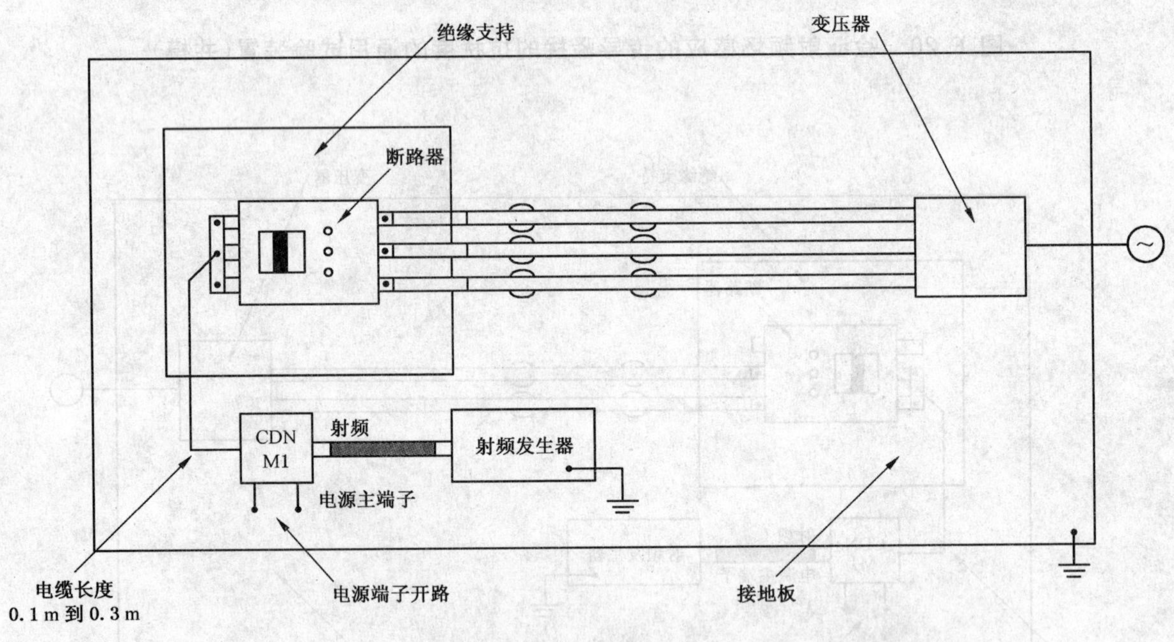

CDN M1——耦合—去耦网络 M1。

注：除耦合—去耦网路 M1 外，耦合—去耦网路 M2 和 M3 也可用，在此情况下，两根或三根连接导线(如适用)连接到试品的同一点上。

图 F.23 验证由射频场感应的传导骚扰的抗扰度的连接配置——三相接线

附 录 G
（规范性附录）
功 耗

G.1 总则

功耗不是断路器的基本性能，不必标志在产品上。

功耗给出在规定条件下发热的一些指导。

功耗的测量应在自由空气中及新样品上进行，并用瓦表示。

G.2 试验方法

G.2.1 功耗如下计算，按图 G.1 接线。

$$\sum_{k=1}^{p} \Delta U_k I_k \cos\phi_k$$

式中：

p——相极数；

k——极数；

ΔU——电压降；

I——试验电流应等于 I_n，误差在按 8.3.2.2.2 范围内；

$\cos\phi$——功率因数。

建议每极用瓦特表测量。

G.2.2 对额定电流不超过 400 A 的交流断路器，可用单相交流测量，且不测量功率因数。

功耗如下计算，按图 G.2 接线。

$$\sum_{k=1}^{p} \Delta U_k I_n$$

式中：

p——相极数；

k——极数；

ΔU——电压降；

I_n——额定电流。

G.2.3 对直流断路器，应用直流测量功耗，计算同 G.2.2。

G.3 试验程序

功耗应在额定电流稳态温度条件下进行测定。

应在每极进出线端子之间测电压降值。

至测量仪表（如电压表、瓦特表）的连接导线应绞合在一起。测量电路应尽可能短，其放置方式每极应一致。

按 G.2.1 测定三极和四极断路器的功耗时，试验在三相电流条件下（见图 G.1）进行。在四极断路器情况下，第四极不通电流。

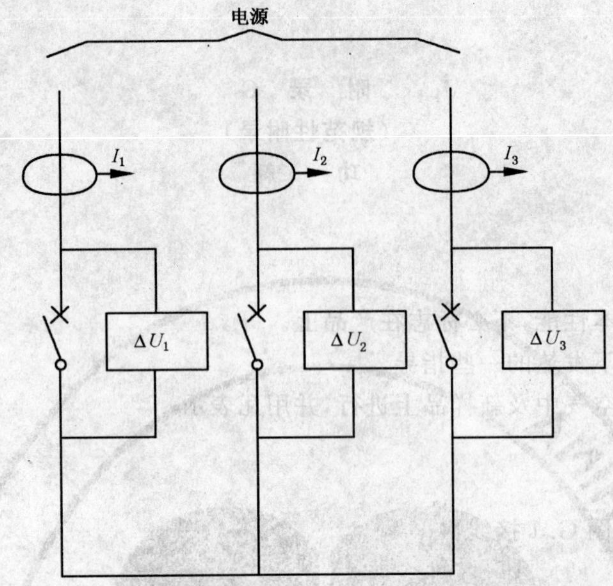

图 G.1 按 G.2.1 功耗测量实例

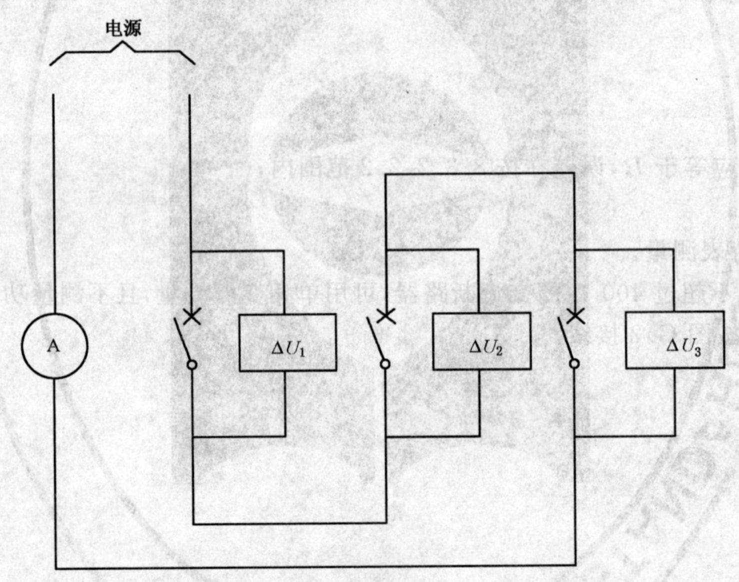

图 G.2 按 G.2.2 和 G.2.3 功耗测量实例

附 录 H
（规范性附录）
用于IT系统的断路器的试验程序

注：本试验程序是用来覆盖安装在IT系统中的断路器(见4.3.1.1)一侧存在第一个故障时，另一侧发生第二个接地故障的情况。

H.1 总则

本试验程序适用于IT系统使用的多极断路器(按4.3.1.1)。试验程序由下列试验组成：

试 验	条 款
单极短路(I_{IT})	H.2
验证介电耐受能力	H.3
验证过载脱扣器	H.4

H.2 单极短路

短路试验是在8.3.2一般试验条件下，在多极断路器的一极上进行，试验电流 I_{IT} 等于：

——短延时脱扣器脱扣电流最大整定值的1.2倍，或在无短延时脱扣器时，瞬时脱扣器脱扣电流最大整定值的1.2倍，或如有关时。

——定时限脱扣器脱扣电流最大整定值的1.2倍。

但不超过50 kA。

注1：考虑到断路器及其连接的阻抗，试验电路的预期电流可能需要增加，以确保试验电流超过实际的短时或瞬时动作电流。

注2：制造商可要求用高于 I_{IT} 的值进行替代试验，并由制造商声明。

施加电压应为相应于适用于IT系统断路器的最高额定工作电压的相间电压。试验样品数和可调脱扣器的整定值应符合表10。功率因数按表11中对应于试验电流的相应值。当 $I_{IT}=50$ kA时，短时或瞬时动作整定值应调节到小于但最接近于(50/1.2)kA。

对带保护中性极的四极断路器，中性极的试验电压应为相间电压除以$\sqrt{3}$。该试验仅在保护中性极的结构与相极的结构不同时适用。

试验电路应符合GB 14048.1—2006中8.3.4.1.2和图9，电源S来自三相电源的两相，可熔断元件F应接至另一相。另一极或几极也应通过可熔断元件接至该相。

操作顺序应为：

$$O—t—CO$$

且每相极轮流单独进行试验。

H.3 验证介电耐受能力

继H.2试验后，按8.3.5.3验证介电耐受能力。

H.4 验证过载脱扣器

继H.3试验后，应按8.3.5.4验证过载脱扣器的动作。

H.5 标志

对于所有额定电压值已按本附录进行过试验或被这些试验覆盖的断路器，不需要附加标志。

对于所有额定电压值未按本附录试验或没有被这些试验覆盖的断路器，应标以标记⊗，且应按5.2b)直接跟在额定电压值后面标在断路器上，例如：690⊗。

注：如断路器未按本附录试验，可用一个符号⊗标志，只要位置设置合适，明确包括了全部电压额定值。

附 录 J
（规范性附录）
电磁兼容性（EMC）——断路器的要求和试验方法

J.1 概述

考虑如下两种电磁环境：

——环境 A；

——环境 B。

环境 A：与低压非公用电网或工业电网的场所/装置有关，含高骚扰源。

注 1：环境 A 相应于 GB 4824—2004、GB 9254—1998 的 A 级设备。

注 2：环境 A 的装置安装在环境 B 中时能产生电磁干扰。

环境 B：与低压公用电网，诸如家用、商用和轻工业场所/装置有关。本环境中不包括高骚扰源，如弧焊机。

注 3：环境 B 相应于 GB 4824—2004、GB 9254—1998 中的 B 级设备。

注 4：环境 B 的装置安装在环境 A 中时不会产生电磁干扰。

对本附录而言，术语 EUT 表示试品。

注 5：CBI（附录 L）和 ICB（附录 O）的 EMC 要求被认为已包括在原体断路器（L.2.1 和 O.2.1）相关试验中。

除本部分另有规定者除外，J.2、J.3 的试验适用于带电子电路的断路器。

J.2 和 J.3 的试验方法由本部分中相关部分规定程序所补充，以验证其基于合格标准的性能。

补充要求和试验细节已在本部分有关部分规定，例如，具有剩余电流保护的断路器（CBR）的附录 B、带电子过电流保护的断路器的附录 F、剩余电流装置模块（MRCD）的附录 M 以及用于断路器附件的附录 N。

每一项试验可用新的断路器，或制造商要求时，可用一台断路器进行几项试验。额定频率 50 Hz/60 Hz 的断路器，可在任一额定频率中进行。

在一断路器系列中若装有相同的电子控制器（包括尺寸、元件、印刷电路板组件和外壳，如有）和相同结构的电流传感器的情况下，则在该系列中一个断路器上试验就足够了。

应采用指定的装置，在自由空气中或外壳中，按 J.2 或 J.3 的规定进行试验。

J.2 抗扰度

J.2.1 概述

GB 14048.1—2006 中 7.3.2.2 适用，但作如下补充。

抗扰度试验按表 J.1 进行。

附加试验规定的参考数据见表 J.2。

对本附录（J.2）来说，术语“电源端口”包括主电路、辅助电源端口和连接到主电路的任何辅助装置。

对抗扰度试验，应规定如下性能标准：

性能标准 A：在试验时需验证抗误动作（第 1 步）和功能特性（第 2 步）。任何监控功能应正确指示状态。

性能标准 B：试验时，需验证抗误动作。监控功能可能会指示错误状态。在试验后，验证功能特性。

性能验证的详细情况在各自相关的附录（B，F，M 或 N）中规定。

对所有抗扰度试验，试品均按落地装置进行试验（见 GB/T 17626 系列标准）。

表 J.1 EMC——抗扰度试验

试验项目	参考标准	试验电平[a]	性能标准	安装
静电放电	GB/T 17626.2—2006	8 kV 接触放电 8 kV 空气放电	B	外壳图 J.1
射频电磁场辐射	GB/T 17626.3—2006	10 V/m	A	自由空气[c]
电快速瞬变/脉冲群	GB/T 17626.4—2008	电源端口 U_e≥100 V, a.c. 或 d.c.:4 kV U_e<100 V, a.c. 或 d.c.:2 kV 信号端口:2 kV	B	外壳图 J.1
浪涌	GB/T 17626.5—2008	电源端口 U_e≥100 V,a.c.: 4 kV 线—地 2 kV 线—线 (附录 F 和 N) 4 kV 线—线 (附录 B 和 M)[e] 电源端口 U_e<100 V,a.c.: 2 kV 线—地 1 kV 线—线 电源端口 d.c.: 0.5 kV 线—地 0.5 kV 线—线 信号端口: 2 kV 线—地 1 kV 线—线	B	外壳图 J.1
射频场感应的传导骚扰	GB/T 17626.6—2008	电源端口:10 V 信号端口:10 V	A	自由空气[c]
工频磁场	不适用	不适用	不适用	不适用
电压暂降和中断	GB/T 17626.11—2008[d]	[d]	[d]	自由空气
谐波	GB/T 17626.13—2006[b]	[b]	[b]	自由空气
电流暂降	[b]	[b]	[b]	自由空气

[a] 规定的抗扰度电平一般高于 GB 14048.1—2006 的要求,以保证断路器电路保护功能更可靠。

[b] 在没有适合的基本标准情况下,对附录 F 中的电子过电流保护装置规定了专用的试验程序。

[c] 除非断路器指定仅用于专用单独外壳中,则在此情况下断路器应在此外壳中试验,包括外壳尺寸的细节应在试验报告中载明。外壳应按制造商的说明连接至接地板。

[d] 在没有适合的基本标准情况下,对附录 B 的 CBR(功能与电源电压有关)和附录 M 的 MRCD(功能与电源电压有关)规定了专用的试验程序和性能标准。这些试验不适用于附录 F 的带电子过电流保护的断路器(见 F.1),但用电流暂降和中断试验来代替(见 F.4.7)。

[e] 剩余电流装置的抗扰度电平较高,因为它们要履行安全功能。

相应于每一抗扰度试验的试验装置和电路图见表J.2。

表 J.2 抗扰度试验规范的参考数据

试　验	试　品	条　款　号	试验装置(图)	试验电路(图)
静电放电	剩余电流保护断路器	J.2.2,B.8.12.1.2	J.1,J.3	B.1
	断路器	J.2.2,F.4.2	J.3,F.16	F.2,F.3 或 F.4
	剩余电流模块	J.2.2,M.8.16.1.2	J.1,J.3	M.3
	其他装置[a]	J.2.2,N.2.2	[b]	[b]
射频电磁场辐射	剩余电流保护断路器	J.2.3,B.8.12.1.3	J.4	B.1
	断路器	J.2.3,F.4.3	F.16,F.17	F.2,F.3 或 F.4
	剩余电流模块	J.2.3,M.8.16.1.3	J.4,M.20	M.3
	其他装置[a]	J.2.3,N.2.3	[b]	[b]
电快速瞬变/脉冲群	剩余电流保护断路器	J.2.4,B.8.12.1.4	J.5,J.6	B.1
	断路器	J.2.4,F.4.4	F.16,F.18,F.19	F.6,F.7 或 F.8
	剩余电流模块	J.2.4,M.8.16.1.4	J.5,J.6,M.21	M.3
	其他装置[a]	J.2.4,N.2.4	[b]	[b]
浪涌	剩余电流保护断路器	J.2.5,B.8.12.1.5	[b]	B.1
	断路器	J.2.5,F.4.5	线—地:F.16, 线—线:F.16	线—地:F.9,F.10 或 F.11 线—线:F.12,F.13 或 F.14
	剩余电流模块	J.2.5,M.8.16.1.5	[b]	M.3
	其他装置[a]	J.2.5,N.2.5	[b]	[b]
射频场感应的传导骚扰	剩余电流保护断路器	J.2.6,B.8.12.1.6	[b]	B.1
	断路器	J.2.6,F.4.6	F.16,F.20,F.21,F.22,F.23	F.2,F.3 或 F.4
	剩余电流模块	J.2.6,M.8.16.1.6	M.22	M.3
	其他装置[a]	J.2.6,N.2.6	[b]	[b]

[a] 附录N范围内的装置。

[b] 不需附图。

J.2.2 静电放电

试品应在专用外壳中试验(见表J.1),试验装置和附加试验条件见表J.2。直接和间接放电应按GB/T 17626.2—2006施加。

直接放电试验应仅在试品的使用者通常易接触的部位,诸如整定装置、键盘、显示器、按钮等上进行。试验点应载明于试验报告中。

直接放电每极性10次,间隔≥1 s。

间接放电应施于外壳表面上的选定点,在每一个选定点每极性试验10次,间隔≥1 s。

J.2.3 射频电磁场辐射

试品应在自由空气中进行试验(见表J.1)附加试验条件见表J.2。

仅在断路器正面试验。

为了试验能可重复,应把实际的试验装置详载在试验报告中。

本试验需用水平和垂直天线极性进行。

本试验分两步进行:第一步试品在全频率范围内进行误动作试验。第二步试品在各个频率点进行正确动作试验。

对第一步,频率应按 GB/T 17626.3—2006 第 8 章的要求在 80 MHz～1 000 MHz 和 1 400 MHz～2 000 MHz 范围内扫描。对每个频率的幅度调制波的停顿时间应在 500 ms～1 000 ms 之间,步长为先前频率的 1%,实际停顿时间应载于报告中。

对第二步,为验证功能特性,试验应在如下每个频率进行:80 MHz;100 MHz;120 MHz;180 MHz;240 MHz;320 MHz;480 MHz;640 MHz;960 MHz;1 400 MHz 和 1 920 MHz,在每个频率的电磁场稳定后验证其动作。

J.2.4 电快速瞬变/脉冲群(EFT/B)

试品应在专用外壳中试验(见表 J.1)。

试验装置见表 J.2。

除附录 F 应采用直接注入法(见图 F.18)外,对电源和辅助电源端口应采用耦合—去耦网络。

对信号端口应采用耦合—去耦网络或耦合夹注入法(如适用)。

除非另有规定,骚扰应施加 1 min。

J.2.5 浪涌

试品应在专用外壳中试验(见表 J.1),试验水平和试验装置见表 J.1 和表 J.2(视试品而定)。

应施加正负两极性脉冲,相角为 0°和 90°。

每极性和每相角各施加 5 个脉冲群(脉冲总数:20),两个脉冲之间间隔约 1 min。如制造商同意,可采用更短的时间间隔。

J.2.6 射频场感应的传导骚扰(共模)

试品应在自由空气中进行试验(见表 J.1)附加试验条件见表 J.2。

电源线应通过耦合—去耦网络 M1、M2 或 M3(如适用)注入骚扰。

信号线应通过耦合—去耦网络注入骚扰。若不可行,可采用电磁夹。

特定的试验装置应详载试验报告中。

试验分两步进行:第一步在整个频率范围内对试品进行误动作试验,第二步试品在各个频率点进行正确动作试验。

对第一步,频率应按 GB/T 17626.6—2008 第 8 章的要求在 150 kHz～80 MHz 的范围内扫描。对每个频率的幅度调制波的停顿时间应在 500 ms～1 000 ms 之间,步长为先前频率的 1%,实际的停顿时间应载于报告中。

对第二步,为验证功能特性,试验应在如下每个频率进行:0.150 MHz;0.300 MHz;0.450 MHz;0.600 MHz;0.900 MHz;1.20 MHz;1.80 MHz;2.40 MHz;3.60 MHz;4.80 MHz;7.20 MHz;9.60 MHz;12.0 MHz;19.2 MHz;27.0 MHz;49.4 MHz;72.0 MHz 和 80.0 MHz。在每个频率的骚扰电压电平稳定后验证其动作。

J.3 发射

J.3.1 概述

GB 14048.1—2006 中 7.3.3.2 适用,但补充如下:

发射试验按表 J.3 进行。

发射试验接线图采用的参考数据见表 J.4。

表 J.3 EMC发射试验

试验项目	参考标准	限值	安装
谐波	GB/T 17625.1—2003	[c]	[c]
电压波动	GB/T 17625.2—1999	[c]	[c]
射频传导骚扰 150 kHz～3 MHz[e]	GB 4824—2004 或 GB 9254—1998	第一组A级或B级[b,e]	自由空气[d]
射频辐射骚扰 30 MHz～1 000 MHz[a]	GB 4824—2004 或 GB 9254—1998	第一组A级或B级[b]	自由空气[d]

a 仅适用于包含处理器(例如微处理器)的试品或工作频率大于9 kHz的开关电源。

b GB 4824—2004和GB 9254—1998的A级装置符合GB 14048.1—2006的环境A。当环境A装置安装于环境B中时能产生电磁干涉。环境A装置的制造商应在产品技术文件中声明电磁干涉的危险。

GB 4824—2004和GB 9254—1998的B级装置符合GB 14048.1—2006的环境B。当环境B装置安装于环境A中时不会产生电磁干涉。

c 因为电子控制器电路在极低功率下工作,产生的骚扰可忽略,不需进行试验。

d 除非试品指定仅用于专用单独外壳中,则在此情况下试品应在此外壳中试验。包含外壳尺寸的细节应在试验报告中载明。

e 包括在附录F中的断路器与电源电压无关或与任何辅助电源无关,电子电路与电源无直接联系,并在极低功率下工作。这些断路器产生的骚扰可忽略,因而不需试验。

表 J.4 发射试验规范的参考数据

试验	试品	条款号	试验装置(图)	试验电路(图)
射频传导骚扰	剩余电流保护断路器	J.3.2,B.8.12.2.1	[a]	[a]
	断路器	J.3.2,F.5.3	不需试验	不需试验
	剩余电流模块	J.3.2,B.8.12.2.1	[a]	[a]
	其他装置[a]	J.3.2,N.3.2	[a]	[a]
射频辐射骚扰	剩余电流保护断路器	J.3.3,B.8.12.2.1	J.2	[a]
	断路器	J.3.3,F.5.4	J.2	F.2,F.3,F.4
	剩余电流模块	J.3.3,B.8.12.2.1	J.2	[a]
	其他装置	J.3.3,N.3.3	[a]	[a]

a 不需附图。

J.3.2 射频传导骚扰(150 kHz～30 MHz)

试验方法和试验布置说明见GB 4824—2004和GB 9254—1998(如有关)。

详细的试验装置,包括电缆型式,应详载于试验报告中。

J.3.3 射频辐射骚扰(30 MHz～1 000 MHz)

试验装置见图J.2。

详细的试验装置,包括母排、变压器等应详载于试验报告中。

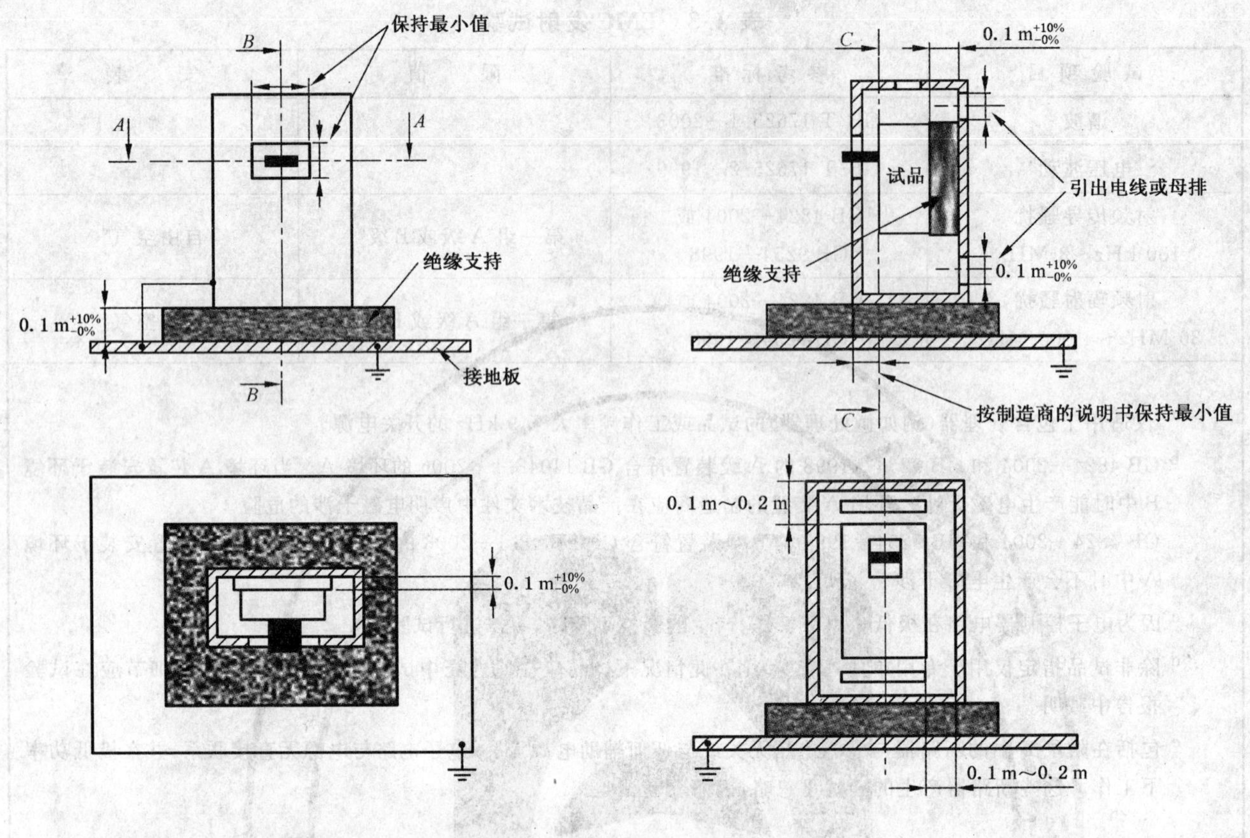

注：在抽屉式断路器情况下，试品包括抽屉座。

图 J.1 安装在金属外壳中的试品

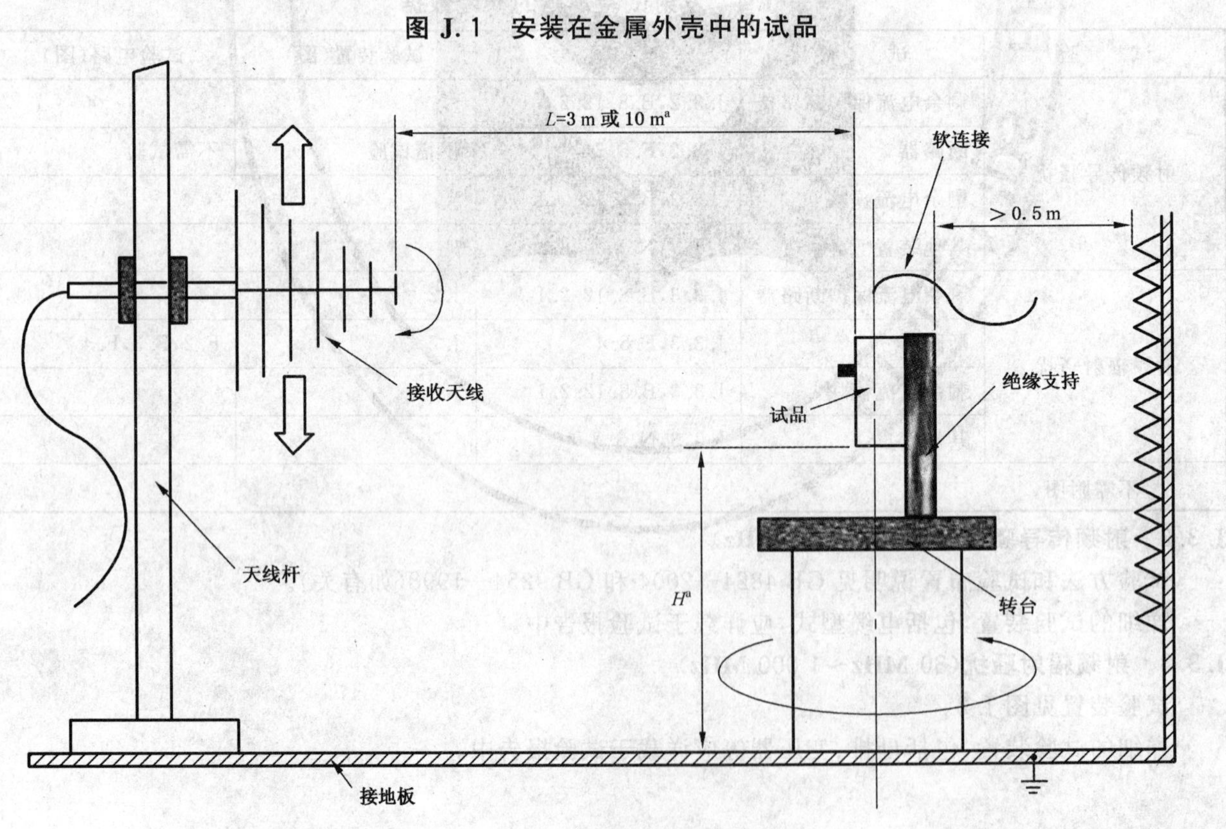

[a] 见 GB 4824—2004 和 GB 9254—1998。

图 J.2 测量射频辐射发射的试验装置

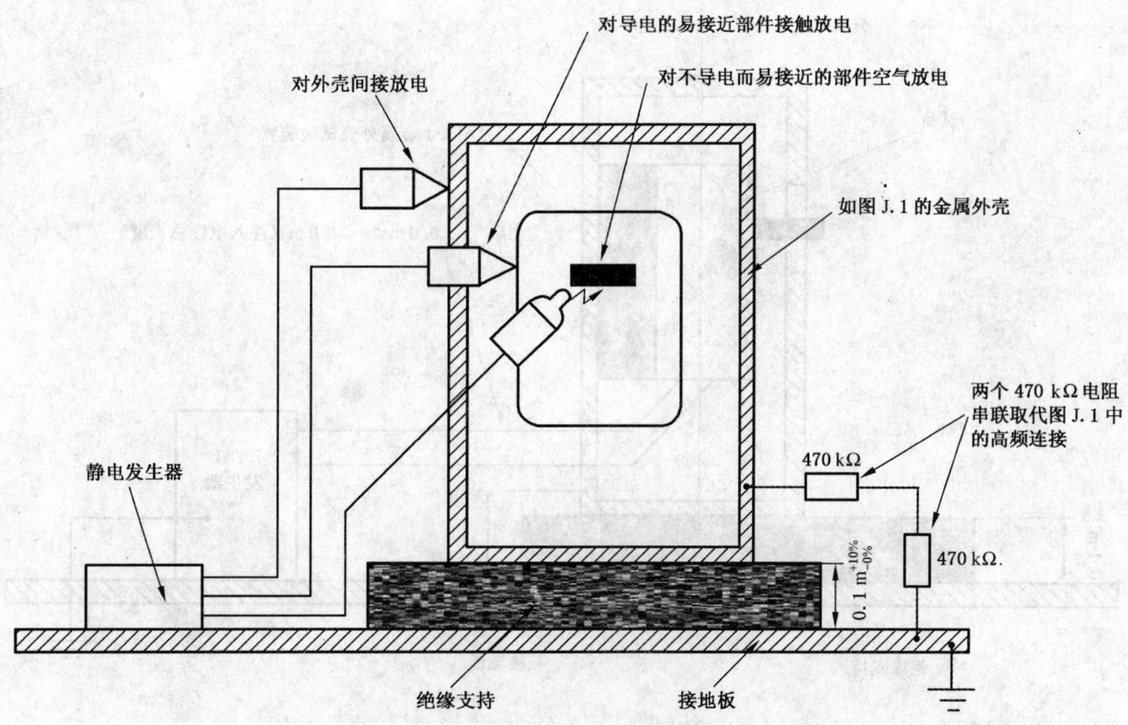

图 J.3 验证静电放电抗扰度的试验装置

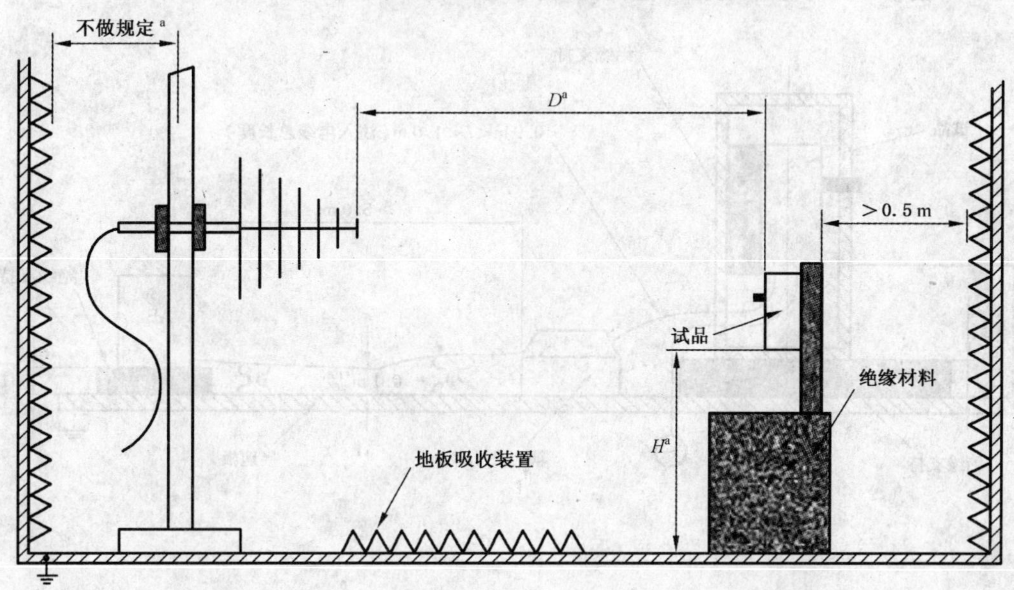

[a] 见 GB/T 17626.3—2006。

图 J.4 验证射频电磁场辐射抗扰度的试验装置

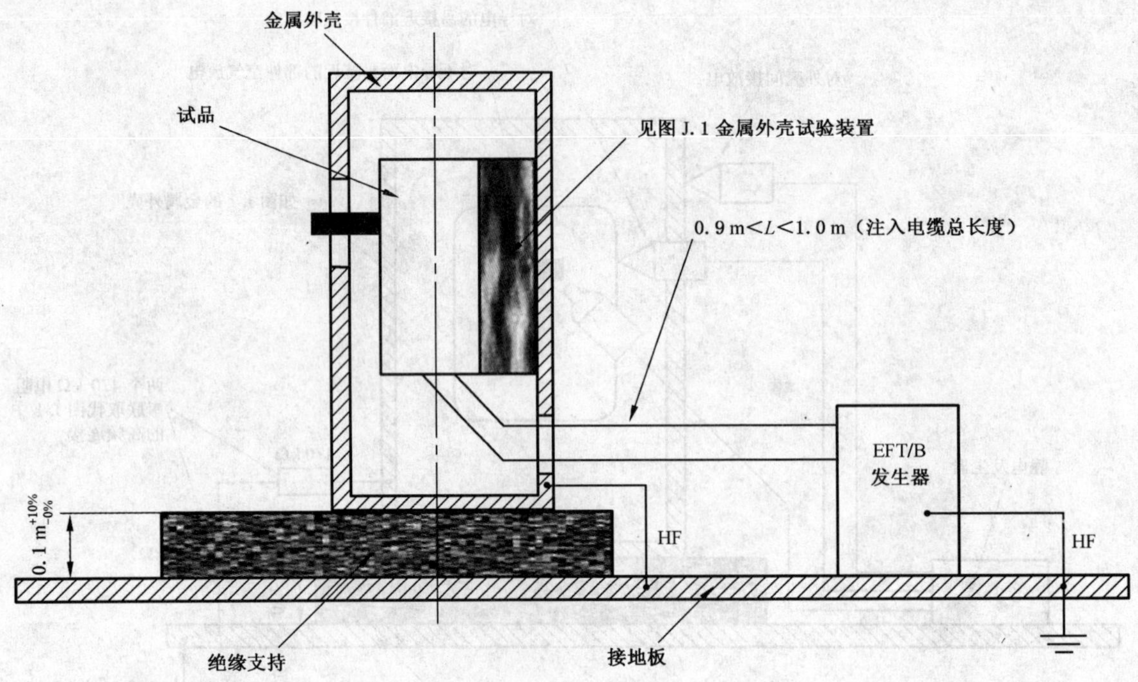

HF——高频连接。

图 J.5　对电源线验证电快速瞬变/脉冲群(EFT/B)抗扰度的试验装置

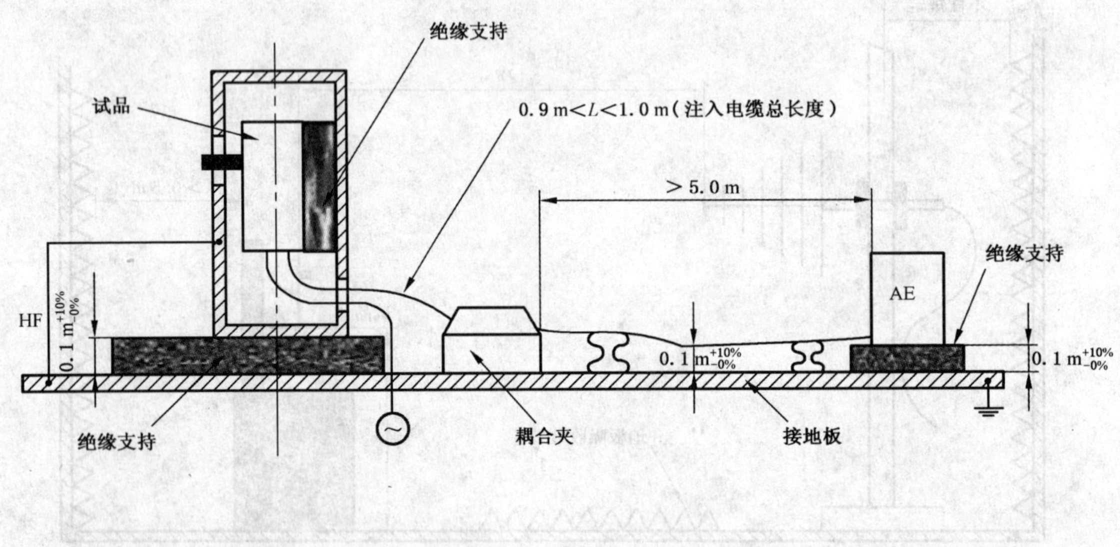

AE——辅助装置；

HF——高频连接。

图 J.6　对信号线验证电快速瞬变/脉冲群(EFT/B)抗扰度的试验装置

附 录 K
（资料性附录）
标准涉及产品有关的符号汇总

特 征	符 号	参 考 条 款
断路器，闭合位置	|	5.2
断路器，断开位置	○	5.2
适合隔离	—/—|×—|	5.2
中性极端子	N	5.2
保护接地端子	⏚	5.2
额定控制电路电压	U_c	4.7.2
额定电流	I_n	4.3.2.3
额定冲击耐受电压	U_{imp}	4.3.1.3
额定绝缘电压	U_i	4.3.1.2
额定工作电压	U_e	4.3.1.1
额定运行短路分断能力	I_{cs}	4.3.5.2.2
额定短路接通能力	I_{cm}	4.3.5.1
额定短时耐受电流	I_{cw}	4.3.5.4
额定极限短路分断能力	I_{cu}	4.3.5.2.1
选择性极限电流	I_s	2.17.4
交接电流	I_B	2.17.6
约定封闭发热电流	I_{the}	4.3.2.2
约定自由空气发热电流	I_{th}	4.3.2.1
AC 型 CBR	[∼]	B.4.4.1
A 型 CBR	[≈]	B.4.4.2
可调过载脱扣器的电流整定值	I_R	注
相应的脱扣时间	t_R	注
接地故障电流整定值	I_g	注
相应的脱扣时间	t_g	注
单极短路分断能力（相接地系统）	I_{su}	附录 C
单极短路试验电流（IT 系统）	I_{IT}	附录 H
额定瞬时短路电流整定值	I_i	2.20 图 K.1 附录 L 和 O
相应最大脱扣时间	t_i	注
不适用于 IT 系统	⊗(IT)	附录 H
额定剩余短路通断能力	$I_{\Delta m}$	附录 B
额定剩余不动作电流	$I_{\Delta no}$	附录 B
额定剩余动作电流	$I_{\Delta n}$	附录 B
剩余动作电流	$I_{\Delta R}$	注
短时动作电流	I_{sd}	注
相应脱扣时间	t_{sd}	注
适合于相接地系统	C	4.3.1.1

表（续）

特　征	符　号	参 考 条 款
在 $2I_{\Delta n}$ 时极限不驱动时间	Δt	B.4.2
极限不驱动时间为 0.06 s 的延时型 CBR	S	B.5.a)
只用于三相电源的 CBR	1Ph	B.8.9.2
额定限制剩余短路电流	$I_{\Delta c}$	M.4.3.2
额定限制短路电流	I_{cc}	M.4.3.1
剩余电流	I_{Δ}	B.2.2.3
额定电源电压	U_s	附录 M

注：这些术语在本部分中没采用，为便于识别，见图 K.1。

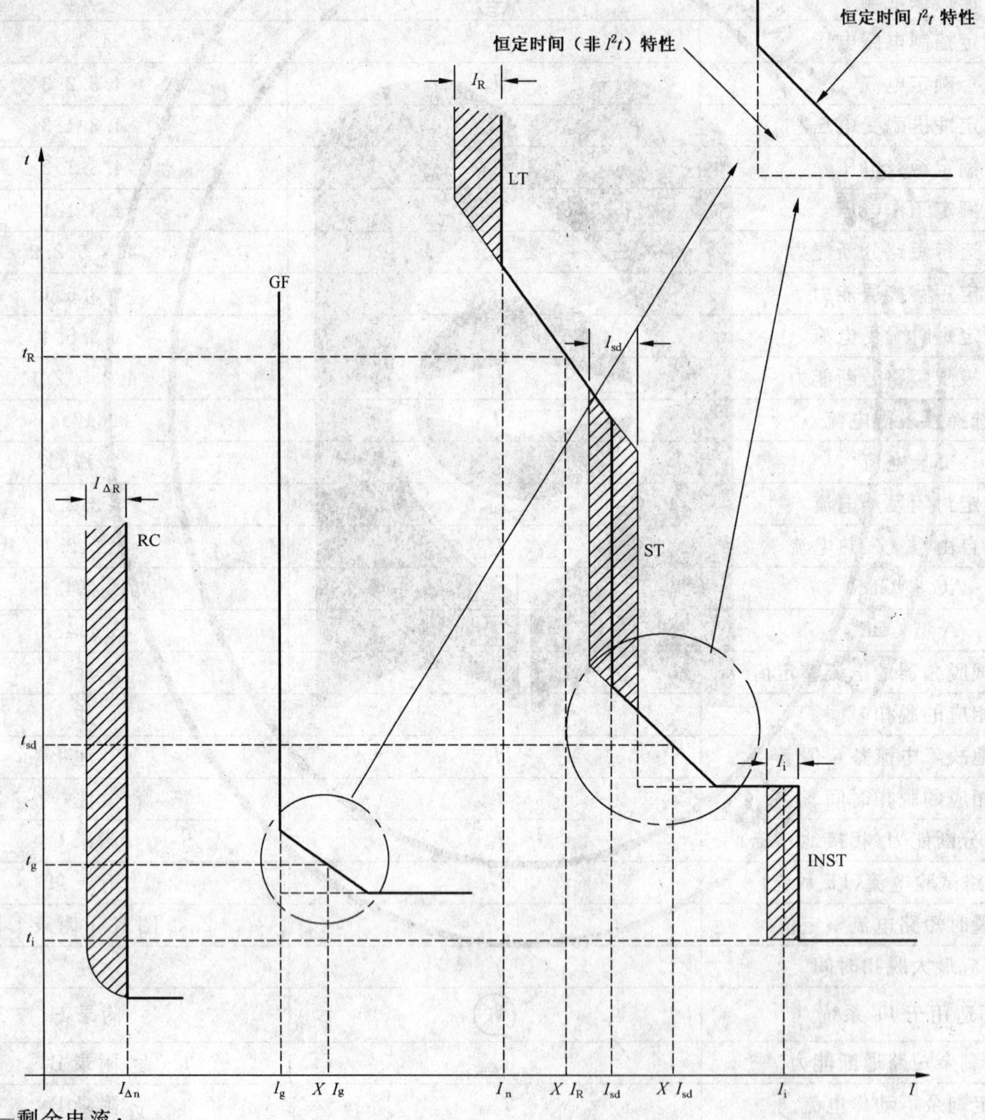

RC——剩余电流；
GF——接地故障；
LT——长延时；
ST——短延时；
INST——瞬时。

图 K.1　脱扣特性和符号之间的关系

附 录 L
（规范性附录）
无过电流保护要求的断路器

L.1 范围

本附录覆盖不满足本部分正文规定的过电流保护要求的断路器，以下称 CBI。这类断路器能用一个辅助装置使之脱扣，例如，分励或欠电压脱扣器。它们不能提供电路保护，但可在短路条件下脱扣，以用作自身保护，它们具有一个限制短路电流额定值，并可用于隔离。可装诸如辅助开关和报警开关等附件，用于控制或远距离操作。

CBI 断路器形成一个系列断路器的一部分，是从原体断路器（见 L.2.1）省去过电流脱扣器（Y 级）或只省去过载脱扣器（X 级）而派生的，见 L.3。

L.2 定义

除第 2 章定义外，下列定义适用。

L.2.1

原体断路器 equivalent circuit-breaker

用以派生 CBI 的断路器。它已按本部分试验，并和 CBI 有相同的壳架。

L.2.2

过电流保护装置（OCPD） overcurrent protective device

通过其断开来对 CBI 进行过电流保护的装置，其过载保护效果不低于原体断路器，并且 I_{cu}（对断路器）或分断能力（对熔断器）等于或高于原体断路器。

注：OCPD 可以是原体断路器。

L.3 分类

CBI 分类如下：

——X 级：内装不可调瞬动短路脱扣器，用作自身保护。

——Y 级：无内装短路脱扣器。

L.4 额定值

L.4.1 额定电流（I_n）

CBI 的额定电流应不超过原体断路器的额定电流。

注：CBI 的额定电流可与相应于使用类别 AC-22（见 GB 14048.1—2006 附录 A）的额定电流有关。

L.4.2 额定限制短路电流（I_{cc}）

GB 14048.1—2006 中 4.3.6.4 适用。

CBI 的 I_{cc} 可等于或高于原体断路器 I_{cu} 的值。

L.5 产品资料

CBI 应按 5.2 有关项目标志，但适用于隔离的符号（如适用）应采用标志——/ ⊢——取代 5.2a）中第二项的符号。

此外，应增加标志如下：

——对 5.2a）：增加分类符号

CBI-X $I_i = \ldots$	或	CBI-Y	如适用

其中 I_i 是额定瞬时短路电流整定值(见 2.20)。

——对 5.2c):增加

- 额定限制短路电流(I_{cc});
- OCPD,如制造商规定时。

制造商的说明书中应提醒注意 CBI 不提供过电流保护。

L.6 结构和性能要求

从原体断路器(见 L.2.1)派生的 CBI 应符合第 7 章的全部适用的结构和性能要求(7.2.1.2.4 除外)。

注:CBI 可增加符合 GB 14048.3—2002 的要求和相应的标志。

L.7 试验

L.7.1 概述

L.7.1.1 X 级 CBI

规定有 OCPD。

情况 1:

I_{cc} 等于原体断路器的 I_{cu}。

不须增加试验。

注:规定的 OCPD 可能是

——原体断路器(见 L.2.1)

——另一种断路器(见 L.2.2)

——熔断器,约定熔化电流小于或等于原体断路器的约定脱扣电流,且分断能力大于或等于 CBI 的 I_{cc}。

情况 2:

I_{cc} 大于原体断路器的 I_{cu}。

应按 L.7.2.1 和 L.7.2.2 用规定的 OCPD 进行试验。

此情况适用于:

——规定的 OCPD 是与原体断路器壳架等级相同的断路器,并且 I_{cu} 大于或等于 CBI 的 I_{cc};或

——规定的 OCPD 是约定熔断电流小于或等于原体断路器的约定脱扣电流,分断能力大于或等于 CBI 的 I_{cc} 的熔断器。

L.7.1.2 Y 级 CBI

不要求试验,但下列条件之一应满足:

——条件 1:I_{cc} 小于或等于原体断路器的 I_{cw}。

——条件 2:I_{cc} 小于或等于原体断路器的最大额定瞬时短路电流的整定值。

若上述二条件均不满足,要求如下试验:

情况 1:

OCPD 由制造商规定。

试验按 L.7.2.1 和 L.7.2.2 进行。

情况 2:

不规定 OCPD。

试验按 L.7.2.1 和 L.7.2.3 进行。

L.7.2 额定限制短路电流试验

L.7.2.1 概述

当L.7.1.1情况2或L.7.1.2情况1或2(如适用)要求时,需进行试验。

L.7.2.1.1 试验条件

8.3.2.6适用。

试验电路按图A.6,但SCPD由OCPD代替,如果OCPD是一带可调过电流整定值的断路器,则整定在最大值时进行试验。

如果OCPD是一组熔断器构成,每一试验应采用一组新熔断器进行。

如适用,8.3.2.6.4所规定的连接电缆应包括在内,另外如OCPD是一台断路器,与断路器连接的全长0.75 m的电缆,可接到电源侧(见图A.6)。

L.7.2.1.2 试验时状况

8.3.2.6.5适用。

L.7.2.2 规定的OCPD

应按L.7.2.2.1、L.7.2.2.2和L.7.2.2.3试验。

L.7.2.2.1 试验程序

试验程序由如下试验组成:

试　验	条　款　号
验证 I_{cc}	L.7.2.2.2
验证介电耐受能力	L.7.2.2.3

L.7.2.2.2 验证 I_{cc}

在预期电流等于CBI的 I_{cc} 时进行试验。

试验应由O—t—CO操作顺序组成,并应按8.3.5.2进行试验,CO操作由CBI闭合进行。

在每次操作后,CBI应手动操作闭合断开三次。

L.7.2.2.3 验证介电耐受能力

L.7.2.2.2试验后,应按8.3.5.3验证介电耐受能力。

L.7.2.3 不规定OCPD

应按L.7.2.3.1、L.7.2.3.2和L.7.2.3.3进行试验。

L.7.2.3.1 试验程序

试验程序由下列试验组成:

试　验	条　款　号
验证 I_{cc}	L.7.2.3.2
验证介电耐受能力	L.7.2.3.3

L.7.2.3.2 验证 I_{cc}

在预期电流等于CBI的 I_{cc} 时进行试验。

试验应由O—t—CO操作顺序组成,并应按8.3.5.2进行试验,CO操作由CBI闭合进行。

试验时,电流应维持3个周波后,然后断开电源。

每次操作后,CBI应手动闭合和断开三次。

L.7.2.3.3 验证介电耐受能力

L.7.2.3.2试验后,按8.3.5.3验证介电耐受能力。

附 录 M
(规范性附录)
剩余电流装置模块(无内部电流分断装置)

引言

对附录B作必要的改编、修改和补充,使其适用于电流传感器和/或处理器与电流分断装置分开安装的剩余电流装置模块,附录B的条款适用于附录M。

此附录中,“MRCD”(见M.2.2.1)取代附录B中的“CBR”(见B.2.3.1)。

与附录B相关时,引用了附录B相应的条款,在其他情况下,引用了本部分主体部分或GB 14048.1—2006(如适用)的相关条款。

此附录包含了附录B中没有的新增定义和特性,以及相应的要求和试验。例如“B型”剩余电流装置模块MRCD(在直流剩余电流条文中)。

由于本附录所包括的装置不包含电流分断装置,所以附录B中使用的某些惯用语在本附录中作了相应的改写,如“ON位置”用“准备状态”代替,表示“准备操作”。

M.1 适用范围和目的

本附录适用于不含电流分断装置的剩余电流动作装置,以下称作“剩余电流装置模块(MRCD)”,它主要用来与符合本部分的断路器组合使用。

注:它们也可声明适合于与其他电流分断装置组合使用。

它在功能上可与电源有关或无关。

本附录的目的在于规定MRCD需符合的特殊要求。

M.2 定义

附录B的定义适用。

下列新增定义适用于本附录。

M.2.1 有关MRCD激励的定义

M.2.1.1

电源 voltage source

指供给激励量的电源,它可以是:

——线路电压;

——线路电压以外的电压。

M.2.2 有关MRCD动作和功能的定义

M.2.2.1

剩余电流装置模块(MRCD) **Modular Residual Current Device**

由检测和判断剩余电流并控制电流分断装置使触头断开的电流传感器和处理器组成的装置或组合装置。

M.2.2.2 动作时间

M.2.2.2.1

MRCD的动作时间 operating time of an MRCD

剩余电流突然施加时刻与MRCD输出状态改变时刻之间的时间。

M.2.2.2.2

MRCD和配合电流分断装置的全部动作时间(组合时间) total operating time of an MRCD and associated current breaking device

剩余电流突然施加时刻与配合电流分断装置的电弧熄灭时刻之间的时间。

M.2.2.2.3

极限不动作时间 limiting non-operating time

对 MRCD 施加一个大于剩余不动作电流的剩余电流而不使其动作的最大延时时间。

M.2.3

限制剩余短路电流 conditionl residual short-circuit current

GB 14048.1—2006 中 2.5.29 适用，但预期电流是剩余电流。

M.2.4

剩余短时耐受电流 residual short-time withstand current

GB 14048.1—2006 中 2.5.27 适用，但短时耐受电流是剩余电流。

M.3 分类

M.3.1 按一次导线结构分类

M.3.1.1 端子型：具有输入和输出端子和内部一次导线的 MRCD

M.3.1.2 穿线型

M.3.1.2.1 传感器和处理器组合在一起的 MRCD。

M.3.1.2.2 传感器和处理器分开的 MRCD。

M.3.2 按动作方式分类

M.3.2.1 不需要电源的 MRCD(见 M.2.1.1)

M.3.2.2 需要电源的 MRCD

M.3.2.2.1 在电源故障时自动动作。

M.3.2.2.2 在电源故障后不自动动作，但发生剩余电流故障时，能按预期要求动作。

M.3.3 按能否调节剩余动作电流分类

附录 B 中 B.3.2 适用。

M.3.4 按剩余电流的延时功能分类

附录 B 中 B.3.3 适用。

M.3.5 按直流分量出现情况下的性能分类

——AC 型 MRCD(见 M.4.2.2.1)；

——A 型 MRCD(见 M.4.2.2.2)；

——B 型 MRCD(见 M.4.2.2.3)。

M.4 MRCD 特性

M.4.1 一般特性

M.4.1.1 被监控电路特性

M.4.1.1.1 额定频率范围

被监控电路的频率值范围，MRCD 为该电路而设计，并在规定条件下正确动作。

M.4.1.1.2 额定电压(U_n)

由制造商规定的 MRCD 的电压值。

M.4.1.1.3 额定电流(I_n)

M.4.1.1.3.1 端子型

4.3.2.3 适用。

M.4.1.1.3.2 穿线型

制造商规定的 MRCD 的电流值，并按表 M.1h)标志，MRCD 能在规定条件下不间断工作制时监测此电流(见 M.8.6)。

M.4.1.1.4 额定绝缘电压(U_i)

制造商规定的电压,被监控电路相关的介电试验及 MRCD 的爬电距离与该电压有关。

M.4.1.1.5 额定冲击耐受电压(U_{imp})

MRCD 能承受而不损坏的冲击电压峰值,被监控电路相关的电气间隙值与该电压有关。

M.4.1.2 MRCD 电源电压特性

M.4.1.2.1 MRCD 的额定电源电压(U_s)

与 MRCD 的动作功能有关的电源电压值。

M.4.1.2.2 MRCD 电源电压频率额定值

与 MRCD 的动作功能有关的电源电压频率值。

M.4.1.2.3 额定绝缘电压(U_i)

GB 14048.1—2006 中 4.3.1.2 适用。

M.4.1.2.4 额定冲击耐受电压(U_{imp})

GB 14048.1—2006 中 4.3.1.3 适用。

注:在规定的供电电源时,该要求适用于进线连接。

M.4.1.3 辅助触头特性

GB 14048.1—2006 中 4.6 适用。

M.4.2 MRCD 有关其剩余电流功能的特性

M.4.2.1 概述

附录 B.4.2.4 适用,但用"不动作时间"取代"不驱动时间",同时增加下列条文。

制造商应规定剩余电流值等于 $I_{\Delta n}$,$2I_{\Delta n}$,$5I_{\Delta n}$(或 0.25 A,IΔn≤30 mA 时),$10I_{\Delta n}$(或 0.5 A,$I_{\Delta n}$≤30 mA时)时,MRCD 的动作时间最大值。

非延时型 MRCD 的最大组合时间应符合表 B.1,具有极限不动作时间 0.06 s 的延时型 MRCD 应符合附录 B 中表 B.2。

$I_{\Delta n}$≤30 mA 的 MRCD 应是非延时型。它们应只用于特定的电流分断装置。

M.4.2.2 具有直流分量剩余电流情况的动作特性

M.4.2.2.1 AC 型 MRCD

B.4.4.1 适用。

M.4.2.2.2 A 型 MRCD

B.4.4.2 适用。

M.4.2.2.3 B 型 MRCD

MRCD 在下列情况下应确保动作:

——正弦交流剩余电流;

——脉动直流剩余电流;

——脉动直流剩余电流叠加 6 mA 平滑直流;

——由整流电路产生的剩余电流,即:

- 产生平滑直流的带电容负载的单相连接;
- 线-线双脉动桥形连接;
- 三脉动星形连接或六脉动桥形连接。

施加剩余电流时,无论突然施加还是缓慢上升,可有或无相角控制,并与极性无关。

M.4.3 在短路条件下的性能

M.4.3.1 额定限制短路电流(I_{cc})

GB 14048.1—2006 中 4.3.6.4 适用。

M.4.3.2 额定限制剩余短路电流($I_{\Delta c}$)

GB 14048.1—2006 中 4.3.6.4 适用。

M.4.3.3 额定短时耐受电流(I_{cw})

GB 14048.1—2006 中 4.3.6.1 适用。

M.4.3.4 峰值耐受电流

GB 14048.1—2006 中 2.5.28 适用于 MRCD 的一次电路。

M.4.3.5 额定剩余短时耐受电流($I_{\Delta w}$)

MRCD 的额定剩余短时耐受电流是制造商规定的，在本部分规定的试验条件下能承载而不引起损坏的剩余短时耐受电流值。

M.4.4 优选和极限值

M.4.4.1 额定剩余动作电流($I_{\Delta n}$)的优选值

B.4.2.1 适用。

M.4.4.2 额定剩余不动作电流的最小值($I_{\Delta no}$)

B.4.2.2 适用。

M.4.4.3 在多相电路中单相负载情况下的不动作过电流的极限值

B.4.2.3 适用。

M.4.4.4 MRCD 额定电源电压的优选值

4.5.1 适用。

M.5 产品信息

MRCD，处理器或传感器(如适用)应提供表 M.1 所列信息。任何标志应耐久。标志应在 MRCD 本体上或在一块或几块铭牌上。

表 M.1 产品信息

信息	符号	位置(注 1)	单个装置	分开的装置	
				传感器	处理器
a) 制造商名称商标		标志	a	a	a
b) 型号或系列号		标志	a	a	a
c) GB 14048.2		标志	a		a
d) 额定电源电压	U_s	标志	a		a
e) 被监控电路额定电压	U_n	标志	a	a	
f) 额定电源电压频率		技术文件			
g) 被监控电路额定频率		技术文件			
h) 被监控电路最大额定电流	I_n	可见	a	a	a(见注 2)
i) 额定剩余动作电流数值或范围(如适用)	$I_{\Delta n}$	可见	a		a)
j) 额定剩余不动作电流，如果不同于 $0.5I_{\Delta n}$	$I_{\Delta no}$	技术文件			
k) $6I_n$ 时最小剩余电流整定值(对分开传感器 MRCD)		技术文件			
l) 额定限制短路电流和/或额定短时耐受电流，和额定限制剩余短路电流	I_{cc} I_{cw} $I_{\Delta c}$	技术文件			
m) 电源的 U_{imp}	U_{imp}	技术文件			
n) 被监控电路的 U_{imp}	U_{imp}	标志	a	a	
o) IP 代码(如适用)(见 GB 14048.1—2006 的附录 C)	IPXX	技术文件			
p) 使用位置和安装注意事项		技术文件			

表 M.1（续）

信　　息	符　号	位置（注 1）	单个装置	分开的装置	
				传感器	处理器
q）输出特性和/或规定的电流分断装置					
r）在有或无直流分量剩余电流情况下的动作特性		可见	[a]		[a]
s）对延时型，$2I_{\Delta n}$时的极限不动作时间（值或范围）（如适用）	Δt 或 S	可见	[a]		
t）试验按钮	T	可见	[a]		[a]
u）接线图		技术文件			
[a] 技术文件/标志适用					
注 1：可见——标志在装置上，安装后可见。 技术文件——在制造商的产品目录或说明书中给出。 标志——标志在产品上，但在安装后不必可见。 注 2：仅在剩余电流标志为 I_n 的%数时需要。					

制造商应规定：

——对分离的传感器，传感器的详情包括连接至处理器的条件（电缆型式，长度等）；

——对穿线型 MRCD，导线孔的尺寸和贯穿导线相对传感器的位置；

——对于端子型 MRCD。可连接的导线最大截面积；

——对于所有型式，应考虑邻近导线的距离；

——对于所有型式，处理器和电流分断装置之间连接所遵守的条件；

——对于所有型式，与 MRCD 配合的 SCPD，以达到额定限制短路电流或额定限制剩余短路电流；

——对于非延时型，与 MRCD 配合的能满足表 B.1 中的最大组合时间的电流分断装置；

——对极限不驱动时间为 0.06 s 的延时型，与 MRCD 配合的能满足表 B.2 的组合时间的电流分断装置。

M.6　正常使用、安装和运输条件

第 6 章适用。

M.7　设计和动作要求

M.7.1　设计要求

应不能改变 MRCD 的动作特性，除非借助于为整定剩余动作电流或定时限延时提供的专用工具。

注：MRCD 可装备指示输出状态装置。

M.7.2　动作要求

M.7.2.1　在剩余电流情况下的动作

B.7.2.1 适用。

按 M.8.3 试验检测是否符合要求。

M.7.2.2　短路条件下的运行

MRCD 应有一个额定限制短路电流（I_{cc}）或一个额定短时耐受电流（I_{cw}），或二者兼有。它们也应有一个额定限制剩余短路电流（$I_{\Delta c}$）或一个额定剩余短时耐受电流（$I_{\Delta w}$），或二者兼有。

MRCD 应符合 M.8.14 的有关试验。

M.7.2.3 机械和电气寿命

MRCD应符合M.8.11的试验。

M.7.2.4 环境条件的影响

MRCD应符合M.8.15的试验。

M.7.2.5 介电性能

MRCD应能承受由制造商按GB 14048.1—2006中7.2.3规定的冲击耐受电压。

MRCD应符合M.8.4的试验。

被监控电路带电部件至下列部件的电气间隙：

——MRCD的带电部件；

——预期接地的部件；

——对端子型MRCD，电流路径间的电气间隙。

应承受GB 14048.1—2006表12中按额定冲击耐受电压对应的试验电压。

M.7.2.6 试验按钮(装置)

MRCD应具有一个试验装置来模拟一个剩余电流通过电流检测装置，以便定期地检查MRCD的动作性能。

试验装置应满足M.8.5的试验。

当操作试验装置时，保护导体(如适用)不能带电。

试验装置的操作工具上应标有字母"T"，其颜色不能用红色也不能用绿色，最好采用淡颜色。

注：试验装置只是用来检查脱扣功能，而不是按额定剩余动作电流值和断开时间来校核其功能的有效性。

M.7.2.7 在单相负载情况下的不动作过电流值

MRCD应符合M.8.6试验。

M.7.2.8 在冲击电压引起的浪涌电流的情况下，MRCD抗误脱扣的性能

MRCD应承受M.8.7试验。

M.7.2.9 A型和B型MRCD在接地故障电流含有直流分量情况下的性能

A型和B型MRCD应符合M.8.8试验(如适用)。

M.7.2.10 需要电源的MRCD的要求

功能上与电源有关的MRCD在(0.85～1.1)U_s值之间的任何电压时应正确动作(见M.2.1.1和M.4.1.2.1)。

按MRCD分类，功能上与电源有关的MRCD应符合表M.2给出的要求。

表M.2 需要电源的MRCD的要求

按M.3.2.2MRCD的分类	电源故障时的性能
在电源故障(M.3.2.2.1)时无延时自动动作的MRCD	按M.8.12无延时动作
在电源故障(M.3.2.2.1)时延时自动动作的MRCD	按M.8.12延时动作
在电源故障时不能自动动作，但在发生剩余电流故障时能按预期要求动作的MRCD(M.3.2.2.2)	按M.8.13动作

M.7.2.11 端子型MRCD的温升

M.7.2.11.1 概述

端子型MRCD各部件的温升应不超过GB 14048.1—2006中7.2.2规定的值。

M.7.2.11.2 周围空气温度

GB 14048.1—2006表2和表3给定的温升极限仅适用于周围空气温度保持在M.6给定的极限之间。

M.7.2.11.3 端子型MRCD主电路

MRCD的与被监控电路连接的主电路，应能承受M.4.1.1.3规定的额定电流，温升不超过GB 14048.1—2006中表2和表3给出的极限值。

M.7.2.12 电磁兼容(EMC)

附录J的要求适用于MRCD的传感器和处理器,按制造商说明书进行接线。

试验按M.8.16进行。

电压变化抗扰度包括在M.7.2.10的要求中。

M.7.2.13 在传感器连接故障情况下MRCD的性能

对带分离传感器的MRCD,若传感器断线则:

——MRCD应动作,或

——MRCD应发出信号指示传感器断线,或

——应能通过操作试验按钮检验断线。

通过M.8.9的试验来验证是否符合要求。

M.7.2.14 MRCD在额定频率时的性能

MRCD应在其额定频率范围内正确动作。

通过M.8.3.3和M.8.5的试验来验证是否符合要求。

M.8 试验

M.8.1 概述

本附录规定的试验为:

——型式试验:见M.8.1.1;

——常规试验:见M.8.1.2。

M.8.1.1 型式试验

型式试验分组程序示于表M.3中。

表M.3 试验程序

程 序		
MⅠ	动作特性	M.8.3
	介电试验	M.8.4
	在额定电压极限时试验装置的动作	M.8.5
	过电流时不动作的电流极限值	M.8.6
	抗冲击电压引起的浪涌电流导致的误动作	M.8.7
	在接地故障电流含有直流分量时的性能	M.8.8
	传感器连接故障情况下的性能	M.8.9
	温升	M.8.10
	机械和电气寿命	M.8.11
	按M.3.2.2.1分类的MRCD在电源故障时的性能	M.8.12
	按M.3.2.2.2分类的MRCD在电源故障时的性能	M.8.13
MⅡ	MRCD在短路条件下的性能	M.8.14
MⅢ	环境条件的影响	M.8.15
MⅣ	电磁兼容(EMC)	M.8.16

在具有多个剩余动作电流整定值的MRCD的情况下,试验在最小整定值时进行,另有规定者除外。

在具有可调延时MRCD(见B.3.3.2.2)情况下,试验在最大整定值时进行,另有规定者除外。

与分断装置组合的脱扣器(如有)应施加其最低额定电压。

MⅠ、MⅡ、MⅢ的每一试验程序用一台样品进行试验。

对程序 MⅣ，每个试验项目可用一台新样品，或在制造商要求时，几个试验可在一台样品上进行。

除非另有规定，每项型式试验（或型式试验程序）在新的、清洁的 MRCD 上进行，其影响量应为基准值。

MRCD 应按制造商说明书在自由空气中单独安装，除非另有规定。周围温度应在 15 ℃～30 ℃之间，除非另有规定，连接和安装应符合制造商的说明书。

M.8.1.2　常规试验

8.4.4 适用。

M.8.2　符合结构要求

GB 14048.1—2006 中 8.2 适用，但尽量考虑本部分 7.1 的要求。

试验程序 MⅠ

M.8.3　验证动作特性

M.8.3.1　概述

MRCD 应按照制造商说明书装配、安装和接线。除非另有规定，MRCD 与一台制造商规定的，模拟输出电路正常使用条件的试验装置连接（例如接至一台断路器），以便验证输出状态的变化和组合时间（见 M.2.2.2.2）。

M.8.3.2　不需要电源的 MRCD 的试验条件

B.8.2.2 适用。

M.8.3.3　需要电源的 MRCD 的试验条件

试验应在下列电压下进行：

——对 M.8.3.4 和 M.8.3.5.2 规定的试验，最低额定电源电压的 0.85 倍；

——对 M.8.3.5.3 规定的试验，最高额定电源电压的 1.1 倍。

额定频率具有一范围的 MRCD 应在最高和最低频率下进行试验。但是对额定值为 50 Hz 和60 Hz 的 MRCD，在 50 Hz 或 60 Hz 的试验认为覆盖了两个频率。

M.8.3.4　在 20 ℃±5 ℃时的空载试验

M.8.3.4.1　概述

按图 M.1、图 M.2 或图 M.3 连接，MRCD 应符合 M.8.3.4.2、M.8.3.4.3 和 M.8.3.4.4 以及 M.8.3.4.5（如适用）的试验，所有试验在一个单独的电流路径进行，每项试验应进行 3 次测量（如适用）。

除非另有规定：

——剩余电流动作整定值连续可调或分档整定的 MRCD，试验应在最大和最小整定值以及一个中间整定值时进行。

——延时可调型 MRCD，其延时应整定在最小值。

M.8.3.4.2　验证在剩余电流平稳上升情况下的动作（见图 M.1）

试验开关 S_1 和 S_2 以及 S_a（如有）应处于闭合位置，MRCD 处于准备操作，剩余电流从不大于$0.2I_{\Delta n}$ 开始平稳上升，在 30 s 左右升至 $I_{\Delta n}$。测量 3 次引起输出状态变化的电流。

所测出的 3 个值应在额定剩余不动作电流 $I_{\Delta no}$ 和 $I_{\Delta n}$ 之间。

M.8.3.4.3　验证在闭合剩余电流情况下的动作（见图 M.2）

MRCD 连接至制造商规定的分断装置，并安装于被监控电路。这种装置的特性应载于试验报告中。

试验电路应调整到剩余动作电流额定值 $I_{\Delta n}$（或每个剩余动作电流整定值，如有），试验开关 S_2 和分断装置闭合，开关 S_1 和 S_a（如有）应同时闭合。组合时间测量 3 次。

测量值应不超过 M.4.2 中对 $I_{\Delta n}$ 规定的极限值。

M.8.3.4.4　验证在剩余电流突然出现情况下的动作（见图 M.2 和图 M.3）

MRCD 连接到 M.8.3.1 规定的试验装置。

试验电路应调节到 M.4.2 规定的每个剩余动作电流值 I_{Δ}，试验开关 S_1 和 S_a（如有）以及试验装置均处于闭合位置，MRCD 准备动作，闭合试验开关 S_2 突然施加剩余电流。

对每个 I_{Δ} 值，测量 3 次动作时间和组合时间（如有）。

——动作时间不应超过制造商规定的值；

——组合时间不应超过 M.4.2 规定的极限值。

M.8.3.4.5　验证延时型 MRCD 的极限不动作时间（见图 M.3）

MRCD 连接到 M.8.3.1 规定的试验装置。

试验电路应调节到 $2I_{\Delta n}$ 值，试验开关 S_1 和 S_a（如有）处于闭合位置，MRCD 准备动作，闭合试验开关 S_2 施加剩余电流，时间等于制造商提供的符合 M.4.2 的极限不动作时间。

试验做 3 次，MRCD 应不动作。

若 MRCD 有可调电流整定值和/或可调延时（如有），在最小剩余动作电流整定值和在最大及最小延时整定值时进行试验（如适用）。

M.8.3.5　极限温度下的试验

M.8.3.5.1　概述

B.8.2.5 适用。

M.8.3.5.2　在 −5 ℃ 的无负载试验

B.8.2.5.1 适用，但按 M.8.3.4.4 和 M.8.3.4.5 试验（如适用）。

M.8.3.5.3　在 +40 ℃ 时的负载试验

B.8.2.5.2 适用。

在达到热平衡状态后，MRCD 应承受 M.8.3.4.4 和 M.8.3.4.5（如适用）所述的试验。

M.8.4　介电性能验证

M.8.4.1　验证额定冲击耐受电压

M.8.4.1.1　概述

MRCD 应符合 M.7.2.5 规定的要求。试验应在所有的辅助触头位置进行。

试验应符合 GB 14048.1—2006 中 8.3.3.4 要求，但增补如下。

M.8.4.1.2　验证与被监控电路有关的额定冲击耐受电压

M.8.4.1.2.1　端子型 MRCD 试验

试验按 GB 14048.1—2006 中 8.3.3.4.1 2）进行，施加 M.7.2.5 规定的试验电压。

M.8.4.1.2.2　穿线型 MRCD 的试验

试验在传感器上进行，传感器按制造商说明书安装，无绝缘母排穿过传感器。

M.7.2.5 规定的试验电压按下列方式施加：

a)　如果传感器是分离的，所有连接在一起的被监控电路母排与安装板之间；

b)　如果传感器是组合的，所有连接在一起的被监控电路母排与处理器外壳或其安装板之间；

c)　每条辅助电路与

——被监控电路之间；

——MRCD 的外壳或安装板之间。

M.8.4.1.3　验证电源电路的额定冲击耐受电压（如适用）

如果电源电路直接由被监控电路供电，则试验按 M.8.4.1.2.1 进行。

如果电源电路不是由被监控电路供电，GB 14048.1—2006 表 12 规定的试验电压按下列方式施加：

a)　连接在一起的所有电源电路的电源端子与 MRCD 的外壳或安装板之间；

b)　电源电路的每个电源端子与连接在一起的其他电源端子之间，其他电源端子与 MRCD 的外壳或安装板连接。

M.8.4.2 连接至被监控电路的任何电路承受绝缘测量产生的直流电压的能力

在工作时不能断开的 MRCD 是否需验证正在考虑中。

M.8.5 验证在额定电压极限值下试验装置的动作

B.8.4 适用，用额定电源电压代替额定电压。MRCD 应与 M.8.3.1 规定的试验装置组合在一起试验。

M.8.6 验证在单相负载过电流情况下不动作电流极限值

MRCD 按图 M.4a)、图 M.4b)或图 M.4c)(如适用)进行连接，尤其要注意穿线型的导线应按制造商的说明书定位。开关 S_1 打开，然后开关 S_a(如适用)闭合，施加电压 U_s。

在 $6I_n$ 时按 B.8.5 进行试验。对于带分离传感器的 MRCD，试验应在制造商宣布的最小剩余电流整定值下进行。

MRCD 应不发生状态的改变。

M.8.7 抗冲击电压引起的涌流而产生的误动作性能

M.8.7.1 概述

对于带可调延时的 MRCD，其延时应整定在最小值。

M.8.7.2 验证在电网电容负载情况下抗误动作性能

B.8.6.1 适用，用图 M.5 代替图 B.5。

MRCD 应不发生状态改变。

M.8.7.3 验证在闪流无后续电流情况下抗误动作性能

B.8.6.2 适用，但用图 M.6 代替图 B.7。

MRCD 应不发生状态的改变。

M.8.8 验证在接地故障电流含有直流分量情况下的性能

M.8.8.1 概述

M.8.3.1、M.8.3.2 和 M.8.3.3 的试验条件适用。

M.8.8.2 A 型 MRCD

M.8.8.2.1 概述

A 型 MRCD 应承受 M.8.8.2.2～M.8.8.2.5 的试验。

对于与电源有关的 MRCD，试验在 1.1 和 0.85 倍额定电源电压(U_s)下进行。

M.8.8.2.2 验证在剩余脉动直流连续上升情况下的动作

B.8.7.2.1 适用，但用图 M.7 代替图 B.8。

开关 S_1、S_2 和 S_a(如适用)闭合，MRCD 准备动作。

M.8.8.2.3 验证在剩余脉动直流突然出现情况下的动作

B.8.7.2.2 适用，但修改如下：

试验电路应符合图 M.8 和图 M.9(如适用)。

验证分两步进行：

——对第 1 步，MRCD 连接到指示输出状态改变的测量仪器；

——对第 2 步，MRCD 连接到一个制造商规定的分断装置，并安装于被监控电路，此分断装置的特性应载于试验报告中。

开关 S_1 和 S_a(如适用)处于闭合位置，MRCD 准备动作，闭合开关 S_2 突然施加剩余电流。

试验在每一个规定的剩余电流值时进行。

——对于第 1 步，所测得的动作时间不应超过制造商对单个 MRCD 响应时间所指定的值；

——对于第 2 步，组合时间值(如适用)不应超过 M.4.2.1 中规定的极限值。

M.8.8.2.4 验证在基准温度下带负载的动作

MRCD 的被试电流路径和另一电流途径施加额定电流负载，重复 M.8.8.2.2 试验，额定电流负载在试验前不久接通。

注：额定电流负载电路在图 M.7c)中未示出。

M.8.8.2.5 验证在剩余脉动直流叠加 6 mA 平滑直流情况下的动作

B.8.7.2.4 的试验适用，但作如下修改：

试验电路应符合图 M.10a)、图 M.10b) 或图 M.10c)（如适用)。

M.8.8.3 B 型 MRCD

M.8.8.3.1 概述

除 M.8.3.4 和 M.8.3.5 规定的试验外，B 型 MRCD 应符合 M.8.8.3.2 到 M.8.8.3.6 的试验。对于需要电源的 MRCD，这些试验应在 1.1 和 0.85 倍额定电源电压时进行。

M.8.8.3.2 验证剩余平稳直流缓慢上升情况下的动作

试验电路应按图 M.11，开关 S_1，S_2 和 S_a（如适用)处于闭合位置。每一电流路径在 S_3 的位置Ⅰ和位置Ⅱ各试验 2 次。

剩余电流从零开始在 30 s 内平稳增加到 $2I_{\Delta n}$。应在 0.5 和 $2I_{\Delta n}$之间动作。

M.8.8.3.3 验证剩余平稳直流突然出现情况下的动作

试验电路应符合图 M.12、图 M.13。

验证分 2 步进行：

——第 1 步，MRCD 接至指示输出状态的测量装置；

——第 2 步，MRCD 接至制造商规定的电流断开装置，并安装于被监控电路。电流断开装置特性应在试验报告中给出。

电路依次调整到下面规定的数值。辅助开关 S_1 或 S_a（如适用)处于闭合位置，MRCD 处于准备动作位置，闭合开关 S_2，突然施加剩余电流。

在表 B.1 规定的每个剩余电流值下进行试验，但电流值应乘以 2。

对每个值测量二次动作时间，第一次测量时，辅助开关 S_3 处于位置Ⅰ，第二次测量时，S_3 处于位置Ⅱ。

——对第 1 步，测量值不应超过制造商对单个 MRCD 规定的动作时间值；

——对第 2 步，组合时间(如适用)不应超过 M.4.2.1 中规定的极限值。

M.8.8.3.4 验证在三脉动星形连接或六脉动桥形连接电路中由故障引起的剩余电流缓慢上升情况下的动作

试验电路应按图 M.14，开关 S_1 和 S_2 以及 S_a（如适用)处于闭合位置，试验进行 2 次。

对每个试验，电流从零开始在 30 s 内平稳增加到 $2I_{\Delta n}$。动作应发生在 $0.5I_{\Delta n}$和 $2I_{\Delta n}$之间。

M.8.8.3.5 验证在双脉冲桥形连接(线-线)电路中由故障引起的剩余电流缓慢上升情况下的动作

试验电路应按图 M.15 进行，开关 S_1 和 S_2 以及 S_a（如适用)处于闭合位置。试验应在 MRCD 的传感器电流路径的所有配对组合下进行。

对每次试验，电流从零开始在 30 s 内平稳增加到 $1.4I_{\Delta n}$。动作应发生在 $0.5I_{\Delta n}$和 $1.4I_{\Delta n}$之间。

注 1：为简化由双脉动桥形连接(线-线)或三脉动星形连接或六脉动桥式连接电路故障引起的剩余电流试验，动作验证仅在剩余电流缓慢上升，控制角 $\alpha=0°$时进行。

注 2：为简化由三相整流电路故障引起的剩余电流试验，动作验证仅在三脉动星形连接进行。

M.8.8.3.6 验证在基准温度下带负载的动作

MRCD 被试的电流路径和另一电流路径通以额定电流负载，重复 M.8.8.3.2、M.8.8.3.4 和 M.8.8.3.5的试验。

M.8.9 验证带分离传感器的 MRCD 在传感器连接故障时的特性

M.8.9.1 概述

对于额定电源电压有一个范围的 MRCD，应根据制造商的说明书，按 M.8.9.2 或 M.8.9.3(如适用)对每个额定值进行试验。

M.8.9.2 试验方法 1

MRCD应接至外部传感器,并依次施加每个额定电压,如图M.16所示。传感器应无故障电流流过,并不应驱动试验电路。

传感器断开,MRCD应动作或提供一个指示传感器断开的信号。

测量传感器断开和输出状态改变之间的时间间隔。

进行三次测量,测量值不应超过5 s。

M.8.9.3 试验方法 2

试验如下进行:

a) 驱动试验装置,MRCD应动作;

b) 传感器断开,驱动试验装置,MRCD应不动作。

M.8.10 验证端子型MRCD的温升

M.8.10.1 概述

除非另有规定,MRCD应用适当的导线连接,其截面在GB 14048.1—2006表9、表10和表11中规定,并应固定在一块厚约20 mm、涂有无光泽黑漆的层压木板上。

试验应在防止外部非正常加热或冷却的大气中进行。

M.8.10.2 周围空气温度

GB 14048.1—2006中8.3.3.3.1适用。

M.8.10.3 试验程序

试验按GB 14048.1—2006中8.3.3.3.4在额定电流I_n下进行。

在试验期间,温升不应超过GB 14048.1—2006中表2和表3的值。

M.8.11 验证机电寿命

MRCD输出需承受机电寿命试验,包括:

——500次空载操作,由试验装置控制操作;

——500次空载操作,在一条电流路径通以额定剩余动作电流$I_{\Delta n}$进行操作;

——500次有载操作,由试验装置控制操作;

——500次有载操作,在一条电流路径通以额定剩余动作电流$I_{\Delta n}$进行操作。

有载试验在制造商规定的相当于额定输出的电路中进行。

试验后,MRCD应无妨碍其继续使用的损坏。其输出在断开位置应能承受两倍制造商规定的最高额定电压。

注1:如果输出为特殊负载,并且没有额定输出电压,则本验证不适用。

若MRCD具有一个以上输出额定值,进行以下两试验:

——在最大额定电流时的相应电压的试验;

——在最高额定电压时的相应电流的试验。

MRCD应能很好地完成B.8.10.3.2中规定的试验。

注2:如果MRCD有相应于符合GB 14048.5—2001 AC15额定值的输出,则不必进行本条款的试验。

M.8.12 验证按M.3.2.2.1分类的MRCD在其电源故障情况下的性能

M.8.12.1 概述

对可调剩余动作电流MRCD,试验应在最小整定值时进行。

对可调延时MRCD,试验在任一延时整定值进行。

施加电压为额定电源电压(U_s)。

对额定电源电压有一个范围的MRCD,试验应在电压范围的最大和最小值时进行。

M.8.12.2 确定电源极限值

试验按 B.8.8.1 进行，但用“电源”代替“线电压”，“电源端子”代替“线电压端子”。

M.8.12.3 在电源故障时自动断开的验证

试验按 B.8.8.2 进行，但用“电源”代替“线电压”，“电源端子”代替“线电压端子”，在此情况下应测量电源断开和输出状态改变之间的时间间隔。

进行 3 次测量：

——对瞬动 MRCD，测量值不应超过 1 s；

——对延时 MRCD，测量值不应超过 1 s 加整定延时时间。

M.8.13 验证按 M.3.2.2.2 分类的需要电源的 MRCD 在电源故障时的性能

B.8.9 的条款适用于电源为被监控电路线电压的情况。在电源不同于线电压的情况，须进行如下试验。

对可调剩余动作电流的 MRCD，试验应在最小整定值时进行。

对可调延时的 MRCD，试验在任一延时整定值时进行。

MRCD 按图 M.3 连接，施加其额定电压，或在有一个额定电压范围时，施加最低额定电压。

然后断开 S_a 或 S_1(如有)切断电源，MRCD 应不动作。

S_a 或 S_1(如有)重新闭合，其电压降至最低额定电压的 70%。然后闭合 S_2 施加额定剩余电流 $I_{\Delta n}$，MRCD 应动作。

试验程序 MⅡ

M.8.14 验证 MRCD 在短路条件的性能

M.8.14.1 概述

因为 MRCD 不是一个开关电器，在其按 M.8.14.3 和 M.8.14.5 与一个规定的 SCPD 试验后，可认为也覆盖了与其他较低峰值电流和较低 I^2t 的 SCPD 的试验。

M.8.14.2 试验的一般条件

M.8.14.2.1 试验电路

GB 14048.1—2006 中 8.3.4.1.2 适用，但用图 M.17、图 M.18 和图 M.19 取代图 9、图 10、图 11、图 12。

对短时耐受电流试验，SCPD 应省略。

M.8.14.2.2 试验量的允差

GB 14048.1—2006 表 8 适用。

M.8.14.2.3 试验电路的功率因数

表 11 适用。

M.8.14.2.4 工频恢复电压

GB 14048.1—2006 中 8.3.2.2.3a)适用。

M.8.14.2.5 试验电路的校正

SCPD 和 MRCD，如为端子型，用阻抗与试品相比，阻抗可忽略的临时连接导线代替。对其他 MRCD，穿过传感器的导线为校正电路的一部分。

对于在额定限制短路电流 I_{cc} 时的试验，电阻 R 和电抗 L 调整至在试验电压下，规定功率因数时获得等于 I_{cc} 的电流，试验电路应在各极同时通电。

对于在额定限制剩余短路电流 $I_{\Delta c}$ 下的试验，附加阻抗 Z 用于获得需要的电流值。

M.8.14.2.6 试验时 MRCD 的状态

MRCD 的连接和固定应符合制造商说明书。

特别是对于穿线型 MRCD，穿过传感器导线的安装情况。

MRCD 应安装在金属板上。

M.8.14.2.7 MRCD 在试验后的状态

在 M.8.14.3,M.8.14.4 和 M.8.14.5 每项试验后,MRCD 应无妨碍其继续使用的损坏,端子型 MRCD 应在 8.3.3.5 条件下应能承受其额定电压两倍的电压。

MRCD 应完满地完成 B.8.10.3.2 和 M.8.12.3(如适用)规定的试验,仅限一次测量。

M.8.14.3 验证额定限制短路电流(I_{cc})

M.8.14.3.1 概述

如果配合用 SCPD 的允通峰值电流和允通能量低于相应于额定短时耐受电流 I_{cw} 的峰值电流和允通能量,则不必进行本试验。

M.8.14.3.2 试验条件

用 SCPD 和端子型 MRCD(如适用)取代阻抗可忽略的导线。

M.8.14.3.3 试验程序

施加额定电源电压(如适用)。

完成如下操作顺序:

$$O—t—O$$

M.8.14.3.4 MRCD 在试验时的性能

MRCD 在试验时可动作。

M.8.14.4 验证额定短时耐受电流(I_{cw})

GB 14048.1—2006 中 8.3.4.3 适用一次电路。

试验可在任何方便的电压时进行。试验时,图 M.17、图 M.18 和图 M.19 的 SCPD 应省去。

M.8.14.5 验证额定限制剩余短路电流($I_{\Delta c}$)

M.8.14.5.1 概述

如果配合用 SCPD 的允通峰值电流和允通能量低于相应于额定剩余短时耐受电流 $I_{\Delta w}$ 的峰值电流和允通能量,则不必进行本试验。

M.8.14.5.2 试验条件

MRCD 应在 M.8.14.2.1 所述条件下进行试验,但应这样连接,使得短路电流是一个剩余电流。对于剩余短路试验,导线 B(图 M.17、图 M.18 和图 M.19 中用虚线表示)代替通过传感器的导线(位于 X 和 Y 之间)。

本试验在一条电流路径进行。

用 SCPD 和 MRCD(如适用)取代阻抗可忽略的导线。

M.8.14.5.3 试验程序

执行如下顺序,不需与电压波同步:

$$O—t—O$$

M.8.14.5.4 MRCD 在试验时的性能

MRCD 在试验时可动作。

M.8.14.6 验证额定剩余短时耐受电流($I_{\Delta w}$)

M.8.14.4 适用,但 MRCD 的连接应使得短路电流是一个剩余电流。

试验程序 MⅢ

M.8.15 验证环境条件的影响

B.8.11 的试验条件适用。

试验结束时,MRCD 应能完满地完成 B.8.10.3.2 规定的试验。

试验程序 MⅣ

M.8.16 验证电磁兼容

M.8.16.1 抗扰度试验

M.8.16.1.1 概述

B.8.12.1 适用,需要时,用“MRCD”代替“CBR”,但试验后的验证应测量在 $I_{\Delta n}$ 时的动作时间(见

M.2.2.2.1),此时间不应超过制造商规定的值(见 M.4.2),验证试验电路应符合图 M.3。

M.8.16.1.2 静电放电

B.8.12.1.2 适用,但增加 M.8.16.1.1 的规定。

M.8.16.1.3 射频电磁场辐射

B.8.12.1.3 适用,但增加 M.8.16.1.1 所给规定。

试验装置应符合图 J.4 和图 M.20(对带分离传感器的 MRCD)。

M.8.16.1.4 电快速瞬变/脉冲群(EFT/B)

B.8.12.1.4 适用,但增加 M.8.16.1.1 的规定。

试验装置应符合图 J.5、图 J.6 及图 M.21(对带分离传感器的 MRCD)。

M.8.16.1.5 浪涌

B.8.12.1.5 适用,但增加 M.8.16.1.1 的规定。

M.8.16.1.6 射频场感应的传导骚扰(共模)

B.8.12.1.6 适用,但增加 M.8.16.1.1 的规定。

试验装置应符合图 M.22(对带分离传感器的 MRCD)。

如果由于耦合去耦网络对 MRCD 的影响,正常功能不能实现时,可采用电磁耦合夹。

M.8.16.2 发射试验

B.8.12.2 适用。

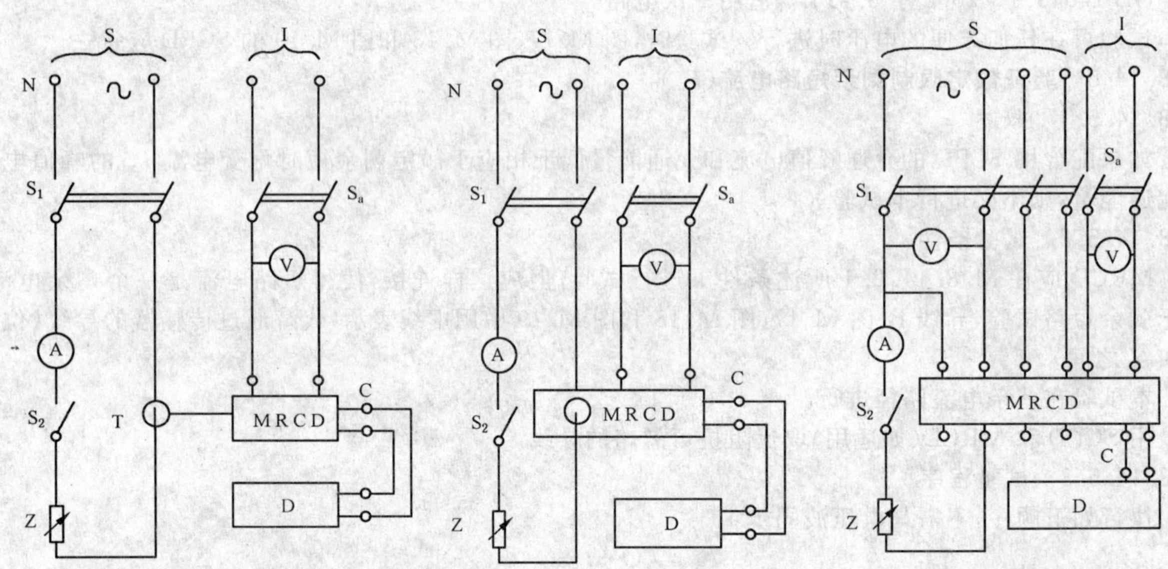

a) 带分离传感器的 MRCD　　b) 带内置传感器的 MRCD　　c) 端子型 MRCD

S——电源;

I——独立电源(如适用);

V——电压表;

A——电流表;

S_1——多极开关;

S_2——单极开关;

S_a——辅助开关;

Z——可变阻抗;

T——传感器;

C——输出电路;

D——指示状态改变的装置。

图 M.1 验证在剩余电流平稳上升情况下动作特性的试验电路

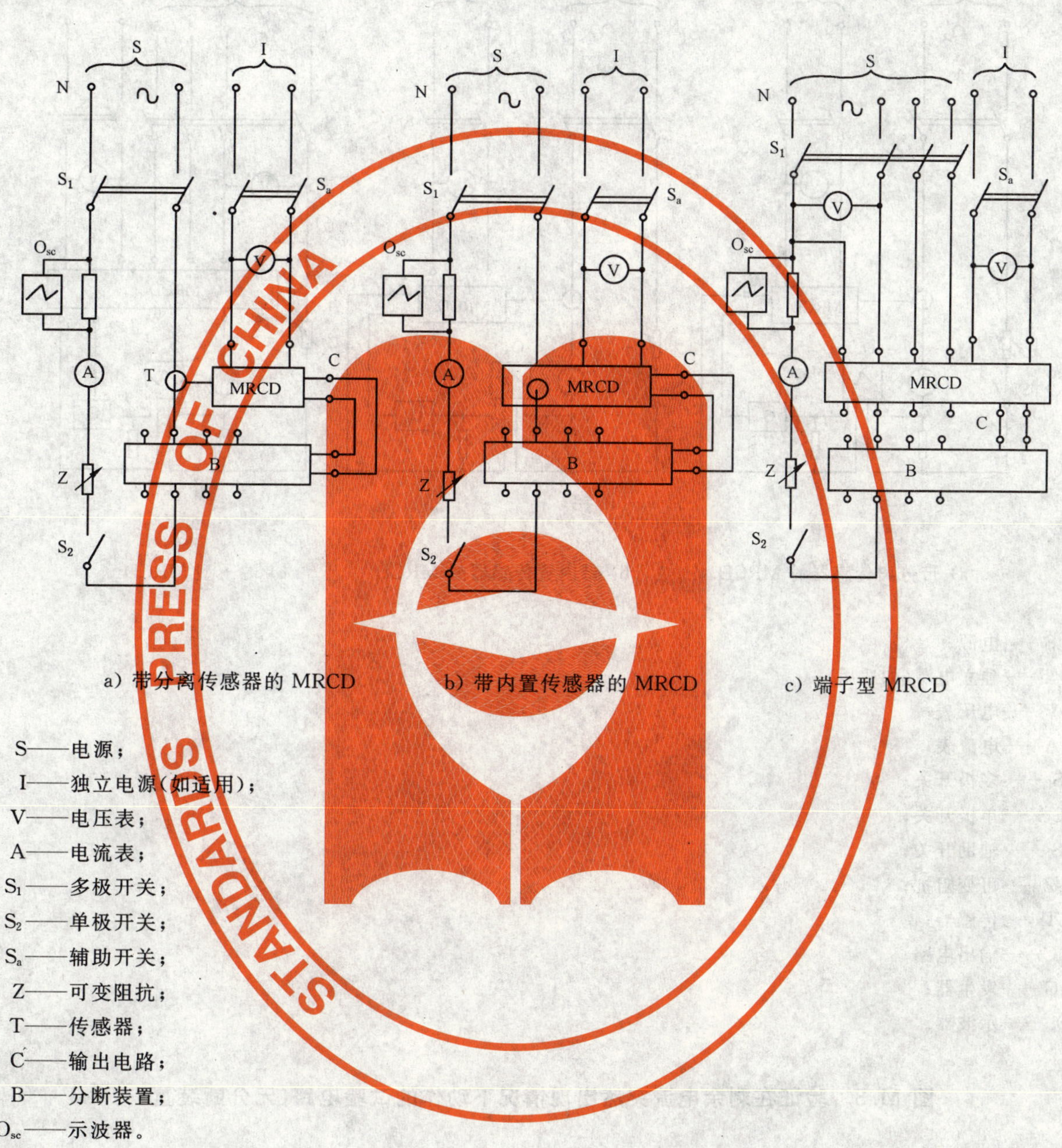

a）带分离传感器的 MRCD　　b）带内置传感器的 MRCD　　c）端子型 MRCD

S——电源；

I——独立电源（如适用）；

V——电压表；

A——电流表；

S_1——多极开关；

S_2——单极开关；

S_a——辅助开关；

Z——可变阻抗；

T——传感器；

C——输出电路；

B——分断装置；

O_{sc}——示波器。

图 M.2　验证在剩余电流突然出现情况下动作的试验电路（带分断装置）

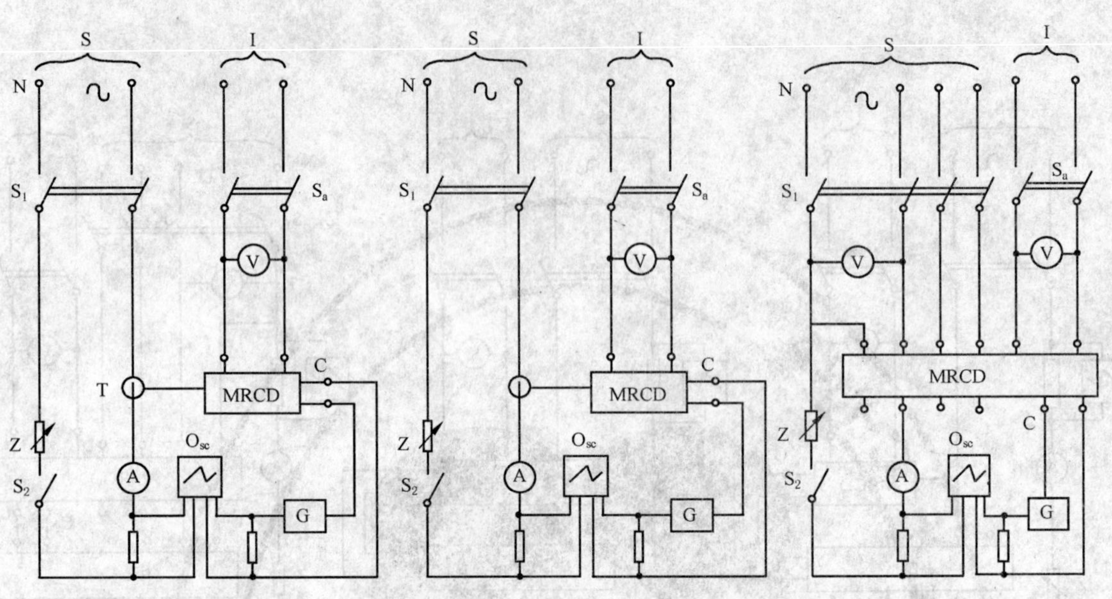

a) 带分离传感器的 MRCD　　b) 带内置传感器的 MRCD　　c) 端子型 MRCD

S——电源；
I——独立电源(如适用)；
V——电压表；
A——电流表；
S_1——多极开关；
S_2——单极开关；
S_a——辅助开关；
Z——可变阻抗；
T——传感器；
C——输出电路；
G——发生器；
O_{sc}——示波器。

图 M.3　验证在剩余电流突然出现情况下动作的试验电路(无分断装置)

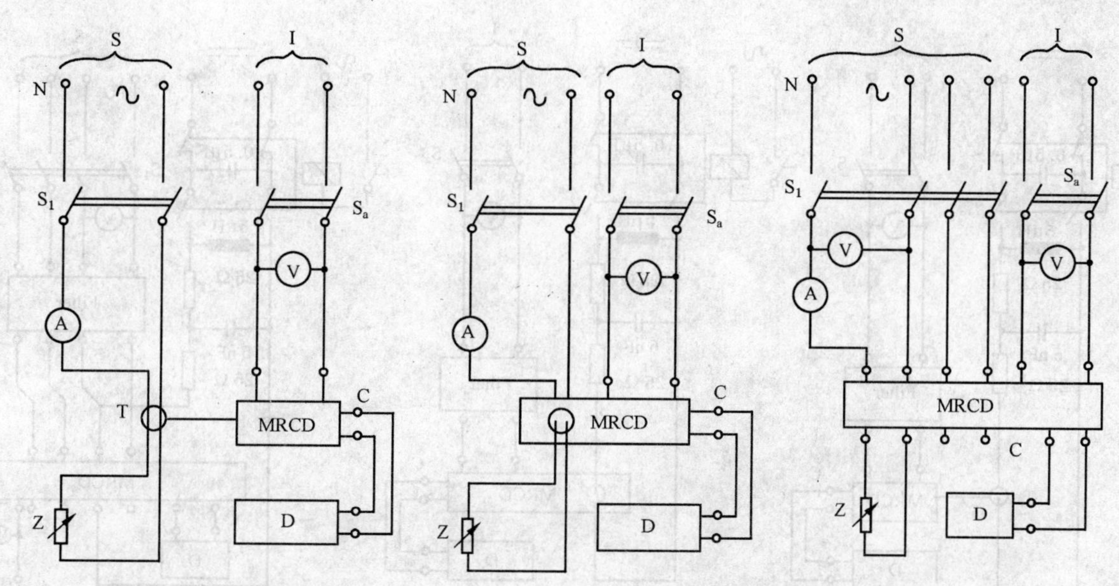

a）带分离传感器的 MRCD　　b）带内置传感器的 MRCD　　c）端子型 MRCD

S——电源；
I——独立电源（如适用）；
V——电压表；
A——电流表；
S_1——多极开关；
S_a——辅助开关；
Z——可调阻抗；
T——传感器；
C——输出电路；
D——指示状态改变的装置。

图 M.4　验证在过电流情况下不动作极限值的试验电路

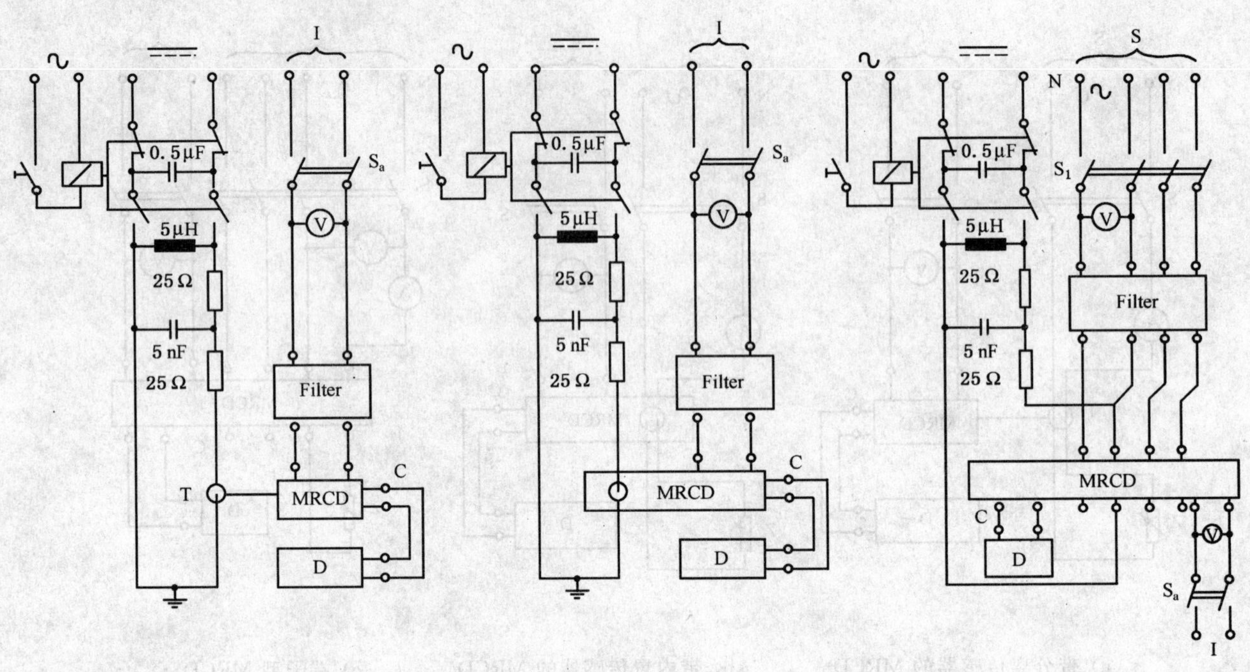

a）带分离传感器的 MRCD　　b）带内置传感器的 MRCD　　c）端子型 MRCD

S——电源；

I——独立电源（如适用）；

V——电压表；

S_a——辅助开关；

T——传感器；

C——输出电路；

D——指示状态改变的装置。

图 M.5　验证在电网电容负载情况下抗误动作的试验电路

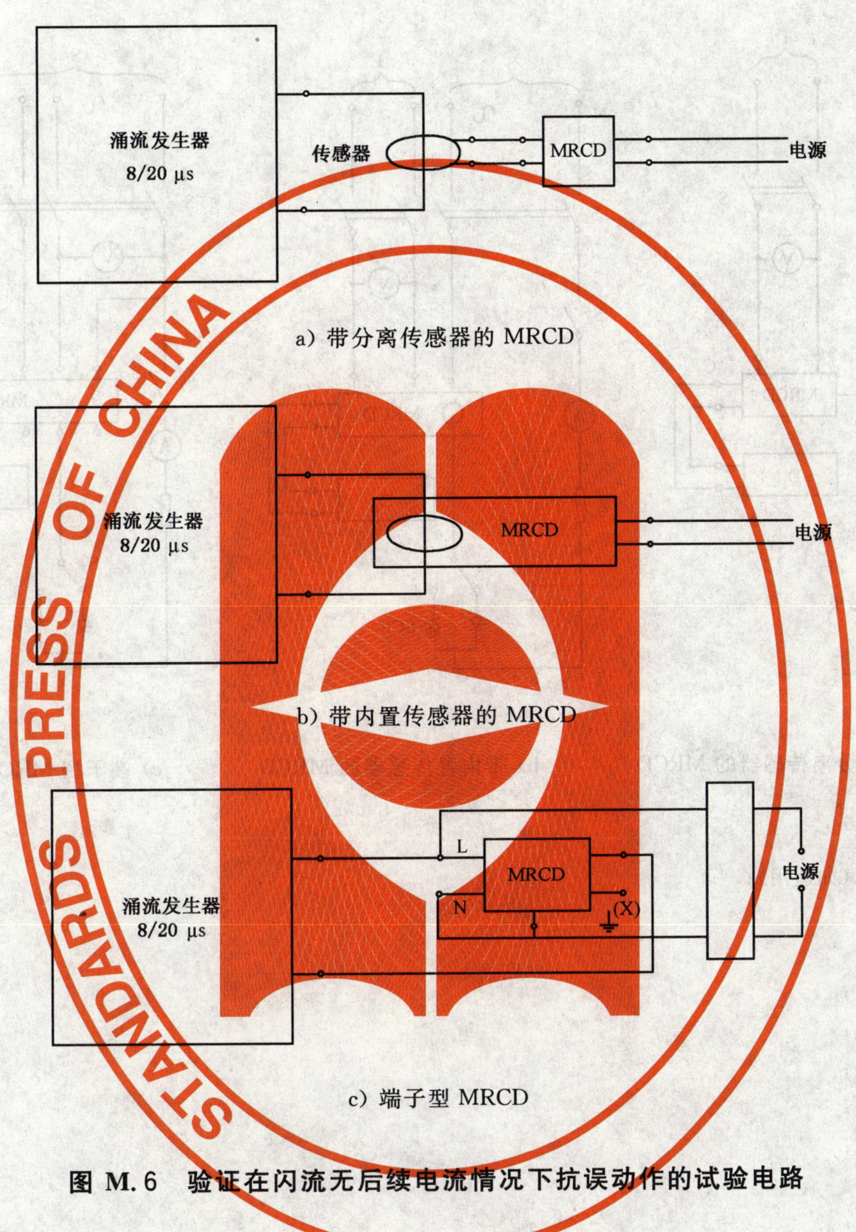

图 M.6　验证在闪流无后续电流情况下抗误动作的试验电路

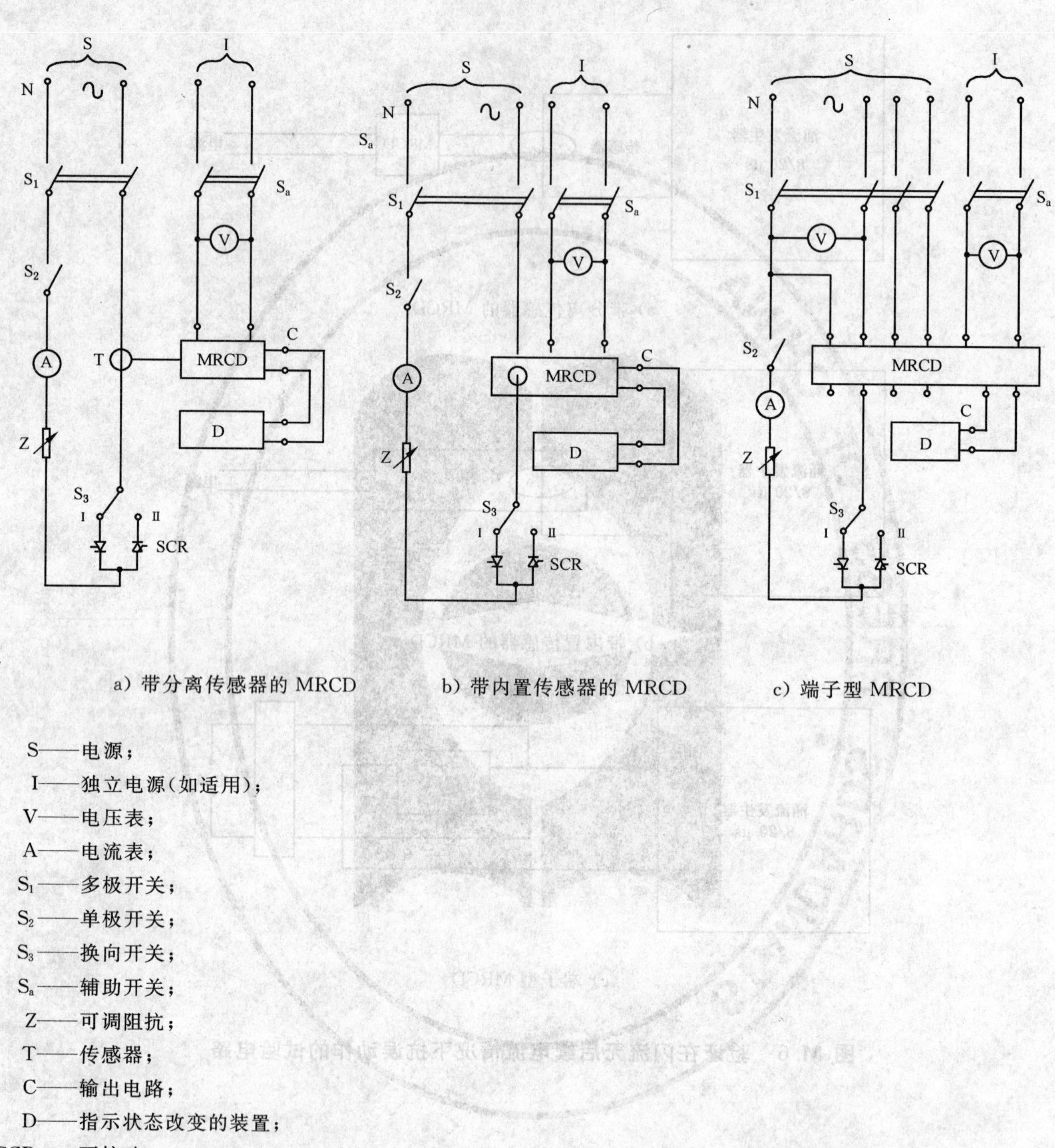

a）带分离传感器的 MRCD　　b）带内置传感器的 MRCD　　c）端子型 MRCD

S——电源；

I——独立电源（如适用）；

V——电压表；

A——电流表；

S_1——多极开关；

S_2——单极开关；

S_3——换向开关；

S_a——辅助开关；

Z——可调阻抗；

T——传感器；

C——输出电路；

D——指示状态改变的装置；

SCR——可控硅。

图 M.7　验证在剩余脉动直流连续上升情况下动作的试验电路

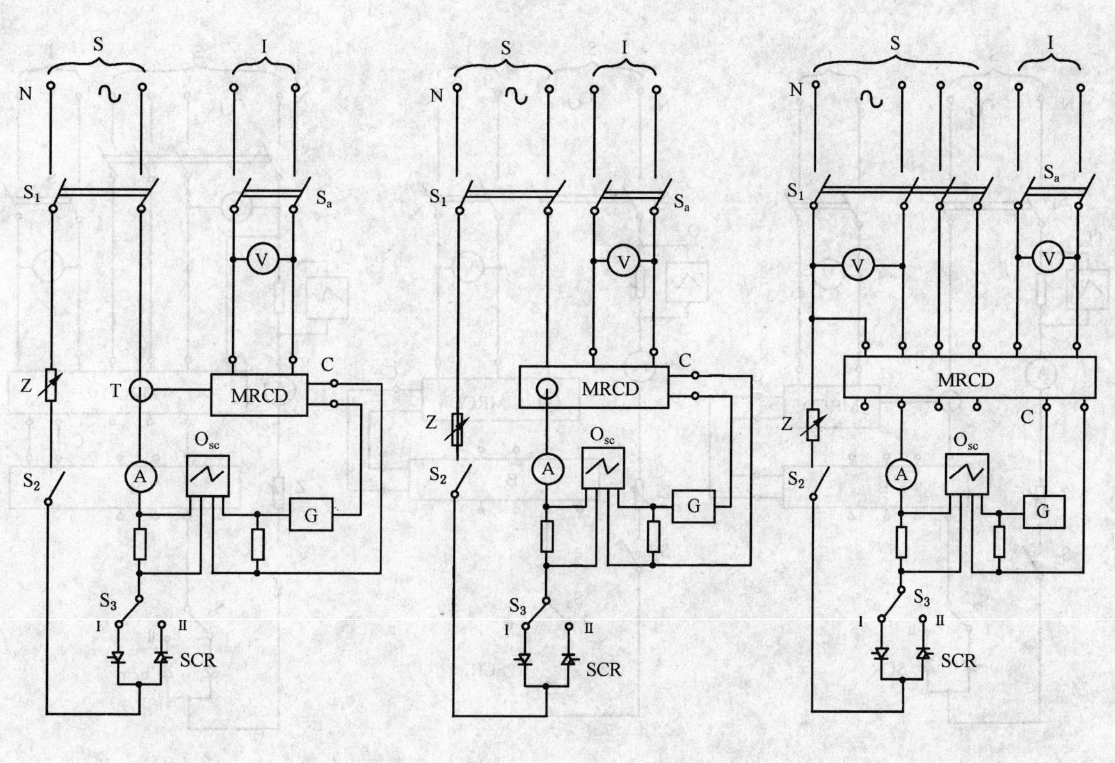

a）带分离传感器的 MRCD　　b）带内置传感器的 MRCD　　c）端子型 MRCD

S——电源；

I——独立电源（如适用）；

V——电压表；

A——电流表；

S_1——多极开关；

S_2——单极开关；

S_3——换向开关；

S_a——辅助开关；

Z——可调阻抗；

T——传感器；

C——输出电路；

G——发生器；

O_{sc}——示波器；

SCR——可控硅。

图 M.8　验证在剩余脉动直流突然出现情况下的试验电路（无断开装置）

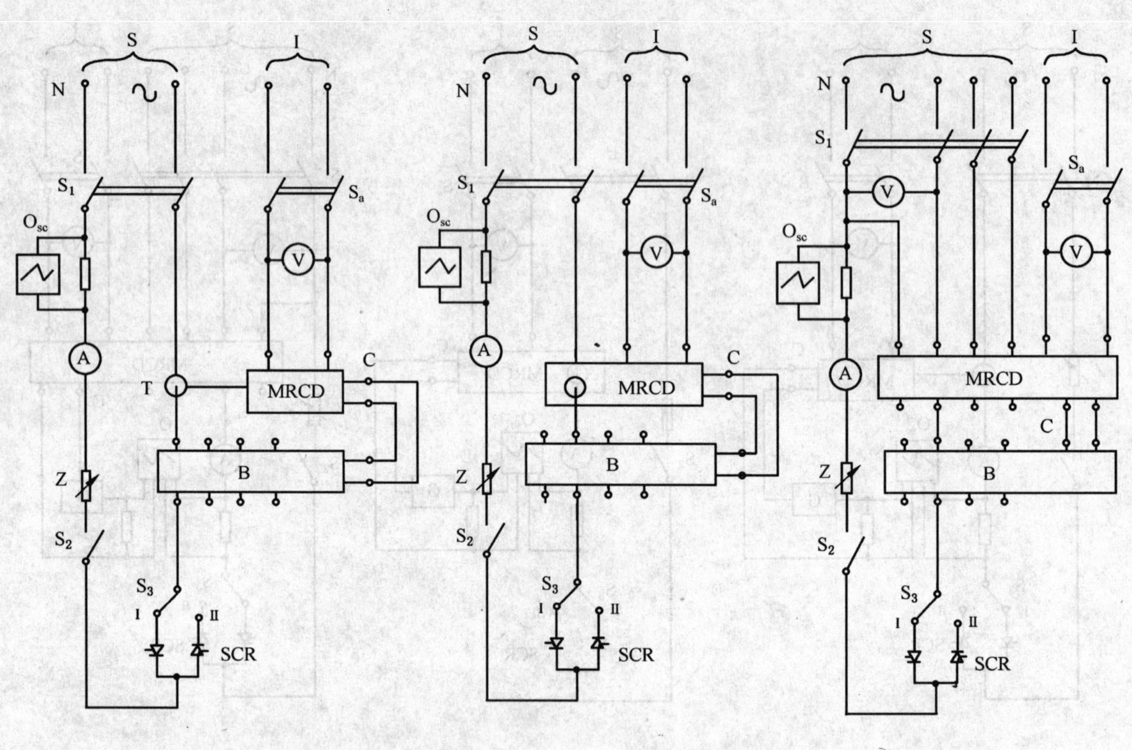

a) 带分离传感器的 MRCD　　b) 带内置传感器的 MRCD　　c) 端子型 MRCD

S——电源；
I——独立电源(如适用)；
V——电压表；
A——电流表；
S_1——多极开关；
S_2——单极开关；
S_3——换向开关；
S_a——辅助开关；
Z——可调阻抗；
T——传感器；
C——输出电路；
B——断开装置；
O_{sc}——示波器；
SCR——可控硅。

图 M.9　验证在剩余脉动直流突然出现情况下的试验电路(有断开装置)

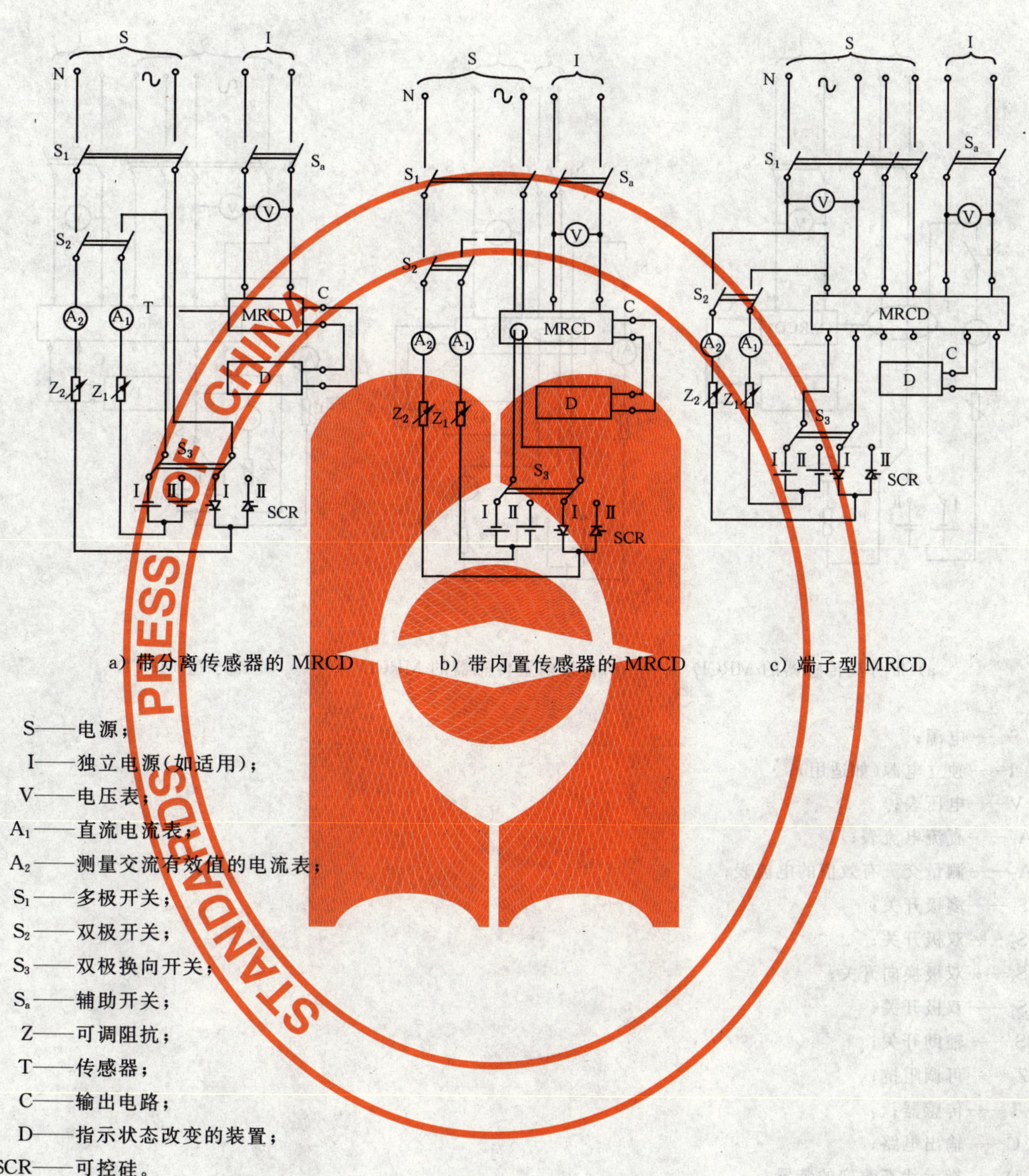

a) 带分离传感器的 MRCD　　b) 带内置传感器的 MRCD　　c) 端子型 MRCD

S——电源；

I——独立电源(如适用)；

V——电压表；

A_1——直流电流表；

A_2——测量交流有效值的电流表；

S_1——多极开关；

S_2——双极开关；

S_3——双极换向开关；

S_a——辅助开关；

Z——可调阻抗；

T——传感器；

C——输出电路；

D——指示状态改变的装置；

SCR——可控硅。

图 M.10　验证在剩余脉动直流叠加 6 mA 平稳直流情况下动作的试验电路

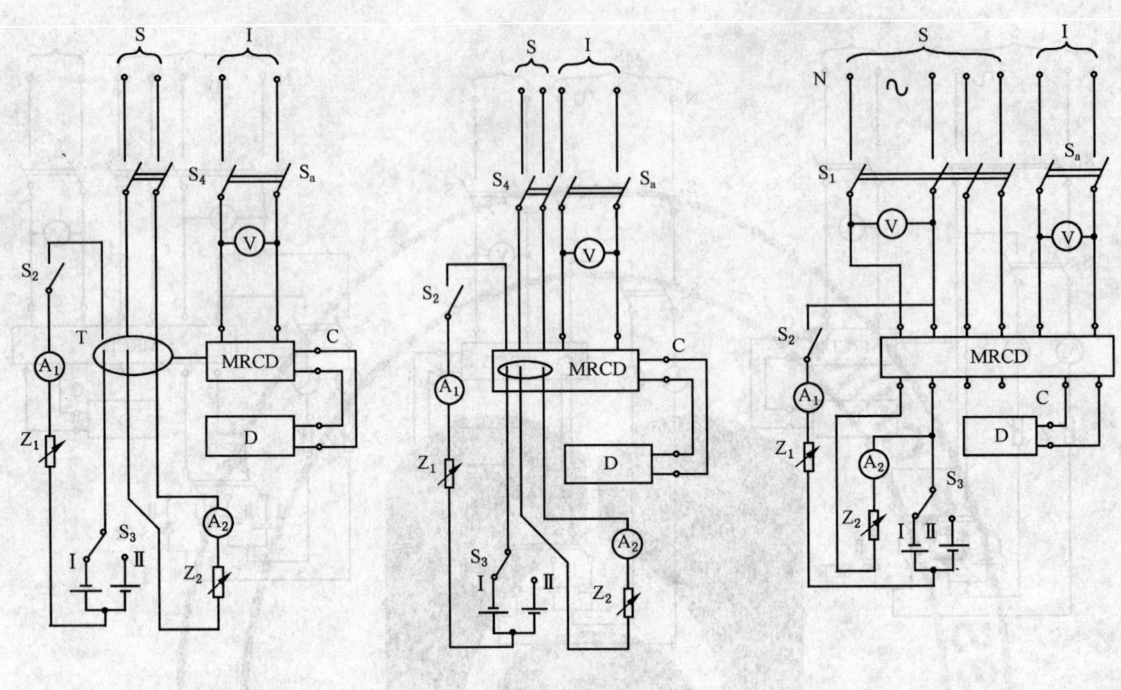

a）带分离传感器的 MRCD　　b）带内置传感器的 MRCD　　c）端子型 MRCD

S——电源；

I——独立电源（如适用）；

V——电压表；

A_1——直流电流表；

A_2——测量交流有效值的电流表；

S_1——多极开关；

S_2——双极开关；

S_3——双极换向开关；

S_4——双极开关；

S_a——辅助开关；

Z_1、Z_2——可调阻抗；

T——传感器；

C——输出电路；

D——指示状态改变的装置。

图 M.11　验证在剩余平稳直流缓慢上升情况下动作的试验电路

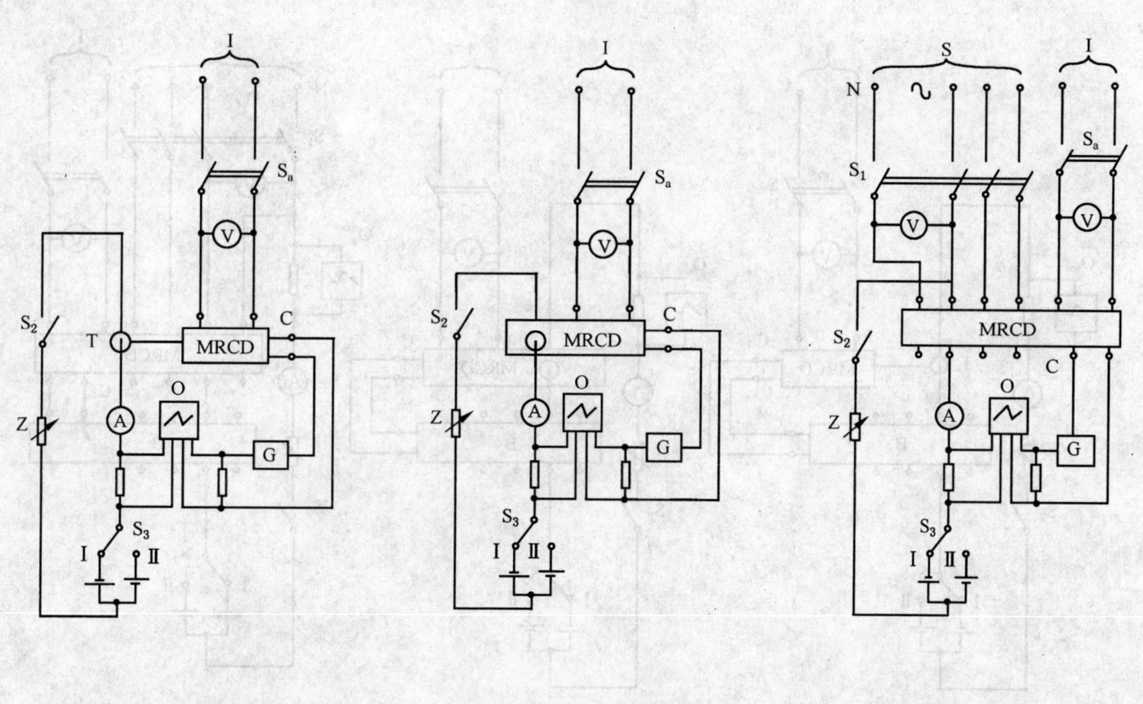

a）带分离传感器的 MRCD　　b）带内置传感器的 MRCD　　c）端子型 MRCD

S——电源；

I——独立电源(如适用)；

V——电压表；

A——直流电流表；

S_1——多极开关；

S_2——双极开关；

S_3——换向开关；

S_a——辅助开关；

Z——可调阻抗；

T——传感器；

C——输出电路；

G——发生器；

O_{sc}——示波器。

图 M.12　验证在剩余平稳直流突然出现情况下动作的试验电路(无断开装置)

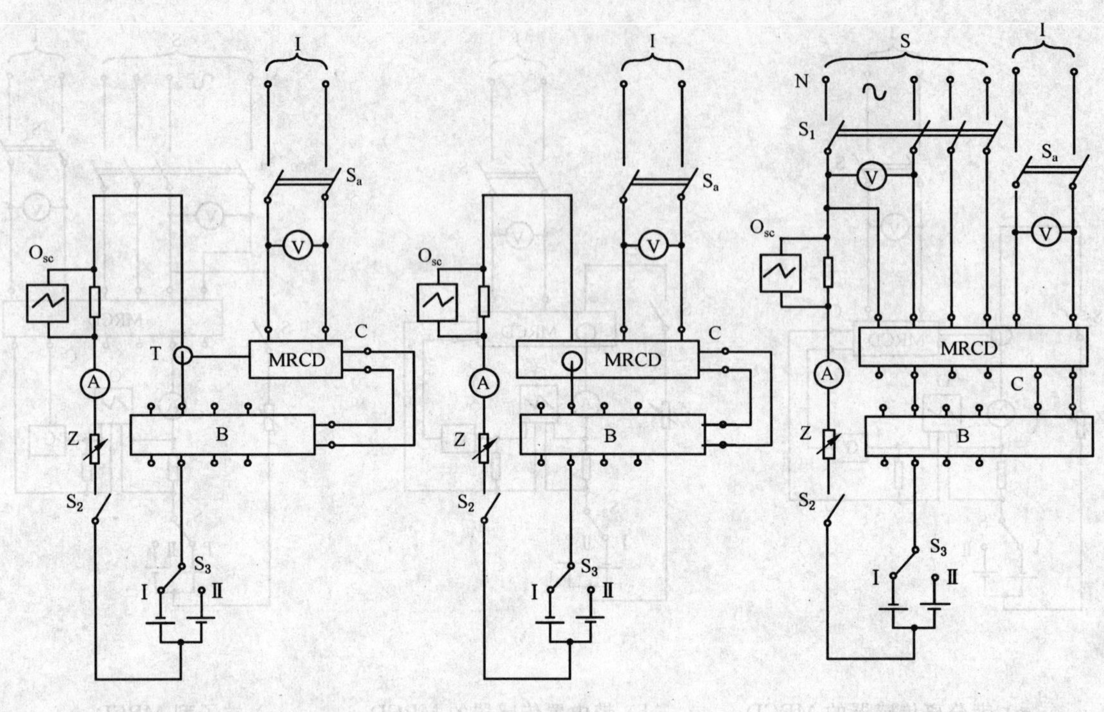

a) 带分离传感器的 MRCD　　b) 带内置传感器的 MRCD　　c) 端子型 MRCD

S——电源；
I——独立电源(如适用)；
V——电压表；
A——直流电流表；
S_1——多极开关；
S_2——单极开关；
S_3——换向开关；
S_a——辅助开关；
Z——可调阻抗；
T——传感器；
C——输出电路；
B——断开装置；
O_{sc}——示波器。

图 M.13　验证在剩余平稳直流突然出现情况下动作的试验电路(有断开装置)

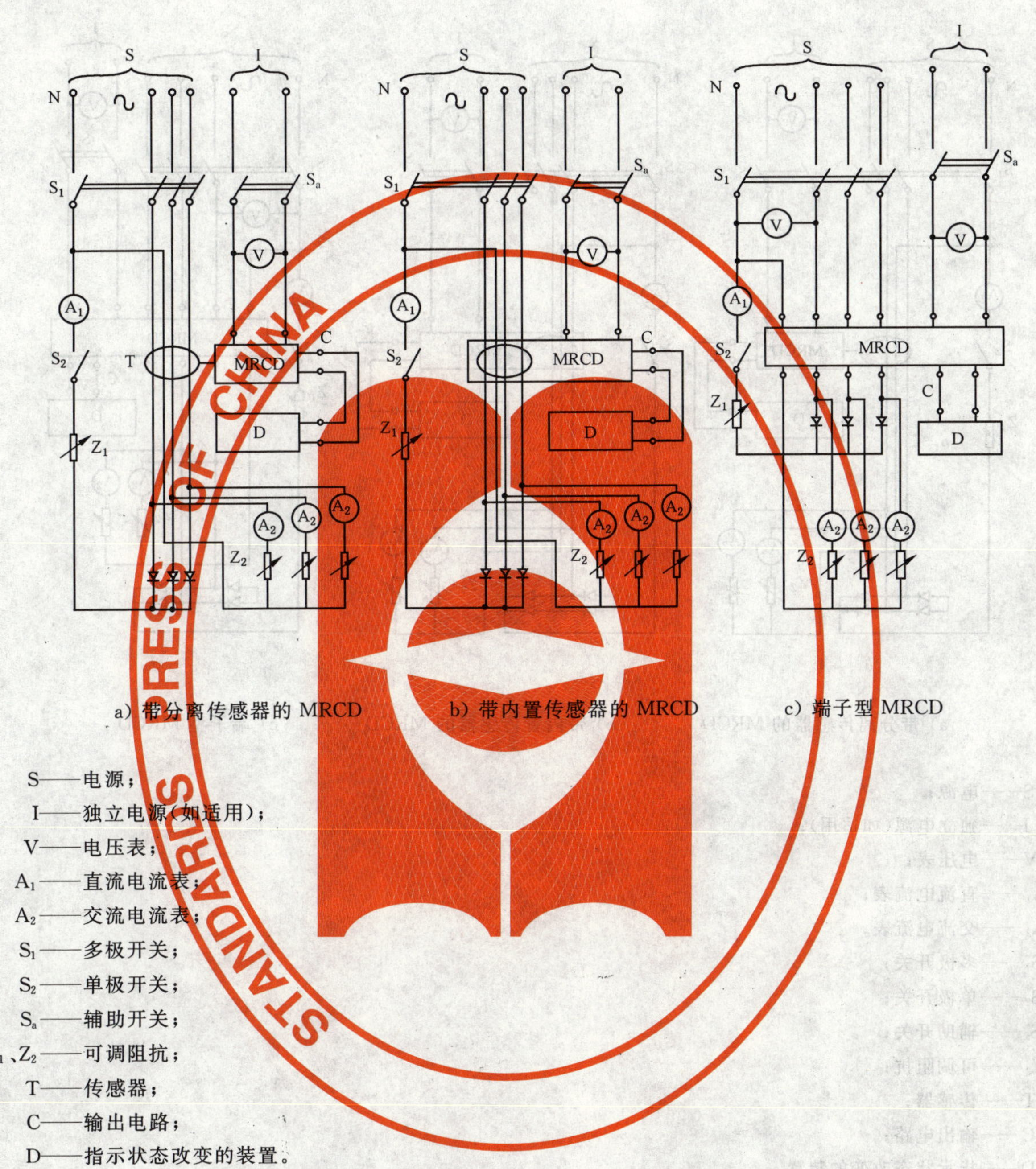

a）带分离传感器的 MRCD　　b）带内置传感器的 MRCD　　c）端子型 MRCD

S——电源；

I——独立电源(如适用)；

V——电压表；

A_1——直流电流表；

A_2——交流电流表；

S_1——多极开关；

S_2——单极开关；

S_a——辅助开关；

Z_1、Z_2——可调阻抗；

T——传感器；

C——输出电路；

D——指示状态改变的装置。

图 M.14　验证在由三脉动星形或六脉动桥形连接电路中故障所造成的剩余电流缓慢上升情况下动作的试验电路

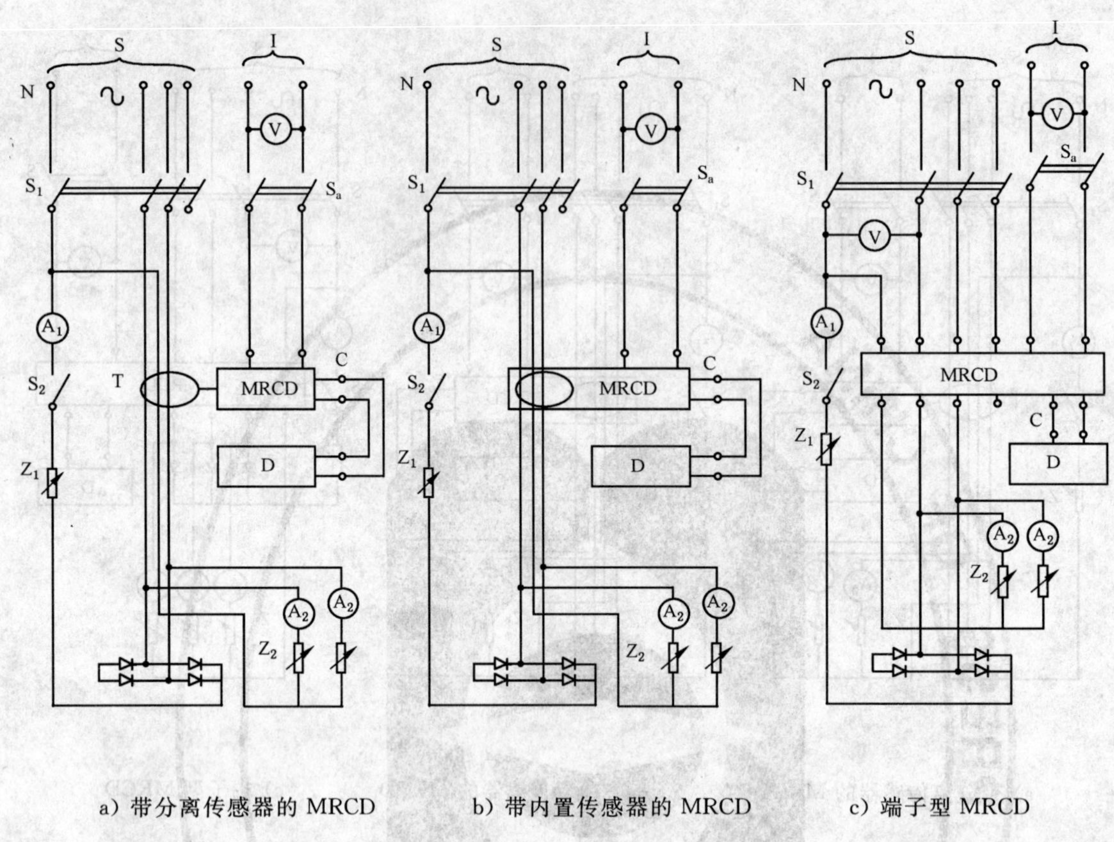

a）带分离传感器的 MRCD　　b）带内置传感器的 MRCD　　c）端子型 MRCD

S——电源；
I——独立电源(如适用)；
V——电压表；
A_1——直流电流表；
A_2——交流电流表；
S_1——多极开关；
S_2——单极开关；
S_a——辅助开关；
Z_1、Z_2——可调阻抗；
T——传感器；
C——输出电路；
D——指示状态改变的装置。

图 M.15　验证在由二脉动桥形连接线对线电路中故障所造成的剩余电流缓慢上升情况下动作的试验电路

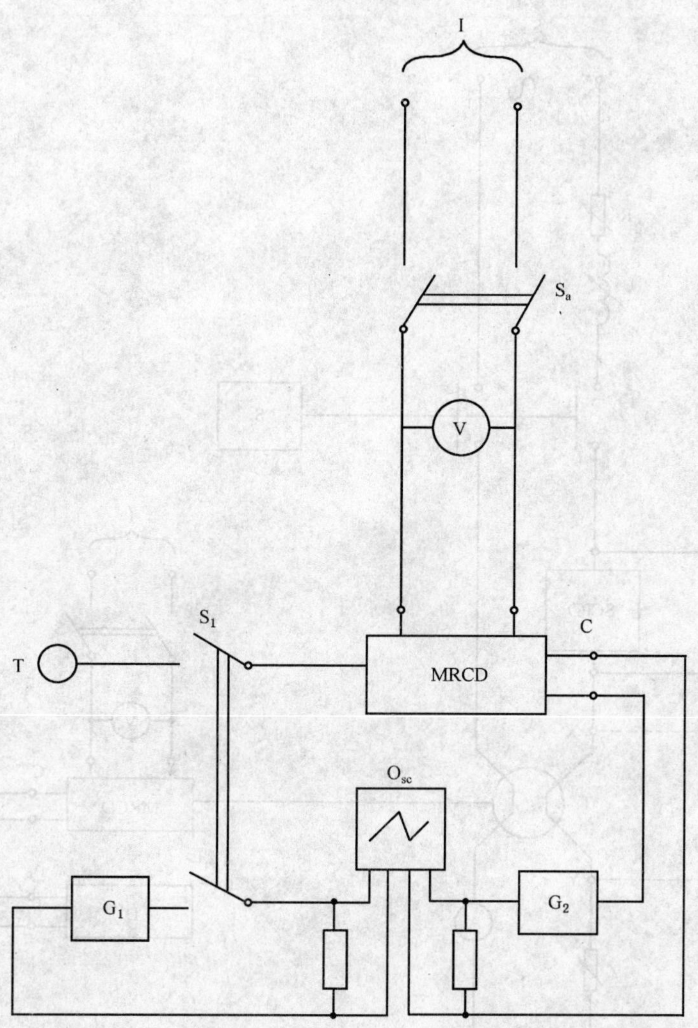

I——独立电源(如适用)；
V——电压表；
S_1——多极开关；
S_a——辅助开关；
T——传感器；
C——输出电路；
G——发生器；
O_{sc}——示波器。

图 M.16　验证带分离传感器的 MRCD 在传感器连接线故障情况下性能的试验电路

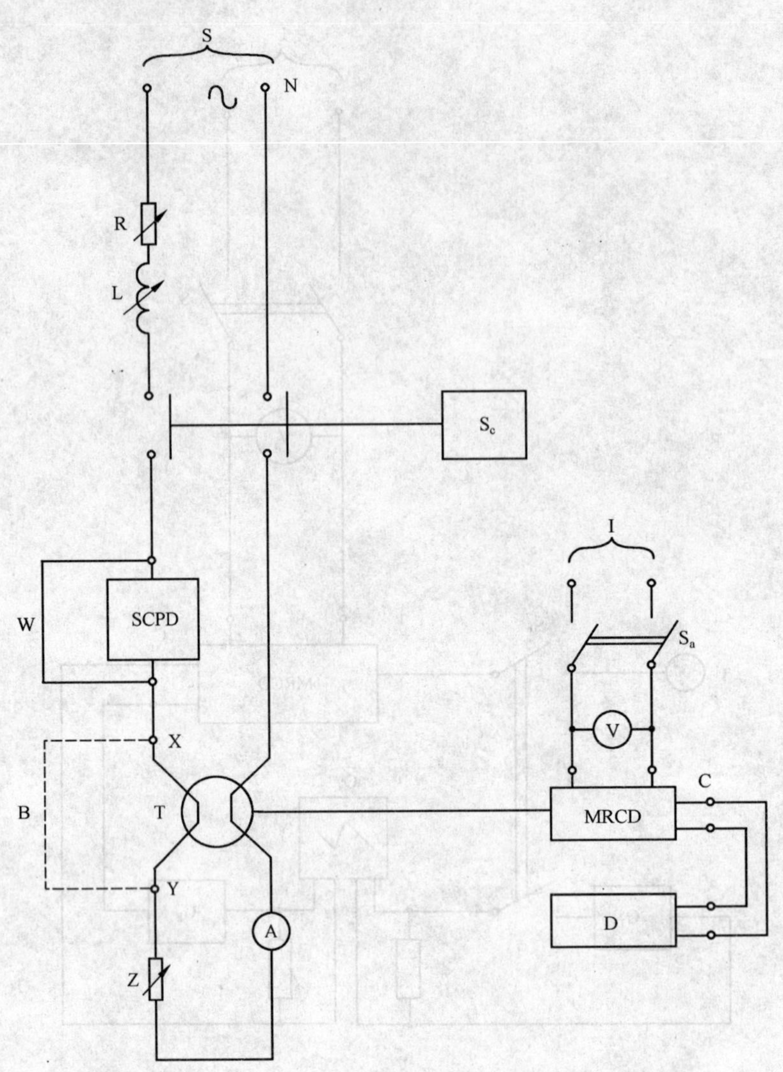

S——电源；
I——独立电源（如适用）；
V——电压表；
A——电流表；
S_a——辅助开关；
S_c——短路开关；
W——临时连线；
L——可调电抗；
R——可调电阻；
Z——可调阻抗；
T——传感器；
C——输出电路；
D——指示状态改变的装置；
SCPD——短路保护装置；
B——剩余短路电流试验的连接（代替通过传感器的连接）。

图 M.17 验证带分离传感器的 MRCD 在短路情况下性能的试验电路

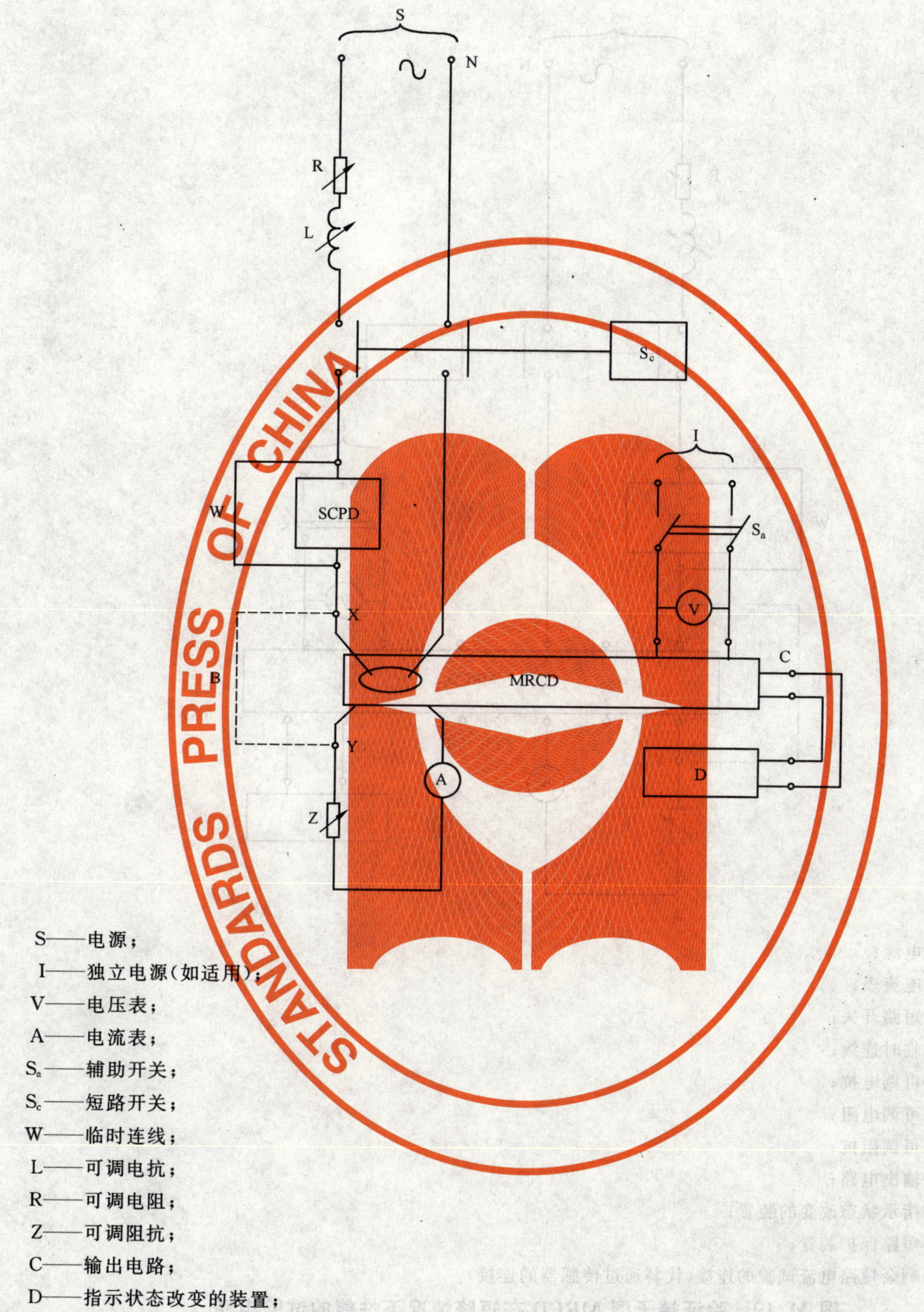

S——电源；

I——独立电源(如适用)；

V——电压表；

A——电流表；

S_a——辅助开关；

S_c——短路开关；

W——临时连线；

L——可调电抗；

R——可调电阻；

Z——可调阻抗；

C——输出电路；

D——指示状态改变的装置；

SCPD——短路保护装置；

B——剩余短路电流试验的连接(代替通过传感器的连接)。

图 M.18 验证带内置传感器的 MRCD 在短路情况下性能的试验电路

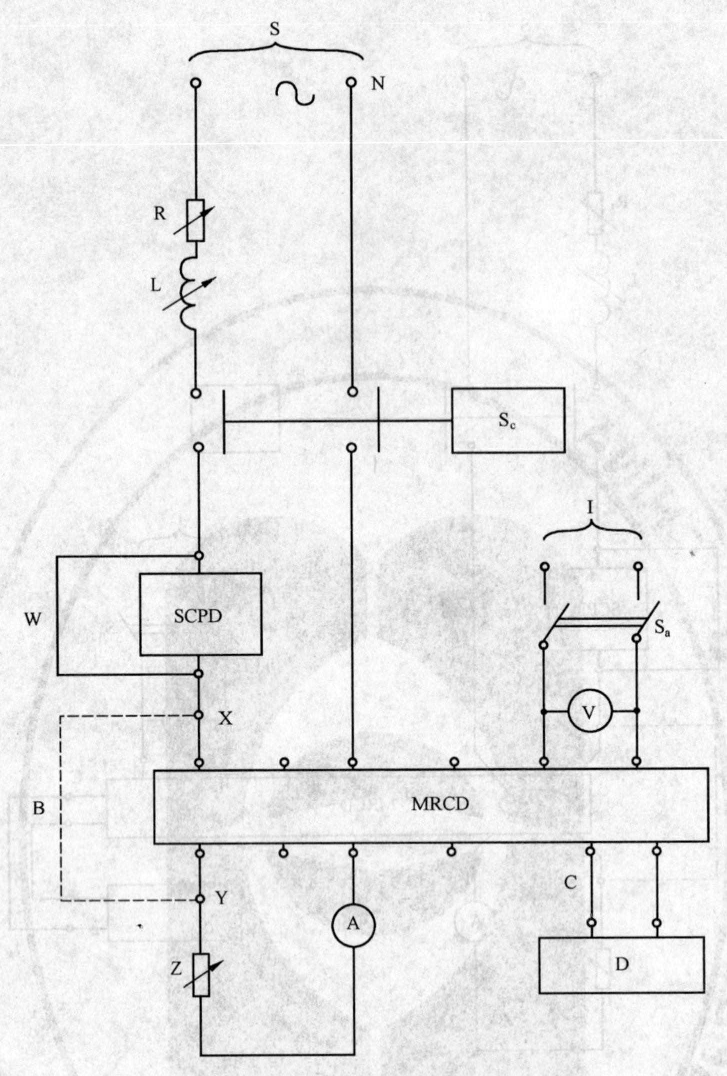

S——电源；

A——电流表；

S_c——短路开关；

W——临时连线；

L——可调电抗；

R——可调电阻；

Z——可调阻抗；

C——输出电路；

D——指示状态改变的装置；

SCPD——短路保护装置；

B——剩余短路电流试验的连接(代替通过传感器的连接)。

图 M.19 验证端子型 MRCD 在短路情况下性能的试验电路

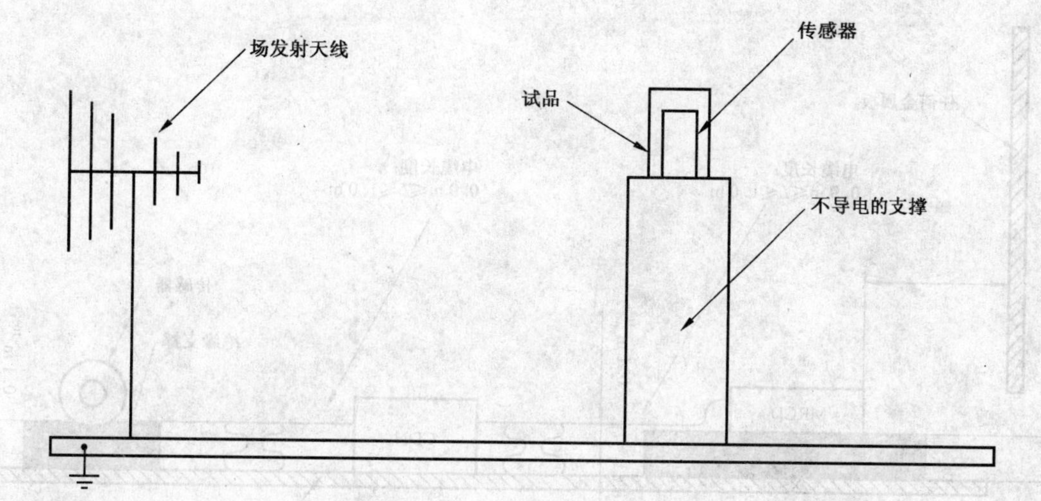

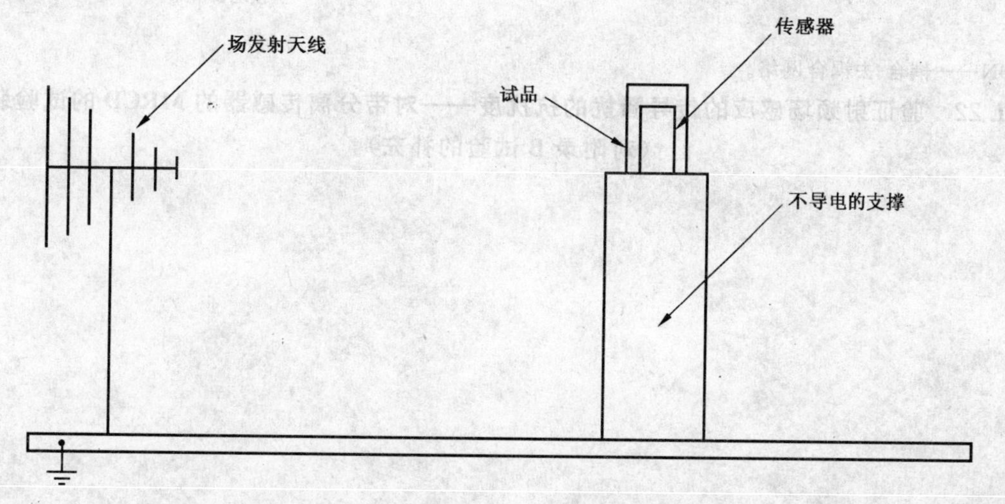

图 M.20　验证射频电磁场辐射抗扰度——对带分离传感器的 MRCD 的试验装置（对附录 B 试验的补充）

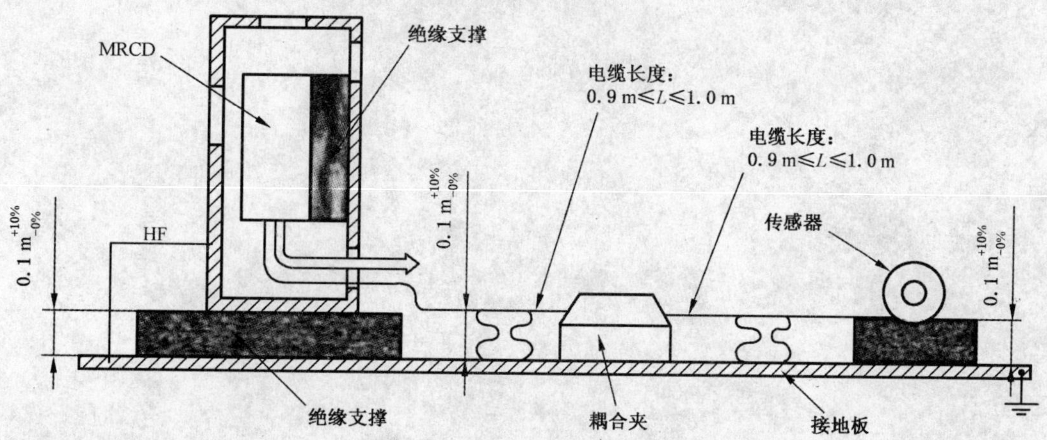

图 M.21　验证对带分离传感器的 MRCD 的传感器连接导线电快速瞬变/脉冲群(EFT/B)的抗扰度(对附录 B 试验的补充)

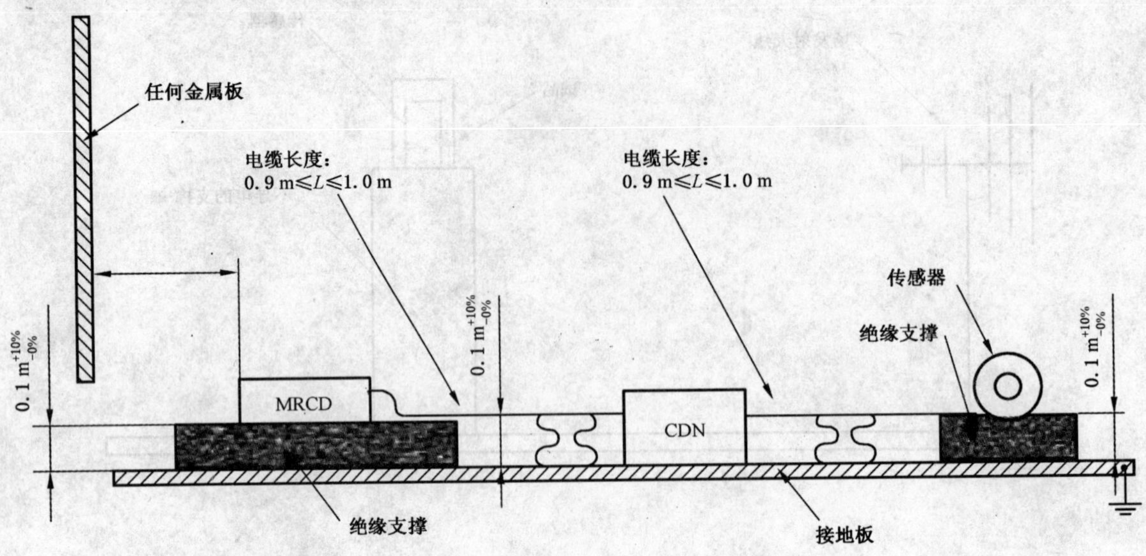

CDN——耦合-去耦合网络。

图 M.22 验证射频场感应的传导骚扰的抗扰度——对带分离传感器的 MRCD 的试验装置（对附录 B 试验的补充）

附　录　N
（规范性附录）
电磁兼容——不包括在附录B、附录F和附录M中附件的附加要求和试验

N.1　概述

N.1.1　范围

本附录适用于装在断路器内或断路器上的带电子电路（见GB 14048.1—2006中7.3）的附件，且这些附件不包括在附录B（带有剩余电流保护的断路器）、附录F（带电子过电流保护的断路器）和附录M（剩余电流装置模块）中。

它包括断路器的辅助元件，诸如欠电压脱扣器、分励脱扣器、闭合线圈、电动机操作机构、远程状态指示器等。但通信模块不包括在内。

它在这些附件的特定试验条件和合格标准方面对附录J作补充。

N.1.2　一般试验条件

按本附录的试验可与第8章的试验程序分开进行。

每一试验可用一个新的附件，或制造商要求时，几个试验可在一个附件上进行。

对有几个电源电压额定值的附件，应对每个额定电压用一个试品进行试验。

如果闭合线圈的结构（线圈和电子控制）与等同的分励脱扣器相同，则闭合线圈不需要做试验。

附件应按制造商说明书安装在断路器内或安装在断路器上。

预期长期接至供电电源的欠电压脱扣器和电源端口应施加额定电压，当额定电压有一个范围时，可施加电压范围内的任意方便的电压。

额定频率50 Hz～60 Hz的附件，可以在任何一个频率进行试验。

N.2　抗扰度

N.2.1　概述

N.2.1.1　试验条件

抗扰度试验可在一台装有各种附件的断路器上进行，也可与附录B和附录F相应的试验（例如静电放电、射频电磁场辐射等）结合进行。

除闭合线圈外，各种附件应在断路器处于闭合的状态下进行试验。

闭合线圈（如适用，见N.1.1）应在断路器处于准备闭合（主弹簧已储能）的状态下进行试验。

N.2.1.2　性能标准

性能标准A——在试验时，断路器的状态不应改变，远程指示模块的输出状态不应改变。

性能标准B——在试验时，断路器的状态不应改变，而远程指示模块的输出状态可短暂改变，但在试验后，能指示断路器的正确状态。

试验后，应进行N.2.1.3的简化的功能验证。

N.2.1.3　简化的功能验证

对两种性能标准，在试验后应在额定电压下验证附件的动作，当额定电压有一范围时，可在此电压范围内的任意方便的电压下验证：

a）当欠电压脱扣器通电时，应不妨碍断路器闭合，当电压消失后断路器应脱扣。

b）当分励脱扣器通电时应使断路器脱扣。

c）当闭合线圈通电时应使断路器闭合。

d）当电动机操作机构按制造商说明书通电时应能使断路器闭合和断开。

注：这些试验仅用来校验这些附件在进行抗扰度试验时没有损坏，而不是用来校验是否完全符合本部分正文的要求。

N.2.2 静电放电

附录J适用，特别是J.2.2。

N.2.1.2中性能标准B适用。

N.2.3 射频电磁场辐射

附录J适用，特别是J.2.3。

本试验连接应按GB/T 17626.3—2006中图5或图6(如适用)，并考虑制造商的安装说明。所用电缆的类型应在试验报告中载明。

对第1步(见J.2.3)，性能标准A适用。

对第2步(见J.2.3)，在J.2.3所列的每一个频率上，应按N.2.1.3校验附件的动作。本试验不适用于远程状态指示器。

N.2.4 电快速瞬变/脉冲群(EFT/B)

附录J适用，特别是J.2.4。

本试验连接按照GB/T 17626.4—2008中图4，并考虑到制造商安装说明。

性能标准A适用。

N.2.5 浪涌

附录J适用，特别是J.2.5。

本试验连接按照GB/T 17626.5—2008中图6、图7、图8或图9，并考虑制造商安装说明。

性能标准B适用。

N.2.6 射频场感应的传导骚扰(共模)

附录J适用，特别是J.2.6。

对第1步(见J.2.6)，性能标准A适用。

对第2步(见J.2.6)，在J.2.6所列的每一个频率上，应按N.2.1.3校验附件的动作。本试验不适用于远程状态指示器。

N.2.7 电压暂降和中断

本试验仅适用于交流电源长期供电的附件。

按GB/T 17626.11—2008，在GB 14048.1—2006中表23的试验水平下进行试验。

试验时，断路器的状态可改变。远程状态指示模块的输出状态也可改变，但在试验后应指示断路器的正确状态。试验后应按N.2.1.3校验附件正确动作。

N.3 发射

N.3.1 概述

本试验适用于装有基本开关频率大于9 kHz的电子电路的附件(见GB 14048.1—2006中7.3.3.2.1)，并用于长期工作(例如欠电压脱扣器)。

本试验不适用于仅与切断开关(内装或分装)一起使用的分励脱扣器。

本试验不适用于未带长期通电电子电路的电动机操作机构，因为这些附件操作很不频繁，同时操作持续时间(闭合、断开或再扣)也极短(几百毫秒到几秒)。

每种装置应分别进行发射试验，这些试验不应与附录B和附录F相应的试验结合进行。

闭合线圈(如有，见N.1.1)，应在断路器处于准备闭合(主弹簧已储能)的状态下进行试验。

欠电压脱扣器和闭合线圈应在断路器闭合状态下进行试验。

分励脱扣器和电动机操作机构应在断路器处于断开的状态下进行试验。

远程状态指示器应在断路器处于闭合的状态下进行试验。

N.3.2 射频传导骚扰(150 kHz～30 MHz)

附录J适用,特别是J.3.2。

N.3.3 射频辐射骚扰(30 MHz～1 000 MHz)

附录J适用,特别是J.3.3。

附 录 O
（规范性附录）
瞬时脱扣断路器（ICB）

O.1 范围

本附录仅适用于具有本部分正文规定的过电流保护的短路部分的断路器，以下简称 ICB。断路器装设瞬时短路脱扣器，它可以是可调的，但没有过载脱扣器，此装置一般用于与其他设备，诸如电动机起动器，过载继电器等一起使用。这类装置与指定的过载继电器组合，可对电路和指定设备提供全面的过电流保护（过载和短路）。

ICB 由原体断路器省去过载脱扣器，但组装一个短路脱扣器派生而成，它可以是可调的，形成断路器系列的一部分（见 O.2.1）。当它与指定的电动机起动器或过载继电器组合时，可提供同等的过电流保护。

O.2 定义

除第 2 章所给定义外，增加以下定义。

O.2.1

原体断路器（equivalent circuit-breaker）

派生 ICB 的断路器，该断路器已按本部分试验，并且和 ICB 具有相同的壳架等级。

O.3 额定值

第 4 章特性适用，但过载脱扣特性除外，并增加下列条款。

O.3.1 额定电流（I_n）

ICB 的额定电流应不超过原体断路器的额定电流。

O.3.2 额定短路接通能力

ICB 可规定一个不同于原体断路器的额定短路接通能力。

注：当与指定电动机起动器或过载继电器组合，并按 GB 14048.4—2003 有关条款试验时，ICB 可规定一个等于或大于原体断路器的额定短路接通能力（见 O.6.2）。

O.3.3 额定短路分断能力

ICB 可规定一个不同于原体断路器的额定短路分断能力。

注：当与指定电动机起动器或过载继电器组合，并按 GB 14048.4—2003 有关条款试验时，ICB 可规定一个等于或大于原体断路器 I_{cu} 的额定短路分断能力（见 O.6.2）。

O.4 产品资料

ICB 应按 5.2 有关条款标志：

如适用，应标志额定短路接通和分断能力（见 O.6.1.1）。如果对 ICB 只规定了与电动机起动器或过载继电器组合的短路额定值（见 O.6.2），则该组合的短路额定值不应标志在 ICB 上。

ICB 应增加以下标志：

——对 5.2a）增加标志“ICB”；

——对 5.2b）增加额定瞬时脱扣电流整定值 I_i（见 2.20）（实际值或额定电流倍数）。

在制造商说明书中应指出：低于额定瞬时短路电流整定值，ICB 不能对自身或电路提供过电流保护，这种保护应单独提供。

当ICB不是和特定的装置(见O.6.2)组合时,制造商应提供可能选用的合适的过电流保护的数据,例如ICB在最大瞬时整定值以下的耐受特性。

O.5 结构与性能要求

从原体断路器派生的ICB(见O.2.1)符合第7章全部适用的结构和性能要求,但不包括7.2.1.2.4b)。

O.6 试验

O.6.1 ICB单独试验程序

O.6.1.1 概述

属下列情况,不需进行本条试验:

——ICB的短路脱扣器和主电流路径的短路性能与原体断路器相同,或

——ICB仅按一个组合装置确定额定值和进行试验(见O.6.2)。

应对每个壳架等级额定电流 I_n 的最大值和最小值的每个值下用一台试品进行试验。

在同一壳架等级中有一个或多个结构段(见2.1.2和7.1.5)的情况,应增加一台相应于每个结构段的最大额定电流试品进行试验。

O.6.1.2 试验程序

试验按本部分程序Ⅱ和Ⅲ进行,但不验证过载脱扣器。

O.6.1.3 验证短路脱扣器

继O.6.1.2试验后,按8.3.3.1.2在额定瞬时脱扣电流最大整定值下,依次对每个相极进行试验。在制造商对单独极规定的脱扣电流值下进行试验,ICB应脱扣。

O.6.2 与规定的保护装置(即电动机起动器或过载继电器)组合的ICB

本组合适用的试验要求包括在GB 14048.4—2003的有关部分中,特别是下列条款:

——与短路保护装置的配合;

——适于隔离的组合起动器和保护起动器的附加要求;

——在短路条件下的性能;

——在起动器和组合SCPD之间的交接电流下的配合。

注:在GB 14048.4—2003中的符号SCPD适用于各种短路保护装置,包括ICB。

参 考 文 献

[1] GB/T 4207—2003 固体绝缘材料在潮湿条件下相比电痕化指数和耐电痕化指数的测定方法(idt IEC 60112:1979).

[2] GB 13539.1—2008 低压熔断器 第1部分:基本要求(IEC 60269-1:2006,IDT).

[3] GB/T 13539.6—2002 低压熔断器 第2部分:专职人员使用的熔断器的补充要求(主要用于工业的熔断器)第1至5篇:标准化熔断器示例(idt IEC 60269-2-1:2000).

[4] GB 13539.3—1999 低压熔断器 第3部分:非熟练人员使用的熔断器的补充要求(主要用于家用和类似用途的熔断器)(idt IEC 60269-3:1987).

[5] IEC 60410 采样方法和验证程序.

[6] GB 7251 低压成套开关设备和控制设备(idt IEC 60439).

[7] GB 14048.3—2008 低压开关设备和控制设备 第3部分:开关、隔离器、隔离开关及熔断器组合电器(IEC 60947-3:2005,IDT).

[8] GB 14048.5—2008 低压开关设备和控制设备 第5-1部分:控制电路电器和开关元件 机电式控制电路电器(IEC 60947-5-1:2003,IDT).

ICS 29.120.40
K 30

中华人民共和国国家标准

GB 14048.3—2008/IEC 60947-3:2005
代替 GB 14048.3—2002

低压开关设备和控制设备 第3部分:开关、隔离器、隔离开关以及熔断器组合电器

Low-voltage switchgear and controlgear—Part 3:Switches,disconnectors,switch-disconnectors and fuse-combination units

(IEC 60947-3:2005,IDT)

2008-06-19 发布　　2009-06-01 实施

中华人民共和国国家质量监督检验检疫总局
中国国家标准化管理委员会 发布

ICS 29.120.40
K 30

中华人民共和国国家标准

GB 14048.3—2008/IEC 60947-3:2005

低压开关设备和控制设备 第3部分：开关、隔离器、隔离开关以及熔断器组合电器

Low-voltage switchgear and controlgear—
Part 3: Switches, disconnectors, switch-disconnectors and fuse-combination units

(IEC 60947-3:2005, IDT)

2008-06-19 发布　　2009-06-01 实施

中华人民共和国国家质量监督检验检疫总局
中国国家标准化管理委员会　发布

前言

本部分的4.3.6、5.2.1、7.1.6、7.2.3、7.2.7、7.3为强制性，其余为推荐性。

《低压开关设备和控制设备》目前包括以下16个标准：

——GB 14048.1 低压开关设备和控制设备 第1部分：总则

——GB 14048.2 低压开关设备和控制设备 第2部分：断路器

——GB 14048.3 低压开关设备和控制设备 第3部分：开关、隔离器、隔离开关以及熔断器组合电器

——GB 14048.4 低压开关设备和控制设备 机电式接触器和电动机起动器

——GB 14048.5 低压开关设备和控制设备 第5-1部分：控制电路电器和开关元件 机电式控制电路电器

——GB 14048.6 低压开关设备和控制设备 接触器和电动机起动器 第2部分：交流半导体电动机控制器和起动器

——GB 14048.7 低压开关设备和控制设备 辅助电器 第1部分：铜导体的接线端子排

——GB 14048.8 低压开关设备和控制设备 辅助电器 第2部分：铜导体的保护导体接线端子排

——GB 14048.9 低压开关设备和控制设备 多功能电器（设备） 第2部分：控制与保护开关电器（设备）

——GB 14048.10 低压开关设备和控制设备 第5-2部分：控制电路电器和开关元件 接近开关

——GB/T 14048.11 低压开关设备和控制设备 第6部分：多功能电器 第1篇：自动转换开关电器

——GB/T 14048.12 低压开关设备和控制设备 第4-3部分：接触器和电动机起动器 非电动机负载用交流半导体控制器和接触器

——GB/T 14048.13 低压开关设备和控制设备 第5-3部分：控制电路电器和开关元件 在故障条件下具有确定功能的接近开关（PDF）的要求

——GB/T 14048.14 低压开关设备和控制设备 第5-5部分：控制电路电器和开关元件 具有机械锁闩功能的电器紧急制动装置

——GB/T 14048.15 低压开关设备和控制设备 第5-6部分：控制电路电器和开关元件 接近传感器和开关放大器的DC接口（NAMUR）

——GB/T 14048.16 低压开关设备和控制设备 第8部分：旋转电机用装入式热保护（PTC）控制单元

本部分是《低压开关设备和控制设备》的第3部分，系等同采用IEC 60947-3:2005《低压开关设备和控制设备 第3部分：开关、隔离器、隔离开关以及熔断器组合电器》（第2.2版）。

本部分代替GB 14048.3—2002《低压开关设备和控制设备 第3部分：开关、隔离器、隔离开关及熔断器组合电器》。

本部分在技术性能上与GB 14048.3—2002的主要差异如下：

——增加新的定义：多触点触头系统及单极操作的三极开关；

——常规试验中介电性能试验由工频耐受电压验证改为增加冲击耐受电压验证或改为采用交流时混合试验；

——程序Ⅰ中明确位置指示器试验与操动器机构为其组成部分；

——验证操动器机构强度及位置指示器试验方法中明确了试验力 F 值的测量及串联或并联触头

的位置;

——程序Ⅰ中温升试验可以在不同样品上进行明确仅指简化试验;

——程序Ⅰ中隔离器、隔离器熔断器组和熔断器式隔离器的试后增加验证温升;

——接通和分断试验后,操作性能试后和短路接通能力试后的正常操作电器规定了操作力应不大于标准中表8规定的试验力;

——熔断器保护的短路耐受能力中明确由制造厂提供合适的试验用熔断体,详情记在试验报告中,并规定试验电压为1.05 U_e;

——程序Ⅴ:过载性能能力中增加验证温升可在过载试验之后。过载试验持续时间小于1 h及制造厂提供的试验用熔断体应记入试验报告。若持续超过1 h后的3 min内至5 min内,电器应被操作1次,操作力应不大于标准中表8规定的试验力;

——附录A直接通断单台电动机的电器中验证接通分断及操作性能由分别在试品上进行改为若制造厂同意可在同一台上进行。电寿命试后工频耐压由不小于900 V改为不小于1 000 V;

——增加附录C单极操作的三极开关。明确规定其功能及试验方法。

本部分的附录A、附录C为规范性附录;附录B为资料性附录。

本部分由中国电器工业协会提出。

本部分由全国低压电器标准化技术委员会(SAC/TC 189)归口。

本部分负责起草单位:上海电器科学研究所(集团)有限公司。

本部分参加起草单位:上海电器陶瓷厂有限公司、宁波燎原电器集团股份有限公司、天津百利电气有限公司、浙江正泰电器股份有限公司、施耐德电气(中国)投资有限公司、ABB新会低压开关有限公司、杭州之江开关股份有限公司、华通机电集团有限公司、浙江德力西电器股份有限公司、通用电气(中国)研究开发中心有限公司、天正集团有限公司、宁波开关电器制造有限公司、人民电器集团有限公司、三信国际电器上海有限公司。

本部分主要起草人:陈培国、周密。

本部分参加起草人:林海鸥、施国富、刘风琨、王先锋、何巍伟、梁柏勤、吴玲娟、朱朝阳、黄蓉蓉、盛红权、王旭川、张寅、包启树、苏邯林。

本部分所代替标准的历次版本发布情况为:

——GB 14048.3—1993、GB 14048.3—2002。

低压开关设备和控制设备 第3部分:开关、隔离器、隔离开关以及熔断器组合电器

1 基本要求

GB 14048.1 总则的规定适用于本部分中的特定要求。因而,在采用总则中条款和分条款、表、图和附录时,可用参见 GB 14048.1—2006 表示,例如:参见 GB 14048.1—2006 中 4.3.4.1,GB 14048.1—2006 中表 4,或 GB 14048.1—2006 中附录 A。

1.1 适用范围和目的

本部分适用于额定电压交流不超过 1 000 V 或直流不超过 1 500 V 的配电电路和电动机电路中的开关、隔离器、隔离开关和熔断器组合电器。

制造厂应按照所组合的熔断器的有关标准规定熔断器的型式、额定值与特性。

本部分不适用于包括在 GB 14048.2、GB 14048.4 和 GB 14048.5 范围内的电器;但是,若本部分范围内的开关和熔断器组合电器通常用于起动、加速和(或)停止单台电动机时,应符合附录 A 所规定的附加要求。

单极操作的三极开关的要求包括在附录 C 中。

本部分范围内电器所用的辅助开关应满足 GB 14048.5 的要求。

本部分不包括防爆电器的附加要求。

注 1:一个开关(或隔离器)根据其结构可以称为"旋转开关(或旋转隔离器)"、"凸轮开关(或凸轮隔离器)"、"刀形开关(或刀形隔离器)"等。

注 2:本部分中的"开关"(switch)一词亦可指法文中称为"commutateurs"的这类电器,即用来改变几个电路间的连接,特别是用电路的一部分代替另一部分的电器。

注 3:本部分对开关、隔离器、隔离开关和熔断器组合电器通常简称为"电器"。

本部分的目的是为规定:

a) 电器的特性。

b) 电器应符合的有关条件:

1) 正常使用条件下的操作和性能;

2) 规定的非正常条件(如短路条件)下的操作和性能;

3) 介电性能。

c) 证明符合这些条件的试验以及进行这些试验采用的方法。

d) 应在电器上标明的数据或制造厂(如在产品目录里)需提供的数据。

1.2 规范性引用文件

下列文件中的条款通过 GB 14048 的本部分的引用而成为本部分的条款。凡是注日期的引用文件,其随后所有的修改单(不包括勘误的内容)或修订版均不适用于本部分,然而,鼓励根据本部分达成协议的各方研究是否可使用这些文件的最新版本。凡是不注日期的引用文件,其最新版本适用于本部分。

GB/T 2900.18—2008 电工术语 低压电器

GB/T 4205—2003 人机界面(MMI)操作规则(IEC 60447:1993,IDT)

GB/T 4728.7—2008 电气简图用图形符号 第 7 部分:开关、控制和保护器件(IEC 60617 DB:2007,IDT)

GB 4824—2004 工业、科学和医学(ISM)射频设备 电磁骚扰特性的限值和测量方法(CISPR 11:2003,MOD)

GB/T 5465.2—2008　电气设备用图形符号(IEC 60417 DB:2007,IDT)

GB 9254—1998　信息技术设备　无线电骚扰特性的限值和测量方法(eqv CISPR 22:1997)

GB 13539(所有部分)　低压熔断器

GB 14048.1—2006　低压开关设备和控制设备　第1部分:总则(IEC 60947-1:2001,MOD)

GB 14048.2—2001　低压开关设备和控制设备　第2部分:断路器(eqv IEC 60947-2:1995)

GB 14048.4—2003　低压开关设备和控制设备　第4-1部分:接触器和电动机启动器　机电式接触器和电动机启动器(IEC 60947-4-1:2000,IDT)

GB 14048.5—2008　低压开关设备和控制设备　第5-1部分:控制电路电器和开关元件　机电式控制电路电器(IEC 60947-5-1:2003,MOD)

GB/T 17626.2—2006　电磁兼容　试验和测量技术　静电放电抗扰度试验(IEC 61000-4-2:2001,IDT)

GB/T 17626.3—2006　电磁兼容　试验和测量技术　射频电磁场辐射抗扰度试验(IEC 61000-4-3:2006,IDT)

GB/T 17626.4—2008　电磁兼容　试验和测量技术　电快速瞬变脉冲群抗扰度试验(IEC 61000-4-4:2004,IDT)

GB/T 17626.5—2008　电磁兼容　试验和测量技术　浪涌(冲击)抗扰度试验(IEC 61000-4-5:2005,IDT)

GB/T 17626.6—2008　电磁兼容　试验和测量技术　射频场感应的传导骚扰抗扰度(IEC 61000-4-6:2006,IDT)

IEC 60050(441):1984 修正件1(2000)　国际电工词汇(IEV)　441章:开关设备、控制设备和熔断器

IEC 60410:1973　逐批检查抽样表和抽样程序

IEC 60447:2004　人机界面标志、标识的基本方法和安全规则　操作规则

IEC 60947-1:2004　低压开关设备和控制设备　第1部分:总则

IEC 60947-2:2006　低压开关设备和控制设备　第2部分:断路器

IEC 60947-5-1:2003　低压开关设备和控制设备　第5-1部分:控制电路电器和开关元件　机电式控制电路电器

CISPR 11:2003　工业、科学和医学(ISM)射频设备　电磁骚扰特性的限值和测量方法

CISPR 22:2003　信息技术设备　无线电骚扰特性的限值和测量方法

2　定义

对GB 14048本部分而言,在GB/T 2900.18—2008、GB 14048.1—2006和下述给出的定义适用。

引用

(机械开关电器的)有关人力操作 …… 2.13
隔离器 …… 2.2
隔离器熔断器组 …… 2.7
熔断器组合电器 …… 2.4
熔断器式隔离器 …… 2.8
熔断器式开关 …… 2.6
熔断器式隔离开关 …… 2.10
(机械开关电器的)无关人力操作 …… 2.14
多触点触头系统 …… 2.12
半无关人力操作 …… 2.15
单极操作的三极开关 …… 2.11

(机械开关电器的)贮能操作 …………………………………………………………………… 2.16
(机械)开关…………………………………………………………………………………………… 2.1
隔离开关……………………………………………………………………………………………… 2.3
隔离开关熔断器组…………………………………………………………………………………… 2.9
开关熔断器组………………………………………………………………………………………… 2.5

2.1

(机械) 开关 switch (mechanical)

在正常电路条件下(包括规定的过载工作条件),能够接通、承载和分断电流,并在规定的非正常电路条件下(例如短路),能在规定时间内承载电流的一种机械开关电器。

注1:开关可以接通但不能分断短路电流。

注2:(IEV 441-14-10)。

2.2

隔离器 disconnector

在断开状态下能符合规定的隔离功能要求的机械开关电器。

注1:此定义与 IEV 441-14-05 定义不同,因为隔离功能不仅只限于隔离距离的要求。

注2:如分断或接通的电流可忽略,或隔离器的每一极的接线端子两端的电压无明显变化时,隔离器能够断开和闭合电路。隔离器能承载正常电路条件下的电流,也能在一定时间内承载非正常电路条件下的电流(短路电流)。

2.3

隔离开关 switch-disconnector

在断开状态下能符合隔离器的隔离要求的开关。

[IEV 441-14-12]

2.4

熔断器组合电器 fuse-combination unit

由制造厂或按其说明书将一个机械开关电器与一个或数个熔断器组装在同一个单元内的组合电器。

[IEV 441-14-04]

注:熔断器组合电器是对熔断器开关电器的总称(见 2.5～2.10 定义及表 1)(熔断器开关电器的定义未列入 IEV 441-14-04 中)。

2.5

开关熔断器组 switch-fuse

开关的一极或多极与熔断器串联构成的组合电器。

[IEV 441-14-14]

2.6

熔断器式开关 fuse-switch

用熔断体或带有熔断体载熔件作为动触头的一种开关。

[IEV 441-14-17]

2.7

隔离器熔断器组 disconnector-fuse

隔离器的一极或多极与熔断器串联构成的组合电器。

[IEV 441-14-15]

2.8

熔断器式隔离器 fuse-disconnector

用熔断体或带有熔断体的载熔件作为动触头的一种隔离器。

[IEV 441-14-18]

2.9

隔离开关熔断器组 switch-disconnector-fuse

隔离开关的一极或多极与熔断器串联构成的组合电器。

[IEV 441-14-16]

2.10

熔断器式隔离开关 fuse-switch-disconnector

用熔断体或带有熔断体的载熔件作为动触头的一种隔离开关。

[IEV 441-14-19]

2.11

单极操作的三极开关 single pole operated three pole switch

按本部分由三个单独能操作的单极隔离开关电器组成的电器，并可作为一个整体用于三相系统。

注：该电器可以作为电力配电系统单独相的开闭和(或)隔离，但不能用作三相设备主电路的开闭。

2.12

多触点触头系统 multiple tip contact system

一个多触点触头系统是包含每极多于1个触头间隙，每极的触头间隙可串联和(或)并联，并能开闭。

2.13

(机械开关电器的)有关人力操作 dependent manual operation(of a mechanical switching device)

完全靠直接施加人力的一种操作，操作速度和操作力与操作者的动作有关。

[IEV 441-16-13]

2.14

(机械开关电器的)无关人力操作 independent manual operation(of a mechanical switching device)

能量来源于人力、并在一次连续操作中贮存和释放能量的一种贮能操作，操作速度和操作力与操作者的动作无关。

[IEV 441-16-16]

2.15

半无关人力操作 semi-independent manual operation

完全靠直接施加达到某一阈值的人力的一种操作，所施人力超过阈值时，除非操作者故意延迟，否则将完成无关通断操作。

2.16

(机械开关电器的)贮能操作 stored energy operation(of a mechanical switching device)

利用操作前贮存于机构本身内的、并且在预定条件下足以完成操作的能量所进行的一种操作。

[IEV 441-16-15]

注：这种操作可按以下方式分类：

a) 贮能方式(弹簧、重物等)；

b) 能量来源(人力、电力等)；

c) 能量释放方式(人力、电力等)。

表1 电器定义概要

功能		
接通和分断电流	隔　离	接通、分断和隔离
开关 2.1	隔离器 2.2	隔离开关 2.3

表 1（续）

功能		
接通和分断电流	隔离	接通、分断和隔离
熔断器组合电器 2.4		
开关熔断器组 2.5	隔离器熔断器组 2.7	隔离开关熔断器 2.9
熔断器式开关 2.6	熔断器式隔离器 2.8	熔断器式隔离开关 2.10
注 1：所有电器可以为单断点或多断点。 注 2：编号指有关定义的条款号。 注 3：图形符号根据 GB/T 4728.7—2008。		
[a] 熔断器可接在电器的任一侧或接在电器触头间的一固定位置。		

3 分类

3.1 按使用类别分类

见 4.4。

3.2 按人力操作电器的方式分类

——有关人力操作(见 2.13)；

——无关人力操作(见 2.14)；

——半无关人力操作(见 2.15)。

注：闭合操作方式可与断开操作方式不同。

3.3 按隔离的适用性分类

——适合于隔离用(见 GB 14048.1—2006 中 7.1.6 和本部分的 7.1.6.1)；

——不适合于隔离用。

3.4 按所提供的防护等级分类

见 GB 14048.1—2006 中的 7.1.11。

4 特性

4.1 特性概述

电器特性应从以下几方面加以说明(若适用的话)：

电器型式(见 4.2)；

主电路的额定值和极限值(见 4.3)；

使用类别(见 4.4)；

控制电路(见 4.5)；

辅助电路(见 4.6)。

4.2 电器型式

应规定下列各项：

4.2.1 极数

4.2.2 电流种类

电流种类(交流或直流)。交流时，还应规定相数和额定频率。

4.2.3 主触头位置数

(若有二个以上位置时)

4.3 主电路的额定值和极限值

额定值由制造厂按4.3.1～4.3.6.4具体规定,但无须规定所列的全部额定值。

4.3.1 额定电压

电器的额定电压规定有下列几种:

4.3.1.1 额定工作电压(U_e)

GB 14048.1—2006中4.3.1.1适用。

4.3.1.2 额定绝缘电压(U_i)

GB 14048.1—2006中4.3.1.2适用。

4.3.1.3 额定冲击耐受电压(U_{imp})

GB 14048.1—2006中4.3.1.3适用。

4.3.2 电流

电器的电流规定有下列几种:

4.3.2.1 约定自由空气发热电流(I_{th})

GB 14048.1—2006中4.3.2.1适用。

4.3.2.2 约定封闭发热电流(I_{the})

GB 14048.1—2006中4.3.2.2适用。

4.3.2.3 额定工作电流(I_e)(或额定工作功率)

GB 14048.1—2006中4.3.2.3适用。

4.3.2.4 额定不间断电流(I_u)

GB 14048.1—2006中4.3.2.4适用。

4.3.3 额定频率

GB 14048.1—2006中4.3.3适用。

4.3.4 额定工作制

标准额定工作制通常有以下几种。

4.3.4.1 八小时工作制

GB 14048.1—2006中4.3.4.1适用。

4.3.4.2 不间断工作制

GB 14048.1—2006中4.3.4.2适用。

4.3.5 正常负载和过载特性

4.3.5.1 接通和分断电动机过载电流的耐受能力

见附录A。

4.3.5.2 额定接通能力

GB 14048.1—2006中4.3.5.2适用。并补充以下内容:

额定接通能力按照表3,并参照额定工作电压、额定工作电流及其使用类别加以确定。

本条不适合用于AC-20或DC-20电器。

4.3.5.3 额定分断能力

GB 14048.1—2006中4.3.5.3适用。并补充以下内容:

额定分断能力按照表3,并参照额定工作电压、额定工作电流及其使用类别加以确定。

本条不适合用于AC-20或DC-20电器。

4.3.6 短路特性

4.3.6.1 额定短时耐受电流(I_{cw})

开关、隔离器或隔离开关的额定短时耐受电流是制造厂规定的,在8.3.5.1试验条件下,电器能够短时承受而不发生任何损坏的电流值。

短时耐受电流值不得小于12倍最大额定工作电流。除非制造厂另有规定，通电持续时间应为1 s。

对于交流，额定短时耐受电流值是指交流分量有效值，并且认为可能出现的最大峰值电流不会超过此有效值的 n 倍。系数 n 按照 GB 14048.1—2006 中表16的规定值。

4.3.6.2 额定短路接通能力（I_{cm}）

开关或隔离开关的额定短路接通能力是制造厂规定的，在额定工作电压，额定频率（如果有的话）和规定的功率因素（或时间常数）下电器的短路接通能力值，该值用最大预期电流峰值来表示。

对于交流，功率因素、预期电流峰值与有效值间的关系应符合 GB 14048.1—2006 中表16的规定。

本条不适合用于 AC-20 或 DC-20 电器。

4.3.6.3 （空白）

4.3.6.4 额定限制短路电流

GB 14048.1—2006 中 4.3.6.4 适用。

4.4 使用类别

各使用类别所规定的预定用途见表2。

表2 使用类别

电流种类	使用类别		典型用途
	类别A	类别B	
交流	AC-20A[a]	AC-20B[a]	在空载条件下闭合和断开
	AC-21A	AC-21B	通断电阻性负载，包括适当的过负载
	AC-22A	AC-22B	通断电阻和电感混合负载，包括适当的过负载
	AC-23A	AC-23B	通断电动机负载或其他高电感负载
直流	DC-20A[a]	DC-20B[a]	在空载条件下闭合和断开
	DC-21A	DC-21B	通断电阻性负载，包括适当的过负载
	DC-22A	DC-22B	通断电阻和电感混合负载，包括适当的过负载（如并激电动机）
	DC-23A	DC-23B	通断高电感负载（如串激电动机）

[a] 在美国不允许使用这类使用类别。

每种使用类别用额定工作电流的倍数和额定工作电压的倍数表示的电流和电压值、以及电路的功率因素或时间常数来表征其特性。表3规定的接通和分断条件基本上与表2所列的用途相对应。

根据预定用途是否要求经常操作或不经常操作，使用类别符号用加尾标A或B表示（见表4）。

带尾标B的使用类别适用于因结构或使用上的原因只准备作不经常操作的电器。例如，这种使用类别可适用于通常只在维修时为提供隔离才操作的隔离器，或以熔断体触刀作为动触头的开关电器。

经常和不经常操作的区别是取决于制造厂设计确定的操作和采用表4中试验依据的操作循环次数。

对一特定的额定工作电流 I_e，如果制造厂设计确定的操作寿命大于表4中列3、4或5表示的操作循环次数，电器将设计成经常使用（使用类别A）。

AC-23使用类别包括偶尔通断单台电动机。用于通断电容器或钨丝灯时，应经制造厂与用户协商同意。

表2和表3所示使用类别不适用于通常用作起动、加速和（或）停止单台电动机的电器。这种电器的使用类别在附录A中说明。

4.5 控制电路

GB 14048.1—2006 中 4.5 适用。

4.6 辅助电路

GB 14048.1—2006 中 4.6 适用。

4.7 继电器和脱扣器

GB 14048.1—2006 中 4.7 适用。

5 产品资料

5.1 资料种类

GB 14048.1—2006 中 5.1 适用于特定设计。

5.2 标志

5.2.1 每个电器都应以易于识别和经久耐磨的方式标志下列内容。

下述 a)、b)、c)标志应标在电器本体上，或标在电器所附的一块或几块铭牌上，标志应设置在电器按制造厂提供的说明书安装后从正面明显易见的地方。

a) 断开位置和闭合位置的指示。断开位置和闭合位置应用 GB 14048.1—2006 中 7.1.5.1 规定的图形符号表示(见 IEC 60417-2 中 60417-IEC-5007 和 60417-IEC-5008)。

b) 是否适合于隔离用。

应采用表 1 中的合适符号。

c) 隔离器的附加标志。

AC-20A、AC-20B、DC-20A 和 DC-20B 使用类别的电器应标明“不能带负载操作”，除非该电器设有防止带负载操作的联锁。

注：各种形式电器的图形符号在表 1 中给出。

5.2.2 下列内容也应标在电器上，但无需在电器安装后从正面可见：

a) 制造厂名或商标；

b) 产品型号或系列号；

c) 使用类别和额定工作电压下的额定工作电流(或额定功率)(见 4.3.1.1，4.3.2.3 和 4.4)；

d) 额定频率(或频率范围)或直流标记(或符号$\overline{\overline{\quad}}$)；

e) 对于熔断器组合电器，应标明熔断器型号、熔断体的最大额定电流和耗散功率；

f) GB 14048.3，若制造厂宣称符合该标准；

g) 电器的外壳防护等级(见 GB 14048.1—2006 附录 C)。

5.2.3 下列接线端子应加识别标志：

a) 电源接线端子和负载接线端子(除非电源连接哪个端子都无关紧要)(见 8.3.3.3.1)；

b) 中性极接线端子(若应用的话)用字母“N”表示(见 GB 14048.1—2006 中 7.1.7.4)；

c) 保护接地接线端子(见 GB 14048.1—2006 中 7.1.9.3)。

5.2.4 制造厂的有关资料中应提供下列数据：

a) 额定绝缘电压；

b) 额定冲击耐受电压(对隔离用电器或规定额定冲击耐受电压的电器)；

c) 污染等级(若污染等级不是 3 时)；

d) 额定工作制；

e) 额定短时耐受电流及持续时间(若适用的话)；

f) 额定短路接通能力(若适用的话)；

g) 额定限制短路电流(若适用的话)。

5.3 安装、使用和维修说明

GB 14048.1—2006 中 5.3 适用。

6 正常使用、安装和运输条件

GB 14048.1—2006 中第 6 章适用，并补充以下内容。

——污染等级(见 GB 14048.1—2006 中 6.1.3.2)；

——除非制造厂另有规定，电器预定安装在污染等级 3 的环境条件。

7 结构要求和性能要求

7.1 结构要求

GB 14048.1—2006 中 7.1 适用，并补充以下内容。

7.1.1 材料

应通过试验来验证所用材料应具有耐非常热和火的能力：

a) 在电器上；或

b) 在电器零件上；或

c) 在材料相同并具有代表性横断面的的样品上。

如果有代表性横断面的相同材料已满足要求，那么这些试验不必重复。

7.1.1.1 耐非正常热和火

采用 GB 14048.1—2006 中 7.1.1.1 并补充以下内容：

用于固定载流部件在适当位置所用的绝缘材料部件应满足 GB 14048.1—2006 中 8.2.1.1.1 中在 960 ℃试验温度下的灼热丝试验。

在材料制造厂样品上按 7.1.1c)进行试验时，应按照 GB 14048.1—2006 中 8.2.1.1.2 和附录 M 规定的相应 960 ℃的灼热丝试验的耐火焰和热丝试验进行。

7.1.2 （空白）

7.1.3 电气间隙和爬电距离

GB 14048.1—2006 中 7.1.3 适用，并补充以下内容：

GB 14048.1—2006 中附录 G 可作为确定电气间隙和爬电距离的指导。

7.1.4 操动器

GB 14048.1—2006 中 7.1.4 适用。

7.1.5 （空白）

7.1.6 对适合作隔离用的电器的附加要求

GB 14048.1—2006 中 7.1.6 适用，并补充以下内容。

7.1.6.1 对适合作隔离用的电器的附加结构要求

隔离电器应按 5.2.1.b)规定加以标志。

当隔离电器不具有用操动器或用单独的指示器作为触头位置指示时，则全部主触头应在断开位置下清晰可见。

操动机构的强度和断开位置指示的可靠性应按 8.2.5 规定进行检验。此外，若制造厂提供有断开位置锁扣机构时，只有当主触头均处于断开位置时才能锁扣(见 8.2.5)。

本要求不适用于在断开位置时能看得见主触头位置的电器和(或)用操动器之外方式指示主触头断开位置的电器。

注：闭合位置锁扣允许用于特殊用途。

在断开位置下同一极的断开触头的间隙不得小于 GB 14048.1—2006 中表 13 给定的最小电气间隙，并应符合 GB 14048.1—2006 中 7.2.3.1.1)b)的要求。

7.1.6.2 与接触器或断路器电气联锁的电器的补充要求

若适用隔离的电器提供一个辅助开关作为与接触器或断路器电气联锁，并且被预定用于电动机电路，除非电器被列为 AC-23 使用类别，下述要求应适用。

辅助开关应由制造厂按 GB 14048.5—2008 加以说明。

辅助开关的触头和主极的触头断开之间的时间间隔应该足以确保在电器的主极断开之前有关的接触器或断路器断开电流。

除非在制造厂的技术文献中另有规定，当电器按制造厂的说明书操作时，其时间应不小于 20 ms。

按制造厂说明书操作电器时，在空载条件下测量辅助开关断开瞬间和主极断开瞬间之间的时间间隔来验证其符合要求。

接通操作时，辅助开关的触头应在主触头接通之后或同时接通。

中间位置(ON 和 OFF 位置之间)也可提供一个合适的断开时间间隔，此时联锁触头断开而主极仍然闭合。

7.1.6.3 断开位置提供挂锁装置的电器的补充要求

联锁装置应设计成采用安装专用挂锁使其不能移动。甚至用单一的挂锁来联锁电器时，应该不能操作操动器，使断开触头之间电气间隙减少不大，能满足 GB 14048.1—2006 中 7.2.3.1.1)b)的要求。

另一方面，可以设计成能够挂锁的装置以防止使用操动器。

按照对挂锁的要求，应采用制造厂规定的一把挂锁或者采用一个等效的卡规在最不利的条件下，验证操动器联锁模拟试验。对操动器应施加 8.2.5.2 规定的力 F，以试图操作电器从断开位置至闭合位置。施加力 F 时，电器应承受跨在断开触头上的试验电压。电器应能够耐受按 GB 14048.1—2006 表 14 中适当的额定冲击耐受电压要求的试验电压。

7.1.7 (空白)

7.1.8 对带中性极电器的附加要求

GB 14048.1—2006 中 7.1.8 适用，但不包含有关过电流脱扣器的注。

7.1.9 (空白)

7.1.10 (空白)

7.1.11 带外壳电器的防护等级

带外壳电器的防护等级和有关试验见 GB 14048.1—2006 中附录 C。

7.2 性能要求

7.2.1 操作条件

GB 14048.1—2006 中 7.2.1.1 适用，并补充以下内容。

下述要求适用于熔断器式开关，熔断器式隔离器和熔断器式隔离开关，其额定短路接通能力超过 10 kA，并由不带机构的直接人力操作进行闭合操作(有关和半无关人力操作见 2.13 和 2.15)。

8.3.6.2 规定的接通操作的试验速度应按下述规定。

a) 按制造厂的说明书，电器应在空载条件下人力操作 15 次，3 个人各操作 5 次。在电器的任何合适部件用示波图或者其他适当的方法测量在最后闭合的触头的触头闭合瞬间手操动器的速度。进行测量的点和测量点的速度应记在试验报告中。平均速度应在删去最高值和最低值之后确定；

b) 试验设备应确保试验中的电器完全闭合，并且装置的自由闭合运动无障碍。实际试验速度应不超过按 a)测定的平均速度。

试验设备(除试验中的电器)运动部件的质量应是 2(1±10%) kg。

7.2.2 温升

GB 14048.1—2006 中 7.2.2 适用，并补充以下内容：

熔断器组合电器在进行 8.3.3.1 试验时，熔断体触头的温升不得引起电器任何性能上的损坏，以致妨碍电器继续进行程序Ⅰ的试验。

7.2.3 介电性能

GB 14048.1—2006 中 7.2.3 适用，并补充以下内容。

7.2.3.1 冲击耐受电压

GB 14048.1—2006 中 7.2.3.1 适用，并补充以下内容。

不适合作隔离用的电器的断开触头间的电气间隙应承受 GB 14048.1—2006 中表 12 给出的对应于额定冲击耐受电压的试验电压。

7.2.3.2 主电路、辅助电路和控制电路的工频耐受电压

GB 14048.1—2006 中 7.2.3.2 c)适用，并补充以下内容。

对适合作隔离用的电器，在 8.3.3.5，8.3.4.3，8.3.5.4，8.3.6.4 和 8.3.7.3 中的每个试验程序分别规定了泄漏电流的最大值。

7.2.4 空载，正常负载和过载条件下的接通和分断能力

7.2.4.1 接通和分断能力

额定接通和分断能力按照表 3，并参照额定工作电压、额定工作电流及其使用类别加以规定。

接通和分断能力试验条件在 8.3.3.3.1 中规定。

表 3 验证额定接通和分断能力(见 8.3.3.3)——对应各种使用类别的接通和分断条件

使用类别	额定工作电流	接通[a]			分断			操作循环次数
		I/I_e	U/U_e	$\cos\phi$	I_c/I_e	U_r/U_e	$\cos\phi$	
AC-20A[b] AC-20B[b]	全部值	—	—	—	—	—	—	—
AC-21A AC-21B	全部值	1.5	1.05	0.95	1.5	1.05	0.95	5
AC-22A AC-22B	全部值	3	1.05	0.65	3	1.05	0.65	5
AC-23A AC-23B	$0<I_e\leqslant 100$ A	10	1.05	0.45	8	1.05	0.45	5
	$100\text{ A}<I_e$	10	1.05	0.35	8	1.05	0.35	3
使用类别	额定工作电流	I/I_e	U/U_e	L/R ms	I_c/I_e	U_r/U_e	L/R ms	操作循环次数
DC-20A[b] DC-20B[b]	全部值	—	—	—	—	—	—	—
DC-21A DC-21B	全部值	1.5	1.05	1	1.5	1.05	1	5
DC-22A DC-22B	全部值	4	1.05	2.5	4	1.05	2.5	5
DC-23A DC-23B	全部值	4	1.05	15	4	1.05	15	5

I——接通电流　　U——外施电压

I_c——分断电流　　U_e——额定工作电压

I_e——额定工作电流　　U_r——工频恢复电压或直流恢复电压

[a] 对于交流，接通电流用电流周期分量有效值表示。

[b] 在美国不允许采用这类使用类别。

7.2.4.2 操作性能

电器操作试验是用来验证电器能够接通和分断预定用途时流过主电路的电流而不发生故障的试验。

对于不同使用类别的操作性能试验，其操作循环次数和试验电路参数在表 4 和表 5 中给定。

试验条件在 8.3.4.1 中规定。

表 4 验证操作性能——对应于额定工作电流的操作循环次数

1	2	3	4	5	6	7	8
额定工作电流 I_e A	每小时操作循环次数/(次/h)	操作循环次数					
		交流和直流使用类别 A			交流和直流使用类别 B		
		空载	有载	总次数	空载	有载	总次数
$0<I_e\leqslant 100$	120	8 500	1 500	10 000	1 700	300	2 000
$100<I_e\leqslant 315$	120	7 000	1 000	8 000	1 400	200	1 600
$315<I_e\leqslant 630$	60	4 000	1 000	5 000	800	200	1 000
$630<I_e\leqslant 2\,500$	20	2 500	500	3 000	500	100	600
$2\,500<I_e$	10	1 500	500	2 000	300	100	400

表中所列数据适用于所有使用类别，但 AC-20A、AC-20B、DC-20A 和 DC-20B 除外，这些使用类别应完成表中第 5 列或第 8 列规定的不通电操作循环总次数，表中第 2 列给出最小操作速度，经制造厂同意，可提高任何一种使用类别的操作速度。

表 5　表 4 的试验电路参数

使用类别	额定工作电流值 I_e	接通[a]			分断		
		I/I_e	U/U_e	cosϕ	I_c/I_e	U_r/U_e	cosϕ
AC-21A　AC-21B	全部值	1	1	0.95	1	1	0.95
AC-22A　AC-22B	全部值	1	1	0.8	1	1	0.8
AC-23A　AC-23B	全部值	1	1	0.65	1	1	0.65
		I/I_e	U/U_e	L/R ms	I_c/I_e	U_r/U_e	L/R ms
DC-21A　DC-21B	全部值	1	1	1	1	1	1
DC-22A　DC-22B	全部值	1	1	2	1	1	2
DC-23A　DC-23B	全部值	1	1	7.5	1	1	7.5

I——接通电流　　U——接通前电压(外施电压)

I_c——分断电流　　U_e——额定工作电压

I_e——额定工作电流　　U_r——工频恢复电压或直流恢复电压

[a] 对于交流，接通电流用电流周期分量有效值表示。

7.2.4.3　机械寿命

GB 14048.1—2006 中 7.2.4.3.1 适用，试验条件在 8.5.1 中规定。

7.2.4.4　电寿命

GB 14048.1—2006 的 7.2.4.3.2 适用，试验条件在 8.5.2 中规定。

7.2.5　接通、分断或耐受短路电流的能力

电器应设计成在本部分规定的条件下，能承受由短路电流产生的热应力、冲击应力和电动应力。

当电器接通电流，在闭合位置下承载电流和分断电流时，可能遇到短路电流。

电路的接通、承载和分断短路电流能力用以下一个或几个额定值加以表示：

a)　额定短时耐受电流(见 4.3.6.1)；

b)　额定短路接通能力(见 4.3.6.2)；

c)　额定限制短路电流(见 4.3.6.4)。

7.2.6　(空白)

7.2.7　隔离电器的附加性能要求

本要求仅适用于额定工作电压高于 50 V 的电器。

电器应承受 8.3.3.2 的介电试验，试验电器应是新的，试验时触头处于断开位置。

如果电器进行过 8.3.3.3 和 8.3.4.1 试验，则试后电器的状况应符合 8.3.3.5 对泄漏电流的要求。

7.2.8　(空白)

7.2.9　带熔断器的电器的过载要求

电器的主电路应能按 8.3.7.1 承载过载电流，并不得引起任何性能上的损坏，以致妨碍电器继续进行程序Ⅴ的试验。

7.3　电磁兼容性(EMC)

7.3.1　(空白)

7.3.2　抗扰度

7.3.2.1　无电子线路的电器

GB 14048.1—2006 范围中无电子线路的电器在正常工作条件中对电磁骚扰是不敏感的，因而不要求抗扰度试验。

7.3.2.2 **具有电子线路的电器**

具有电子线路的电器(例如一种电子式熔断指示器)应具有对电磁骚扰一种符合要求的抗扰度。(见8.4.1.2)。

表6 抗扰度试验

抗扰度试验种类	适用的基础标准	要求的严酷水平
静电放电	GB/T 17626.2—2006	气体放电 8 kV 或接触放电 4 kV
电磁场	GB/T 17626.3—2006	10 V/m
快速瞬变/突变	GB/T 17626.4—2008	2 kV
电涌	GB/T 17626.5—2008	2 kV(一般型) 1 kV(特殊型)
RF场产生的传导干扰	GB/T 17626.6—2008	10 V
注:简单的整流器在正常工作条件下对电磁骚扰是不敏感的,因此不需要进行抗扰度试验。		

7.3.3 **发射**

7.3.3.1 **无电子线路的电器**

对于无电子线路的电器,电磁骚扰仅在偶然操作开关时产生。骚扰的持续时间在毫秒级。

可以认为这些发射的频率,电平和后果都是低压设备的一部分正常电磁环境。

因此,可以认为电磁发射要求满足规定,没有必要验证。

7.3.3.2 **具有电子线路的电器**

具有电子线路的电器(例如一种电子式熔断指示器)可以产生持续的电磁骚扰。

发射应满足GB 4824—2004的A级1组或GB 9254—1998的A级的要求(见8.4.2.2)。

表7 发射极限

通道	频率范围/MHz	极限值[d]	标准
机壳[b]	30～230[a]	30 dB(μV/m)准峰值 在30 m距离测量[c]	GB 4824—2004中A级-1组 或 GB 9254—1998中A级
	230～1 000[a]	37 dB(μV/m)准峰值 在30 m距离测量[c]	
交流电源	0.15～0.5[a]	79 dB(μV)准峰值 66 dB(μV)平均值	
	0.5～5[a]	73 dB(μV)准峰值 60 dB(μV)平均值	
	5～30[a]	73 dB(μV)准峰值 60 dB(μV)平均值	

a 低极限值适用于转换频率。

b 仅适用于机械开关电器装载部分在高于9 kHz频率操作时,例如微处理器。

c 也可以在10 m距离测量,极限值增加10 dB或在3 m距离测量,限度增加20 dB。

d 这些极限值源于GB 4824—2004和GB 9254—1998。

这些极限值对仅仅用于工业环境中的机械开关电器给出。在希望用于工业环境以外时,下述的警告应包括在制造厂出版资料中。

> 警告
>
> 这是A级产品。在家庭环境中,这种产品可产生无线电干扰,此时要求用户采用适当的措施。

因此,在满足GB 9254—1998中B级给出的发射极限值时,就不须这个警告。

8 试验

8.1 试验种类

8.1.1 一般规定

GB 14048.1—2006 中 8.1.1 适用。

8.1.2 型式试验

GB 14048.1—2006 中 8.1.2 适用。型式试验项目在本部分的表 9 中规定。

8.1.3 常规试验

GB 14048.1—2006 中 8.1.3 适用。并补充以下内容。

8.1.3.1 一般规定

采用下列试验：

——机械操作试验(见 8.1.3.2)

在制造和(或)其他常规试验中，开关、隔离器、隔离开关或熔断器组合电器的操作如采用上列同一试验条件和不低于上列试验条件规定的操作次数，就可以替代上列试验。

——介电性能试验(见 8.1.3.3)

如果通过控制材料和制造过程，已证明介电性能良好，这些试验可以按认可的抽样表(见 IEC 60410:1973)采用抽样试验来代替。

8.1.3.2 机械操作试验

进行 5 次闭合与断开操作试验，验证电器的机械操作是否正常。

8.1.3.3 介电性能试验

试验条件应按 GB 14048.1—2006 中 8.3.3.4.2。替代时，混合试验可以按 GB 14048.1—2006 的 8.3.3.4.2 项 3)。试验电压值按 GB 14048.1—2006 中表 12A 规定。试验的持续时间应不小于 1 s，并且试验电压应施加如下：

——电器处于断开位置，在电器闭合时电气上连接在一起的每一对接线端子之间；

——电器处于闭合位置，在每个极和相邻极之间以及每个极和框架之间；

——对包含电子电路接至主极的电器处于断开位置，在每个极和相邻极之间以及每个极和框架之间。按电子部件位置，或者在进线侧，或者在出线侧。

另一方面，在介电试验时，允许电子电路不接。

8.1.4 抽样试验

GB 14048.1—2006 中 8.3.3.4.3 规定的验证电气间隙的抽样试验在考虑中。

8.1.5 特殊试验

特殊试验(见 GB 14048.1—2006 中 2.6.4)在 8.5 规定。

8.2 有关结构要求的型式试验

GB 14048.1—2006 中 8.2 适用，并补充以下内容。

8.2.1 (空白)

8.2.2 (空白)

8.2.3 (空白)

8.2.4 接线端子的机械性能

GB 14048.1—2006 中 8.2.4 适用，并补充以下内容。

电器被设计成具有多种不同的接线端子时，应在每一种上进行试验。

8.2.5 验证操动器机构的强度和位置指示器

GB 14048.1—2006 中 8.2.5 适用，并补充以下内容。

8.2.5.1 试验电器的条件

操动器机构和位置指示器试验应是试验程序Ⅰ的组成部分(见8.3.3和表11)。

如果有不同类型的操动器,不管是附加的还是整体的,在程序Ⅰ中仅试验一种结构。并且用代表接近临界状态的样品按8.3.3.7进行试验。

8.2.5.2 试验方法

8.2.5.2.1 有关和无关人力操作

操作电器至断开位置所需的力应在操动器末端测量。被测量的力 F 应该等于3次连续操作所获得最大力的平均值,并且在清洁和新的电器上进行。该力 F 用作确定表8的试验力。

电器处于闭合位置,应采用适当措施使认为试验最为严酷的某极的静和动触头保持闭合。操动器应按其类型承受表8规定的试验力。电器具有一个以上触头系统串联时每个触头系统应保持在闭合位置。

表8 操动器的试验力

操动器类型	试验力	最小试验力/N	最大试验力/N
按钮式(见图1a))	$3F$	50	150
单指操作(见图1b))	$3F$	50	150
双指操作(见图1c))	$3F$	100	200
单手操作(见图1d)和1e))	$3F$	150	400
双手操作(见图1f))	$3F$	200	600
双手操作(见图1g))	$3F$	200	600
F 为新电器的正常操作力,试验力应为 $3F$,并符合表中规定的最小和最大值。施力方向如图1所示。			

a) b) c) d) e) f) g)

图1 被施加力 F 的操动器

在多触点触头系统中,最少数量的并联触头的触点应固定在一起,并必须保持触头系统闭合,依次允许施加试验力而触头不分离。

制造厂应规定保持触头闭合的适当措施和触头数量。触头数量和方法应记载在报告中。

必须无冲击地将力施加于操动器上,施力方向为断开触头的方向,施力时间为10 s。

力的方向(如图1所示)应在整个试验过程中保持不变。

如操动器设有断开位置锁扣装置,在施加试验力时,锁扣装置不能锁住操动器在断开位置。

8.2.5.2.2 有关动力操作

电器处于闭合位置,认为试验最严酷考核的一极的静和动触头应固定在一起,例如焊接。电器具有一个以上触头系统串联时，每个触头系统应保持在闭合位置。

在多触点触头系统中，最少数量的并联触头的触点应固定在一起，并必须保持触头系统闭合，依次允许施加试验力而触头不分离。

制造厂应规定保持触头闭合的适当措施和触头数量。触头数量和方法应记载在报告中。

对动力操作施加电压应为其标称额定电压的 110%，以试图断开电器的触头系统。

应该由动力操动器进行 3 次试图断开电器的操作，间隔 5 min，每次周期 5 s，除非动力操作器的组合保护器限止此时间而缩短该周期。

验证应按 8.2.5.3.2 进行。

注：在加拿大和美国，不认可符合这些要求的电器能保证自身隔离性能。

8.2.5.2.3 无关动力操作

电器处于闭合位置，认为试验最严酷考核的一极的静和动触头应固定在一起，例如用焊接。电器具有一个以上触头系统串联时，每个触头系统应保持在闭合位置。

在多触点触头系统中，最少数量的并联触头的触点应固定在一起，并必须保持触头系统闭合，依次允许施加试验力而触头不分离。

制造厂应规定保持触头闭合的适当措施和触头数量。触头数量和方法应记载在报告中。

释放动力操动器贮存的能量，以试图断开电器的触头系统。

释放贮存的能量应进行 3 次试图断开电器的操作。

验证应按 8.2.5.3.2 进行。

注：在加拿大和美国，不认可符合这些要求的电器能保证自身隔离性能。

8.2.5.3 试验时和试验后电器的状况

8.2.5.3.1 有关和无关人力操作

试验后，当试验力不再施加在操动器上，操动器处于自由状态时，不得给出错误的"断开"(位置)指示。

8.2.5.3.2 有关和无关动力操作

在试验时和试验后，应不能以任何方式指示断开位置。同时电器不能有影响其正常使用的任何损坏。

当电器在断开位置具有锁扣方式时，在试验时它不能锁住电器。

8.3 有关电器性能的型式试验

电器可按其类型经受表 9 所列的性能试验。

表 9 适用给定电器的型式试验表

试验	开关	熔断器式开关	开关熔断器组	隔离器	隔离器熔断器组	熔断器式隔离器	隔离开关	隔离开关熔断器组	熔断器式隔离开关
温升[a]	○	○	○	○	○	○	○	○	○
验证温升	○	○	○	○	○	○	○	○	○
介电性能	○	○	○	○	○	○	○	○	○
验证介电性能	○	○	○	○	○	○	○	○	○
泄漏电流	—	—	—	○	○	○	○	○	○
额定接通和分断能力(过载)	○	○	○	—	—	—	○	○	○
操作性能	○	○	○	○	○	○	○	○	○
额定短时耐受电流	○	—	—	○	—	—	○	—	—
额定短路接通能力	○	—	—	—	—	—	○	—	—
额定限制短路电流	○	○	○	○	○	○	○	○	○
操动器机构的强度	—	—	—	○	○	○	○	○	○
过载试验	—	○	○	—	○	○	—	○	○

[a] 仅适用 8.3.2.1.3。

○ ——试验

— ——不要求试验

8.3.1 试验程序

型式试验如表 10 所示组成几个试验程序。

对于各个试验程序,试验程序Ⅰ的温升(仅指简化试验)和介电性能试验可以在不同的样品上进行外,应按相应的条款要求依次进行试验。

表 10 试验程序综合表

试验程序	试验
试验程序Ⅰ: 一般性能特性 (见 8.3.3 和表 11)	温升[f,g] 介电性能[f] 接通和分断能力[a] 验证介电性能[a] 泄漏电流[b] 验证温升 操动器机构强度
试验程序Ⅱ: 操作性能能力 (见 8.3.4 和表 13)	操作性能 验证介电性能 泄漏电流[b] 验证温升
试验程序Ⅲ: 短路性能能力[c] (见 8.3.5 和表 14)	短时耐受电流 短路接通能力[e] 验证介电性能 泄漏电流[b] 验证温升
试验程序Ⅳ: 限制短路电流[c] (见 8.3.6 和表 15)	熔断器保护的短路耐受能力 熔断器保护的短路接通能力 验证介电性能 泄漏电流[b] 验证温升
试验程序Ⅴ: 过载性能能力[d] (见 8.3.7 和表 16)	过载试验 验证介电性能 泄漏电流[b] 验证温升

a 对(AC-20 或 DC-20)隔离器,不要求进行此试验,见 4.3.5.2 和 4.3.5.3。

b 仅对额定电压高于 50 V 的隔离电器要求进行此试验。

c 试验程序Ⅲ或试验程序Ⅳ按制造厂规定的额定值进行试验。

d 对开关、隔离器和隔离开关,不要求进行此试验。

e 对 AC-20 或 DC-20 电器不采用。

f 可以在程序外进行,见 8.3.1。

g 仅适用于 8.3.2.1.3。

8.3.2 一般试验条件

8.3.2.1 一般要求

GB 14048.1—2006 中 8.3.2.1 适用于所有型式试验(若适用的话)。开始进行任一试验程序的电器应是新的、清洁的电器。

进行任一断开操作所施之力不得大于 8.2.5.2 规定的试验力,同样应以无冲击的方式施加操作力。

当对断开操作是否正确有疑问时,允许对电器进行不多于 3 次的断开操作。

为减少基本结构相同的电器重复试验,可以采用下述试验要求。

8.3.2.1.1 具有相同基本结构的电器简化试验

同时提供一系列相同基本结构的开关，隔离器，隔离开关或熔断器组合电器时，电器为满足其他要求，允许下列差异。

8.3.2.1.2 具有相同基本结构的电器的要求

开关，隔离器，隔离开关或熔断器组合电器在确认为相同基本结构时，应依照下述准则来判断：

a) 载流部件的材料、涂层和尺寸相同，除接线端子的结构和熔断器连接方式不同外；

b) 触头的尺寸、材料、结构和安装方式相同；

c) 操作机构具有相同功能结构，其材料和物理性能相同；

d) 触头闭合和断开速度大体上相同；

e) 模塑材料和绝缘材料相同；

f) 灭弧装置的灭弧方法、材料和结构相同。

采用8.3.2.1.3给出的简化试验程序，也允许有下述的差异：

g) 使用类别和工作电压；

h) 用于50 Hz或60 Hz；

i) 3极或4极电器(中性极可断开或不断开)，采用7.1.8的要求；

j) 接线端子的结构没有使电气间隙和爬电距离减少(见7.1.3、8.2.4和8.3.3.2及GB 14048.1—2006中8.3.3.1)；

k) 不同类型的操动器，不管是附加的还是整体的，在每一种类型的操动器上验证操动器强度的要求(见8.2.5)，在试验程序Ⅰ中验证其一种；

l) 带不同型式熔体(仅在空载条件下拔出熔体)的开关熔断器组、隔离器熔断器组和隔离开关熔断器组的熔断器底座触头。

8.3.2.1.3 简化试验程序

可采用下述简化试验程序。

a) 如果具有相同基本结构的电器申明标志一个以上使用类别和(或)一个以上工作电压，试验在最严酷的条件下进行，试品数量可以减少。

对短路接通和分断及操作性能试验，如下述条件同时满足，可以认为试验条件较严酷：

——等于或大于额定工作电压；

——等于或大于试验电流；

——等于或小于功率因数；

——等于或大于操作次数。

b) 在50 Hz下完成的试验被认为覆盖用于60 Hz，反之亦然，但下述例外：

——电流大于800 A的电器按8.3.3.1进行温升试验；

注：依据制造厂与用户之间协议，对电流大于800 A的电器在50 Hz下进行试验可允许在60 Hz下使用，反之亦然。

——继电器和脱扣器的温升及操作性能(见GB 14048.1—2006中7.2.2和7.2.2.6)。线圈的温升试验应对每个频率进行，但在有关试验程序中仅包括一种，并且如线圈和其他电路可以分别供电，允许其他电路保留在50 Hz下供电。

c) 在3极电器上完成的试验被认为也覆盖中性极不断开的4极电器。在中性极上按GB 14048.1—2006中8.3.3.3.4进行单相试验。

在4个极可断开的电器上完成的试验被认为也覆盖3个极可断开的电器，该电器的所有极相同，并且触头的闭合和断开速度大体上相同(7.1.8要求仅适用有关中性极的接通和分断)。而且，4个极可断开的电器应该始终连接成三相排列(见GB 14048.1—2006中图11)。

d) 不同类型熔断器底座触头进行试验

开关熔断器组、隔离器熔断器组或隔离开关熔断器组设计成安装不同类型的熔断器底座触头，按 8.3.3.1 应在对应最大熔断器额定电流的每种类型上进行温升试验。

试验程序Ⅰ、Ⅱ和Ⅴ应采用在那些最大试验电流中具有最高温升的类型。

程序Ⅳ应在与熔断器连接方式不同于螺栓连接的每种类型熔断器底座触头上在最大额定限制短路电流相当的电流下进行，并且如果各不相同，采用具有最大允通能量的熔断器类型在最高试验电压下进行。

e) 不同接线端子结构进行试验

电器被设计成可安装不同的接线端子结构，应在每种结构上按 GB 14048.1—2006 中 8.3.3.1 和 8.2.4 的要求进行试验。

带有用于插入母线上的接线端子的电器，如适用，应按 8.3.3.1,8.3.5.1 或 8.3.6.2.1 a)进行试验。应进行插拔操作的验证。操作循环次数应是 50，每次循环是从连接位置到隔离位置，并再返回至连接位置。

如果电器的操作状态不受损害，认为试验是符合要求的。

8.3.2.2 试验量值

GB 14048.1—2006 中 8.3.2.2 适用。

8.3.2.3 试验结果的评估

试验时电器的性能和试验后电器的状况在有关试验条款中规定。

8.3.2.4 试验报告

GB 14048.1—2006 中 8.3.2.4 适用。

8.3.3 试验程序Ⅰ：一般性能特性

本试验程序适用于表 11 所列的各种型式电器，它包括表中规定的各项试验。

表 11 试验程序Ⅰ：一般性能特性

试验	条款号	样品[c]	电器型式和试验顺序					
			开关	熔断器式开关和开关熔断器组	隔离器	隔离器熔断器组和熔断器式隔离器	隔离开关	隔离开关熔断器组和熔断器式隔离开关
温升[d]、[e]	8.3.3.1	A.B.C.F	1	1	1	1	1	1
介电性能[d]	8.3.3.2	A.C.F	2	2	2	2	2	2
接通和分断能力	8.3.3.3	A.D	3	3	a	a	3	3
验证介电性能	8.3.3.4	A.D	4	4	a	a	4	4
泄漏电流[b]	8.3.3.5	A.D	—	—	3	3	5	5
验证温升	8.3.3.6	A.D	5	5	4	4	6	6
操动器机构的强度	8.3.3.7	A.E	—	—	5	5	7	7

[a] 对(AC-20 或 DC-20)隔离器，不要求进行此试验。见 4.3.5.2 和 4.3.5.3。

[b] 仅对 U_e 高于 50 V 的电器要求进行此试验。

[c] 在程序中对给出的样品，仅采用以同一字母标志的试验："A"是一个最普通结构的样品，选择最大额定电流 I_e，如适用，按 8.3.2.1.3 d)，应具有最高温升。

如适用，其他样品：

"B"是一个 60 Hz 试验的不同的试品，如适用，按 8.3.2.1.3 b)进行；

"C"是每个在相应最大额定电流下试验的其他接线端子结构的样品；

"D"是验证 U_e，I_e，AC 或 DC 电压值多种组合试验的样品(见 8.3.2.1.3)；

"E"是 8.2.5.1 中指定的附加样品，并且可以是样品 B,C 或 D 中的一个；

"F"是 8.3.2.1.3 d)中每种类型熔断器组合电器的载熔件的样品。

[d] 可以在程序试验外进行，见 8.3.1。

[e] 仅适用 8.3.2.1.3。

8.3.3.1 温升

GB 14048.1—2006 中 8.3.3.3 适用，并补充以下内容：

本试验应在约定封闭发热电流 I_{the}（见 GB 14048.1—2006 中 4.3.2.2）下进行。

熔断器组合电器所装熔断体的额定电流应等于组合电器的约定发热电流。

熔断体耗散功率不得超过电器制造厂规定的最大值。

注：可采用“模拟”熔断体进行试验，模拟熔断体的结构与标准的熔断体基本相似，并具有规定的耗散功率。

试验用熔断体的详细情况，如型号、额定电流、耗散功率、分断能力以及制造厂名称均应在试验报告中写明。只要在熔断器组合电器的约定发热电流下，其他熔断体的耗散功率不超过试验用熔断体的耗散功率，则装有试验用熔断体的组合电器的温升型式试验应认为对使用其他熔断体也有效。

8.3.3.2 介电性能试验

GB 14048.1—2006 中 8.3.3.4.1 适用，并补充以下内容。

如制造厂同意，按 GB 14048.1—2006 中 8.3.3.4.1 3)c)试验而不连接这些器件时，试验报告应记载这些器件。

对于有一个工作电压大于 50 V 并适合隔离用的电器（见 3.3），触头在断开位置时应在试验电压 $1.1U_e$ 下测量流过每个极的泄漏电流，应不超过 0.5 mA。

8.3.3.3 接通和分断能力

8.3.3.3.1 试验量值和试验条件

GB 14048.1—2006 中 8.3.3.5 对带中性极的电器适用。

试验量值在 7.2.4.1 表 3 中按其使用类别加以规定。

应进行规定次数的接通-分断操作循环试验，除约定发热电流等于或大于 400 A 的电器以外，闭合—断开循环时间间隔均为 30 s±10 s。经制造厂与用户协商同意，可增加时间间隔，并应在试验报告中写明其间隔时间。

在进行每次接通-分断操作循环期间，电器停留在闭合位置的时间只需来得及完成通断操作，使电流值能够达到稳定，并使电器的运动部件处于静止状态。每次操作循环之后，恢复电压至少应维持 0.05 s。

为便于试验起见，经制造厂同意，对于使用类别为 AC-23A 和 AC-23B 的电器，接通-分断操作循环试验可用规定次数的 $10I_e$ 接通循环试验和接着进行的相同次数的 $8I_e$ 分断循环试验来代替。

对于交流，试验电路的功率因数应按 GB 14048.1—2006 中 8.3.4.1.3 规定进行测定，功率因数值应符合表 3 规定。

对于直流，试验电路的时间常数应按 GB 14048.1—2006 中 8.3.4.1.4 规定进行测定，时间常数应符合表 3 规定。

试验电压和负载应加在电器的适当的接线端子上。对于在断开位置时，动触头仍与其中一个接线端子相连接的电器，除非接线端子上有明显的“负载接线端子”和“电源接线端子”的专门标记，否则应将电源端和负载端上的接线互换后再次进行试验。

熔断器组合电器进行试验时，可用合适的铜导体来代替熔断体，其尺寸和质量应在电气上等同于制造厂所推荐的熔断体。

8.3.3.3.2 试验电路

GB 14048.1—2006 中 8.3.3.5.2 适用。

8.3.3.3.3 瞬态恢复电压

GB 14048.1—2006 中 8.3.3.5.3 仅适用于 AC-22 和 AC-23 使用类别，对于 DC-22 和 DC-23 使用类别，若经制造厂和用户协商同意，试验电路负载可用能产生规定电流值和时间常数值的电动机代替。

8.3.3.3.4 （空白）

8.3.3.3.5 接通和分断能力试验时电器的性能

电器试验时，不应危及操作者和损坏邻近的电器。

不应发生持续燃弧或极间或极对框架间的闪络,并且,检测电路中的熔丝不应熔断。

电器仍能进行机械操作。触头不允许发生熔焊,以致无法用正常操作方法进行断开操作。

8.3.3.3.6 接通和分断能力试验后电器的状况

试验后立即进行空载合(分)操作,电器应能满意地闭合和断开。

所需操作力应不大于 8.2.5.2 和表 8 的试验力。

当正常操作电器手柄通过全行程时,使触头完全闭合,电器能承载其额定工作电流,则认为闭合操作是满意的。

试验后,电器应不经维修仍能符合 8.3.3.4 的规定。

触头应不经维修仍能承载额定工作电流,并应符合 8.3.3.6 验证温升的规定。

如果电器作隔离用,应符合 8.3.3.5 和 8.3.3.7 的规定。

8.3.3.4 验证介电性能

在 8.3.3.3 试验后,应按 GB 14048.1—2006 中 8.3.3.4.1 4)进行试验。

8.3.3.5 泄漏电流

只对额定工作电压高于 50 V 的隔离电器进行泄漏电流试验,应验证每个断开触头间隙和每个接线端子对框架之间的泄漏电流。

当试验电压为 1.1 倍的电器额定工作电压时,泄漏电流不得超过下列规定值:

——对于使用类别为 AC-20A、AC-20B、DC-20A 或 DC-20B 的电器,每极为 0.5 mA;

——对于所有其他使用类别的电器,每极为 2 mA。

8.3.3.6 验证温升

在 8.3.3.3 试验后,应按 8.3.3.1 规定验证接线端子和易接近部件的温升,除已被确定使用类别外,试验在被试电器的额定工作电流 I_e 下进行。

接线端子和易接近部件应不超过表 12 规定的极限值。

表 12 接线端子和易接近部件的温升极限

部件种类[a]	温升极限/K
与外部连接的接线端子	80
人力操作部件: ——金属的 ——非金属的	 25 35
可触及但不是手握的部件: ——金属的 ——非金属的	 40 50
正常操作时无需触及的部件: ——金属的 ——非金属的	 50 60

[a] 除上述所列的部件外,对其他部件不作温升规定,但以不引起相邻绝缘部件损坏为限。

8.3.3.7 操动机构的强度

适用于隔离的电器采用 8.2.5。

8.3.4 试验程序Ⅱ:操作性能能力

试验程序适用于表 13 所列各类电器,它包括表中规定的各项试验。

这些试验用来验证 7.2.4.2 规定的性能。

表 13 试验程序Ⅱ:操作性能能力

试验	条款号	样品[c]	电器型式和试验顺序					
			开关	熔断器式开关和开关熔断器组	隔离器	隔离器熔断器组和熔断器式隔离器	隔离开关	隔离开关熔断器组和熔断器式隔离开关
操作性能	8.3.4.1	A.B	1	1	a	a	1	1
验证介电性能	8.3.4.2	A.B	2	2	1	1	2	2
泄漏电流[b]	8.3.4.3	A.B	—	—	2	2	3	3
验证温升	8.3.4.4	A.B	3	3	3	3	4	4

[a] 对(AC-20 或 DC-20)使用类别,不要求进行有载分断操作。见 4.3.5.2 和 4.3.5.3(若适用的话)。

[b] 仅对 U_e 高于 50 V 的电器要求试验。

[c] "A"是一个最普通结构的样品,选择最大额定电流 I_e,如适用,按 8.3.2.1.3 的 d),应具有最高温升。"B"如适用,是验证 U_e,I_e,AC 或 DC 电压值多种组合试验的样品。

8.3.4.1 操作性能试验

8.3.4.1.1 试验量值和试验条件

试验量值在表 4 和表 5 中按其使用类别加以规定。

表 4 中的有载操作循环和空载操作循环的时间间隔以及试验次序应在试验报告中写明。

在进行每次接通—分断操作循环期间,电器停留在闭合位置的时间,只需来得及完成通断操作,使电流值能够达到稳定,并使电器的运动部件处于静止状态。每次操作循环后,恢复电压至少应维持 0.05 s。

对于交流,试验电路的功率因数应按 GB 14048.1—2006 中 8.3.4.1.3 规定进行测定,功率因数应符合表 5 的规定。

对于直流,试验电路的时间常数应按 GB 14048.1—2006 中 8.3.4.1.4 规定进行测定,时间常数值应符合表 5 的规定。

8.3.4.1.2 试验电路

GB 14048.1—2006 中 8.3.3.5.2 适用。

8.3.4.1.3 瞬态恢复电压

不需调整瞬态恢复电压。

8.3.4.1.4 通断操作过电压

在考虑中。

8.3.4.1.5 操作性能试验时电器的性能

电器试验时,不应危及操作者或损坏邻近的电器。

不应发生持续燃弧或极间或极对框架间的闪络,并且,检测电路中的熔丝不应熔断。

电器仍应能进行机械操作,触头不允许熔焊,以致无法用正常操作方式进行断开操作。

只要电器动作正常,允许电器的机械部件和触头有某些磨损。

8.3.4.1.6 操作性能试验后电器的状况

试验后立即进行空载合(分)操作,电器应能满意地闭合和断开。

所需操作力应不大于 8.2.5.2 和表 8 的试验力。

当正常操作电器手柄通过全行程时,使触头完全闭合,电器能够承载其额定工作电流,则认为闭合操作是满意的。

本试验后,电器应不经维修仍能符合 8.3.4.2 的规定要求。

触头应不经维修仍能承载额定工作电流,并符合 8.3.4.4 验证温升的要求。

如果电器作隔离用,则应符合 8.3.4.3 的规定。

8.3.4.2 验证介电性能

8.3.3.4 适用。

8.3.4.3 泄漏电流

8.3.3.5 适用。

8.3.4.4 验证温升

8.3.3.6 适用。

8.3.5 试验程序Ⅲ:短路性能能力

本试验程序适用于表 14 所列的各种型式电器,它包括表中规定的各项试验。

表 14 试验程序Ⅲ:短路性能能力

试验	条款号	样品[d]	电器型式和试验顺序					
			开关	熔断器式开关和开关熔断器组	隔离器	隔离器熔断器组和熔断器式隔离器	隔离开关	隔离开关熔断器组和熔断器式隔离开关
短时耐受电流	8.3.5.1	A	1	不适用	1	不适用	1	不适用
短路接通能力[a,b]	8.3.5.2	A.B	2		—		2	
验证介电性能	8.3.5.3	A.B	3		2		3	
泄漏电流[c]	8.3.5.4	A.B	—		3		4	
验证温升	8.3.5.5	A.B	4		4		5	

a 如果进行程序Ⅳ的试验,则不一定要进行程序Ⅲ的此项试验。

b 不具有额定短路接通能力的开关和隔离开关(见 2.1)应符合试验程序Ⅳ的试验要求(见表 15)。

c 只对 U_e 高于 50 V 的电器要求试验。

d “A”是一个最普通结构的样品,选择最大 I_{cw} 电流。

“B”如适用,是验证 U_e,I_{cw} 或 I_{cm},AC 或 DC 电压值多种组合试验的样品。

如果制造厂未规定额定短路接通能力值(见 8.3.5.2.1),并进行过程序Ⅳ的试验(见 8.3.6),则不一定要进行程序Ⅲ试验。

本试验程序用来验证 7.2.5 规定的性能。

8.3.5.1 短时耐受电流试验

8.3.5.1.1 试验量值和试验条件

GB 14048.1—2006 中 8.3.4.3 的试验条件适用。

试验电流应是 4.3.6.1 规定的额定短时耐受电流。

8.3.5.1.2 试验电路

GB 14048.1—2006 中 8.3.4.1.2 适用。

对于交流,试验电路的功率因数应符合 GB 14048.1—2006 中 8.3.4.1.3 规定。

对于直流,试验电路的时间常数应符合 GB 14048.1—2006 中 8.3.4.1.4 规定。

8.3.5.1.3 试验电路整定

试验电路整定时,用阻抗可忽略的临时连接线 B 将试验电器短接,接线应尽量靠近接线端子。

对于交流,调整电阻 R_1 和电抗 X,使在外施电压下,电流等于额定短时耐受电流,功率因数为 GB 14048.1—2006 中 8.3.4.1.3 的规定值。

对于直流,调整电阻 R_1 和电抗 X,使在外施电压下,电流最大值等于额定短时耐受电流,时间常数为 GB 14048.1—2006 中 8.3.4.1.4 的规定值。

8.3.5.1.4 试验顺序

用被试电器代替临时连接线 B,在电器处于闭合位置下,通以规定时间的试验电流。

8.3.5.1.5 **试验时电器的性能**

电器试验时，不应危及操作者或邻近的电器。

不应发生持续燃弧或极对框架间的闪络，并且，检测电路中的熔丝不应熔断。

电器仍应能进行机械操作，触头不允许熔焊，以致无法用正常操作方式进行断开操作。

8.3.5.1.6 **试验后电器的状况**

试验后，立即进行空载合(分)操作，电器应能满意地闭合和断开。

所需操作力应不大于 8.2.5.2 和表 8 的试验力。

当正常操作电器手柄通过全过程时，使触头完全闭合，电器能够承载其额定工作电流，则认为闭合操作是满意的。

如果电器是开关或隔离开关，本试验后，应不经维修仍能经受表 14 所规定的 8.3.5.2 的短路接通能力试验。

如果电器作隔离用，应不经维修仍能符合 8.3.5.3 验证介电性能的要求。

隔离器的触头应不经维修仍能承载额定工作电流，并符合 8.3.5.5 验证温升的要求。

8.3.5.2 **短路接通能力试验**

8.3.5.2.1 **试验量值和试验条件**

本试验应在进行过 8.3.5.1 试验并不经维修的同台电器上进行。

试验电流应由制造厂按照 4.3.6.2 加以规定。

8.3.5.2.2 **试验电路**

8.3.5.1.2 适用。

8.3.5.2.3 **试验电路整定**

试验电路整定时，用阻抗可忽略的临时连接线 B 将试验电器短接，接线应尽量靠近接线端子。

根据电器是交流或是直流，按下述方法整定试验电路：

a) 对于交流电器

试验应在电器的额定频率下进行。

预期电流至少应维持 0.05 s，从整定波图上确定的预期电流值用有效值表示，至少应有一极电流值等于或大于规定值。

所有各相电流的平均值应符合 GB 14048.1—2006 中 8.3.2.2 规定的允差要求。

预期电流第一周波的最大峰值应不小于 n 倍额定短路电流，n 值按 GB 14048.1—2006 中表 16 第 3 列的规定值。

b) 对于直流电器

电流应持续规定时间，从示波图上确定的电流平均值至少应等于规定值。

如果试验站不能进行直流试验，经制造厂与用户协商同意，可用交流进行试验，但要采取适当的预防措施，例如不使电流峰值超过允许电流值。

如果电器为交直流两用，具有相同的额定电流，应认为交流试验对直流额定值同样有效。

8.3.5.2.4 **试验顺序**

用被试电器代替临时连接线 B，电器应接通预期电流两次，操作时间间隔约为 3 min，预期峰值电流不小于电器的额定短路接通能力。试验电流至少应保持 0.05 s。

闭合机构的操作应尽可能地模拟使用条件。

8.3.5.2.5 **试验时的电器的性能**

电器试验时，不应危及操作者或损坏邻近的电器。

不应发生持续燃弧或极间或极对框架间的闪络，并且，检测电路中的熔丝不应熔断。

电器仍能进行机械操作，触头不允许发生熔焊，以致无法用正常操作方法进行断开操作。

8.3.5.2.6 试验后电器的状况

试验后立即进行空载分(合)操作,电器应能满意地断开或闭合。

所需操作力应不大于 8.2.5.2 和表 8 的试验力。

当正常操作手柄通过全过程,使触头完全闭合,电器能够承载其额定工作电流,则认为闭合操作是满意的。

试验后,电器应不经维修仍能符合 8.3.5.3 验证介电性能的要求。

触头应不经维修仍能承载最大额定工作电流,并应符合 8.3.5.5 验证温升的要求。

8.3.5.3 验证介电性能

8.3.3.4 适用。

8.3.5.4 泄漏电流

8.3.3.5 适用,但对所有使用类别,每极最大泄漏电流值均不得超过 2 mA。

8.3.5.5 验证温升

8.3.3.6 适用。

8.3.6 试验程序Ⅳ:限制短路电流

本试验程序适用于表 15 所列的各种型式电器,它包括表中规定的各项试验。

如果制造厂未规定额定限制短路电流值,并进行过程序Ⅲ的试验(见 8.3.5)。则不一定要进行程序Ⅳ的试验。

对于开关、隔离器和隔离开关,其短路保护电器可以是断路器或熔断器,保护电器应接在试验电器的负载侧。

断路器或熔断器型式应是制造厂所规定的适用于该电器的。

试验用保护电器的详细情况,如型号标志、额定电压、额定电流、额定短路分断能力、以及制造厂名称均应在试验报告中写明。

只要在额定电压、预期电流和功率因数下其他保护电器的焦耳积分(I^2t)和截断电流不超过试验用保护电器的焦耳积分和截断电流规定值,则装有规定的保护电器的电器型式试验应认为对使用其他保护电器也有效。

本试验用来验证 7.2.5 规定的性能。

8.3.6.1 断路器保护的短路耐受能力

在考虑中。

8.3.6.2 熔断器保护的短路耐受能力

8.3.6.2.1 试验量值和试验条件

熔断体的最大额定电流和额定分断能力应是制造厂认为适合于该电器的。

电器制造厂应提供试验用的熔断体(见 GB 13539)。所用熔断体的详情应记在试验报告中。

采用的试验电压应等于 $1.05U_e$,其中 U_e 为试验中电器的工作电压。

本试验应按下列规定进行:

a) 耐受试验

电器处于闭合位置时通以预期电流,预期电流应是制造厂规定的额定限制短路电流。

b) 接通试验

进行 a)项耐受试验后,按表 15 规定,所有电器应装上新熔断体,接通额定限制短路电流。

8.3.6.2.2 试验电路

8.3.5.1.2 适用。

8.3.6.2.3 试验电路整定

8.3.5.2.3 适用。

8.3.6.2.4 试验顺序

熔断器式开关、熔断器式隔离器和熔断器式隔离开关应按照 7.2.1.1 操作合闸机构。

用被试电器代替临时接线，并按 8.3.6.2.1 规定通以试验电流。

熔断器分断试验电流后，恢复电压至少应保持 0.05 s。

8.3.6.2.5 试验时电器的性能

8.3.5.2.5 适用。

8.3.6.2.6 试验后电器的状况

8.3.5.2.6 适用。

表 15 试验程序Ⅳ：限制短路电流

试验	条款号	样品[c]	电器型式和试验顺序					
			开关[a]	熔断器式开关和开关熔断器组	隔离器[a]	隔离器熔断器组和熔断器式隔离器	隔离开关[a]	隔离开关熔断器组和熔断器式隔离开关
熔断器保护的短路耐受能力	8.3.6.2.1[a]	A.B	1	1	1	1	1	1
熔断器保护的短路接通能力	8.3.6.2.1[b]	A.B	2	2	—	—	2	2
验证介电性能	8.3.6.3	A.B	3	3	2	2	3	3
泄漏电流[b]	8.3.6.4	A.B	—	—	3	3	4	4
验证温升	8.3.6.5	A.B	4	4	4	4	5	5

a 如果进行程序Ⅲ(见表 14)的试验，则不一定要进行程序Ⅳ的试验。

b 仅对 U_e 高于 50 V 的电器要求试验。

c “A”是一个最普通结构的样品，选择最大额定限制短路电流，如适用，“A”是按 8.3.2.1.3 的 d)每种类型的样品。“B”如适用，是验证 U_e、I_e、AC 或 DC 电压值多种组合的试验样品。

8.3.6.3 验证介电性能

8.3.3.4 适用。

8.3.6.4 泄漏电流

8.3.5.4 适用。

8.3.6.5 验证温升

8.3.3.6 适用。

8.3.7 试验程序Ⅴ：过载性能能力

本试验程序适用于表 16 所列的各种型式电器，它包括表中规定的各项试验。

表 16 试验程序Ⅴ：过载性能能力

试验	条款号	样品[b]	电器型式和试验顺序		
			熔断器式开关和开关熔断器组	隔离器熔断器组和熔断器式隔离器	隔离开关熔断器组和熔断器式隔离开关
过载试验	8.3.7.1	A	1	1	1
验证介电性能	8.3.7.2	A	2	2	2
泄漏电流[a]	8.3.7.3	A	—	3	3
验证温升[c]	8.3.7.4	A	3	4	4

a 只对 U_e 高于 50 V 的电器要求试验。

b “A”是一个最普通结构的样品，选择最大额定电流 I_e，如适用，按 8.3.2.1.3 的 d)应具有最高温升。

c 制造厂同意，试验程序可改变成在过载试验后直接进行验证温升，如适用，然后验证介电性能和泄漏电流试验。

8.3.7.1 过载试验

电器应首先处于室温的温度。试验电流是 1.6I_{the}或 1.6I_{th}(见 GB 14048.1—2006 中 4.3.2.2)持续 1 h 或者至一个或多个熔断器熔断。如时间小于 1 h,该时间应记在试验报告中。

电器制造厂应提供试验用的熔断体(见 GB 13539)。所用熔断体的详情应记在试验报告中。

除不需要测量温度外采用 8.3.3.1。

熔断器动作或持续超过 1 h 后的 3 min~5 min 内,电器应被操作 1 次,即断开和闭合。不应发现电器有任何妨碍该操作的损伤。断开电器的力应不大于 8.2.5.2 和表 8 规定的操动器的试验力。

应测量过载试验的持续时间,并记在试验报告中。

8.3.7.2 验证介电性能

8.3.3.4 适用。

8.3.7.3 泄漏电流

8.3.3.5 适用。

8.3.7.4 验证温升

8.3.3.6 适用,并补充以下内容:

按 8.3.7.1 过载试验期间的熔断体应该由同一型式和额定值的新的熔断体替代。

8.4 电磁兼容性试验

GB 14048.1—2006 中 8.4 适用,并补充以下内容。

试验时符合下述性能要求:

——不应发生随意分开或闭合触头。

8.4.1 抗扰度

8.4.1.1 无电子线路的电器

不需要试验(见 7.3.2.1)。

8.4.1.2 具有电子线路的电器

采用 7.3.2.2 要求。验证符合这些要求,应进行表 6 所包括的试验。

8.4.2 发射

8.4.2.1 无电子线路的电器

不需要试验(见 7.3.3.1)。

8.4.2.2 具有电子线路的电器

采用 7.3.3.2 要求。通过试验验证表 7 所包含的极限值。

应在工作状态进行检测,该状态包括符合正常使用条件的接地状态,在试验的频率内产生最高的发射(见第 6 章)。

在规定的和重复的条件中进行每次检测。

8.5 特殊试验

机械和(或)电气耐磨损性能用 8.3.4.1 规定的操作性能进行验证。

如果预期有非正常工作条件的场合(见 GB 14048.1—2006 中 7.2.4.3 注),需要进行下列试验:

8.5.1 机械寿命

机械寿命试验(见 7.2.4.3 和 8.1.5)按 8.3.4.1 的有关要求进行试验(若要求进行的话),除隔离电器外,不论其使用类别,每极的最大泄漏电流值均不得超过 6 mA。

操作循环总次数应由制造厂规定。

8.5.2 电寿命

电寿命试验(见 7.2.4.4 和 8.1.5)按 8.3.4.1 的有关要求进行试验(若要求进行的话),除隔离电器外,对于 AC-21、AC-22、AC-23、DC-21、DC-22 和 DC-23 使用类别,每极的最大泄漏电流值不得超过 6 mA。

AC-20A、AC-20B、DC-20A 和 DC-20B 使用类别的电器不进行本试验。

操作循环总次数应按制造厂规定。

附 录 A
（规范性附录）
直接通断单台电动机的电器

通常用作直接通断单台电动机的开关、隔离开关和熔断器组合电器应符合本附录的附加要求。这些要求基本上与 GB 14048.4—2003 的有关条款相同，符合本附录规定的电器可按表 A.1 规定在铭牌上标明合适的使用类别。

A.1 额定工作制

附加的标准额定工作制如下。

A.1.1 断续周期工作制或断续工作制

GB 14048.1—2006 中 4.3.4.3 适用，并补充以下内容：

A.1.1.1 断续工作制的级别

按照每小时电器所能实现的操作循环次数，电器可分为下列级别：

——1 级：不大于 1 次/h；

——3 级：不大于 3 次/h；

——12 级：不大于 12 次/h；

——30 级：不大于 30 次/h；

——120 级：不大于 120 次/h。

A.1.2 短时工作制

GB 14048.1—2006 中 4.3.4.4 适用。

A.2 接通和分断能力

电器按表 A.2（见 A.3）规定的使用类别确定其接通和分断能力。

A.3 使用类别

本附录规定的几种标准使用类别列于表 A.1 中，其他使用类别应根据制造厂与用户的协议，但制造厂的产品目录或投标书上所提供的资料可代替这种协议。

表 A.1 使用类别

使用类别		典型用途
交流	AC-2	滑环电动机：起动、反接制动与反向[a]、断开
	AC-3	鼠笼型电动机：起动、运转中断开电动机
	AC-4	鼠笼型电动机：起动、反接制动与反向[a]、密接通断[b]
直流	DC-3	并激电动机：起动、反接制动与反向[a]、密接通断[b]、直流电动机的再生制动
	DC-5	串激电动机：起动、反接制动与反向[a]、密接通断[b]、直流电动机的再生制动
注：开闭转子电路、电容器和钨丝灯应遵照制造厂与用户间的特殊协定。		

[a] 反接制动与反向，即电动机在旋转时用反接电动机定子绕组的方法使电动机快速停止或反向。

[b] 密接通断（点动），即在很短时间内一次或多次地接通电动机电源，使被电动机驱动的机构得到小的移动。

每种使用类别用额定工作电流的倍数和额定工作电压的倍数表示的电流和电压值、表 A.2 所示的功率因数或时间常数以及用来规定额定接通与分断能力的其他试验条件来表征。

已标明使用类别的电器不需要另行规定额定接通和分断能力，因为这些数值直接由表 A.2 所列使用类别来决定。

表 A.2 的使用类别基本上与表 A.1 所列用途相对应。

表 A.2 对应于各种使用类别的额定接通和分断能力条件

使用类别	接通和分断条件					
	I_c/I_e	U_r/U_e	cosϕ	通电时间[b]/s	断电时间/s	操作循环次数/次
AC-2	4.0	1.05	0.65	0.05	c	50
AC-3[e]	8.0	1.05	a	0.05	c	50
AC-4[e]	10.0	1.05	a	0.05	c	50
			L/R ms			
DC-3	4.0	1.05	2.5	0.05	c	50[f]
DC-5	4.0	1.05	15.0	0.05	c	50[f]
	接通条件					
使用类别	I/I_e	U/U_e	cosϕ	通电时间[b]/s	断电时间/s	操作循环次数/次
AC-3	10	1.05[d]	a	0.05	10	50
AC-4	12	1.05[d]	a	0.05	10	50

I——接通电流，接通电流用直流或交流对称有效值表示，但是相应于电路功率因数的交流非对称电流的峰值可为一较高值。

I_c——接通和分断电流。用直流或交流对称有效值表示。

I_e——额定工作电流。

U——外施电压。

U_r——工频恢复电压或直流恢复电压。

U_e——额定工作电压。

cosϕ——试验电路的功率因数。

L/R——试验电路的时间常数。

a $I_e \leqslant 100$ A 时，cos$\phi = 0.45$，$I_e > 100$ A 时，cos$\phi = 0.35$。

b 只要认为触头在重新断开前已完全闭合，则通电时间可小于 0.05 s。

c 断电时间见表 A.3。

d U/U_e 的允差可为±20%。

e 接通条件也应进行验证，但是，若经制造厂同意，可与接通和分断试验结合进行。接通电流倍数用 I/I_e 表示，分断电流倍数用 I_c/I_e 表示。断电时间从表 A.3 中选取。

f 对一个极性进行 25 次操作循环，对调极性后再进行 25 次操作循环。

表 A.3 验证额定接通和分断能力时分断电流 I_c 与断电时间的关系

分断电流 I_c/A	断电时间/s
$I_c \leqslant 100$	10
$100 < I_c \leqslant 200$	20
$200 < I_c \leqslant 300$	30
$300 < I_c \leqslant 400$	40
$400 < I_c \leqslant 600$	60
$600 < I_c \leqslant 800$	80
$800 < I_c \leqslant 1\,000$	100
$1\,000 < I_c \leqslant 1\,300$	140
$1\,300 < I_c \leqslant 1\,600$	180
$1\,600 < I_c$	240

若经制造厂同意,可缩短断电时间值。

A.4 操作性能

GB 14048.1—2006 中 7.2.4.2 适用,并补充以下内容:

电器必须在表 A.4 中相应使用类别规定的约定条件下接通与分断电流,并完成表中规定的操作次数不损坏。

表 A.4 操作性能——对应于各种使用类别的接通和分断操作性能条件

使用类别	接通和分断条件					
	I_c/I_e	U_r/U_e	cosϕ	通电时间[b]/s	断电时间/s	操作循环次数/次
AC-2	2.0	1.05	0.65	0.05	c	6 000
AC-3	2.0	1.05	a	0.05	c	6 000
AC-4	6.0	1.05	a	0.05	c	6 000
			L/R ms			
DC-3	2.5	1.05	2.0	0.05	c	6 000[d]
DC-5	2.5	1.05	7.5	0.05	c	6 000[d]

I_c——接通和分断电流。用直流或交流对称有效值表示,但实际电流值是相应于电路功率因数的峰值电流。

I_e——额定工作电流。

U_r——工频恢复电压或直流恢复电压。

U_e——额定工作电压。

a $I_e \leqslant 100$ A 时,cosϕ=0.45,$I_e > 100$ A 时,cosϕ=0.35。

b 只要认为触头在重新断开前已完全闭合,则通电时间可小于 0.05 s。

c 断电时间应不大于表 A.3 规定值。

d 对一个极性进行 3 000 次操作循环,对调极性后再进行 3 000 次操作循环。

A.5 机械寿命

GB 14048.1—2006 中 7.2.4.3.1 适用,并补充以下内容:

推荐的空载操作循环次数(用百万次表示)为:

0.001-0.003-0.01-0.03-0.1-0.3 和 1。

如果制造厂未规定机械寿命,则意味着机械寿命至少相当于在相应断续周期工作制等级的最高操作频率下能操作 8 000 h。

A.6 电寿命

GB 14048.1—2006 中 7.2.4.3.2 适用;并补充以下内容:

有载操作循环总次数应按制造厂规定。

A.7 验证接通和分断能力

见 8.3.3.3,但试验量值应按照表 A.2 和表 A.3 的规定。

制造厂同意,A.7 和 A.8 的试验可以在同一样品上进行。

A.8 操作性能试验

见 8.3.4.1,但试验条件应按照表 A.4 的规定。

制造厂同意,A.7 和 A.8 的试验可以在同一样品上进行。

A.9 特殊试验

机械耐磨损和(或)电气耐磨损性能用 A.8 规定的操作性能试验进行验证。

如果预期有非正常使用条件(见 GB 14048.1—2006 中 7.2.4.3 注),可能需要进行以下试验:

A.9.1 机械寿命试验

A.9.1.1 试验电器的条件

电器应按正常使用条件进行安装,特别是导线应按正常使用方式连接。

试验时,主电路应无电压或电流,如果正常使用时规定要润滑,在试验前,可对电器加以润滑。

A.9.1.2 操作条件

电器应按正常使用条件进行操作。

A.9.1.3 试验顺序

a) 试验的操作频率应对应于断续周期工作制等级的频率。但是,如果制造厂认为使用更高的操作频率,电器仍能满足所要求的条件时,可提高频率。

b) 完成的操作循环次数应不低于制造厂规定的空载操作循环次数。

c) 每进行 1/10 规定的操作循环总次数后,在继续试验前,允许:

——清理整个电器(但不得拆开);

——对制造厂规定的、在正常使用中要进行润滑的零部件加以润滑;

——如果电器结构允许的话,可调整触头的行程和压力。

d) 维护工作应不包括更换任何零部件。

A.9.1.4 合格的试验结果

机械寿命试验后,电器仍应能符合室温下的正常操作条件,用于连接导体的零部件不得松动。

A.9.2 电寿命试验

电器的电气耐磨损性能习惯上用相应于表 A.5 所列各使用类别的条件下电器不经修理或更换零部件时所完成的有载操作循环次数来表征。

表 A.5 验证有载操作循环次数——对应于各种使用类别的接通和分断条件

使用类别	额定工作电流值	接通			分断		
		I/I_e	U/U_e	$\cos\phi$ [a]	I_c/I_e	U_r/U_e	$\cos\phi$ [a]
AC-2	所有值	2.5	1	0.65	2.5	1	0.65
AC-3	$I_e \leq 17$ A	6	1	0.65	1	0.17	0.65
	$I_e > 17$ A	6	1	0.35	1	0.17	0.35
AC-4	$I_e \leq 17$ A	6	1	0.65	6	1	0.65
	$I_e > 17$ A	6	1	0.35	6	1	0.35
		I/I_e	U/U_e	L/R [b] ms	I_c/I_e	U_r/U_e	L/R [b] ms
DC-3	所有值	2.5	1	2	2.5	1	2
DC-5	所有值	2.5	1	7.5	2.5	1	7.5

I_e——额定工作电流。

U_e——额定工作电压。

I——接通电流。交流时,接通条件用对称有效值表示,但相应于电路功率因数的非对称电流峰值可为一较高值。

U——外施电压。

U_r——工频恢复电压或直流恢复电压。

I_c——分断电流。

[a] $\cos\phi$ 的允差为±0.05。

[b] L/R 的允差为±15%。

在所有情况下，操作循环速度和次数应由制造厂选定。

如果试验报告中记录的数值与规定值之差在 GB 14048.1—2006 中 8.3.2.2.2 规定的允差范围内，则认为试验有效。

试验应在 A.9.1.1 和 A.9.1.2 规定的具有合适条件的电器上进行，并采用 A.9.1.3 规定的试验顺序(如果适用的话)，但不允许更换触头。

本试验后，电器仍能符合 8.3.3.2 规定的正常操作条件，并能承受 2 倍额定工作电压 U_e 的介电试验电压，但不小于 1 000 V。只对 GB 14048.1—2006 中 8.3.3.4.1 项 4) c)规定的部件施加电压。

附 录 B
（资料性附录）
制造厂与用户间须协议的条款

注：本附录的目的：

——“协议”在广泛的意义上被采用。

——“用户”包括试验站。

关于本部分的条款，采用 GB 14048.1—2006 中附录 J，并补充以下内容：

本部分的条款号	项目
4.4	接通分断电容器或钨丝灯
7.1.6.1 注	联锁用辅助触头的动作时间
7.2.4.2 和表 4	验证操作性能时提高操作速度
8.3.3.3.1	I_{th}＞400 A 的电器作接通和分断能力试验时，闭合—断开循环时间间隔大于 30 s±10 s 对于 AC-23A 和 AC-23B 使用类别，在进行接通和分断能力试验时，先进行 $10I_e$ 的接通循环，再进行同样次数的 $8I_e$ 接通—分断循环
8.3.3.3.3	在验证 DC-22 和 DC-23 使用类别的接通—分断能力时，用电动机代替试验电路负载
8.3.5.2.3	直流电器进行短路接通能力试验时，可用交流电路进行整定
附录 A	未列入表 A.2 的其他使用类别
A.3	
表 A.1	接通与分断转子电路，电容器或钨丝灯
A.7	验证接通和分断能力
A.8	操作性能试验

附　录　C
（规范性附录）
单极操作的三极开关

C.1　总则

除下述修正外，本部分的所有要求适用。

按本部分验证接通和分断能力，操作性能和限制短路耐受的试验要求适用于各极同时操作的电器。然后该要求不适用一极一极操作的三相开关。

如果一个结构基本相同的三极操作开关已经完成试验，对单极操作的三极电器允许仅满足附录C的要求。

一极一极操作的三相开关和上述有关试验的重要特征如下：

——三极分别单独操作，并且彼此处于相邻位置；

三极一般位于彼此附近（水平型式，见图C.1b)）或彼此上下（垂直型式，见图C.1a)）；

——各极操作的次序任由熟练操作者；

——各极结构上应该基本相同。

电器试验时位置由制造厂确定，并记在试验报告中。

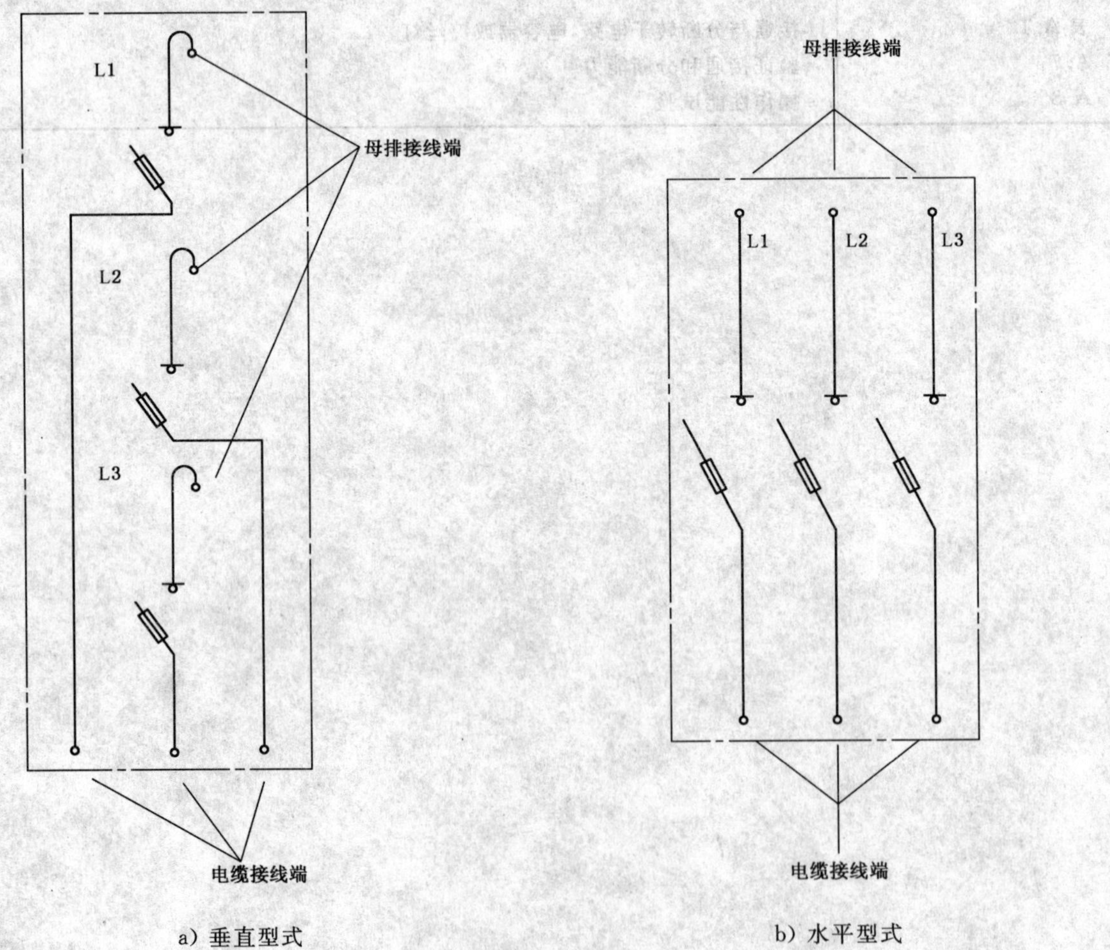

a) 垂直型式　　b) 水平型式

图C.1　典型排列

C.2 试验

进行单极操作的三极开关试验时，有关表10的试验程序应采用按C.3修改的等同试验：

——8.3.3.3试验程序Ⅰ的接通和分断能力；

——8.3.4.1试验程序Ⅱ的操作性能；

——8.3.6.2试验程序Ⅳ的熔断器保护的短路耐受b)接通能力。

C.3 试验准备和程序

C.3.1 接通和分断能力(8.3.3.3.1)和操作性能(8.3.4.1.1)

试验1：L1和L2闭合，L3进行规定的接通-分断操作循环。

试验2：L2闭合和L3断开，L1进行规定的接通-分断操作循环。

所有试验应按GB 14048.1—2006中图5在三相试验电路中进行。

C.3.2 熔断器保护的短路试验(8.3.6.2)

熔断器式开关的接通试验应采用下述试验。

L1断开和L2闭合，L3进行规定的接通-分断操作循环。试验应按GB 14048.1—2006中图11在三相试验电路中进行。

C.4 试验后电器的状况

电器应满足有关条款8.3.3.3.6，8.3.4.1.6和8.3.5.2.6。

C.5 用户须知

制造厂应在产品资料中包含下述声明。

这些电器用于电力配电系统可用作单独一相的开闭和(或)隔离，但不能用作三相设备初级电路的开闭。

ICS 29.120.50
K 31

中华人民共和国国家标准

GB 14048.5—2008
代替 GB 14048.5—2001

低压开关设备和控制设备　第5-1部分：控制电路电器和开关元件　机电式控制电路电器

Low-voltage switchgear and controlgear—Part 5-1: Control circuit devives and switching element—Electromechanical control circuit devices

(IEC 60947-5-1:2003, MOD)

2008-06-19 发布　　2009-06-01 实施

中华人民共和国国家质量监督检验检疫总局
中国国家标准化管理委员会　发布

前　言

本部分为条文强制性标准，其中：7.1.3、7.2.1.2、7.2.3、7.2.4.1、7.3、8.3.3.1、8.3.3.2、8.3.3.4、8.3.3.5、附录G中G.7.2、G.8、附录H中H.7.2.1、H.7.4、H.8.5、H.8.7、附录J中J.8.4、附录K中K.7.1.4.3.1、K.7.1.4.3.2、K.8.3.4、K.8.3.5、K.8.3.6、K.8.3.7、附录L中L.7.1.9、L.8.4为强制性，其余为推荐性。

《低压开关设备和控制设备》目前分为16个部分：

——GB 14048.1—2006　低压开关设备和控制设备　第1部分：总则

——GB 14048.2—2001　低压开关设备和控制设备　第2部分：低压断路器

——GB 14048.3—2002　低压开关设备和控制设备　第3部分：低压开关、隔离器、隔离开关及熔断器组合电器

——GB 14048.4—2003　低压开关设备和控制设备　低压机电式接触器和电动机起动器

——GB 14048.5—2008　低压开关设备和控制设备　第5-1部分：控制电路电器和开关元件　机电式控制电路电器

——GB 14048.6—2008　低压开关设备和控制设备　接触器和电动机起动器　第2部分　交流半导体电动机控制器和起动器

——GB 14048.7—2006　低压开关设备和控制设备　第7-1部分：辅助器件　铜导体的接线端子排

——GB 14048.8—2006　低压开关设备和控制设备　第7-2部分：辅助电器　铜导体的保护导体接线端子排

——GB 14048.9—1998　低压开关设备和控制设备　多功能电器(设备)第2部分：控制与保护性开关电器(设备)

——GB/T 14048.10—1999　低压开关设备和控制设备　第5-2部分：控制电路电器和开关元件　接近开关

——GB/T 14048.11—2002　低压开关设备和控制设备　第6部分：多功能电器　第1篇　自动转换开关电器

——GB/T 14048.12—2006　低压开关设备和控制设备　第4-3部分：接触器和电动机起动器　非电动机负载用交流半导体控制器和接触器

——GB/T 14048.13—2006　低压开关设备和控制设备　第5-3部分：控制电路电器和开关元件　在故障条件下具有确定功能的接近开关(PDF)的要求

——GB/T 14048.14—2006　低压开关设备和控制设备　第5-5部分：控制电路电器和开关元件　具有机械锁闩功能的电气紧急制动装置

——GB/T 14048.15—2006　低压开关设备和控制设备　第5-6部分：控制电路电器和开关元件　接近传感器和开关放大器的DC接口(NAMUR)

——GB/T 14048.16—2006　低压开关设备和控制设备　第8部分：旋转电机用装入式热保护(PTC)控制单元

本部分为《低压开关设备和控制设备》的第5部分。

本部分修改采用IEC 60947-5-1(第3版)：2003《低压开关设备和控制设备　第5-1部分：控制电路电器和开关元件　机电式控制电路电器》(英文版)，根据我国的具体情况作了如下的修改：

——删除IEC前言，增加了国家标准前言；

——IEC 60947-5-1:2003 第 2 章中有一个按字母顺序排列的定义目录，本部分删去；

——7.1.1 中，对于材料耐湿性能要求，IEC 60947-5-1:2003 未提出具体要求，仅写了“要求在考虑中”，本部分改为按 GB 14048.1—2006 中附录 K 的规定执行，并在 8.2 中增加了同样的内容；

——H.8.6.1 中，IEC 60947-5-1:2003 要求“功率因数或 $T_{0.95}$ 符合表 5 或表 H.3 的规定”。但该版中已将表 H.3 删除。因此在本部分中删去了“表 H.3”的文字；

——J.7.2.5.1 中“J.8.3.3.3”改为“J.8.3.4”，IEC 60947-5-1:2003 原文有误。

——L.8.4 的两个注中的“0.5 mm”改为“0.6 mm”，IEC 60947-5-1:2003 原文有误。

本部分代替 GB 14048.5—2001《低压开关设备和控制设备　第 5-1 部分：控制电路电器和开关元件　机电式控制电路电器》。本部分在编写格式上与 IEC 60947-5-1:2003 一致，并参考了 GB/T 1.1—2000《标准化工作导则　第 1 部分：标准的结构和编写规则》。

本部分与 GB 14048.5—2001 相比，除了文字上有部分改动外，涉及的主要技术差异如下：

——增加了 7.3 电磁兼容(EMC)；

——将附录中的(标准的附录)改为(规范性附录)；

——H.7.4 的内容改为“GB 14048.1—2006 中 7.3 适用”，并删去了原 H.7.4.1、H.7.4.2、H.7.4.3 和 H.7.4.4；

——增加了 H.8.7.1 一般要求，规定了放射和抗扰度试验为型式试验；

——增加了 H.8.7.2 抗扰度、H.8.7.2.1 一般要求和表 H.1；

——将原 H.8.7.1 改为 H.8.7.2.2，并将“试验按 GB/T 17626.2 和 H.7.4.1 进行”改为“试验按 GB/T 17626.2 和表 H.1 进行”；

——将原 H.8.7.2 改为 H.8.7.2.3，并将“试验按 GB/T 17626.3 和 H.7.4.2 进行”改为“试验按 GB/T 17626.3 和表 H.1 进行”，删去“电磁场建立和撤消 10 次”，增加了“电磁场应以三个相互垂直方向对设备进行试验”；

——将原 H.8.7.3 改为 H.8.7.2.4，并将“试验按 GB/T 17626.4 和 H.7.4.3 进行”改为“试验按 GB/T 17626.4 和表 H.1 进行”；

——原 H.8.7.4 冲击电压耐受能力改为 H.8.7.2.5 浪涌，并将“试验按 H.7.4.4 进行”改为“试验按 GB/T 17626.5 和表 H.1 进行”，将“试验中开关元件不驱动”改为“试验中开关元件通电”，删去原文中的 a)，相应地将原文中的 b)、c)改为 a)、b)；

——增加了 H.8.7.2.6 射频场感应的传导骚扰，H.8.7.2.7 工频磁场，H.8.7.2.8 电压暂降和短时中断，H.8.7.3 发射；

——附录 J 标题、J.1.1 范围和 J.8.3 中增加了指示塔的内容；

——J.2 定义中增加了 J.2.5 指示塔的定义；

——J.6 中增加了推荐的指示塔座安装尺寸；

——J.7.2.5.1 中“J.8.3.3.3”改为“J.8.3.4”；

——增加了 J.8.4 冲击和振动，J.8.5 指示塔的防护等级；

——将电气耐久性试验由型式试验改为特殊试验，与 IEC 60947-5-1:2003 相一致，因此在 7.2.4.3b)中作了相应的修改，删去 8.1.2.h)和 8.3.1 中的试验程序Ⅶ(样品 No.7)，8.1.5 中增加了电气耐久性内容，附录 C 的标题由“耐久性试验”改为“特殊试验——耐久性试验”，并在 C.1.1 中作相应的修改，K.8.3.1 中“试验程序Ⅷ(样品 No.8)”改为“试验程序Ⅶ(样品 No.7)”、“试验程序Ⅸ(样品 No.9)”改为“试验程序Ⅷ(样品 No.8)”。

本部分的附录 A、附录 B、附录 C、附录 D、附录 E、附录 F、附录 G、附录 H、附录 J、附录 K 和附录 L 为规范性附录。

本部分由中国电器工业协会提出。

本部分由全国低压电器标准化技术委员会(SAC/TC 189)归口。

本部分负责起草单位：上海电器科学研究所(集团)有限公司。

本部分参加起草单位：人民电器集团有限公司、上海良信电器股份有限公司、华通机电集团有限公司、通用电气(中国)研究开发中心有限公司、天正集团有限公司、德力西集团有限公司、浙江正泰电器股份有限公司、新会ABB低压电器有限公司、欧姆龙(中国)有限公司、中国质量认证中心。

本部分主要起草人：季慧玉、黄兢业、陈晓东。

本部分参加起草人：包启树、张西峰、赵晓斌、冯继锋、张勇、王旭川、吴品华、汪泰宇、范名市、朱磊。

本部分所替代标准的历次版本发布情况为：

——GB 14048.5—1993，GB 14048.5—2001。

低压开关设备和控制设备 第5-1部分：控制电路电器和开关元件 机电式控制电路电器

1 基本要求

GB 14048.1—2006 总则中的条款，本部分采用时将特别声明。本部分中所引用总则的条、表、图以及附录均冠以“GB 14048.1—2006”，例如：GB 14048.1—2006 中 1.2.3、GB 14048.1—2006 中表 4 或 GB 14048.1—2006 中附录 A。

1.1 适用范围和目的

本部分适用于在开关设备和控制设备中作控制、信号、联锁等用途的控制电路电器和开关元件。

本部分适用于额定电压不超过交流 1 000 V(频率不超过 1 000 Hz)或直流 600 V 的控制电路电器。

对于工作电压小于交流或直流 100 V 者，见 4.3.1.1 注 2。

本部分适用于下列规定型式的控制电路电器：

——人力操作控制开关，例如：按钮，旋转开关，脚踏开关等；

——电磁操作控制开关，具有延时或瞬时动作，例如：接触器式继电器；

——指示开关，例如：压力开关，温敏开关(热敏开关)，程控器等。

——位置开关，例如：由机器或机械的部件操作的控制开关；

——有关的控制电路电器，例如：指示灯等。

注 1：控制电路电器包括控制开关和相关的电器，如指示灯。

注 2：控制开关包括开关元件及操作系统。

注 3：开关元件可以是触头元件或半导体元件。

本部分也适用于与其他电器(其主电路符合其他标准)相联的规定型式的开关元件，如：

——开关电器(例如：接触器，断路器等)的辅助触头，该触头并不仅仅用于电器的线圈；

——外壳门上的联锁触头；

——旋转开关的控制电路触头；

——过载继电器的控制电路触头；

接触器式继电器除符合本部分规定的使用类别外，还应符合 GB 14048.4—2003 的有关要求及试验。本部分不包括 GB/T 14598 及 IEC 60255 涉及的继电器或家用及类似用途的自动电气控制器件。

指示灯、按钮等的颜色要求见 GB/T 4025—2003，也可见国际照明委员会(CIE)2 号出版物。

本部分的目的是规定：

a) 控制电路电器的特性；

b) 有关下列内容的电气和机械要求；

1) 需执行的各种工作制；

2) 额定性能和标志的含义；

3) 验证额定性能的试验。

c) 控制电路电器应满足以下有关功能要求：

1) 环境条件，包括封闭式装置的环境条件；

2) 介电性能；

3) 接线端子。

1.2 规范性引用文件

下列文件中的条款通过本部分的引用而成为本部分的条款。凡是注日期的引用文件，其随后所有的修改单(不包括勘误的内容)或修订版均不适用于本部分，然而，鼓励根据本部分达成协议的各方研究是否可使用这些文件的最新版本。凡是不注日期的引用文件，其最新版本适用于本部分。

GB/T 2423.4—2008 电工电子产品环境试验 第2部分：试验方法 试验Db：交变湿热(12 h+12 h循环)(IEC 60068-2-30：2005，IDT)

GB/T 2423.5—1995 电工电子产品环境试验 第2部分：试验方法 试验Ea和导则：冲击(idt IEC 60068-2-27：1987)

GB/T 2423.10—2008 电工电子产品环境试验 第2部分：试验方法 试验Fc：振动(正弦)(IEC 60068-2-6：1982)

GB/T 2423.22—2002 电工电子产品环境试验 第2部分：试验方法 试验N：温度变化(IEC 60068-2-14：1984，IDT)

GB/T 2900.17—1994 电工术语 电气继电器(eqv IEC 60050-446：1983)

GB/T 2900.18—2008 电工术语 低压电器(IEC 60050-441：1984，MOD)

GB/T 4025—2003 人-机界面标志标识的基本和安全规则 指示器和操作器的编码规则(IEC 60073：1996，IDT)

GB/T 4207—2003 固体绝缘材料在潮湿条件下相比电痕化指数和耐电痕化指数的测定方法(IEC 60112：1997，IDT)

GB/T 4728(所有部分) 电气简图用图形符号(IEC 60617 (所有部分)，IDT)

GB 4824—2004 工业、科学和医疗(ISM)射频设备 电磁骚扰特性 限值和测量方法(CISPR11：2003，IDT)

GB 5226.1—2002 机械安全 机械电气设备 第1部分：通用技术条件(IEC 60204-1：2000，IDT)

GB/T 5465.2—2008 电气设备用图形符号(IEC 60417 DB：2007，IDT)

GB 14048.1—2006 低压开关设备和控制设备 总则(IEC 60947-1：2001，MOD)

GB 14048.4—2003 低压开关设备和控制设备 机电式接触器和电动机起动器(IEC 60947-4-1：2000，IDT)

GB/T 14048.14—2006 低压开关设备和控制设备 第5-5部分：控制电路电器和开关元件 具有机械锁闩功能的电气紧急制动装置(IEC 60947-5-5：1997，IDT)

GB/T 14598(所有部分) 电气继电器(IEC 60255，IDT)

GB/T 17045—2008 电击防护 装置和设备的通用部分(IEC 61140+IEC 61140A1：2004，IDT)

GB/T 17626.2—2006 电磁兼容 试验和测量技术 静电放电抗扰度试验(IEC 61000-4-2：2001，IDT)

GB/T 17626.3—2006 电磁兼容 试验和测量技术 射频电磁场辐射抗扰度试验(IEC 61000-4-3：2006，IDT)

GB/T 17626.4—2008 电磁兼容 试验和测量技术 电快速瞬变脉冲群抗扰度试验(IEC 61000-4-4：2004，IDT)

GB/T 17626.5—2008 电磁兼容 试验和测量技术 浪涌(冲击)抗扰度试验(IEC 61000-4-5：2005，IDT)

GB/T 17626.6—2008 电磁兼容 试验和测量技术 射频场感应的传导骚扰抗扰度(IEC 61000-4-6：2006，IDT)

GB/T 17626.8—2006 电磁兼容 试验和测量技术 工频磁场抗扰度试验(IEC 61000-4-8：1993，IDT)

GB/T 17626.11—2008 电磁兼容 试验和测量技术 电压暂降、短时中断和电压变化的抗扰度

试验(IEC 61000-4-11:1999,IDT)

IEC 60068-2-6:1995 环境试验 第2部分:试验 试验Fc:振动(正弦)

IEC 60255(所有部分) 电气继电器

IEC 60410:1973 计数检查抽样方案和程序

IEC 61000-4-13:2002 电磁兼容(EMC) 第4-13部分:试验和测量技术 交流电源端口 谐波和谐间波及电网信号抗扰度试验

2 定义

GB 14048.1—2006 的定义适用,并补充下列定义。

2.1 基本定义

2.1.1

控制电路电器 control circuit device

在开关设备和控制设备中用于控制、信号指示、联锁等的电器装置。

注:控制电路电器可以包括涉及其他标准中的相关电器,例如仪器、电位器、继电器等,以及作上述用途的辅助电器。

2.1.2

(控制电路和辅助电路的)控制开关 control switch(for control and auxiliary circuit)

用来控制开关设备或控制设备的操作(包括发出信号、电气联锁等)的一种机械开关电器。

注1:控制开关可由具有共同操动系统的一个或多个触头元件组成。

注2:本定义与IEV 441-14-46不同,控制开关可以包括半导体元件或触头元件(见2.3.2和2.3.3)。

2.1.3

适用于隔离的控制开关 control switch suitable for isolation

在断开位置符合隔离功能规定要求的控制开关。(见GB 14048.1—2006中2.1.19和7.2.3.1b))

注:该控制开关对在被控设备上工作的人员提供较高的安全等级。因此当开关操作失误时,例如:在触头断开不充分的情况下,则必须依靠操作人员的判断进行手动操作使其达到安全位置。

2.1.4

控制站 control station

安装在同一面板或在同一外壳内的一个或多个控制开关的组合。

[IEV 441-12-08]

注:控制站的面板上或外壳内还可以包括有关的设备,例如:电位器、信号灯、仪器等。

2.2 控制开关

2.2.1

自动控制开关 automatic control switches

注:自动控制开关是靠自动控制进行操作(见GB 14048.1—2006中2.4.5)。这种开关也可设计成指示开关(见GB 14048.1—2006中2.2.18)。

2.2.1.1

瞬时接触器式继电器 instantaneous contactor relay

无任何故意延时动作的接触器式继电器。

[IEV 441-14-36]

注:除非另有规定,接触器式继电器一般是指瞬时接触器式继电器。

2.2.1.2

延时接触器式继电器 time-delay contactor relay

具有规定延时特性的接触器式继电器。

[IEV 441-14-37]

注 1:延时可为通电延时(e-延时)或断电延时(d-延时)或通电断电均延时。

注 2:延时接触器式继电器也可装有瞬时触头元件。

2.2.1.3

位置开关　position switch

当机器的运动部件到达预定的位置时,其操作系统由该运动部件操作的指示开关。

[IEV 441-14-49]

2.2.1.4

程序器　programmer

起始后,按预定程序操作的具有多开关元件的控制开关。

2.2.2

人力操作控制开关　manually operated control switches

注:人力操作控制开关是由人力控制进行操作的。(见 GB 14048.1—2006 中 2.4.4)

2.2.2.1

按钮　push-button

具有用人体的一部分(一般为用手指或手掌)施加力而操作操动器并具有储能(弹簧)复位的控制开关。

[IEV 441-14-53]

2.2.2.2

拉钮　pull-button

具有用手拉操作的操动器和具有储能(弹簧)复位的控制开关。

2.2.2.3

按一拉钮　push-pull button

具有先用手按操作和后用手拉返回至其初始位置(或相反操作)的操动器的控制开关。

注:按钮的结构形式还有"按—按钮"或"按—转钮"或其他组合形式。

2.2.2.4

旋钮(例如:选择开关)　rotary button (e.g.: selector switch)

具有靠人力旋转操动器的按钮式开关元件的组合(也可参见 2.2.2.15~2.2.2.18)。

注:旋转式按钮可有两个以上位置,可以有或没有复位弹簧。

2.2.2.5

锁扣式按钮　latched push-button

具有复位弹簧的按钮,但是它保持在操动位置上直到锁扣被另一动作释放为止。

注:锁扣可由同一按钮或相邻按钮的下一次操动(诸如按、转等)来释放或用电磁铁操作来释放等。

2.2.2.6

定位式按钮　locked push-button

用另一操作保证其在一个或几个位置上的按钮。

注:可用旋转钮、旋转钥匙、操作手杆等方法定位。

2.2.2.7

钥匙操作式按钮　key-operated push-button

仅在钥匙保持在插入位置时才能操作的按钮。

注:钥匙可在任何位置拔出。

2.2.2.8

延时复位按钮　time-delay push-button

在操作力去除后,经过一预定时间间隔,触头才回复至起始位置的按钮。

2.2.2.9

延时动作按钮　delayed action push-button

施加在钮上的力保持一预定时间间隔后，才发生开关动作的按钮。

2.2.2.10

指示灯式按钮　illuminated push-button

钮中装有一信号灯的按钮。

2.2.2.11

罩盖防护式按钮　covered push-button

用盖或罩来保护钮以防止意外操作的按钮。

2.2.2.12

定向防护式按钮　shrouded push-button

在一定方向提供保护以防止意外操作的按钮。

2.2.2.13

自由式按钮　free push-button

操动器可无限制地绕其轴旋转的按钮。

2.2.2.14

导向式按钮　guided push-button

其操动器不可绕其轴旋转的按钮。

注：导向式按钮举例：具有键槽形、正方形或长方形的操动器。

2.2.2.15

旋转控制开关　rotary control switch

旋转开关（简称）　rotary switch(abbreviation)

具有旋转操作操动器的控制开关。

2.2.2.16

钥匙操作旋转开关　key-operated rotary switch

用钥匙作为操动器的旋转开关

注：钥匙在任何位置均可拔出。

2.2.2.17

有限运动式旋转开关　limited movement rotary switch

操动器的转动角受限制的旋转开关。

2.2.2.18

单向运动式旋转开关　unidirectional movement rotary switch

操动系统只允许在一个方向转动的旋转开关。

2.2.2.19

操纵杆　joy stick

具有用操作柄或操作杆所组成的操动器的控制开关，当其处于某一位置时，操作柄或操作杆与面板或外壳间成一直角向外伸出，且用角位移法进行操作。

注1：操作杆随着杆朝不同方向位移可有两个以上的位置，从而有别于操作触头元件。这一操纵杆称为操纵杆式选择开关。

注2：操作柄或操作杆可有或无复位弹簧。

2.2.2.20

摇杆　wobble stick

作任何方向位移都可操作所有触头元件的操纵杆。

2.2.2.21

脚踏开关 foot switch(pedal)

具有用脚施加力操作操动器的控制开关。

注:修改 IEV 441-14-52。

2.3 控制开关部件

2.3.1

开关元件 switch element

开关元件可以是半导体元件(见 2.3.2)或触头元件(见 2.3.3)。

2.3.2

半导体元件 semiconductor element

利用控制半导体的导电可控性来接通和分断电路电流的一种元件。

2.3.3

(控制开关的)触头元件 contact element (of a control switch)

控制开关中用于闭合和断开单一电路所需的固定的和可动的,使电路接通和断开的部件。

注 1:触头元件和操动系统可组成一个不可分割的单元,但是通常一个或多个触头元件可与一个或多个操动系统组合在一起,操动系统可以是不同的。

注 2:有关各种触头元件的定义在 2.3.3.1~2.3.3.10 中给出。

注 3:上述定义不包括控制线圈和磁系统。

下列是有关控制开关单一触头元件的定义:

2.3.3.1

单断点触头元件 single gap contact element

仅由一个触点闭合或断开其电路的触头元件。(见图 4a)和图 4c))

2.3.3.2

双断点触头元件 double single gap contact element

由串联的两个触点闭合或断开其电路的触头元件。(见图 4b)、图 4d)和图 4e))

2.3.3.3

接通(常开)触头元件 make-contact element (normally open)

当控制开关被操动时闭合一个电路的触头元件。

2.3.3.4

分断(常闭)触头元件 break-contact element (normally closed)

当控制开关被操动时断开一个电路的触头元件。

2.3.3.5

转换触头元件 change-over contact elements

由一个接通触头元件和一个分断触头元件组成的触头元件。(见图 4c)、图 4d)和图 4e))

2.3.3.6

脉冲(短暂)触头元件 pulse(fleeting) contact element

操动器从一个位置转换至另一个位置期间,在其行程的某一段内断开或闭合电路的触头元件。

2.3.3.7

电气上分开的触头元件 electrically separated contact elements

属于同一控制开关的触头元件,彼此间有足够的绝缘距离,以使它们能接到电气上分开的电路中。(IEV 441-15-24)

2.3.3.8

非从动(快速)触头元件 independent (snap) action contact element

触头运动的速度基本上与操动器的运动速度无关的人控或自控的控制电器的触头元件。

2.3.3.9

从动触头元件　dependent action contact element

触头运动的速度取决于操作器运动速度的人力控制或自动控制的控制电器触头元件。

2.3.3.10

触头单元　contact unit

一个触头元件或同一操动系统操作的类似单元组合的触头元件组。

2.3.4

钮　button

按钮的操动器的外端，操动力施加于其上。

2.3.4.1

平钮　flush-button

其初始位置与相邻固定面基本上是同一水平，而操作时低于该固定面的钮。

2.3.4.2

凹钮　recessed button

其初始位置和操作位置都低于相邻固定面的钮。

2.3.4.3

凸钮　extended button

其初始位置和操作位置都高于相邻固定面的钮。

2.3.4.4

蘑菇钮　mushroom button

伸出端有一扩大直径的钮。

2.3.5

(旋转开关的)定位机构　locating mechanism(of rotary switch)

使操动器和/或触头元件保持在其位置上的操动系统的部件。

2.3.6

终端停挡　end stop

限制运动部件行程的器件。

注：终端停挡既可对操动器也可对触头元件起限位作用。

2.4　控制开关的操作

2.4.1　接触器式继电器的动作

2.4.1.1

(触头元件的)e-延时　e-delay(of a contact element)

在接触器式继电器的电磁线圈通电后，其触头元件的动作延时。

例如：延时闭合接通触头(闭合延时)。

2.4.1.2

(触头元件的) d-延时　d-delay (of a contact element)

在接触器式继电器的电磁线圈断电后，其触头元件的动作延时。

例如：延时断开接通触头(断开延时)

注：对于2.4.1.1和2.4.1.2，术语“e-延时”和“d-延时”均可适用于各种触头元件(见2.3.3)。

2.4.1.3

(触头元件的)固定延时　fixed delay (of a contact element)

延时值为不可调节的接触器式继电器的触头元件的动作。

2.4.1.4

(触头元件的)可调延时　adjustable delay (of a contact element)

在接触器式继电器安装后，其触头元件的动作延时可以调节至不同数值。

2.4.2 **指示开关的操作**

2.4.2.1

操动量 actuating quantity

决定指示开关操作或不操作的物理量值。

2.4.2.2

动作值 operating value

足以引起指示开关动作的操动量值。

2.4.2.3

返回值 return value

使得已经动作的指示开关,返回到其休止位置而必须重新确立的操动量值。

2.4.2.4

差值 different value

动作值和返回值之间的差值。

2.4.3 **旋转开关的操作**

2.4.3.1

(旋转开关的)肯定位置 definite position

位置(简称) position(abbreviation)(of a rotary switch)

只要操动力矩不超过一定值,定位机构使旋转开关进入指定位置并维持在该位置。

2.4.3.2

休止位置 position of rest

定位机构借助所储存能量使旋转开关返回至一稳定的(肯定的)位置上,并保持在该位置。

2.4.3.3

过渡位置 transit position

系一确定位置,在此位置上定位机构在操作瞬间产生预定的标记变化,但此位置操动器不能自行停留。

2.4.3.4

偏位 biased position

系旋转开关的确定位置,在此位置上操动器受拉力阻止停留,以防止其利用贮能(例如,借助弹簧)从停留位置返回到休止位置。

注:在一个偏位转移到邻近的休止位置期间,旋转开关可以经过一个或几个过渡位置。

2.4.3.5

锁扣位置 latched position

系一偏位,在此位置上返回机构被锁扣装置锁住。

注:锁扣装置可用人力释放或用其他方法释放。

2.4.3.6

锁定位置 locked position

系一确定位置,用其他动作来确保旋转开关在此位置上。

注:锁定可以用转动钥匙,操作控制杆等获得。

2.4.3.7

操作图 operating diagram

旋转开关的触头元件按预定顺序操动而动作的表示图。

2.4.4 **机械操作的控制开关的操作**

2.4.4.1

操动器的预行程 pre-travel of the actuator(图示 2 中尺寸 *a*)

不引起触头元件行程的操动器的最大行程。

2.4.4.2

操动器的超行程 over-travel of the actuator

所有触头均达到其闭合(断开)位置后的操动器的行程。

2.4.4.3

直接传动 direct drive

操动器与触头元件之间的连接使操动器无任何预行程。

2.4.4.4

肯定传动 positive drive

操动器与触头元件之间的连接使施加在操动器上的力直接传递至触头元件上。

2.4.4.5

有限传动 limited drive

操动器与触头元件之间的连接使力传递至触头元件上是有限的。

2.4.4.6

最小起动力(或力矩) minimum starting force (or moment)

操动器预行程起动力(或力矩)的最小值。

2.4.4.7

最小操动力(或力矩) minimum actuating force (or moment)

施加在操动器上的能使所有触头达到其闭合(或断开)位置的力(或力矩)的最小值。

2.4.4.8

触头元件的预行程 pre-travel of the contact element(图 2 中尺寸 *b*)

在触头接通(分断)前触头元件内产生的相对运动。

2.4.4.9

触头元件的超行程 over-travel of the contact element(图 2 中尺寸 *d*)

在触头已达到其接通(分断)位置后触头元件内产生的相对运动。

2.4.4.10

弹跳时间 bounce time

对于用于闭合(断开)电路的触头,弹跳时间指触头电路第一次闭合(断开)的瞬间到电路最终被闭合(断开)的瞬间的时间间隔。

[IEV 446-17-13]

3 分类

3.1 触头元件

触头元件可按下列分类:

a) 使用类别(见第 4.4);

b) 与使用类别相关的电器额定值(见附录 A);

c) 下列字母型式之一(见图 4):

1) 型式 A——单断点接通触头元件;

2) 型式 B——单断点分断触头元件;

3) 型式 C——单断点三端子的通断转换触头元件;

4) 型式 X——双断点接通触头元件;

5) 型式 Y——双断点分断触头元件;

6) 型式 Z ——双断点四端子的通断转换触头元件。

d) c)中没有包括的其他型式。

注 1:就图 4e)而言,两个动触头元件为电气上分开的(见 2.3.3.7)。

注 2:先通后断(闭合重叠的)转换触头元件(当动触头从一位置运动到另一位置中的某一段行程内两个电路都被闭

合)与先断后通(无闭合重叠)的转换触头元件(当动触头从一位置运动到另一位置中的某一段行程内两个电路都被断开)是有区别的。除非另有规定,一般转换触头元件是指先断后通者。

3.2 控制开关

控制开关可以按触头元件以及操动系统的性质进行分类,如:按钮,型式 X。

3.3 控制电路电器

控制电路电器可以按控制开关和相连的控制电路电器进行分类,如:带指示灯的按钮。

3.4 延时开关元件

延时开关元件可以按开关元件实现延时的方法进行分类,如:电延时、磁延时、机械延时或气动延时。

3.5 控制开关的安装

控制开关的安装可以按安装孔的尺寸进行分类,如:D 12、D 16、D 22、D 30(见 6.3.1)。

4 特性

4.1 特性概述

控制电路电器和开关元件的特性应在下列项目中选择合适的项目进行规定:

——电器的型式(见 4.2);

——开关元件的额定值和极限值(见 4.3);

——开关元件的使用类别(见 4.4);

——正常负载特性和非正常负载特性(见 4.3.5);

——通断操作过电压(见第 4.9)。

4.1.1 控制开关的操作

控制开关的主要用途是通断表 1 指定的各种使用类别的负载。

对于其他用途,例如:通断钨丝灯、小电动机等等,本部分不作具体规定,但本部分在 4.3.5.2 中作了说明。

4.1.1.1 正常使用条件

控制开关的正常使用条件是指按表 1 的使用类别和表 4 的规定闭合、保持和断开电路。

4.1.1.2 非正常使用条件

非正常使用条件是指如电磁铁虽然已被激磁,但不能闭合的情况,参见表 5。

控制开关应能分断该使用条件下的电流。

4.2 控制电路电器或开关元件的型式

4.2.1 控制电路电器的种类

——人力操作控制开关,例如:按钮,旋转开关,脚踏开关等;

——电磁操作控制开关(延时动作或瞬时动作),例如:接触器式继电器;

——指示开关,例如:压力开关,温敏开关(热敏开关),程序器等;

——位置开关;

——辅助控制电路电器,例如:指示灯等。

4.2.2 开关元件的种类

——开关电器(例如:接触器,断路器等)的辅助触头,它们不仅仅用于该开关电器的线圈;

——外壳门的联锁触头;

——转换开关的控制电路触头;

——过载继电器的控制电路触头;

4.2.3 极数

4.2.4 电流种类

交流或直流。

4.2.5 灭弧介质

空气、油、气体、真空等。

4.2.6 操作条件

4.2.6.1 操作方式

人力操作，电磁操作，气动操作，电控-气动操作。

4.2.6.2 控制方式

——自动；

——非自动；

——半自动。

4.3 开关元件的额定值和极限值

控制电路电器的开关元件的额定值应按 4.3.1～4.3.5 规定，但不必规定所有列出值。

4.3.1 （开关元件的）额定电压

开关元件额定电压规定以下几种：

4.3.1.1 额定工作电压(U_e)

GB 14048.1—2006 中 4.3.1.1 适用，并补充下列内容：

对于三相电路，额定工作电压 U_e 用线电压有效值表示。

注 1：开关元件可用若干额定工作电压和额定工作电流的组合来表示。

注 2：本部分涉及的控制开关一般不推荐用于很低的电压，而且也不适合这样的用途。因此，对于用于较低的工作电压时（例如低于交流或直流 100 V），建议征询制造商的意见。

4.3.1.2 额定绝缘电压(U_i)

GB 14048.1—2006 中 4.3.1.2 适用。

4.3.1.3 额定冲击耐受电压(U_{imp})

GB 14048.1—2006 中 4.3.1.3 适用。

4.3.2 电流

开关元件用下列电流表示其特性。

4.3.2.1 约定自由空气发热电流(I_{th})

GB 14048.1—2006 中 4.3.2.1 适用。

4.3.2.2 约定封闭发热电流(I_{the})

GB 14048.1—2006 中 4.3.2.2 适用。

4.3.2.3 额定工作电流(I_e)

GB 14048.1—2006 中 4.3.2.3 第一段适用。

4.3.3 额定频率

GB 14048.1—2006 中 4.3.3 适用。

4.3.4 空白

4.3.5 正常和非正常的负载特性

4.3.5.1 正常条件下开关元件的额定接通和分断能力及其特性

开关元件应满足表 4 中规定的使用类别和额定操作电压的要求。

注 1：对于已规定使用类别的开关元件，无需再单独规定其接通和分断能力。

注 2：用于通断小电动机和钨丝灯负载的开关元件应按 GB 14048.4—2003 规定确定其使用类别，并还应符合其相应要求。

4.3.5.2 非正常条件下接通和分断能力

开关元件应符合表 5 中规定使用类别的要求。

注：非正常条件是指如当电磁铁不动作，而开关元件必须分断“接通电流”的状态。

4.3.6 短路特性

4.3.6.1 额定限制短路电流

GB 14048.1—2006 中 4.3.6.4 适用。

4.4 开关元件的使用类别

表1中规定的使用类别认为是标准的使用类别，其他型式的使用类别应以制造商和用户的协议为准，但是，制造商的样本或说明书中给出的信息可构成协议。

4.5 空白

4.6 空白

4.7 空白

4.8 空白

4.9 通断操作过电压

GB 14048.1—2006中4.9适用。

4.10 电气上分开的触头元件

制造商应规定控制电路电器的触头元件电气上是否分开（见2.3.3.7）。

表1 开关元件的使用类别

电流种类	使用类别	典型用途
交流	AC—12	控制电阻性负载和光电耦合隔离的固态负载
	AC—13	控制有变压器隔离的固态负载
	AC—14	控制小容量电磁铁负载(≤72 VA)
	AC—15	控制交流电磁铁负载(>72 VA)
直流	DC—12	控制电阻性负载和光电耦合隔离的固态负载
	DC—13	控制电磁铁负载
	DC—14	控制电路中有经济电阻的电磁铁负载

4.11 指示开关的操动量

指示开关的操动量的动作值和返回值取决于操动量的正常上升值和正常下降值。除非另有规定，操动量的变化率应是有规律的，并且不能在小于10 s内达到动作值（或返回值）。

动作值和返回值两者都可以为固定值，或其中一个为可调，或者均为可调（或两者之差值可调）。

如适用，制造商应指明耐受值，该值大于最高整定动作的最大值，或小于最低整定返回值的最小值。耐受值系指在该值下操作不得损坏指示开关或改变其特性。

4.12 具有两个或多个触头元件的指示开关

具有两个或两个以上不可单独调节的触头元件的指示开关，对于每个触头元件来讲，可有不同的动作值和返回值。

具有两个或两个以上的可单独调节的触头元件的指示开关可被认为是指示开关的组合。

5 产品的有关资料

5.1 资料的内容

制造商应提供下列资料：

识别资料：

a) 制造商厂名或商标；

b) 型号或系列号，由此可从制造商或其产品样本或按附录A的选择来获得关于开关元件（或整个控制开关）的有关资料；

c) GB 14048.5（如果制造商声明是符合该标准的话）。

基本额定值和使用类别资料：

d) 额定工作电压（见4.3.1.1）；

e) 控制电路电器额定工作电压下的使用类别和额定工作电流；

f) 额定绝缘电压（见4.3.1.2）；

g) 额定冲击耐受电压(见 4.3.1.3),如确定的话;

h) 通断操作过电压,如果适用的话(见 4.9);

i) IP 等级(对封闭式控制电路电器)(见 GB 14048.1—2006 中 5.1 和附录 C);

j) 污染等级(见 6.1.3.2);

k) 短路保护电器的型式和最大额定值(见 8.3.4.3);

l) 限制短路电流(如果小于 1 000 A);

m) 适用于隔离,如适用,应引用 GB/T 4728.7—2000 中 07—13—06 符号;

n) 相同极性触头元件的指示。

5.2 标志

5.2.1 一般要求

5.1 中 a)和 b)项的标志必须标在控制电路电器的铭牌上,以便从制造商获得完整的资料。

标志应是不易磨灭的和易于识别的,并且标志不应标于螺钉及可移动的垫圈上。

如果位置许可,也可将 c)～n)项的参数标在铭牌上,或标在控制电路电器上,或包含在制造商的公布的文件中。

5.2.2 接线端子的识别和标志

GB 14048.1—2006 中 7.1.7.4 适用。

5.2.3 功能标志

操动器可用刻上符号的形式来识别。如果在停止钮的操动器在上刻有或标有符号,那么,该符号应为圆形或椭圆形(以椭圆零表示)。圆形符号或椭圆形符号只能用于停止钮。

如果位置许可,且足以能清楚识别的话,则还可用字母或文字的形式进行识别标志。在其余情况下,识别标志应标在每个操动器周围或靠近它的固定标签上。

5.2.4 紧急停止

用作紧急停止操作的控制开关的操动器应以红色表示,如果是按钮的话,应为蘑菇钮。

5.2.5 操作图

旋转开关可以有多个触头元件和多个操动器位置,因此,制造商必须指明操动器位置与相关的触头元件位置之间的关系。

建议以操作图的形式来说明上述关系,其举例见图 1,并附注说明。

5.2.5.1 位置指示

位置指示应清楚,有关内容或符号应是不易磨灭和易于识别。

5.2.5.2 操作图的接线端子标记

就操作图而言,接线端子的标记应清楚识别。

5.2.6 延时标记

对于延时接触器式继电器,如果它为固定延时,则标记应包括延时值,如果它为可调延时,则标记应包括延时范围。

在具有一个以上的延时触头元件的情况下,应指明在触头元件第一次延时后每个触头元件的动作与下一个动作之间的相对延时。

如果两个或两个以上的触头元件带有可调延时的话,则应指明它们是否单独可调。

对于每个延时触头元件,制造商应按 2.4.1.1 或 2.4.1.2 指明它的延时特性。

5.3 安装、操作和维修说明

GB 14048.1—2006 中 5.3 适用。

5.4 附加资料

对于某些型式的控制电路电器所需的附加资料按附录 J 和 K 的有关规定进行补充。

这类附加资料应由制造商提供,可用接线图或说明书的形式与控制电路电器一起提供。

6 正常使用、安装和运输的条件

GB 14048.1—2006 中 6 适用，并补充下列条款：

6.1.3.2 污染等级

除非制造商另有规定，控制电路电器一般安装在污染等级 3 的环境条件，其他污染等级也可适用，这取决于电器所处的微观环境。

6.3.1 单孔安装电器的安装

单孔安装的按钮和指示灯应安置在控制板的圆孔中，控制板上可有一个矩形键槽。

各尺寸要求见表 2。

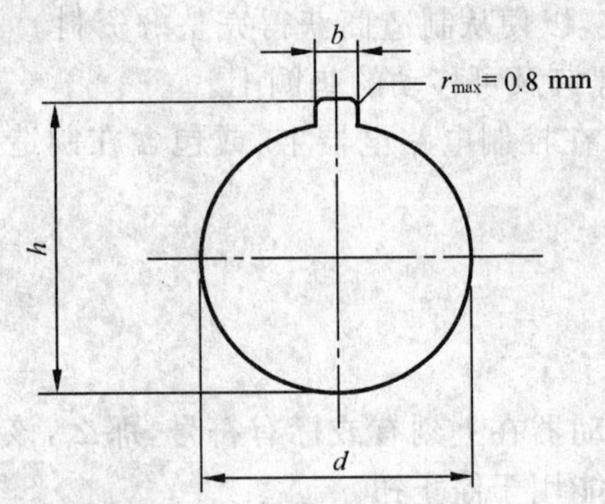

表 2 安装孔直径和键槽尺寸（如有的话）

尺寸	安装孔径 d/mm	键槽（如有的话）	
		高度 h/mm	宽度 b/mm
D 30	$30.5^{+0.50}_{0}$	$33.0^{+0.50}_{0}$	$4.8^{+0.20}_{0}$
D 22	$22.3^{+0.40}_{0}$	$24.1^{+0.40}_{0}$	$3.2^{+0.20}_{0}$
D 16	$16.2^{+0.20}_{0}$	$17.9^{+0.20}_{0}$	$1.7^{+0.20}_{0}$
D 12	$12.1^{+0.20}_{0}$	$13.8^{+0.20}_{0}$	$1.7^{+0.20}_{0}$

6.3.1.1 键槽的位置（如有的话）

键的标准位置是正上方位置（即十二点钟的位置），且与表 3 中的 b 尺寸有关。

6.3.1.2 控制板的厚度范围

对制造商规定的有或没有密封垫圈的电器，应能安装到 1 mm～6 mm 间任何厚度的控制板上，必要时可用垫圈。

注：密封垫圈是非标准的。

6.3.1.3 电器组

当一组 6.3.1 所列尺寸的电器并排安装在控制板上时，同排安装孔中心线之间距离 a 和各排的中心线间的距离 b，除制造商另有规定外，都不得小于表 3 中给定的数值。

表 3 安装孔中心之间最小距离优先值

尺寸	a/mm	b/mm
D 30	50	65
D 22	30	50
D 16	25	25
D 12	20	20

a 和 b 距离可以互相调换。

这些数值旨在指导设计。然而，当需要安装不同制造商的电器时，用户应选用可互换的电器，并在电器安装和接好线时确保电气间隙和爬电距离。

注：根据电器制造商的规定，某些电器的安装距离可以小于表 3 中所列之值，这取决于电器的设计要求、连接方式、标记等。此外，某些形式的电器可能要求比表 3 所列值更大的距离。

7 结构和性能要求

7.1 结构要求

除 GB 14048.1—2006 中 7.1.1、7.1.2、7.1.6、7.1.8 和 7.1.12 外，GB 14048.1—2006 中 7.1 适用，并补充下列条款：

7.1.1 材料

材料应适用于特定用途，并使电器能满足相应试验要求。

材料的耐湿性能要求按 GB 14048.1—2006 中附录 K 的规定，必要时对某些绝缘材料提供抗潮保护。

应注意材料的耐燃特性。

7.1.2 载流部件及其连接

载流部件应具有适合其预定用途所需的机械强度和载流能力。

除非金属部件中有足够的弹性来补偿绝缘材料任何可能发生的收缩和变形，电气连接的接触压力不应通过绝缘材料来传递，但陶瓷或性能更适应的其他材料除外。

7.1.3 电气间隙和爬电距离

对制造商已规定额定冲击耐受电压值 U_{imp} 的控制开关，电气间隙和爬电距离的最小值在 GB 14048.1—2006 中表 13 和表 15 规定。

对制造商没有规定额定冲击耐受电压值 U_{imp} 的控制开关，其最小值见附录 D。

7.1.4.3 操动力(或力矩)

操作操动器所需的力(或力矩)必须与指定的用途相适合，应考虑操动器的尺寸、外壳或控制板的型式、安装的环境条件以及其指定用途。

最小起动力(或力矩)应足够大以防止意外操作，例如：用于外壳防护等级 IPX 5 或 IPX 6 的按钮和旋转开关，当电器外壳进行试验时，不应受喷水冲击而动作。

7.1.4.4 (旋转开关的)旋转极限

当使用限位运动或单向动作的操动器时，这些操动器应配有能够承受 5 倍于实际最大操动力矩的强有力的限位装置。

7.1.4.5 紧急停止

操动器应完全锁扣在操动位置，且控制触头断开。锁扣装置应由另一动作(例如：拉、旋转或用钥匙)来释放。

注：紧急停止电器的附加要求见 GB/T 14048.14—2006。

7.1.6 适用于隔离的控制开关的条件

适用于隔离的控制开关应是人力操作且具有肯定断开操作(见附录 K)，在断开位置上应符合隔离功能要求(见 GB 14048.1—2006 中 2.1.19 和 7.1.6)。

适用于隔离的旋转控制开关的断开位置应为在没有施加操动力时开关能够维持住的位置。

当触头元件处于断开位置时，为避免误操作，应有能够防止适用于隔离的控制开关动作的措施。

这些可以用挂锁或只能用特殊工具(或钥匙)来释放的锁扣装置来实现。

7.1.7 Ⅱ级控制电路电器

Ⅱ级控制电路电器不提供保护接地功能(见 GB/T 17045—2006)

封装隔离的Ⅱ级控制电路电器，见附录 F。

7.1.8 具有整体连接电缆的控制开关的要求

见附录 G。

7.2 性能要求

GB 14048.1—2006 中 7.2.1.1 和 7.2.2 适用，并补充下列条款：

7.2.1.2 接触器式继电器的操作范围

接触器式继电器的操作范围应符合 GB 14048.4—2003。

7.2.3 介电性能

GB 14048.1—2006 中 7.2.3 适用并补充下列要求。

对于封装隔离的 II 级控制电路电器，见附录 F。

7.2.4 正常和非正常负载条件下的接通和分断能力

7.2.4.1 接通和分断能力

a) 正常情况下的接通和分断能力

开关元件应能在表4中规定的使用类别条件下和指定的操作次数以及8.3.3.5.2规定的条件下接通和分断电流而无失误。

在试验期间，电器产生的过电压不应超过制造商自行规定的冲击耐受电压值(见7.2.6)。

b) 非正常条件下的接通和分断能力

开关元件应能在表5中规定的使用类别条件下及表5规定的操作次数接通和分断电流而无失误。

7.2.4.2 空白

7.2.4.3 耐久性

GB 14048.1—2006中7.2.4.3适用并补充下列条款：

a) 机械耐久性

如有必要，控制电路电器的机械耐久性可由制造商规定用特殊试验来验证，试验按附录C要求进行。

b) 电气耐久性

如有必要，控制电路电器的电气耐久性可由制造商规定用特殊试验来验证，试验按附录C要求进行。

7.2.5 限制短路电流

开关元件应能承受在8.3.4规定条件下由短路电流引起的应力。

7.2.6 通断操作过电压

GB 14048.1—2006中7.2.6适用。

7.2.7 适用于隔离的控制开关的附加要求

适用于隔离的控制开关应根据GB 14048.1—2006中8.3.3.4的要求进行试验，试验电压值应根据制造商规定的额定冲击耐受电压(U_{imp})在GB 14048.1—2006表14中选定。

适用于隔离的控制开关的其他补充要求正在考虑中。

7.3 电磁兼容(EMC)

除非本部分另有规定，GB 14048.1—2006中7.3适用。

表4 开关元件在对应使用类别的正常条件下验证接通和分断能力[a]

a)

使用类别	接通[b]			分断[b]			最小通电时间
	I/I_e	U/U_e		I/I_e	U/U_e		周波(在50 Hz或60 Hz时)
AC			$\cos\phi$			$\cos\phi$	
AC-12	1	1	0.9	1	1	0.9	2
AC-13	2	1	0.65	1	1	0.65	2[c]
AC-14	6	1	0.3	1	1	0.3	2[c]
AC-15	10	1	0.3	1	1	0.3	2[c]
DC			$T_{0.95}$ ms			$T_{0.95}$ ms	时间 ms
DC-12	1	1	1	1	1	1	25
DC-13	1	1	$6\times P$[f]	1	1	$6\times P$[f]	$T_{0.95}$
DC-14	10	1	15	1	1	15	25[c]

b)

操作顺序、操作次数及操作频率		
顺序[g]	操作次数	每分钟操作循环数
1	50[d]	6
2	10	快速[e]
3	990	60
4	5 000	6

I_e 额定工作电流　　I 接通或分断的电流

U_e 额定工作电压　　U 接通前的电压

$P=U_e \times I_e$ 稳态功率消耗(W)　　$T_{0.95}$ 达到95%稳态电流的时间(ms)

[a] 见8.3.3.5.2。

[b] 试验量的允许误差见8.3.2.2。

[c] 两次持续时间(接通和分断)至少为2个周波(或对DC-14为25 ms)。

[d] 头50次操作应在试验电压$1.1U_e$下进行,试验电流I_e首先在U_e下调整。

[e] 在确保触头闭合和断开的情况下尽可能快。

[f] “$6\times P$”值来自经验值,代表大多数直流电磁铁负载的上限为$P=50$ W,即$6\times P=300$ ms的经验关系中求得。对于功率消耗大于50 W的负载,可假定由较小的负载并联组成。因此,不论功率消耗值多少,300 ms可作为上限值。

[g] 对于各种使用类别的试验按顺序进行。

表5　开关元件在对应使用类别的非正常条件下验证接通和分断能力[a]

使用类别	接通[b]			分断[b]			最小通电时间	接通和分断操作	
	I/I_e	U/U_e		I/I_e	U/U_e			操作循环次数	每分钟操作循环数
AC			$\cos\phi$			$\cos\phi$	周波(在50 Hz或60 Hz时)		
AC-12	—	—	—	—	—	—	—	—	—
AC-13[c]	10	1.1	0.65	1.1	1.1	0.65	2[d]	10	6
AC-14	6	1.1	0.7	6	1.1	0.7	2	10	6
AC-15	10	1.1	0.3	10	1.1	0.3	2	10	6
DC			$T_{0.95}$ ms			$T_{0.95}$ ms	时间 ms		
DC-12									
DC-13[c]	1.1	1.1	$6\times P$[e]	1.1	1.1	$6\times P$[e]	$T_{0.95}$	10	6

表 5（续）

使用类别	接通[b]			分断[b]			最小通电时间	接通和分断操作	
	I/I_e	U/U_e		I/I_e	U/U_e			操作循环次数	每分钟操作循环数
DC-14	10	1.1	15	1.0	1.1	15	25[d]	10	6

I_e 额定工作电流　　　　　　　　I 接通或分断的电流

U_e额定工作电压　　　　　　　　U 接通前的电压

$P=U_e\times I_e$稳态功率消耗(W)　　　　$T_{0.95}$达到95%稳态电流的时间(ms)

[a] 非正常条件是模拟被堵不能闭合的电磁铁，见8.3.3.5.3。

[b] 试验量的允差见8.3.2.2。

[c] 对于半导体开关电器，应使用制造商规定的过载保护电器验证非正常条件。

[d] 两次持续时间(接通和分断)至少为2个周波(或对DC-14为25 ms)。

[e] "$6\times P$"值来自经验值，代表大多数直流电磁铁负载的上限为$P=50$ W，即$6\times P=300$ ms的经验关系中求得。对于功率消耗大于50 W的负载，可假定由较小的负载并联组成。因此，不论功率消耗值多少，300 ms可作为上限值。

对于半导体开关电器，最大时间常数应为60 ms，即$T_{0.95}=180$ ms(3倍时间常数)。

8 试验

8.1 试验种类

8.1.1 一般要求

GB 14048.1—2006中8.1.1适用。

8.1.2 型式试验

型式试验是为了验证控制电路电器的设计是否符合本部分的要求。

型式试验包括以下验证试验：

a) 温升(见8.3.3.3)；

b) 介电性能(见8.3.3.4)；

c) 正常条件下开关元件的接通与分断能力(见8.3.3.5.2)；

d) 非正常条件下开关元件的接通和分断能力(见8.3.3.5.3)；

e) 限制短路电流性能(见8.3.4)；

f) 结构要求(见8.2)；

g) 控制电路电器外壳防护等级(见8.3.1)。

8.1.3 常规试验

常规试验由制造商负责进行，通常限于机械上的检验和机械操作的验证。

在附录J和附录K的某些情况中，要补充检验介电试验。

试验时，介电试验按8.3.3.4进行并作以下补充：要求施加电压的最小持续时间减为1 s，金属箔与外接端子可不必连接。

控制开关和控制电路电器的附加常规试验可作适当规定，可允许用抽样方法。

8.1.4 抽样试验

延时电器应采用抽样试验，验证制造商规定的延时时间或延时时间范围。

注：验证电气间隙的抽样试验正在考虑按GB 14048.1—2006中8.3.3.4.3的规定。

8.1.5 特殊试验

特殊试验根据制造商和用户的协议进行。

特殊试验包括耐久性验证试验(见附录 C)。

机械耐久性和电气耐久性试验用符合 8.3.2.1 要求的机构来操作的操动器进行。

8.2 验证结构要求

GB 14048.1—2006 中除 8.2.5 和 8.2.6 外,其余 8.2 适用。

控制电路电器的耐湿性能试验按 GB 14048.1—2006 附录 K 进行。

8.2.5 验证操动力(或力矩)

如 7.1.4.3 有要求,最小操动力(或力矩)在 8.3.1 的顺序 V 中验证,其性能应符合 7.1.4.3 的要求。

8.2.6 验证(旋转开关的)旋转极限

当 7.1.4.4 规定试验时,其试验应在 8.3.1 的试验程序 VI 中进行,试验样品应根据制造商的说明书安装。

操作力矩应测量 5 次,并记录最大值,将 5 倍最大值的力矩值施加到操动器上,力的方向对应于限位装置方向,试验力矩施加 10 s。

如果限位装置没有移动、松动或妨碍操动器的正常使用,则试验通过。

8.3 性能

8.3.1 试验程序

试验类型和试验程序在相应样品上进行,其规定如下:

——试验程序Ⅰ(样品 1 号)

NO.1 试验——接触器式继电器的操作极限(8.3.3.2),如有的话

NO.2 试验——温升(8.3.3.3)

NO.3 试验——介电性能(见 8.3.3.4)

NO.4 试验——接线端子的机械性能(GB 14048.1—2006 中 8.2.4)

——试验程序Ⅱ(样品 2 号)

NO.1 试验——正常条件下开关元件接通与分断能力(见 8.3.3.5.2)

NO.2 试验——验证介电性能(见 8.3.3.5.5b))

——试验程序Ⅲ(样品 3 号)

NO.1 试验——非正常条件下开关元件接通与分断能力(见 8.3.3.5.3)

NO.2 试验——验证介电性能(见 8.3.3.5.5b))

——试验程序Ⅳ(样品 4 号)

NO.1 试验——限制短路电流性能(见 8.3.4)

NO.2 试验——验证介电性能(见 8.3.3.5.5b))

——试验程序Ⅴ(样品 5 号)

NO.1 试验——控制电路电器外壳防护等级(GB 14048.1—2006 附录 C)

NO.2 试验——验证操动力(力矩)(8.2.5)

——试验程序Ⅵ(样品 6 号)

NO.1 试验——测量电气间隙和爬电距离,如适用的话(7.1.3)

NO.2 试验——验证旋转开关的旋转极限(8.2.6)

上述试验任何一项试验都不得失败。

若制造商要求,可在一个样品上进行一个以上或所有的试验程序,但试验应按上述每个样品的程序进行。

注:对于封装隔离的 II 级控制电路电器,需附加样品(见附录 F)。对于整体连接电缆的控制电路电器,见附录 G。

8.3.2 一般试验条件

8.3.2.1 一般要求

GB 14048.1—2006 中 8.3.2.1 适用并补充以下要求：

试验采用符合 8.3.2.1a)要求的操作机构的操动器进行，而对于旋转开关，应按 8.3.2.1b)要求进行。

a) 对于按钮和/或类似的控制开关，操作机构必须在操动器的运动方向上对其施加操动力(或力矩)。

操作机构的操动力(或力矩)或操动行程必须按制造商要求并符合下列条件之一：

——施加在操动器上的最大操动力(或力矩)不得超过触头元件最大超程所需要的操动力(或力矩)的 1.5 倍。

——触头元件的超程必须在触头元件设计的固有超程的 50%～80%之间。

在触头从断开位置至闭合位置(或相反)的整个操作周期中或至少在开闭操作的瞬间，操作机构的速度必须在 0.05 m/s～0.15 m/s 之间，该速度是在操作机构接触操动器处测量。

操动机构和操动器之间的机械连接必须有足够的空隙(无效运动)以避免操动机构阻碍操动器的自由运动。

b) 对可在两个方向旋转的开关，一个操作循环包括操动器的顺时针方向的完整操作或逆时针方向的完整操作。对这种开关，操作循环总次数的 3/4 应是顺时针方向操作，其余操作次数为逆时针方向操作。操作时，旋转开关的角速度在 0.5 r/s～1 r/s 之间。

8.3.2.2 试验量值

除了 GB 14048.1—2006 中 8.3.2.2.3 外 GB 14048.1—2006 中 8.3.2.2 适用。

8.3.2.3 试验结果的判别

控制电路电器在每项试验后的状态必须用每个试验所适用的方法来校验。

控制电路电器如果能符合所适用的每项试验和/或试验程序的要求，则应认为符合本部分要求。

8.3.2.4 试验报告

GB 14048.1—2006 中 8.3.2.4 适用。

8.3.3 空载、正常负载和非正常负载条件的性能

8.3.3.1 动作性能

GB 14048.1—2006 中 8.3.3.1 适用。

8.3.3.2 接触器式继电器的动作范围

接触器式继电器的动作范围应符合接触器适用的标准(见 GB 14048.4)。

8.3.3.3 温升试验

GB 14048.1—2006 中 8.3.3.3 适用并补充以下要求：

控制电路电器的所有开关元件都必须试验，同时闭合的开关元件必须一起进行试验。对于开关元件是操动系统的组成部件，温升试验时不能保持在闭合位置的开关元件，可不必一起试验。

注：如果控制电路电器有几个位置，每个位置上都有开关元件处于闭合状态，则必须进行多次温升试验。

从一个接线端到另一个接线端的临时连接线的最小长度应为 1 m。

8.3.3.4 介电性能试验

GB 14048.1—2006 中 8.3.3.4 适用并补充下列要求：

对于封装隔离的 II 级控制电路电器见附录 F。

8.3.3.4.1 型式试验

GB 14048.1—2006 中 8.3.3.4.1 适用并补充下列要求。

在 3)c)的第二段后加上如下内容：

控制电路电器应承受试验电压，其电压施加部位如下：

——开关元件的带电部件与控制开关接地部件之间；

——开关元件的带电部件与控制开关易于触及的表面(导电的或用金属箔使其导电的部件)之间；

——属于电气上分开的开关元件带电部件之间。

8.3.3.5 接通与分断能力

验证接通与分断能力的试验应按 8.3.2.1 规定的一般要求进行试验。

8.3.3.5.1 试验电路和连接

本试验在单极元件或结构和操作都相同的多级元件的一个极上进行。

除非制造商另有规定，相邻触头认为是反极性的。

C 和 Za 型式的转换触头是同极性的，Zb 型式的转换触头是反极性的。

单极元件或具有同极性的多极触头元件应按图 5 的电路连接，所有不进行试验的相邻触头元件不必连接。

C 和 Za 型式的转换触头的常开和常闭位置应单独进行试验，连接按图 5。

反极性的触头元件应按图 6 连接，不进行试验的相邻反极性触头元件应共同连接到电源，如图 6 所示。

Zb 型式的转换触头的常开和常闭位置应单独进行试验，但相反位置的两端应连接到电源，如图 6 所示为一个相邻的反极性触头。

如果接通和分断操作要求不同的参数时，图 7 所示的电路将代表图 5、图 6 中的负载 L_d。

对于交流试验：

如有需要，为了获得规定的功率因数，负载应是空心电抗器串联电阻器，电抗器应并联一电阻，其分流是总消耗功率的 3%(见图 7)。

对于直流试验：

为了获得规定的稳定电流，试验电流应在图 9 所示范围从零上升到稳态值。附录 B 给出铁芯负载实例。

试验电压和试验电流按表 4、表 5 的规定，所用的试验电路应在试验报告中说明。

8.3.3.5.2 正常条件下开关元件的接通与分断能力

本试验的目的是用来验证控制电路电器根据使用类别来完成其指定工作的能力。

试验应按表 4 中的要求进行，按下列顺序进行 6 050 次操作循环：

——50 次操作循环在 1.1 倍 U_e 下进行，每次间隔 10 s。

——10 次操作循环应尽可能快地进行，但必须确定触头确实已闭合和/或断开。

——990 次操作循环，每次间隔为 1 s。

——5 000 次循环，每次间隔为 10 s。

当电器结构不适合如此快速操作循环时，如过载继电器触头，试验的操作为每次间隔 10 s，或以电器允许的最快速度操作。

对于开关电器的辅助触头：例如接触器、断路器等的辅助触头，其操作循环次数应与验证开关电器额定操作性能所需次数相同(见有关产品标准)。

8.3.3.5.3 非正常条件下开关元件的接通和分断能力

本试验的目的是验证控制电路电器能够接通和分断具有电磁铁负载的电流，试验的负载值、操作顺序按表 5 的规定。

8.3.3.5.4 空白

8.3.3.5.5 试后结果的判定

a) 在进行 8.3.3.5.2 和 8.3.3.5.3 试验时，电器应无电气的和机构的故障，不发生触头熔焊或持续燃弧、熔丝熔断。

b) 在 8.3.3.5.2 和 8.3.3.5.3 试验后，电器应能承受 $2U_e$ 但不低于 1 000 V 的工频试验电压，试验按 8.3.3.4.1 的规定进行。

8.3.4 限制短路电流性能

8.3.4.1 短路试验的基本条件

被试开关元件应是新的和完好的，并按正常的使用方式安装。

8.3.4.2 试验程序

被试开关元件试前应在无载或电流不超过额定工作电流的条件下操作几次。

具有两端子的触头元件试验时，操动器应处于被试电器闭合时相应的位置。

被试触头元件应在单相电路中串联短路保护电器(SCPD)、负载阻抗和一个独立的开关电器，如图 8 所示，试验参数按 8.3.4.3 的要求。

试验时用一单独的接通开关接通电路，试验电流应保持到短路保护电器(SCPD)动作。

试验应在同一触头元件上进行 3 次，每次试验后，SCPD 应更换或复位，两次试验的间隔时间应不少于 3 min，每次试验的实际间隔时间应在试验报告中说明。

对于转换触头元件，上述试验应在常闭和常开两种触头上分别进行。

注：对于具有两端子和转换的触头元件的控制开关，两种型式都必须试验。

独立的控制电路电器可用作为每个触头元件。

8.3.4.3 试验电路和试验参数

被试电器应与短路保护电器串联，该短路保护电器应具有制造商规定的型号和额定值，并串联一个开关电器用于闭合电路。

试验电路负载阻抗为空芯电抗器与电阻器串联，预期电流调整为 1 000 A 或更高值(如制造商规定)，在额定工作电压下，功率因数为 0.5～0.7。不并联阻尼负载。开路电压为开关元件额定工作电压最大值的 1.1 倍。

开关元件应采用与开关元件工作电流相对应截面的电缆，其长度为 1 m，连接在电路中。

8.3.4.4 开关元件的试后条件

a) 短路试验后开关元件应能用正常的操动系统打开。

b) 试验后，开关元件应能承受 $2U_e$，但不小于 1 000 V 的工频耐压试验，试验按 8.3.3.4.1 进行。

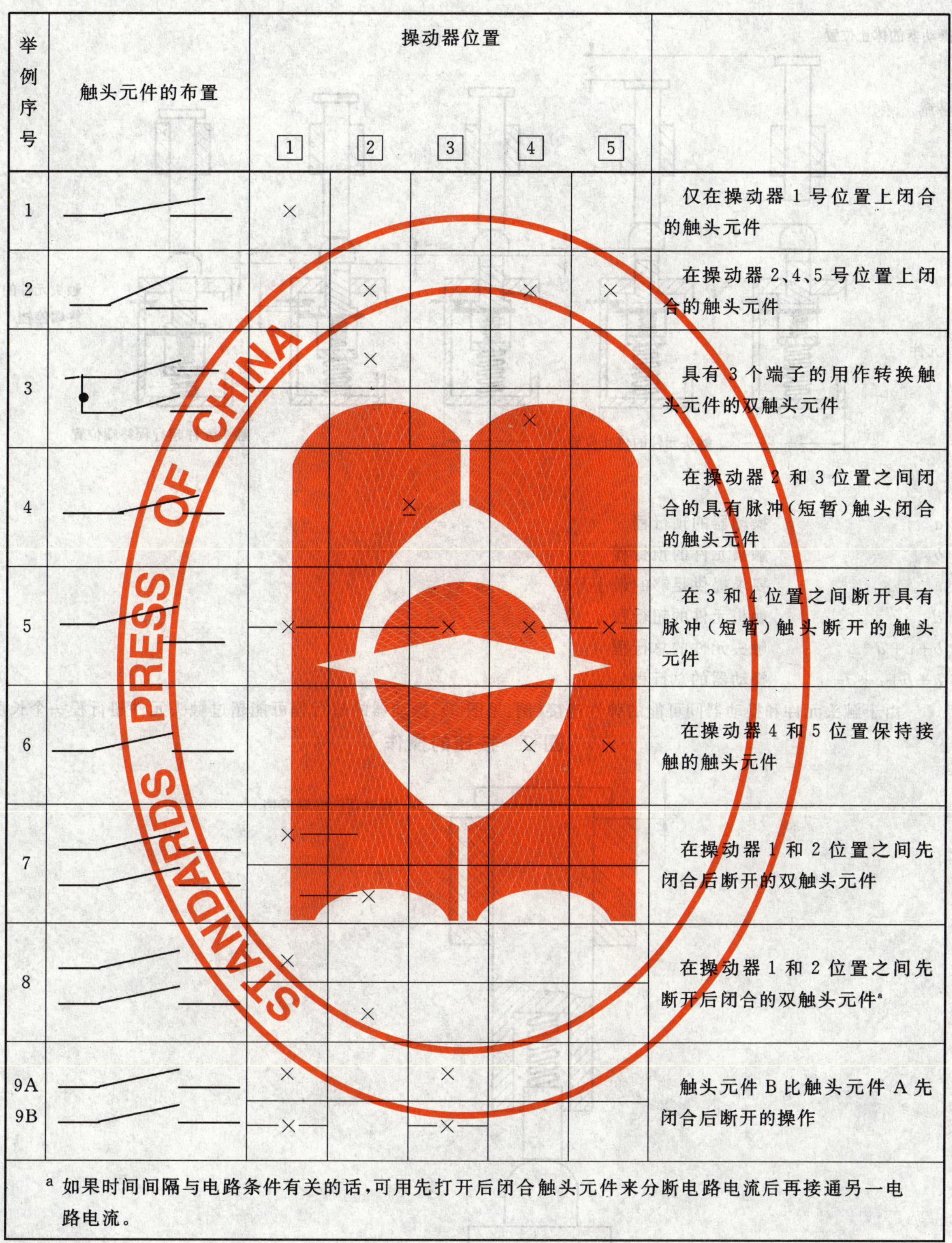

举例序号	触头元件的布置	操动器位置 1	2	3	4	5	
1		×					仅在操动器 1 号位置上闭合的触头元件
2			×		×	×	在操动器 2、4、5 号位置上闭合的触头元件
3			×		×		具有 3 个端子的用作转换触头元件的双触头元件
4			×				在操动器 2 和 3 位置之间闭合的具有脉冲(短暂)触头闭合的触头元件
5		×		×	×	×	在 3 和 4 位置之间断开具有脉冲(短暂)触头断开的触头元件
6					×	×	在操动器 4 和 5 位置保持接触的触头元件
7		×	×				在操动器 1 和 2 位置之间先闭合后断开的双触头元件
8		×	×				在操动器 1 和 2 位置之间先断开后闭合的双触头元件[a]
9A 9B		× ×		× ×			触头元件 B 比触头元件 A 先闭合后断开的操作

[a] 如果时间间隔与电路条件有关的话,可用先打开后闭合触头元件来分断电路电流后再接通另一电路电流。

图 1 绘制旋转开关操作图推荐方法举例

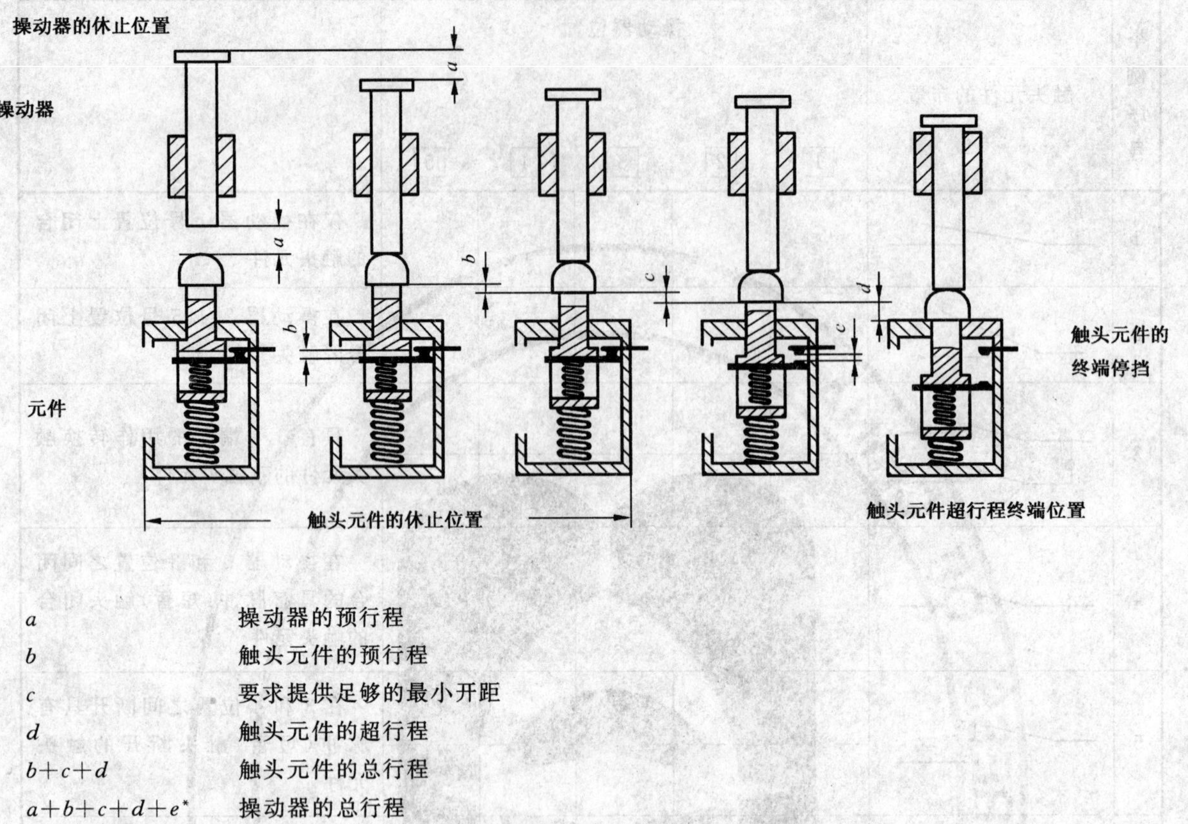

a	操动器的预行程
b	触头元件的预行程
c	要求提供足够的最小开距
d	触头元件的超行程
$b+c+d$	触头元件的总行程
$a+b+c+d+e^*$	操动器的总行程

* 由于触头元件和操动器间可能的弹性连接(例:见图3),操动器的超行程可能超过触头元件超行程一个长度 e。

图 2 按钮的操作

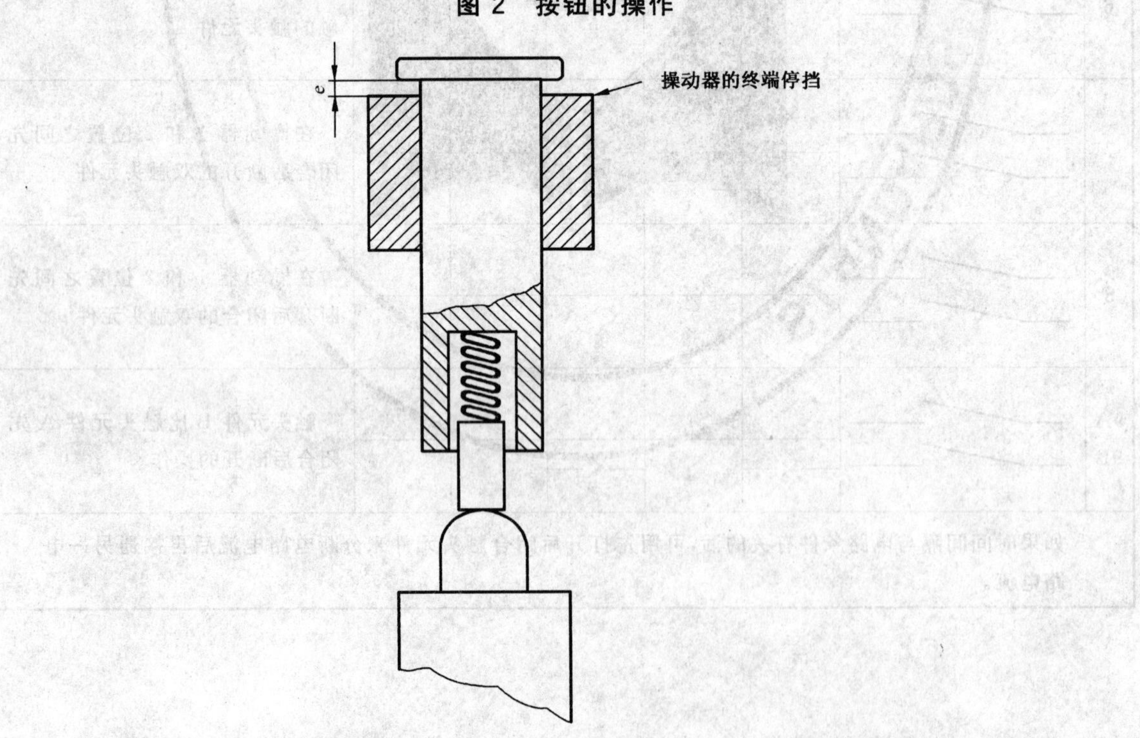

图 3 操动器的超行程和触头元件的超行程之间的差距 e

图号	图	符号	型式	说明
4a)	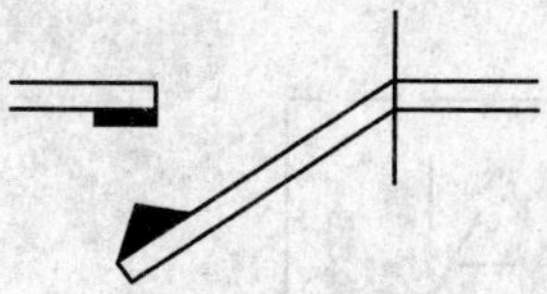	 注 1	A	具有两个端子的单断点触头元件
		 注 1	B	
4b)	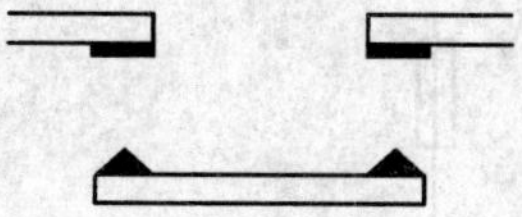	 注 1	X	具有两个端子的双断点触头元件
		 注 1	Y	
4c)	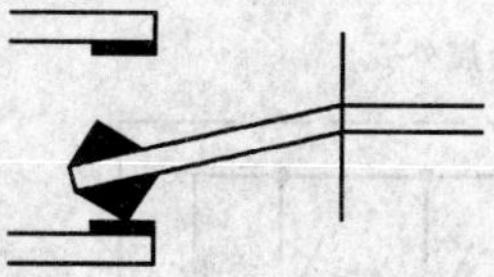	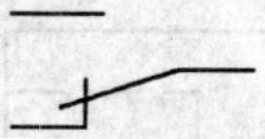 注 1	C	具有三个端子的单断点转换触头元件
4d)	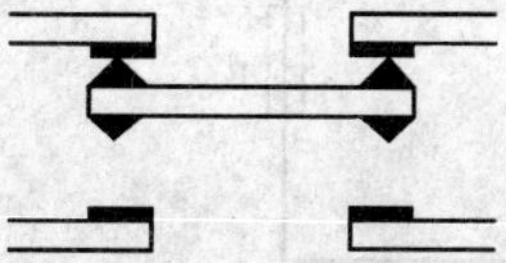	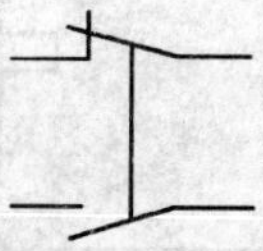	Za	具有四个端子的双断点转换触头元件 注：触头具有相同极性
4e)	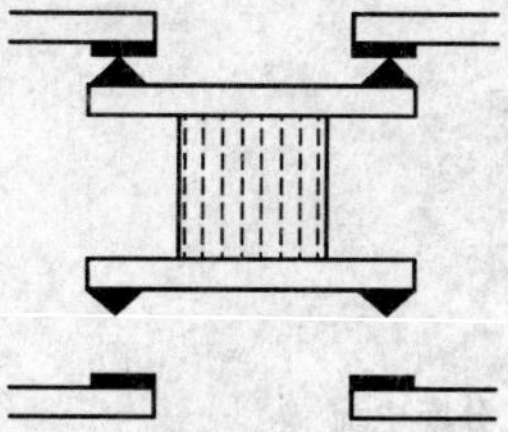	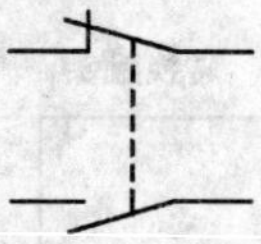	Zb	具有四个端子的双断点转换触头元件 （两个动触头是电气上分开的）

注 1：符号按 GB/T 4728.7 的规定。

图 4　触头元件举例（示意略图）

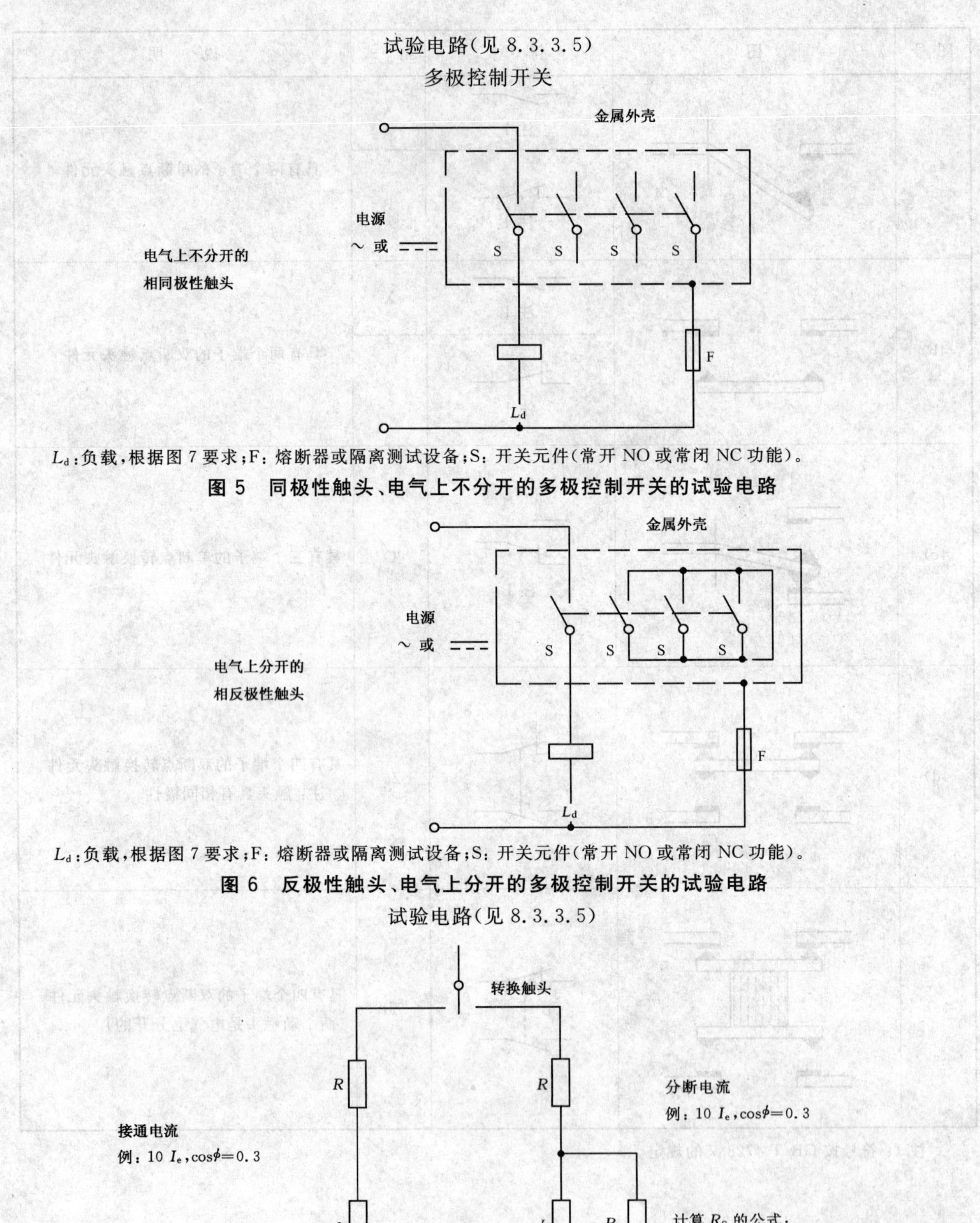

L_d：负载，根据图 7 要求；F：熔断器或隔离测试设备；S：开关元件(常开 NO 或常闭 NC 功能)。

图 5　同极性触头、电气上不分开的多极控制开关的试验电路

L_d：负载，根据图 7 要求；F：熔断器或隔离测试设备；S：开关元件(常开 NO 或常闭 NC 功能)。

图 6　反极性触头、电气上分开的多极控制开关的试验电路

试验电路(见 8.3.3.5)

图 7　当试验条件要求接通电流和分断电流具有不同值和/或功率因数(时间常数)时负载 L_d 的详图

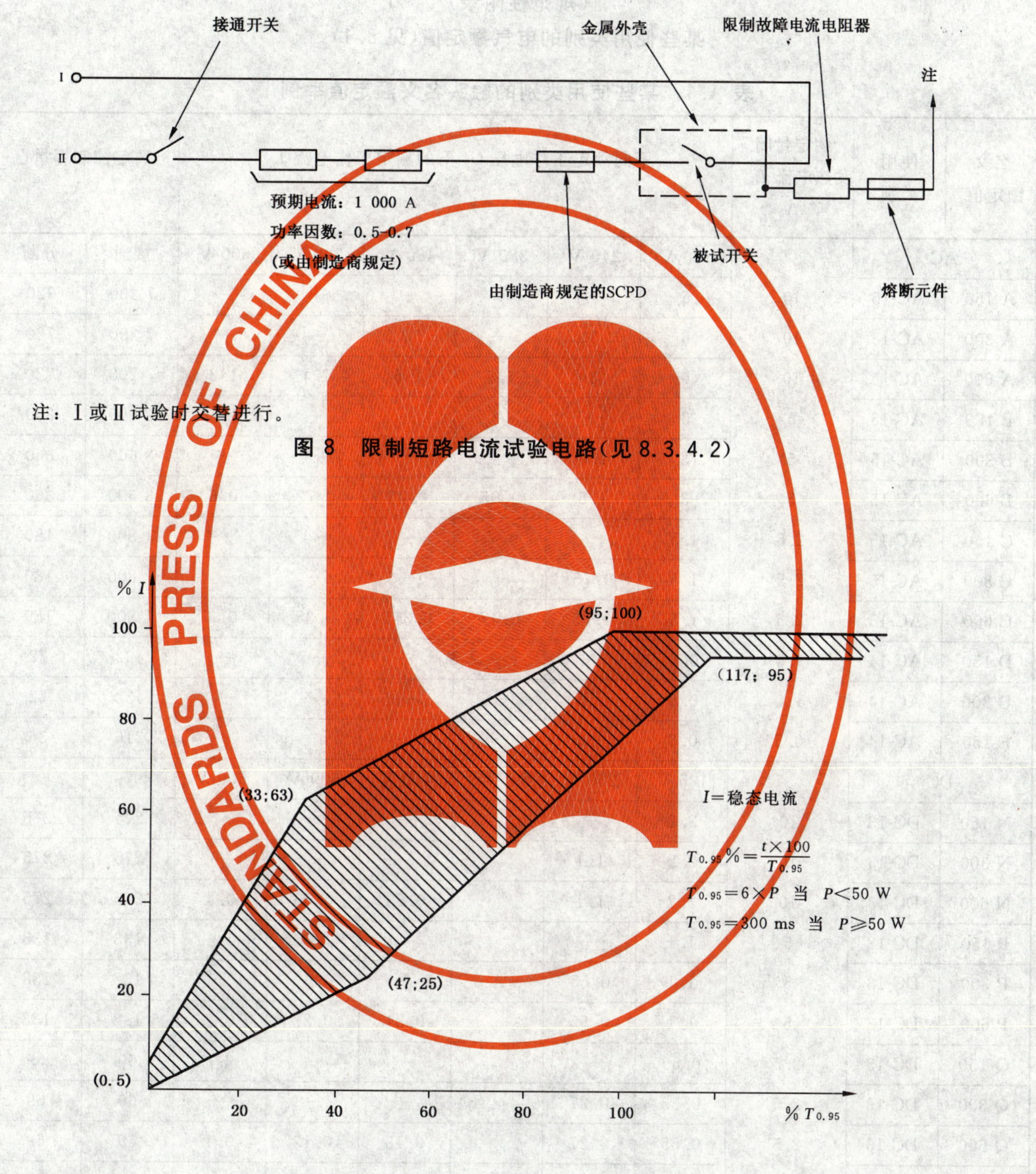

注：I或II试验时交替进行。

图 8 限制短路电流试验电路(见 8.3.4.2)

图 9 直流试验负载的电流/时间限值(见 8.3.3.5.3)

附 录 A
（规范性附录）
某些使用类别的电气额定值（见3.1）

表 A.1 某些使用类别的触头名义额定值举例

名义额定值[a]	使用类别	约定封闭发热电流 I_{the}/A	不同额定工作电压 U_e 下的额定工作电流 I_e/A						额定控制容量/VA	
AC			120 V	240 V	380 V	480 V	500 V	600 V	接通	分断
A 150	AC-15	10	6	—	—	—	—	—	7 200	720
A 300	AC-15	10	6	3	—		—	—	7 200	720
A 600	AC-15	10	6	3	1.9	1.5	1.4	1.2	7 200	720
B 150	AC-15	5	3	—	—	—	—	—	3 600	360
B 300	AC-15	5	3	1.5		—	—	—	3 600	360
B 600	AC-15	5	3	1.5	0.95	0.75	0.72	0.6	3 600	360
C 150	AC-15	2.5	1.5	—	—	—	—	—	1 800	180
C 300	AC-15	2.5	1.5	0.75	—	—	—	—	1 800	180
C 600	AC-15	2.5	1.5	0.75	0.47	0.375	0.35	0.3	1 800	180
D 150	AC-14	1.0	0.6	—	—	—	—	—	432	72
D 300	AC-14	1.0	0.6	0.3	—	—	—	—	432	72
E 150	AC-14	0.5	0.3	—	—		—	—	216	36
DC			125 V	250 V		400 V	500 V	600 V		
N 150	DC-13	10	2.2	—		—	—	—	275	275
N 300	DC-13	10	2.2	1.1		—	—	—	275	275
N 600	DC-13	10	2.2	1.1		0.63	0.55	0.4	275	275
P 150	DC-13	5	1.1	—		—	—	—	138	138
P 300	DC-13	5	1.1	0.55		—	—	—	138	138
P 600	DC-13	5	1.1	0.55		0.31	0.27	0.2	138	138
Q 150	DC-13	2.5	0.55	—		—	—	—	69	69
Q 300	DC-13	2.5	0.55	0.27		—	—	—	69	69
Q 600	DC-13	2.5	0.55	0.27		0.15	0.13	0.1	69	69
R 150	DC-13	1.0	0.22	—		—	—	—	28	28
R 300	DC-13	1.0	0.22	0.1		—	—	—	28	28

[a] 字母表示约定封闭发热电流且区分交流或直流；例如B表示交流5 A。额定绝缘电压 U_i 不得小于字母后的数字。

注：额定分断容量为额定工作电流 I_e(A)和额定工作电压 U_e(V)之积。

表 A.2 用于 50 Hz 和/或 60 Hz 的半导体开关元件额定值举例[a]

开关元件额定值	额定工作电流 I_e/A	额定接通电流/A				最小操作电流/A	最大截止状态电流/mA
		AC 15	AC 14	AC 13	AC 12		
SA	10	100	60	20	10	0.1	15
SB	5	50	30	10	5	0.1	15
SC	2	20	12	4	2	0.05	10
SD	1	10	6	2	1	0.05	10
SE	0.5	5	3	1	0.5	0.01	10
SF	0.25	2.5	1.5	0.5	0.25	0.01	5
SG	0.1	1	0.6	0.2	0.1	0.01	3

[a] 额定工作电压由制造商规定。

表 A.3 用于直流的半导体开关元件额定值举例[a]

开关元件额定值	额定工作电流 I_e/A	额定接通电流/A			最大截止状态电流/mA
		DC 14	DC 13	DC 12	
SN	10	100	10	10	5
SP	5	50	5	5	4
SQ	2	20	2	2	4
SR	1	10	1	1	2
SS	0.5	5	0.5	0.5	2
ST	0.25	2.5	0.25	0.25	1
SU	0.1	1	0.1	0.1	0.4
SV	0.05	0.5	0.05	0.05	0.2

[a] 额定工作电压由制造商规定。

附 录 B
（规范性附录）
直流触头的感性试验负载举例

B.1 总则

控制电路中的直流感性负载通常是电磁驱动式继电器、接触器和额定功率等于或小于 50 W 的螺管式线圈。这些负载对控制电路电器触头的影响取决于负载电感所储存的能量，电感中的能量与电感中电流的平均上升率或电感的贮能时间有关。

根据经验，功率至 50 W 的感性负载达到其稳定电流值的 95％所需的贮能时间（$T_{0.95}$）基本上为 6 ms/W 或以下。

B.2 结构

下述的感性试验负载可作为直流控制电路中触头试验用负载：

感性负载的磁路是由 2 块铁芯（直径 44.5 mm，长 158.7 mm）和两块磁轭（25.4 mm×63.5 mm×152.4 mm）构成，两块铁芯的端部用螺栓固定在磁轭上，螺栓的中心距离为 101.6 mm（见图 B.1）。铁芯和磁轭应具有 13.3 $\mu\Omega$/cm～19.9 $\mu\Omega$/cm 的电阻系数（例如符合美国钢铁学会标准 AISI 1010，1015，1018 或 116 要求的冷加工低碳钢）。在铁芯的一端，铁芯与磁轭之间应放置一块非磁性垫片，该垫片的厚度可在 0.127 mm～0.762 mm 之间调整。在铁芯具有非磁性垫片的一端，应采用非磁性螺栓来紧固磁轭，而另一端应采用钢制螺栓。

在另一边的铁芯上安装如图 B.1 所示的线圈，当线圈通以试验电压时，线圈中的电流可采用串联电阻的方式调节，其值见表 B.1。

调整垫片厚度的目的是为了使线圈中电流能在图 9 规定的范围内从零达到其稳态电流值的 95％。如果电流曲线低于最小时间极限，则应增加磁轭的横截面积；如果电流曲线高于最大时间极限，则应减小磁轭的横截面积。

单位为毫米

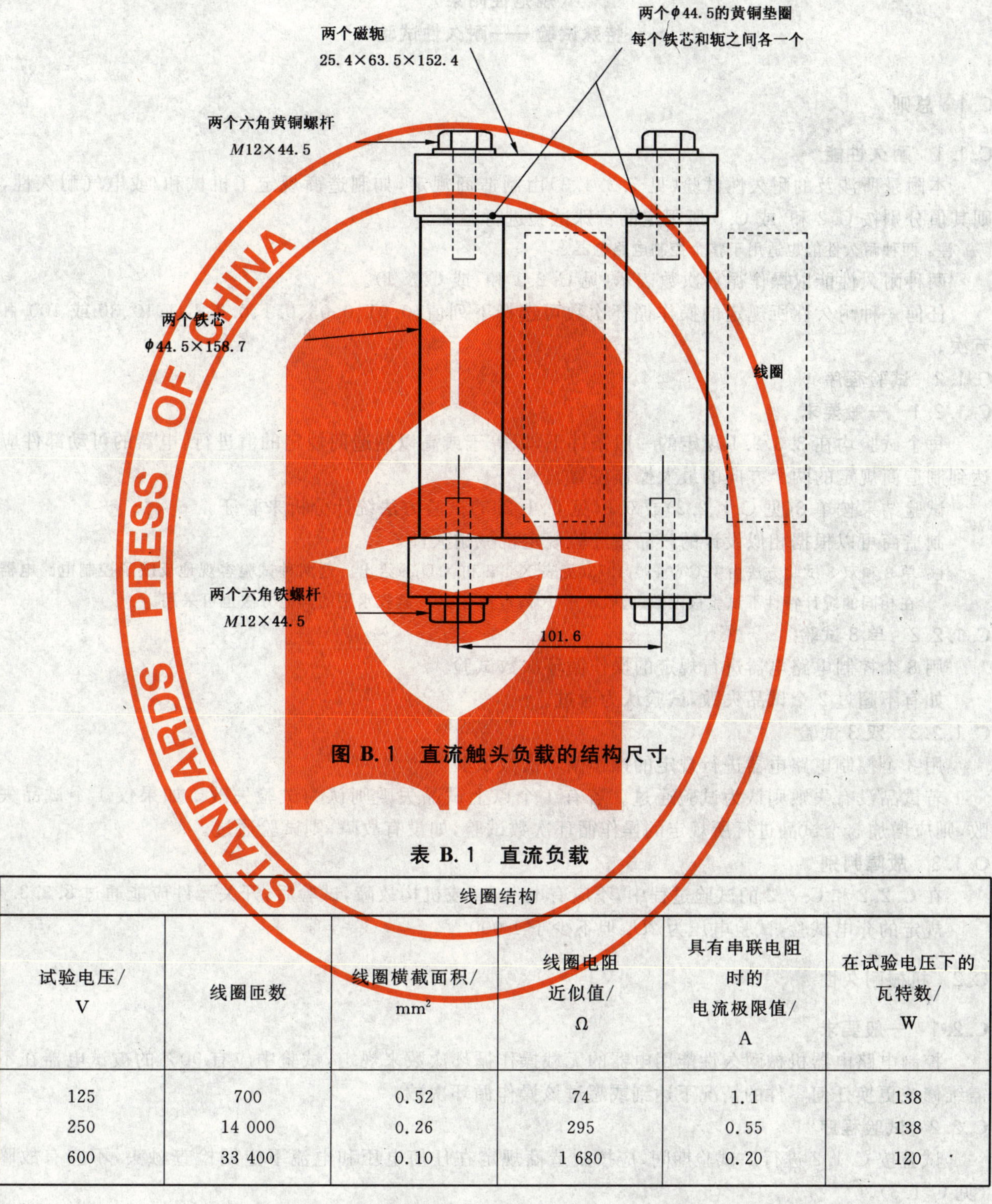

图 B.1 直流触头负载的结构尺寸

表 B.1 直流负载

线圈结构					
试验电压/ V	线圈匝数	线圈横截面积/ mm^2	线圈电阻 近似值/ Ω	具有串联电阻 时的 电流极限值/ A	在试验电压下的 瓦特数/ W
125	700	0.52	74	1.1	138
250	14 000	0.26	295	0.55	138
600	33 400	0.10	1 680	0.20	120

附 录 C
（规范性附录）
特殊试验——耐久性试验

C.1 总则

C.1.1 耐久性能

本附录所涉及的耐久性试验（见 7.2.4.3）由制造商规定，如制造商规定了机械和/或电气耐久性，则其值分别按 C.2 和/或 C.3 所规定的特殊试验进行验证。

注：两种耐久性能也适用于整个控制电路电器。

两种耐久性能以操作循环次数表示（见 C.2.1 和/或 C.3.1）。

任何一种耐久性所规定的操作循环次数可选择下列值：0.01、0.03、0.1、0.3、1、3、10、30 或 100 百万次。

C.1.2 试验程序

C.1.2.1 一般要求

每个试验均在 8.3.2.1 规定的一般条件下，以等于或高以制造商规定的值进行，电器的可动部件应达到制造商规定的两个方向的最大操作位置。

试验结果按单 8（见 C.1.2.2）或双 3（见 C.1.2.3）试验方法统计分析来验证。

制造商可以根据相似设计的产品按经验规定机械耐久性。

注：单 8 和双 3 试验方法由 IEC 60410:1973（见表 X-C-2 和 X-D-2）给出。这两种试验客观地反映了控制电路电器在相同的统计特性下试验极限数（验收水平 10%），具有 10%验收水平的其他方法也可采用。

C.1.2.2 单 8 试验

用 8 个控制电路电器进行规定的操作循环次数试验。

如有不超过 2 个试品失败，试验认为通过。

C.1.2.3 双 3 试验

用 3 个控制电路电器进行规定的操作循环次数试验。

若试品没有失败则认为试验通过。若有 1 个以上试品失败则认为试验失败。如果仅 1 个试品失败，则应增加 3 个试品进行所规定的操作循环次数试验，如没有故障，则试验通过。

C.1.3 故障判别

在 C.2.2 和 C.3.2 的试验过程中，不应有电气和/或机构故障，试验后，开关元件应能通过 8.3.3.4 规定的介电试验，试验电压为 $2U_e$ 但不少于 1 000 V。

C.2 机械耐久性

C.2.1 一般要求

控制电路电器机械耐久性能用电器的无载操作循环次数来规定，试验中应有 90%的被试电器在不需维修或更换任何零件的情况下达到或超过该操作循环次数。

C.2.2 试验程序

试验按 C.1.2 进行。试验期间，应按制造商规定在任何电压和电流下定期检查触头，不应有故障（见 C.1.3）。

C.3 电气耐久性试验

C.3.1 一般要求

控制电路电器电气耐久性能用电器的负载操作循环次数来规定，试验中应有 90%的被试电器在不需维修或更换任何零件的情况下达到或超过该操作循环次数。

C.3.2 试验程序

电气耐久性应在表C.1规定的条件下，交流按C.3.2.1或直流按C.3.2.2进行。

表 C.1 用于电气耐久性试验的接通与分断条件

电流种类	使用类别	接通			分断		
交流	AC—15	I	U	$\cos\phi$	I	U	$\cos\phi$
		$10I_e$	U_e	0.7[a]	I_e	U_e	0.4[a]
直流[b]	DC—13	I	U	$T_{0.95}$	I	U	$T_{0.95}$
		I_e	U_e	$6\times P$[c]	I_e	U_e	$6\times P$[c]

I_e 额定工作电流　　I 接通或分断电流

U_e 额定工作电压　　U 电压

$P=U_e\times I_e$稳态功率损耗，W

$T_{0.95}$直流电流从零达到95%稳态电流的时间，ms

[a] 所指的功率因数是约定值，仅适用于模拟线圈电路电气特性的试验电路，应注意到，对于功率因数为0.4的电路，在试验电路中采用分流电阻是用来模拟实际电磁铁涡流损耗的阻尼效应。

[b] 对于开关电器配有经济电阻的直流电磁负载，额定工作电流至少应等于浪涌电流的最大值。

[c] 6×P是经验值，从大多数直流电磁铁负载中得出，上限为P=50 W。对于功率大于50 W的负载可认为由几个小负载并联组成，因此6×P=300 ms是上限值，与功率损耗无关。

每个机械操作循环应包括一次试验电流的分断。操作循环的通电时间应不小于操作循环周期的10%，也不大于周期的50%，如果采用图C.1的试验电路，则通以10 I_e不应引起过热。

另外，这些试验可在控制电路电器使用的实际负载上进行。

C.3.2.1 交流试验

所采用的电路应如图C.1所示，并包括如下要求：

——接通电路，由空芯电抗器与电阻器串联组成，功率因数为0.7，输出电流为10 I_e；

——分断电路，由空芯电抗器与电阻器串联组成，并在整个阻抗上并联一个能分流约为3%分断电流 I_e 的电阻器，以便获得功率因数为0.4。

如果触头元件的弹跳时间小于3 ms，则试验可采用图C.2所示的简化电路。

采用的试验电路必须在试验报告中记录。

C.3.2.2 直流试验

电路组成如下：

a) 空芯电抗器串联电阻器

在试验电路的两端联接一个电阻来模拟涡流的阻尼效应；通过电阻器的电流应是试验电流的1%；或

b) 铁芯电抗器，如有必要可串联一个电阻器来获得表C.1所规定的 $T_{0.95}$。

直流电流从零到达95%稳态电流的时间应等于表C.1给出值，误差±10%，应采用示波器验证，而达到63%稳态电流的时间应是表C.1给出值的1/3，误差±20%。

试验电路(见 C.3.2.1)

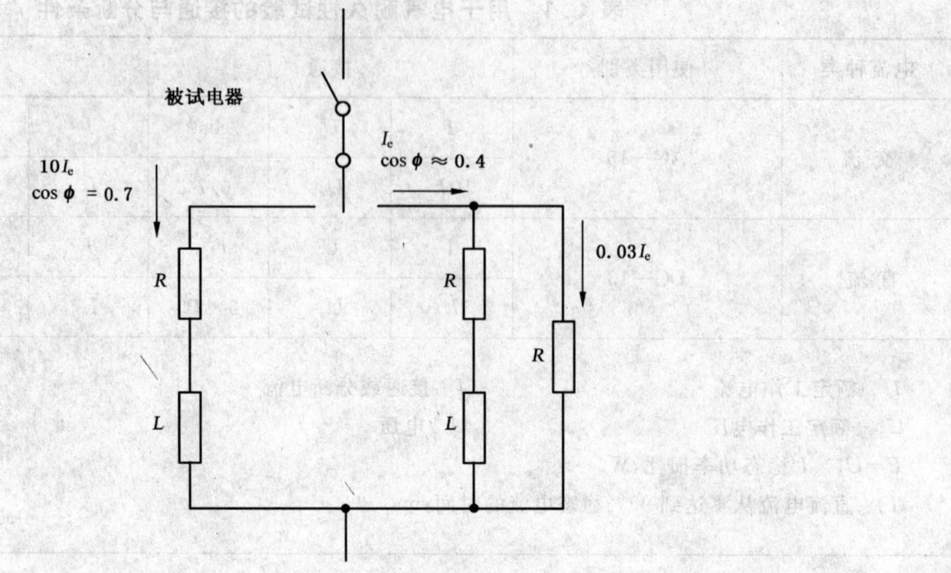

图 C.1 标准电路
(见 C.3.2.1)

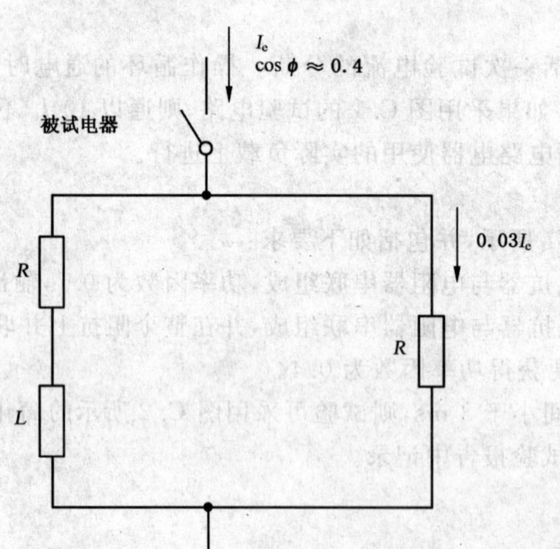

图 C.2 简化电路
(见 C.3.2.1)

附 录 D
（规范性附录）
控制电路电器的电气间隙和爬电距离

D.1 范围

本附录所推荐的数据适用于本部分所规定的控制电路电器。这些数据适用于6.1.3.2规定的在空气中和正常的大气条件下所使用的电器。当使用环境的大气条件不同于正常的大气条件时，可选用增加外壳或电器采用较大的爬电距离。遵守本附录并不意味着电器能满足本部分的试验要求。

本附录既不适用于已规定了U_{imp}值的控制电路电器，也不适用于隔离的控制电路电器，这类电器应满足7.1.3的要求。

D.2 定义

（空白）

D.3 一般要求

D.3.1 建议将绝缘部件设计成带筋的表面以阻断导电沉积物可能形成的导电通路。

D.3.2 推荐的电气间隙和爬电距离适用于无电弧出现的部件。在电弧附近或游离气体可出现的区域内，由6.1.3.2所规定的大气条件是不存在的，因此需加大电器的电气间隙和爬电距离数值。

D.3.3 推荐的电气间隙不适用于在分断位置时同一极上分开的触头之间的气隙。

D.3.4 仅涂有清漆和珐琅层的导体，或仅由氧化层或类似方法保护的导体不能认为是绝缘的。

D.3.5 在下列情况下必须具有推荐的电气间隙和爬电距离：

a) 电器无外部的电气连接，但制造商的说明书（如有的话）接上对电器所规定的型号和任何尺寸的绝缘导线或裸导线的情况下；

b) 考虑到最大允许制造公差在内的可更换部件更换后；

c) 考虑到由于温度、老化、冲击、振动的影响或由于电器预期承受的短路条件所产生的可能变形。

D.4 电气间隙和爬电距离的确定

在确定电气间隙和爬电距离时建议考虑以下几点：

D.4.1 如果电气间隙和爬电距离被一个或几个金属件分成几段，则这些金属件之间的各段中的每一段距离应至少具有规定的最小值，或距离最大的两段之和至少是规定最小值的1.25倍。长度小于2 mm的各个分段不应计入总的电气间隙和爬电距离中。

D.4.2 在确定爬电距离时，凡宽度不小于2 mm和深度不小于2 mm的槽可以沿其轮廓线来测定。任何小于上述数值的槽以及易于堆积尘埃的槽均应略去不计，而仅以直接距离来测定。

D.4.3 在确定爬电距离时，凡高度低于2 mm的筋应忽略不计。而高度不低于2 mm的筋则按下述方法测量：

a) 如果筋是绝缘件整体的一部分（例如由模压或焊接而成），则沿其轮廓线来测定；

b) 如果筋不是绝缘件整体的一部分，则应按下列两种途径较短的一种来测定：沿筋的接缝测量或沿筋的侧面测量。

D.4.4 上述规定的应用方法见GB 14048.1—2006附录G中例1至例11。

D.5 电气间隙和爬电距离的最小值

D.5.1 电气间隙和爬电距离的数值列于表D.1，该值取决于控制电路电器的额定绝缘电压和约定发

热电流 I_{th}。

D.5.2 表 D.1 中给出的电气间隙为两个带电部件之间(L-L)和带电部件和裸露导电部件(L-A)间的电气间隙。带电部件与接地部件(不是裸露导电部件)之间的距离可用相应电压下的 L-L 值来规定。

D.5.3 爬电距离值也决定于绝缘材料和绝缘零件表面的形状。

a 栏:1. 陶瓷材料(滑石、瓷);

2. 设计有筋或近似垂直表面的其他种类的绝缘材料,经验表明采用陶瓷材料的爬电距离可获得满意的效果。

注:这些材料可具有至少 140 V 的相比漏电起痕指数(见 GB/T 4207—2003),例如酚醛塑料。

b 栏:所有其他情况。

表 D.1 中所列的数值仅为电气间隙和爬电距离的最小值。

表 D.1 电气间隙和爬电距离

额定绝缘电压 U_i/V	电气间隙/mm		爬电距离/mm	
	L-L	L-A	a	b
$U_i \leqslant 60$	2	3	2	3
$60 < U_i \leqslant 250$	3	5	3	4
$250 < U_i \leqslant 400$	4	6	4	6
$400 < U_i \leqslant 500$	6	8	6	10
$500 < U_i \leqslant 690$	6	8	8	12
$690 < U_i \leqslant 750$a. c.	10	14	10	14
$750 < U_i \leqslant 1\,000$a. c.	14	20	14	20

注 1:表 D.1 中所列的数值适用于符合 6.1.3.2 规定的大气条件。对更严酷的条件和海上使用,其爬电距离的选择数值应至少大于 b 栏的数值。

注 2:当 L-A 的电气间隙大于 a 栏和 b 栏所规定的相应爬电距离时,从带电部件到裸导电部件的爬电距离应不小于电气间隙。

附 录 E
（规范性附录）
需经制造商与用户协议的项目

注：本附录中：

——“协议”包括非常广泛的内容；

——“用户”包括试验站。

GB 14048.1—2006 附录 J 中与本部分有关的条款适用，同时补充如下：

本部分条款号	项目内容
5.2.5	操作图中旋转开关操动器的位置与相应的触头元件位置的关系（由制造商规定）。
5.2.6	接触器式继电器具有可调延时的触头元件的延时特性（由制造商规定）。
K.6.1.1	直接断开操作的位置开关连接导体的选取。
8.3.1	仅在一个样品上进行试验程序（在制造商要求时进行）。
8.3.4.3	限制短路电流试验： ——如果预期电流不是 1 000 A，试验电路的调整（由制造商规定）。 ——试验电路功率因数低于 0.5 时的功率因数（由制造商规定）。

附 录 F
（规范性附录）
Ⅱ级封装绝缘的控制电路电器的要求和试验

F.1 总则

本附录规定了采用封装来实现按 GB/T 17045—2006 规定的Ⅱ级绝缘的控制电路电器或电器部件的结构要求和试验。

所有未封装部分的电气间隙和爬电距离应符合 7.1.3 的规定。

F.2 定义

本附录规定下列定义：

F.2.1

封装 encapsulation

将所有的元件、导体和整体固定电缆接头用适当的方法，如：埋入或罐装方法，封装在一个绝缘复合物中的工艺方法。

F.2.1.1

埋入式 embedding

将复合物浇铸到模压壳中的电器部件上，将其全部封装，在复合物固化后将被封装的电器部件从模压壳中取出的工艺方法。

F.2.1.2

罐装式 potting

将模压壳保持在被封装电器部件上的工艺方法。

F.2.2

复合物 compound

固化时需要或不需要填充物和/或附加物的热固性、热塑性、催化凝固的和弹塑性材料。

F.2.3

复合物的温度范围 temperature range of the compound

GB 14048.1—2006 中 6.1.1 规定的周围温度范围。

F.5 标志

符合本附录的控制电路电器应标有以下符号：回

这一符号为 GB/T 5465.2—1996 中符号 5172。

F.7 结构和性能要求

F.7.1 复合物的选择

复合物的选择应使封装的控制电器能满足 F.8 规定的试验要求。

F.7.2 复合物的附着力

复合物的附着力应能充分防止在复合物和所有被封装部件之间进入湿气，以及防止任何被封装的电缆端头的移动，如有的话。

按 F.8.1.2.5 和 F.8.1.2.2 试验要求验证。

F.7.3 介电性能

本部分 7.2.3 适用并补充如下：

对于冲击耐受电压的验证，试验电压 U_{imp} 应为 GB 14048.1—2006 表 H.1 中第一栏对应于最大额定工作电压的较高一档过电压类别的电压值。

对于工频耐受电压的验证，试验电压按 GB 14048.1—2006 表 12A 中的规定值再加 1 000 V。

F.8 试验

F.8.1 试验种类

F.8.1.1 一般要求

GB 14048.1—2006 中 8.1.1 适用。

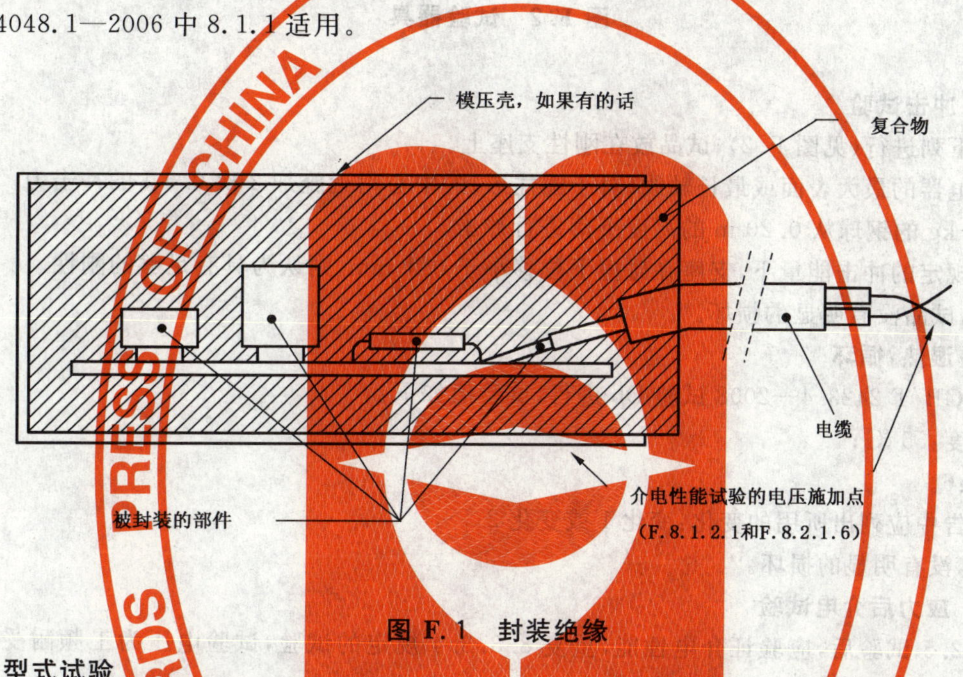

图 F.1 封装绝缘

F.8.1.2 型式试验

下列 6 个试验的程序应在 3 个试品上按规定顺序进行。

F.8.1.2.1 新试品的介电试验

GB 14048.1—2006 中 8.3.3.4 适用，但试验电压应施加在电缆剥离并绞合在一起的端头或短接端子与封装电器的表面(或表面金属薄膜)的任意一点之间(见图 F.1)，绝缘不应被击穿。

F.8.1.2.2 电缆试验(如适用)

具有整体连接电缆的控制电路电器应符合附录 G 的要求。

F.8.1.2.3 温度快速变化试验

按 GB/T 2423.22—2002 试验 N 进行，试验值如下：

T_A 和 T_B 是由 F.2.3 规定的最低和最高温度；

转换时间 t_2：2 min～3 min；

周期数：5；

暴露时间 t_1：3 h。

试验后，试品没有明显的损坏。[1)]

1) F.8.1.2.3、F.8.1.2.4 和 F.8.1.2.5 试验后，模压复合物(见 F.1)，允许有不影响 F.8.1.2.6 最终试验结果的小裂痕，如有的话。

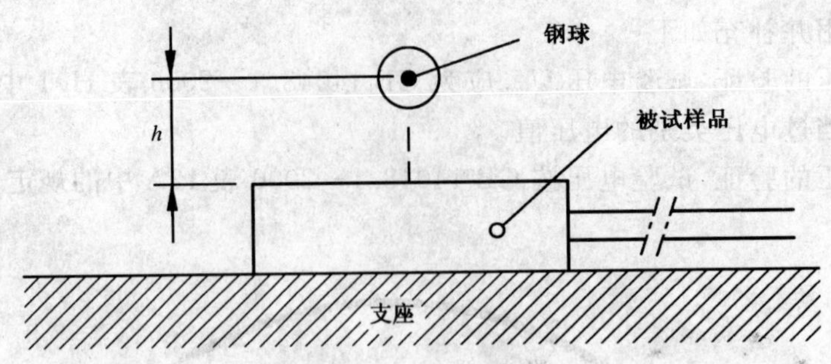

图 F.2 试验器具

F.8.1.2.4 冲击试验

试验按下列进行(见图 F.2),试品放在刚性支座上。

在封装电器的最大表面或最长轴线(对于圆柱形)的中心附近施加 3 次 0.5 J 的冲击力。

用 0.25 kg 的钢球从 0.20 m 的高度下落进行冲击。

如果在规定的冲击能量下,支座在碰撞下位移小于 0.1 mm,则认为具有足够的刚性。

试验后,试品没有明显的损坏。[1)]

F.8.1.2.5 湿热,循环

试验按 GB/T 2423.4—2008 试验 Db 进行,试验值如下:

上限温度:55 ℃;

周期数:6。

试验报告中应列出所用的变化:变化 1 或变化 2。

试验后,没有明显的损坏。[1)]

F.8.1.2.6 应力后介电试验

F.8.1.2.5 试验后,应验证介电性能,重复 8.3.3.4 规定的试验,试验电压为工频耐受电压,施加 5 s。

试验结果的判别按 8.3.3.4 的规定,泄漏电流在 $1.1U_i$ 时不应超过 2 mA。

F.8.1.3 常规试验

本部分 8.1.3 适用,但介电性能试验是强制性的。

1) F.8.1.2.3、F.8.1.2.4 和 F.8.1.2.5 试验后,模压复合物(见 F.1),允许有不影响 F.8.1.2.6 最终试验结果的小裂痕,如有的话。

附 录 G
（规范性附录）
具有整体连接电缆的控制电路电器的附加要求

G.1 一般要求

本附录给出了适用于具有与其他元件和/或电源进行电气连接的整体连接电缆的控制电路电器的附加要求。

这些与控制电路电器的整体连接的电缆不能被用户拆除。本附录规定了电缆、电缆固定件、电缆密封端口的结构和性能要求。

G.2 定义

本附录规定下列定义：

G.2.1

具有电缆连接的控制电路电器 cable connected control circuit device

具有与其他设备和/或电源电气连接的整体连接电缆的控制电路电器。

G.2.2

电缆端口的密封方式 cable entrance sealing means

在电缆和电器外壳之间为电缆提供所需的保护以免损坏，并提供外壳和电缆所需的密封要求的密封方法。

G.2.3

电缆固定件 cable anchorage

防止机械应力对电缆端头影响以保证电缆与电器之间的电气连接的部件。

G.7 结构和性能要求

G.7.1 结构要求

G.7.1.1 电缆材料

控制电路电器应具有满足相应的电压、电流、温度值和环境条件的柔软电缆。

注：提供的电缆长度可按有关产品标准的规定。

G.7.1.2 电缆固定件

电缆固定件应使施加到电缆上的力不能传递到电器内部的电气连接部件上。

将控制电路电器的电缆插入和拉出时不应损坏电器的电缆连接或电器内部部件损坏。

G.7.1.3 电缆端口的密封方式

控制电路电器的电缆端口的密封措施应提供电器所需的防护等级（见 GB 14048.1—2006 附录 C）。

注：密封方式可为电器封装所固有的。

G.7.2 性能要求

电缆和电缆端口的密封方式应能承受 G.8 的试验。

G.8 试验

本试验的目的是验证在加工处理和安装过程中的电缆端口的完整性，一旦安装，控制电路电器和电缆应保持相对固定。

G.8.1 型式试验

下列 4 个试验程序应在 1 只选定试品上按规定顺序进行。

G.8.1.1 拉出试验

沿着电缆引线的轴线施到绝缘外壳上一个稳定的拉力，持续 1 min。

直径大于或等于 8 mm 的电缆，拉力为 160 N，直径小于 8 mm 的电缆，拉力为电缆直径(mm)的 20 倍(N)。

G.8.1.2 扭转试验

电缆应承受一个 0.1 N·m 的力矩或施加力矩使电缆 360 ℃旋转，力矩在离控制电路电器的电缆端口 100 mm 处顺时针施加 1 min，然后逆时针施加 1 min。

G.8.1.3 推入试验

沿着电缆引线的轴线上尽量靠近电缆端口处施加一个推力。

该力慢慢增加到 20 N，每次施力 1 min，间隔 1 min。

试验后，电缆端口密封件没有明显的损坏，电缆没有明显的移位。

G.8.1.4 弯曲试验

电缆应用下列方法承载和弯曲：

a) 电缆进口轴线处于铅垂位置，在离电缆端口 1 m 电缆处，悬挂一个 3 kg 的物体；

b) 倾斜控制电路电器，使电缆弯曲 90°，在该位置保持 1 min；

c) 相对铅垂线相反方向倾斜控制电路电器 90°，使电缆弯曲 90°，在该位置保持 1 min。

G.8.2 结果判别

电缆、电缆密封件、电缆端口或控制电路电器的电气连接件不应有损坏，目测并验证其是否满足规定的 IP 要求。

附　录　H
（规范性附录）
用于控制电路电器的半导体开关元件的附加要求

H.1　总则

H.1.1　范围

本附录适用于开关设备和控制设备中用作控制、信号、联锁的带有半导体开关元件的控制电路电器，这些电器也应符合本部分的相关要求。

H.1.2　目的

本附录的目的是规定本部分中未包括的半导体开关元件的附加要求。

H.2　定义

本附录规定下列术语：

H.2.1

电压降　voltage drop

U_d

半导体开关元件在规定条件下承受工作电流时，在其两端测量的电压。

H.2.2

最小工作电流　minimum operational current

I_m

维持半导体开关元件处于导通状态所需的电流。

H.2.3

截止状态电流　off-state current

I_r

半导体开关元件处于截止时流过负载电路的电流。

H.3　分类

H.3.1　半导体开关元件

1)　按使用类别分(见 4.4 和 H.4.2)；

2)　按相应使用类别的电气额定值分(见附录 A)。

H.4　特性

H.4.1　额定电压

H.4.1.1　额定工作电压(U_e)

本部分 4.3.1.1 适用。

H.4.1.2　工作电压

工作电压用单一值或一个范围来规定，当规定一个范围时，应包括 U_e 的所有允差，被称为 U_B，图 H.1 显示了 U_e 和 U_B 之间的关系。

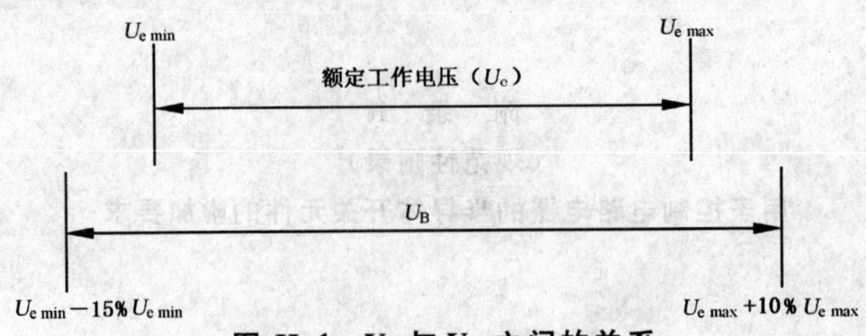

图 H.1　U_e 与 U_B 之间的关系

H.4.2　使用类别

表1中给出了标准的使用类别，其他的使用类型由制造商与用户协商，但制造商的样本或说明书中指定该协议。

H.5　产品资料

一般资料

下列信息应由制造商提供：本部分 5.1 适用并补充如下。

基本额定值和使用范围：

a)　电压降(见 H.7.1.1)；

b)　最小工作电流(见 H.7.1.2)；

c)　截止状态电流(见 H.7.1.3)；

d)　接通和分断能力(见 H.7.2.1)；

e)　限制短路电流(见 H.7.3)；

f)　电磁兼容性能，EMC(见 H.7.4)。

H.6　空白

H.7　结构和性能要求

H.7.1　性能要求

本部分 7.2 适用，并补充如下：

H.7.1.1　电压降(U_d)

半导体开关元件在导通状态时，在元件两端测量其电压降，该值应由制造商规定并用 H.8.2 验证。

H.7.1.2　最小工作电流(I_m)

该值由制造商规定，按 H.8.3 进行验证。

注：在表 A.2 和 A.3 中，对最小工作电流作了规定。

H.7.1.3　截止状态电流(I_r)

除非在有关产品标准中另有规定，在截止状态流过负载的最大电流(I_r)应符合表 A.2 和表 A.3 所规定值，截止状态电流按 H.8.4 进行验证。

H.7.2　正常和非正常条件下的接通能力

H.7.2.1　接通和分断能力

本部分 4.3.5 适用。

H.7.3　限制短路电流

半导体开关元件在 H.8.6 条件下应能承受短路电流的应力影响。

H.7.4　电磁兼容性能(EMC)

GB 14048.1—2006 中 7.3 适用。

H.8 试验

H.8.1 型式试验

8.1.2 适用并补充如下：

a) 电压降(见 H.8.2)；

b) 截止状态电流(见 H.8.4)；

c) 接通和分断能力(见 H.8.5)；

d) 短路电流条件下的性能(见 H.8.6)；

e) 验证电磁兼容性能(见 H.8.7)；

f) 冲击耐压试验(见 H.8.7.4)。

H.8.2 电压降(U_d)

在周围环境温度为 23 ℃±5 ℃，额定频率下，开关元件处于 ON 状态，电流在 I_m 和 Ic 范围内测量输出端的电压降，测量按图 H.2 进行，开关 S 处于闭合，负载为电阻性，R_2 调节到在电源电压 U_e 下获得试验电流。

测量的电压降不应超过 H.7.1.1 所规定的值。

H.8.3 最小工作电流(I_m)

开关元件连接到图 H.2 的试验电路中进行试验，在电源电压 U_e 作用下，开关断开，开关元件处于导通状态，调节电阻负载 R_1 至获得 I_m 电流，测量值应符合 H.7.1.2。

H.8.4 截止状态电流(I_r)

电路如图 H.2，S 开关闭合，当电路中接入最高电源电压(U_e)时，调节负载 R_2 至获得额定工作电流 I_e，开关元件断开，测量截止状态电流，电流应符合 H.7.1.3。

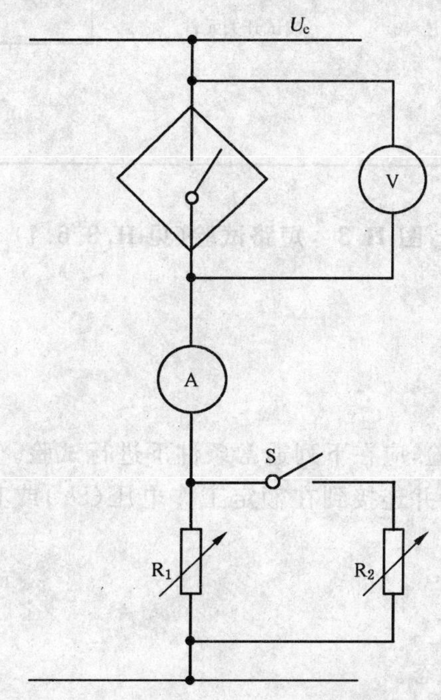

R_1——电阻性负载

R_2——电阻性负载

V——高阻抗电压表，0.2 MΩ/V

A——电流表

S——开关

交流为有效值

直流为平均值

图 H.2 验证电压降、最小操作电流、截止状态电流的试验电路举例

(见 H.8.2、H.8.3 和 H.8.4)

H.8.5 接通和分断能力

本部分 8.3.3.5 适用。

H.8.6 短路电流条件下的性能

H.8.6.1 试验电路和试验程序

被试电器应是新的并按正常的使用方式在自由空气中安装，用一根总长度为 2 m，与开关元件工作电流相对应的电缆将其连接到试验电路中(见图 H.3)。

短路保护电器(SCPD)应是制造商规定型号和额定值，如果开关元件本身具有短路保护，则 SCPD 可省去。

负载 R、L 应选择为在额定工作电压(U_e)时通过开关元件的电流等于额定工作电流，功率因数或 $T_{0.95}$ 符合表 5 的规定。除非另有规定，电源 S 调节到额定工作电压(U_e)时预期短路电流为 1 000 A，电源电路中有空心电抗器与电阻器串联，提供 0.5～0.7 的功率因数，电抗器不必并联阻尼负载，开路电压为开关元件最大额定工作电压的 1.1 倍。

试验随机闭合"SC"开关 3 次，试验电流维持到 SCPD 动作，或对具有自保护的元件，电流维持 30 min，每次试验后，SPCD 应复位或更换，3 次试验的每个间隔应不小于 3 min，试验实际间隔时间应在试验报告中列出。

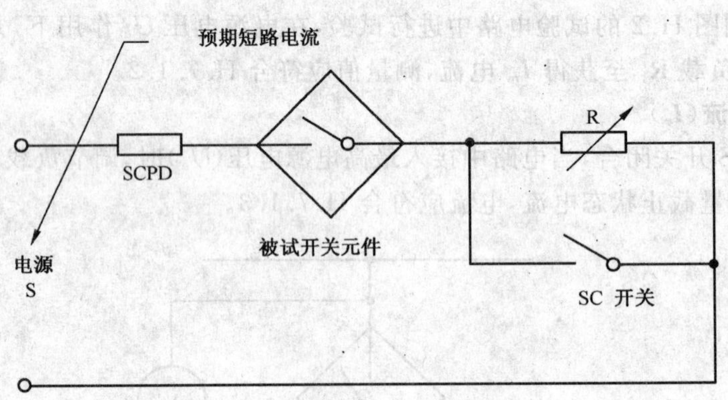

图 H.3 短路试验(见 H.8.6.1)

H.8.6.2 开关元件的试后条件

本部分 8.3.4.4 适用。

H.8.7 验证电磁兼容性能

H.8.7.1 一般要求

放射和抗扰度试验是型式试验，应在下列通常条件下进行试验。

开关元件安装在自由空气中，并连接到在额定工作电压(U_e)或其电压范围的最大电压下，能获得相应额定工作电流(I_e)的负载上。

连接线为 2 m。

试验在下列情况下进行：

a) 开关元件为导通(ON)状态。

b) 开关元件为截止(OFF)状态。

H.8.7.2 抗扰度

H.8.7.2.1 一般要求

性能判定准则是根据 GB 14048.1—2006 表 24 的验收标准而定的。

性能判定准则 A：试验中，开关元件的输出状态不改变。

性能判定准则 B：试验中，开关元件的输出状态发生变化的持续时间，直流电器不应大于 1 ms、交流电器不应大于半个电源频率周波。

性能判定准则C:性能暂时降低或丧失,但能自行恢复或需系统复位。

表H.1 抗扰度试验

试验类型	所要求的试验电平	合格准则
静电放电 GB/T 17626.2—2006	8 kV/空气放电 或 4 kV/接触放电	B
射频电磁场辐射 GB/T 17626.3—2006	10 V/m	A
电快速瞬变脉冲群 GB/T 17626.4—2008	2 kV对电源端口[a] 1 kV对信号端口[b]	B
浪涌(冲击) GB/T 17626.5[c]—2008	2 kV(线对地) 1 kV(线对线)	B
射频场感应的传导骚扰 GB/T 17626.6—2008	10 V	A
工频磁场 GB/T 17626.8—2006	30 A/M	A
电压暂降,短时中断和电压变化 GB/T 17626.11—2008	半个周期降为30% 5周期和50周期降为60%	B
电源谐波 IEC 61000-4-13:2002	无要求[d]	—

[a] 电源端口:与给开关元件或相连的设备的运行提供主电源的导体或电缆相连接的端口。

[b] 信号端口:由导体或电缆传送数据或信号等信息至开关元件的端口。

[c] 额定直流电压24 V及以下不适用。

[d] 试验要求待制定。

H.8.7.2.2 静电放电

试验按GB/T 17626.2—2006和表H.1进行。

H.8.7.2.3 射频电磁场辐射

试验按GB/T 17626.3—2006和表H.1进行。

若已知最严重情况的方向,则试验仅需在此方向上进行;否则在试验中电磁场应以三个相互垂直方向对受试电器进行试验。

H.8.7.2.4 快速瞬变

受试电器的连接导线放置于电容性耦合夹中,试验按GB/T 17626.4—2008和表H.1进行。

注:电容性耦合是优先选用的试验方法,因它模拟了并行导线通常使用情况下出现的骚扰。

H.8.7.2.5 浪涌

试验按GB/T 17626.5—2006和表H.1进行,为了简化试验程序而不影响验证EMC要求的有效性,补充下列要求:

——试验中开关元件通电;

——冲击试验施加于:

a) 用作与电源连接的端子之间；

b) 每个输出端子和每个用作与电源连接的端子之间。

——每两端施加 3 次正脉冲和 3 次负脉冲，间隔时间不小于 5 s。

H.8.7.2.6 射频场感应的传导骚扰

试验按 GB/T 17626.6—2008 和表 H.1 进行。

H.8.7.2.7 工频磁场

试验按 GB/T 17626.8—2006 和表 H.1 进行。

仅适用于装有对工频电磁场敏感的电器的设备。

H.8.7.2.8 电压暂降、短时中断和电压变化

试验按 GB/T 17626.11—2008 和表 H.1 进行。

仅适用于交流开关元件。

H.8.7.3 发射

试验按 GB 4824—2004 第 1 组 A 级和 GB 14048.1—2006 中 7.3.3.2 的要求在最恶劣的情况下进行。这些规定仅对用于工业环境 A 的开关元件提出的。当它们用于民用环境 B 中，在使用说明书中应写明以下的告示。

告　示

本产品为环境 A 级产品。在民用环境下，本产品可能会引起射频干扰，在此情况下请用户采取适当的措施。

附　录　J
（规范性附录）
指示灯和指示塔的特殊要求

J.1　总则

J.1.1　范围

本附录适用于符合本部分相关要求的指示灯和指示塔。

J.1.2　目的

本附录给出了适用于指示灯的附加要求，以及用于产品设计和性能所要求的定义和术语。

J.2　定义

本附录补充下列术语：

J.2.1

指示灯　indicator light

用亮信息或暗信息来提供光信号的灯。

J.2.2

指示灯的镜片　lens of an indicator light

指示灯上可拆卸或不可拆卸的可见部分，它是外表透明或半透明的器件。

J.2.3

企口　bezel

镜片的固定装置。

J.2.4

内装降压装置的指示灯　indicator light with built-in voltage-reducing device

本身有一个用来向灯的端子提供与指示灯额定工作电压不同的电压的装置（如变压器、电阻器等等）的指示灯。

J.2.5

指示塔　indicating tower

由一个或多个能发出光或声信号的元件构成的组合件。

注：也可接入其他元件，如网络接口元件。

J.3　分类

指示灯按下列分类：

——额定功率；

——颜色；

——安装孔直径；

——连接方式；

——电流的种类和频率，如有的话（如内装变压器的指示灯）；

——灯座的型式。

J.4 特性

J.4.1 指示灯的额定工作电压

指示灯的额定工作电压由制造商规定。该值确定指示灯的用途。

J.4.2 指示灯的额定发热功率

指示灯的额定发热功率是指在规定的温升试验条件下，指示灯所产生的最大功率。

注：由于指示灯的功率对温升有影响，因此必须根据安装条件来限制其功率；指示灯制造商可以指定两个额定功率（见 J.8.3.3.3）：

——安装在钢板上指示灯的额定功率；

——安装在绝缘外壳内指示灯的额定功率。

J.4.3 灯的额定值

灯的额定值由制造商规定，指示灯在该值下运行所产生的温度不会损坏指示灯的部件。

注 1：额定功率和电压值可在定型设计时确定。

注 2：假定灯在额定电压下消耗的功率不高于指示灯的额定功率。

J.5 产品资料

下列要求适用：

本部分 5.1 中的 a)和 b)；

下列标志应出现在指示灯上；

1) 指示灯的额定电压；

2) 灯的额定电压(若不同于指示灯的额定电压)；

3) 灯的额定功率或其型号标志或 LED 的额定电流。

J.6 正常工作、安装和运输的条件

本部分 6 适用。

指示塔座的安装尺寸推荐如下：

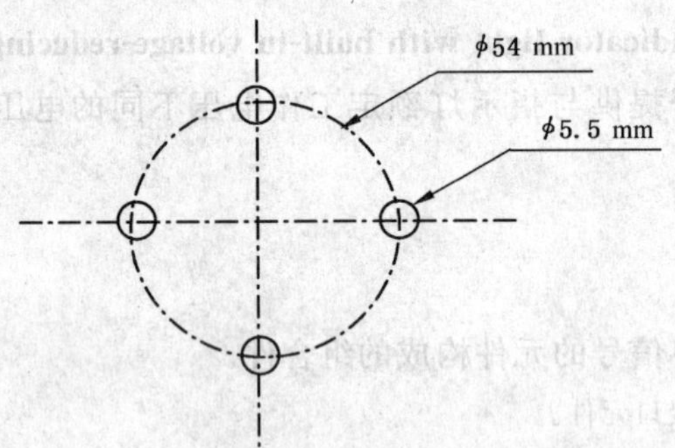

J.7 结构和性能要求

本部分 7 的有关内容适用，并补充如下：

J.7.1.12 内装变压器的指示灯

变压器应有分离的线圈。

如果指示灯通过 8.3.3.4.1 的试验，则认为满足该要求。

J.7.1.13 镜片的颜色

建议镜片的颜色按 GB/T 4025—2003 选择，也可按国际照明委员会(IEC)2 号出版物选择。

尽管有周围环境的不利影响，包括紫外线光的效应，指示灯的颜色应基本上保持不变。

用于标志的指示灯的颜色应明亮，且易于识别。

注：在机械上的指示灯，GB 5226.1 第五版(正在编制中)要求从上到下的颜色依次为：红、黄、兰、绿和白。

J.7.2.1.6　指示灯的工作范围

指示灯接线端之间电源电压的极限范围应为指示灯额定工作电压的 1.1 倍。内装变压器的指示灯应验证这一要求，试验按 J.8.3.4 进行。

J.7.2.5.1　内装变压器式指示灯的短路耐受能力

变压器应能持久地耐受住其二次线圈的短路。如果指示灯通过了 J.8.3.4 的试验，则可认为指示灯的变压器满足此要求。

J.8　试验

J.8.3　指示灯及指示塔的试验

本试验为型式试验，本附录中没有附加试验(常规试验或特殊试验)。

J.8.3.3.3、J.8.3.3.4、J.8.3.4 的每项试验都必须在新的试品上进行，并按试验要求进行安装。

J.8.3.3.3　温升试验

a)　如果指示灯只有相同的额定发热功率(见 J.4.2)，与安装条件无关，则试验只要在绝缘外壳内进行；

b)　如果指示灯的额定功率及发热与安装条件有关(见 J.4.2)，则指示灯应进行下述两项试验：

——安装在一块钢板上试验；

——安装在绝缘外壳内试验。

c)　安装在钢板上的试验。

五个装有绿色镜片的指示灯按图所示固定在一块厚 2 mm、涂上无光泽黑漆的钢板上。

图 J.1　温升试验示意图

尺寸 a 和 b 如下：

1)　对作为按钮系列组成部分的指示灯，按本部分 6.3.1.3 的规定。

2)　对其他用途的指示灯，按制造商的规定。但采用的数值必须记录在试验报表中。

指示灯应装上制造商规定的灯、内装器件(如有的话)，例如：变压器、电阻器等。导线的尺寸应符合 8.3.3.3 的规定。

试验时，钢板应垂直地放在桌子上，指示灯施加其额定工作电压。试验必须持续进行至指示灯达到稳定温度。

d) 安装在绝缘外壳内的试验。

把指示灯安装在绝缘外壳内重复进行 c)所述的试验，绝缘材料如采用 2 mm 厚酚醛塑料层压纸板，绝缘外壳前面板的尺寸与钢板的尺寸相同，其深度为 110 mm。指示灯装有制造商规定使用型号的灯，并按要求安装，指示灯施加其额定工作电压。

试验必须持续进行至指示灯达到稳定温度。

e) 试后结果判定

在 c)和 d)每项试验结束时应测量下述几处的温度：

——指示灯的本体；

——指示灯的接线端；

——镜片易近的部分。

f) 对于指示塔，5 个可视信号元件的组件应安装在铅垂位置，上三个信号元件，或如果大于三个，由制造商规定最大数目，应安装制造商规定的最大功率的信号元件灯，并施加额定电压，温度到达稳态后，测量塔顶的温度和整个塔中心元件镜片上的温度。

有关部分的温升不应超过 GB 14048.1—2006 中 7.2.2 规定的极限值。

J.8.3.3.4 介电性能试验

本部分 8.3.3.4 适用。

J.8.3.3.4.3 内装变压器指示灯的试验

应进行下述两个附加的介电性能试验，试验时间均为 1 min。

在变压器一次线圈和二次线圈之间，试验电压值按 8.3.3.4 的规定；

在变压器的二次线圈和指示灯的底座之间，其试验电压为 1 000 V。

J.8.3.4 短路试验(如有的话，在内装变压器上进行)

该试验应在下列条件下进行：

——一次线圈电压：1.1 U_e；

——周围空气温度：20 ℃±5 ℃；

——试验持续时间：1 h。

变压器的二次侧应用一阻抗可忽略不计的导体短接。

在试验结束且线圈冷却到周围温度后，变压器应能耐受 J.8.3.3.4.3 规定的介电性能试验。

J.8.4 冲击和振动

J.8.4.1 直接安装

J.8.4.1.1 一般要求

按制造商的规定安装由五个信号元件组成的指示塔，且无延伸杆，上面三个元件通以额定电压。

试验按下列要求进行。

J.8.4.1.2 冲击

试验按 GB/T 2423.5—1995 进行，并补充下列要求。

沿三个相互垂直轴的每个方向施加 6 次冲击(总共 36 次冲击)：

——脉冲波形：半正弦；

——峰值加速度：15 g_n；

——脉冲持续时间：11 ms。

J.8.4.1.3 振动

试验按 GB/T 2423.10—2008 进行，并补充下列要求。

沿三个相互垂直轴：

——频率范围：10 Hz～55 Hz；

——振幅:0.5 mm;

——扫频周期持续时间:5 min;

——共振频率或 55 Hz 频率时间:三个轴的每一轴为 30 min(总共 90 min)。

J.8.4.2 间接支撑安装

在产品资料中,若允许其他安装方式(如杆安装),则制造商应规定满足 J.8.4.3 要求的冲击和振动试验的严酷等级。

J.8.4.3 结果判据

试验后,不应有可见的损坏,信号也不应减弱。

J.8.5 指示塔的防护等级

若制造商规定了防护等级,试验按 GB 14048.1—2006 附录 C 的要求进行,所有可拆装的部件按正常工作方式安装。

附 录 K
（规范性附录）
直接断开操作的控制开关的特殊要求

K.1 总则

K.1.1 范围

本部分适用于直接断开操作的控制开关。

所有直接断开操作的控制开关也应符合本部分的有关要求，如果适用，也应符合附录F、附录G、附录H和/或附录J的要求。

K.1.2 目的

本附录给出了适用于直接断开操作的控制开关的附加要求，以及用于设计和性能所要求的定义和术语。

K.2 定义

本附录规定下列定义：

K.2.1

直接断开操作的控制开关 control swich with direct opening action

具有一个或多个分断触头元件的控制开关，分断触头元件借助于一个无弹性的部件与开关的操动器相连，当对操动器施加制造商规定的力使其移动一直接断开行程时，会使所有的分断触头断开。

K.2.2

（触头元件的）直接断开操作 direct opening action（of a contact element）

开关的操动器通过无弹性部件（即不采用弹簧）做规定的动作直接使触头分离。

K.2.3

直接断开行程 direct opening travel

从操动器的操动起始位置到断开触头的直接断开操作完成时位置的最小行程。

K.2.4

直接断开力（或力矩） direct opening force（or moment）

施加到用于直接断开操作的操动器上的操动力，对旋转开关而言为操动力矩。

K.3 分类

具有直接断开操作的控制开关可分下列两种型式：

类型1：仅有一个触头元件，该触头元件是直接断开的分断触头元件。

类型2：具有一个或多个分断触头元件，有可能的话，还具有一个或多个接通触头元件和/或一个或多个转换触头元件。所有的分断触头元件，包括转换触头元件的分断部件，应是直接断开的分断触头元件。

K.4 特性

下列附加特性适用：

K.4.3.1.2 额定绝缘电压

最小额定绝缘电压值应为250 V。

K.4.3.2.1 约定发热电流

最小约定发热电流为 2.5 A。

K.4.4 开关元件的使用类别

使用类别应为 AC-15 或 DC-13。

注：也可采用 AC-14 或 DC-14 使用类别。

K.5 产品资料

本部分 5 适用，并补充如下：

K.5.2 标志

K.5.2.7 直接断开操作

每一直接断开操作的触头元件应在外部标有不易磨灭且易于辨认的标志符号：。

K.5.2.8 电气上分开的转换触头元件

具有四端子的转换触头元件应按图 4 规定标有不易磨灭且易于辨认的标志 Za 或 Zb。

K.5.4 附加资料

K.5.4.1 操动器行程和操作力

制造商应规定以下内容：

a) 最小直接断开行程；

b) 所有分断触头完成直接断开操作所需的最小力；

c) 最大行程，包括超出最小行程位置的行程(包括超程)；

d) 最大操作速度(仅对限位开关)；

e) 最大操作频率(仅对限位开关)。

这些内容应出现在标志、电路图或制造商的其他说明书上。

注 1：见 K.7.1.5.3。

注 2：对于类型 2 的控制开关可以在小于制造商规定的直接断开行程时断开。

K.5.4.2 短路保护

短路保护电器的型号应在开关铭牌上或安装说明书上规定。

K.6 正常工作、安装和运输条件

本部分 6 适用，并补充如下要求：

K.6.1.1 周围空气温度

GB 14048.1—2006 中 6.1.1 适用，但对具有直接断开操作的位置开关，其周围空气温度的上限值应为+70 ℃、下限值为−25 ℃，24 h 周期内所测的平均温度应不超过+35 ℃。

注：如需要的话，应根据制造商和用户的协议来选择连接导体(见 GB 14048.1—2006 中表 2 的注 1)。

K.7 结构和性能要求

本部分 7 适用，并补充如下要求：

K.7.1.4.3.1 操动系统的强度

操动系统应能通过 K.8.3.7 规定的试验，以验证其具有足够的强度。

K.7.1.4.3.2 断开操作的确定性

直接断开操作的控制开关应能通过 K.8.3.4、K.8.3.5(对具有直接断开操作的位置开关而言)和 K.8.3.7 的试验而不产生任何变形，以致使触头间的额定冲击耐受电压降低。

K.7.1.4.5 钢丝操作的控制开关的自动断开

用钢丝直接断开操作的控制开关，在其钢丝或固定端出现故障时应能自动返回至断开位置。

K.7.1.4.6 直接断开操作的条件(见 GB 14048.1—2006 中 2.4.10)

对其运动能使触头分开的部件应施加一确定的驱动力，该力由施加于操动器作用点的操动力通过无弹性部分(即不采用弹簧)传递给动触头。

K.7.1.4.6.1 触头元件的形式

具有直接断开操作的控制开关应提供非从动触头元件或从动触头元件。

分断触头元件在电气上应是相互分开的，并应与操作的接通触头元件在电气上分开。

当控制开关具有C型或Za型转换触头元件时(见图4c)和图4d))，它只能采用一个触头元件(接通或分断)作为直接断开触头元件。对具有Zb型的转换触头元件的控制开关，接通和分断触头元件均可用作直接断开触头元件。

K.7.1.5.3 操动器的行程指示方式

为了便于确定开关操动器与外部操作方式的关系，如凸轮，开关应提供标志操动器取得直接断开操作的最小行程的方法，如用在操动器止动销上提供标志(见 K.5.4.1a)、注1)。

K.8 试验

本部分8和附录C适用，并补充如下要求：

K.8.3.1 试验程序

本部分8.3.1适用，并补充如下要求：

——试验程序Ⅶ(样品7号)——直接断开操作的位置开关的机械操作：

No.1试验——极限温度下的机械操作(见 K.8.3.5)；

No.2试验——直接断开操作的验证(见 K.8.3.6)；

——试验程序Ⅷ(样品8号)；

——操动系统强度验证(见 K.8.3.7)。

K.8.3.4 限制短路电流性能

本部分8.3.4适用，并补充如下：

K.8.3.4.1 限制短路电流的验证

试验应按8.3.4.2的要求进行，但由直接断开触头元件接通电流，而不是用附加的开关电器。试验在3个电器上进行，每个电器由单相电路中的同一触头元件接通电流3次。

对类型2的控制开关，接通触头元件可任选。

K.8.3.4.4.1 试后控制开关的操作能力

每次试验后，断开触头元件必须施加制造商规定的力经过直接断开行程断开(见 K.5.4.1 中 a)和b))。

在断开触头间隙施加2 500 V的冲击试验电压来验证触头元件的断开位置。

K.8.3.5 位置开关在极限温度下的机械操作验证

本试验只适用于其直接断开操作的位置开关，位置开关在+70 ℃的条件下放置8 h。

在放置8h后的相同的温度下，触头应承受最大工作电流10 min，然后按 K.5.4.1b)由制造商规定的操作力操作触头10次。

上述试验还应在-25 ℃条件下放置和重复进行，但触头不通电流。

试验结束后，触头的断开位置应按 K.8.3.6 的要求验证。

K.8.3.6 直接断开操作的验证

当位置开关处于按 K.5.4.1a)规定的直接断开行程时，触头间隙应能耐受2 500 V的冲击电压。

对适用于隔离的位置开关，其冲击耐受电压值应根据制造商规定的额定冲击耐受电压 U_{imp}，在 GB 14048.1—2006表14中选取。

K.8.3.7 操动系统强度的验证

在已闭合的分断触头上施加10 N的力 F_1(见图 K.1)，用一个由制造商规定的大于 F_1 的力(或力矩)F_2 施加到操动器上，使其达到直接断开行程。

在试验后，操动系统和/或触头仍应能正常操作，并能承受按 K.8.3.6 规定的冲击试验电压。

对适用于隔离的位置开关，其冲击耐受电压值应根据制造商规定的额定冲击耐受电压 U_{imp}，在 GB 14048.1—2006 表 14 中选取。

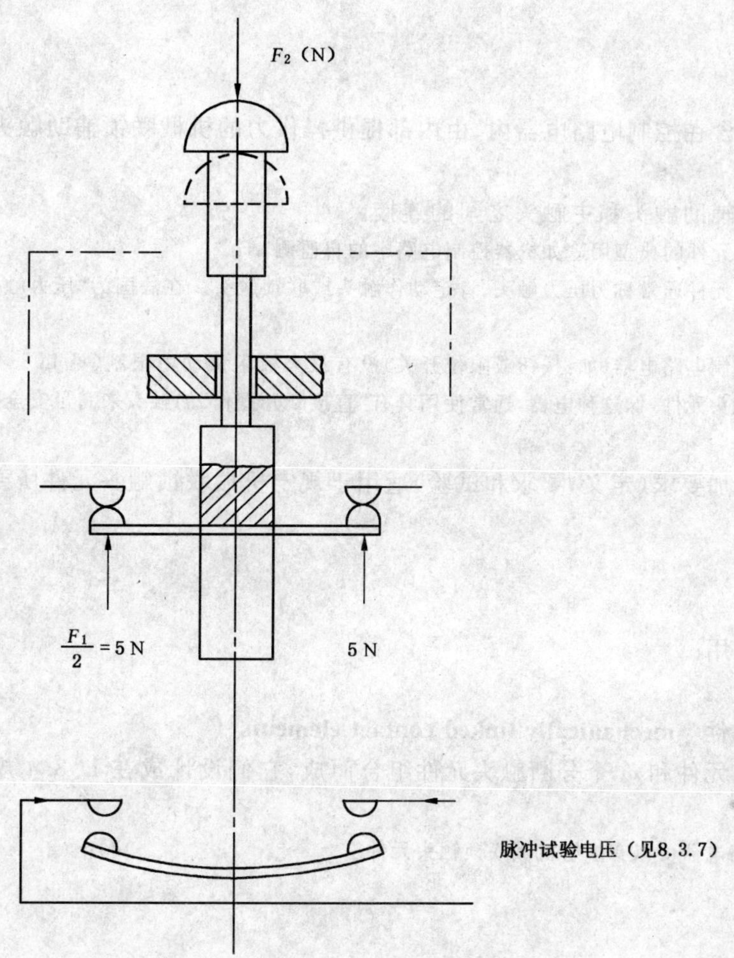

F_1——所需操作力＝10 N。

F_2——制造商规定的力(力矩)。

图 K.1　验证操作系统的强度

附 录 L
（规范性附录）
机械联锁触头元件的特殊要求

L.1 一般要求

L.1.1 适用范围

本附录适用于包含在控制电路电器内、由内部提供操作力的机械联锁辅助触头元件，如接触器式继电器。

本附录中不涉及辅助触头和主触头之间的连接。

注1：机械联锁触头元件的典型用途如机器控制电路中的自监测。

注2：机械联锁触头元件通常称为压力触头、肯定动作触头或联锁触头。在法国为“压力触头”，德国为“强制接通触头”。

注3：外部操动的控制电路电器（如：按钮或限位开关）没有最大极限操动力限制（见L.8.4a)2)），因此它们不能具有机械联锁触头元件，像这种电器，通常使用具有“直接断开操作”的触头来满足安全要求（见附录K）。

L.1.2 目的

本附录提供的附加要求（定义，要求和试验）适用于规定机械联锁触头元件所要求的设计特性、标志和性能。

L.2 定义

下列附加定义适用：

L.2.1

机械联锁触头元件 mechanically linked contact elements

由 n 个接通触头元件和 m 个分断触头元件组合而成，它们设计成在L.8.4规定的条件下，不能同时处于闭合位置。

注1：一个控制电路电器可以有多组机械联锁触头元件。

注2：见L.7.1.9。

L.3 分类

本部分3适用。

L.4 特性

所有机械联锁触头元件都应符合本部分规定的有关要求。

L.5 产品的有关资料

本部分5适用并补充如下：

L.5.2.7 机械联锁触头元件的识别和标志

机械联锁触头元件标志应清楚地标在：

——控制电路电器本身；

——或工厂说明书；

——或以上两者。

在电路图中，机械联锁用一对平行线与每个机械联锁触头符号上的实心圆相连接来表示，如图L.1所示。

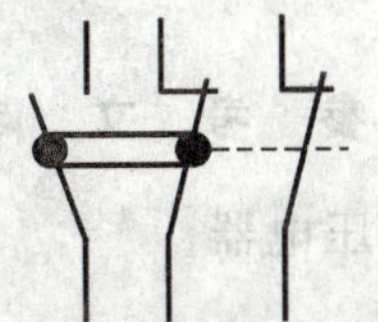

图 L.1 NO 触头与 NC 触头机械联锁，与 NC 触头不联锁的表示举例

如果表示具有多个或全部机械联锁触头的电器，应用图 L.2 所示的符号。

图 L.2 具有多个机械联锁触头的电器的符号

L.6 正常使用和安装条件

本部分 6 适用。

L.7 结构和性能要求

本部分 7 适用，并补充如下：

L.7.1.9 机械联锁触头元件的要求

当 n 个接通触头中任何触头元件闭合时，m 个分断触头元件都不应闭合。

当 m 个分断触头中任何触头元件闭合时，n 个接通触头元件都不应闭合。

L.8 试验

本部分 8 适用，并补充如下：

L.8.4 机械联锁触头元件的特殊试验

本特殊试验应在$(m+n)$个样品上进行，m 是指分断触头元件的数量，n 是指接通触头元件的数量。各项试验用不同的试品。

试验应在新的清洁的试品上进行，试验程序如下：

a) 分断触头试验

1) 分断触头应用如焊接或粘接每个触点等方法使其处于闭合位置(如双断触头，应焊接两个触点)，焊接和粘接的厚度应使触头间的距离变化不超过 0.02 mm；

2) 操作线圈通以 110%额定电压施加操动力；

3) 施加力的同时，在每个接通触头两端施加 2.5 kV 的脉冲试验电压(海平面，1.2/50 μs，按 GB 14048.1—2006 表 12 进行修正)，不应击穿放电。

注：本试验确保 GB 14048.1—2006 表 13 规定的 0.6 mm 的最小间隙。

b) 接通触头试验

1) 操作线圈通过额定电压施加操动力；

2) 接通触头应用如焊接或粘接每个触点等方法使其处于闭合位置(如双断点触头、应焊接两个触点，)焊接和粘接的厚度应使触头间的距离变化不超过 0.02 mm；

3) 通过切断操作线圈电源施加操动力；

4) 操作线圈切断电源时，在每个分断触头两端施加 2.5 kV 的脉冲试验电压(海平面，1.2/50 μs，按 GB 14048.1—2006 表 12 进行修正)，不应击穿放电。

注：本试验确保 GB 14048.1—2006 表 13 规定的 0.6 mm 最小间隙。

参 考 文 献

GB/T 2900.18—2008 电工术语 低压电器